Personalmanagement für Dummies

Personalmanagement für Dummies – Schummelseite

Auf wen Sie sich ausrichten

Personalmanagement ist die betriebliche Funktion, die sich mit dem Personal von Unternehmen und vielen weiteren Handelnden (all dies sind seine Kunden und Partner) beschäftigt und für deren Arbeit sinnvolle Rahmenbedingungen schafft. Das heißt für Sie:

Seien Sie für Ihre Mitarbeiter da – egal ob sie erst ins Unternehmen kommen sollen, bereits da sind oder Ihr Unternehmen verlassen haben.	Nehmen Sie weitere Partner und Kunden wahr, die Leistungen des Personalmanagements abnehmen oder die Rahmenbedingungen des Personalmanagements formen.	Vergessen Sie nicht, dass Personalmanagement nicht an den Grenzen des Unternehmens haltmacht, sondern dass Sie auch außerhalb wichtige Anspruchsgruppen finden werden.
✔ zukünftige Mitarbeiter ✔ neue Mitarbeiter ✔ leistende Mitarbeiter ✔ bleibende Mitarbeiter ✔ ausscheidende Mitarbeiter ✔ ehemalige Mitarbeiter	✔ Betriebsrat ✔ Führungskräfte ✔ Unternehmensleitung ✔ Produktionsabteilung ✔ Finanz- und Rechnungslegungsabteilung ✔ IT-Abteilung ✔ Personalabteilung ✔ Auslandsstandorte	✔ Outsourcing-Anbieter ✔ Zeitarbeitsunternehmen ✔ Tarifpartner (Gewerkschaften und Arbeitgeberverbände) ✔ Investoren ✔ Unternehmensberatungen ✔ Staat ✔ Öffentlichkeit

Was Sie im Unternehmen wollen

Stellen Sie in Bezug auf alle Akteure, die Sie im Blick behalten, zwei Fragen:

- ✔ Was wollen Sie als Personalmanagement von diesem Kunden oder Partner wissen und haben und einfordern, damit Sie zur Wertschöpfung des Unternehmens beitragen können?
- ✔ Was will dieser Kunde oder Partner von Ihnen als Personalmanagement wissen und haben und einfordern, damit er von sich aus seine personellen und sonstigen Potenziale optimal ausnutzen kann?

Mit Ihrer Antwort auf die erste Frage wahren Sie die Interessen des Personalmanagements, mit Ihrer Antwort auf die zweite Frage dienen Sie den Interessen der Kunden oder Partner – und damit letztlich auch wieder Ihrem Unternehmen.

Personalmanagement für Dummies – Schummelseite

Wie Sie an das Personalmanagement herangehen

Denken Sie daran, Personalmanagement professionell zu erledigen, um Ihre Ziele zu erreichen und dabei kein Geld zu verschwenden, keine unerwünschten Fern- und Nebenwirkungen hervorzurufen und Ihren eingegangenen Verantwortlichkeiten im Vorhinein gerecht zu werden:

- ✔ Handeln Sie differenziert, scheren Sie also Ihre Kunden und Partner nicht über einen Kamm, sondern sehen Sie deren Verschiedenheit.
- ✔ Handeln Sie mit Kontinuität, halten Sie also Ihre Versprechen ein und geben Sie dem Personalmanagement eine verlässliche Linie.
- ✔ Handeln Sie mit Expertise, dringen Sie also darauf, dass sich im Personalmanagement Ihr Wissen regelmäßig auf dem neuesten Stand befindet.
- ✔ Handeln Sie mit der Unterstützung der Unternehmensleitung, wecken Sie also deren Interesse für das Personalmanagement und sorgen Sie für die Verzahnung von Personal- und Unternehmensstrategie.

Warum Sie Personalmanagement wertvoll finden

Seien Sie das ethische Gewissen des Unternehmens:

- ✔ Erkennen Sie, dass in der heutigen Welt mit all seinen Beziehungsnetzwerken Integrität sehr wichtig ist.
- ✔ Seien Sie persönlich mitverantwortlich für das ethische Auftreten des gesamten Unternehmens.
- ✔ Seien Sie Vorbild für Ihre Mitarbeiter, Kunden und Partner.
- ✔ Sorgen Sie dafür, dass die Mitarbeiter in ihrer Würde respektiert und nicht als Mittel zum Zweck behandelt werden.
- ✔ Vermitteln Sie sich und anderen, dass gerade im Personalmanagement Erfolg einen langen Atem braucht.

Volker Stein

Personalmanagement für Dummies

WILEY-VCH

WILEY-VCH Verlag GmbH & Co. KGaA

Bibliografische Information der Deutschen Nationalbibliothek

Die Deutsche Nationalbibliothek verzeichnet diese Publikation in der Deutschen Nationalbibliografie; detaillierte bibliografische Daten sind im Internet über http://dnb.d-nb.de abrufbar.

1. Auflage 2013

Printed in Germany

Coverfoto: © fotolia, viktor88
Korrektur: Frauke Wilkens, München
Satz: Beltz Bad Langensalza GmbH, Bad Langensalza
Druck und Bindung: CPI – Ebner & Spiegel, Ulm

Print ISBN: 978-3-527-70642-6

Über den Autor

Volker Stein ist Inhaber des Lehrstuhls für Betriebswirtschaftslehre, insbesondere Personalmanagement und Organisation an der Universität Siegen (volker.stein@uni-siegen.de). Nach absolvierter Banklehre und betriebswirtschaftlichem Studienabschluss als Diplom-Kaufmann an der Universität Mannheim folgten Promotion und Habilitation an der Universität des Saarlandes in Saarbrücken, dann 2006 die Berufung als Universitätsprofessor nach Siegen. Er lehrt regelmäßig als Gastprofessor, unter anderem an der Universität Straßburg, und ist Gründungsvorstand der Südwestfälischen Akademie für den Mittelstand, der Business School der Universität Siegen.

Seine Forschungsschwerpunkte umfassen das strategische Personalmanagement im Mittelstand, internationale empirische Organisationsforschung, marktbasierte Führung in Organisationen sowie die Steuerungslogik von Universitäten. Recht bekannt ist die von ihm mitentwickelte »Saarbrücker Formel« als Methode zur personalwirtschaftlichen Humankapitalbewertung. Volker Stein ist Autor von *Emergentes Organisationswachstum* (2000), Ko-Autor von *Human Capital Management* (2004, 3. Auflage 2011), *Der Talente-Krieg* (2007), *Interkulturelle Wettbewerbsstrategien* (2013) und Mitherausgeber des *Bologna-Schwarzbuchs* (2009).

Auf den ersten Blick eher untypisch, aber vielleicht für einen Personalforscher gerade passend, ist seine intensive Beschäftigung mit Klang, Stimme und Resonanz. Letztlich hat nicht nur Gesang mit Schwingungen zu tun, die beim Hörer »ankommen« müssen: Jegliche Botschaft, die begeistern soll, muss in Schwingung versetzt werden und als solche den Adressaten erreichen. Wenn sie dort ähnliche Schwingungen auslöst, lässt sich auf dieser Basis etwas Gemeinsames gestalten. Personalmanagement ist auf solche wechselwirkende Resonanz zwischen Menschen angewiesen.

Cartoons im Überblick

von Christian Kalkert

Seite 27

Seite 71

Seite 197

Seite 309

Seite 373

Internet: www.stiftundmaus.de

Inhaltsverzeichnis

Einführung

Wie schön, dass Sie nicht der Meinung sind, Personalmanagement ließe sich allein »aus dem hohlen Bauch heraus« gestalten – denn sonst hätten Sie dieses Buch sicherlich nicht erworben! Sie scheinen ein gutes Gespür dafür zu haben, dass Personalmanagement einerseits eine durchaus befriedigende Aufgabe sein kann, andererseits aber auch eine herausfordernde Arbeit ist, für die Sie Fachwissen benötigen. Präsentiert werden daher Grundkenntnisse wie auch viele weiterführende hilfreiche Informationen, von denen Sie profitieren können. Sie werden den personalwirtschaftlichen Umgang mit Menschen im Unternehmen und mit Menschen im Umfeld des Unternehmens sicherer bewältigen. Sie werden Akzente setzen, die das Unternehmen zu einem attraktiveren Arbeitgeber machen oder dazu beitragen, dass Menschen sich engagiert für das Überleben und Wachsen des Unternehmens einsetzen. Sie werden durch stimmige Personalarbeit zum Erfolg des Unternehmens beitragen. In *Personalmanagement für Dummies* finden Sie das Handwerkszeug einer – *Ihrer!* – professionellen Personalarbeit.

Über dieses Buch

So verschieden Menschen sind, so verschieden muss man ihnen begegnen. Dies trifft besonders auf Unternehmen zu. Dort verbringt man üblicherweise den Großteil seiner Arbeitszeit und begegnet täglich vielen Personen. Als Akteur des betrieblichen Personalmanagements ist es Ihre Aufgabe, *für* das Unternehmen und seine dort beschäftigten Mitarbeiter zu wirken, aber auch *mit* ihnen gemeinsam.

Personalmanagement unterscheidet sich in einer Sache nicht wesentlich von anderen betrieblichen Funktionen wie Beschaffung, Finanzierung, Rechnungslegung oder Marketing: Ohne fundierte Kenntnis fachlicher Grundlagen stößt man schnell an die Grenzen der eigenen Gestaltungsfähigkeit. Personalmanagement ist viel zu wichtig, um es einer amateurhaften Personalarbeit zu überlassen. Dennoch sind in der Praxis heutiger Unternehmen viele Personen, die Personalverantwortung tragen, nicht so »entscheidungssicher« im Personalmanagement, wie sie es eigentlich sein müssten.

Personalmanagement für Dummies will hier Abhilfe schaffen. Es betrachtet Personalmanagement unmittelbar handlungsorientiert und hangelt sich nicht von einem klassischen Personalmanagementfeld zum nächsten, sondern stellt konkrete Fragen, was das Personalmanagement in Bezug auf unterschiedliche Zielgruppen genau tun sollte und tun kann. So wird deutlich, dass Personalmanagement sich nicht allein auf die Mitarbeiter bezieht. Die klassische Personalarbeit von Unternehmen ist nur ein Teil der Aufgaben, die das Personalmanagement heutzutage übernimmt. Personalmanagement wird darüber hinaus als eine strategische Aufgabe begriffen, die frühzeitig und in viele Richtungen Fragen bedenken muss wie »Welche Personalarbeit hilft dem Unternehmen für sein Überleben?« oder »Wie kann das Personalmanagement wichtige Kooperationspartner ins Boot holen?«.

Die Aufgaben des Personalmanagements müssen in jedem Unternehmen zwingend erfüllt werden. Geht man davon aus, dass es in Deutschland gut 3,9 Millionen Unternehmen gibt, davon über 99 Prozent kleine und mittelgroße Unternehmen und immer wieder auch Tausende von Neugründungen (Start-ups) pro Jahr, so ist der Bedarf an Personalexperten gegeben. Nimmt man hinzu, dass Personalmanagement nicht nur in Personalabteilungen praktiziert wird, sondern im Grunde überall dort, wo Menschen im Unternehmen geführt werden, so müssten auch Führungsverantwortliche von Teams, Projektgruppen und Abteilungen großes Interesse an moderner Personalarbeit haben. Dieses Buch berücksichtigt, dass sie nicht alle einen betriebswirtschaftlichen Fachhintergrund haben, sondern auch aus anderen beruflichen Karrieren heraus in ihre Führungsrolle kommen.

Im Vordergrund steht eine zentrale Frage für Personalverantwortliche, die sich auch Ihnen in der Praxis stellt, wenn Sie Partnern im Unternehmen und in seinem Umfeld begegnen, von denen Sie »als Personaler etwas wollen«: Wie sollen Sie mit ihnen umgehen, damit Sie Ihre Ziele als Personaler umsetzen können? Von diesen Partnern gibt es eine Menge: nicht nur die Mitarbeiter, sondern auch die übrigen Führungskräfte im Unternehmen, die Unternehmensleitung, der Betriebsrat, Unternehmensberater, Zeitarbeitnehmer, Gewerkschaften, Staat und Öffentlichkeit – um nur einige zu nennen. Alle sind wichtig für das Unternehmen und üben zugleich einen bestimmenden, aber jeweils unterschiedlichen Einfluss auf die Gestaltungsmöglichkeiten des Personalmanagements aus. Diese sogenannten Anspruchsgruppen liegen der Systematik des Buches *Personalmanagement für Dummies* zugrunde und bilden die Gliederungslogik.

Gleichzeitig ist dieses Buch in der aktuellen Arbeitswelt verortet mitsamt ihren neuartigen Bedingungen: befristete Arbeitsverträge, Zeitarbeit, dynamische Veränderungen, Offenheit und Kooperation statt Abgeschlossenheit. Das Buch achtet auf die Stimmigkeit Ihrer einzelnen personalbezogenen Entscheidungen und Handlungen zu der vorherrschenden Unternehmens- und Personalstrategie. Es ist nicht sinnvoll, isolierte personalwirtschaftliche Entscheidungen voranzutreiben, nur um dann später zu merken, dass diese Entscheidungen nicht ins unternehmensweite Handeln passen.

Konventionen in diesem Buch

Die einzelnen Kapitel in diesem Buch können Sie unabhängig von anderen Kapiteln verstehen. Ohne Vorkenntnisse können Sie direkt dort mit dem Lesen beginnen, wo Sie Ihr Interesse hinführt. Sie können das Buch jedoch auch Kapitel für Kapitel durchgehen. Wo auch immer Sie beginnen: Sie finden die wichtigsten personalwirtschaftlichen Konzepte verständlich und praxisnah erläutert. Auf langatmige theoretische Ausführungen verzichte ich, dafür erkennen Sie anhand von Symbolen im Text (die ich weiter hinten in dieser Einführung erkläre) unmittelbar, wenn ich besondere Erklärungshinweise, Gestaltungshilfen und praktische Tipps, Fachbegriffe oder Gefahren hervorhebe. Begriffe, die ich neu einführe, setze ich in *Kursivschrift* und erläutere sie direkt im Anschluss. Internetseiten und E-Mail-Adressen gebe ich in `Nichtproportionalschrift` an, damit sie Ihnen auffallen. Wenn Sie schnell Informationen aufnehmen möchten, können Sie die grauen Kästen zunächst überlesen, weil ich in ihnen vor allem zusätzliche Erläuterungen und Beispiele untergebracht habe. Am Ende dieses Buches finden Sie im Stichwortverzeichnis eine hilfreiche Navigationshilfe zu wichtigen Fachbegriffen.

Törichte Annahmen über den Leser

Sie haben sich dieses Buch sicherlich nicht gekauft, um Ihrem Umfeld zu signalisieren, dass Sie nur an der Oberfläche kratzen möchten. Denn genau das ist nicht der Anspruch von *Personalmanagement für Dummies*. Sie zeigen vielmehr, dass Sie in ein Fachgebiet einsteigen und es dann komplett überblicken wollen. Die zentrale Servicefunktion des Buches hilft Ihnen dabei. Mit vergleichsweise wenig Aufwand erschließen Sie sich die Welt des Personalmanagements und finden sich rasch darin zurecht. Damit sind Sie

✔ **kreativ:** Sie sind offen für Neues und bereit, Altes dafür über Bord zu schmeißen. Nicht alles, was »schon immer« zum Personalmanagement gesagt wurde, ist auch hilfreich. Sie suchen nach Methoden und Instrumenten, die zur heutigen Zeit passen.

✔ **bewegend:** Sie warten nicht nur, dass alles um Sie herum Ihre Probleme löst, sondern Sie wollen selbst anpacken. Im Personalmanagement heißt das vor allem, gute Entscheidungen zu treffen. Dabei muss nicht jeder immer absolut zufrieden sein – aber das Gesamtpaket Ihrer Entscheidungen muss letztlich Ihrem Unternehmen und Ihren Mitarbeitern nützen.

✔ **professionell:** Sie wollen, dass Ihr Personalmanagement durch Ihr Mitwirken zur Visitenkarte Ihres Unternehmens wird – und zwar nicht zu irgendeiner x-beliebigen. Sondern zu einer Visitenkarte, die Ihr Unternehmen aufgrund Ihrer fachlichen Fähigkeiten strahlend dastehen lässt. Und das klappt nur, wenn Sie genau wissen, was Sie tun. Dann können Sie auch beruhigt die Verantwortung für Ihr Handeln übernehmen.

Personalmanagement ist ein Fachgebiet, das recht gut intuitiv erfassbar ist – was jedoch nicht bedeutet, dass die Inhalte für sich genommen reine Intuition wären. Im Gegenteil: Die dahinterstehende intensive Forschung ist sowohl empirisch basiert als auch theoretisch begründet. *Personalmanagement für Dummies* richtet sich an alle, die eine moderne Herangehensweise an das Personalmanagement erhalten wollen – um es zu verstehen, um es zu erklären, um es zu gestalten, um es einzufordern.

Wie dieses Buch aufgebaut ist

Auch wenn Sie die Kapitel dieses Buches im Wesentlichen unabhängig voneinander lesen können, folgt das Buch einer klaren Logik und ist systematisch aufgebaut. Jeder der fünf Teile dieses Buches befasst sich mit einer anderen Zielrichtung des Personalmanagements. Stellen Sie sich einen Stein vor, den Sie ins Wasser werfen und der Wellen verursacht: Das Zentrum bilden die Grundideen des Personalmanagements (Teil I), darum herum entdecken Sie Ihre Mitarbeiter als Gestaltungsfeld (Teil II), bevor Sie sich dem unternehmensinternen Umfeld öffnen (Teil III) und schließlich als äußersten Kreis das unternehmensexterne Umfeld ins Visier nehmen (Teil IV). Die breiteste Perspektive ergänzt dann der Top-Ten-Teil (Teil V). Die Einzelheiten dieser Teile stelle ich Ihnen im Folgenden vor.

Teil I: Die Grundlagen des Personalmanagements kennenlernen

Zunächst sollten Sie verstehen, was Personalmanagement ist und wie es sich zurzeit modernisiert, es sich also an die Rahmenbedingungen einer Wirtschaft im 21. Jahrhundert anpasst.

Wenn Sie Personalmanagement gestalten wollen, benötigen Sie als Kompass ein personalstrategisches Selbstverständnis, an dem Sie Ihr Handeln ausrichten können. Interessant und äußerst spannend wird es, wenn Personalmanagement sich nicht nur auf einzelne Menschen bezieht, sondern die gesamte Belegschaft als Sinn- und Wertegemeinschaft begreift: Spätestens dann wird Ihnen klar, dass Personalmanagement sich auch um die Unternehmenskultur kümmern muss. Schließlich möchte ich Sie mit dem Leitbild eines professionellen Personalmanagements dafür gewinnen, einen grundlegenden Qualitätsanspruch für die Personalarbeit zu definieren. Sie werden erkennen: Eine solche Professionalisierung zahlt sich letztlich für das gesamte Unternehmen aus.

Teil II: Die Mitarbeiter entdecken

In Teil II erfahren Sie, wie Sie die Kernaufgaben der traditionellen Personalarbeit in der heutigen Zeit bewältigen. Sie entdecken, wie Sie zukünftige Mitarbeiter beschaffen, neue Mitarbeiter willkommen heißen, die leistungsbereiten Mitarbeiter bei ihrer Arbeit begleiten, sie entlohnen und durch gute Personalführung an das Unternehmen binden, wie Sie sich von Mitarbeitern trennen und auch mit ehemaligen Mitarbeitern noch den Kontakt pflegen können. In diesem Teil setzen Sie sich also mit der jeden Tag neu abzuliefernden Personalarbeit auseinander, die Sie »nah am Menschen« erbringen, um diese so angenehm wie möglich zu guter Leistung anzuregen.

Teil III: Interne Verzahnung ist das A und O

In diesem Teil zeige ich Ihnen, dass Personalmanagement mehr umfasst als die unmittelbare Sorge um die Mitarbeiter. Im unternehmensinternen Umfeld sind nämlich einige Akteure am Werk, die einen bedeutenden Einfluss darauf haben, wie erfolgreich Sie Ihr Personalmanagement betreiben. So müssen Sie mit einem Betriebsrat genauso in Kontakt treten wie mit allen Führungskräften, die im Unternehmen verteilt sind. Auch die Unternehmensleitung möchte vom Personalmanagement unterstützt und informiert werden. Und nachdem Sie systematisch die Schnittstellen zu Produktions-, Finanz- und Rechnungslegungs- sowie IT- (Informationstechnologie-)Abteilung auf Sachverhalte hin abgeklopft haben, die sich auf die Mitarbeiter auswirken, können Sie schließlich sogar ein Personalmanagement für die eigene Personalabteilung entwerfen. Nicht zu vergessen sind die Auslandsstandorte, die ebenfalls auf Ihr Personalmanagement bauen. Je intensiver Sie unternehmensinterne Netzwerke knüpfen und pflegen, desto größer ist Ihre Chance, gute Arbeits- und Leistungsbedingungen herzustellen und damit zu Produktivität und Mitarbeiterzufriedenheit beizutragen.

Teil IV: Externe Partner mischen kräftig mit

Vielleicht hätten Sie nicht erwartet, dass auch unternehmensexterne Akteure etwas mit Ihrem Personalmanagement zu tun haben. Doch dies ist heutzutage häufiger der Fall, als man dies üblicherweise wahrnimmt. So verlagern einige Unternehmen ihre Personalarbeit teilweise auf externe Dienstleister oder leihen sich von externen Zeitarbeitsunternehmen Mitarbeiter aus. Externe Tarifpartner wie die Gewerkschaften und Arbeitgeberverbände beeinflussen die Bezahlung der Mitarbeiter, während externe Investoren neuerdings bohrend nachfragen, wie es ein Unternehmen denn bitteschön mit den Personalrisiken hält. Externe

Unternehmensberatungen klinken sich in das Personalmanagement ein, der Staat fordert Gesetzestreue und bietet seine Leistungen an, und ganz am Schluss will die externe Öffentlichkeit immer auch gut über alles Mögliche aus dem Inneren des Unternehmens informiert werden. Bei so vielen externen Bezügen wird schnell deutlich, dass Sie hier ebenfalls ein breites Betätigungsfeld für das Personalmanagement vorfinden.

Teil V: Der Top-Ten-Teil

Im abschließenden Teil möchte ich Sie – der guten Tradition von … *für Dummies*-Büchern folgend – in die Lage versetzen, in übersichtlichen Zehnerpaketen komprimiertes Wissen zu erhalten, mit dem Sie als Personalmanagementprofi glänzen können. Hierzu zählen zehn Kernfragen erfolgreicher Personalarbeit ebenso wie zehn Erfolgsgrößen, an denen Sie sich messen lassen müssen, zehn Schritte zu einem kompetenten Auftreten als Personalmanagementstratege ebenso wie zehn Vordenker modernen Personalmanagements, die Sie auf jeden Fall kennen sollten. Solchermaßen mit Personalmanagementwissen ausgestattet, sollten Sie sich bezüglich Personalmanagement auf sicherem Terrain fühlen.

Symbole, die in diesem Buch verwendet werden

Im gesamten Buch habe ich einige Symbole eingesetzt, um Sie gezielt auf bestimmte interessante Punkte aufmerksam zu machen.

Bei diesem Symbol finden Sie Hinweise aus der personalwirtschaftlichen Literatur, die Ihnen helfen, ein schwieriges Problem klarer zu fassen und zu verstehen. Zudem verweise ich Sie auf besonders wichtige Zusammenhänge.

Im Buch klingt Personalmanagement immer einfach, in der Praxis ist das Selbermachen aber viel schwerer. Damit die Umsetzung Ihrer Personalmanagementideen gelingt, präsentiere ich an dieser Stelle Gestaltungshilfen sowie praktische Tipps.

An dieser Stelle finden Sie Fachbegriffe zum Personalmanagement: Denn auch die Personalprofis haben ihre eigene Sprache und nutzen sie als ihr Handwerkszeug. Aber keine Angst vor diesem Spezialvokabular. Einmal gelernt, gewöhnen Sie sich schnell daran und machen es sogar zum Bestandteil Ihres eigenen Wortschatzes.

Hier lauert eine Gefahr! Meistens besteht sie darin, dass Probleme ohne viel Nachdenken mit der erstbesten Idee angegangen werden, die Ihnen in den Kopf kommt. Beobachten Sie sich und Ihre Umwelt mal, wie häufig der Satz »… da können wir doch *einfach mal* dieses oder jenes tun« fällt. *Einfach* ist meist gar nichts – denn auch in Situationen, in denen sich ein Sachverhalt vermeintlich einfach entscheiden lässt, können daraus recht schwerwiegende Konsequenzen erwachsen. Dieses Symbol warnt Sie also vor vorschnellem Entscheiden ohne vorheriges vertieftes Nachdenken über Fern- und Nebenwirkungen Ihrer »Einfach mal«-Entscheidung.

Wie es weitergeht

Dieses Buch bietet Ihnen einen breiten Einstieg in die faszinierende Welt des Personalmanagements von heute. Es ermöglicht Ihnen Standortbestimmung und Standortgestaltung zugleich. Selbstverständlich können Sie sich alle einzelnen Aspekte noch viel weiter erschließen (an ergänzender Literatur besteht kein Mangel) und Sie wissen ja: Man lernt niemals aus. Dennoch finden Sie ein reichhaltiges Basiswissen vor, das Sie in die Lage versetzt, verantwortlich mit Ihren Mitarbeitern und Ihrem personalwirtschaftlichen Umfeld umzugehen. Dabei steht es Ihnen vollkommen frei, dort mit dem Lesen zu beginnen, wo Sie möchten. Alle Kapitel sind kleine Mosaiksteine und das Gesamtbild erschließt sich nach und nach von selbst. Nach erfolgreicher Beschäftigung mit *Personalmanagement für Dummies* sollten Sie nicht nur – wie man so schön sagt – »in der Lage sein, die richtigen Fragen zu stellen«. Sie sollten auch mit gutem Gewissen Ihre Antworten verantworten können!

Wenn Sie allerdings erwarten, dass man im Unternehmen alle Ihre Ideen und Impulse begierig aufsaugt wie ein trockener Schwamm, könnte es Ihnen passieren, dass Sie den berühmten »Praxisschock« erleiden. Denn häufig ist es so, dass immer dann, wenn jemand mit etwas Neuem kommt (also Sie!), zunächst einmal eine große Ablehnung möglicher Veränderung zu spüren ist.

An dieser Stelle sind Sie gefordert, Schwingungen auszusenden, also Ihre Ideen zu kommunizieren und Ihr Gegenüber zu faszinieren. Diskutieren Sie mit Kolleginnen und Kollegen, mit Entscheidern und Betroffenen, und holen Sie sich durchaus auch in Ihrem privaten Umfeld – natürlich unter Wahrung aller betrieblichen Geheimnisse – Anregungen, Einschätzungen und auch kritische Sichtweisen ein. Je vollständiger Ihr Bild von Ihren Gestaltungsmöglichkeiten und Ihren Gestaltungsgrenzen wird, desto besser. Je klarer Sie Ihre Position finden zwischen »es allen recht machen wollen« und »etwas Sinnvolles bewirken wollen«, desto weniger werden Sie für fremde Interessen instrumentalisiert. Und je mehr begeisternde Resonanz Sie bei anderen erzeugen, desto eher können Sie Ihre zuvor bewusst durchdachten Ideen auch zum Leben erwecken.

Es lohnt sich allemal: Immerhin entscheiden Sie darüber mit, wie sich Mitmenschen in Ihrem Unternehmen entfalten können beziehungsweise wie sie sich im Kontakt mit Ihrem Unternehmen fühlen. Als Mitgestalter können Sie bremsen, aber auch beschleunigen. Sie können verhindern, aber auch ermöglichen. Sie können Türen zuschlagen, aber auch weit aufreißen. Kaum ein betriebliches Handlungsfeld bietet wie das Personalmanagement die Chance, die eigene Freude an der Arbeit mit anderen zu teilen!

Teil I
Die Grundlagen des Personalmanagements kennenlernen

In diesem Teil ...

In diesem Teil werde ich Ihnen den Einstieg in die Welt des Personalmanagements erläutern. Sie benötigen ein sicheres Fundament, auf dem Sie Ihr personalwirtschaftliches Handeln aufbauen können. Dieses Fundament besteht aus den Antworten auf die Fragen, die Sie stellen: Was ist Personal? Als was begreife ich Personalmanagement? Wozu dient Personalmanagement? Wer gestaltet und verantwortet Personalmanagement? Durch diese und ähnliche Themen entwickeln Sie einen Bezug zu den Aufgaben und zum Selbstverständnis eines modernen Personalmanagements. Ihr Fundament berücksichtigt aber auch schon, dass Sie es nicht immer nur mit einzelnen Menschen im Unternehmen zu tun haben werden: Sie werden auch die Arbeitsbedingungen von Arbeitsgruppen, Projektteams und ganzen Unternehmensbelegschaften beeinflussen. Daher erläutere ich schon zu Beginn die kollektiven Aspekte des Personalmanagements, zum Beispiel die ganz wichtige Unternehmenskultur. Und damit Sie eine persönliche Vision für Ihr personalwirtschaftliches Handeln entwickeln, die Sie anstreben können, möchte ich Sie für den Unterschied zwischen amateurhaftem und professionellem Personalmanagement sensibilisieren.

1

Wie Personalmanagement dem Unternehmen dient

In diesem Kapitel ...

- Personal definieren
- Aufgaben des Personalmanagements verstehen
- Die Dynamik des Personalmanagements erkennen

Möchten Sie in das Personalmanagement einsteigen? Ich kann Sie nur dazu ermutigen. Zunächst erkläre ich, was Personal ist, damit dann geklärt werden kann, welche Ziele das Personalmanagement hat.

Natürlich handelt das gesamte Buch vom Personalmanagement, sodass dieser Einstieg erst einmal nur das Wichtigste betont. Aber ich möchte Ihnen deutlich machen, dass Sie bereits an dieser Stelle mit Ihrer Gestaltung von Personalarbeit beginnen: Denn je nachdem, welche Perspektive Sie einnehmen und mit welcher Sichtweise Sie auf das Personalmanagement schauen, können Sie Ihrem Personalmanagement von vornherein eine persönliche Note geben.

Im Gesamtzusammenhang von Unternehmen nimmt das Personalmanagement traditionell eine unterstützende Funktion wahr. Dies ändert sich jedoch derzeit: Immer stärker stößt das Personalmanagement Schritt für Schritt auch in die Unternehmensführung vor und übernimmt dort Verantwortung. Wer diese Verantwortung trägt, werden Sie im Folgenden genauso erfahren wie die Gründe und die Stufen dieser Modernisierung.

Personal im Unternehmen

Das Personalmanagement deckt ein eigenständiges Aufgabengebiet ab, das keine andere betriebliche Funktion bearbeitet: Es kümmert sich um das Personal, also um einen ganz besonderen Produktionsfaktor.

Überraschende Begriffsvielfalt für Personal

Leichte Frage zum Start: Was eigentlich ist Personal? Ganz einfach, werden Sie sagen, Personal, das sind die Menschen im Unternehmen. Und ganz verkehrt liegen Sie damit nicht.

Doch schon wird es kompliziert:

✔ Ist Personal die Summe der *Menschen*, dann zählt zunächst das bloße Vorhandensein von Personen. Im ähnlichen Sinne deutet das Wort »Belegschaft« an, dass es um eine möglichst vollständige Belegung des Unternehmens und seiner Arbeitsplätze mit Menschen geht. Im Hinblick auf Menschen würden sich zumindest philosophisch orientierte Betrachter zunächst fragen, ob das Wichtige für das Personalmanagement der Körper ist oder der Geist oder beides. Ein Personalmanager, der sich auf Menschen ausrichtet, müsste dementsprechend zunächst für sich klären, welches Menschenbild er hat, wie er also ganz allgemein Menschen und deren Besonderheiten sieht und wie er damit umgehen will.

- Ist Personal die Summe der *Persönlichkeiten*, so rückt das Individuum mit seinem Verhalten in den Vordergrund: Ein Personalmanager weiß, dass er es mit Subjektivität, Emotionen und Intuition zu tun haben wird – und wenn er alle Persönlichkeiten zusammengefasst als Kollektiv betrachtet, mit kollektiven Werten, also mit der Unternehmenskultur. Da ist der Psychologe im Personalmanager gefragt.

- Ist Personal die Summe der *Rollen*, so lassen sich hierzu Angestellte, Arbeiter und Führungskräfte unterscheiden. Wer darf entscheiden, wer muss gehorchen? Die Frage von »oben und unten« stellt sich, und schon gerät das gesamte organisationale Rollengefüge eines Unternehmens mit den Stellen und Instanzen ins Blickfeld des Personalmanagements.

- Ist Personal die Summe aus *Produktionsfaktoren*, so sieht man Personal als Ressource an: Neben »Kapital« (also vor allem Geld und Sachkapital wie die Maschinen) gibt es in der klassischen Betriebswirtschaftslehre noch den »Boden« (also vor allem Grundstücke und Gebäude) und eben die »Arbeit«. Dieser Produktionsfaktor unterteilt sich in die ausführende Arbeit und in die, die Entscheidungen trifft (hier spricht man vom dispositiven Faktor). Heutzutage kommt noch der Produktionsfaktor Wissen dazu. Auf jeden Fall geht es hierbei gleich immer um Investitionen, denn Produktionsfaktoren sind nicht kostenlos zu bekommen.

- Ist Personal die Summe aus *Vermögenswerten*, dann liegt die Sichtweise auf dem, was ein Unternehmen an wertvollen Personen angesammelt und – etwa durch Weiterbildung – wertvoller gemacht hat. Man spricht dann vom »Humanvermögen« und tut ein wenig so, als »gehöre« das Personal dem Unternehmen. In der heutigen Zeit ist Personal allerdings mobiler, als es sich Unternehmen wünschen, und manchmal läuft es einem Unternehmen einfach weg. Hinzu kommt, dass neuerdings auch Personal im Unternehmen mitwirkt, das dem Unternehmen überhaupt nicht gehört, zum Beispiel Zeitarbeitnehmer oder Unternehmensberater.

- Ist Personal die Summe aus *Datensätzen*, dann freut sich deren Verwalter: In Personalakten und Excel-Tabellen müssen für jeden Arbeitenden alle möglichen Daten gesammelt und aktuell gehalten werden; jeder wird zu einer Personalnummer.

- Ist Personal die Summe aus *Wertschöpfungspotenzialen*, dann sieht man auf die Möglichkeiten, die im Personal stecken, also auf das, was die Mitarbeiter letztlich leisten und erwirtschaften könnten. In diesem Zusammenhang ist häufig auch von »Humankapital« die Rede, das zur Wertschöpfung eingesetzt werden kann. Relevanter als die bloße Zahl der Personen werden hier die sogenannten »weichen Faktoren«, also die Leistungsbereitschaft, die Motivation oder die Bereitschaft, bei einem Unternehmen zu bleiben.

Nun wird es doch wieder einfach: Personal ist natürlich gleichzeitig alles zusammen.

Als Leser dieses Buches werden Sie schließlich in der Lage sein, virtuos mit den verschiedenen Bedeutungen des Begriffs Personal umzugehen und den unterschiedlichen Anforderungen jeder der Sichtweisen gerecht zu werden. Vielleicht bevorzugen Sie ja wie ich für das Personal das Wort *Mitarbeiter* – denn hiermit wird ausgedrückt, dass eine Person Teil eines gemeinschaftlichen Arbeitszusammenhangs ist.

Die Funktion, die das Personal managt

Personalmanagement ist die betriebliche Funktion, die sich mit dem Personal von Unternehmen beschäftigt und für dessen Arbeit die unternehmensbezogen sinnvollen Rahmenbedingungen schafft.

Unabhängig davon, ob es durch eine eigene Abteilung in Großunternehmen oder nur durch eine oder wenige Personen im kleinen oder mittelgroßen Unternehmen bewältigt wird:

- ✔ Personalmanagement soll durch seine Kompetenzen dafür sorgen, dass genügend Mitarbeiter mit ausreichender Qualifikation und hohem Leistungspotenzial für die Unternehmensaufgaben zur Verfügung stehen.
- ✔ Personalmanagement soll verhindern, dass vor allem gut qualifizierte Mitarbeiter das Unternehmen verlassen.
- ✔ Personalmanagement soll dem Unternehmen in einer Zeit des Innovations- und Qualitätswettbewerbs nachhaltige Wettbewerbsvorteile auf seinen Märkten erschließen.
- ✔ Personalmanagement soll die personellen Ressourcen des Unternehmens – und indirekt das gesamte Unternehmen – durch ruhige wie auch durch wirtschaftlich turbulente Zeiten steuern.

Das Personalmanagement samt personeller Führung ist eine zentrale Unternehmensüberlebensfunktion. Es umfasst, Entscheidungen zu treffen, die unmittelbar mit Menschen im Unternehmen zu tun haben. Das bedeutet, dass sich Ihre Entscheidungen auf Menschen auswirken werden. Sie tragen die Verantwortung dafür, dass Ihre Entscheidungen gut sind und Nutzen sowohl für Ihr Unternehmen als auch für die Mitarbeiter stiften. Je gewissenhafter Sie sich darauf vorbereiten, desto eher werden Sie dieser Verantwortung gerecht.

Wie sich Personalmanagement und Organisationsaufgaben verzahnen

Als Einstieg in die schrittweise Entwicklung des Personalmanagements bietet sich die Frage nach dem »Was« an: Was für Aufgaben werden durch diese Funktion im Zeitablauf wahrgenommen, welche Inhalte stehen jeweils im Mittelpunkt?

Die Inhalte des Personalmanagements konzentrierten sich bis in die 1980er-Jahre hinein auf einen traditionellen Kern an Aufgaben. Der bestand aus den ursprünglichen Handlungsfeldern der Personalarbeit:

- der Personalplanung (Bestandsanalyse und Bedarfsbestimmung),
- der Personalbeschaffung und dem Personaleinsatz,
- der Personalführung und Personalentwicklung,
- der Personalentlohnung und
- der Personalfreisetzung.

Daneben stand als nahe Verwandte die klassische Organisationsfunktion, die Aufgaben der Planung, Durchführung, Steuerung und Kontrolle wahrnahm, vor allem konzentriert auf die Strukturierung des Unternehmens (Aufbauorganisation) und die Leistungserstellungsprozesse (Ablauforganisation).

Später und besonders im Laufe der 1990er-Jahre erfolgte eine schrittweise Ergänzung der Kernaufgaben des Personalmanagements: In dem Maße, wie Wirtschaft und Umwelt komplexere Aufgaben bereithielten – zu denken ist an neue Technologien wie das Internet, an die europäische und globale Vernetzung von Unternehmen und an einen intensiveren Wettbewerb um Kunden –, entstanden *Querschnittsfunktionen*, die Personalmanagement mit folgenden Bereichen kombinierten:

- Informationstechnologie,
- Arbeitsrecht,
- Marketing,
- Controlling und
- Internationalisierungsmanagement.

Parallel hierzu bemühte man sich auf der Seite der Organisationsfunktion um eine feinere Systematisierung der Gestaltungsfelder. Im Rahmen von *multiperspektivischen Ansätzen* erschloss man sich dort neue Themen jenseits der klassischen Organisation, kümmerte sich also neben Aufbau- und Ablauforganisation (»mechanisch«) um folgende Bereiche:

- die Unternehmensziele (»strategisch«),
- das Management des Unternehmenswachstums (»organisch«),
- die Unternehmenskultur (»kulturell«),
- das Wissensmanagement (»intelligent«) sowie
- das Management von Unternehmenskooperationen (»virtuell«).

Die bis dahin noch recht deutlich spürbare Trennung zwischen den Funktionen Personalmanagement und Organisation löste sich dann um die Jahrtausendwende auf. Im Zuge einer integrativen Neuordnung beider Funktionen bilden sich drei Bereiche aus:

- In der *strategischen Führung* verzahnen sich Personalmanagement und Organisation mit der Unternehmensführung. Es werden Aufgaben wie die Festlegung von Unternehmenspolitik und Unternehmensstrategie wahrgenommen, und zwar sowohl mit Blick auf den unternehmensexternen Absatzmarkt für die erstellten Leistungen als auch mit Blick auf die unternehmensintern verfügbare Ressourcenausstattung.

✔ Ein zweiter Bereich ist das *Change Management* mit dem Schwerpunkt auf Beratungsaktivitäten zum strategischen Wandel, das individuelle Personalentwicklung und kollektive Organisationsentwicklung miteinander verzahnt.

✔ Schließlich entsteht als dritter großer Bereich der *operative Service*, in dem es darum geht, mengenmäßig umfangreiche und möglichst standardisierbare Personal- und Organisationsaufgaben wirtschaftlich abzuwickeln. Das geschieht entweder in einem Dienstleistungsbereich des Unternehmens oder bei externen Dienstleistern, wobei diese dann mit Steuerungsinformationen versorgt und angemessen überwacht werden müssen.

Abbildung 1.1 fasst diese Entwicklung zusammen.

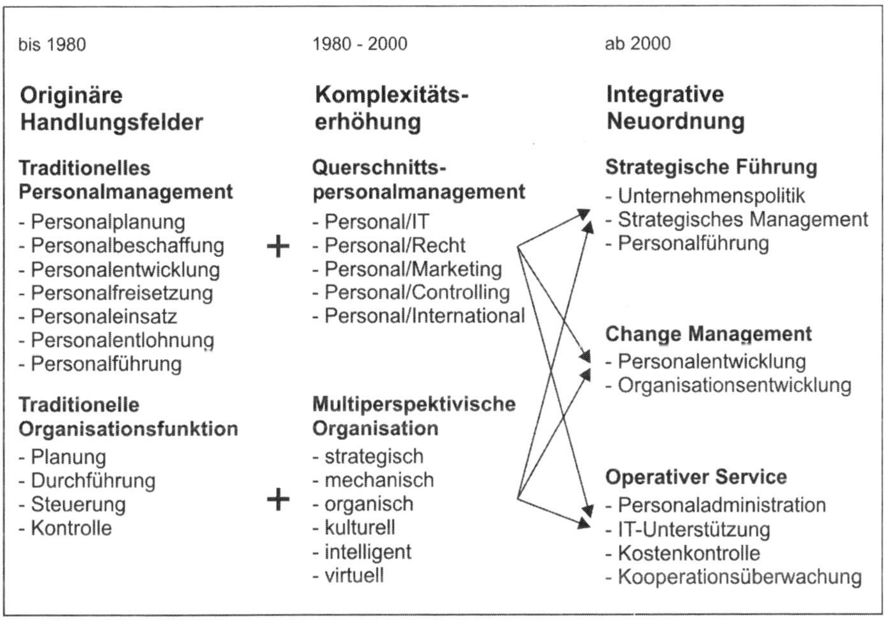

Abbildung 1.1: Verzahnte Entwicklung von Personalmanagement und Organisation

In modernen Unternehmen wird an das Personalmanagement häufig der Wunsch herangetragen, dass es alle neuen Aufgabenbereiche gleichermaßen übernimmt. So soll das Personalmanagement als *Business Partner* (sorry, in der Personalmanagementsprache werden immer diese englischen Begriffe verwendet!) die Unternehmensführung unterstützen, als *Change Agent* den ständigen Wandel begleiten und als *Service Center* ein professioneller interner Dienstleister für Personalmanagement- und Organisationsaufgaben sein.

Wenn wir ehrlich sind, wird schnell klar: All diese Funktionen gleichzeitig wird ein Personalmanagement nur in den seltensten Fällen stemmen können. Sie müssen daher dazu beitragen, dass das Personalmanagement keine übersteigerten Erwartungen weckt und dass es stattdessen eine ehrliche Rolle spielt, die es glaubwürdig einlöst.

Wer die Personalarbeit eigentlich verantwortet

Die zweite Frage, die sich zum Verständnis des Personalmanagements stellt, ist die nach dem »Wer«: Wer genau übernimmt die Verantwortung für Personalmanagementaufgaben? Auch hier ist die leichte Antwort »die Personalabteilung« nur ein Teil der Wirklichkeit.

Stellen Sie sich ein Unternehmen vor, das ein wenig größer ist und damit auch eine zentrale Personalabteilung hat – über das Personalmanagement in kleinen Unternehmen erfahren Sie in Kapitel 2 mehr. In diesem Unternehmen leiten weitere Linienführungskräfte andere Abteilungen wie etwa die Produktions- oder Vertriebsabteilung und auch Arbeitsgruppen wie Projektteams oder Montageteams. Sie sind in den Arbeitsbereichen, die über das Unternehmen verteilt sind, ebenfalls für personalwirtschaftliche Belange verantwortlich.

Betrachtet man die Entwicklung von Verantwortlichkeiten des Personalmanagements (siehe Abbildung 1.2), so wickelten in den 1980er-Jahren Personalabteilungen die Personalmanagementaufgaben unangefochten allein ab. Sie gaben inhaltliche Grundlinien vor und setzten die Personalführung, die Mitarbeiterkontrolle und die Personalverwaltung um. Dort, wo Aufgaben, vor allem die Personalführung von Mitarbeitern, bereits an Linienführungskräfte delegiert wurden, nahmen die Personalabteilungen dann immer noch von zentraler Warte die Kontrollfunktion wahr und überwachten, ob die Mitarbeiter sich tatsächlich gemäß den Vorstellungen des Unternehmens verhielten.

Im Laufe der 1990er-Jahre veränderte sich dieses Bild. Die Linienführungskräfte wurden immer stärker in die Personalmanagementaufgaben eingebunden. Sie entschieden nun dezentral mit über den Zuschnitt ihrer Abteilungen, über Ressourcen und über Ziele. Auch wurde ihnen mehr an direkter Führungsverantwortung für die Mitarbeiter übertragen, weil man erkannte, dass sich die organisationale Nähe von Führenden und Geführten positiv auf den Führungserfolg auswirkte. Waren vor allem die Kontrollaufgaben und einige Verwaltungsaufgaben auf die Linienführungskräfte übergegangen, konzentrierten sich die Personalabteilungen nun auf die Personalentwicklung von Mitarbeitern, Führungskräften und die Organisationsentwicklung des Unternehmens.

Auch über den Jahrtausendwechsel hinweg setzte sich die Aufgabenverschiebung fort: Während die Kontrollaufgaben der Linienführungskräfte und einige Führungsaufgaben allmählich auf die Mitarbeiter weiterdelegiert wurden, die sich über den Weg von Zielvereinbarungen und leistungsorientierter Entlohnung selbst hinsichtlich ihrer Leistung kontrollieren konnten und mussten, gingen nun die Personalentwicklungsaufgaben auf die Linienführungskräfte über. Sie sollten die Entwicklungsbedarfe ihrer Mitarbeiter direkt erfassen und auch mehr Verantwortung für die fachliche Qualität ihrer Mitarbeiter übernehmen. Die Personalabteilungen zogen sich aus vielen Einzelentscheidungen zu Karriere und Weiterbildung zurück, standen aber hierzu wie auch zu anderen grundlegenden Fragen zum Umgang mit dem Personal mit Rat zur Verfügung.

Eine nächste Stufe ist die Bewegung seit ungefähr 2010: Erneut verschieben sich Verantwortlichkeiten von den Linienführungskräften in Richtung der Mitarbeiter und gleichzeitig von den Personalabteilungen in Richtung der Linienführungskräfte. Im Hinblick auf die Mitarbeiter wird nun deren bislang dezentral-fremdgesteuerte Personalentwicklung zusätzlich zu einer Selbstentwicklung: Mitarbeiter sollen immer eigenständiger und eigenverantwortlicher die Möglichkeiten ihrer Entwicklung mit dem Unternehmen aushandeln.

Letztlich sind die Mitarbeiter inzwischen für ihr Lernen selbst verantwortlich. Darüber hinaus sollen sie sich immer selbstständiger über sogenannte *Employee-Self-Service-Systeme*, also intranetbasierte Mitarbeiter-Selbstbedienungssysteme, selbst verwalten. Zur gleichen Zeit geben die Personalabteilungen ihre Ratgeberfunktion an die Linienführungskräfte weiter, die – unterstützt durch ein Managementinformationssystem – den Mitarbeitern unterstützende Impulse zukommen lassen können. Die Personalabteilung wandelt sich dafür zu einem strategischen Business Partner der Unternehmensleitung, begleitet also Wandel- und Anpassungsprozesse im Unternehmen in ihren personalwirtschaftlichen und organisationalen Auswirkungen.

Welche Möglichkeiten der zukünftige Weg des Personalmanagements bringen wird, zeichnet sich bereits ab. Selbst wenn es nicht immer sinnvoll erscheinen mag: Es ist davon auszugehen, dass die Verschiebung weiterer Verantwortlichkeiten von Personalabteilungen auf Linienführungskräfte und von dort aus auf die Mitarbeiter zunächst anhalten wird – allein schon aus Kostengründen.

Das Prinzip, nach dem Unternehmen handeln, lautet: Wissen und Information sind Holschulden. Daher werden die Mitarbeiter noch stärker verantwortlich gemacht für ihre eigene Informationsversorgung. Die Linienführungskräfte ziehen sich damit aus der systematischen Beratungsfunktion zurück auf die Rolle eines fallweisen Informationsgebers (Coach), werden aber noch stärker als bislang in Anspruch genommen werden, wenn es um ihren unterstützenden Einsatz für die Unternehmensführung geht.

Was allerdings im Zuge dieses jahrzehntelangen *Empowerments* der Mitarbeiter, also deren Erhöhung von Selbstbestimmung und Selbstverantwortlichkeit, für die Personalabteilung an Aufgaben übrig bleiben wird, ist momentan umstritten: Es besteht die Gefahr, dass eine Personalabteilung nicht mehr als Zentralabteilung gebraucht wird und daher deren Reste ausgelagert werden – oder aber ihr gelingt es, neue Aufgaben zu finden und zu übernehmen.

Personalmanagement für Dummies zeigt auf, welch neue Vielfalt an Aufgaben sich der Personalabteilung über die bisher verantworteten Aufgaben hinaus erschließen können. Eines ist sicher: Selbst wenn Unternehmen auf ihre Personalabteilungen verzichten sollten, die Aufgaben des Personalmanagements sind unverzichtbar und werden bleiben.

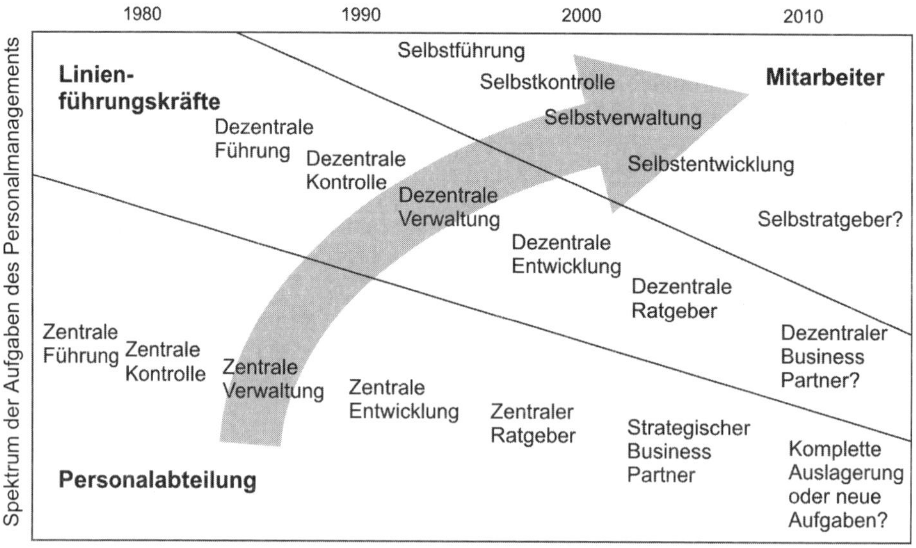

Abbildung 1.2: Verteilung von Personalmanagementaufgaben auf Akteure

Warum das Personalmanagement immer moderner wird

Eine weitere Frage wird das »Warum« des Personalmanagements sein: Warum tut sich im Personalmanagement so viel? Könnte man sich nicht mal auf einen Kern des Personalmanagements einigen und dann in Ruhe daran arbeiten?

Gerade die Denkrahmen, unter denen die Akteure die Personalmanagementaufgaben begreifen und gestalten wollen, ändern sich ständig – weil sich die Umwelt so schnell ändert. In dem Maße, in dem immer wieder ein anderer externer Druck neue Rahmenbedingungen für das Handeln setzt, verändern sich auch die Auffassungen, was jeweils »modernes Personalmanagement« ist (siehe Tabelle 1.1).

Dieser Druck macht vor keinem Unternehmen halt. Gerade kleinere und mittelgroße Unternehmen sind von konjunkturellen, technologischen, demografischen und kulturellen Verwerfungen und Herausforderungen viel unmittelbarer betroffen als Großunternehmen, die über vielfältige Puffer zum längerfristigen Aushalten und Abfedern von externem Druck verfügen.

Wenn Sie einen Blick in die Vergangenheit werfen, sehen Sie: Die Personalfunktion ist eine der jüngsten betrieblichen Funktionen, die Eingang in die Betriebswirtschaftslehre an Hochschulen gefunden haben, andere Funktionen wie Kostenrechnung und Produktion gibt es dort schon viel länger. Offensichtlich sind aber die ersten personalwirtschaftlichen Lehrstühle in den 1960er-Jahren »gerade zur rechten Zeit« entstanden, denn seit diesem Zeitpunkt kam dem betrieblichen Personalmanagement, das bis dahin vor allem rein administrativ ausgerichtet war, eine wachsende Bedeutung zu. Auslöser war die damals boomende Wirtschaft und das damit einhergehende Wachstum der Unternehmen.

Zeitrahmen	Neu aufkommender Druck	Modernes Personalmanagement ist ...	Fortschrittliche Zielrichtung
1960er		mehr als Improvisation	Personalverwaltung
1970er	Wachstum der Unternehmen	mehr als reine Verwaltungsfunktion	Planung/Organisation
1980er	Wirtschaftsdynamik in Deutschland	mehr als rein unterstützende Planungsfunktion	Personalentwicklung
1990er	Technologisierung, europäische Einigung, Globalisierung	mehr als reine Entwicklungsfunktion	strategischer Motor
2000er	gesellschaftlicher Wertewandel, Kulturvermischung, Vernetzung, weltweiter Wettbewerb	mehr als reiner Unternehmensvisionär	Ausrichtung auf Wertschöpfung unter Berücksichtigung der Interessen des Einzelnen
2010er	Wirtschafts- und Finanzkrise, demografische Verschiebungen, ökologische Herausforderung	mehr als reine Wachstumsfunktion	Nachhaltigkeit

Tabelle 1.1: Denkfortschritte des Personalmanagements

In den 1970er-Jahren wurde es daher notwendig, modernes Personalmanagement nicht mehr nur als rein intuitiv zu gestaltendes Handlungsfeld zu sehen, sondern als ein strategisch zu managendes Feld, dessen Aktivitäten möglichst im Vorhinein geplant und organisiert werden müssen. In allen traditionellen Kerngebieten des Personalmanagements setzte damals ein erster Professionalisierungsschub ein: Man entwickelte immer neue Erfolg versprechende Instrumente für die Personalarbeit und interessierte sich für die Effizienz des Personalmanagements. Allerdings wurde Mitte der 1970er-Jahre in Deutschland eine Rezession spürbar, die den Aufschwung der Personalfunktion etwas bremste.

Die 1980er-Jahre brachten mit sich, dass sich modernes Personalmanagement von der reinen Planungs- und Unterstützungsfunktion emanzipieren konnte und ein eigenes zentrales Feld entdeckte – die Personalentwicklung. Hier wollte und konnte die Personalfunktion erstmals systematisch eigene Impulse schaffen, die dem Unternehmen auch in längerfristiger Perspektive einen Nutzen versprachen. Aber auch hier kehrte keine Ruhe ein: Neuer Veränderungsdruck entstand aus der Dynamik der europäischen Einigung und der Globalisierung wie auch aus dem Beginn der flächendeckenden Technologisierung, vor allem mit Computern.

Daher wandelte sich der Denkrahmen der Akteure des Personalmanagements in den 1990er-Jahren hin zu einem Personalmanagement, das von sich forderte, mehr als eine reine Entwicklungsfunktion zu sein. Es wollte stattdessen strategischer Motor für die Unternehmensentwicklung werden. In diese Zeit fielen visionäre, zukunftsweisende Ideen wie die *virtuelle Personalabteilung* als Grundmodell für eine Personalarbeit in Unternehmen, deren Außengrenzen immer schwieriger zu bestimmen waren und deren Kooperationen immer stärker zunahmen. Im Zuge der zunehmenden internationalen Migration von Arbeitskräften entstand in dieser Entwicklungsphase ein neuer Druck aus der Vermischung von Kulturen sowie aus dem gesellschaftlichen Wertewandel, der die Verhaltensweisen der Mitarbeiter deutlich beeinflusste, zum Beispiel in Form einer höheren Freizeitorientierung und eines bewussteren Strebens nach Selbstverwirklichung.

Das führte dazu, dass in den 2000er-Jahren modernes Personalmanagement mehr sein wollte als eine Funktion, die eine Unternehmensvision nach der anderen entwickelt. Es strebte viel stärker als zuvor an, der Vielfalt der Mitarbeiter gerecht werden zu wollen, und betonte, wie wichtig der einzelne Mensch sei. Diese Ausrichtung auf den individuellen Mitarbeiter führte zur Wiederbelebung mitarbeiterorientierter Aktivitäten wie etwa Mitarbeiterbefragungen, aber auch zur Entwicklung neuer Instrumente wie der leistungsorientierten Entlohnung, den Employee-Self-Service-Systemen in der Personalverwaltung, Zielvereinbarungen, Leistungsbeurteilungen und Mitarbeitergesprächen in der Personalführung oder interkulturellen Trainings im Hinblick auf die Globalisierung. Kaum absehbar war, mit welcher Geschwindigkeit ein weiterer großer Druck auf die Personalfunktion zukommen würde, der sich aus der technologischen Vernetzung und der wachsenden Konkurrenz auf dem Weltmarkt ergab. Ab circa 2005 begriff sich modernes Personalmanagement daher noch stärker als Wertschöpfungsfunktion, die anderen Wertschöpfungsfunktionen im Unternehmen ebenbürtig sein wollte. Um das Unternehmen im harten Wettbewerb zu behaupten, war die volle Leistungsfähigkeit der Mitarbeiter gefordert, die jedoch nicht immer daran interessiert sind, sich ausschließlich für das Unternehmen einzusetzen. Daher ging es dem Personalmanagement vor allem um die Ausbalancierung von Unternehmensinteressen auf der einen Seite und Mitarbeiterinteressen auf der anderen Seite. Wenn da nicht plötzlich die Wirtschafts- und Finanzkrise, eine starke Verschiebung im demografischen Aufbau der Bevölkerung und dramatische ökologische Herausforderungen aufgekommen wären …

Die 2010er-Jahre stehen im Zeichen einer Neuorientierung des Personalmanagements hin zu einer Nachhaltigkeitsfunktion. Dieser Gedanke löst den Glauben an unbegrenztes Wachstum ab: Auch in Unternehmen wird nun versucht, Unternehmenserfolg mit längerfristigen Zielen zu verbinden. Es reift die Erkenntnis, dass jegliches personalwirtschaftliches Handeln Konsequenzen mit sich bringt, die auch nach einiger Zeit noch verantwortet werden müssen.

Fortschritte der Entwicklung des Personalmanagements fallen allerdings nicht vom Himmel. Vielmehr ist es ein ständiges Ringen um Position und Richtung des Personalmanagements. Gerade die Wirtschafts- und Finanzkrise zwischen 2008 und 2010 hat gezeigt, wie schnell sich bei Personalmanagern Zufriedenheit in vollkommene Ratlosigkeit, Massenentlassungen in die händeringende Suche nach Fachkräften und Problemignoranz in Problemdruck verwandeln.

Wer hier ab und zu einen Schritt zurücktritt und sich aus der Distanz anschaut, was er eigentlich personalwirtschaftlich gerade macht, hat die Chance, dem Unternehmen durch das Personalmanagement längerfristig zu nützen.

2 Personalstrategisches Selbstverständnis

In diesem Kapitel ...

- Kunden und Partner erkennen
- Bewusst Akzente setzen
- Unternehmenswachstum begleiten
- Selbstverständlich international denken

Sollte man Personaler fragen, welches personalstrategische Selbstverständnis sie haben, kommt das ins Spiel, was sie unhinterfragt als »normal« unterstellen. Sie nehmen ja im Rahmen des Personalmanagements eine Rolle ein, von der sie glauben, man würde sie allgemein für angemessen halten. Ob das tatsächlich so ist, merken sie jedoch erst, wenn sie dieses personalstrategische Selbstverständnis für sich formulieren und vielleicht sogar mit anderen Personen besprechen.

Eine solche Diskussion kann durchaus lohnen, weil Personaler dadurch ihre eigene Grundposition finden. Auf deren Grundlage versehen sie ihre Rolle als Personalverantwortlicher dann »mit einem roten Faden«. Ihre personalwirtschaftliche Arbeit wird von denen, die sie nutzen, als sicher, kompetent und glaubwürdig, da prinzipientreu, wahrgenommen. Ihr personalstrategisches Selbstverständnis ist also ganz grundlegend für ihre weitere personalwirtschaftliche Arbeit. Ich überdenke daher in diesem Kapitel, für wen Personalmanagement gemacht wird, was Mitarbeiter für das Unternehmen sind und als was Sie sie in Ihrer Rolle als Personaler wahrnehmen. Dann zeichne ich den Weg nach, den Sie und das Personalmanagement nehmen, wenn das Unternehmen entsteht und wächst. Am Schluss des Kapitels begründe ich, warum Personalmanagement als Grundfunktion eines globalisierten Unternehmens weltweit mit der gleichen Kompetenz und Qualität durchgeführt werden sollte.

Wenn Personaler Personalmanagement gestalten und verantworten wollen, liegt es an ihnen, aus dieser Aufgabe etwas zu machen: etwas Sinnvolles, etwas Wertschöpfendes, etwas Besonderes. Sie können allerdings nur dann deutliche Akzente setzen, wenn ihnen selbst bewusst ist, wie sie Personalmanagement verstehen. In dem Moment, in dem Personaler weder eine eigene Linie für ihr Personalmanagement sehen noch eine eigene Linie für ihr Personalmanagement haben, werden auch alle anderen Personen um sie herum keine Linie entdecken.

Die Frage, die sich Personaler stellen sollten, lautet also zunächst einmal: »Als was begreife ich Personalmanagement und für wen ist es da?«

Personalmanagement hat Kunden und Partner

Jedes Interesse an einer vernünftigen Personalarbeit lässt sich auf Personen oder Einrichtungen zurückführen, die davon profitieren wollen. Das Personalmanagement wird also von Interessen- oder Anspruchsgruppen (im Englischen *Stakeholder*) in die Pflicht genommen. Sie äußern ihre Ansprüche und haben eventuell auch die Macht, sie durchzusetzen. Doch nicht jede Anspruchsgruppe ist gleich wichtig, einige kann man eher vertrösten als andere. Spricht man von »Kunden« (die etwas vom Personalmanagement wollen) und »Partnern« (mit denen das Personalmanagement gemeinsam etwas gestalten will), verlieren die Anspruchsgruppen auch gleich einen Großteil ihrer Bedrohlichkeit.

Die Vielfalt lässt sich ordnen

Will man die Anspruchsgruppen des Personalmanagements systematisieren, so kann man dies anhand ihrer Nähe zum Kernbereich des Personalmanagements tun. Tabelle 2.1 gibt einen ersten Überblick, den ich danach erläutern werde.

Ganz nah am Kernbereich des Personalmanagements	Noch im Unternehmen	Schon außerhalb des Unternehmens
✔ zukünftige Mitarbeiter	✔ Betriebsrat	✔ Outsourcing-Anbieter
✔ neue Mitarbeiter	✔ Führungskräfte	✔ Zeitarbeitsunternehmen
✔ leistende Mitarbeiter	✔ Unternehmensleitung	✔ Tarifpartner (Gewerkschaften und Arbeitgeberverbände)
✔ bleibende Mitarbeiter	✔ Produktionsabteilung	✔ Investoren
✔ ausscheidende Mitarbeiter	✔ Finanz- und Rechnungslegungsabteilung	✔ Unternehmensberatungen
✔ ehemalige Mitarbeiter	✔ IT-Abteilung	✔ Staat
	✔ Personalabteilung	✔ Öffentlichkeit
	✔ Auslandsstandorte	

Tabelle 2.1: Die Anspruchsgruppen des Personalmanagements

Ganz nah am Kernbereich des Personalmanagements

Im Kernbereich befinden sich die Mitarbeiter in ihren unterschiedlichen Formen:

✔ *zukünftige Mitarbeiter*, die das Personalmanagement als Bewerber anspricht und nach Möglichkeit für die Arbeit im Unternehmen gewinnen will

✔ *neue Mitarbeiter*, die das Personalmanagement sachlich, zeitlich und räumlich in den Arbeitsprozess des Unternehmens integriert

✔ *leistende Mitarbeiter*, die das Personalmanagement für ihre Arbeit entlohnt

✔ *bleibende Mitarbeiter*, die das Personalmanagement täglich führt und sie dem Unternehmen langfristig erhält

✔ *ausscheidende Mitarbeiter*, die das Personalmanagement verabschiedet

✔ *ehemalige Mitarbeiter*, zu denen das Personalmanagement Kontakt hält

Noch im Unternehmen

Auch im Unternehmen gibt es im Hinblick auf die Personalarbeit viele Partner des Personalmanagements, die entweder Leistungen abnehmen oder aber Rahmenbedingungen des Personalmanagements formen:

- ✔ der *Betriebsrat*, mit dem das Personalmanagement als Partner der betrieblichen Mitbestimmung zusammenarbeiten muss
- ✔ die *Führungskräfte*, denen das Personalmanagement vermittelt, was eine gute Führung im Unternehmen ist und wie Führungsprobleme gelöst werden können
- ✔ die *Unternehmensleitung*, die in ihren Entscheidungen die Belange des Personalmanagements berücksichtigen soll
- ✔ die *Produktionsabteilung*, deren Produktivität nicht zuletzt vom Einsatz der Mitarbeiter abhängt
- ✔ die *Finanz- und Rechnungslegungsabteilung*, die dem Personalmanagement den finanziellen Rahmen vorgibt
- ✔ die *IT-Abteilung*, die das Personalmanagement in ihren Systemen abbilden soll
- ✔ Die *Personalabteilung*, die ebenfalls Interesse an einem vernünftigen Personalmanagement hat
- ✔ die *Auslandsstandorte*, die trotz ihrer räumlichen Entfernung an der personellen Vernetzung mit dem unternehmensweiten Personalmanagement interessiert sind und von ihm mit Mitarbeitern aus der Heimat versorgt werden

Schon außerhalb des Unternehmens

Auch im Umfeld des Unternehmens bewegen sich viele Anspruchsgruppen des Personalmanagements, die nicht vernachlässigt werden dürfen:

- ✔ *Outsourcing-Anbieter*, auf die das Personalmanagement Teile seiner Arbeit verlagern kann
- ✔ *Zeitarbeitsunternehmen*, die befristet externe Mitarbeiter bereitstellen und so dem Personalmanagement mehr Flexibilität verschaffen
- ✔ *Tarifpartner*, die als Gewerkschaften und Arbeitgeberverbände die Rahmenbedingungen für die Entlohnung der meisten Mitarbeiter prägen
- ✔ *Investoren*, die dem Unternehmen Geld geben, aber darauf schauen, ob das Unternehmen innerlich gesund ist und ob das Personalmanagement mit Ressourcen wie den Mitarbeitern wertschöpfend umgeht
- ✔ *Unternehmensberatungen*, die dem Personalmanagement Handlungsimpulse von außen bringen können
- ✔ der *Staat*, dessen Gesetze das Personalmanagement einhalten muss
- ✔ die *Öffentlichkeit*, in der das Personalmanagement als ein wichtiger Botschafter des Unternehmens wahrgenommen wird und mit der das Personalmanagement in vielen Formen kommuniziert

Beziehung zu Kunden und Partnern

Die Beziehung zwischen dem Personalmanagement und seinen Anspruchsgruppen ist keine Einbahnstraße, auf der immer nur eine Seite fordert und die andere liefert. Es herrscht vielmehr »Gegenverkehr«, bei dem das Personalmanagement zunächst aus seiner Perspektive die Aktivierung der Zusammenarbeit übernimmt.

Aktivierung: Was will das Personalmanagement von dem Kunden oder Partner? Was will das Personalmanagement wissen und haben und einfordern, damit es zur Wertschöpfung des Unternehmens beitragen kann? Das Personalmanagement will damit seine personalwirtschaftlichen Interessen zur Geltung bringen.

Daraufhin arbeitet das Personalmanagement die zuvor aktivierten Aufgaben ab, tut also etwas für die Kunden oder Partner oder nimmt deren Interessen, Informationen und Rückmeldungen entgegen.

Dienstleistung: Was will der Kunde oder Partner vom Personalmanagement? Was will der Kunde oder Partner wissen und haben und einfordern, damit er von sich aus seine personalwirtschaftlichen und sonstigen Potenziale optimal ausnutzen kann? Das Personalmanagement muss liefern – und damit dient es nicht nur dem Kunden oder Partner, sondern dem gesamten Unternehmen.

Im Ergebnis entsteht ein auf die einzelnen Anspruchsgruppen bezogenes Personalmanagement, bei dem das Personalmanagement zwei aktive Rollen hat: die der Aktivierung und die der Dienstleistung. Alle vier Aktivierungs-Dienstleistungs-Zusammenhänge, die in Tabelle 2.2 zeilenweise genannt sind, müssen in jeder einzelnen Kunden- oder Partnerbeziehung des Personalmanagements bearbeitet werden.

Aktivierung durch das Personalmanagement	Dienstleistung durch das Personalmanagement
Ich will für meine Arbeit Informationen und Rückmeldung von euch.	Ich nehme eure Informationen und Rückmeldungen entgegen und baue sie in meine Arbeit ein.
Ich will, dass ihr etwas für mich tut.	Ich nehme eure Leistung entgegen und baue sie in meine Arbeit ein.
Ich will wissen, welche Informationen und Rückmeldungen ihr von mir erhalten wollt.	Ich gebe Informationen und Rückmeldungen.
Ich will wissen, was ich für euch tun soll.	Ich erledige Arbeit für euch.

Tabelle 2.2: Beziehung des Personalmanagements zu seinen Kunden und Partnern

Personal als Gewinn für jedes Unternehmen

Personalmanagement zu begreifen beginnt auch damit, das Personal als etwas in den Blick zu rücken, das sich zu verstehen lohnt. Zunächst als Gruppe von Menschen im Unternehmen, die im Grunde freiwillig dazu bereit sind, in einer vorgegebenen Richtung zu arbeiten, um gemeinsam Ziele zu erreichen, die sie nie allein erreichen könnten. Dann aber auch als

Gruppe von Menschen, von denen man hofft, dass sie sich emotional an das Unternehmen binden und mit Freude die gemeinsamen Ziele verfolgen. Im personalwirtschaftlichen Selbstverständnis von Personalern ist daher umgekehrt genauso Platz für eine emotionale Bindung an ihre Mitarbeiter.

Mitarbeiter: Nicht wirklich »Eigentum« des Unternehmens

Im Normalfall gehen Personaler davon aus, dass alles, was vom Unternehmen gestaltet wird, vom Unternehmen auch gestaltet werden darf. Das Unternehmen – vor allem in Form seiner Führungskräfte als Vertreter der Interessen des Unternehmens – ist ermächtigt, Entscheidungen zu treffen. Diese Ermächtigung resultiert aus sogenannten *Eigentumsrechten*: Wer das Eigentum an einer Sache hat, darf diese Sache nutzen, sich ihre Erträge aneignen, diese Sache verändern und diese Sache veräußern.

In diesem Sinne sind sehr viele Dinge, die es in einem Unternehmen gibt, Eigentum der Eigentümer: Geld, Maschinen, Materialien, Vorprodukte, Fertigprodukte, Grundstücke, Gebäude, Autos, Computer, Patente und vieles mehr. Alles gehört jemandem. Die Eigentumsrechte erlauben es diesen Personen, über all diese Sachen zu verfügen.

Nur im Hinblick auf die Mitarbeiter verhält es sich anders: Hier verfügt das Unternehmen nicht über ein Eigentumsrecht, sondern lediglich über ein eingeschränktes »Nutzungsrecht«. Schließlich sind die Mitarbeiter nicht Sklaven des Unternehmens und das Eigentum an Menschen ist in unserem Wirtschaftssystem nicht vorgesehen. Dennoch sind die Mitarbeiter ein Teil des immateriellen Vermögens des Unternehmens. Aus den damit zusammenhängenden Besonderheiten ergeben sich drei wichtige Konsequenzen:

- ✔ Während in einer normalen Bilanz eines Unternehmens dessen gesamtes Eigentum auf geführt wird, tauchen die Mitarbeiter dort nicht als Bilanzposition auf. Sie sind eben kein Eigentum des Unternehmens.
- ✔ Mitarbeiter verändern sich während ihrer »Nutzung« anders als Sachen. So können Mitarbeiter in der Qualität ihres Wissens oder in ihrer allgemeinen Motivation nachlassen oder aber stärker werden, was zu einer Schwankung des zur Verfügung stehenden Wertes führt.
- ✔ Mitarbeiter sind nicht allein ein Verfügungsobjekt des Unternehmens, sondern ein – in bestimmten Grenzen – autonom handelndes Subjekt im Unternehmen. Mitarbeiter treffen eigene Entscheidungen, bis hin zur Kündigung des Arbeitsverhältnisses.

Das Verfügen eines Unternehmens über seine Mitarbeiter hat demnach eine andere Qualität als das Verfügen über »richtiges Eigentum« des Unternehmens.

Personaler sind weniger derjenigen, die Mitarbeiter wie Schachfiguren hin und her schieben, als vielmehr derjenigen, die die Mitarbeiter als Individuen, als einzelne Persönlichkeiten im Blick halten und mit ihnen gemeinsam ihren Einsatz verabreden. Mitarbeiter sind das *Potenzial* des Unternehmens, mit dem das Unternehmen Erfolge erzielt und Gewinn erwirtschaftet. Personaler müssen dafür sorgen, dass dieses Potenzial tatsächlich diese Erfolge erzielen und Gewinn erwirtschaften kann.

Eingebildete und wahre Kenntnis der eigenen Mitarbeiter

Seien wir doch mal ehrlich: Wie genau können Personaler ihre Mitarbeiter »kennen«? Es ist schon schwer genug, seinen Lebenspartner zu kennen, seine Kinder, einzelne Nachbarn, einzelne Kollegen. Noch schwieriger ist es, eine ganze Gruppe von Mitarbeitern zu kennen, geschweige denn alle Mitarbeiter eines Unternehmens. Denn kennen müsste man im Idealfall die einzelnen Persönlichkeiten, ihre offenen wie die verdeckten Stärken und Schwächen, ihre Erwartungen und Wünsche, ihre Werte und Einstellungen, ihre Motivation und Leistung.

Weil dies für alle Mitarbeiter – auch wenn es wenige sein sollten – wohl kaum möglich ist, verallgemeinern Personalverantwortliche ihre Wahrnehmungen über einzelne Mitarbeiter. Sie bilden im Kopf »Schubladen«, in die sie die Mitarbeiter nach Typen einordnen. So gibt es die Fleißigen und die Faulen, die Schlauen und die Doofen, die Teamfähigen und die Einzelgänger, die Egoisten und die Altruisten, die Offenen und die Verschlossenen und viele weitere Typen. Intuitiv haben Personaler dann ein Gefühl dafür, welcher Mitarbeiter für sie in welche Schublade gehört.

Damit sind Personaler bei *Stereotypen*, also Vorurteilen, angelangt und wissen: Ihren Mitarbeitern werden sie in der Regel vielleicht gerade noch durchschnittlich gerecht, aber nicht in jedem Einzelfall.

Vieles, was Personaler über die Mitarbeiter zu wissen meinen, ist eingebildet oder geht in ihren Verallgemeinerungen unter. Die wahre Kenntnis der eigenen Mitarbeiter hält sich in engen Grenzen. Je näher sie jemanden kennen, desto eher können sie diese Person auch einschätzen. Aber alle Mitarbeiter werden Personaler im Detail nicht kennen können.

Personalverantwortliche können jedoch lernen, differenzierter auf die einzelnen Mitarbeiter zu schauen. Dann erkennen sie, dass trotz gleicher Schublade eine unterschiedliche Ansprache verschiedener Mitarbeiter sinnvoll sein könnte. Und wenn sie dann einen realistischen Blick auf die Mitarbeiter entwickeln, ist es nicht weit dahin, dass sie auch einen realistischen Blick darauf werfen wollen, wo ihr Unternehmen gerade steht.

Von null auf hundert: Wenn das Unternehmen wächst ...

Unternehmen werden »geboren« – sie sind also nicht von vornherein große, erfolgreiche Weltkonzerne. Auch Weltkonzerne wie SAP, Daimler oder Adidas haben mal ganz klein angefangen. Was für eine Rolle spielt das Personalmanagement am Anfang? Nun, ebenfalls eine nur ganz kleine.

Geburt eines Unternehmens

Am Anfang eines Unternehmens stehen Idee und Vision eines oder mehrerer Unternehmensgründer. Diese Personen wollen etwas Geschäftliches unternehmen und fangen mit der Umsetzung an. Oder sie schreiben einen Geschäftsplan, um für ihre Ideen Unterstützung von Dritten zu bekommen, zum Beispiel Geld und gute Tipps. Die Eigentümer des *Start-up*, des neuen Unternehmens, leiten meist zunächst selbst das Unternehmen. In ihren Aufgabenbereich fällt dann auch alles, was mit Personal zu tun hat. Häufig ist das noch gar nicht viel, denn zu Beginn eines Unternehmens mit zwei bis vier Mitarbeitern scheint eine Personalarbeit noch nicht notwendig zu sein.

Als Leser von *Personalmanagement für Dummies* ahnen Sie bereits, dass man dennoch auch gleich zu Anfang eines neuen Unternehmens mit der Personalarbeit beginnen sollte. Schließlich stehen wichtige Fragen im Raum:

- ✔ Wer führt und wer wird geführt?
- ✔ Soll notwendiges Wissen auf mehrere Personen verteilt werden?
- ✔ Soll man sich schon weiterbilden?
- ✔ Wie regeln sich Arbeitszeiten, Urlaub, Gehaltsauszahlung?
- ✔ Wie werden die Gewinne verteilt?
- ✔ Wer motiviert wen?
- ✔ Ab wann soll man sich um neue Mitarbeiter kümmern?

Sie können diese Fragen natürlich gar nicht erst stellen oder sie bei vollem Bewusstsein der dahinterstehenden Problematiken dennoch ignorieren. Aber das neue Unternehmen ist ungeachtet dessen darauf angewiesen, dass sich der ursprüngliche Schwung der Gründung fortsetzt. Fatal ist es für ein neues Unternehmen, wenn die Mitarbeiter nach kurzer Zeit frustriert abspringen, weil sie sich nicht auf den Weg des Wachstums mitgenommen fühlen. In der Managementliteratur spricht man hier von einer »Säuglingssterblichkeit« von Unternehmen – die es natürlich mithilfe einer bewussten personalwirtschaftlichen Orientierung von Anfang an zu vermeiden gilt.

Kindheit eines Unternehmens

In kleinen und wachsenden Unternehmen wird häufig – wenn auch nicht immer – die Unternehmensführung durch den oder die Eigentümer wahrgenommen. Diese *Einheit von Eigentum und Führung* bringt einige Konsequenzen für den Umgang mit den Mitarbeitern und damit für die personelle Führung insgesamt mit sich.

In dem Maße, wie die Gründer bei allen Mitarbeitern präsent sind und direkten Kontakt pflegen, beeinflussen sie alle Systeme der personellen Führung. Eine solche Anfangssituation eines neuen Unternehmens zeichnet sich durch die besondere Nähe zwischen dem Unternehmer und den Mitarbeitern aus. Dieser persönliche Einfluss auf die Mitarbeiter durch direkte Anweisungen und direkte Information, direkte Rückmeldungen und das unmittelbare Vorleben von Leistungsprinzipien und unternehmenskulturellen Grundwerten kann bei den Mitarbeitern besonders motivierend wirken. Fragen der Mitarbeiter können direkt durch den Unternehmer beantwortet und so Fehlerquellen vermieden werden. Gemeinsam probiert man viele Möglichkeiten, die sich für das Unternehmen ergeben, sozusagen spielerisch aus.

Andersherum besteht auch für die Mitarbeiter eine große Nähe zu gesamtstrategischen Entscheidungen. Dieser Vorteil wird besonders für solche Mitarbeiter wichtig, die gern Verantwortung im Unternehmen übernehmen möchten: In neuen und wachsenden Unternehmen haben sie eher die Möglichkeit dazu als in etablierten Großunternehmen.

Mit zunehmender Größe eines Unternehmens geht, da sich Hierarchiestufen im Unternehmen herausbilden, allerdings die direkte Präsenz des Unternehmers für die Mitarbeiter immer stärker verloren. In Großunternehmen schließlich ist die Distanz zum Unternehmer derartig ausgebildet, dass häufig Anonymität besteht. Eine Folge ist der Rückgang des direkten Einflusses des Unternehmers auf die Mitarbeiter. Wenn der Unternehmer die Mitarbeiter nicht mehr persönlich zu Motivation und Leistung begeistern kann, müssen anderweitige Wege zu Motivation gefunden werden.

Gerade in der Kindheitsphase eines Unternehmens bietet es sich an, sich zum Zweck des Aufbaus einer motivierten und leistungsfähigen Belegschaft der Nähe des Unternehmers zu den Mitarbeitern bewusst zu werden und deren Vorteile bewusst einzusetzen. Der Gründer sollte nicht alle Entscheidungen allein treffen und alle Arbeit an sich ziehen, denn mittel- und langfristig müssen sowieso die wachsenden Arbeitsmengen auf alle Mitarbeiter verteilt werden.

Eine weitere personalwirtschaftliche Besonderheit ist die nur zögerlich einsetzende *Institutionalisierung* des Personalmanagements in kleinen Unternehmen, also das Ausmaß, in dem das Personalmanagement geregelt wird und sich als eigenständige Funktion im Unternehmen etabliert.

Unternehmen in der Gründungsphase zeichnen sich zunächst durch ihre Orientierung auf ihre Leistungserstellung hin aus: Wichtig sind die Herstellung des Produkts oder der Dienstleistung sowie deren Vertrieb. Im Vordergrund stehen damit Existenzaufbau und Existenzsicherung des Unternehmens.

Die professionelle Ausgestaltung des Personalmanagements wird in jungen Unternehmen oftmals noch nicht in den Vordergrund gerückt. Das spiegelt sich unter anderem in dem Fehlen einer Personalstrategie oder einer Personalpolitik, in einem unstrukturierten Bewerbungsmanagement und durch die vielfach fehlenden Personalentwicklungsmöglichkeiten der Mitarbeiter wider.

Sehr wenige Kleinstunternehmen haben eine eigenständige Personalabteilung. Die Personalarbeit wird vom Gründer oder Unternehmer übernommen beziehungsweise auf das Sekretariat übertragen und verharrt im Stadium der reinen Personalverwaltung. Aufgaben wie die Beschaffung neuer Mitarbeiter werden meist vom Unternehmer selbst durchgeführt. Allerdings ist der Umfang der Personalarbeit gerade in der Gründungsphase auch noch nicht ganz so groß wie in Unternehmen, die von ihrem Umsatz her und personell bereits gewachsen sind.

Ein Vorteil eines noch nicht organisierten Personalmanagements liegt bei kleineren Unternehmen darin, dass die Zusammenarbeit zwischen den (wenigen) vorhandenen Mitarbeitern sehr informell gehalten werden kann. Diese *Informalität,* also der spontane und nicht durch Regeln beeinflusste Umgang miteinander, resultiert aus der Nähe von Eigentümer und Mitarbeitern. Das Erfahrungswissen des Unternehmers kann ohne viele Umwege an die entsprechenden Mitarbeiter weitergegeben werden. Hierdurch besteht zudem der Vorteil, dass das Personalmanagement weniger bürokratisch bewältigt wird als in Großunternehmen. Wachsame Personaler vermeiden darüber hinaus die typischen Nachteile der Informalität, die sich aus dem »Alles-einfach-vor-sich-hin-laufen-Lassen« ergeben können, wenn man nicht aufpasst:

- ✔ Wer auch in kleinen Unternehmen Mitarbeiter über betriebliche Vorgänge systematisch und ausreichend informiert, vermeidet, dass wichtige Informationen für Personalmanagemententscheidungen, die den Erfolg beeinflussen, fehlen.
- ✔ Wer auch in kleinen Unternehmen Mitarbeiter hinsichtlich Personalmanagement und Personalführung systematisch schult, verhindert, dass strategische und damit weiter in die Zukunft reichende Personalmanagementaufgaben hauptsächlich vom Eigentümer selbst durchgeführt werden, die Tätigkeiten des operativen Personalmanagements dagegen von Mitarbeitern, die zufällig Kapazitäten frei haben, sodass dann jedoch niemand diese Aufgaben qualitativ hochwertig durchführt.

Häufig werden in neuen Unternehmen Mitarbeitern erst dann Weiterbildungsmaßnahmen angeboten, wenn bei Bildungslücken Misserfolge sichtbar werden und das Stopfen dieser Lücken direkten Einfluss auf den Unternehmenserfolg verspricht. Weiterbildung bezieht sich dann auf reine Produkt-, EDV- und Vertriebsschulung. Mitarbeiter hinsichtlich ihrer persönlichen Entwicklungspotenziale zu schulen, also ein wenig auch »um ihrer selbst willen«, wird dann genauso als »Luxus« angesehen wie Schulungen, die Personalmanagement zum Thema haben.

Gerade wachsende Unternehmen sollten ihre Mitarbeiter möglichst gut qualifizieren – je früher damit begonnen wird, desto besser. Denn im Vergleich zu Großunternehmen haben die Mitarbeiter kleinerer Unternehmen relativ häufiger Außenkontakte, weil sich die notwendigen Außenkontakte auf weniger Mitarbeiter konzentrieren. Das bedeutet, dass die Unternehmensumwelt in direkten Kontakt mit vielen Mitarbeitern des wachsenden Unternehmens kommt. Ein wenig professionelles Auftreten dieser Mitarbeiter fällt auf das Unternehmen zurück. Sind die Mitarbeiter aber gut weitergebildet, arbeiten und führen sie nicht nur im Unternehmen qualitativ hochwertiger, sie vermitteln dann auch ein positives Bild des Unternehmens nach außen.

Jugend eines Unternehmens

Tritt ein Unternehmen in die Wachstumsphase ein und etabliert sich auf den Absatzmärkten, aber auch schon im Arbeitsmarkt, so ändert sich vieles allmählich. Es reicht oftmals nicht aus, dass wichtige personalwirtschaftliche Angelegenheiten immer noch von Nichtpersonalern durchgeführt werden, denen es möglicherweise an Professionalität mangelt (die ich in Kapitel 4 vorstelle). Irgendwann fällt es im Unternehmen auf, dass wichtige Aufgaben der Personalarbeit geordnet und organisiert durchgeführt werden müssten.

Mit zunehmender Unternehmensgröße, aber auch mit zunehmendem Unternehmensalter steht dann nicht mehr nur die Sicherung des Überlebens des Unternehmens im Vordergrund, es rückt vermehrt eine Mitarbeiterorientierung in den Blickwinkel der Unternehmenstätigkeiten. Als Folge ist eine zunehmende Strukturierung und Planung von Personalmanagementaktivitäten zu verzeichnen, die häufig in einer kleinen und dann stetig wachsenden Personalabteilung resultiert. Aber auch mittelgroße Unternehmen haben im Durchschnitt nicht mehr als eine dreiköpfige Besetzung der Personalabteilung.

Eine Faustregel besagt, dass sich bereits ab etwa 200 zu betreuenden Mitarbeitern die Einrichtung einer Stelle zur Erledigung des betrieblichen Personalmanagements wirtschaftlich lohnt und dass die Einrichtung einer solchen Stelle ab etwa 500 zu betreuenden Mitarbeitern zwingend notwendig ist.

Ein Personalmanagement, das sich ausschließlich auf die Personalverwaltung konzentriert, kann natürlich keine besonderen Kernkompetenzen in seiner Personalarbeit aufbauen. Daher ist es in sich entwickelnden Unternehmen sinnvoll, mit der Zeit den Bogen von der operativen Personalarbeit zu strategischeren Aufgaben des Personalmanagements zu schlagen.

Das Personalmanagement kann zudem dazu beitragen, typische Probleme eines sich entwickelnden Unternehmens abzufedern. Das betrifft zum Beispiel meist in Phasen auftretende Führungskrisen, bei denen häufig das geschulte Personalmanagement den Übergang auf die nächste Phase einleitet und begleitet:

- ✔ Wenn die Kreativität der Gründungsphase mit ihrer von allen geteilten, aber interpretationsfähigen Vision allein nicht mehr ausreicht, ein Unternehmen in eine eindeutige Richtung zu entwickeln, und die Mitarbeiter mit der Zeit orientierungslos werden, werden straffere Führungsstile benötigt.
- ✔ Wenn dann die straffere, engere Führung die Freiräume der Mitarbeiter zu sehr einschränkt, müssten eigentlich Aufgaben an Mitarbeiter delegiert werden, also Aufgaben sowie die Verantwortung für die Aufgabenerledigung.
- ✔ Wenn dann vor lauter Aufgabenumverteilung an die Mitarbeiter die Leistungserstellung des Unternehmens insgesamt nicht mehr ausreichend zusammengeführt und kontrolliert werden kann, wäre die Zeit reif für eine sinnvolle bürokratische Koordination.
- ✔ Wenn dann jedoch eine Überbürokratisierung einsetzen sollte, müsste die übersteigerte Verwaltung durch Führungskonzepte ergänzt werden, die den gemeinsamen Teamgeist wieder stärker aktivieren.

Personalmanagementprofis kennen solche Problemmuster. Sie können das Unternehmen auch im Vorhinein auf diese Muster einstellen und ihre Konsequenzen vielleicht schon abmildern. Außerdem federn sie die typischen Probleme »reifender Unternehmen« ab, die etwa dann entstehen, wenn der Gründer das Unternehmen verlässt und dessen Schicksal in andere Hände gibt. Dieser Übergang ist besonders kritisch und muss gelingen, da das Unternehmen ansonsten schnell wieder eingehen kann.

Personalstrategisches Selbstverständnis darf von der Unternehmensgründung an, vor allem aber während der Etablierung des Unternehmens, ruhig selbstbewusst sein. Schon von den Anfängen eines Unternehmens an müssen Personalmanagementaufgaben bewältigt werden, wenn auch nicht in einer eigenständigen Abteilung. Die Fähigkeiten von personalwirtschaftlich geschulten Mitarbeitern werden vom Tage eins an gebraucht.

Wir arbeiten in einem globalisierten Umfeld

Heutzutage ist es selbstverständlich, dass die meisten Unternehmen international tätig sind, was auch Auswirkungen auf das Personalmanagement hat.

Mitarbeiter stammen aus vielen Ländern und haben unterschiedliche Herkunft, unterschiedliche kulturelle Prägungen und vielleicht Migrationserfahrungen. In der Regel ist eine Belegschaft eines Unternehmens kulturell divers. Diese Diversität ergibt sich nicht nur durch Zufall, sondern auch aufgrund der zunehmenden Internationalisierung des Arbeitsmarkts: Sie führt dazu, dass Unternehmen von sich aus im Ausland nach Spezialisten suchen. In kulturell diversen Belegschaften begegnen sich Menschen mit unterschiedlicher kultureller Prägung. Das Personalmanagement kann die Mitarbeiter dabei unterstützen, mögliche kulturbedingte Konflikte zu minimieren und zu bewältigen und darüber hinaus einen zusätzlichen Nutzen aus der kulturellen Unterschiedlichkeit zu ziehen.

Viele Unternehmen, auch kleinere und mittelgroße, sind im Ausland vertreten. Sie suchen die Nähe ihrer internationalen Kunden und richten dort manchmal Vertriebsbüros oder eigene Auslandsstandorte ein. Zudem erfolgt die Produktion von Gütern nicht immer nur in den Industrieländern, sondern auch dort, wo die Produktionskosten für geringer gehalten werden. Mitarbeiter aus dem Stammland des Unternehmens werden als sogenannte Expatriates ins Ausland geschickt, meistens für eine begrenzte Zeit. Sie müssen dann vor Ort mit fremden Kulturen zurechtkommen. Das Personalmanagement kann sie darauf vorbereiten und die Auslandsentsendung organisieren.

Unternehmen machen mit internationalen Kunden Geschäfte und kooperieren mit Partnern aus vielen Ländern. Die Zusammenarbeit in internationalen Teams sowie Verhandlungen in fremden Ländern erfordern Methoden und Kompetenzen, die ein international ausgerichtetes Personalmanagement vermitteln kann.

In den vergangenen Jahrzehnten haben sich nicht nur die Unternehmen globalisiert, sondern auch das Personalmanagement. Das personalstrategische Selbstverständnis richtet sich daher darauf aus, Personalarbeit unabhängig vom Einsatzort und Kulturkreis überall gleichmäßig kompetent durchzuführen.

Sobald Personalmanagementaufgaben internationale Bezüge zeigen, kommen einige international ausgerichtete Wissensgebiete hinzu:

- ✔ *Interkulturelles* Personalmanagement bedeutet zu verstehen, was Landeskultur ist und worin sich verschiedene Landeskulturen unterscheiden. Immer wenn es Berührungen von Menschen unterschiedlicher Kulturen gibt, muss in die Führung dieser Personen einbezogen werden, dass es Passungen und Nichtpassungen kultureller Eigenschaften gibt und dass man mit kulturellen Stereotypen umgehen muss.
- ✔ *Landesspezifisches* Personalmanagement bedeutet, dass die Personalarbeit die Länder, in denen oder mit denen das Unternehmen arbeitet, ganz genau kennen sollte. Das Personalmanagement muss sich auf die Besonderheiten und Erfordernisse dieser einzelnen für das Unternehmen wichtigen Länder ausrichten, also genau wissen, an welche kulturellen Gegebenheiten es sich anpassen sollte, aber auch, von welchen kulturellen Gegebenheiten es sich bewusst abgrenzen kann, um erfolgreich zu sein.

- *Internationales* Personalmanagement bedeutet, die üblichen – bereits national zu bewältigenden – Aufgaben der Personalarbeit vor dem Hintergrund der gewählten Internationalisierungsstrategie um grenzüberschreitende Aspekte anzureichern, etwa in die Personalentwicklung die Auslandsvorbereitung aufzunehmen oder im Rahmen der Personalentlohnung entstehende Kaufkraftunterschiede zwischen verschiedenen Ländern auszugleichen, sodass die Expatriates keine Nachteile durch ihre Auslandsentsendung erfahren.

Dennoch sind die Kernaufgaben des Personalmanagements im nationalen wie im internationalen Rahmen sehr ähnlich: Es müssen hier wie dort Personalplanungen durchgeführt, Mitarbeiter müssen beschafft, entlohnt, weitergebildet oder geführt werden. Auch die Querschnittsfunktionen des Personalmanagements sind sowohl national wie international gefragt. Personalmanagement kann als Grundfunktion eines Unternehmens im globalisierten Unternehmen angesehen werden.

Personalarbeit mal Kollektiv gleich Unternehmenskultur

3

In diesem Kapitel ...

- In Kollektiven denken
- Informelle Kommunikation verstehen
- Unternehmenskultur systematisieren
- Werte effektiv managen

Was macht eine Familie aus? Jedes Mitglied hat eigene Wünsche, eigene Freiräume, eigene Rollen, eigene Pflichten. Innerhalb der Familie geht es auch schon einmal hoch her, es werden Interessen abgeglichen und Konflikte ausgetragen. Aber in dem Moment, in dem man nach außen als Familie auftritt, ist man plötzlich »eins«: Man identifiziert sich miteinander, man lässt auf die anderen Familienmitglieder nichts kommen, man vertritt gemeinsame Interessen. Offensichtlich gibt es in den Köpfen der Familienmitglieder ein gemeinsames Bild davon, wer und was man gemeinsam ist, sozusagen als Kollektiv.

Unternehmen sind wie eine Familie: Ihre Mitglieder, die Mitarbeiter und Führungskräfte, haben ebenfalls eigene Wünsche, eigene Freiräume, eigene Rollen und eigene Pflichten. Und sie entwickeln ein gemeinsames Bild davon, was sie als Unternehmen eigentlich ausmacht: die Unternehmenskultur. Dieses Kapitel erklärt Ihnen, wie Unternehmenskultur entsteht, welche Funktionen sie im Personalmanagement hat, wie Sie die Unternehmenskultur in Ihrem Unternehmen analysieren und wie Sie sie beeinflussen können.

Über den Einzelnen hinaus denken

In Unternehmen entwickelt sich durch das Zusammenwirken der Mitarbeiter ein Interaktionsnetzwerk. Aus dessen Netzwerkstruktur resultieren Eigendynamiken, die wiederum Dinge hervorbringen, die dem Unternehmen gar nicht bewusst sind: Durch bereits vorhandene Gegebenheiten, durch Kommunikation und durch gemeinsame Interpretation entwickelt sich ungeplant und ungesteuert eine Sichtweise, die alle Mitarbeiter mehr oder weniger teilen. Diese Art kollektiven Bewusstseins nennt man Unternehmenskultur.

Informelle Kommunikation als Mechanismus

Wo Menschen gemeinsam arbeiten, zeichnen sich Unternehmen – neben der formalen und damit organisatorisch so vorgesehenen Kommunikation – durch eine informelle, also nicht explizit geregelte, Struktur und auch durch eine informelle Kommunikation aus.

Die *formale Kommunikation* im Unternehmen ist die offizielle Kommunikation zwischen Führungskraft und Mitarbeiter oder zwischen verschiedenen Abteilungen – aber immer »auf dem vorgesehenen Dienstweg« oder in »offiziellen Meetings«. Sie ist hinsichtlich der Inhalte und Abläufe geregelt, man kann sich auf formal zustande gekommene Kommunikationsergebnisse weitgehend verlassen und vor allem prägt sie das Erscheinungsbild eines Unternehmens nach innen und außen.

Die *informelle Kommunikation* dagegen läuft außerhalb der formalen Strukturen jederzeit und unverbindlich ab, dafür aber hoch eigendynamisch. Beispiele sind das Gespräch in der Kaffeeküche oder der »Flurfunk«, bei dem Mitarbeiter die neuesten Gerüchte austauschen. Informelle Kommunikationsprozesse entziehen sich zentralen Vorgaben oder Steuerungsinstrumenten, beeinflussen sie aber. Wenn sich Mitarbeiter jenseits der offiziellen Hierarchie kennenlernen, sich beiläufig austauschen und wechselseitig vertrauen, erleichtert das auch die formale Kommunikation. Entlang der Bedürfnisse und Interessen von Individuen entstehen in Unternehmen informelle Kommunikationsnetzwerke mit ihnen eigenen Subkulturen.

Unternehmenskultur als Resultat

Ab dem Moment, in dem sich kommunikative Prozesse selbst verstärken, geht es dann nicht mehr um den einzelnen Mitarbeiter allein, sondern um alle Mitarbeiter zusammen als Kollektiv. Unternehmenskultur ist ein sich selbst organisierendes, soziales Phänomen.

Unternehmenskultur ist niemals nur die Kulturvorstellung einer Einzelperson, also beispielsweise eines Unternehmensgründers oder eines hochrangigen Managers: Der Hauptinhalt von Unternehmenskultur ist, was die Mitarbeiter gemeinsam für richtig und falsch, für gut und schlecht halten. Unternehmenskultur ist damit der Oberbegriff für die in einem Unternehmen geteilten Wertvorstellungen und Normen. Die Unternehmenskultur umfasst den Identitätskern des gesamten Unternehmens.

Unternehmenskultur – so hat es der Managementforscher Christian Scholz grundlegend als *Dualitätsprinzip* formuliert – hat einen prägenden Einfluss auf das Verhalten der Mitarbeiter, aber das Verhalten wirkt seinerseits prägend auf die Unternehmenskultur zurück.

Ein kulturbewusstes Personalmanagement stellt sich auch auf nicht geplante Prozesse ein, die sich auf der Ebene aller Mitarbeiter ergeben. Zwar sind die Gestaltungsmöglichkeiten des Personalmanagements aufgrund der Eigendynamik von Unternehmenskultur begrenzt, dennoch gibt es Eingriffs- und Korrekturmöglichkeiten. Personalarbeit für und im Kollektiv aller Mitarbeiter ist immer auch Unternehmenskulturarbeit.

Unternehmenskultur – und hier ist sich die entsprechende Forschung, die unter anderem auf den amerikanischen Psychologen Edgar H. Schein zurückgeht, seit Langem einig – manifestiert sich auf einer unsichtbaren und auf einer sichtbaren Ebene:

- ✔ Auf der unsichtbaren Ebene, also in den Köpfen der Mitarbeiter, gibt es konkrete Wertvorstellungen: Zum Beispiel findet man gute Qualität aller Produkte für unverzichtbar oder ist der Meinung, dass das Unternehmen vor allem für seine Mitarbeiter da sein sollte, oder man will immer die technologisch anspruchsvollste Problemlösung finden, egal was dies kostet. Es befinden sich auf der unsichtbaren Ebene aber auch ganz grundlegende Annahmen über das Leben an sich: Zum Beispiel teilen die Mitarbeiter die Vorstellung, Risiko sei immer gut (oder eben immer schlecht), andere Menschen seien einem von vornherein freundlich gesonnen (oder eben feindlich gesonnen), man müsse alles Erreichte bewahren (oder eben permanent nach Veränderungen suchen). Solche Grundannahmen werden in der Regel gar nicht mehr reflektiert, sondern sind eine vollständig unbewusste Grundlage menschlichen Handelns.

✔ Auf der sichtbaren Ebene, also im Erscheinungsbild des Unternehmens, spiegeln sich diese Wertvorstellungen und Grundannahmen dann wider: So etwa im Verhalten der Mitarbeiter (ob sie beim ersten Kontakt freundlich und offen sind oder erst mal abweisend und zugeknöpft), in Strukturen und Prozessen (die sich beispielsweise konsequent auf Qualität ausrichten oder auf Technik oder auf die menschliche Komponente) und sogar im Erscheinungsbild von Gebäuden, Büros und den Mitarbeitern selbst (die auf den ersten Blick schon nach Offenheit oder Abschottung, Tradition oder Moderne und vielem mehr aussehen können). Aufgeschrieben werden die Wertvorstellungen manchmal auch, und zwar in Unternehmensleitbildern und Führungsleitbildern.

Unternehmenskultur kann man hören

Nicht nur Geschriebenes transportiert die Unternehmenskultur an die unternehmensinterne wie auch unternehmensexterne Öffentlichkeit. Ein wichtiges Feld sind die Lieder, Jingles in Telefonwarteschleifen, Melodien eines Unternehmens, kurz: die »Corporate Acoustics«. Wer erinnert sich nicht an die eine oder andere Erkennungsmelodie eines Unternehmens – selbst wenn es das Unternehmen schon längst nicht mehr gibt: »Mit dem grünen Band der Sympathie« war die Erkennungsmelodie der Dresdner Bank, die vielen noch lange, nachdem sie nicht mehr verwendet wurde, und lange, nachdem es das Unternehmen gar nicht mehr gibt, im Ohr ist.

In den USA oder in Japan ist das weiter verbreitet als in Deutschland: Unternehmen geben bei Textern und Komponisten eine Unternehmenshymne in Auftrag, mit der sie bei den Mitarbeitern das Gemeinschaftsgefühl wecken und den unternehmensinternen Zusammenhalt stärken wollen. Darüber hinaus betonen die Unternehmenslieder häufig, wie wichtig jeder einzelne Mitarbeiter für Leistung, Kreativität oder Markterfolg ist, was zur Motivation beitragen soll. Anlässe sind runde Gründungsjubiläen des Unternehmens, bei denen es etwas zu feiern gibt, wodurch ein angemessener Rahmen zur Präsentation des Unternehmenslieds gegeben ist.

Aufpassen muss das Personalmanagement, dass der Inhalt des Unternehmenslieds realistisch bleibt und dass der Umgang mit dem Unternehmenslied nicht den Eindruck erweckt, das Unternehmen benehme sich wie eine Sekte.

Das Bild in den Köpfen, das sich dann Außenstehende – nicht also die Mitarbeiter des eigenen Unternehmens – vom Unternehmen machen, nennt man im Unterschied zur Unternehmenskultur das Außenbild oder Image.

In dem Maße, wie die Unternehmenskultur sich stimmig auf der sichtbaren Ebene widerspiegelt und wie dies ebenso stimmig im Image der Außenstehenden reflektiert wird, spricht man von der *Corporate Identity*, also dem Einssein des Unternehmens mit sich selbst. Je größer die Überdeckung von Unternehmenskultur, Erscheinungsbild und Außenimage ist, desto stärker ist die Unternehmensidentität. Aus ihr heraus kann ein Unternehmen dann auch *authentisch* auftreten, scheint also »ganz bei sich« zu sein.

Die Inhalte von Unternehmenskultur, also Werte und Normen, Rituale und Spielregeln, Geschichte und Tradition, geteilte Emotionen und Gefühle, kurz: die kollektive »Sicht der Welt«, werden als die *weichen Faktoren* des Unternehmens bezeichnet. Hier verstärkt sich durch ein parallelisiertes geistiges Einschwingen der Mitarbeiter ihre gemeinsame Resonanz. Mitarbeiter und Kunden reagieren sehr sensibel auf diese Faktoren. Im Gegensatz hierzu erschließen die *harten Faktoren* die Welt des Geldes, der Kosten, der mechanistischen Strukturen und der erhebbaren Daten.

Unternehmenskultur hat viele Funktionen

Der hauptsächliche Grund dafür, dass sich das Personalmanagement auch mit der Unternehmenskultur befasst, liegt darin, dass es die Werte und Normen dazu nutzen möchte, um bezogen auf die Mitarbeiter die Unternehmensziele umzusetzen und Unternehmenserfolg hervorzubringen. Die strategische Ausrichtung eines Unternehmens ist nur ein Baustein des Unternehmenserfolgs: Die Kulturgemeinschaft der Mitarbeiter muss aber letztlich dafür sorgen, dass die strategischen Zielvorstellungen auch umgesetzt werden.

Meist werden mehrere primäre Funktionen von Unternehmenskultur benannt, die dem Oberziel der Mitarbeitersteuerung dienen:

- Sie *identifiziert* die Mitarbeiter mit ihrem Unternehmen, indem sie deren Zugehörigkeit zum Unternehmen und den vorherrschenden Konsens symbolisiert.
- Sie *legitimiert* und *koordiniert* das Arbeitsverhalten der Mitarbeiter durch das Bestimmen der »zulässigen« Handlungsfreiräume und der als »akzeptabel« angesehenen Handlungsabläufe.
- Sie *motiviert* die Mitarbeiter, indem sie den gemeinsamen Sinn des Arbeitens ins Blickfeld rückt und zu Kreativität, kollektivem Lernen und Sichentwickeln anregt.
- Sie *hilft bei Konfliktlösungen*, indem sie auf der Metaebene durch den Rückgriff auf die Gemeinsamkeiten die Kommunikation über die Konfliktsituationen erleichtert.
- Sie *profiliert* das Unternehmen, indem sie die Abgrenzung zu anderen Unternehmen erlaubt.

Dabei ist Unternehmenskultur nicht nur etwas, was von selbst passiert, und auch nicht nur ein beliebtes Gestaltungsfeld des Personalmanagements: Unternehmenskultur ist auch eine Anforderung der Mitarbeiter an Unternehmen. Sie fällen ihre Entscheidung, in ein Unternehmen einzutreten und dort mitzuarbeiten, häufig danach, ob sie der Meinung sind, sie passten zur Unternehmenskultur und die Unternehmenskultur passte zu ihnen.

Unternehmenskultur ist nicht nur durchgehend positiv zu bewerten, sondern kann auch negative Effekte mit sich bringen: So neigen zu starke Unternehmenskulturen – denken Sie nur an Sekten – dazu, das unternehmensinterne Denken und Handeln so zu verfestigen, dass neue Herausforderungen in der Aufgabenumwelt nicht mehr wahrgenommen und deren Konsequenzen ignoriert werden (Inflexibilität) oder dass strategische Veränderungen von vornherein abgeblockt werden (Innovationsfeindlichkeit). Der Satz »Das haben wir noch nie so gemacht«, der immer wieder Neues verhindert, ist ein Beispiel für eine solche Erstarrung.

Zudem können krankhafte (sogenannte »pathologische«) Unternehmenskulturen entstehen, wenn neurotische Stile einzelner einflussreicher Personen, also zumeist Führungskräfte, in der Unternehmenskultur die Oberhand gewinnen und dann in der kollektiven Dynamik übersteigert werden.

Werte erkennen, Werte schaffen, Werte leben

Dem Personalmanagement kommt die Aufgabe zu, Unternehmenskultur wahrzunehmen und dann, wenn sie die unternehmerische Zielerreichung behindern könnte, angemessen gegenzusteuern. Ansonsten müssen die unternehmenskulturellen Werte auch konsequent gelebt werden. Allerdings sind sowohl die Wahrnehmung als auch das Gegensteuern und damit die Kulturbeeinflussung gar nicht so einfach möglich, weil sich vieles auf der unbewussten Ebene abspielt.

Der unternehmenskulturelle Status quo

Nicht jeder einzelne Mitarbeiter des Unternehmens ist in der Lage, die Unternehmenskultur in Worte zu fassen. Aus der individuellen Sichtweise heraus ist es schwierig zu beurteilen, welche Wertvorstellungen sich in der kollektiven Unternehmenskultur durchgesetzt haben. Wenn Sie den Stand der unternehmenskulturellen Dinge in Ihrem Unternehmen erfahren möchten, müssen Sie mehr tun, als einen einzigen Mitarbeiter zu fragen:

- ✔ Entweder starten Sie eine Mitarbeiterbefragung, in deren Rahmen Sie – oder auch Unternehmensexterne – mögliche Werte und unternehmenskulturelle Eigenschaften bei einer größeren Zahl von Mitarbeitern abfragen. So bekommen Sie eine objektivierte Datenbasis, die mittels statistischer Verfahren auswertbar ist und zu Kulturprofilen führt. Achten Sie jedoch darauf, dass Sie die Befragung nicht so formulieren, dass das Ergebnis lediglich eine Bestätigung Ihrer vorgefertigten Einschätzungen zur Unternehmenskultur liefern kann, denn dann täuschen Sie sich nur selbst.
- ✔ Die Alternative besteht darin, dass Sie als Mitglied des Unternehmens in einer beobachtenden Rolle am Unternehmensgeschehen teilnehmen und subjektiv zu erfahren und zu erspüren versuchen, welcher gemeinsame Sinnzusammenhang vorherrscht, und dies dann allein, im Idealfall aber mit anderen Beobachtern gemeinsam interpretieren.

Sie können natürlich auch beides kombinieren. Hierbei spielt das Bezugssystem eine große Rolle: Ein Unternehmen hat keine einheitliche Unternehmenskultur, sondern verschiedene Subkulturen – in Teams, in Projekten, in Abteilungen, an einzelnen Standorten. Diese Subkulturen können voneinander auch abweichen, auch wenn sie alle im gleichen Unternehmen bestehen. Unternehmenskultur ist zudem eingebunden in das vorherrschende kulturelle Umfeld und wird daher durch die Landeskultur der Beteiligten beeinflusst.

Als Ergebnis erhalten Sie üblicherweise ein Gesamtbild, das Licht und Schatten aufweist. Gerade das Unangenehme, das Sie entdecken, ist aber wichtig: Es zeigt Ihnen im Sinne eines Frühwarnsystems, wo Veränderungsbedarf besteht, der sich vor allem auf die Personalführung durch die Führungskräfte und durch das obere Management bezieht.

Wann immer Sie etwas erheben: Sie laden indirekt die Mitarbeiter zur Kommunikation ein und wecken die Erwartung, dass etwas verändert werden könnte. Diese müssen Sie dann mit der Perspektive versehen, dass die Erwartungen ansatzweise eingelöst werden. Und *was* immer Sie erheben: Sie erheben in der Regel nur eine Momentaufnahme. Wenn Sie auf der Basis Ihrer Erkenntnisse zur Unternehmenskultur eine Veränderung anstreben, müssen Sie wissen, dass sich die Unternehmenskultur auch bereits von selbst im Zeitablauf verändert. Warten Sie also nicht zu lange mit der Reaktion, denn sonst starten Sie Ihren unternehmenskulturellen Veränderungsprozess unter falschen, da inzwischen veränderten Voraussetzungen!

Es soll anders werden

Die Unternehmenskultur kann auf zweierlei Arten beeinflusst werden:

- ✔ Der erste Weg geht davon aus, dass Unternehmenskultur effektiv gelehrt und gelernt werden kann, und basiert auf der Einsicht der Mitarbeiter in offengelegte Zusammenhänge. Kulturworkshops versuchen daher, die Ergebnisse von Kulturerhebungen zu präsentieren und dabei die unerwünschten Sachverhalte tadelnd hervorzuheben, die gewünschten Szenarien aber als attraktiv zu kommunizieren. Dies kommt einem Versuch zur Steuerung der Unternehmenskultur gleich, wobei davon ausgegangen wird, dass bestimmte Kulturreize stabil zu ähnlichen kollektiven Kulturreaktionen führen. Kritiker könnten auch von Manipulationsversuchen sprechen.
- ✔ Der zweite Weg besteht darin, unmittelbar als Teil des Kollektivs auf das gemeinsame Verändern von Kultur hinzuwirken. Der Anstoßgeber für unternehmenskulturelle Veränderung beteiligt sich selbst an der Arbeit der Gruppe, erklärt und diskutiert Sinn und lässt sich auf den länger andauernden, behutsamen Prozess der Kulturevolution ein. Gemeinsame Erfahrung kann mittels qualitativ-interaktiver Methoden unterstützt werden, etwa in Form eines gemeinsamen Outdoor-Trainings im Kletterpark, einer psychologisch geleiteten Unternehmensaufstellung oder des Unternehmenstheaters, in dem die Unternehmenskultur als Theaterstück gespielt wird.

Auch wenn eine Unternehmenskultur zuvor als passabel oder stimmig oder gut geeignet diagnostiziert wurde, kann das Personalmanagement trotzdem im Sinn einer personalwirtschaftlichen Daueraufgabe an ihr weiterarbeiten.

Positive Emotionalisierung

Dem Personalmanagement kommt im Zusammenhang der Unternehmenskultur die Aufgabe zu, einen positiv belegten Rahmen für das kollektive Arbeiten im Unternehmen zu schaffen und aufrechtzuerhalten.

Geht es bei der Arbeit nicht letztlich um Zufriedenheit, Freude, Glück? Obwohl diese Stichworte für die meisten betriebswirtschaftlich geschulten Entscheider zunächst unökonomische Tabuthemen sind, liegen gerade in ihnen die spannenden Inhalte, die Personalmanagement zu einem attraktiven Arbeitsfeld machen. »Ich will etwas mit Menschen machen!« als Motivation, im Personalmanagement zu arbeiten, ist die unmittelbare Übersetzung dafür, sich auch um Zufriedenheit, Freude und Glück anderer kümmern zu wollen.

Personalmanagement ist nur auf der einen Seite Dienstleister im Unternehmen und Geschäftspartner anderer betrieblicher Funktionen mit dem Ziel, den ökonomischen Erfolg des Unternehmens zu sichern. Auf der anderen Seite ist Personalmanagement in seiner auf das Kollektiv bezogenen Rolle dafür verantwortlich, die positive Energie und Emotionalität aufrechtzuerhalten und sich als ständig laufender Motor für Kreativität, Innovation und Veränderung zu begreifen.

Positive Emotionalisierung ist damit die Ausrichtung des gemeinsamen Denkens und Fühlens auf das Positive und nicht auf das Negative. Das Personalmanagement kann den Führungsverantwortlichen beibringen, dass sie als Vorbilder die motivierenden Kernwerte des Unternehmens einlösen und vorleben, und dass sie hierbei glaubwürdig sein müssen.

Mit positiver Emotionalisierung lassen sich Wettbewerbsvorteile auf dem Arbeitsmarkt erlangen. Ein Unternehmen, das sich durch eine positiv aufgeladene Unternehmenskultur von anderen Unternehmen abhebt, wirkt als attraktiverer Arbeitgeber. Dagegen weckt es bei emotionaler Leere weder Motivation noch Einsatz bei seinen Mitarbeitern.

Unternehmenskulturoptimierung und Unternehmenserfolg

Die Unternehmenskultur wird im Unternehmen besonders durch die Beschreibung der *Kulturarten* fassbar: So werden gemäß ihres Zeitbezugs Unternehmenskulturen beispielsweise dadurch beschrieben, wie intensiv sie sich auf Vergangenheit, Gegenwart oder die Zukunft ausrichten. Auch die Normen charakterisieren Unternehmenskulturen, wenn zum Beispiel von Kunden-, Mitarbeiter-, Innovations-, Kosten- oder Technologiekultur die Rede ist.

Unternehmenskulturen lassen sich auch durch ihre *Kulturstärke* beschreiben. Hierzu zählt, wie klar und umfassend die vermittelte unternehmenskulturelle Zielvorstellung ist, wie viele Mitarbeiter sich von der Unternehmenskultur leiten lassen und wie kulturdurchdrungen das unternehmerische Handeln tatsächlich ist. Zu starke Unternehmenskulturen können auch negative Wirkungen haben:

- ✔ Autoritäre Unternehmenskulturen behindern durch ein Klima aus Misstrauen, Angst, Repression und Distanz das Zustandekommen von offener Kommunikation.

- Unternehmenskulturen mit starken Vorgaben ideologischer Denkmuster können zu Schubladendenken und Dogmatisierung führen und so die Beschäftigung mit Alternativen verhindern.
- Stark auf Kontrolle fokussierte Unternehmenskulturen neigen zu einer Kommunikation, die sich selbst verteidigt und damit vom Wesentlichen des Unternehmens ablenkt.
- Starke Unternehmenskulturen, in denen sich unter den Mitarbeitern das Gefühl von Hilflosigkeit und Fatalismus breitgemacht hat, verhindern effektive Problemlösung.

Die Vielzahl möglicher Blockaden zeigt bereits an, dass nicht jede starke Unternehmenskultur zum Unternehmenserfolg beiträgt.

Hinsichtlich der Wirkung der Kulturstärke auf den Führungserfolg gibt es ein Optimum, ab dem eine weitere Verstärkung der Unternehmenskultur den Erfolg wieder vermindert. Den Punkt zu treffen, bei dem möglichst viele erwünschte Kultureffekte eintreten, gleichzeitig aber viele drohende Blockaden vermieden werden, ist eine der schwierigen Aufgaben des Personalmanagements. Insbesondere muss das Personalmanagement darauf achten, dass die (starke) kulturelle Führung keine Impulse aussendet, die einem gegebenenfalls ebenso stark ausgeprägten nicht-kulturellen Führungssystem widersprechen.

Will das Personalmanagement die Unternehmenskultur zum Positiven verändern, kann es damit beginnen, indem es an den Kulturen einzelner Teilbereiche des Unternehmens ansetzt. Die sogenannten Subkulturen lassen sich viel gezielter an die unterschiedlichen Arbeitszusammenhänge im Unternehmen anpassen. Unternehmensweite Kulturstärke ist damit nicht mehr vorrangig: Vielmehr wird es wichtig, in einem ersten Schritt lokale Stimmigkeiten zwischen Arbeitszusammenhang und Subkultur herzustellen und in einem zweiten Schritt alle Subkulturen hinsichtlich einer gemeinsamen Werteschnittmenge aufeinander abzustimmen. Dadurch wird die Beschäftigung mit Unternehmenskultur zwar komplexer, aber dafür auch konkreter handhabbar.

Wenn sich das Personalmanagement von der Annahme verabschiedet, es gebe nur eine einzige Unternehmenskultur für das Unternehmen, hat es die Chance, zu einer Unternehmenskulturvielfalt zu gelangen. Daraus folgt dann auch eine entsprechende Kommunikationsvielfalt.

Die bewusste Gestaltung von Unternehmenskultur und Unternehmenserfolg gehen Hand in Hand. Umstritten sind jedoch in der Diskussion Ursache und Wirkung: Während die eine Position der Meinung ist, dass eine intensive Gestaltung von Unternehmenskultur den Unternehmenserfolg steigert, geht die Gegenposition davon aus, dass sich gerade Unternehmen, die bereits erfolgreich sind, den Luxus leisten können, sich um die Unternehmenskultur besonders intensiv zu kümmern. Welche Position sich auch immer in der weiteren Forschung zur Kausalitätsfrage durchsetzt: Die Bedeutung der Unternehmenskultur bleibt davon unangetastet.

Leitbild »Professionelles Personalmanagement«

4

In diesem Kapitel …

- Auf Profiniveau arbeiten
- Professionalität verstehen
- Durch Unprofessionalität entstandene Schäden vermeiden
- Nutzen der Professionalisierung erschließen

In diesem Kapitel möchte ich Ihnen die Professionalisierung des Personalmanagements näherbringen. Sie ist für Sie Anspruch und Weg zugleich. Anspruch, weil Professionalisierung die Messlatte für Ihr personalwirtschaftliches Handeln hochhängt. Weg, weil Sie die Aufgaben des Personalmanagements mit Bezug auf die Professionalisierung durchdenken und Schritt für Schritt verbessern können. Die Professionalisierung des Personalmanagements wird in *Personalmanagement für Dummies* an vielen Stellen aufgegriffen. Im Folgenden erfahren Sie, warum sie erforderlich ist, welche Bestandteile sie umfasst und was sie Ihnen bringt.

Das Bessere erwarten

In einem Unternehmen nehmen sich die Abteilungen und Projektteams gegenseitig wahr. Im Tagesgeschäft werden dauernd Urteile gefällt wie »die sind gut« oder »bei denen klappt ja gar nichts«. Das Personalmanagement wird von vielen Personen aus dem Unternehmen und über seine Grenzen hinaus wahrgenommen. Umso wichtiger ist, dass das Urteil positiv ausfällt. Am besten: »Die wissen genau, was sie tun – und was sie tun, hat Hand und Fuß«.

Nachdenken und Vorausdenken als Daueraufgabe

Eine ausführliche Grundsatzdiskussion darüber, was die Professionalität des Personalmanagements ausmacht, findet in zeitlichen Wellen von etwa 25 Jahren statt. 1961 greift der erste personalwirtschaftliche Lehrstuhl einer deutschen Universität den Bedarf auf, Personalmanagement als betriebswirtschaftliche Funktion zu verstehen und zu gestalten. Mitte der 1980er-Jahre wird intensiv diskutiert, welches Ausmaß an Wissen, Handlungsautonomie und ethischer Grundausrichtung für das Personalmanagement gebraucht wird. Im Laufe und nach der Wirtschafts- und Finanzkrise 2009 stellen sich diese Fragen erneut, weil man inzwischen fast schon ein komplettes »ABC der Herausforderungen« zusammenbekam – beginnend mit alternde Belegschaft, Bindungsmanagement, Corporate Social Responsibility, Diversitätsmanagement, Employer Branding und so weiter. Noch immer interessieren

- die relevanten *Aufgaben* für die Personalarbeit sowie die passenden *Lösungen*,
- die *Rolle* des Personalmanagements im Unternehmen und für das Unternehmen und seine zugrunde gelegte *Ethik* sowie
- die angemessene *Organisation* von Strukturen und Prozessen des Personalmanagements.

Das zusammen soll ein professionelles Personalmanagement in einer komplexer werdenden Umwelt ermöglichen.

Professionelles Personalmanagement ist das Ergebnis einer Personalarbeit, die den jeweils aktuellen wie auch den sich abzeichnenden Herausforderungen möglichst gerecht wird und die Erwartungen unterschiedlicher Kunden des Personalmanagements an die zur Verfügung gestellten Lösungswege erfüllt. Die Personalarbeit soll dabei nicht inhaltliches Mittelmaß, sondern eben »Profiniveau« erreichen: die Ziele erreichen und dabei kein Geld verschwenden, keine unerwünschten Fern- und Nebenwirkungen hervorrufen und vorausschauend den eingegangenen Verantwortlichkeiten gerecht werden.

Professionalisierung besteht aus »neuem Denken« und »neuem Handeln«. Wer auf Profiniveau arbeiten möchte, dem helfen die folgenden Einsichten sicherlich weiter.

Warum Profis Amateure übertreffen

Lassen Sie uns auf der Akteursebene beginnen. Die für die Personalarbeit Verantwortlichen können Personalmanagement »einfach mal machen«, also aus dem Bauch heraus und rein intuitiv. Gerade das Personalmanagement scheint dem »gesunden Menschenverstand« recht leicht zugänglich zu sein: Schließlich hat fast jeder Mensch in seinem Leben schon einmal außerhalb von Unternehmen Führungsverantwortung übernommen, sei es in der Familie, im Freundeskreis, im Sportteams, in Vereinen, in der Kirche oder in Parteien. Auch wenn das ohne besondere Ausbildung funktioniert haben sollte: Auf Dauer sollte man sich nicht darauf verlassen, dass immer alles von selbst gut geht.

Professionelle Personalakteure üben ihren Beruf – ihre »Profession« – besonders gut aus. Sie haben ihre personalwirtschaftlichen Grundlagen in der Betriebswirtschaftslehre, in der Arbeitspsychologie oder im Arbeitsrecht gelegt, sich vom Neuling zum Experten entwickelt, letztlich gelernt, welches Wissen und welche Fähigkeiten für die erfolgreiche Bewältigung ihrer berufsspezifischen Herausforderungen nötig sind, und können sie auch einsetzen. Sie übernehmen dann in urteilssicherer Abschätzung ihrer Handlungsfolgen Verantwortung im Sinne eines Mit- und Vorwärtsdenkens aus Unternehmensperspektive, um das Weiterbestehen des Unternehmens zu sichern.

Genauso notwendig wird es, das vorhandene Wissen eines professionellen Personalakteurs vor dem Ausscheiden dieser Person aus dem Unternehmen systematisch weiterzugeben, also eine professionelle Wissensstafette einzurichten.

Mit dem Qualitätsaspekt professionellen Arbeitens samt nachgewiesenen Ergebnissen geht häufig die Steigerung des berufsbezogenen Sozialprestiges der Akteure einher: Sie werden im Unternehmen und darüber hinaus als glaubwürdige Experten respektiert. Auch entstehen berufsorientierte *Communitys*, Gemeinschaften wie etwa Vereine, Verbände oder Netzwerke mit dem Fokus auf Personalarbeit, in denen man Ansprüche an professionelles Arbeiten definiert und als *Best Practice*, also als ein besonders gutes Handlungsmuster, legitimiert.

Während sich Professionalität entwickelt, kann es unter den Personalakteuren zu Spannungen und zu Widerstand kommen: Den professionellen Personalakteuren mit ihrer sachbezogenen Autorität und ihrem Handlungsdrang stehen nach wie vor Mitarbeiter gegenüber, die aufgrund ihrer geringer ausgeprägten Fähigkeiten und Kompetenzen befürchten, dass dies im direkten Vergleich sichtbar wird. Sie arbeiten daher zum Teil gegen die Professionalisierung, da diese ihren bisherigen Status bedroht oder dazu führen könnte, dass ihr bislang bequemes Arbeiten plötzlich mit einer professionalitätsorientierten Qualitätserwartung belegt wird und der Leistungsdruck für sie steigt.

Achtung Theorie: Das Professionalisierungsmodell

Heutzutage müssen Mitarbeiter im Personalmanagement nicht nur Personalarbeit bewältigen und Mitarbeiter führen. Die Aufgabe besteht in Wirklichkeit darin, Personalarbeit *professionell* zu bewältigen und die Mitarbeiter *professionell* zu führen. Ziel und Akteure der Professionalisierung sind das eine – der Weg zu einem professionellen Personalmanagement das andere.

Es bedarf des Zusammenspiels aus vier Selbstverpflichtungen des Personalmanagements, die ständig eingelöst werden müssen, damit dieser Weg zur Professionalisierung des Personalmanagements beschritten werden kann und er, einmal beschritten, nicht wieder verlassen wird. Eine solche Selbstverpflichtung ist als eine grundlegende Einsicht in die Notwendigkeit plus eine verbindliche Zusage zu verstehen (das sogenannte *Commitment*), dies auch umsetzen zu wollen (siehe Abbildung 4.1).

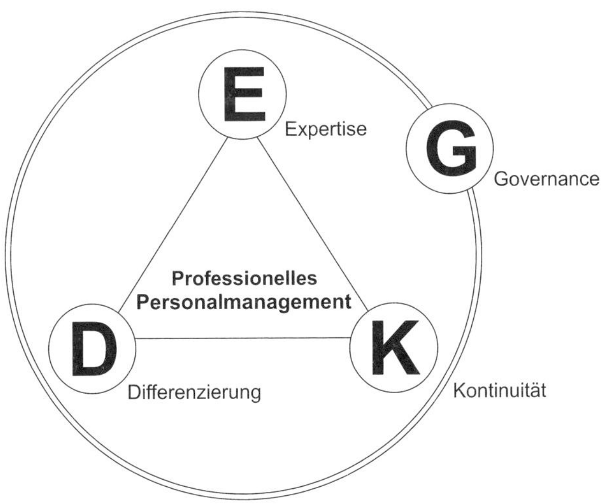

Abbildung 4.1: Professionalisierungsmodell des Personalmanagements

Die vier in Abbildung 4.1 berücksichtigten Professionalisierungsaspekte leiten sich nicht nur aus allgemeinen Diskussionen über Professionalisierung ab, sondern auch aus besonderen personalwirtschaftlichen Managementdiskursen. So wurde 1994 die damals recht neue »ressourcenbasierte Perspektive des Managements (RBV)« auf das Personalmanagement übertragen: Plötzlich begriffen Theoretiker, die bislang vor allem Kunden und Absatzmärkte des Unternehmens im Blick hatten, dass auch die im Unternehmen vorhandenen Ressourcen nachhaltige Wettbewerbsvorteile für Unternehmen darstellen können.

Erkannt wurde, dass die gezielte Nutzung der Belegschaft als Quelle nachhaltiger Wettbewerbsvorteile Kompetenzen für die Personalfunktion, für die Manager und für das gesamte Unternehmen voraussetzt, die entwickelt und kontinuierlich überwacht werden müssen. Heute ist mit der Professionalisierung des Personalmanagements genau diese Kompetenzentwicklung gemeint.

Differenzierung statt »eine Lösung für alle«

Die Professionalisierung des Personalmanagements beschreitet bewusst den Weg zur Erfassung und Berücksichtigung der differenzierten Bedürfnisse der Zielgruppen: Es gibt nicht *das eine* Arbeitgeberimage, nicht *den einen* Motivationsfaktor, nicht *das eine* Bindungsinstrument für »die Mitarbeiter«. Dies gilt erst recht in der heutigen Zeit, in der als Folge eines enormen Wertewandels in den vergangenen zwei Jahrzehnten die Mitarbeiter von ihren Unternehmen ihre Wahrnehmung als Einzelpersonen mit individuellen Bedürfnissen einfordern.

Die Professionalisierung des Personalmanagements strebt bewusst an, die tatsächlichen, differenzierten Bedürfnisse seiner Kunden zu kennen und sie professionell in der Personalarbeit zu spiegeln. Das kann nur durch die Erfassung der differenzierten Bedürfnisse der Zielgruppen gewährleistet werden, etwa über die Befragung gegenwärtiger und potenzieller Mitarbeiter sowie weiterer Zielgruppen der Personalarbeit. Ohne ausreichende Informationen ist eine Differenzierung der Personalarbeit nicht möglich.

Die Differenzierung der Personalarbeit dient dem Ziel der Stärkung der Wettbewerbsposition des Unternehmens als Arbeitgeber: Unternehmen müssen es in ihrem Umfeld schaffen, Mitarbeiter zu gewinnen. Zum Beispiel lesen nicht alle Bewerber, die für das Unternehmen interessant sein könnten, dieselbe Zeitung. Auch sprechen nicht alle Bewerber auf dieselben Formulierungen an. Daher bietet es sich an, im Rahmen der Personalbeschaffung unterschiedliche Anzeigen für unterschiedliche Zielgruppen in unterschiedlichen Medien zu schalten.

Wer den Differenzierungsaspekt vernachlässigt, läuft Gefahr, das *Commitment* der Mitarbeiter, also deren verbindliches und engagiertes Sicheinlassen auf die Arbeit, zu verlieren. Die Mitarbeiter fühlen sich »persönlich nicht mitgenommen«. Mit dem Commitment der Mitarbeiter sackt jedoch auch deren Leistungsbereitschaft ab. Wer verloren gegangenes Commitment wieder aufbauen will, wird viel Arbeit damit haben, sich zu entschuldigen, das unglückliche Verhalten zu erklären oder symbolisch Buße zu tun. Dies alles kann durch professionelles Personalmanagement von vornherein vermieden werden.

Personaler sollten daher versuchen, die besonderen Aspekte ihrer Mitarbeiter in den unterschiedlichen Arbeitssituationen wahrzunehmen, also die wesentlichen Persönlichkeitseigenschaften, Bedürfnisse, Fähigkeiten und Umfeldsituationen, bei denen es nicht hilft, wenn alle Mitarbeiter über einen Kamm geschoren werden. Sie haben recht, wenn Sie sagen, es könne doch nicht das Ziel sein, den Mitarbeitern jeglichen erdenklichen Wunsch zu erfüllen – denn auch das Unternehmen hat doch berechtigte Wünsche und Ansprüche. Dennoch müssen die Interessen von Mitarbeitern genauso wie die Interessen des Unternehmens balanciert werden, wenn eine längerfristige Arbeitsbeziehung entstehen und aufrechterhalten werden soll.

Professionalisierungscheckliste: Differenzierung

- ✔ regelmäßige Lektüre personalwirtschaftlicher Fachzeitschriften mit aktuellen Beiträgen, um die Vielfalt und Breite möglicher Personalmanagementaktivitäten zu kennen
- ✔ Beobachtung der tatsächlichen Lage des Einflussbereichs, etwa im Rahmen der qualitativen Personalplanung (»Sehen, was ist«)
- ✔ bewusst unterschiedliche Ansprache der verschiedenen Zielgruppen des Personalmanagements
- ✔ Verwendung fortschrittlicher personalwirtschaftlicher Methoden (in Kapitel 11 erfahren Sie mehr zu verschiedenen »psychologischen Arbeitsverträgen«), die über allgemeine Standards hinausgehen
- ✔ unterschiedliche Einschätzung des Personalmanagements im Mittelstand als in Großunternehmen

Kontinuität statt »immer wieder neu«

Für Mitarbeiter und sonstige Partner des Personalmanagements ist weniges so beziehungsschädigend wie ein nicht eingelöstes Versprechen. In dem Moment, in dem Versprechen geäußert werden, erzeugen sie Erwartungen bei den Adressaten. Jedes Kind kennt den Reim »Versprochen ist versprochen – und wird auch nicht gebrochen«. Diese Maxime kann auch einem professionellen Personalmanagement vorangestellt werden. Mitarbeiter wollen sich darauf verlassen, dass die nach einer Mitarbeiterbefragung in Aussicht gestellten Veränderungen in Angriff genommen werden. Ein Betriebsrat ist daran interessiert, dass bei einer versprochenen »weitreichenden Information« das Personalmanagement auch einmal von sich aus aktiv wird und Informationen bereitstellt. Ein am Unternehmen Interessierter will auf der Internetseite des Personalmanagements nur den aktuellen Stand vorfinden.

Die Professionalisierung des Personalmanagements strebt an, dass Einmalaktionen durch Langfristhandeln ersetzt werden. Die Versprechen und Ankündigungen, die Mitarbeitern und Bewerbern gemacht werden, müssen authentisch sein. Dies bedeutet, dass auch in der Vergangenheit Versprechen bereits eingelöst wurden und dass Signale gegeben werden, die nahelegen, dass die Versprechen und Ankündigungen auch in der Zukunft glaubwürdig eingelöst werden.

Kontinuität dient dem Ziel der Schaffung von *Nachhaltigkeit*. Unternehmen, deren Personalmanagement zwangsläufig vor dem Hintergrund verschiedener Restriktionen wie dem Mangel an Zeit und Geld oder den ständig wechselnden Ansprüchen von außen abläuft, brauchen dennoch jeweils eine eindeutige und klar erkennbare Linie ihrer Personalarbeit. Sie muss wie ein Leitstern allen signalisieren, wohin der Weg geht und warum kommunizierte Ziele erstrebenswert und erreichbar sind. Wenn dann etwas als wichtig und erstrebenswert erkannt wurde, ist es sinnvoll, das eine gewisse Zeit beizubehalten, damit es seine Orientierungsfunktion entwickeln kann.

Wer den Kontinuitätsaspekt vernachlässigt, läuft Gefahr, das *Vertrauen* der Mitarbeiter zu verlieren. Sprunghaftes Verhalten des Personalmanagements führt bei den Mitarbeitern zu dem Gefühl, dass sie sich nicht langfristig auf das Gesagte einlassen und verlassen können. Vertrauensverlust ist ein wichtiger Schritt zu einer inneren Kündigung von Mitarbeitern. Wer verloren gegangenes Vertrauen wieder reparieren will, wird viel Arbeit damit haben, das soziale Gleichgewicht zwischen Personalmanagement und Mitarbeitern wiederherzustellen und die vormalig geltenden Vertrauensnormen erneut zu bestätigen. Dies alles kann durch professionelles Personalmanagement von vornherein vermieden werden.

Sprunghaftigkeit im Denken, Kommunizieren und Handeln ist Gift für den Aufbau von Kontinuität. Personaler arbeiten daher aktiv an der Herstellung eines langfristig verbindlichen und verlässlichen Beziehungsgefüges im Unternehmen.

Professionalisierungscheckliste: Kontinuität

- ✔ klare Definition der Prozesse des Personalmanagements mit eindeutig zugeordneten Prozessverantwortlichen
- ✔ Bewusstsein, dass die jeweiligen Kunden bestimmen, wann eine Aufgabe des Personalmanagements beendet ist, und zwar erst dann, wenn sie zufrieden mit der Leistung sind
- ✔ Integration der Mitarbeiter als Prozessbeteiligte in die Personalarbeit
- ✔ Prinzip, dass auftretende Fehler in Personalprozessen weder von vorangehenden Prozessstufen angenommen noch an nachfolgende Prozessstufen weitergegeben werden dürfen

Expertise statt »aus dem Bauch heraus«

In Unternehmen wird das Berufsfeld der Personalarbeit häufig von Personen gestaltet, die die betriebswirtschaftlichen Systemzusammenhänge des Personalmanagements nicht wirklich gelernt haben. Auch Psychologen, Soziologen und Quereinsteiger aus noch entfernteren Berufen können gute Personaler werden. Doch sie müssen verstehen, wie die Personalarbeit als betriebliche Funktion in die betriebswirtschaftlichen Unternehmensstrategie-, Rechnungslegungs-, Finanzierungs- und Controllingzusammenhänge eingebettet ist, weil gerade sie stark beeinflussen, was das Personalmanagement gestalten kann und was nicht. Personaler müssen neben ihrer Kernarbeit auch ihr Umfeld verstehen, um sich darin zu behaupten.

Die Professionalisierung des Personalmanagements will die Personalarbeit zu einer zentralen Kernkompetenz des Unternehmens entwickeln. Personalmanagement muss daher durch Experten geleitet werden und eine Funktion sein, die ständig lernt.

Expertise dient dem Ziel der umfassenden *Kompetenzentwicklung*. Sicherlich gibt es einige begnadete Personen, die von der Mitarbeiterführung bis zur operativen Personalarbeit von vornherein alles richtig machen. Nur: Nicht jeder ist derartig mit Intuition gesegnet. Vor allem bedeutet gute Personalarbeit wesentlich mehr als lediglich gute Personalführung. Personalbedarfsanalysen (Wie viele Mitarbeiter mit welchen Qualifikationen braucht das Unternehmen?), Stellenanzeigen, Personalauswahl und Personalförderung sind nur einige der Themen, die man nicht mit Intuition und auch nicht nur mit den Arbeitsgesetzen angehen kann. Das gleiche Professionalisierungsniveau, das in Produktionstechnik, Vertrieb oder Logistik an den Tag gelegt wird, sollte auch bei der Personalarbeit zum Standard werden. Es gibt genügend Weiterbildungsmöglichkeiten – vom Lehrbuch über Fachzeitschriften bis zu Seminaren und Aufbaustudiengängen an Hochschulen –, die helfen, das fachliche Niveau des Personalmanagements zu verbessern.

Wer die Expertise vernachlässigt, läuft Gefahr, die *Akzeptanz* der Mitarbeiter, deren Mitwirken an der Umsetzung der Entscheidungen, zu verlieren. Die Mitarbeiter nehmen Personaler nicht ernst, wenn sie das Gefühl haben, ihre Entscheidungen seien nicht ausreichend fundiert. Mit nachlassender Akzeptanz weicht die Kooperationsbereitschaft und wird durch eine zunehmend kritische Perspektive ersetzt, die zunächst grundsätzlich alles infrage stellt. Wollen Personaler verloren gegangene Akzeptanz wieder aufbauen und die Kooperation wiederherstellen, werden sie viel Arbeit damit haben, ihre Kompetenz nachzuweisen, Kontrollmöglichkeiten für ihre Entscheidungen zu schaffen oder formale Qualitätssicherung einzurichten. Das alles kann durch professionelles Personalmanagement von vornherein vermieden werden.

Expertise bedeutet, dass die Entscheider neben ihrem Erfahrungswissen auch über Fachwissen zu Arbeitsabläufen, Gesetzen, personalwirtschaftlichen Methoden und vielem mehr verfügen, es regelmäßig aktualisieren und es auch einsetzen können. Unternehmen benötigen für ihre Personalarbeit »echte Fachleute«, die nicht im erstbesten Gespräch mit Unternehmensberatern mangels Argumenten einknicken, sondern ernst zu nehmende Partner auf der Suche nach guten Problemlösungen sind. Ohne professionelle Personalarbeit haben Unternehmen keine Chance, langfristig erfolgreich zu sein.

Professionalisierungscheckliste: Expertise

- ✔ Kommunikation der Personalarbeit als zentrale Kernkompetenz des Unternehmens und entsprechende Umsetzung
- ✔ Entwicklung der Personalfunktion auf Grundlage ermittelter Qualifizierungsbedarfe
- ✔ Schulung der Personaler durch Seminare zu aktuellen Entwicklungen und Trends im Personalmanagement
- ✔ Übertragung der Personalleitung an einen personalwirtschaftlich ausgebildeten Personalmanager
- ✔ Verteilung der Personalaufgaben gemäß Fähigkeiten, nicht gemäß Personalverfügbarkeit
- ✔ Erteilung entsprechender Befugnisse an jeden, der Personalarbeit fachlich kompetent bewältigen soll, damit er seine Personalarbeit formal umsetzen kann
- ✔ Auslagerung der Personalarbeit nur dann, wenn dadurch kein »strategischer Kollateralschaden« für die Personalarbeit entsteht, die im Unternehmen verbleibt
- ✔ Schutz des Personalwesens des Unternehmens, weil es eine wichtige Grundlage für die Wettbewerbsfähigkeit des Unternehmens ist

Governance statt »allein geht's doch auch«

Governance beschreibt die umfassende betriebswirtschaftlich-strategische Steuerung von Unternehmen. Diese Steuerung wird durch die obere Unternehmensführung verantwortet, ist aber auf die Mitwirkung aller betrieblichen Funktionen im Unternehmen angewiesen. So wie die Unternehmensführung seine Wertschöpfungs- oder Gewinnziele nicht ohne das Personalmanagement erreichen kann, kommt das Personalmanagement nicht ohne die Unterstützung durch die Unternehmensführung aus. Beide brauchen sich als strategische Verbündete, die sich gegenseitig unterstützen. Dazu müssen sie allerdings auch »die gleiche Sprache sprechen«.

Führung im Unternehmen und damit auch das Personalmanagement sollte nicht allein »die Menschen« und damit »weiche Faktoren« berücksichtigen, sondern im Idealfall auch »die Zahlen« und damit »harte Faktoren«. Wenn es dem Personalmanagement gelingt, etwa durch seine auf die Finanz- und Rechnungslegungsabteilung und die Unternehmensleitung ausgerichteten Aktivitäten des Personalcontrollings oder der Humankapitalbewertung seine Wertschöpfung für das Unternehmen nachzuweisen, wird es auch in der Unternehmensleitung ernst genommen, wenn es gilt, gemeinsam die Unternehmensstrategie für die Zukunft zu formulieren. Dieses Ernstgenommenwerden gelingt dem Personalmanagement vor allem mit betriebswirtschaftlichen Argumenten, etwa mit den gemeinsamen Währungen »Geld«, »Kosten« oder »Wertschöpfung«. Somit ist auch die klassisch-betriebswirtschaftliche Einbettung der Personalarbeit ein »Muss«.

Die Professionalisierung des Personalmanagements bringt die Personalarbeit bewusst auf den Radarschirm des Unternehmens und seiner Leitung. Das Personalmanagement muss Einfluss auf strategische Unternehmensentscheidungen haben, in der Unternehmensleitung (und wenn vorhanden, auch den Aufsichtsgremien) ständig präsent sein und von ihr unterstützt werden. Governance dient dem Ziel, die Personalstrategie im Unternehmen im Einklang mit der Unternehmensstrategie umzusetzen.

Je präsenter die Personalaufgaben der Unternehmensleitung sind, desto höher wird die Chance, dass aufgrund einer Unterstützung »von oben« die Ziele des professionellen Personalmanagements auch erreicht werden. In einer professionalisierten Zukunft wird ein reges Interesse an der Leistung des Personalmanagements bestehen. Sie wird nicht nur pro forma als zuständig für die »wichtigste Ressource des Unternehmens« angesehen, sondern im Unternehmen werden sich unterschiedliche Stellen für die Antwort auf die Frage interessieren, in welchem Maß das Personalmanagement zur Wertschöpfung und zum Erfolg des Unternehmens beiträgt. Von außen werden sowieso bereits genau diese Fragen an das Personalmanagement gestellt, beispielsweise von Banken, die gemäß den Basel-II-Regelungen die Qualität von Management- und Personalführungsarbeit als Kriterien für die Kreditvergabe abfragen.

Wer Governance vernachlässigt, läuft Gefahr, dass sich im Hinblick auf personalwirtschaftliches Handeln im Unternehmen *Frustration* ausbreitet. Zunächst fühlen sich die Personaler selbst nicht ernst genommen, wenn ihre Arbeit auf die Personalverwaltung reduziert und damit insgesamt marginalisiert wird. Darüber hinaus betrifft die Frustration aber auch das allgemeine Selbstverständnis aller Mitarbeiter und Partner des Personalmanagements, weil dann offensichtlich der Rückhalt für die Belange von Mitarbeitern zu fehlen scheint, was in einem Gefühl der Vergeblichkeit resultieren kann. Wer Frustration wieder abbauen will, wird viel Arbeit damit haben, mit neuen Anreizen die Motivation für die Arbeit wiederherzustellen und durch kulturelle Leitbilder die Bedeutung des Personalmanagements zu unterstreichen. Das alles kann durch professionelles Personalmanagement von vornherein vermieden werden.

Darüber hinaus müssen Unternehmen es nicht nur zulassen, sondern fördern, dass ihr Personalmanagement im Unternehmen als originäre Funktion gleichberechtigten Einfluss auf strategische Entscheidungen hat und nicht von anderen Funktionen wie der Kostenrechnung oder der Finanzfunktion dominiert wird. Die übrigen Funktionen im Unternehmen sollten bereit sein, den Beitrag der Personalfunktion anzuerkennen, wie auch die Personalfunktion deren Beiträge zum Gesamterfolg würdigt. Die Arroganz, mit der einige Finanzmanager und Controller auf das aus ihrer Sicht nachrangige Personalmanagement herabblicken, ist unangebracht, weil es den Gesamtzusammenhang ignoriert.

Professionalisierungscheckliste: Governance

- ✔ Platzierung des professionellen Personalmanagements »auf dem Radarschirm« der Unternehmensleitung und der Aufsichtsgremien – zum ständigen Erinnern und Einfordern von Aufmerksamkeit und Interesse
- ✔ Befürwortung der Einrichtung von Zielvereinbarungen und leistungsorientierter Entlohnung für Personaler auf allen Hierarchieebenen, unter anderem mit Zielen zur Humankapitalentwicklung, die sich messen lassen
- ✔ Erhöhung des Einflusses des Personalmanagements auf strategische Entscheidungen des Unternehmens
- ✔ Einforderung unternehmensstrategischer Informationen, die Personaler dann in ihrer Arbeit vorausschauend berücksichtigen
- ✔ Weitergabe von personalstrategischen Informationen an die Unternehmensleitung
- ✔ Sicherstellung, dass der Einfluss des Personalmanagements im Unternehmen gleichberechtigt mit Einflüssen anderer Funktionen wie etwa Kostenrechnung oder Finanzfunktion ist und nicht von ihnen dominiert wird

Professionalisierung zahlt sich aus

Die Professionalisierung des Personalmanagements führt zu vielfachem Erfolg:

- ✔ längere Geltungsdauer der Entscheidungen des Personalmanagements
- ✔ Vermeidung typischer, häufig von unprofessionellem Personalmanagement ausgelöster Beziehungsschäden im Unternehmen wie die Zerstörung von Mitarbeitercommitment, Vertrauen und Akzeptanz sowie die Entstehung allgemeiner Frustration
- ✔ produktivere Mitarbeiterbasis durch qualitätsverbessertes Personalmanagement
- ✔ effektivere Arbeit der Führungskräfte durch qualitätsverbessertes Personalmanagement
- ✔ präzisere Kostensteuerung für die Durchführung des Personalmanagements, weil die Personalarbeit selbst differenzierter und damit präziser gesteuert wird
- ✔ gezieltere Überwachung des Personalmanagements hinsichtlich der Amortisation der Investitionen in die Personalarbeit
- ✔ Bildung eines Arbeitsethos für das Personalmanagement und einer unternehmensweiten Personalmanagementethik, die unterscheidet, was hinsichtlich des Personalmanagements für schlecht und für gut gehalten wird

Das Professionalisierungsmodell kann auch für kleine und mittelgroße Unternehmen ein wichtiger Impuls sein. Mittelständische Unternehmen sehen sich im »Talentekrieg« der Konkurrenz größerer Unternehmen gegenüber. Um sich in diesem Konkurrenzkampf durchzusetzen und die Mitarbeiter nicht zu enttäuschen, sondern längerfristig im Unternehmen zu halten, bedarf es eines Personalmanagements, das alle Professionalisierungspostulate erfüllt. Mittelständische Unternehmen können sich bei jeder einzelnen Personalaufgabe fragen, ob es wirklich professionell zugeht. Das bedeutet zum Beispiel:

- ✔ Wird wirklich differenziert mit denen umgegangen, die gerade von der Personalaufgabe betroffen sind? Haben diese Adressaten tatsächlich alle dieselben Ziele oder müsste man nicht klarer unterscheiden, welche Erwartungen bestehen?
- ✔ Wurde auch gestern bereits das gesagt, was heute gelten soll, und wird dies morgen immer noch Bestand haben können? Setzen Sie die Ideen der personellen Führung auch dann noch durch, wenn es Gegenwind geben sollte? Gilt im Unternehmen Kontinuität oder hängt es sein Fähnchen nach dem Wind?
- ✔ Wann haben diejenigen, die sich mit Personalmanagement und Führung beschäftigen, das letzte Mal eine Schulung in diesem Bereich erhalten? Verfügen sie noch über aktuelles Wissen?
- ✔ Was weiß die Unternehmensführung über die gerade anstehenden Personalaufgaben? Ist das Personalmanagement umgekehrt darüber informiert, was sonst noch im Unternehmen passiert und in Kürze für die Personalarbeit wichtig werden könnte?

Damit hat das Personalmanagement im Auf und Ab von Wirtschaftskrisen eine gute Chance, sich zu profilieren und zu professionalisieren. Es kann besser durch die Rezession steuern und dann wieder besser in den nächsten Aufschwung kommen.

Aus der Diskussion über Professionalisierung erwächst eine neue Rolle, die nur ein professionelles Personalmanagement im Unternehmen übernehmen kann: Es geht um *Beziehungsreparatur*. Sie wird überall dort notwendig, wo verlorene Leistungsbereitschaft, enttäuschtes Vertrauen, fehlende Akzeptanz und eingetretene Frustration bewältigt werden müssen. Wenn sich ein Personalmanagement auf Professionalisierung ausrichtet,

- ✔ vermindert es bestehende negative Emotionen aufseiten der Mitarbeiter wie auch aufseiten des Personalmanagements und des Unternehmens,
- ✔ fordert es die Einhaltung der Verhaltensregeln, auf die man sich zuvor verständigt hat,
- ✔ löst es Vertrauensprobleme zwischen den Mitarbeitern und den Funktionsträgern des Unternehmens,
- ✔ stärkt es die Bereitschaft aller Parteien, in der Zukunft wieder effektiver zusammenzuarbeiten.

Ein professionelles Personalmanagement bewirkt nicht nur die Beziehungsreparatur, sondern die Beziehungsreparatur bewirkt auch eine steigende Professionalisierung des Personalmanagements. Professionelles Personalmanagement ist ein »natürlicher Träger« von strategischer Beziehungsentwicklungsarbeit. Daher besteht hier für Unternehmen eine Chance, durch die Vergabe der Rolle »Beziehungsreparateur« an das professionelle Personalmanagement einen Verantwortlichen für jegliche inner- und außerbetriebliche Beziehungspflege zu etablieren.

Teil II
Die Mitarbeiter entdecken

In diesem Teil ...

Kennen Sie eigentlich Ihre Mitarbeiter? Tatsächlich? Denn ihre Vielfalt ist überraschend groß. Es gibt zukünftige Mitarbeiter, die noch nicht im Unternehmen sind, die sich für Ihr Unternehmen interessieren, neu beginnende Mitarbeiter und solche, die schon länger da sind und bezahlt, geführt und gebunden werden, Mitarbeiter, die aus dem Unternehmen scheiden, und ehemalige Mitarbeiter. Sie alle haben Wünsche und Bedürfnisse, Kenntnisse und Fähigkeiten, Leistungen und Potenziale, dienstliche und persönliche Belange.

Jeder der genannten Mitarbeitergruppen ist in diesem Teil ein eigenes Kapitel gewidmet. Sie alle sind die Anspruchsgruppe des Personalmanagements, die den größten Anteil der Personalarbeit beanspruchen wird. Hier lohnen sich alle Anstrengungen, denn es ist eine unmittelbare Resonanz zu erwarten. Von der Leistung zufriedener Mitarbeiter hängt letztlich der Unternehmenserfolg ab.

Personalbeschaffung: Zukünftige Mitarbeiter

5

In diesem Kapitel ...

- Um Qualifizierte kämpfen
- Personalmarketing intensivieren
- Personalplanung mit Personalbeschaffung verzahnen
- Gekonnt Bewerber auswählen

An dieser Stelle nähern sich Personalmanagementbücher üblicherweise Hochzeiten an, wo ebenfalls *Das Lied von der Glocke* von Friedrich Schiller zitiert wird: »Drum prüfe, wer sich ewig bindet«. Wäre dies nicht bereits so abgedroschen, würde ich das Zitat jetzt auch bringen. Denn es stimmt tatsächlich: Das Personalmanagement sollte sich intensiv damit beschäftigen, mit welchen Mitarbeitern es zukünftig zusammenarbeiten möchte. Diese Beschäftigung ist aber ein in sich zusammenhängendes System, das aus mehreren Stufen besteht – vom Begreifen der schwierigen Ausgangslage über die Selbstvermarktung als attraktiver Arbeitgeber, weiter über die Personalplanung bis hin zum eigentlichen Personalauswahlprozess – und das zudem viele Fallstricke bereithält. Damit Sie nicht darüber stolpern, wird Sie dieses Kapitel in die Mysterien der Personalbeschaffung einweihen.

Talentekrieg: Wer die wenigen potenziellen Mitarbeiter bekommt

Was für ein hartes Wort gleich zu Beginn: »Krieg«. Und doch hat dieses Wort Eingang in die personalwirtschaftliche Literatur gefunden, in der man seit der Wortschöpfung durch eine Unternehmensberatung 1997 vom *War for Talents* spricht. Im Wort Krieg schwingen immense Bedrohung und Aggressivität mit, und beides scheint in der Praxis der Fall zu sein:

- ✔ Unternehmen sind dadurch bedroht, dass sie auf dem Arbeitsmarkt nicht mehr beliebig viele und beliebig gut qualifizierte Mitarbeiter beschaffen können. Die Gründe dafür sind vielfältig. Unter anderem sind die demografischen Verschiebungen (die Zahl jüngerer Personen nimmt absolut sowie im Verhältnis zu den älteren Personen ab) und die nicht immer qualitätssichernden Reformen im Bildungssektor zu nennen, zudem eine über viele Jahre hinweg restriktive Einwanderungspolitik. Der viel beschworene »Fach- und Führungskräftemangel« wird in Unternehmen dadurch spürbar, dass offene Stellen und Ausbildungsplätze mit immer größerer Verzögerung oder gar nicht mehr besetzt werden können. Die Konsequenzen bestehen darin, dass Aufträge nicht mehr in der zugesagten Zeit abgearbeitet werden können, Kompetenznetzwerke ausgehöhlt werden und die Basis für neue Innovation erodiert.

- Je mehr Angst Unternehmen haben, unter den Konsequenzen des Fachkräftemangels zu leiden, desto mehr Anstrengungen unternehmen sie, um gar nicht erst in diese Lage zu kommen. Sie konkurrieren auf dem Arbeitsmarkt mit den Vorzügen, die sie als Arbeitgeber haben, verlegen sich zum Teil aber bereits auf aggressivere Anwerbestrategien für Personal und jagen den Konkurrenten Mitarbeiter ab.

Der Talentekrieg ist so dramatisch, weil letztlich der Bestand von Unternehmen auf dem Spiel steht. Dies ist nicht überall der Fall, weil die Versorgung mit Fachkräften von Region zu Region unterschiedlich ist. Doch gerade in den Regionen, die Bevölkerungsnettoabgänge zu verzeichnen haben, intensiviert sich der Wettbewerb um Talente.

Personalwirtschaftliche Reise nach Jerusalem

Wer kennt nicht das Gesellschaftsspiel »Reise nach Jerusalem«: Im Raum stehen viele Stühle, allerdings einer weniger, als es Mitspieler gibt. Alle tanzen um die Stühle herum, und wenn die Musik abrupt abbricht, gilt es, einen Stuhl zu ergattern. Wem dies nicht gelingt, der scheidet aus. Dies wird so lange wiederholt, bis sich aus den zwei verbleibenden Mitspielern einer durch-»gesetzt« hat: Er ist zwar Sieger – aber er ist auch allein. Dieses einsame Überleben in einem Verdrängungswettbewerb bekommt damit plötzlich eine weniger heitere Note.

Ähnlich funktioniert der Talentekrieg: In einer Region gibt es viele qualifizierte Mitarbeiter/Auszubildende/Führungsnachwuchskräfte, allerdings weniger als der Bedarf. Alle Unternehmen tanzen um die potenziellen Arbeitskräfte herum und versuchen (»Musik aus« würde »Konjunktur an« entsprechen), einen Mitarbeiter zu ergattern. Wem dies nicht gelingt, der kann nicht so erfolgreich bestehen wie die Gewinner. Im Kampf um immer weniger verfügbare Arbeitskräfte sind die meisten Unternehmen die Verlierer, wenn sie immer höhere Preise für Mitarbeiter zahlen müssen. Und wer als Unternehmen seine Konkurrenz – möglicherweise sogar unfair – aussticht, könnte am Ende in der Region tatsächlich recht allein dastehen.

Unternehmen sollten gar nicht erst beginnen, Reise nach Jerusalem zu spielen. Sie könnten im Gegenteil dafür sorgen, dass die Region so attraktiv für qualifizierte Arbeitnehmer ist, dass man sich nicht um die Wenigen prügeln muss. Doch dies ist leichter gesagt als getan. Die Erfahrung zeigt, dass Unternehmen Problemdruck aus Bequemlichkeit verdrängen. Sie suchen häufig erst nach dem tatsächlichen Eintritt einer Problemsituation nach Lösungen, anstatt mögliche Risiken im Vorfeld abzufedern. Noch immer führt die Gefahr, im demografischen Wandel plötzlich nicht mehr genug qualifizierte Mitarbeiter zu bekommen, nur selten zu strategischen Aktivitäten: etwa Frauen in die Arbeitswelt zu integrieren; etwa sich von Vorurteilen gegenüber Langzeitarbeitslosen zu verabschieden und davon auszugehen, dass diese trotz Brüchen im Lebenslauf motiviert und leistungsfähig sind; etwa qualifizierten Führungsnachwuchs so zeitig und gezielt fortzubilden und mit führungsspezifischem Wissen auszustatten, dass frei werdende Leitungspositionen qualifiziert nachbesetzt werden können.

Doch selbst wer diesen Problemdruck voraussieht und qualifizierte Fachkräfte gefunden hat, ist auf seiner Reise noch nicht in Jerusalem angekommen: Denn schon gilt es, sich auf den nächsten wirtschaftlichen Abschwung vorzubereiten. Bereits als Talentekrieger im Erfolg müssen Unternehmen gute Mitarbeiter binden, damit diese selbst eine (subjektiv) weniger attraktive Region nicht nach kurzer Zeit wieder verlassen. Und sie müssen sicherstellen, dass diese Mitarbeiter in einer Krise wertschöpfend, motiviert und innovativ bleiben. Auch hier liegt der Schlüssel in der frühzeitigen Schaffung eines attraktiven Arbeitsumfelds sowie in Investitionen in Fort- und Weiterbildung.

Wer gegen wen?

Der Talentekrieg ist im Grunde eine Daueraufgabe in Arbeitsmärkten, in denen qualifizierte Menschen ein knappes Gut sind – und die mittlerweile aufgrund deren immer dominanteren Position als »Arbeitnehmerarbeitsmärkte« bezeichnet werden. In ihnen scheint es, zumindest in einigen Branchen und Regionen, bereits so zu sein, dass nicht das Unternehmen sich Bewerber aussucht, sondern dass Bewerber sich Unternehmen auswählen.

Nicht jedes Unternehmen ist in gleicher Intensität in den Talentekrieg verwickelt. Besonders intensiv sind jedoch die Spitzenunternehmen aller Größenklassen betroffen, die als Marktführer, Qualitätsanbieter, Innovationstreiber oder Technologiekonzern sehr gut ausgebildetes Personal benötigen. Da diese Unternehmen in der Regel international agieren, benötigen sie zudem qualifizierte Mitarbeiter, die sie auch im Ausland einsetzen können.

Der Kampf um Talente wird auf zwei Feldern ausgetragen:

- ✔ Nach außen konkurriert das Unternehmen mit anderen Unternehmen der gleichen oder ähnlicher Branchen, die identische Mitarbeiterkompetenzen suchen. So bemühen sich zum Beispiel die meisten Unternehmen, Personen aus den besten fünf Prozent der Hochschulabsolventen für sich zu gewinnen, obwohl diese nicht für alle Unternehmen ausreichen. Auch das Wort *Headhunting* (»Jagd nach Köpfen«) weist darauf hin, dass sich Unternehmen wechselseitig die Führungskräfte abzuwerben versuchen. Die Unternehmen streben daher an, als Arbeitgeber attraktiver zu sein als ihre Konkurrenz.
- ✔ Nach innen in das eigene Unternehmen hinein wird der Talentekrieg als Kampf geführt, die Besten für das Unternehmen zu halten. Hierbei geht es um eine Balance zwischen der Leistung und Loyalität der Mitarbeiter auf der einen Seite und der Gegenleistungen des Unternehmens auf der anderen Seite.

Im Kampf um Talente unterscheidet das Personalmanagement seine Stoßrichtung je nach Mitarbeitergruppe. Im Zentrum der Bemühungen stehen die hoch qualifizierten Mitarbeiter, die besonders viel zur betrieblichen Wertschöpfung beitragen. Hinzu kommen die sogenannten *High Potentials*, also der entsprechend hoch qualifizierte Nachwuchs. Zusammen sind sie die Gruppe der schwer zu ersetzenden Verantwortlichen und Impulsgeber für die Unternehmensentwicklung. Etwas weniger intensiv erfolgt der Kampf um die mittel qualifizierten Mitarbeiter, die sich auf dem Arbeitsmarkt noch ersetzen ließen. Dennoch sind auch sie nicht ganz zu vernachlässigen, weil sie den

Großteil der Leistung erstellen und auch hier Mitarbeiterqualität zählt. Gar nicht im Fokus des Talentekriegs stehen in der Regel die leicht austauschbaren Niedrigqualifizierten, weil für sie die Kosten für Bindungsmaßnahmen höher wären als die Kosten ihres Ersatzes. Hier zeigt sich die Asymmetrie des Talentekriegs: Nicht jeder Mitarbeiter oder jeder Bewerber wird mit der gleichen Aufmerksamkeit bedacht und nicht in jeden Mitarbeiter oder Bewerber wird gleich viel Geld investiert.

Der Erfolg im Talentekrieg lässt sich daran bestimmen, ob es dem Personalmanagement gelingt,

- ✔ kurzfristig qualifizierte Mitarbeiter in das Unternehmen aufzunehmen und die für den nachhaltigen Unternehmenserfolg wichtigen Mitarbeiter dauerhaft zu binden,
- ✔ das Unternehmen mittelfristig als attraktiven Arbeitgeber zu positionieren sowie sich auf zeitlich befristete Beschäftigungsformen einzustellen und
- ✔ langfristig eine professionelle und glaubwürdige Personalstrategie im Talentekrieg zu verfolgen.

Von der Personalplanung über das Personalmarketing bis hin zur Personalbeschaffung müssen hierzu viele Aufgaben gelöst werden.

Wo die Talentereservoirs liegen

In einer Arbeitswelt, die – auch wenn dies in der heutigen Zeit als veraltet zu bewerten ist – vom »Normalfall« des arbeitenden Mannes ausgeht, müssen die Reservoirs an Talenten außerhalb dieser Beschäftigtengruppe liegen. Im Folgenden lege ich die Aufmerksamkeit auf einige Gruppen, die in der Vergangenheit teilweise sogar diskriminiert wurden. Eine solche Diskriminierung ist, so sehr sie indiskutabel ist, bereits personalwirtschaftlich gesehen unsinnig, weil ein Unternehmen mit einem solchen Verhalten auf Kompetenzträger verzichten würde, die es für seine Ressourcenausstattung mit dem Ziel des Überlebens brauchen könnte.

Hochschulabsolventen

Ob der Fachkräftemangel anhalten wird, ist umstritten. Einige Experten argumentieren in Bezug auf die in Hochschulen ausgebildeten »Kopfarbeiter«, dass die Zahl der verfügbaren Arbeitsplätze im hohen Qualifikationsbereich stagniert und zugleich Arbeitsplätze im mittleren Qualifikationsbereich mit viel Routineanteil durch intelligente Maschinen ersetzt werden. Diese geistigen Routinearbeiten lassen sich auch einfacher als Handarbeit an Servicegesellschaften auslagern, sogar ins Ausland. Damit würde längerfristig der Bedarf an qualifizierten Hochschulabsolventen sinken.

Dennoch strömen in Deutschland immer mehr Schulabgänger in die Hochschulen und sehen sich einer Angebotsvielfalt an Abschlüssen gegenüber. Sie können an Universitäten eher theorieorientiert Bachelor- und Masterprogramme belegen oder Diplome beziehungsweise Staatsexamina absolvieren. Sie können eine eher auf die Praxis ausgerichtete Ausbildung an Fachhochschulen durchlaufen, sie können in Kooperation von Unternehmen und Ausbildungsakademien sogenannte duale Studiengänge durchlaufen und darüber hinaus aus einer Vielzahl hoch spezialisierter Zertifikatsprogramme auswählen.

Für das Personalmanagement ist es wichtig, die für das Unternehmen passenden Sollqualifikationsniveaus zu bestimmen und dann gezielt dort zu werben, wo es diese Qualifikationen gibt. Es liegt am Personalmanagement, sich über die Angebote von Hochschulen zu informieren und das dort vorhandene Potenzial unter den Absolventen frühzeitig zu nutzen. Hier sind nicht nur die im Rahmen des Hochschulmarketings viel zitierten Angebote von Praktikumsplätzen, die Mitbetreuung von Abschlussarbeiten, Förderprogramme, betrieblichen Informationsveranstaltungen oder Beteiligungen an Jobmessen und Fachmessen sinnvoll, sondern auch der Kontakt zu einzelnen passenden Lehrstühlen und Instituten.

Hinzu kommt, dass das Personalmanagement den Hochschulabsolventen maßgeschneiderte Einstiegsprogramme anbieten kann. Es wäre zu undifferenziert und den verschiedenen Qualifikationsniveaus nicht angemessen, wenn dasselbe Einstiegsprogramm für Bachelor-, Master- und Diplomabsolventen sowie Promovierte angeboten würde. Ein Unternehmen, das qualifizierte Mitarbeiter sucht, muss sich hiermit schon ein wenig Mühe geben und die verschiedenen Einstiegsoptionen zielgruppengenau kommunizieren.

Frauen und Mütter

Ein Fachkräftepotenzial, das nicht in ausreichendem Ausmaß genutzt wird, besteht aus Frauen und Müttern. Diese stehen dem Arbeitsmarkt in Deutschland nicht wie in anderen europäischen Ländern umfassend zur Verfügung, sondern vergleichsweise viel kürzer. Dies liegt daran, dass Frauen zugunsten ihrer Kinder früher ihren Beruf verlassen und auch später als in anderen Ländern wieder in den Beruf zurückkehren. Nach ihrer Rückkehr sind sie dann häufig nur teilzeitbeschäftigt, und dies dauerhaft.

Das Personalmanagement muss stärker als bisher die Präferenzen von Frauen und Müttern hinsichtlich der Arbeitszeit abfragen. Viele von ihnen möchten ihre Teilzeitbeschäftigung ausweiten – wenn auch nicht auf eine Vollzeitbeschäftigung, dann doch auf mehr Stunden bei gleichzeitig flexiblen Arbeitszeiten. Eine solche »vollzeitnahe Teilzeitbeschäftigung« würde dann zwischen 20 und 35 Wochenstunden betragen.

Hierbei ist zu beachten, dass Flexibilisierung familienfreundlich ausgestaltet wird. Dies bedeutet beispielsweise, Arbeitszeiten individuell zu vereinbaren, Möglichkeiten zur Heimarbeit zu geben, Arbeitszeitkonten anzulegen und auf die Vertrauensarbeitszeit zu setzen. Unterstützt wird dies durch eine Veränderung der Unternehmenskultur, die nicht länger darauf besteht, dass jeder Mitarbeiter permanent am Arbeitsplatz erreichbar sein muss. So kann das Personalmanagement das dem Unternehmen zur Verfügung stehende Beschäftigungspotenzial stärker ausschöpfen.

Das Personalmanagement hat die Möglichkeit, Flexibilisierungsangebote offensiv zu kommunizieren. Hierzu gehört es nicht nur, zu Frauen und Müttern während der Elternzeit Kontakt zu halten – was einige Unternehmen durch ein Patensystem tun – und ihnen regelmäßig Personalentwicklungsmaßnahmen anzubieten, sondern sie auch zum Wiedereinstieg zu motivieren und ihnen diese Flexibilisierungsmodelle bereits bei ihrem Ausscheiden für die Wiedereinstiegs- und Qualifizierungsphase anzubieten.

Dass es darüber hinaus keine diskriminierende Differenzierung von Gehältern oder Arbeitsbedingungen zwischen Frauen und Männern geben darf, sollte selbstverständlich sein. Darüber, ob es dann jedoch Frauenquoten geben muss, die eine prozentuale Besetzung bestimmter Arbeitsplätze mit Frauen vorsehen, kann man geteilter Meinung sein. Sie haben den Nebeneffekt, dass sie das Leistungsprinzip im Unternehmen unterminieren. Die Frage stellt sich allerdings bei einem fairen Umgang mit Frauen und Männern im Unternehmen, das auf Chancengleichheit abstellt, immer weniger.

Behinderte Mitarbeiter

Behinderte Menschen können mit ihrer Arbeit dem Unternehmen als personelle Ressourcen und Fachkräfte genauso viel Leistung zur Verfügung stellen wie nicht behinderte Menschen. Heutzutage gleichen technische Unterstützung und gezielte Beratung sowie Förderung viele gesundheitliche Einschränkungen aus.

Gesetzliche Definition von Behinderung gemäß § 2 Sozialgesetzbuch IX

(1) Menschen sind behindert, wenn ihre körperliche Funktion, geistige Fähigkeit oder seelische Gesundheit mit hoher Wahrscheinlichkeit länger als sechs Monate von dem für das Lebensalter typischen Zustand abweicht und daher ihre Teilhabe am Leben in der Gesellschaft beeinträchtigt ist. Sie sind von Behinderung bedroht, wenn die Beeinträchtigung zu erwarten ist.

(2) Menschen sind im Sinne des Teils 2 schwerbehindert, wenn bei ihnen ein Grad der Behinderung von wenigstens 50 vorliegt und sie ihren Wohnsitz, ihren gewöhnlichen Aufenthalt oder ihre Beschäftigung auf einem Arbeitsplatz im Sinne des § 73 rechtmäßig im Geltungsbereich dieses Gesetzbuches haben.

(3) Schwerbehinderten Menschen gleichgestellt werden sollen behinderte Menschen mit einem Grad der Behinderung von weniger als 50, aber wenigstens 30, bei denen die übrigen Voraussetzungen des Absatzes 2 vorliegen, wenn sie infolge ihrer Behinderung ohne die Gleichstellung einen geeigneten Arbeitsplatz im Sinne des § 73 nicht erlangen oder nicht behalten können (gleichgestellte behinderte Menschen).

Das Personalmanagement muss besondere Vorgaben für Schwerbehinderte – dies sind Personen, bei denen ein Grad der Behinderung von 50 und mehr festgestellt wurde – und mit Schwerbehinderten gleichgestellten Mitarbeitern beachten. Diese ergeben sich hauptsächlich aus dem Sozialgesetzbuch IX:

- ✔ Unternehmen, die im Jahresdurchschnitt 20 oder mehr Mitarbeiter beschäftigen, müssen mindestens 5 Prozent ihrer Arbeitsplätze mit schwerbehinderten Mitarbeitern besetzen.
- ✔ Einmal jährlich muss bis zum 31. März des Folgejahrs hierüber eine Anzeige an die Bundesagentur für Arbeit erfolgen.
- ✔ Hat ein Unternehmen seine Pflichtquote nicht erreicht, muss es bis zum 31. März des Folgejahrs pro unbesetztem Pflichtarbeitsplatz eine Ausgleichsabgabe an das Integrationsamt zahlen, deren Höhe von der Quotenerfüllung abhängt.

- ✔ Bei Neueinstellungen müssen Unternehmen prüfen, ob die ausgeschriebene Stelle für einen Schwerbehinderten geeignet ist, und frühzeitig mit der Bundesagentur für Arbeit in Kontakt treten, damit sich dort gemeldete arbeitsuchende schwerbehinderte Menschen bewerben können.
- ✔ Schwerbehinderte Mitarbeiter dürfen gegenüber nicht behinderten Mitarbeitern nicht benachteiligt werden, was das Allgemeine Gleichbehandlungsgesetz im Einzelnen regelt.
- ✔ Schwerbehinderte Mitarbeiter haben einen Anspruch auf eine behinderungsgerechte Beschäftigung, behindertengerechte Arbeitsstätten- sowie Arbeitsplatzgestaltung, bevorzugte Berücksichtigung bei innerbetrieblichen Maßnahmen der Personalentwicklung und Erleichterungen zur Teilnahme an außerbetrieblicher Personalentwicklung.
- ✔ Schwerbehinderte Mitarbeiter haben einen Anspruch auf einen bezahlten Zusatzurlaub von fünf Arbeitstagen im Urlaubsjahr, ihnen gleichgestellte Mitarbeiter allerdings nicht.
- ✔ Ab fünf schwerbehinderten Mitarbeitern müssen sie eine Schwerbehindertenvertretung mit einer regulären Amtszeit von vier Jahren wählen. Sie berät die Schwerbehinderten, vertritt ihre Interessen gegenüber dem Unternehmen und achtet darauf, dass die geltenden Gesetze, Tarifverträge oder Betriebsvereinbarungen eingehalten werden. Dabei hat die Schwerbehindertenvertretung im Hinblick auf die Belange Schwerbehinderter weitreichende Informations-, Beratungs- und Mitwirkungsrechte.
- ✔ Das Unternehmen bestellt einen Beauftragten, der möglichst selbst schwerbehindert ist und das Unternehmen in Angelegenheiten schwerbehinderter Menschen vertritt.
- ✔ Die Kündigung schwerbehinderter Mitarbeiter bedarf zusätzlich zum allgemeingültigen Vorgehen eines schriftlichen Antrags beim Integrationsamt, das seine Entscheidung über Zustimmung oder Nichtzustimmung innerhalb eines Monats trifft und dabei die Interessen sowohl des Arbeitnehmers als auch des Arbeitgebers berücksichtigt.

Sowohl die Unternehmen wie auch die schwerbehinderten Mitarbeiter können bei der Bundesagentur für Arbeit, bei den Sozialversicherungsträgern oder bei den Integrationsämtern Zuschüsse und organisatorische Unterstützung zur behindertengerechten Arbeitsplatzgestaltung oder zu Eingliederung in Arbeit, Praktika oder in die betriebliche Ausbildung beantragen. Ein wichtiger Partner ist hierbei der Betriebsarzt, der sowohl die Situation der Mitarbeiter als auch des Unternehmens kennt.

Die Integrationsämter oder die für diese Aufgaben beauftragten Stellen nehmen für die Bundesländer die Aufsichtsaufgaben des Schwerbehindertenrechts wahr. Bei ihnen sind vielfältige Informationen – gerade auch für die praktische Personalarbeit – erhältlich, etwa über `http://integrationsaemter.de`.

Personen mit Migrationshintergrund

In dem Maße, wie einheimische qualifizierte Mitarbeiter fehlen, rücken Personen aus dem Ausland in den Blickpunkt, so zum Beispiel aus Osteuropa oder aus südeuropäischen Krisenländern mit hoher Arbeitslosigkeit. Die Bundesagentur für Arbeit unterstützt die Arbeitskräftesuche im Ausland ebenso wie die Industrie- und Handelskammern oder die Arbeitsvermittlungsdienste der Europäischen Union.

Die Hauptaufgabe für das Personalmanagement besteht im Kern darin, den sozioökonomischen Zusammenhang von Migranten sowie ihre kulturelle Passung zur heimischen Arbeitswelt zu verstehen. Bei der Anwerbung und Beschäftigung von Migranten kommt es auf intensive Information und Kommunikation an:

- ✔ Migranten müssen im Vorfeld und auch nach Aufnahme ihrer Tätigkeit im Unternehmen wiederholt damit vertraut gemacht werden, was ein typisch deutsches Unternehmen ist, also wie darin gearbeitet wird, welche Rechte und Pflichten sie haben und welcher Arbeitskultur üblicherweise gefolgt wird. Hier hat das Personalmanagement umfangreiche Sozialisationsaufgaben. Personen mit Migrationshintergrund können nicht von vornherein wissen, wie in Deutschland gearbeitet wird.
- ✔ Umgekehrt müssen die Unternehmen im Vorfeld die Situation der Migranten verstehen: Sie verlassen ihr Land meistens, weil sie dort kaum Arbeitschancen haben. Einige von ihnen suchen Sicherheit im neuen Land und daher auch stabile Arbeitsverhältnisse. Sie lassen sich daher von Unternehmen auch gut binden. Andere jedoch machen mit ihrer Auswanderung die Erfahrung, dass sich neue Chancen bieten, und wollen sich diese Chance der Verbesserung häufiger geben. Sie sind eher schlecht an ein Unternehmen zu binden und sehen diese daher als befristete Durchlaufstation an. Das Personalmanagement muss sich frühzeitig um Informationen bemühen, um welchen Migrantentyp es sich handelt, damit es seine Bindungsmaßnahmen und die damit verbundenen Investitionen darauf abstimmen kann.

Wenn das Personalmanagement unter falschen Voraussetzungen (auf welcher Seite auch immer) Personen mit Migrationshintergrund einstellt, kann es sonst nicht nur zu Enttäuschungen auf allen Seiten kommen, sondern auch zu Fehlinvestitionen, die für das Personalmanagement teuer werden.

Nicht alle Rahmenbedingungen der Arbeit von Mitarbeitern mit Migrationshintergrund können Unternehmen beeinflussen, beispielsweise nicht die Anerkennung von im Ausland erworbenen Bildungsabschlüssen. Auch das für viele Mitarbeiter mit Migrationshintergrund gerade aus südlichen Ländern problematische Wetter in Deutschland können sie natürlich nicht ändern. Aber sie können dennoch vieles tun, was zu einer sichtbaren Willkommenskultur beiträgt. In der Personalführung von Mitarbeitern mit Migrationshintergrund haben Unternehmen dann etwa Geduld bei der Arbeitsanleitung. Einige Unternehmen engagieren bei Sprachschwierigkeiten für eine Übergangszeit Sprachstudenten als Dolmetscher. Als hilfreich wird auch wahrgenommen, wenn im Hinblick auf das Verstehen der deutschen Kultur ein Ansprechpartner in Reichweite ist, zu dem der Mitarbeiter mit Migrationshintergrund Vertrauen hat. Dieser kann ihn auch in die lokale Sozialstruktur einbinden.

Ältere Mitarbeiter

In vielen Unternehmen wurden und werden ältere Mitarbeiter freigesetzt, also solche, die älter als 50 Jahre sind. Diese heften sich dann häufig auch selbst das Etikett an »mich braucht doch sowieso keiner mehr«. Gerade dies ist aber ein Irrtum: Geht man davon aus, dass diese Arbeitnehmer bis zur Rente mit 67 noch mehr als zehn Jahre arbeiten können, ist diese Zeitspanne in der mobilen Arbeitswelt von heute eher der Regelfall einer durchschnittlichen Beschäftigungsdauer in einem Unternehmen als die Ausnahme. Das Personalmanagement muss sich also im Hinblick auf alle Altersklassen darauf einrichten, dass seine Mitarbeiter im Laufe ihres Arbeitslebens mehrere Tätigkeiten annehmen und mehrmals Unternehmen wechseln. Dies bedeutet, dass Arbeitnehmer auch mehrmals in ihrem Arbeitsleben in Unternehmen eintreten – und damit auch dann, wenn sie älter sind.

Ältere Mitarbeiter sind heutzutage bis zu ihrem Renteneintritt durchschnittlich belastbarer als früher. Hierzu trägt in den meisten Berufen bei, dass die körperlichen Belastungen reduziert wurden und durch arbeitsmedizinische und gesundheitliche Prävention eventuellen Schädigungen vorgebeugt wird. Auch leben viele Menschen heutzutage gesünder.

Der Vorteil älterer Mitarbeiter ergibt sich aus ihrem Schatz an Erfahrung. Dies bezieht sich nicht nur auf das Unternehmen und die Tätigkeit selbst, sondern ist zudem das Ergebnis des heutzutage üblichen »lebenslangen Lernens«. Hiervon zu profitieren, besonders auch dann, wenn Erfahrungen auch aus inhaltlich benachbarten Gebieten vorliegen, kann für ein Unternehmen attraktiv sein. Hinzu kommen die Netzwerkverbindungen, die sich ältere Personen im Laufe ihres Arbeitslebens aufgebaut haben. In Anbetracht der durchaus ausreichenden Verbleibezeit auf einem Arbeitsplatz lohnen sich darüber hinaus die standardisierte Einarbeitung sowie die regelmäßige gezielte Weiterbildung für ältere Arbeitnehmer in gleichem Maße wie für jüngere Arbeitnehmer. Auch die Zukunft von Projektarbeit wird in altersgemischten Teams gesehen.

Personalmarketing und der Wettbewerbsvorteil

Für das Personalmanagement ist die Personalbeschaffung ein zentrales Aufgabenfeld. Für jedes Unternehmen müssen Antworten gefunden werden, da Standardrezepte sich nicht »einfach mal eben« auf die unterschiedlichen Situationen übertragen lassen.

Als Investitionsentscheidung in die Zukunft des Unternehmens erfordert die Personalbeschaffung insgesamt, dass das Unternehmen im schwierigen Umfeld des Talentekriegs viel Geld für das Personalmanagement ausgeben und dort bewusst einsetzen muss, wenn es sich qualifiziertes Personal beschaffen will. Hinzu muss eine durchdachte Kommunikations- und Medienstrategie kommen. Sie ist eine Gratwanderung zwischen dem *Employer Branding* als dem Herausstellen einer überdurchschnittlich attraktiven Arbeitgebermarke und dem *Employee Trapping*, also dem Nichteinlösen von Versprechen mit negativen Folgen für die Arbeitgeberattraktivität. Also: Unternehmen dürfen viel versprechen – aber nicht mehr, als sie einlösen können!

Während das klassische Marketing mögliche Kunden für Produkte zu interessieren versucht, will das Personalmarketing mögliche Mitarbeiter für das Unternehmen als Arbeitgeber interessieren. Es analysiert daher die Ausgangssituation, erarbeitet eine Potenzialstrategie, die in die Personalplanung übergeht, und wirbt dann mit allen Vorzügen, die das Unternehmen als Arbeitgeber auszeichnet.

Potenzialstrategie mit integrierter Personalplanung

Strategie bedeutet immer: Vorher nachdenken! Ein Personalmarketing wird nur wenig erreichen, wenn nicht im Vorfeld klar ist, was genau erreicht werden soll. Hierzu muss quantitativ (Menge) und qualitativ (Kompetenzen) festgelegt werden, welcher Bedarf an Arbeitskräften (insbesondere qualifizierte Wissensarbeiter) langfristig sowie kurzfristig vorliegt und wie sich dieser Bedarf zukünftig verändern wird.

Startpunkt Umfeldanalyse

Unternehmen können Ressourcen wie hoch qualifiziertes Personal nur dann gewinnen, wenn sie mit den bestehenden Beschränkungen der jeweiligen Beschaffungsmärkte strategisch-vorausschauend umgehen: Sie müssen analysieren, welche Arbeitskräfte sie gewinnen können. Hierzu dienen Arbeitsmarktstatistiken und -analysen, die unter anderem von Hochschulen, von Arbeitgeberverbänden, von der regionalen Politik oder von Industrie- und Handelskammern zur Verfügung gestellt werden.

Unternehmen können aktiv auf den Arbeitsmarkt Einfluss nehmen, indem sie etwa bestimmte Berufsfelder so bewerben, dass diese für Qualifizierte interessant werden. Sie können zudem im Rahmen von Arbeitgeberverbänden das Berufsimage der von ihnen gesuchten Berufe erhöhen.

Zur Analyse zählt auch, die auf dem für das Unternehmen relevanten Teilarbeitsmarkt geltenden Besonderheiten zu verstehen. Ein Aspekt ist das Anhalten von Wirkungen, deren Ursachen bereits weggefallen sind. Dieses Phänomen, das in der Fachsprache als *Hysterese* bezeichnet wird, ist vor allem konjunkturabhängig:

- ✔ Steigt die Arbeitslosigkeit in einer Rezession, so sinkt sie dagegen nach Ende der Rezession nicht gleich wieder ab. Dies liegt daran, dass die Arbeitslosen sich in der Regel nicht beruflich weiterqualifizieren und deshalb zunächst nach Rezessionsende nicht gleich bevorzugt gesucht werden. Zudem steigen nach Ende der Rezession die tariflichen Löhne wieder, was das zusätzliche Einstellen von Arbeitslosen für Unternehmen auch nicht attraktiver macht.
- ✔ Sinkt dagegen die Arbeitslosigkeit im Verlauf des Aufschwungs, hält auch dieser Effekt noch eine Zeit lang an, wenn die Rezession wieder einsetzt. Denn auch wenn sich das wirtschaftliche Klima eintrübt, wollen Arbeitgeber nicht gleich wieder auf die Qualifikationsgewinne der Neueingestellten verzichten. Zudem unterliegen die eingestellten Mitarbeiter dem üblichen Kündigungsschutz.

Der Arbeitsmarkt reagiert also träge und hinkt konjunkturellen Entwicklungen hinterher. Das Personalmanagement kann dieses Wissen nutzen, um den idealen Zeitpunkt zur Einstellung von Mitarbeitern zu bestimmen. Es kann sinnvoll sein, auf dem Arbeitsmarkt antizyklisch zur konjunkturellen Entwicklung zu handeln.

Ein Analyseschwerpunkt im Personalmarketing ergibt sich im Hinblick auf die Attraktivität des Unternehmens aus Sicht möglicher Bewerber. Das Personalmanagement sollte zumindest zu den für sie wichtigsten Zielgruppen der Personalbeschaffung exakt wissen, welche persönlichen Wahrnehmungen und

Erwartungen diese an ihre Wunscharbeitgeber haben. An dieser Stelle zahlen sich Investitionen in eine systematische Arbeitsmarktforschung umso eher aus, je knapper die zu beschaffenden Arbeitnehmer sind. Das Instrument der Wahl sind Imageanalysen: Hier werden Personen aus der angedachten Zielgruppe möglicher Mitarbeiter zu dem Eindruck, den das Unternehmen als Arbeitgeber auf sie macht, systematisch befragt.

Wenn das Personalmanagement solche Analysen durchführt oder die Ergebnisse von der Wissenschaft durchgeführter Analysen nutzt, wird es erkennen, dass die anvisierte Zielgruppe alles andere als einheitlich ist. Die Unterschiede zeigen sich insbesondere im Hinblick auf Persönlichkeitstypen. Dies bedeutet, dass es innerhalb einer einzigen Qualifiziertengruppe die »Zupacker«, die »Leistungsorientierten«, die »Risikosuchenden«, die »Nachdenklichen«, die »Fleißigen«, die »Bequemen«, die »Visionäre«, die »Kreativen«, die »Umweltbewussten« und viele Persönlichkeitstypen mehr geben kann. Es wird deutlich, dass das Personalmanagement die gesuchten Typen konkretisieren kann. Hinzu kommt jedoch, dass diese verschiedenen Persönlichkeitstypen das Unternehmen mit unterschiedlichen Augen sehen. Hieraus folgt, dass das Personalmanagement deren unterschiedliche Perspektiven einnimmt und – bei Interesse, jemanden aus einer bestimmten Gruppe zu gewinnen – für diese Gruppe die spezifischen attraktivitätserhöhenden Argumente, Vorstellungen und Präferenzen in seine Werbung aufnimmt. Erst dies führt zu einem zielgruppenspezifischen Personalmarketing, das seinen Namen verdient.

Ohne Personalplanung ist alles nichts

Die quantitative Personalplanung umfasst die Bestimmung der genauen Anzahl von Mitarbeitern, die eingestellt werden sollen.

Der erste Schritt besteht darin, die vorhandenen Mitarbeiter zahlenmäßig zu beziffern, und zwar den gegenwärtigen Stand wie auch die zukünftige Entwicklung. Bereits die Zahl der vorhandenen Mitarbeiter, also der Personalbestand, ist nicht so einfach zu ermitteln, wie man dies meint: In Zeiten von Arbeitszeitflexibilisierung mit Teilzeitoptionen und Heimarbeit, der Befristung von Beschäftigungsverhältnissen, dem Einsatz von Zeitarbeitnehmern und der Auslagerung von Arbeit an externe Dienstleister ist es gar nicht mehr auf den ersten Blick offensichtlich, wie viele Stunden Arbeit genau in die Leistungserstellung fließen. Will das Personalmanagement die Zeitbedarfe exakt ermitteln, kann es Zeitstudien durchführen, bei denen sowohl die Zeiten für die Ausführung von Arbeiten als auch Zeiten des Wartens, des Erholens, des Umrüstens von Maschinen und des Verteilens von Material einberechnet werden.

Anspruchsvoll ist es, die zukünftige Entwicklung des Personalbestands zu erfassen. Hierzu müssen auf Basis des diagnostizierten Personalbestands vorausschauend die Personalabgänge und Personalzugänge einberechnet werden, die im betrachteten Zeitraum erfolgen werden. Hierzu gibt es zwei Möglichkeiten:

- ✔ Entweder sind die zukünftigen Entwicklungen absehbar, sodass sie exakt einberechnet werden können.
- ✔ Oder es gibt Erfahrungswerte aus der Vergangenheit, beispielsweise erfasst in der Personalbewegungsstatistik, die dann im Rahmen einer Simulation der zukünftigen Entwicklung als Schätzung erfolgen.

Beide Möglichkeiten führen zur Abbildung sowohl der gegenwärtigen als auch der zukünftigen Personalstruktur. Sie zeigt jeweils an, wie die Belegschaft sich nach mindestens einem Ordnungskriterium zahlenmäßig verteilt. Es gibt beispielsweise Personalstrukturen nach Alter, nach Tätigkeitsbereich und nach Qualifikationsgruppe.

Der zweite Schritt besteht darin, dass das Personalmanagement beurteilt, ob die ermittelte Personalstruktur zur Aufrechterhaltung des Leistungserstellungsprogramms ausreichend ist. Hierfür gibt es eine Reihe von Verfahren, die im Wesentlichen auf Produktivitätskennzahlen basieren: Die zukünftig angestrebte Menge an Leistungsoutput wird durch die individuelle Leistungsfähigkeit pro Mitarbeiter geteilt, um den Bedarf an Personen zu ermitteln. Um dies im Einzelfall sinnvoll zu berechnen, sind allerdings exakte Erfahrungswerte aus einem effizient arbeitenden Leistungserstellungssystem notwendig. Hilfreich sind darüber hinaus Informationen über mögliche Rationalisierungseffekte, die sich in bestehenden Arbeitssystemen realisieren lassen. So wird es ein Nebeneffekt einer Einführung neuer Produktionsroboter oder neuer Verfahrenssoftware sein, dass einige Mitarbeiter zeitlich entlastet werden, andere Mitarbeiter unter Umständen aber neue Aufgaben hinzubekommen.

Wird absehbar, dass Mitarbeiter schon von ihrer Menge her fehlen werden, muss das Personalmanagement in einem dritten Schritt das zukünftige Defizit an Personal benennen und festlegen, wie die Entstehung dieses Defizits verhindert wird. Die Maßnahmen müssen realisierbar sein, ansonsten liegt eine unrealistische Planung vor.

Die quantitative Personalplanung wird ergänzt durch die qualitative Komponente: Das Personalmanagement muss nicht nur wissen, wie viele Mitarbeiter es braucht – es muss auch genau die gesuchten Qualifikationen bestimmen. Dies erfolgt im Rahmen der qualitativen Personalplanung.

Bezugspunkt für die qualitative Personalplanung sind die zu erreichenden Unternehmensziele. Davon lassen sich die betrieblichen Funktionen, die Arbeitsfelder und Schritt für Schritt die einzelnen Aufgaben ableiten, die zur Zielerreichung notwendig sind. Für sie werden die Mitarbeiter benötigt.

Sie können sich die Kompetenzplanung wie ein Kuchenrezept vorstellen: Bevor es ans Backen geht, ist die Zutatenliste die wichtigste Information. Kompetenzplanung bedeutet, für die einzelnen Arbeitsfelder so genau wie möglich zu bestimmen, welche Kombinationen an Fähigkeiten und Fertigkeiten, Persönlichkeitsmerkmalen, Einstellungen, Verantwortungsübernahmen und möglichen physischen und psychischen Belastungen zur Aufgabenerledigung notwendig sind. Entscheidend sind nicht allein die Mindestanforderungen, sondern die Kombinationen von Kompetenzen, die zu einer überdurchschnittlichen Leistung führen können. Aus diesem Grund werden für einige Stellen Mehrfachqualifikationen vorgesehen.

Wie lassen sich die benötigten Kompetenzen im Rahmen der qualitativen Personalplanung bestimmen? Hier hilft nachfragen, und zwar bei

- ✔ Mitarbeitern mit einer ähnlichen Arbeit,
- ✔ Mitarbeitern, die nachhaltig überdurchschnittliche Leistung erbringen,

- ✔ Führungskräften aus dem gleichen Arbeitsbereich,
- ✔ Kunden, die von den Leistungen der benötigten Mitarbeiter profitieren,
- ✔ externen Personalberatern oder
- ✔ externen Spezialisten, die sich darum kümmern, wie sich Arbeiten in der Zukunft weiterentwickelt.

Die Ergebnisse gehen in die Anforderungsprofile für jede einzelne Stelle ein und resultieren in Stellenbeschreibungen.

Eine Stellenbeschreibung listet für eine bestimmte Stelle im Unternehmen auf, wie sie heißt, in welchem Bereich des organisatorischen Gefüges sie angesiedelt ist, welche Aufgaben der Stelleninhaber bearbeiten soll, welche Verantwortlichkeiten und welche Entscheidungsbefugnisse damit verbunden sind, welche Fähigkeiten, Fertigkeiten und welches Erfahrungswissen benötigt werden, wem die Stelle unterstellt ist, wen sie vertreten darf sowie welche besonderen Belastungen mit der Stelle verbunden sind. Die Stellenbeschreibung ist dann im Arbeitsalltag brauchbar, wenn ihre Formulierungen eindeutig sind und klar erläutern, was gemeint ist. Statt »gute Konfliktfähigkeit« könnte man schreiben: »nimmt fremde Kritik als Verbesserungshinweis auf und formuliert eigene Kritik in motivierender Form«. Statt »Kostenbewusstsein« bietet sich an: »gibt im Rahmen des verfügbaren Budgets nicht mehr als das zur Zielerreichung erforderliche Geld aus«.

Stellenbeschreibungen werden im Rahmen des Personalmanagements immer wieder gebraucht:

- ✔ bei der Personalbeschaffung als Input für das Verfassen der Stellenausschreibung und als Orientierungshilfe zwecks Stellenbesetzung sowohl für die Auswählenden als auch für den Bewerber,
- ✔ beim Personaleinsatz zur Ausgestaltung des Arbeitsplatzes und der Arbeitsumgebung,
- ✔ bei der Entlohnung als eine wichtige Bemessungsgrundlage für die Vergütung,
- ✔ bei der Personalentwicklung als Orientierungshilfe für notwendige Weiterbildungsmaßnahmen sowie
- ✔ bei der Personalführung als Anhaltspunkt zur Formulierung von Zielvereinbarungen und ihrer späteren Evaluation.

Daher bietet es sich an, sie online zur Verfügung zu stellen, etwa im Intranet oder in einem Wiki.

Personalplanung kann gar nicht wichtig genug eingeschätzt werden. Vielen Unternehmen fehlen die grundlegendsten Personalplanungssysteme. Dabei sind diese in ihren einfachen Varianten bereits in einer Excel-Datei abbildbar und das Personalmanagement muss zwar viele Gedanken, aber wenig Geld investieren, um sich den Nutzen der Personalplanung zu erschließen. Das Vorhandensein einer Personalplanung ist ein guter Indikator für die Nachhaltigkeit des Personalmanagements: Gerade Unternehmen ohne vorausschauende quantitative und qualitative Personalplanung müssen sich nicht wundern, wenn sie durch Notwendigkeiten zu größerer Personalveränderung überrascht werden. Diese hätten häufig eher bemerkt und dann im Vorfeld abgefedert werden können.

Employer Branding als Dauerbrenner

Basierend auf Ihrer Personalplanung müssen Sie als Personalverantwortlicher wissen, was Sie mit Ihrer Personalbeschaffung konkret erreichen wollen. Ist doch sowieso klar, meinen Sie? So einfach ist es aber nicht:

- ✔ Sie können nur eine offene Stelle besetzen wollen – aber Sie können auch fragen, was in Ihrem Unternehmen Hochleistung und in Ihrer Branche Wettbewerbsfähigkeit bedeuten, um profilierte Anforderungen formulieren zu können.
- ✔ Sie gehen von den Anforderungen der zu besetzenden Stelle aus – aber Sie können auch fragen, welche Fähigkeiten, Potenziale und Verantwortungsbereitschaft Sie für Ihr Unternehmen beschaffen wollen, damit es seine Ziele erreicht und übertrifft.
- ✔ Sie können isoliert einen optimal zur Stelle passenden Bewerber suchen – aber Sie können auch in Ressourcen denken und eine optimale Mischung aus Festangestellten, Zeitarbeit und Aufgabenauslagerung für Ihre Unternehmenswertschöpfung bestimmen.
- ✔ Sie können den jeweils Qualifiziertesten für eine Stelle auswählen – aber Sie können auch diejenigen ins Auge fassen, die zusätzlich zu Ihrer Unternehmenskultur passen.
- ✔ Sie können Ihrer intuitiven Wahrnehmung des Bewerbungsgesprächs vertrauen – aber Sie können auch die Palette an Auswahlverfahren nutzen.

Diese Entscheidungen trifft das Personalmanagement zwar nicht allein, aber es kann im Dialog mit der Unternehmensleitung versuchen, die Personalbeschaffung strategisch und zukunftsorientiert auszurichten. Hinzu kommt: Jede zu Beginn der Personalbeschaffung investierte Minute zahlt sich aus, denn einmal getroffene Entscheidungen ziehen sich dann durch den gesamten weiteren Personalbeschaffungsprozess.

Markenbildung für Arbeitgeber

»Branding« kennt man aus dem Wilden Westen, wo Cowboys den Tieren ihrer Herde Brandzeichen verpassten, um sie zu kennzeichnen und von Tieren anderer Herden unterscheiden zu können. Dasselbe tun Unternehmen: Sie wollen auf dem Arbeitsmarkt einzigartig und wiedererkennbar sein.

Unter *Employer Branding* versteht das Personalmanagement die Schaffung eines klaren Arbeitgeberprofils mit dem Ziel, sich hiermit auf dem Arbeitsmarkt als attraktiver Arbeitgeber zu positionieren. Wie in der Werbung, die Marken für Produkte bildet, lebt auch die Arbeitgebermarke von ihrer möglichst unverwechselbaren und auf die Zielgruppe gewünschter Mitarbeiter zugeschnittenen Markenidentität. Diese soll den Unternehmen einen Wettbewerbsvorteil auf dem Arbeitsmarkt verschaffen.

Voraussetzung ist, dass das Unternehmen weiß, was seine Identität ausmacht. Die Unternehmenskultur mit ihren Werten und Visionen ist hier ein wichtiger Bestandteil der Arbeitgebereigenschaften, hinzu kommen aber auch die Qualität des Managements, das Verhalten der Führungskräfte, die Arbeitszufriedenheit der Mitarbeiter und die Perspektiven der Unternehmensentwicklung.

Die Markenidentität schlägt sich in einem verbindlichen Arbeitgeberversprechen nieder, das sich als *Employee Value Proposition* (EVP) in einem Satz zusammenfassen lässt: Dieser Satz erklärt, warum eine Person genau im betreffenden Unternehmen arbeiten soll und nicht in einem anderen Unternehmen. Damit ist die Employee Value Proposition mehr als ein einfacher Werbespruch: Sie muss bewusst geschaffen, glaubwürdig und widerspruchsfrei im Unternehmen gelebt und damit sowohl nach innen als auch nach außen vertreten werden.

»Was ist das Besondere an unserem Unternehmen?« ist die Frage, die jeder Mitarbeiter beantworten können muss. Wie beim Alleinstellungsmerkmal aus dem Marketing gehört zur klaren Linie im Personalmanagement eine nachvollziehbare Abgrenzung zu anderen Arbeitgebern. Die beliebte Aussage wie »Wir kommunizieren offen und transparent« wäre zwar inhaltlich tragfähig, wenn sie in aller Konsequenz eingelöst werden würde, eignet sich aber nur begrenzt als Alleinstellungsmerkmal, weil annähernd jedes Unternehmen dies von sich behauptet. Die Employee Value Proposition thematisiert daher spezifische Aspekte wie die Arbeitsinhalte, Karrieremöglichkeiten, die Bekanntheit des Unternehmens, Mitarbeitervergünstigungen oder die Vergütung.

Wie belastbar die Arbeitgebermarke ist, zeigt sich vor allem in Krisensituationen. Selbst wenn ein Unternehmen Mitarbeiter entlassen muss, kann dies fair bewerkstelligt werden, ohne dass das Vertrauen der eigenen Mitarbeiter und der Öffentlichkeit in das Unternehmen größeren Schaden nimmt.

Umsetzung im Handeln für die Mitarbeiter

Das Employer Branding ist in einer Arbeitswelt, in der Unternehmen sich bereits viele unterschiedliche Maßnahmen überlegt haben, schwierig: Wie soll man sich von Unternehmen abgrenzen, die ähnliche Dinge anbieten wie man selbst?

Die Antwort ergibt sich aus der Konsequenz, in der Maßnahmen tatsächlich ergriffen werden. So kann nicht jedes Unternehmen einen eigenen Betriebskindergarten einrichten. Dennoch bieten sich für Unternehmen, denen ein eigener Betriebskindergarten zu teuer ist, kostengünstigere Alternativen an. So können sie entweder mit anderen Unternehmen einen Betriebskindergarten betreiben oder in Kooperation eine Tagesmutter für Kleinkinder beschäftigen. Wenn dann ein Betriebskindergarten eingerichtet wird, kann dessen Ausgestaltung zum Employer Branding beitragen, etwa durch lange Öffnungszeiten (7 bis 19 Uhr) oder durch die Beschäftigung von englisch- oder französischsprachigen Erziehern.

Zur Entlastung von Mitarbeitern trägt auch die Hilfe im Hinblick auf pflegebedürftige Angehörige bei:

- ✔ Wenn ein Pflegefall im Umfeld eines Mitarbeiters eintritt, kommt zur Verunsicherung des Mitarbeiters noch eine große zeitliche Belastung hinzu. Das Unternehmen kann Information in Form einer Pflegebibliothek und einer Übersicht über die angebotenen Unterstützungsinstrumente geben. Bewährt sind auch Vorträge zu Pflegethemen. Andere Unternehmen halten einen Rollstuhl vor, der im Bedarfsfall ausgeliehen werden kann – was zeitsparender für die Mitarbeiter ist als das eigenständige Organisieren. Häufig sind es solche Kleinigkeiten, die nicht nur den Mitarbeitern helfen, sondern auch den Ruf des Unternehmens als mitarbeiterorientiert begründen.

- ✔ Das Personalmanagement kann unbürokratisch flexible Arbeitszeiten und Freistellungen für Mitarbeiter anbieten, in deren Umfeld ein Pflegefall eintritt, sowie eine probeweise Teilzeitarbeit (»Schnupperteilzeit«). Dies würde dann über die bestehenden Regelungen des Familienpflegezeitgesetzes hinausgehen, gemäß dem Mitarbeiter das Recht haben, bei einer akut auftretenden Pflegesituation, durch die sie kurzzeitig an der Arbeit gehindert sind, bis zu zehn Tage der Arbeit fernzubleiben, dann bis maximal sechs Monate zur Pflege von der Arbeit freigestellt zu werden (Pflegezeit) sowie innerhalb maximal zwei Jahren die Arbeitszeit zwecks häuslicher Pflege von Angehörigen zu reduzieren, wobei die Entgeltreduzierung unter bestimmten Voraussetzungen durch staatliche Zuschüsse aufgestockt werden kann.

- ✔ Noch umfangreichere Maßnahmen kann sich nicht jedes Unternehmen leisten, aber einige lassen ein eigenes Pflegeheim betreiben, auf dessen Plätze die Eltern der Mitarbeiter und später – auch nach dem Eintritt in die Rente – die Mitarbeiter selbst einen Anspruch haben. Dies ist eine langfristige Bindungsmaßnahme.

Diese Beispiele zeigen, dass erst das Konkretisieren von tatsächlich Gewünschtem wirksam zum Aufbau der Arbeitgebermarke beiträgt. Das Employer Branding muss darüber hinaus auf die übrigen strategischen Aktivitäten des Unternehmens zurückwirken. Daher muss das Personalmanagement für den Fall, dass Teilstrategien anderer Arbeitsbereiche im Unternehmen das Employer Branding beeinflussen könnten, bei diesen um eine Stimmigkeit zum Employer Branding werben. Schließlich ist der Idealfall fast erreicht, wenn alle Mitarbeiter des Unternehmens sich als aktive Botschafter des Employer Brandings begreifen.

Eine Warnung zum Employer Branding: Wenn es nicht mehr ist als Oberflächenkosmetik und außer einem tollen Design nichts zu bieten hat, weder substanzielle Inhalte noch den Bezug zu der im Unternehmen vorherrschenden Realität der Arbeitgebereigenschaften, kehrt sich seine Wirkung um. Das Ergebnis ist die Arbeitgeberunattraktivität, die sich über enttäuschte Bewerber und Mitarbeiter schnell herumspricht. Daher liegt nur der kleinste Teil des Employer Brandings auf der externen Kommunikation – und der viel größere auf den Vorstufen der internen Analyse, internen Strategiebildung und internen Kommunikation. Entsprechend sinnvoll ist es, alle Maßnahmen des Employer Brandings regelmäßig über Mitarbeiterbefragungen zu überprüfen.

Umsetzung im Werben um neue Mitarbeiter

Für zu besetzende Stellen wird umfassend geworben, um passenden Personen die Chance zu geben, die Stelle zu finden. Der erste Blick geht in das Unternehmen hinein: Sind hier die benötigten Personalressourcen vorhanden? Eine innerbetriebliche Personalbeschaffung wäre

- ✔ *schneller*, weil der externe Suchprozess entfallen könnte,
- ✔ *kostengünstiger*, weil der Personalbeschaffungsprozess damit extrem verkürzt würde,
- ✔ *verlässlicher*, weil der betreffende Bewerber dem Unternehmen schon bekannt ist,
- ✔ *motivierender*, weil andere Mitarbeiter mitbekommen, dass sie sich im Unternehmen auch verbessern können,
- ✔ *reibungsloser*, weil der Einstieg in die neue Arbeit kein langes Kennenlernen des Unternehmens benötigt.

Der Betriebsrat kann die innerbetriebliche Ausschreibung offener Stellen verlangen; dies geschieht dann in der Regel durch Rundschreiben oder Aushänge am Schwarzen Brett.

Dagegen ist die unternehmensexterne Personalbeschaffung

- ✔ *weniger beschränkend*, weil mehr potenzielle Bewerber erreichbar sind,
- ✔ *offener*, weil neue Ideen von außen in das Unternehmen eingebracht werden können,
- ✔ *diverser*, weil mit Bewerbern mit möglicherweise ungewohntem persönlichem Hintergrund das Spektrum an unterschiedlichen Mitarbeitern verbreitert werden kann.

Es wird Sie überraschen, wie viele Möglichkeiten der Werbung ein Unternehmen für sich als Arbeitgeber hat. Es ist nicht nur die traditionelle Stellenanzeige, sondern es kommen viele weitere Werbekanäle und Beschaffungswege für Personal hinzu.

Traditionelle Stellenanzeige

Um dennoch mit der Stellenanzeige zu starten: Sie führt die Informationen der Stellenbeschreibung der zu besetzenden Stelle für mögliche Bewerber zusammen und ergänzt Informationen wie die Arbeitszeit oder die Vergütung sowie administrative Angaben wie die Kontaktadresse oder die Internetseite des Unternehmens. Über ihren informativen Gehalt hinaus wird sie auch emotional so gestaltet, dass sie Bewerber anspricht und zur Markenbildung des Unternehmens passt. Ist das Unternehmen als seriös auf dem Markt bekannt, wird auch seine Werbung in Stellenanzeigen sicherlich nicht zu lustig oder reißerisch sein.

Stellenanzeigen erscheinen in Printmedien oder auf Plakaten, die in Hochschulen oder an anderen öffentlich zugänglichen Plätzen ausgehängt werden können. Zudem werden sie innerhalb des Unternehmens bekannt gemacht, damit sich Mitarbeiter bewerben können, wenn sie eine Stelle attraktiver finden als ihre bisherige Stelle. Gerade in Zeiten des Internets signalisieren gedruckte Stellenanzeigen dem Bewerber, dass das Unternehmen sich ernsthaft um sie bemüht und dass das Arbeitsangebot so hochwertig ist, dass es dem Unternehmen eine Anzeige wert ist.

Personal-Homepage im Internet

Auch im Internet suchen Bewerber Informationen über offene Stellen – und gelangen dann auf die Personal-Homepage des Unternehmens. Sie ist so etwas wie der Eingangsbereich des Unternehmens: Auf den ersten Blick erkennt ein Interessent, wie viel Wert das Unternehmen auf seine Positionierung als attraktiver Arbeitgeber legt.

Die Personal-Homepage ist die Eingangstür zum *e-Recruiting*, der internetbasierten Personalbeschaffung. Dessen Bedeutung ist so weit gestiegen, dass mittlerweile rund 80 Prozent der Bewerbungen über das Internet bei den Unternehmen eingehen. Zwar gibt es auch Jobbörsen im Internet, doch diese ermöglichen es den Unternehmen in der Regel weniger gut, ihr Angebot individuell zu gestalten. Damit sind Internetjobbörsen eher geeignet für Unternehmen, die von Bewerbern nicht auf andere Weise gefunden werden würden. Auch auf bestimmte Berufsfelder spezialisierte Jobbörsen können – im Sinne von Nischenanbietern – sinnvoll sein.

Gemäß der vom Personalmanagementforscher Christian Scholz entwickelten CUBE-Formel sind vier Aspekte besonders wichtig:

- ✔ Content (Inhalt): Der Besucher der Personal-Homepage möchte seine Informationsbedürfnisse umfassend befriedigt sehen.
- ✔ Usability (Benutzerfreundlichkeit): Bereits technologisch muss die Personal-Homepage den Anforderungen von Internetnutzern, zunehmend aber auch von Nutzern mobiler Endgeräte, entsprechen.
- ✔ Branding (Markenbezug): Die Personal-Homepage muss zur Arbeitgebermarke passen und damit stimmiger Bestandteil der Aktivitäten zur Erhöhung der Arbeitgeberattraktivität sein.
- ✔ Emotion: Dem Besucher der Personal-Homepage muss es Spaß machen, sich auf der Seite aufzuhalten.

Tabelle 5.1 zeigt, wie Sie diese Aspekte im Einzelnen berücksichtigen können.

Bewerbungsspiele

Im Internet finden sich auch Bewerbungsspiele (englisch: Recruiting Games), die das Unternehmen bei der Personalbeschaffung gerade jüngerer Personen unterstützt. Es sind beispielsweise kleinere Unternehmensplanspiele oder Branchenkennlernspiele, aber teilweise auch Actionspiele, und sie verfolgen zwei Ziele:

- ✔ Sie helfen, Bewerber anzusprechen, die auf anderem Wege nicht erreicht worden wären. Das Personalmanagement lockt diese Bewerber durch den Unterhaltungswert des Spiels, wobei es allerdings sicherstellen muss, dass Optik und Spielspaß dem allgemeinen Stand der Spieltechnik annähernd entsprechen.
- ✔ Sie dienen dem Personalmanagement als Instrument der Bewerbervorauswahl, indem durch das Spiel bereits verwertbare Informationen über die Bewerber erhalten werden können. So ermöglichen diese Spiele erste Hinweise auf die Kompetenzen der Bewerber, aber auch zu ihrer Passung zum Unternehmen sowie auf weitere Eigenschaften wie Kreativität, Lernfähigkeit oder Leistungsorientierung.

Content	Usability	Branding	Emotion
✔ Verweis auf offene Stellen und deren Anforderungsprofile ✔ Beschreibung der Arbeitsumgebung ✔ Personalentwicklungsprogramme ✔ Vergütungssystem ✔ Führungsleitbild und Unternehmenskultur ✔ Arbeitszeitmodelle ✔ Hilfestellungen zum Bewerbungsverfahren	✔ Sofortige Erreichbarkeit von der Startseite ✔ Vermeiden zu vieler Weiterleitungen ✔ Vermeiden »toter Links« ✔ Bereitstellung eines Onlinebewerbungsformulars ✔ Bereitstellung einer Onlinekontaktmöglichkeit	✔ Argumentation, warum man bei diesem Unternehmen arbeiten soll und nirgendwo anders ✔ Verwenden von Logo und Unternehmensdesign ✔ Verweis auf Auszeichnungen aus Arbeitgeberwettbewerben ✔ Nennung von Hochschulpartnern ✔ Verweis auf Besonderheiten wie Familienfreundlichkeit, Freizeitwert und Sicherheit der Region	✔ Direkte Ansprache ✔ Einbindung kurzer Videos, in denen Mitarbeiter und Unternehmensleitung zu Wort kommen ✔ Freundliches Design ✔ Abrufmöglichkeit der Mitarbeiterzeitschrift

Tabelle 5.1: Anforderungen an die Personal-Homepage aus der CUBE-Formel

Das Personalmanagement muss in der Lage sein, den sich an das Bewerbungsspiel anschließenden Kommunikations- und Abwicklungsaufwand bewältigen zu können, damit der positive Werbeeffekt nicht in sein Gegenteil umschlägt. Auch ist der Datenschutz zu beachten und damit, dass die Bewerber selbst entscheiden müssen, ob sie nach Spielende ihre Daten an das Unternehmen weitergeben möchten oder nicht. Schließlich müssen auch Verfahren zum Einsatz kommen, die sicherstellen, dass die Spielenden mit den Bewerbern identisch sind, was sich technologisch oder durch die Einladung der Bewerber an einen realen Spielort realisieren lässt.

Angesprochen werden mit Spielvarianten Bewerber der jüngeren Generation, die sich in ihrer Freizeit mit Videospielen beschäftigen und so gelernt haben, als Teamleiter im Internet Teams aus Spielern mit allen ihren Bedürfnissen und Konflikten zu führen. Es kann im Interesse des Personalmanagements liegen, solche Bewerber zu erreichen, die als führungsstark, leistungsbereit und intrinsisch motiviert gelten.

Sonstige Imagewerbung

Viele Unternehmen zielen mit ihrer Markenbildung auf Personen, wenn diese noch nicht in ihrer Bewerbungsphase stehen. Sie beteiligen sich beispielsweise am jährlichen Girl's Day (und inzwischen auch Boy's Day), bei dem Mädchen und Jungen im Alter von etwa elf bis 16 Jahren in das Unternehmen eingeladen werden, um sich frühzeitig mit der Berufswahl auseinanderzusetzen und anhand eines eigenen Einblicks in die Arbeitswelt die Gelegenheit bekommen, Rollenklischees infrage zu stellen und für sich auch ungewöhnlich erscheinende Ausbildungswege als Möglichkeit zu durchdenken.

Das Employer Branding basiert nicht allein auf speziellen Veröffentlichungen des Personalmanagements, sondern nutzt auch andere Veröffentlichungen des Unternehmens. So können in den Lagebericht, der Bilanzen zwecks Erläuterung begleitet, Informationen über den Umgang des Unternehmens mit seinem Personal integriert werden. Darüber hinaus verfassen einige Unternehmen separat Berichte über ihre Belegschaft, die Personalbericht oder Corporate-Social-Responsibility-Bericht genannt werden. Darin signalisiert das Personalmanagement, wie wichtig ihm ein professioneller, ethischer und nachhaltiger Umgang mit seinem Personal ist.

Auch publizieren Unternehmen Imageberichte in Zeitungen und Zeitschriften sowie Mitarbeiterzeitschriften. Damit möchten sie sich möglichst arbeitnehmerfreundlich darstellen und als Arbeitgeber interessant machen. In ihnen nennen sie ausdrücklich die Vorzüge, bei diesem Unternehmen zu arbeiten.

Der Mittelstand kann seine Aktivitäten auf sein regionales Einzugsgebiet begrenzen und dort die Vorteile kommunizieren, die ihn von Großunternehmen unterscheiden. Mittelständler legen in der Regel Wert auf breit qualifizierte Personen, die in mehreren betrieblichen Funktionen eingesetzt werden können. Die Attraktivität von Mittelständlern resultiert aus

- ✔ ihrer Flexibilität: Mitarbeiter können eher zwischen Funktionen wechseln und müssen eine größere Bandbreite an Aufgaben wahrnehmen. Außerdem wird ihnen vergleichsweise früher als in Großunternehmen Verantwortung für Mitarbeiter, Projekte und Ergebnisse übertragen und sie sind in ihren Entscheidungen autonomer.
- ✔ ihrer Nähe zur Unternehmensleitung: Diese führt dazu, dass Ideen und Initiativen qualifizierter Mitarbeiter eine hohe Umsetzungschance haben.
- ✔ ihrem Arbeitsklima: Mittelständische Unternehmen gelten als familiär und kollegial, weil man sich untereinander besser kennt als in Großunternehmen.
- ✔ ihrer Konkurrenzfähigkeit in der Vergütung: Im Mittelstand sind die Einstiegsgehälter zwar teilweise niedriger als in Großunternehmen, aber durch einen schnelleren Karrierefortschritt werden in wenigen Jahren vergleichbare Gehaltsniveaus erreicht.
- ✔ ihrer Internationalität: Heutzutage sind Mittelständler fast durchgehend international aufgestellt und können ebenso wie Großunternehmen internationale Karrieren anbieten.
- ✔ ihrer Sprungbrettfunktion: Wer im Mittelstand Verantwortung übernommen hat, ist für Großunternehmen attraktiv, weil er selbstständiges Entscheiden gelernt hat und sich nicht in der Großorganisation zu verstecken gelernt hat.

Viele mittelständische Unternehmen kommunizieren ihre Vorteile häufig nicht so geschickt wie die Großunternehmen. Dabei gibt es sogar spezielle Foren dafür, beispielsweise an Hochschulen angesiedelte, nicht kommerzielle Arbeitgeberwettbewerbe um den Preis für die »beste Personalarbeit im Mittelstand«.

Eine wichtige Komponente der Arbeitgebermarke ist der Standort des Unternehmens. Das Image des Standorts überlagert häufig das Image des Unternehmens als Arbeitgeber, sodass selbst attraktive Unternehmen an einem als unattraktiv wahrgenommenen Standort stark verminderte Chancen haben, ihre Wunscharbeitnehmer zu gewinnen.

Das Personalmanagement kann hier gegensteuern, indem es die Vorteile des Standorts aktiv vermarktet. So kann es auf verfügbaren Wohnraum, Lebenshaltungskostenvorteile, die allgemeine Sicherheit, die Infrastruktur für Kinder und Jugendliche oder den Erholungswert der Region verweisen. Einige Unternehmen bieten Stadtführungen an, bei denen sie die Vorbehalte von Bewerbern entkräften, und laden die Partner der Bewerber zum zweiten Bewerbungsgespräch mit ein. Das Personalmanagement kann vermeintliche Nachteile auch ausgleichen, indem es zum Beispiel Lebenspartner bei der Arbeitsplatzsuche unterstützt oder Unterstützung für die Eingewöhnungsphase neu hinzuziehender Mitarbeiter und ihrer Familien anbietet.

Ein weiteres Feld von Publikationen der Unternehmen sind die sozialen Netzwerke. Darin beteiligt sich das Personalmanagement von Unternehmen zunehmend an Blogs, in denen es unter anderem auch um die Darstellung des Unternehmens als Arbeitgeber geht. Dort sucht das Personalmanagement auch aktiv nach interessanten potenziellen Mitarbeitern, die eher angesprochen werden möchten, als dass sie von sich aus auf ein Unternehmen zugehen. Auch findet hier als elektronische Mundpropaganda die persönliche Weiterempfehlung von potenziellen Bewerbern statt, auf das Unternehmen im Talentkrieg angewiesen sind.

Headhunting

Eine Form der Werbung ergibt sich dadurch, dass das Personalmanagement kommerzielle Personalberater beauftragt, nach Mitarbeitern für das Unternehmen zu suchen. Dies nennt man *Headhunting*, also die »Jagd nach Köpfen«. Headhunter versuchen unter anderem, exzellente Mitarbeiter anderer Unternehmen dazu zu bewegen, ihr Unternehmen zu verlassen und zu dem suchenden Unternehmen zu wechseln.

Zur Vorbereitung stattet das Personalmanagement die Headhunter mit wichtigen Informationen aus: zu der zu besetzenden Stelle und über seine Attraktivität als Arbeitgeber. Gute Headhunter werden schließlich nicht nur die Fachkompetenz und die Sozialkompetenz möglicher Kandidaten im Voraus prüfen, sondern zudem ihre Passung zur Unternehmenskultur beurteilen.

Headhunting wird vor allem dann eingesetzt, wenn die zu besetzende Stelle für das Unternehmen sehr wichtig ist, passende Kandidaten knapp sind und es nicht zu erwarten ist, dass dem Personalmanagement die Stellenbesetzung in angemessener Zeit mit angemessener Qualität selbst gelingen wird. Die Bezeichnung *Executive Search* – also Suche nach leitenden Angestellten – drückt bereits aus, dass dies sich in der Regel auf Topmanager bezieht.

Wenn das Personalmanagement Headhunter aussucht, achtet es darauf, dass es sich um Qualitätsanbieter handelt, die einen tadellosen Ruf als Dienstleister haben, gut organisiert sind, über eine ausreichende Anzahl an Mitarbeitern verfügen, sich in der gesuchten Branche auskennen, Qualitätsstandards befolgen und bei Bedarf international aufgestellt sind. Auch die Honorarfrage ist relevant: Headhunter lassen sich ihre Suche nach Spitzenkräften – abgesehen von der Erstattung ihrer Aufwendungen – erfolgsabhängig bezahlen und fordern bis zu einem Bruttojahresgehalt des Gefundenen als Honorar. Das Personalmanagement einiger Unternehmen versucht ergänzend, eigene Führungskräfte zur Suche anderer Führungskräfte einzusetzen und sie im Erfolgsfall mit Prämien zu belohnen, muss dann aber sicherstellen, dass seine Führungskräfte zuvor angemessen geschult werden.

Her mit den neuen Mitarbeitern

Das Personalmarketing geht unmittelbar in die eigentliche Personalbeschaffung über, die sich mit der Auswahl der neuen Mitarbeiter befasst. Wie können oder sollen Unternehmen zusätzlich benötigte Mitarbeiter auf dem unternehmensexternen Arbeitsmarkt gewinnen, wenn der innerbetriebliche Arbeitsmarkt die Vakanzen nicht zu füllen vermag? Dies ist die Kernfrage der Personalbeschaffung.

Personaler müssen sieben

»Sieben« klingt vor diesem Hintergrund zunächst unpassend und auch hart – aber dennoch: Was ist die unternehmensseitige Auswahl von geeigneten Bewerbern anderes als die Prüfung der Kandidaten anhand eines Rasters und dann die Entscheidung *für* jemanden und damit *gegen* die restlichen Bewerber?

Nun ist dieses Sieben – umgangssprachlich für Auswählen – gar nicht so einfach, wie man es sich vorstellen könnte: Eingebettet in den Prozess der Personalauswahl von der Stellenanzeige bis zur Kontrolle des Beschaffungserfolgs gibt es vielfältige Möglichkeiten, etwas falsch zu machen.

So nicht!

Voll eingebunden ins Tagesgeschäft, das an allen Ecken und Enden trubelt, wird der Personalverantwortliche durch seinen automatischen Terminplaner 15 Minuten vor 11 Uhr erinnert: Gleich finden drei Bewerbungsgespräche statt. Hoppla, ganz vergessen! Aber es bleiben ja noch ein paar Minuten für einen kurzen Blick in die Bewerbungsunterlagen. Dann den Katalog mit den Standardfragen hervorgeholt, und los gehen die Gespräche in etwas gehetzter Atmosphäre. Gut, dass er sich auf seine Erfahrung und sein Bauchgefühl verlassen kann, mitschreiben ist nicht nötig. Später am Abend, kurz vor Verlassen des Büros, fällt ihm ein, dass er ja noch eine Entscheidung treffen muss. Wie waren die einzelnen Bewerber noch gerade? Egal – der Beste könnte der zweite gewesen sein. Oder doch der dritte …?

Die professionelle Personalvorauswahl und Personalauswahl funktioniert anders.

Bewerbungsunterlagen als Basisinformation

Auf die Anzeige hin gehen im Unternehmen die Bewerbungen für die ausgeschriebene Stelle ein. War man früher nur schriftliche Bewerbungen gewohnt, so dominieren mittlerweile Onlinebewerbungen. Manche Unternehmen stellen den Bewerbern zudem eigens Bewerbungsformulare zur Verfügung, die online ausgefüllt werden müssen. In einem Onlineformular erscheinen Felder zum Anklicken sowie Textfelder, die ein Bewerber ausfüllen muss, beispielsweise eines für das Anschreiben. Weitere Unterlagen kann der Bewerber als Anhänge hochladen. Wenn ein Bewerber Onlineformulare bei Bewerbungsportalen pflegt und für mehrere Bewerbungen nutzt, ist die regelmäßige Aktualisierung der gespeicherten Daten zu empfehlen.

Die klassische Papierbewerbung ist auf dem Rückzug: Mittlerweile gehen mehr als 40 Prozent der Bewerbungen per Mail ein, circa 35 Prozent über Onlineformulare und nur noch ein knappes Viertel auf Papier. Einige Großunternehmen akzeptieren überhaupt keine Bewerbungen in Papierform mehr. Inhaltlich gleicht die Onlinebewerbung der klassischen Papierbewerbung. Auch erwarten Unternehmen die gleiche Sorgfalt.

Die Bewerbungen werden in der Regel in einer Bewerberdatei erfasst, aus der nicht nur die wichtigsten Daten der Bewerber ersichtlich sind, sondern auch, welche Schritte des Bewerbungsverfahrens jeweils bereits durchlaufen wurden.

Der Personalbeschaffer muss alle Bewerbungsunterlagen sichten. Im Rahmen dieser Sichtung erfolgt bereits eine Vorauswahl: Durch Beurteilung verschiedener Kriterien (siehe Tabelle 5.2), die sich das Unternehmen überlegen und dann beispielsweise mittels Schulnoten bewerten kann, ist es bereits zu diesem Zeitpunkt möglich, die Bewerber in A-, B- und C-Kandidaten einzuteilen:

- ✔ A-Kandidaten sollten auf jeden Fall zu einem Bewerbungsgespräch eingeladen werden.
- ✔ B-Kandidaten werden nur bei weiterem Bedarf persönlich angeschaut.
- ✔ C-Kandidaten kommen nicht infrage.

Bewertungskriterien der Vorauswahl von Personal können unternehmensspezifisch sein. So gibt es ein Verfahren, das unterschiedliche Eigenschaften der bisherigen Mitarbeiter sammelt und statistisch auswertet: Worin unterschieden sich die erfolgreichen unter ihnen von den nicht erfolgreichen? Erkennt das Personalmanagement darin Muster (zum Beispiel: Unsere erfolgreichen Mitarbeiter kamen aus kinderreichen Familien, unsere nicht erfolgreichen Mitarbeiter dagegen nicht. Oder: Unsere erfolgreichen Mitarbeiter haben zuvor in bis zu zwei anderen Unternehmen gearbeitet, unsere nicht erfolgreichen Mitarbeiter in drei oder mehr Unternehmen.), kann es diese Muster der Vorauswahl zugrunde legen und Bewerber mit dem gleichen Muster in die engere Wahl nehmen. Dieses Verfahren ist unter der englischen Bezeichnung *Weighted Application Blank* (WAB) bekannt.

Analyseobjekt	Kriterium	Bewertung
Bewerbung allgemein (schriftlicher Eingang)	✔ fristgerechter Eingang ✔ sauberer Eindruck ✔ Vollständigkeit ✔ …	
Bewerbung allgemein (Eingang online)	✔ Sorgfalt, üblicher Stil der Schriftform, keine Emoticons ✔ Absender: privater Account mit seriöser Adresse ✔ Adressat: nicht die anonyme info@unternehmensadresse.de ✔ kein Virenbefall der Datei ✔ druckfreundlich in einer PDF-Datei ✔ Nutzung des Onlinebewerberformulars (falls bereitgestellt) ✔ …	
Anschreiben	✔ persönliche Anrede ✔ Rechtschreibung und Interpunktion ✔ Stil ✔ Begründung der Initiative ✔ Bezug zu Firma/Stellenanzeige/Stellenanforderungen ✔ Motivation ✔ …	
Lebenslauf	✔ Vollständigkeit inklusive Ort, Datum und Unterschrift ✔ Übersichtlichkeit ✔ Kurzerläuterung relevanter Aufgaben ✔ Konsistenz, Plausibilität, Trends ✔ erkennbarer »roter Faden« der Karriere ✔ Häufigkeit des Stellenwechsels ✔ persönliche Besonderheiten, zum Beispiel soziales Engagement ✔ …	
Schulzeugnisse, Studienzeugnisse	✔ Beglaubigung ✔ Noten in den relevanten Fächern ✔ Leistungskonstanz ✔ Erkennbarkeit der Zielsetzung ✔ …	
Praktikumszeugnisse, Arbeitszeugnisse	✔ Beglaubigung ✔ Leistungsbeurteilung ✔ Zwischentöne der Beurteilung, auffällige Formulierungen ✔ …	
Referenzen	✔ Neutralität der Referenzgeber ✔ beruflicher und sozialer Status der Referenzgeber ✔ Aussage der Gesamtwürdigung ✔ …	

Tabelle 5.2: Beurteilungsbogen zu den schriftlichen Bewerbungsunterlagen

Manche Unternehmen setzen telefonische Vorabinterviews ein, um eventuelle Unklarheiten, die sich aus den Bewerbungsunterlagen ergeben, auszuräumen. Ansonsten werden die möglicherweise passend erscheinenden Bewerber zu einem Bewerbungsgespräch eingeladen.

Ethisch höchst bedenklich ist es, wenn – was ab und an vorkommt – das Personalmanagement von Bewerbern »auf freiwilliger Basis« eine Blutprobe erbittet. Bewerber könnten diese zwar abgeben, damit das Unternehmen damit Gesundheits- und Leistungsfähigkeitstests durchführen kann. Doch trägt das Blut über seine Zusammensetzung und die in ihm enthaltene Erbsubstanz unzählige Informationen über Krankheitsanlagen, die Unternehmen unmöglich interpretieren können. Fehlschlüsse sind vorprogrammiert. Hinzu kommen die Herausforderungen des Datenschutzes. Am meisten spricht gegen ein solches Ansinnen, dass Unternehmen mit einer solchen Forderung ihr Arbeitgeberimage stark schädigen.

Anonymisierte Bewerbungsverfahren

Eine Neuerung, mit der sich Personaler in Deutschland zunehmend auseinandersetzen müssen, sind anonymisierte Bewerbungen. Diese gehen im Unternehmen bereits ohne Bewerbungsfoto ein, und spätestens, wenn sie der Personaler liest, sind aus den Unterlagen Name, Familienstand, Geburtsort, Alter und Wohnort gestrichen, etwa durch das Sekretariat oder sogar durch externe Dienstleister. Fehlen damit alle Informationen, die Rückschlüsse auf diskriminierungsfähige Charakteristika einer Person zulassen, dann – so die Idee – ist für alle Bewerber eine annähernd gleiche Chance gegeben, zum Bewerbungsgespräch eingeladen zu werden, unabhängig von ihrem Geschlecht, ihrem Alter oder ihrer Nationalität. Denn in internationalen Studien zeigt sich, dass im Rahmen der Personalbeschaffung Benachteiligungen vorkommen: Niedrigqualifizierte werden häufiger benachteiligt als Hochqualifizierte, und kleinere Unternehmen benachteiligen häufiger als größere Unternehmen.

Seit den 1960er-Jahren ist es in den USA üblich, Bewerbungen ohne Foto einzureichen, und in jüngster Zeit gibt es Pilotprojekte mit anonymisierten Bewerbungen in Frankreich, Schweden und der Schweiz. Ein deutsches Modellprojekt »Anonym ewerben – weil Qualifikation zählt« wurde im Herbst 2010 durch die Antidiskriminierungsstelle des Bundes (ADS) gestartet. Es umfasst große wie mittelständische Unternehmen sowie Behörden und Kommunen. In der Studie wird mit geschwärzten Lebensläufen gearbeitet, aus denen Foto, Name, Lebenslauf und weitere Angaben mit Rückschlussmöglichkeit entfernt werden. Erste Erfahrungen nach eineinhalb Jahren weisen darauf hin, dass sich mit der Anonymisierung von Bewerbungsunterlagen die Einladungshäufigkeit bei Bewerbern mit Migrationshintergrund, Frauen und älteren Menschen tatsächlich erhöht. Allerdings sind die Repräsentativität der ersten Evaluationsstudie und ihre Methodik umstritten.

Im Hinblick auf die Methode der Anonymisierung bewährt sich offensichtlich das Schwärzen von einzelnen Angaben in den originalen Bewerbungsunterlagen weniger. Handhabbarer ist ein aussagekräftiges Standardformular, in das zentrale Informationen aus den Bewerbungen übertragen werden und das auf die Abfrage kritischer Merkmale verzichtet. Eine Alternative besteht darin, von vornherein Bewerbungen nur per Onlinebewerbungsbogen entgegenzunehmen.

Gegner der anonymisierten Bewerbung führen die geringe Praxistauglichkeit und die Erhöhung der innerbetrieblichen Bürokratie an (siehe Tabelle 5.3). Zudem verweisen sie darauf, dass es heutzutage sehr viele Menschen mit ausländischen Namen gebe und dass eine darauf basierende Diskriminierung durch Personalabteilungen sowieso nicht erfolge. Schließlich befürchten sie eine Verlagerung der Auswahlentscheidung in die Runde nach dem ersten Bewerbungsgespräch, was eine Verlängerung und Verteuerung des Auswahlprozesses mit sich bringen würde. Daher setzen sie zur Erreichung der diskriminierungsarmen Personalbeschaffung statt auf anonymisierte Bewerbungen eher auf die Mitwirkung des Betriebsrats und die Regelungen des Allgemeinen Gleichbehandlungsgesetzes.

Pro	Kontra
✔ erhöhte Chancengleichheit bezüglich der Einladung zum Bewerbungsgespräch (ab da müssen sich die Bewerber wie gehabt bewähren)	✔ hohe Kosten (zum Beispiel Anonymisierung durch externe Dienstleister)
✔ weniger Diskriminierung bei der Stellensuche aufgrund von Herkunft, Alter, Geschlecht	✔ viel Bürokratie, unnötiger Zeitverlust
✔ Chance für das Unternehmen, qualifizierte Personen zu rekrutieren, die sonst schon an der ersten Hürde gescheitert wären oder sich aus Selbstzensur gar nicht erst beworben hätten	✔ man kann sowieso aus den Aufgaben aus dem Lebenslauf auf bestimmte Merkmale schließen
✔ Die Bürokratie ist gar nicht groß: Es ist nur die Aufteilung der Bewerbung in Anschreiben und übrige (anonymisierte) Unterlagen notwendig.	✔ eine Anonymisierung kann nie vollständig sein
✔ in Deutschland Freiwilligkeit statt gesetzlicher Zwangsregelung	✔ Unternehmen haben bereits von sich aus ein Interesse an Vielfalt in ihrer Belegschaft (Diversity Management)
	✔ noch defensivere Rekrutierungsverfahren (»nur kein Risiko eingehen«)

Tabelle 5.3: Argumente in der Diskussion um anonymisierte Bewerbungen

Ein Tipp für professionelles Handeln lautet, auf keinen Fall beim Bewerber rückzufragen, wenn entgegen der im Unternehmen üblichen Praxis eine anonyme Bewerbung eingehen sollte, da sonst eine Diskriminierungsabsicht unterstellt werden könnte und dadurch eine Schadensersatzklage möglich wäre.

Anonymisierte Bewerbungsverfahren werden auch zukünftig – nicht zuletzt aufgrund der Vertragsfreiheit – freiwillig sein. Ihre Einführung hat die Arbeitgeber jedoch im Hinblick auf die Benachteiligungsthematik in der Personalbeschaffung sensibilisiert.

Bewerbungsgespräch – die reinste Psychologie

Im Bewerbungsgespräch sammeln sowohl das Unternehmen als auch der Bewerber erstmalig unmittelbare persönliche Eindrücke vom jeweiligen Gegenüber. Wird man zusammenpassen? Beide Parteien bekommen die Chance, dem Gesprächspartner »auf den Zahn zu fühlen«, also herauszubekommen, ob das in der Stellenanzeige Angekündigte genauso eingehalten wird wie das in der Bewerbung Angekündigte.

Für das Unternehmen kommt es – neben der Anforderung, überhaupt jemanden Passendes zu finden – darauf an, zwei Beurteilungsfehler zu vermeiden: zum einen, leistungsschwache Bewerber einzustellen, zum anderen, gut geeignete Bewerber abzulehnen. Daher nutzen erfahrene Personaler nicht nur einzelne gute Auswahlverfahren, sondern kombinieren am besten mehrere, um ein möglichst tief gehendes Bild von den Bewerbern, ihren Fähigkeiten und Motivationen zu erhalten. Einige Auswahlverfahren wie zum Beispiel psychologische Tests, grafologische Gutachten oder computergestützte Verfahren sind allerdings rechtlich umstritten: Daher müssen die Persönlichkeitsrechte des Bewerbers hierbei explizit geschützt werden.

Wie gut sagt eigentlich ein Bewerbungsgespräch den späteren Erfolg oder Misserfolg eines Bewerbers voraus, wie hoch ist also seine prognostische Validität? Tabelle 5.4 zeigt die Validität verschiedener Auswahlverfahren, wie sie in der personalwirtschaftlichen Fachliteratur zu finden ist. Die Faustregel besagt: Bei Validitätswerten ab 30 Prozent aufwärts gilt die Verfahrensqualität als angemessen belegt. Allerdings werden von vielen Unternehmen Einstellungsentscheidungen ohne den Einsatz valider Verfahren gefällt.

Unzureichende Validität (weniger als 30 Prozent)	Gerade ausreichende Validität (um 30 Prozent)	Brauchbare Validität (mehr als 30 Prozent)
✔ nur Schulnoten ✔ nur Bewerbungsunterlagen ✔ nur Arbeitszeugnisse/Referenzen ✔ nur unstrukturierte Bewerbungsinterviews ✔ graphologische Gutachten	✔ Persönlichkeitstests ✔ Intelligenztests	✔ strukturierte Vorstellungsgespräche ✔ Bewerbungsinterviews mit Arbeitsproben ✔ Assessment-Center

Tabelle 5.4: Prognostische Validität von Auswahlverfahren

Unterschieden werden Bewerbungsgespräche

- ✔ nach ihrem Gestaltungsfreiraum in freies, halbstrukturiertes und strukturiertes Interview,
- ✔ nach der Anzahl der Beteiligten in Einzelgespräch und Gruppengespräch sowie
- ✔ nach der Intensität in Normalinterview, Stressinterview und Tiefeninterview.

Häufig sieht das Personalmanagement vor, dass neben dem Bewerbungsgespräch mit ihm ein weiteres Gespräch mit der in Betracht kommenden Fachabteilung geführt wird.

Wie auch immer sie geführt werden – der Personaler sollte sich zunächst vor dem Bewerbungsgespräch immer vorbereiten. Erfahrene Personalmanager werden sich einen Leitfaden für das Bewerbungsgespräch entwerfen, auf dem nicht nur die Fragen skizziert, sondern auch Beurteilungsmöglichkeiten vorgegeben werden, die dann gesprächsbegleitend genutzt werden.

Das Hauptziel des Bewerbungsgesprächs ist es, die Passung des Bewerbers zum Unternehmen herausbekommen. Diese Passung ist mit Erwartungen verbunden, die im Rahmen der Vorbereitung zu spezifizieren sind. Erste Mindesterwartungen bestehen bereits an die Vorbereitung des Bewerbers:

- ✔ Der Bewerber sollte den organisatorischen Teil (gelingende, pünktliche Anreise, angemessene Kleidung und so weiter) bewältigen.
- ✔ Der Bewerber sollte in der Lage sein, durch Blickkontakt, seine Körpersprache und seinen Händedruck zum angenehmen Gespräch beizutragen.
- ✔ Der Bewerber sollte eine gepflegte Sprache nutzen und sowohl authentisch reden wie auch authentisch auftreten.
- ✔ Der Bewerber sollte einen typischen Gesprächsablauf und zumindest die zu erwartenden Standardfragen erwarten und nicht von ihnen überrascht sein.
- ✔ Dem Bewerber sollte seine Ausgangsposition klar sein und er sollte darüber Auskunft geben können.
- ✔ Dem Bewerber sollten Details über das Unternehmen bekannt sein.

Darüber hinaus sollte sich der Personaler zunächst noch einmal das Anforderungsprofil für die zu besetzende Stelle bewusst machen und daher die Fähigkeiten, die der Bewerber mitbringen soll (siehe Tabelle 5.5): Wer nicht genau weiß, wen er sucht, wird bestenfalls Zufallstreffer landen.

Kategorie	Merkmale	Beispiele
Kenntnis-bezogen	Ausbildungsabschlüsse	Studiengänge, akademischer Grad, Lehrgänge
	Zusatzqualifikationen	Fremdsprachen, Computerkenntnisse, Spezialkurse
	beruflicher Werdegang	vorheriger Arbeitgeber, innerbetriebliche Laufbahn
	Leistungs- und Entwicklungspotenzial	Lernbereitschaft, Veränderungsbereitschaft, Leistungsmotivation, Führungsmotivation, visionäre Kraft
Physisch	physischer Zustand	Körpergewicht, chronische Erkrankungen, Behinderungen
	körperliche Fähigkeiten	Funktionstüchtigkeit der Körperteile, Bewegungsbereiche
	körperliche Beanspruchbarkeit	Ausdauer, Kraft, Geschicklichkeit, Lärm, Klima
Psychisch	geistige Leistungsfähigkeit	Auffassungsgabe, Kreativität, Gedächtnisleistung
	Arbeitsverhalten	Pünktlichkeit, Exaktheit, Hilfsbereitschaft, Teamarbeitsfähigkeit, Überzeugungskraft
	psychomotorische Fähigkeiten	Auge-Hand-Koordination
	psychische Beanspruchbarkeit	Stresstoleranz, Bereitschaft zur Übernahme von Verantwortung

Tabelle 5.5: Fähigkeitsmerkmale

Der Ablauf eines Bewerbungsgesprächs umfasst einige typische Phasen (siehe Tabelle 5.6). Dabei richtet sich die Dauer des Gesprächs nach der Wichtigkeit der zu besetzenden Stelle. Für einfachere Berufsklassen reichen bereits 45 bis 60 Minuten Gesprächsdauer, vor allem wenn – wie beispielsweise im Mittelstand bei handwerklich-technischen Berufen – eine konkrete Arbeitsprobe einen höheren Aussagewert hat und sie daher den Auswahlprozess dominiert. Sind die Bewerber erfahrener in ihrem Beruf oder möchte das Unternehmen eine Stelle in höheren Verwaltungs- und Leitungsfunktionen besetzen, ist eine Dauer von 90 bis 120 Minuten pro Bewerbungsgespräch angemessener.

Basierend auf dem Schema von Tabelle 5.6 kommt es für den Personalverantwortlichen darauf an, in den meisten dieser Phasen – Ausnahmen sind die Phasen 1 und 10 – entscheidungsrelevante Informationen zu erlangen: Hier erfolgt das eigentliche »Sieben«. Daher werden die vorbereiteten Fragen zu jeder Phase auf dem Bewerbungsgesprächsbogen auch während des Gesprächs bewertet; idealerweise ist dafür eine jeweils geeignete Skala vorbereitet, etwa von 1 (sehr schlecht) bis 5 (sehr gut) oder Einschätzungen in Prozent.

Phase	Inhalt	Dauer in Minuten
1	Begrüßung und Einleitung des Gesprächs	3
2	Bewerbungsmotive und Leistungsmotivation	10 bis 14
3	beruflicher Werdegang	
4	persönlicher, familiärer und sozialer Hintergrund	
5	berufliche Eignung und Fachkompetenz	12 bis 16
6	Sozialkompetenzen	
7	realistische Tätigkeitsinformationen für den Bewerber	10 bis 14
8	Vergütung	
9	Fragen des Bewerbers	7 bis 10
10	Abschluss des Gesprächs und Verabschiedung	3
		45 bis 60

Tabelle 5.6: Möglicher Ablauf eines Bewerbungsgesprächs in zehn Phasen

Die möglichen Fragen für das Bewerbungsgespräch sind für jede einzelne Phase sehr vielfältig. Sie sollten mittels einer offenen, zielorientierten Fragetechnik gestellt werden. Ein professioneller Personalmanager steuert das Gespräch auf die entscheidungsrelevanten Informationen, die er benötigt. Dabei vermeidet er es, das Gespräch durch eigenes Reden zu dominieren, und belässt die wesentlichen Gesprächsanteile beim Bewerber.

Im Folgenden werden für einzelne Phasen Beispielfragen vorgestellt und diese bei weiterem Erläuterungsbedarf mit Anmerkungen versehen.

- **Phasen 2 bis 4: Fragen zum Bewerber**
  - Wie ist es eigentlich zu Ihrer Bewerbung bei unserem Unternehmen gekommen?
  - Wie verlief Ihr bisheriger Berufsweg? Erzählen Sie doch mal, was Sie nach der Schule gemacht haben.
  - Was reizt Sie an dieser Aufgabe?
  - Wie gut kennen Sie uns bereits, zum Beispiel die Produkte, die Marktposition? Kennen Sie Mitarbeiter aus unserem Haus?
  - Wer und wie sind Sie? Wie würden Sie sich kurz charakterisieren? Welche Hobbys haben Sie?
  - Was sind Ihre Stärken, was Ihre Schwächen?
  - Was hat für Sie Priorität bei der Arbeit? Auf welche Ihrer beruflichen Leistungen und Erfolge sind Sie besonders stolz? Worüber können Sie sich so richtig ärgern?
  - Was würden Sie tun, wenn Sie nicht mehr arbeiten müssten? *[Der Personalprofi will herausfinden, ob der Bewerber ausgeglichen ist, seine Zeit managen kann und positive persönliche Visionen hat.]*
- **Phasen 5 bis 6: Fragen zur Passung des Bewerbers zur Stelle und zum Unternehmen**
  - Welche Fachzeitschrift lesen Sie regelmäßig?
  - Wie schätzen Sie die aktuelle Marktsituation ein?
  - Trauen Sie sich die mit der Stelle verbundene Belastung zu? *[Der Personalprofi möchte herausfinden, ob der Bewerber gesund ist.]*
  - Gibt es ein Projekt, das auf Ihre Initiative hin in Angriff genommen wurde? *[Hier erwartet der Personalprofi konkrete Beispiele und fragt auch nach dem Ergebnis, das eingetreten ist.]*
  - Wie würden Sie eine bestimmte Aufgabe XY aus dem zukünftigen Arbeitsgebiet angehen? *[Der Personalprofi fragt vorher Experten aus seinem Unternehmen mit Kenntnissen über die zu besetzende Stelle: Was sind erfolgskritische Situationen? Welches Verhalten ist erfolgsbehindernd? Welches Verhalten ist erfolgsentscheidend? Mithilfe dieses Wissens lassen sich die Antworten des Bewerbers gut beurteilen.]*
  - Was zeichnet Ihrer Meinung nach eine gute Führungskraft aus? Was schätzen Sie an Kollegen überhaupt nicht? *[Der Personalprofi erfragt hiermit die Passung zur Unternehmenskultur. Zudem kann er herausbekommen, ob jemand dazu neigt, Schwierigkeiten zu machen oder illoyal gegenüber Kollegen zu sein.]*
  - Sind Überstunden für Sie in Ordnung? *[Der Personalprofi fragt hiermit die Selbstkompetenz ab, insbesondere das Zeitmanagement: Gute Bewerber vermitteln den Eindruck, dass sie ihre Arbeit in der gegebenen Zeit schaffen werden.]*
  - Glauben Sie, sich in einem Männerteam durchsetzen zu können? *[Der Personalprofi möchte insbesondere bei Frauen das Selbstbewusstsein abfragen.]*

- Sie waren ja als Freiberufler ganz lange ein toller Einzelkämpfer …? *[Der Personalprofi hinterfragt die Teamfähigkeit.]*
- Wie gehen Sie mit Kritik um? *[Der Personalprofi fragt hiermit die Kritikfähigkeit ab.]*
- Wie denken Sie über die Krise der Bundesregierung / einer bestimmten politischen Partei? *[Mit dieser eigentlich unerlaubten Frage prüft der Personalprofi, ob der Bewerber diplomatisch reagieren kann.]*
- Wo sehen Sie sich in fünf Jahren? *[Der Personalprofi bewertet sowohl, ob die Antwort zur Unternehmenskultur passt, also beispielsweise wichtige Komponenten wie Wettbewerbs-, Karriere-, Leistungsorientierung aufgreift, als auch, ob die Antwort mit klarem individuellem Handlungsbezug gegeben wird.]*

✔ **Phase 7: Realistische Tätigkeitsinformationen**

- Hier werden dem Bewerber realistische Informationen über die zu besetzende Stelle gegeben. Beschrieben werden zum Beispiel die Tätigkeit, die Einarbeitungsphase, die Teamstrukturen und die Aufstiegsmöglichkeiten. Dabei wird nicht zum Positiven übertrieben: Verzerrte Darstellungen gefährden die erfolgreiche Zusammenarbeit. *[Der Personalprofi nutzt das Gespräch für sein Personalmarketing, macht also Werbung für sein Unternehmen als guter Arbeitgeber. Er zeigt insbesondere die Vorteile auf, die es hat, wenn der Bewerber in diesem Unternehmen arbeitet. Er bietet dem Bewerber auch an, dass dieser sich mit Mitarbeitern aus seinem Unternehmen unterhalten kann, und signalisiert so Offenheit und Transparenz.]*

✔ **Phase 8: Vergütung**

- Wie stellen Sie sich Ihr Gehalt vor? *[Der Personalprofi kalkuliert ein, dass der Bewerber üblicherweise etwa 5 bis 20 Prozent über seinem jetzigen Gehalt angibt. Im Rahmen der Erläuterung der Gehaltskonditionen skizziert er auch die zukünftige Gehaltsentwicklung.]*
- Für Ihre Stelle wird üblicherweise ein jährliches Gehalt zwischen 60.000 und 72.000 Euro gezahlt. Wo sehen Sie sich? *[Der Personalprofi erwartet, dass der Bewerber sich für das obere Ende der Bandbreite entscheidet und dies auch begründet.]*
- Wir haben zwei Gehaltsmodelle: eines fix 3.700 Euro im Monat, dazu ein maximaler umsatzabhängiger Bonus von 500 Euro, das andere fix 3.000 Euro im Monat mit einem nach oben offenen umsatzabhängigen Bonus. Welches würden Sie bevorzugen? *[Mit einer solchen »Selbstselektionsfrage« fragt der Personalprofi nicht nur nach dem Gehaltswunsch, sondern auch nach der persönlichen Risikobereitschaft und dem Vertrauen in die eigene Leistung.]*

Im Sinne einer sicherheitsorientierten Personalauswahl ist das Bewerbungsgespräch der Ort, an dem das Personalmanagement alle Hinweise darauf ausschließen muss, dass ein potenzieller Mitarbeiter zum Sicherheitsrisiko wird. Also sollte es sich alle Lücken im Lebenslauf schlüssig erklären lassen, wichtige Zeugnisse auf Echtheit prüfen und bei Bedarf die Beglaubigung von Dokumenten nachfordern. Wenn ein Bewerber vertrauliche Informationen von seinem bisherigen Arbeitgeber erzählt oder anbietet, ist dies ein Zeichen für Illoyalität, die auch Sie als Arbeitgeber später treffen könnte. Wenn ein Bewerber aus Ländern stammt, deren Nachrichtendienste besonders für Wirtschaftsspionage bekannt sind, oder dorthin Verbindungen zu haben scheint, ist besondere Vorsicht geboten. Sie müssen immer im Blick haben, dass alle Mitarbeiter, die Sie in Ihr Unternehmen aufnehmen, damit leichten Zugang zu den Unternehmensgeheimnissen erlangen.

Ist das Bewerbungsgespräch beendet, liegen im Hinblick auf den betreffenden Bewerber viele – teilweise bereits bewertete – Informationen vor, sodass entschieden werden kann, ob weitere Auswahlmethoden wie Arbeitsproben, Persönlichkeits- oder Intelligenztests, Fallstudienbearbeitungen, Rollenspiele mit Inhalten des späteren Arbeitsfelds oder Gruppendiskussionen zur Anwendung kommen sollen, ob ein zweites – bereits konkretisierendes – Bewerbungsgespräch geführt werden soll oder ob eine unmittelbare Einstellung infrage kommt.

Assessment-Center, die Krone der Personalbeschaffung

Für das Personalmanagement mit höheren Kosten verbunden als das bloße Bewerberinterview, aber dafür als noch etwas aussagekräftiger im Hinblick auf die zu erwartende Leistung der Bewerber gilt das Assessment-Center. Dabei werden

- ✔ mehrere Bewerber gleichzeitig (häufig bilden fünf bis zwölf Personen eine Gruppe),
- ✔ von mehreren geschulten Beobachtern (meistens vier bis sechs Personen, darunter Personaler, Führungskräfte unterschiedlicher Fachabteilungen und Hierarchiestufen, teilweise auch externe Berater mit psychologischem Hintergrund),
- ✔ über einen längeren Zeitraum hinweg (meist zwei oder drei Tage),
- ✔ in vielen verschiedenen Situationen (einzeln, innerhalb der Gruppe, im Kontakt mit Außenstehenden),
- ✔ mittels unterschiedlicher Verfahren (unter anderem Tests, Interviews, Rollenspiele, Arbeitsproben),
- ✔ im Hinblick auf die wichtigsten Anforderungskriterien der Stelle (so die Durchsetzungsfähigkeit, Kreativität, Arbeitseffizienz, Stresstoleranz oder Delegationsfähigkeit),
- ✔ unter Einsatz von festgelegten Beurteilungsregeln (passend zu den jeweiligen Testverfahren)

in ihrem Verhalten beurteilt. Diese Kombination der besten Aspekte verschiedener Einzelverfahren soll Qualität und Erfolg der Personalauswahl sicherstellen. Das setzt allerdings voraus, dass das Personalmanagement das Assessment-Center substanziell vorbereitet und professionell durchführt.

Das Personalmanagement setzt das – recht kostenintensive – Assessment-Center bei der Suche nach Mitarbeitern ein, die besonders wichtig für das Unternehmen werden. Der Erfolg lässt sich noch steigern, wenn diese Personalauswahl von vornherein einbezieht, in welchem psychologischen Arbeitsvertrag die Bewerber später arbeiten werden: Wird es sich um ein Innovationsumfeld handeln, sind risikofreudig-kreative Bewerber geeignet, wird es dagegen um ein Umfeld mit hohem Zeitdruck gehen, sind belastbare Bewerber geeignet. Zu einem eher ruhigen Arbeitsumfeld passen eher die loyalen, verlässlichen Bewerber, zu einem Wissens- und Leistungsumfeld die selbstbewussten, verhandlungsfähigen Bewerber.

Vorsicht, Falle

Das Sieben der Personaler findet nicht im Sandkasten statt, sondern in der Realität eines Wirtschafts- und Gesellschaftssystems, in dem einiges verkehrt gemacht werden kann, was dann negative Konsequenzen hat. Nachfolgend werden die vier wichtigsten Fallen benannt.

Diskriminierungsverbot

Das Allgemeine Gleichbehandlungsgesetz (AGG) von 2006 verpflichtet Arbeitgeber über das Grundgesetz hinaus in fast allen Bereichen der Personalarbeit, Benachteiligungen zu verhindern beziehungsweise zu unterlassen – und damit auch bei der Personalbeschaffung.

Durch das AGG geschützt sind »Beschäftigte«, also Arbeitnehmerinnen/Arbeitnehmer, Beamtinnen/Beamte, Auszubildende, arbeitnehmerähnliche Beschäftigte (zum Beispiel Heimarbeitende), Bewerberinnen/Bewerber für ein Beschäftigungsverhältnis sowie Personen, deren Beschäftigungsverhältnis beendet ist. Betroffen sind Benachteiligungen aufgrund sechs personenbezogener Merkmale: ethnische Herkunft, Religion oder Weltanschauung, Behinderung, Alter, sexuelle Identität und Geschlecht.

Verbotene Verhaltensweisen sind im Einzelnen:

- ✔ unmittelbare Benachteiligung gemäß §3 (1) AGG: offensichtliche Ungleichbehandlung im Einzelfall
- ✔ mittelbare Benachteiligung gemäß §3 (2) AGG: verdeckte Ungleichbehandlung aufgrund von Regelungen
- ✔ Belästigung gemäß § 3 (3) AGG: direkte oder indirekte Verletzung der Würde im Arbeitsumfeld
- ✔ sexuelle Belästigung gemäß §3 (4) AGG: unerwünschtes, sexuell bestimmtes Verhalten
- ✔ Anweisung zur Benachteiligung gemäß §3 (5) AGG: zum Beispiel Mobbing, Bossing

Erfolgt eine unerlaubte Ungleichbehandlung, haben die Betroffenen ein Beschwerderecht, ein Leistungsverweigerungsrecht und einen Entschädigungsanspruch; zudem haben Betriebsrat und Gewerkschaft ein Klagerecht.

Das AGG im Rahmen der Personalauswahl zu beachten, gilt bereits für die Stellenanzeige: Vermieden werden sollten nicht geschlechtsneutrale Formulierungen, Angaben von Mindest- und Höchstalter, die Anforderung einer Mindestanzahl an Berufsjahren sowie die ausdrückliche Anforderung eines

Lichtbilds. Der Personalverantwortliche lässt sich, wenn er Personal mittels Dienstleistern sucht, die Stellenanzeigen vorab zur Genehmigung vorlegen, weil er auch für Fehler Dritter haftbar gemacht werden könnte. Auch im Rahmen von Absagen an nicht ausgewählte Bewerber muss den Anforderungen des AGG entsprochen werden. Daher geben erfahrene Personaler in ihren Absageschreiben keine Gründe für die Absage an, sondern verlegen sich auf neutrale Formulierungen wie »Wir danken Ihnen noch einmal für Ihre Bewerbung und für Ihr Interesse an einer Mitarbeit in unserem Unternehmen. Zwischenzeitlich haben wir die ausgeschriebene Stelle anderweitig besetzt. Wir wünschen Ihnen, dass Sie bald eine Ihren Vorstellungen entsprechende Stelle finden. Gerne können Sie sich bei entsprechender Vakanz auch wieder bei unserem Unternehmen bewerben«.

Unzulässigkeit von Fragen im Bewerbungsgespräch

Fragen, die sich aus Unternehmenssicht für ein Bewerbungsgespräch eignen, müssen schrittweise eingegrenzt werden: Sie müssen plausibel *und* sachlich erforderlich und ökonomisch zweckmäßig *und* zuverlässig erfassbar *und* rechtlich zulässig sein. Insbesondere die rechtliche Zulässigkeit ist ein Kriterium, das die Menge möglicher Fragen stark einschränkt. Das Bundesarbeitsgericht hat in mehreren Urteilen unzulässige Fragen präzisiert. Unzulässige Fragen betreffen:

- ✔ Partnerschaft, Familienverhältnisse, Herkunft, Familienplanung
- ✔ Schwangerschaft (Ausnahme: Bewerbung zum Beispiel als Röntgenassistentin)
- ✔ Religionszugehörigkeit, Parteizugehörigkeit, politische Meinung, gewerkschaftliches Engagement (Ausnahme: bei »Tendenzarbeitgebern« wie Kirche, Partei, Gewerkschaft)
- ✔ Vorstrafen (Ausnahme: wenn für den Arbeitsplatz erforderlich, zum Beispiel Kassierer wegen Vermögensdelikten, Kraftfahrer wegen Verkehrsdelikten; wenn Vorstrafen aus dem Strafregister getilgt wurden, darf der Bewerber Straffreiheit behaupten; ein polizeiliches Führungszeugnis darf nicht gefordert werden; Ausnahme: öffentlicher Dienst, Sicherheitsdienste)
- ✔ finanzielle Verhältnisse, Schulden (Ausnahme: Vertrauensstellungen wie leitende Funktion in einer Bank, Verfügung über Vermögenswerte, Kontakt zu Betriebsgeheimnissen)
- ✔ bisheriges Gehalt (erlaubt ist die Frage nach den Gehalts*vorstellungen*)
- ✔ frühere Krankheiten (Ausnahme: Bewerbung zum Beispiel als Pilot, Zugführer)

Für Fragen im Bewerbungsgespräch, die dem Bewerber zu persönlich oder zu intim erscheinen, bestehen keine Antwort- und Wahrheitspflicht und damit sogar ein Recht auf Notlüge. Dies ist auch im Nachhinein kein Grund zur fristlosen Kündigung. Es sind unter Umständen sogar Schadensersatzforderungen des Bewerbers möglich.

Allerdings muss der Bewerber von sich aus auf Fakten hinweisen, die sein vollumfängliches Arbeiten verhindern können – so etwa, wenn er schwerbehindert ist –, und das Unternehmen kann bei wahrheitswidriger Beantwortung den Arbeitsvertrag wegen arglistiger Täuschung anfechten.

Beobachtungs- und Beurteilungsfehler

Die vielen Informationen, die ein Personaler während eines Bewerbungsgesprächs sammelt, werden von ihm wahrgenommen und bewertet. Dabei kann es zu typischen Wahrnehmungsverzerrungen kommen:

- ✔ Der Personaler richtet sich von vornherein auf einige isolierte Verhaltensweisen des Bewerbers aus.
- ✔ Der Personaler wird durch Eigenschaften des Bewerbers, die seine übrigen Eigenschaften überstrahlen, in den Bann gezogen.
- ✔ Der Personaler erinnert sich vor allem an das erste geführte Gespräch (»das Erste wird behalten«) und an das zuletzt geführte Gespräch (»das Letzte wird behalten«); die dazwischen geführten Bewerbungsgespräche fallen in seiner Erinnerung ab.
- ✔ Der Personaler fällt bereits nach wenigen Minuten ein Urteil über den Bewerber, das später nur noch schwer zu korrigieren ist.
- ✔ Der Personaler sucht unbewusst nach Eigenschaften des Bewerbers, die seinen eigenen Eigenschaften ähneln.
- ✔ Der Personaler sucht stärker nach negativen als nach positiven Informationen.
- ✔ Der Personaler bewertet auf seinen Bewertungsskalen tendenziell durchschnittlich ohne Extreme.
- ✔ Der Personaler beurteilt die Bewerber nicht unabhängig voneinander nach objektiven Kriterien, sondern im Vergleich der Kandidaten untereinander.

Ein erfahrener Personaler vermeidet Wahrnehmungsverzerrungen im Bewerbungsgespräch dadurch, dass er bereits während des Bewerbungsgesprächs auf dem Interviewbogen Bewertungen notiert, dann aber nicht mehr nach dem Gespräch einzelne Antworten des Bewerbers nachbewertet. Zu dieser Bewertung gibt er Kategorien vor, etwa dreistufige oder zehnstufige Skalen. Zudem bietet es sich an, das Gespräch mit dem Bewerber zu zweit oder zu dritt führen und sich im Nachgang über die Bewertungen auszutauschen. Möglichst vermeidet er schnelle Ersteinschätzungen, die auf Sympathie und Intuition und nicht auf den geforderten Anforderungskriterien beruhen.

»Erwünschtes Verhalten« der Bewerber

Es ist wahrscheinlich, dass Bewerber sich vor dem Bewerbungsgespräch gut darüber informieren, wie sie ihre Chancen optimieren können. Es gibt viel Vorbereitungsliteratur für Bewerber. Es gilt: Standardfragen provozieren Standardantworten. Natürlich kennt auch ein Personaler diese Standardantworten, die zum Beispiel im Internet zu Schlagworten wie »Schlagfertigkeit beim Bewerbungsgespräch« zu finden sind. Bewerber meinen häufig, mit solchen Antworten am ehesten den Anforderungen des Bewerbungsgesprächs gerecht werden zu können.

Damit das Bewerbungsgespräch nicht in Floskeln und vorhersehbaren Antworten erstarrt, stellt der Personaler vor allem Fragen mit konkretem Aufgabenbezug. Er erwartet zwar Methodenwissen, aber lässt dies vom Bewerber auf konkrete Fälle aus dem Unternehmen anwenden und leitet so zu fiktiven oder realen Arbeitsproben über.

Was die gute Personalbeschaffung ausmacht

Das »Sieben« von Bewerbern ist unvermeidlich, wenn Unternehmen mehr Bewerber als offene Stellen haben. Gerade die Form des Bewerbungsgesprächs eröffnet Vorteile: Es ist flexibel genug, um aus den Bewerbern wichtige Informationen herauszubekommen. Unklarheiten aus den Bewerbungsunterlagen können hinterfragt werden, zusätzliche Informationen aus vielen Bereichen lassen sich sammeln. Zudem ist es relativ kostengünstig – außer einer Tasse Kaffee und der Erstattung der angemessenen Vorstellungskosten des Bewerbers (dies sollte eine Selbstverständlichkeit sein, allerdings besteht auch gemäß § 670 Bürgerliches Gesetzbuch für den Bewerber ein Anspruch darauf, sofern die Kostenübernahme nicht im Vorfeld explizit ausgeschlossen wurde) sind keine besonderen Investitionen notwendig. Schließlich ist es – Stichwort AGG – gut dokumentierbar, insbesondere durch den Gesprächsbogen mit den vorgenommenen Bewertungen.

Es empfiehlt sich, nicht zu strikt zu sieben: Eine zu kritische Personalauswahl kann den Blick darauf verstellen, dass die Bewerber in das Unternehmen passen müssen – sowohl von ihrer Persönlichkeit als auch von ihren Kompetenzen her. Damit geht es nicht mehr nur um »so gut wie möglich«, sondern darüber hinaus um »integrierbar«, »bezahlbar«, »entwicklungsfähig«. Vor allem wenn es auch in der Zukunft nicht automatisch genügend geeignete Bewerber für eine ausgeschriebene Stelle geben sollte, ist eine realistische Einschätzung der Lage, der zu rekrutierenden Personen und der Zusatzinvestitionen, die dann in der Einarbeitungszeit notwendig werden, anzuraten.

Der Zusatznutzen des Siebens ist, dass sich die Personaler nicht nur über den Bewerber informieren können, sondern dass sie gleichzeitig aktiv Personalmarketing betreiben können, also ihr Unternehmen als attraktiven Arbeitgeber positionieren. Dazu zählt, dass sie ihre angebotene Stelle erneut interessant machen, sich selbst als Unternehmensvertreter und das Unternehmen insgesamt in einem guten Licht erscheinen lassen und weitere Informationen geben, vielleicht auf einem Betriebsrundgang. Selbst wenn ein Bewerber dann nicht ausgewählt wird oder aber sich seinerseits nicht für das Unternehmen entscheidet, wird er dennoch seinen guten Eindruck von dem Unternehmen als Arbeitgeber in die Welt hinaustragen.

Eine Personalauswahl bedeutet, Auswahlrichtlinien zur Anwendung zu bringen. Für Auswahlrichtlinien gibt es ein Mitbestimmungsrecht des Betriebsrats; in Betrieben mit mehr als 500 Arbeitnehmern kann der Betriebsrat sogar die Aufstellung solcher Auswahlrichtlinien verlangen, die fachliche, persönliche und soziale Auswahlkriterien festlegen.

Das Bewerbungsverfahren ist dann abgeschlossen, wenn eine Entscheidung über die einzustellende Person getroffen wurde, der Betriebsrat zu dieser Entscheidung angehört wurde, der zwischen Unternehmen und Bewerber verhandelte Arbeitsvertrag ausgefertigt und unterschrieben wurde und damit der Einstiegstermin feststeht. Den nicht ausgewählten Bewerbern wird eine freundliche Absage geschrieben. Wie es dann mit den neuen Mitarbeitern weitergeht, erfahren Sie in Kapitel 6.

Die Effektivität der Personalauswahl kann kurzfristig und mittelfristig beurteilt werden. Kurzfristig erkennt man den Personalbeschaffungserfolg unmittelbar an der *No-show-Quote,* wie erfolgreich die Personalauswahl war: Diese Quote fasst das Phänomen in Zahlen, wie viele der ausgewählten Bewerber trotz erfolgter Unterzeichnung eines Arbeits- oder Ausbildungsvertrags gar nicht erst bei ihrem neuen Arbeitgeber erscheinen und ihre Stelle antreten. In den Hochzeiten des Talentekriegs werden No-show-Quoten von bis zu 25 Prozent geschätzt. Die Folgen für Unternehmen sind gravierend, weil in einem solchen Fall Stellenausschreibungsverfahren wiederholt, Ersatzpersonal beschafft oder gar Projekte abgesagt werden müssen.

Die Ursachen für das Nichterscheinen von neuen Arbeitnehmern sind in sich kurzfristig ergebenden attraktiveren Beschäftigungsmöglichkeiten zu finden, aber auch in sich zwischen Vertragsunterzeichnung und geplantem Arbeitsantritt verstärkenden Zweifeln, ob die getroffene Entscheidung die richtige war. Auch kommt es vor, dass ein Bewerber zwei Arbeitgeber hinsichtlich der Beschäftigungskonditionen offen gegeneinander ausspielt.

Rechtliche Maßnahmen stehen den Unternehmen faktisch kaum zur Verfügung. Den vertraglich vereinbarten Leistungsanspruch gegenüber dem nicht erschienenen Mitarbeiter durchzusetzen, würde dem Unternehmen wenig bringen, da dieser dann nicht produktiv arbeiten würde. Schadensersatzklagen von Arbeitgebern scheitern in der Regel daran, dass ein Schaden schwer nachzuweisen und zu beziffern ist. Kurzfristig beschaffte Leiharbeitnehmer begründen ebenfalls nur in Höhe der Differenz zu dem sowieso aufzuwendenden Gehalt für den Nichterschienenen einen Schaden. Nur in Ausnahmefällen lässt sich der Schaden für einen nachgewiesenermaßen durch das Nichterscheinen verursachten Auftragsentgang einklagen. Viele Unternehmen ziehen daher eine No-show-Quote in Betracht und schließen mehr Arbeits- oder Ausbildungsverträge ab, als dies ihrem eigentlichen Bedarf entspricht. Andere Unternehmen investieren in die Mitarbeiterbindung bereits vor Beginn der Laufzeit des Arbeitsvertrags, indem sie persönliche Kontakte zwischen den Bewerbern und Mitarbeitern herstellen oder die Bewerber bereits in die unternehmensinternen Informationsstrukturen integrieren. Wieder andere Unternehmen zahlen ausgewählten Bewerbern sogar ein Handgeld (*Sign-up-Bonus*) dafür, dass sie ihre Arbeit tatsächlich antreten – sie haben offensichtlich wenig Vertrauen in ihrer eigene Arbeitgeberattraktivität.

Mittelfristig zeigt sich der Personalbeschaffungserfolg darin, wie viele der ausgewählten Mitarbeiter nach einem halben Jahr oder nach einem Jahr noch im Unternehmen arbeiten. Eine erfolgreiche Rekrutierung hat die Mitarbeiter so ausgesucht, dass sie das Unternehmen nicht sofort wieder verlassen.

Weitere Erfolgskriterien der Personalbeschaffung sind die im Personalbeschaffungsprozess aufgewendeten Kosten im Verhältnis zum Nutzen sowie die Prozesseffizienz, die im internen Prozesscontrolling überprüft werden kann. Es ist zum Beispiel nicht effizient, die Stellenanzeigen so unspezifisch zu formulieren, dass sich Hunderte Bewerber auf sie melden, nur um ihre Zahl dann aufwendig wieder auf zehn Bewerber zu reduzieren, die in die engere Wahl kommen. Effizient ist vielmehr, diejenigen Bewerber anzusprechen, die später mit hoher Wahrscheinlichkeit auf die zu besetzende Stelle passen. Ein weiteres Erfolgskriterium für das Personalmarketing ist die Anzahl von Initiativbewerbungen, die beim Unternehmen für Stellen eingehen, für die gerade keine Ausschreibung bestehen, denn dies ist ein Anzeichen für eine erfolgreiche Positionierung als attraktiver Arbeitgeber.

Personaleinsatz: Willkommen, neue Mitarbeiter

6

In diesem Kapitel …

- Neue Mitarbeiter integrieren
- Arbeitsplätze optimieren
- Arbeitszeiten flexibilisieren

Nachdem die Personalbeschaffung und die Auswahl eines neuen Mitarbeiters erfolgreich abgeschlossen wurden, ist der effektive Personaleinsatz samt Integration des neuen Mitarbeiters im Unternehmen der Prozess, der für den Erfolg entscheidend ist: Denn gerade im ersten Jahr einer Beschäftigung ist die Fluktuation neuer Mitarbeiter besonders hoch.

Dieses Kapitel erklärt, welchen Beitrag die Einarbeitungsphase zum Erfolg leistet und wie das Personalmanagement sie mit den neuen Mitarbeitern optimieren kann. Je schneller die neuen Mitarbeiter sich willkommen fühlen und in ihre neue Arbeit einsteigen können, desto schneller tragen sie auch durch ihre Leistung zur Erreichung der Unternehmensziele bei. Darüber hinaus betrachte ich auch den Personaleinsatz derjenigen Mitarbeiter, die schon länger im Unternehmen arbeiten. Denn nicht nur für in das Unternehmen eintretende Mitarbeiter, sondern auch für vorhandene Mitarbeiter werden immer wieder auch Fragen der Arbeitsplatzgestaltung und der flexiblen Arbeitszeitgestaltung wichtig.

Vorbereitung des Einstiegs

In ein Unternehmen treten als neue Mitarbeiter nicht nur fertig ausgebildete Personen ein, sondern auch solche, die erst an einen Beruf herangeführt werden. Das Personalmanagement heißt alle in ihrer Unterschiedlichkeit willkommen.

Ausbildungsverhältnis

Ein Ausbildungsverhältnis wird zwischen Ausbilder und Auszubildendem geschlossen. Der Ausbilder stellt den Auszubildenden ein und vermittelt ihm innerhalb der Berufsausbildung berufliche Fähigkeiten und Kenntnisse. Ausbilder dürfen gemäß Berufsbildungsgesetz nur dann Auszubildende einstellen, wenn sie persönlich geeignet sind, und auch nur dann ausbilden, wenn sie ebenfalls persönlich und zudem fachlich geeignet sind. Unter der Verantwortung des Ausbilders dürfen auch dritte Personen an der Vermittlung der Ausbildungsinhalte mitwirken, die über die erforderlichen beruflichen Fertigkeiten, Kenntnisse und Fähigkeiten verfügen und ebenfalls persönlich geeignet sind. Festgestellt wird die berufs- und arbeitspädagogische Eignung in der Regel durch eine Ausbildereignungsprüfung. Ausbilder tragen Verantwortung für den Ausbildungserfolg und die Entwicklung der Auszubildenden und fördern somit Fachkräftenachwuchs. Über ihre Rolle als fachliche Anleiter hinaus sind sie zudem für die Förderung der Motivation und des Sachinteresses der Auszubildenden verantwortlich und treten als Berater bei individuellen Schwierigkeiten auf. Häufig betreuen Ausbilder mehrere Auszubildende gleichzeitig. Die meisten Ausbilder bilden neben ihrer beruflichen Haupttätigkeit aus.

Der Auszubildende ist die von einem Unternehmen im Rahmen eines gesetzlich anerkannten Ausbildungsberufs eingestellte Person, die berufliche Fertigkeiten, Kenntnisse und Fähigkeiten erlernt. Meist sind Auszubildende junge Menschen, die ihre erste berufliche Qualifikation erwerben. Je nach Berufsbild werden verschiedene Schulabschlüsse als Einstellungsvoraussetzung gefordert. Auszubildende müssen in ihrer zwei- bis dreijährigen Ausbildungszeit zum einen eine praktische Ausbildung im Unternehmen absolvieren und zum anderen eine berufsbildende Schule besuchen. Der Ausbildungsvertrag regelt nach Vorgabe des Berufsbildungsgesetzes Genaueres. Der Auszubildende erhält eine Ausbildungsvergütung, die angemessen sein und nach Lebensalter und Ausbildungsfortschritt mindestens jährlich ansteigen muss.

Gemäß § 13 Berufsbildungsgesetz müssen sich Auszubildende bemühen, die berufliche Handlungsfähigkeit zu erwerben, die zur Erreichung des Ausbildungsziels erforderlich ist. Weitere gesetzliche Pflichten bestehen für Auszubildende hinsichtlich einer sorgfältigen Aufgabenausführung, der Teilnahme an Ausbildungsmaßnahmen, der Befolgung von Anordnungen weisungsberechtigter Personen, der Beachtung der für die Ausbildungsstätte geltenden Ordnung, der pfleglichen Behandlung der dortigen Werkzeuge, Maschinen und sonstigen Einrichtungen sowie hinsichtlich des Stillschweigens über Betriebs- und Geschäftsgeheimnisse.

Man geht davon aus, dass etwa zwei Drittel aller Auszubildenden nach abgeschlossener Ausbildung zunächst in ihrem Ausbildungsbetrieb weiterarbeiten, von denen nach dem ersten Jahr noch etwa drei Viertel übrig sind. Die anderen ehemaligen Auszubildenden verlassen ihren Ausbildungsbetrieb: entweder unfreiwillig, weil sie nicht übernommen werden, oder freiwillig, weil sie sich umorientieren.

Das Personalmanagement sollte nicht automatisch davon ausgehen, dass Auszubildende, die nach abgeschlossener Ausbildung wechseln, »die Schlechteren« sind, weil doch Betriebe normalerweise ihre guten Auszubildenden an sich binden. In Zeiten gestiegener Mobilität sind Unternehmenswechsel auch von gut ausgebildeten, produktiven jungen Menschen normal. Aufgabe des Personalmanagements ist es, die Qualität der vorausgegangenen Ausbildung zu analysieren, um eine realistische Lohneinstufung sicherzustellen.

Grenzfall Praktikum

Junge Leute kommen auch dann in ein Unternehmen, wenn sie weder Auszubildende sind noch als vollwertige Mitarbeiter eingestellt werden und damit auch (noch) kein Arbeitsverhältnis vorliegt. Dies ist beispielsweise bei Schülern der Fall, die ein *Betriebspraktikum* absolvieren und dadurch einen ersten Kontakt mit der Arbeitswelt aufnehmen. Auch gilt dies für die unbezahlte Schnupper- oder Kennenlernphase von Interessenten, was auch als *Einfühlungsverhältnis* bezeichnet wird. Während der ins Unternehmen Hineinschnuppernde nicht arbeiten muss und auch nicht bezahlt wird, hat das Unternehmen kein arbeitsbezogenes Weisungsrecht, nur ein allgemeines Hausrecht. Sobald der Hineinschnuppernde aber in den normalen Arbeitsablauf eingegliedert wird, kann bereits stillschweigend ein Arbeitsverhältnis entstehen.

Zur Qualifikation von Personen außerhalb eines Ausbildungsverhältnisses dient ein *Volontariat*: Es werden im Unternehmen zwar neue Kenntnisse und Fertigkeiten erworben, dies findet jedoch nicht im Rahmen einer Berufsausbildung statt. Auch hier entsteht gegebenenfalls bereits ein Arbeitsverhältnis, wenn der Volontariatsvertrag den Arbeitsanteil über den Lernanteil stellt. Hingegen werden befristete Arbeitsverhältnisse, die vor allem für Personen, die bereits in einem Beruf gearbeitet haben, dem Lernen neuer Arbeitsinhalte dienen, als *betriebliche Umschulung* bezeichnet. Schließlich gibt es noch das *Aushilfsarbeitsverhältnis*: Es ist meistens befristet und dient der Arbeit. Darunter fallen zum Beispiel Werkstudenten.

Bei den *Praktika* gibt es ebenfalls viele Spielarten. Manche Hochschulen schreiben sie als Teil des Studiums vor. Studenten wirken dann meistens ohne Vergütung auf Basis eines Dienstvertrags im Unternehmen mit. Wenn Praktika freiwillig in den Semesterferien absolviert werden, in deren Rahmen ein Bezug zum späteren Beruf besteht, muss das Unternehmen das Praktikum vergüten. Wenn Praktika zu einem länger andauernden Erwerb von Berufserfahrung dienen, wird ein zu vergütendes Ausbildungsverhältnis angenommen.

Einige Unternehmen nutzen Praktika von Absolventen von Hochschulen dazu, sich preiswert Arbeit erledigen zu lassen, für die sie sonst Mitarbeiter fest anstellen müssten. Es entstehen Beschäftigungsverhältnisse, die als »prekär« bezeichnet werden, denn die solcherart beschäftigten Personen werden nicht qualifikationsgemäß bezahlt und sind nur rudimentär sozial abgesichert, bekommen kaum Lernchancen und werden tendenziell für Arbeiten ausgenutzt, für die sie überqualifiziert sind. Aus personalmanagementethischer Sicht ist dies äußerst fragwürdig.

Es ist die Aufgabe des Personalmanagements, für die Hineinschnuppernden, Volontäre, Umschüler, Aushilfskräfte und Praktikanten die jeweils passende Vertragsform zu finden und die Vertragsdauer, Vertragsziele und wechselseitigen Vertragspflichten festzulegen. Das professionelle Personalmanagement weiß aber gleichzeitig, dass die Behandlung dieser Personen einen großen Imageeffekt in Richtung Arbeitsmarkt hat. Deshalb sollten Verpflichtungen aus Praktikumsverträgen seitens des Unternehmens ernsthaft eingegangen und verantwortlich eingelöst werden. Dafür bietet sich hier schon eine gute Möglichkeit, potenzielle Nachwuchskräfte frühzeitig an das Unternehmen zu binden.

Eintrittskarte Arbeitsvertrag

Meistens werden in Personalbeschaffungsverfahren Mitarbeiter mit absolvierter beruflicher Ausbildung rekrutiert. Nachdem im Rahmen der Personalbeschaffung die Entscheidung zugunsten eines neuen Mitarbeiters getroffen wurde, wird noch vor Arbeitsbeginn der Arbeitsvertrag unterschrieben. In der Regel übersendet das Personalmanagement dem neuen Arbeitnehmer vor dessen Einstieg in das Unternehmen einen Vertragsentwurf, in den die

Verabredungen aus dem Bewerbungsgespräch eingearbeitet wurden. Außerdem finden sich hier die grundlegenden Klauseln zu Tätigkeit, Arbeitsort, Arbeitszeit, Arbeitsentgelt, Urlaub, Probezeit, Kündigungsfristen und zur Geltung von Tarifverträgen. Als Arbeitsvertragsformen gibt es

- ✔ unbefristete Arbeitsverträge mit einer vereinbarten Probezeit, wobei der Vertrag sich auf eine Tätigkeit im Umfang der vollen Regelarbeitszeit oder in zeitlich reduziertem Umfang (Teilzeitbeschäftigung) beziehen kann,
- ✔ befristete Arbeitsverträge, deren in der Regel maximal zweijährige Befristung einen der im Teilzeit- und Befristungsgesetz genannten sachlichen Grund hat, und
- ✔ Anstellungsverträge auf Probe, die für eine festgelegte Erprobungszeit gelten.

Es kommt vor, dass Mitarbeiter einzelne Klauseln des Arbeitsvertrags weiter verhandeln und Veränderungen erbitten. Der Arbeitsvertrag kommt erst dann zustande, wenn beide Vertragsparteien ihn unterzeichnen.

Vertragsparteien sind

- ✔ der Arbeitgeber, also eine natürliche oder juristische Person, die mindestens einen Arbeitnehmer beschäftigt, und
- ✔ der Arbeitnehmer als nicht selbstständig erwerbstätige Person, die von dem Arbeitgeber angestellt wird. Zu den Arbeitnehmern zählen Angestellte, Arbeiter und Auszubildende, nicht dagegen Arbeitslose, Schüler, Selbstständige, Rentner und Pensionäre. Auch eine Führungskraft ist ein Arbeitnehmer, aber einer, der Personal- und Führungsverantwortung wahrnimmt und für das Unternehmen das arbeitsrechtliche Weisungsrecht gegenüber Mitarbeitern ausübt und daher zu den leitenden Angestellten zählt.

Der Arbeitnehmer ist in das Unternehmen des Arbeitgebers eingegliedert, schuldet diesem eine Arbeitsleistung gemäß Arbeitsvertrag und muss dessen Weisungen hinsichtlich Arbeitsinhalt, Arbeitsort und Arbeitszeit folgen. Der Arbeitgeber schuldet ihm dafür das Arbeitsentgelt.

In der Regel wird im Rahmen des Arbeitsvertrags eine Probezeit vereinbart, die höchstens sechs Monate beträgt. In dieser Probezeit gilt für beide Vertragsparteien eine zweiwöchige Frist für die Kündigung des Arbeitsverhältnisses. Dies macht es sowohl dem Unternehmen als auch dem Mitarbeiter möglich, sich zu trennen, wenn etwas nicht gefällt. Auch wenn der Betriebsrat bei einer Kündigung während der Probezeit angehört werden muss: Die Kündigung selbst kann ohne Angabe gesonderter Kündigungsgründe erfolgen. Doch auch wenn im Arbeitsvertrag keine Probezeit vereinbart wurde, beginnt der gesetzliche Kündigungsschutz erst nach sechs Monaten, dann allerdings mit einer gesetzlichen Kündigungsfrist von vier Wochen.

Unternehmen sind flexibel, Mitarbeitern, die zeitbefristet eingestellt sind, einen Anschlussvertrag anzubieten. Dies kann rechtlich – bei nur einer geringfügigen Verschiebung des ursprünglichen Vertragsendes – eine Vertragsverlängerung oder aber einen Neuabschluss eines befristeten Arbeitsvertrags bedeuten. Im Fall des Neuabschlusses ohne zeitliche Unterbrechung entstehen dann »Kettenarbeitsverhältnisse«. Sie sind grundsätzlich zulässig, wenn es dafür sachliche Gründe gibt, allerdings nicht immer im Sinne der Mitarbeiter, wenn diese nach langfristiger Beschäftigungssicherheit streben. Das Personalmanagement kann hier nach Alternativen suchen, also etwa Leiharbeitnehmer einsetzen oder eine Reserve fest angestellter Mitarbeiter für die Vertretung ausscheidender befristet beschäftigter Mitarbeiter (sogenannte »Springer«) vorhalten.

Die Richtung muss klar sein

Für den Einstieg eines neuen Mitarbeiters in das Unternehmen gibt es zwei Möglichkeiten:

- ✔ **Direkteinstieg:** Der neue Mitarbeiter arbeitet von Beginn an verantwortlich in einer Abteilung mit, wobei er im Rahmen seiner neuen Tätigkeit die erforderlichen Fähigkeiten erlernt und dies gegebenenfalls durch Schulungsmaßnahmen unterstützen kann.
- ✔ **Traineeprogramm:** Neue Mitarbeiter, die sich zunächst in verschiedenen Bereichen des Unternehmens orientieren wollen oder später Führungsverantwortung übernehmen werden, kommen in Einarbeitungsprogrammen oder Traineeprogrammen unter. Diese sind entweder standardisiert oder auf einzelne Mitarbeiter zugeschnitten und können sich auf unterschiedliche Projekte, Abteilungen oder sogar international verteilte Standorte beziehen, in denen abwechselnd Wissen erworben und mitgearbeitet wird. Auch hier können weitere Schulungsmaßnahmen ergänzt werden.

Die Aufgabe des Personalmanagements besteht darin, den Einstiegsweg für die neuen Mitarbeiter, aber auch für die aufnehmenden Abteilungen attraktiv zu machen. Während des Einstiegsprogramms muss nicht nur auf die Stringenz des Programms, die alternative Passung zu kaufmännischen oder gewerblich-technischen Karrierepfaden und die allgemeine Anerkennung der Programmqualität geachtet werden, sondern auch auf die Steuerung der neuen Mitarbeiter durch Mitarbeitergespräche und Vernetzung von Personen in ähnlichen Einstiegssituationen. Nach Abschluss des Einstiegsprogramms wird eine dem Lernerfolg angemessene Arbeits- und Entwicklungsperspektive für den Mitarbeiter notwendig, damit die Anstrengungen sich auch in Form von Leistung auszahlen können.

Und jetzt: Die Einstiegsphase

Bei neuen Arbeitsverhältnissen geht es darum, gar nicht erst den Praxisschock beim neuen Mitarbeiter aufkommen zu lassen und zwischen Unternehmen und Mitarbeiter eine langfristig erfolgreiche und beidseitig nutzbringende Verbindung aufzubauen.

Erster Arbeitstag

Am ersten Arbeitstag meldet sich der neue Mitarbeiter bei seinem Ansprechpartner in der Personalabteilung. Dort wird er ersten Kollegen vorgestellt und willkommen geheißen.

Gerade wenn der erste Arbeitstag der »Berufsgeburtstag« ist, ist es wichtig, dass er als besonderer Tag in Erinnerung bleibt. Daher darf sich das Personalmanagement ruhig ein wenig Mühe geben und neue Mitarbeiter freundlich begrüßen. Einige Unternehmen laden zur Begrüßung neuer Mitarbeiter die bereits vorhandenen Mitarbeiter zu einem Kennlernen ein. Das professionelle Personalmanagement weiß, dass ein neuer Mitarbeiter zu Beginn besonders nervös ist und unter Stress steht. Der Erfolg der Einarbeitungsphase hängt davon ab, dass Nervosität, Stress und Unsicherheit durch die möglichst vorausschauende Unterstützung des Mitarbeiters seitens des Personalmanagements abgebaut wird.

Am ersten Arbeitstag steht die Ersteinweisung des neuen Mitarbeiters an:

- Er muss seinen Arbeitsvertrag unterschreiben oder abgeben.
- Er wird im Hinblick auf sein gewünschtes Verhalten belehrt und ihm werden die rechtlichen Vorschriften erläutert.
- Er füllt den Personalfragebogen aus und gibt notwendige Bescheinigungen wie die Kopie des Personalausweises für die Personalakte oder seine Einverständniserklärung zur Speicherung personenbezogener Daten im Computersystem ab.
- Er wird in den Arbeits- und Gesundheitsschutz unterwiesen und bekommt gegebenenfalls seine Schutzausrüstung und seinen Sicherheitspass.
- Er erhält je nach Verfügbarkeit Schlüssel oder Codekarte, Parkmarke, Zugangsdaten für das Computersystem, eine Zeiterfassungskarte, eine Kantinenkarte und vieles mehr.

Danach wird dem neuen Mitarbeiter sein Arbeitsplatz gezeigt und er wird mit einem ständigen Ansprechpartner bekannt gemacht.

Der erste Arbeitsmonat

Der erste Arbeitsmonat im Unternehmen wird vom neuen Mitarbeiter häufig damit verbracht, den Arbeitsplatz und die Aufgaben zu entdecken, die Teammitglieder kennenzulernen, die Verhaltensregeln zu erspüren, den »Papierkram« zu erledigen und sich mit den vielfältigen Informationen im Intranet bekannt zu machen.

Das Personalmanagement unterscheidet zwei Aspekte der Einarbeitung:

- Die *formelle* Einarbeitung orientiert sich an den Strukturen des Unternehmens, den konkreten Aufgaben und Prozessen. Hier werden Leitlinien des Unternehmens verteilt, zum Beispiel die Vorschriften zum Datenschutz, die Regelungen zur Compliance und so weiter.
- Im Rahmen der *informellen* Einarbeitung lernt der neue Mitarbeiter die eher verborgenen Strukturen und Gegebenheiten des Unternehmens kennen. Hierbei geht es zu einem großen Teil auch um die unternehmenskulturellen Charakteristika des Unternehmens.

Neue Mitarbeiter auf Arbeitsplätzen mit Routinetätigkeiten können bereits nach wenigen Wochen ihre volle Arbeitsleistung erbringen. Bei ihnen spielt das Anlernen im Hinblick auf die neue Tätigkeit die größte Rolle. Neue Mitarbeiter auf Arbeitsplätzen mit komplexeren Tätigkeiten brauchen etwas länger Zeit.

Ein schriftlich oder elektronisch verfügbarer Einarbeitungsplan fasst die geplanten Schritte zusammen und kombiniert sie mit einem Zeitplan. Dieser Plan wird neben dem neuen Mitarbeiter auch den Partnern zur Verfügung gestellt, die ihn mit dem neuen Mitarbeiter abarbeiten sollen. Wenn das Personalmanagement die Einarbeitung als mehrmonatiges Programm begreift, kann es hierin verschiedene Bestandteile unterbringen:

- ✔ das Kennenlernen von wichtigen Mitarbeitern,
- ✔ unternehmensspezifisches Training,
- ✔ Diskussionen in unterschiedlichen Teams,
- ✔ Lernen am neuen Arbeitsplatz,
- ✔ das Kennenlernen von Anspruchsgruppen der eigenen Arbeit, von Absatzmärkten, Kunden und Lieferanten durch entsprechende Besuche,
- ✔ Unterstützung in persönlichen Belangen durch das Personalmanagement und gegebenenfalls durch einen Mentor.

Der Einarbeitungsplan wird zwischen dem neuen Mitarbeiter, der Personalabteilung sowie der Einsatzabteilung erarbeitet. Ein wichtiger Bestandteil ist es, die wechselseitigen Erwartungen zu klären. Nicht nur im Rahmen der Bewerbungsgespräche, sondern auch während der Einarbeitung präzisieren sich die sogenannten psychologischen Arbeitsverträge zwischen neuem Mitarbeiter und Unternehmen, also die »Spielregeln«, die unausgesprochen für das weitere Zusammenarbeiten gelten sollen. Sie bestimmen auch die Rolle, die der neue Mitarbeiter im Gefüge des Unternehmens einnehmen soll. Zudem wird die vom neuen Mitarbeiter wahrgenommene Selbstwirksamkeit gestärkt, also die eigene Erwartung, wie erfolgreich man im Rahmen seiner Arbeit sein wird.

Das Personalmanagement ermutigt den neuen Mitarbeiter, sich in die Arbeitsstrukturen und -prozesse des Unternehmens einzubringen und an so vielen Stellen wie möglich immer wieder Fragen zu stellen, die der Integration dienen, zum Beispiel:

- ✔ Wer ist wichtig, um Dinge zu bewegen und voranzutreiben?
- ✔ Wer verfügt über Kontakte zu diesen wichtigen Mitarbeitern?
- ✔ Mit wem muss ich als neuer Mitarbeiter auf meiner Stelle Kompromisse finden?
- ✔ Welche Rituale gibt es im Unternehmen, in der Abteilung und im Projektteam?

Das erste Arbeitsjahr

Während des ersten Jahres eines Mitarbeiters im Unternehmen strebt das Personalmanagement an, seine Bindung an das Unternehmen zu intensivieren. So wird die Vernetzung im Unternehmen mit Kollegen mit ähnlichen Arbeitsaufgaben und Interessen vorangetrieben. Mit der Zeit soll der Mitarbeiter den spezifischen Weg des Arbeitens im Unternehmen verstehen und annehmen, sodass nach etwa einem Jahr eine vollständige Integration des Mitarbeiters erreicht ist. Auf diesem Weg wird der Mitarbeiter in einigen Unternehmen durch einen Coach oder einen Mentor begleitet:

- ✔ Ein Coach ist ein unternehmensexterner oder zumindest abteilungsexterner Ansprechpartner, der neue Mitarbeiter aus seiner Expertenstellung heraus beraten kann, wie sie sich am besten ihrer neuen Aufgabe im Unternehmen nähern.
- ✔ Ein Mentor ist eine erfahrene Person im Unternehmen, die einen neuen Mitarbeiter an ihrer Erfahrung und ihren Beziehungsnetzwerken teilhaben lässt und die Sozialisation begleitet. Die Beziehung zwischen Mentor und neuem Mitarbeiter hängt von dem gegenseitigen Vertrauensverhältnis ab. Der Mentor ist keine Führungskraft im Arbeitsbereich des neuen Mitarbeiters.

Das Personalmanagement kann ein Mentorenprogramm für die Einarbeitung neuer Mitarbeiter einrichten. Dies umfasst nicht nur die Suche nach möglichen Mentoren, sondern auch deren Zuordnung zu den neuen Mitarbeitern, wozu auch die Passung auf persönlicher Ebene geprüft werden sollte. Hinzu kommen konkrete Zielvereinbarungen und die Definition des Endes der Mentorenbeziehung.

Im ersten Arbeitsjahr findet die soziale Integration des neuen Mitarbeiters in das unternehmenskulturelle Umfeld statt, an dessen Ende er von seinen Kollegen als vollwertiges Unternehmensmitglied akzeptiert und als »einer von uns« angesehen wird. Das Personalmanagement versucht, den neuen Mitarbeiter damit zu unterstützen, was die erfolgreiche Integration in das Unternehmen beschleunigt.

Wie in jedem personalwirtschaftlichen Prozess ist es auch im Hinblick auf die Einstiegsphase notwendig, eine Fortschrittskontrolle vorzusehen. Sie sorgt dafür, dass das Personalmanagement und die Abteilung des neuen Mitarbeiters Informationen über den Fortschritt des neuen Mitarbeiters bekommen, wobei dieser Fortschritt sowohl vom neuen Mitarbeiter selbst als auch von Dritten beurteilt wird. Der neue Mitarbeiter hat also die Aufgabe, Rückmeldungen zu seinen Erfahrungen während der Einarbeitungszeit zu geben.

Wie der Arbeitsplatz aussieht

Das Fundament des Personaleinsatzes, wie einzelne Mitarbeiter auf einzelne Arbeitsplätze zugeordnet werden, ist die Arbeitswissenschaft. Sie erfasst als interdisziplinäre Wissenschaft (Teil-)Erkenntnisse aus sozialen, rechtlichen, wirtschaftlichen, technischen sowie arbeitsmedizinischen Disziplinen und versucht, diese Erkenntnisse so zu kombinieren, dass eine Arbeitsumgebung entsteht, in der der Mitarbeiter langfristig arbeiten kann, ohne nachhaltig geschädigt zu werden. Zentrales Konzept ist die Ergonomie, die eine Anpassung der Arbeit an den Menschen sowie zum Teil auch eine Anpassung des Menschen an die Arbeit anstrebt.

Der Schutz der Gesundheit steht ganz oben

Der Arbeitsschutz ist europaweit geregelt. Es gibt eine EU-Rahmenrichtlinie zum Arbeitsschutz, die für die EU-Mitgliedsländer einen einheitlichen Standard zum Arbeits- und

Gesundheitsschutz schafft und konkrete Zielsetzungen vorgibt. In ihrem Rahmen legen in Deutschland mehrere rechtliche Grundlagen Näheres fest:

- ✔ Das *Arbeitsschutzgesetz* sichert die Gesundheit aller Beschäftigten und verbessert und regelt insbesondere die Verpflichtung des Unternehmens zur Durchführung von Gefährdungsbeurteilungen.
- ✔ Die *Betriebssicherheitsverordnung* konzentriert sich auf die vom Unternehmen bereitgestellten Arbeitsmittel und Anlagen und entwickelt ein Schutzkonzept im Hinblick auf die von den Arbeitsmitteln ausgehenden Gefährdungen.
- ✔ Im *Berufsgenossenschaftlichen Vorschriften- und Regelwerk* sind rechtsverbindliche Unfallverhütungsvorschriften enthalten, die über das staatliche Recht hinaus die Arbeitssicherheit und die dazu notwendigen vorbeugenden Maßnahmen konkretisieren. Berufsgenossenschaften haben darüber hinaus eine weitreichende Beratungsfunktion für Unternehmen.
- ✔ Das *Sozialgesetzbuch VII* regelt die staatliche Aufsicht über die Einhaltung der Vorschriften und deren Vorrang vor der Kontrolle durch Berufsgenossenschaften.

Einerseits entstehen durch die Maßnahmen des Arbeits- und Gesundheitsschutzes Kosten, andererseits erhöht sich die Wettbewerbsfähigkeit des Unternehmens. Wenn durch die Maßnahmen die Zahl der Unfälle und Krankheiten verringert wird, werden langfristige Kosten für die Lohnfortzahlung und für den Ersatz von Mitarbeitern vermieden. Außerdem kann sich das Betriebsklima durch die Maßnahmen verbessern.

Gefährdungsbeurteilung als Kern

Der Arbeits- und Gesundheitsschutz stellt die Gefährdungsbeurteilung gemäß Arbeitsschutzgesetz in den Mittelpunkt der Aktivitäten. An ihr richten sich auf der Grundlage der arbeits- und gesundheitsschutzrelevanten Defizite alle Maßnahmen des Arbeits- und Gesundheitsschutzes aus. Unterbleibt die Gefährdungsbeurteilung, kann es nach einem schweren Unfall das Unternehmen bei der Klärung der Schuldfrage belasten.

Während bei Arbeitsplätzen in der Fertigung eher mechanische und elektrische Gefährdung, Gefahrstoffe und Brand-/Explosionsgefährdung, physikalische Einwirkungen, Belastungen durch die Arbeitsumgebung, die physische Schwere der Arbeit und sonstige Belastungen geprüft werden, sind es bei Bildschirmarbeitsplätzen eher Bildschirm und Tastatur, Arbeitsstuhl und -tisch, Platzbedarf, Arbeitsumgebung sowie die Aufstellung der Arbeitsplatzkomponenten. Werden bei den Prüffragen Defizite festgestellt, sind Maßnahmen zu deren Abstellung erforderlich.

Unternehmen sind verpflichtet, sowohl die Gefährdungsbeurteilungsergebnisse als auch die Maßnahmen und ihre Umsetzung aktuell und vollständig zu dokumentieren. Diese Dokumentation kann in Form eines auf Arbeits- und Gesundheitsschutzinhalte bezogen lückenlosen Arbeitsschutzordners oder eines umfassenden Arbeitsschutz-Managementsystems erfolgen. Tabelle 6.1 zeigt Beispiele für Dokumente, die in eine solche Dokumentation gehören.

Bereich	Dokumente
Unternehmensleitung	✔ Arbeitsschutzstrategie der Unternehmensleitung samt Relevanz, Arbeitsschutzzielen, System der Maßnahmen, Kontrollkonzeption und Ressourcenausstattung
Arbeitsschutzorganisation	✔ Übersicht über sicherheitsbezogene Ansprechpartner des Unternehmens ✔ Übersicht über die sicherheitsbezogenen Verantwortlichen in einzelnen Arbeitsbereichen ✔ Dokumentation der arbeitsschutzrechtlichen Grundlagen ✔ Dokumentation der Arbeitsschutz-, Unfallverhütungs- und Brandverhütungsvorschriften ✔ Dienstanweisungen zu arbeitsschutzbezogenen Themen ✔ schriftliche Übertragung von sicherheitsbezogenen Pflichten an einzelne Mitarbeiter ✔ Bestellung von Sicherheitsbeauftragten ✔ Bestellung von Sachkundigen zur Prüfung, Einrichtung oder Kontrolle von Arbeitsmitteln ✔ Aushänge des Sicherheitsbeauftragten ✔ Qualifikationsnachweise zu arbeitssicherheitsrelevanten Schulungen ✔ Erlaubnisscheine zur Durchführung gefährlicher Tätigkeiten
Ablauf- und Prozessplanung	✔ Checklisten zur Durchführung der Einrichtung, Inbetriebnahme, Wartung, Inspektion, Sicherheitsüberprüfung, Veränderung und Außerbetriebnahme von Maschinen, technischen Anlagen oder Arbeitsplätzen ✔ Aushang der Prüfintervalle ✔ Unfallanzeigen und Verbandbücher
Gefährdungsbeurteilung	✔ Prüfbogen zur Gefährdungsbeurteilung von Arbeitsplätzen, Arbeitsverfahren, Arbeitsgeräten, Tätigkeitsabläufen ✔ Dokumentation von Unfällen und Berufserkrankungen ✔ Leitfäden zur Beurteilung von Arbeitsbedingungen und zur Ermittlung von Risikobereichen der Belastung ✔ aktuelles Explosionsschutzdokument
Mitarbeiterinformation	✔ Aufträge an Führungskräfte zur präventiven Unterweisung der Mitarbeiter in Belangen des Arbeits- und Gesundheitsschutzes ✔ Bestätigung durchgeführter Erstunterweisungen neuer Mitarbeiter ✔ Bestätigung durchgeführter Wiederholungssicherheitsunterweisungen und Belehrungen der eigenen Mitarbeiter sowie der Mitarbeiter von Fremdfirmen ✔ Aushänge von Brandschutzordnung, Verhaltensrichtlinien im Brand- oder außergewöhnlichen Schadensfall ✔ Arbeitsplatzgrenzwerte ✔ Betriebsanweisungen zum Umgang mit Gefahrstoffen ✔ Gefahrstoffverzeichnisse ✔ Sicherheitsdatenblätter ✔ Checklisten für Verhalten im Notfall ✔ Informationen zu Notfallhilfsmitteln und Erste-Hilfe-Material
Arbeitsmedizinische Vorsorge	✔ Übersicht über gegebene präventive Information ✔ Katalog der Gesundheitsschutzmaßnahmen ✔ Übersicht über durchgeführte Maßnahmen des Gesundheitsschutzes

Tabelle 6.1: Beispiele zur Dokumentationspflicht des Arbeits- und Gesundheitsschutzes

Im Arbeits- und Gesundheitsschutz müssen qualifizierte Personen als Ansprechpartner im Unternehmen zur Verfügung stehen. Dies sind entweder speziell ausgebildete Mitarbeiter oder Führungskräfte oder aber externe Fachkräfte für Arbeitssicherheit. Insbesondere die Berufsgenossenschaften unterstützen Unternehmen bei dieser Qualifikation. Darüber hinaus muss auch die Betriebsorganisation auf die Erfordernisse des Arbeits- und Gesundheitsschutzes ausgerichtet werden, was bis zum Managementsystem des Unternehmens reicht.

Gesetzliche Unfallversicherung

Unternehmen müssen sich im Hinblick auf Arbeitsunfälle ihrer Mitarbeiter in der gesetzlichen Unfallversicherung versichern. Träger sind die Berufsgenossenschaften, deren Aufgaben Vorbeugung, Rehabilitation und Entschädigung im Zusammenhang mit Arbeitsunfällen und Berufskrankheiten sind. Es besteht eine Zwangsmitgliedschaft für die versicherungspflichtigen Unternehmen, die mit Eröffnung beziehungsweise Gründung des Unternehmens beginnt.

Ursprüngliche Rechtsgrundlage der Berufsgenossenschaften war das von Bismarck 1884 initiierte Unfallversicherungsgesetz. Nach zahlreichen Erweiterungen, die sowohl die Einbeziehung aller Wirtschaftsbereiche als auch die Ausweitung des Versicherungsschutzes enthielten, wurde 1996 das Recht der Unfallversicherung in das Sozialgesetzbuch VII aufgenommen. Stand 2012 gibt es neun gewerbliche Berufsgenossenschaften und 26 Unfallversicherungsträger der öffentlichen Hand. Sie haben sich zum Spitzenverband Deutsche Gesetzliche Unfallversicherung (DGUV) zusammengeschlossen und bilden auf regionaler Ebene sechs Landesverbände.

Die Berufsgenossenschaften finanzieren sich allein aus Pflichtbeiträgen aller Arbeitgeber. Berechnungsgrundlage sind der Finanzbedarf, die Arbeitsentgelte der Versicherten sowie die Unfallhäufigkeit der betreffenden Branche. So zahlen 2012 Unternehmen der Baubranche 4,04 Prozent der Arbeitsentgelte an ihre Berufsgenossenschaft, Unternehmen im Bereich der Wohlfahrtspflege 0,77 Prozent. Versicherungsschutz erhalten alle Mitarbeiter in einem Arbeits-, Dienst- oder Ausbildungsverhältnis.

Führungskräfte schaffen gesundheitsförderliche Arbeitsbedingungen

Im Rahmen des betrieblichen Gesundheitsschutzes verpflichtet § 15 Arbeitsschutzgesetz alle Beschäftigten, an ihrem Arbeitsplatz sowohl für ihre eigene Sicherheit und Gesundheit als auch für die von ihrer Arbeit Betroffenen Sorge zu tragen. Dies betrifft zunächst die Einhaltung der gesetzlichen Vorschriften aus dem Arbeits- und Gesundheitsschutz im Sinne eines Sicherheitsmanagements. Das Personalmanagement im Unternehmen unterstützt die Führungskräfte bei der Wahrnehmung dieser Aufgaben, etwa, indem es die Vorschriften kommuniziert und Gesundheitsrisiken sowie Arbeitsbelastungen zu minimieren trachtet.

Darüber hinaus können sich Führungskräfte auch weitere Gestaltungsspielräume zur Verringerung von Gesundheitsrisiken bei sich und bei ihren Mitarbeitern erschließen. Diese Spielräume ergeben sich, wenn im Hinblick auf die Gesundheitsförderung Weiterbildungen erfolgen oder Strukturen und Prozesse im Unternehmen verbessert werden. Das Personalmanagement unterstützt die Führungskräfte, indem es Ressourcen über das Mindestmaß hinaus bereitstellt und die Führungskräfte befugt, im Hinblick auf Gesundheitsmaßnahmen Entscheidungen zu treffen, die sich auf Arbeitsgestaltung, Aufgabenverteilung oder Arbeitszeiten auswirken.

Das Personalmanagement kann schließlich – noch weitergehend – dazu beitragen, im Unternehmen eine gesundheitsförderliche Führungskultur zu etablieren. Seine Aufgabe besteht darin, den Führungskräften im Unternehmen gesundheitsbezogene Einstellungen und Verhaltensweisen bewusst zu machen. Hieraus ergibt sich, wie neuere arbeitspsychologische Untersuchungen zeigen, ein doppelter Wirkmechanismus. Zum einen beeinflussen die Führungskräfte die Arbeitsbedingungen der Mitarbeiter in Richtung eines sicheren und die Gesundheit schützenden Arbeitsplatzes, indem sie die Mitarbeiter zu gesundem Verhalten anleiten, sie unterstützen und motivieren und bei Erfolgen auch loben. Zum anderen wirkt sich ein gesundheitsbewusstes Verhalten der Führungskräfte über ihre Vorbildfunktion auf die Mitarbeiter aus.

Ergonomie – nicht zum Ärgern

Im Rahmen der Arbeitsgestaltung kommt der Ergonomie die Aufgabe zu, die Arbeit so zu gestalten, dass sie möglichst effizient durchgeführt werden kann und dabei nicht zu unerwünschten Nebenwirkungen wie Gesundheitsschädigungen führt. Ergonomie kombiniert Sicherheit, Wirtschaftlichkeit und Menschlichkeit der Arbeit.

Um Arbeit ergonomisch zu gestalten, muss das Personalmanagement zunächst die auf die Mitarbeiter einwirkenden Faktoren möglichst objektiv erfassen, wobei das in den 1970er-Jahren entwickelte Belastungs-Beanspruchungs-Konzept den Rahmen vorgibt:

- ✔ Die *Belastung* durch Arbeit ergibt sich aus physikalischen (zum Beispiel Schwingungen, Lärm, Strahlung) und sozialen Einflussgrößen (zum Beispiel Gruppendruck, Zeitdruck), deren Intensität und Dauer bestimmt werden können.
- ✔ Die *Beanspruchung* ist dann die Wirkung der Belastung bei jedem Einzelnen, die von dessen Eigenschaften, Persönlichkeitsmerkmalen und Bedürfnissen abhängt.

Die Zusammenführung beider Informationen ergibt, in welchem Maße eine bestimmte Person sich an ihrem Arbeitsplatz von den gegebenen Belastungsbedingungen beansprucht fühlt. Verschiedene Personen können auf gleiche Belastungen unterschiedlich reagieren.

Das Personalmanagement bemüht sich, im Rahmen ergonomischer Maßnahmen für jeden einzelnen Mitarbeiter die Arbeitsumgebung so zu gestalten, dass die Belastung minimiert wird. Ansatzpunkte hierfür gibt es zur Genüge, etwa die ergonomische Gestaltung von Computer- oder Montagearbeitsplätzen, die dafür sorgen soll, dass Menschen selbst bei langfristiger Ausübung ihrer Arbeit gesund bleiben. Für viele Gestaltungsbereiche der Ergonomie existieren DIN-Normen.

Ergonomie bezieht den Arbeitsablauf ein und hierbei besonders Gegenstände wie Werkzeuge und Materialien, die benutzerfreundlich angeordnet werden sollen. Hinzu kommt die Bedienung von Maschinen und Computern. Sie sollen passend zur Arbeitsaufgabe gesteuert werden können, ohne Sicherheit, Bedienkomfort und Kosten aus der Balance zu bringen.

Auch beim Lichtdesign für den Arbeitsplatz können kleine Unterschiede eine große Wirkung hervorrufen. Eine ergonomisch durchdachte Beleuchtung berücksichtigt unter anderem folgende Erkenntnisse:

- ✔ Die Beleuchtung sollte stark genug sein (Helligkeit zwischen 500 und 1.000 Lux), um Ermüdung zu vermeiden. Mit wachsender Beleuchtungsstärke lässt sich die Arbeitsleistung steigern.
- ✔ Direkte Blendungen und unerwünschte Lichtspiegelungen sollten vermieden werden.
- ✔ Die Kombination von direktem Licht (spendet Schatten) und indirekter Beleuchtung (vermeidet Blendungen) ist ebenso sinnvoll wie die Kombination von Tageslicht und Kunstlicht.
- ✔ Die Lichtfarbe hat einen Einfluss auf die Produktivität und die Motivation. Bei Licht mit hohem Blauanteil lassen sich bessere Arbeitsergebnisse erzielen, weil es die Aktivität steigert. Allerdings ist es nicht sinnvoll, Gehirn und Körper mit blauem Licht gleichbleibend zu aktivieren. Daher sollen tagsüber im Idealfall auch neutralweißes oder tageslichtweißes Licht zum Zuge kommen und abends warme Lichtfarben mit höherem Rotanteil die Entspannung einleiten.

In Büros können verschiedenfarbige Leuchtdioden verwendet werden, die je nach Tageszeit andere Farbanteile im Licht herstellen und dazu noch sparsam sind. Insgesamt hat Licht Einfluss auf die Sehleistung und den Sehkomfort, auf die Emotion und das persönliche Wohlbefinden sowie auf den Biorhythmus, die Gesundheit und das Leistungsvermögen.

Moderne Bürokonzepte

Insbesondere in Dienstleistungsunternehmen macht man sich Gedanken darüber, wie der Büroraum gestaltet werden soll, der Hochleistung erlaubt. In vielen Bürolandschaften dominierten Großraumbüros mit den typisch kubusförmigen Arbeitsbereichen mit jeweils einem Schreibtisch in den durch brusthohe Stellwände abgeteilten Parzellen. In der Regel wurden alle Arbeitsplätze einer Abteilung nahe zusammengefasst und symbolisierten im Übrigen die Hierarchie im Unternehmen: Je höher die hierarchische Position, desto größer und abgeschlossener der Büroraum und desto näher am Chefbüro.

Modernere, flexible Bürokonzepte sehen nicht nur vor, dass Arbeitsplätze verschiedener Abteilungen so gemischt werden, dass die abteilungsübergreifende Kommunikation und Zusammenarbeit gestärkt werden. Es wird auch Abstand davon genommen, Arbeitsplätze fest einzelnen Mitarbeitern zuzuweisen. Dafür steigt der Anteil befristet genutzter Arbeitsplätze, die von wechselnden Mitarbeitern besetzt werden. Hinzu kommen Arbeitsinseln für verschiedene Zwecke, so etwa Ruheräume für konzentriertes Arbeiten, Kaffeeecken für kommunikative Treffen und abtrennbare Besprechungsräume mit der Möglichkeit von Privatsphäre, wodurch die Parzellenstruktur aufgebrochen wird und an Attraktivität gewinnt. Zudem wird auf geräuschdämpfende Architektur und Ausstattung geachtet. Durch diese Möglichkeiten wird nicht nur eine effektivere Arbeit möglich, sondern auch eine intensivere hierarchieübergreifende Zusammenarbeit.

Aus der Ferne nah dabei

Aufgrund mobiler Datenverarbeitung und Vernetzung spielt der Standort eines Arbeitsplatzes eine immer geringere Rolle. Dies hat dazu geführt, dass Arbeit nicht nur in einem Büro zu erledigen ist, sondern auch an anderen Orten, so etwa beim Kunden, beim Kooperationspartner, in dafür eingerichteten Büros oder zu Hause.

Telearbeit ist eine Art des Arbeitens, die für Unternehmen des Dienstleistungssektors eine Rolle spielt, darüber aber auch für Sachbearbeitung und im Verwaltungs- und Entscheidungsbereich von Unternehmen des Produktionssektors. Auch Tätigkeiten der Produktion lassen sich »fernsteuern«. Als Telearbeit werden alle Formen verteilter Aufgabenbewältigung zwischen verteilten Aufgabenträgern, Unternehmenseinheiten und/oder Unternehmen verstanden, wobei raum- und zeitüberbrückende Medien den Kontakt mit dem eigenen Unternehmen sichern.

Einem Unternehmen kann Telearbeit durchaus entgegenkommen. Nicht zuletzt der CO_2-Bilanz der Leistungserstellung nützt es, wenn durch sie Anfahrtswege eingespart werden.

Gerade zur Unterstützung von Telearbeit kommt dem Personalmanagement eines Unternehmens eine besondere Aufgabe zu: Es ist die »Basisstation« für die dezentral Arbeitenden. Damit stellt das Personalmanagement die Orte der Begegnung, der informellen Kommunikation, der Identitätsbildung, der Koordination, der Konfliktlösung und der Wissensvermittlung zur Verfügung. Das Personalmanagement unterstützt die Telearbeit, indem es den Telearbeitenden im Unternehmen die flexiblen Bürokonzepte bereitstellt, die es erlauben, per Rollcontainer und Datenanschluss in Minutenschnelle einen persönlichen »Arbeitsplatz auf Zeit« bereitzustellen.

Für die flexibel dezentral-zentral Arbeitenden entsteht ein fließender Übergang zwischen Arbeits- und Lebensraum. Der zunehmenden Mobilität, die aus der Perspektive des Unternehmens zu beobachten ist, steht in dem Maße eine zunehmende Immobilität der Arbeitenden gegenüber, denn bei ihnen zu Hause gehen Lebens- und Arbeitsraum ineinander über. Dieser Wohnraum – auch als *Habitat* bezeichnet – sollte allerdings sowohl Privatheit für das Privatleben als auch Privatheit für die Arbeit gewähren.

Unter dem Begriff *Smart Working* wird in verschiedenen Ländern, so in den Niederlanden und Südkorea, ein Prozess initiiert, der als Ziel hat, dass die Menschen immer arbeiten können, egal wo sie sind oder wie spät es ist. Damit wird vor allem das umweltbelastende Pendeln zu den Arbeitsplätzen reduziert, aber auch die Integration von Frauen und älteren Personen in den Erwerbssektor soll erleichtert werden. Smart Working kombiniert die Arbeit im Büro mit Heimarbeit und mit Arbeit in dezentralen Bürokomplexen, die Smart Work Center genannt werden, in der Nähe von Wohngebieten errichtet werden und jeglichen Interessenten das zeitweise Anmieten eines Büroarbeitsplatzes ermöglichen.

Telearbeit von und in Teams wird als *virtuelles Team* bezeichnet. Die an verschiedenen Orten arbeitenden Teammitglieder treffen sich – bis auf Ausnahmefälle – nicht mehr real, sondern über multimediale Vernetzung. So kann man sich zwecks gegenseitiger Abstimmung

- ✔ E-Mails schicken,
- ✔ sich in Chats von Computer zu Computer in Echtzeit schriftlich austauschen und in demselben Datenbestand und an denselben Dokumenten arbeiten,
- ✔ auf Wissensbestände in Wikis oder Foren zugreifen und über Versionskontrollsysteme den Arbeitsfortschritt sichtbar machen oder
- ✔ sich in Videokonferenzen oder über internetbasierte Telefonprogramme sehen und miteinander sprechen.

Die Reichhaltigkeit der übertragenen Informationen nimmt zu: Videokonferenzen sind »reichhaltiger«, weil neben den Sachinformationen auch noch Gestik und Mimik zu erkennen sind und auch Emotionen übertragen werden.

Für das Personalmanagement bringt die Unterstützung virtueller Teams noch mehr Herausforderungen mit sich, weil neben der Anbindung aller einzelnen Teammitglieder an die Zentrale die Vernetzung und Integration der Teammitglieder untereinander erfolgen soll. Daher sorgt das Personalmanagement für das Kennenlernen der Teammitglieder, was zu Beginn dieser Zusammenarbeit über reale Treffen erfolgt, später durch internetbasierte Systeme unterstützt wird, bei denen die soziale Vernetzung auch persönliche Hintergrundinformationen wie etwa Fotos oder Vorlieben einbezieht, die als Ansatzpunkte für gegenseitiges Interesse der Teammitglieder dienen.

Die Arbeitszeit als Wunschkonzert

Alle Mitarbeiter des Unternehmens wollen wissen, wann und wie lange ihr Arbeitseinsatz stattfindet. Das Personalmanagement entwirft daher Arbeitszeitmodelle, die einerseits den Bedürfnissen des Unternehmens entsprechen, die andererseits aber auch die Interessen der Mitarbeiter berücksichtigen. Dass dies nicht ganz einfach ist, wird spätestens dann klar, wenn ein Unternehmen aus Gründen des Personalmarketings und der Mitarbeiterbindung die Devise »Wir haben so viele Arbeitszeitmodelle, wie wir Mitarbeiter haben« ausgibt. Dies bedeutet maximale Arbeitszeitflexibilität. Doch kann man hiermit auch offensiv umgehen, wie es Unternehmen auf ihren Internetseiten tun. Dort notieren sie auf den Vorstellungsseiten der Mitarbeiter und Ansprechpartner, an welchen Tagen der Woche und zu welchen Zeiten diese im Büro anwesend sind und an welchen nicht.

Grunddefinitionen zur Arbeitszeit

Das Arbeitszeitgesetz hat 1994 die davor geltende Arbeitszeitordnung als Regelwerk zur Arbeitszeitgestaltung ersetzt.

Zweck des Arbeitszeitgesetzes: § 1 Arbeitszeitgesetz im Wortlaut

Zweck des Gesetzes ist es,

1. die Sicherheit und den Gesundheitsschutz der Arbeitnehmer bei der Arbeitszeitgestaltung zu gewährleisten und die Rahmenbedingungen für flexible Arbeitszeiten zu verbessern sowie
2. den Sonntag und die staatlich anerkannten Feiertage als Tage der Arbeitsruhe und der seelischen Erhebung der Arbeitnehmer zu schützen.

Die Mitarbeiter sollen vor übermäßiger zeitlicher Arbeitsbelastung geschützt werden, die sie physisch und psychisch gefährden könnte. Als Arbeitszeit gilt laut Arbeitszeitgesetz die Zeit von Beginn bis Ende der Arbeit ohne die Ruhepausen. Damit zählt das normale Arbeiten dazu, zudem die Arbeitsbereitschaft. Die normale Arbeit beginnt mit dem tatsächlichen Beginn der Leistungserbringung am Arbeitsplatz, nicht aber bereits zum Zeitpunkt des Betretens des Betriebsgeländes.

Arbeitsbereitschaft wird in der Rechtsprechung als die Zeit der »wachen Achtsamkeit im Zustand der Entspannung« definiert. In dieser Zeit arbeiten die Mitarbeiter nicht, sondern warten am Arbeitsplatz oder in dessen Nähe auf Anweisungen ihres Unternehmens.

Zur Arbeitszeit zählen nicht

- ✔ die *Wegezeiten*, die vom Mitarbeiter für die Fahrt von der Wohnung zum Arbeitsort benötigt werden.
- ✔ die *Ankleide- und Umziehzeiten*, sofern das Unternehmen dies nicht vorschreibt.
- ✔ die *Ruhepausen*, die zwecks Erholung und Entspannung der Mitarbeiter deren Arbeitszeit unterbrechen und die gemäß Arbeitszeitgesetz spätestens nach sechs Stunden ununterbrochener Arbeit eingeplant werden müssen. In ihnen ist der Mitarbeiter von seiner Arbeit freigestellt und er darf die Ruhepausen frei gestalten.
- ✔ die *Rufbereitschaft*, in der ein Mitarbeiter zwar für sein Unternehmen erreichbar ist, aber nicht arbeitet.
- ✔ die *Reisezeiten einer Dienstreise*, sofern der Mitarbeiter während dieser Fahrtzeit nicht seiner hauptsächlichen Arbeitsleistung nachkommt.
- ✔ die *Ruhezeit*, die das Gegenteil der Arbeitszeit darstellt.

Die Ruhezeit ist im Arbeitszeitgesetz geregelt. Sie muss im Anschluss an die Arbeitszeit ununterbrochen mindestens elf Stunden dauern, damit sich der Mitarbeiter erholen kann. Sobald ein Unternehmen diese Ruhezeit unterbrechen würde, würde der Anspruch auf elf Stunden am Stück erneut beginnen. Eine Ausnahme ist im Gesetz nur für Behandlungs-, Pflege- und Betreuungseinrichtungen (Krankenhäuser), Bewirtungs- und Beherbergungseinrichtungen (Gaststätten), Verkehrsbetriebe, Rundfunk, Landwirtschaft und Tierhaltung vorgesehen. Hier darf die Ruhezeit auch mal zehn Stunden betragen, wenn dies innerhalb eines Kalendermonats oder innerhalb von vier Wochen durch eine andere mindestens zwölfstündige Ruhezeit ausgeglichen wird.

Der Arbeits- oder der Tarifvertrag regelt, welche Zeiten dem Mitarbeiter vergütet werden. Grundsätzlich gilt für die werktägliche Arbeitszeit:

- ✔ Eine Woche besteht aus sechs Werktagen. Dies sind die Tage, die weder ein Sonntag noch ein gesetzlicher Feiertag sind.
- ✔ Die werktägliche Arbeitszeit darf acht Stunden pro Tag nicht überschreiten.
- ✔ Ausnahmsweise darf die Arbeitszeit ohne Begründung auf maximal zehn Stunden verlängert werden, wenn innerhalb von sechs Kalendermonaten oder 24 Wochen ein entsprechender Ausgleich erfolgt.
- ✔ Insgesamt darf daher innerhalb eines 24-Wochen-Zeitraums die Obergrenze von 24 Wochen x sechs Werktage x acht Arbeitsstunden = 1.152 Arbeitsstunden nicht überschritten werden.
- ✔ An Sonntagen und an gesetzlichen Feiertagen dürfen Mitarbeiter nicht von 0 bis 24 Uhr beschäftigt werden.
- ✔ Sonntags- und Feiertagsarbeit ist nur in bestimmten, im Gesetz genannten Betrieben zulässig. Hierzu zählen unter anderem Not- und Rettungsdienste, die Feuerwehr, Krankenhäuser, Polizei, Kirchen, Rundfunk, Verkehrsbetriebe, Versorgungsbetriebe oder die Landwirtschaft. Beschäftigt werden darf ein Mitarbeiter nur dann, wenn mindestens 15 Sonntage pro Jahr arbeitsfrei bleiben und die sonntagsarbeitenden Mitarbeiter innerhalb von zwei Wochen Ausgleichszeit vorher oder nachher (die feiertagsarbeitenden Mitarbeiter innerhalb von acht Wochen Ausgleichszeit vorher oder nachher) einen arbeitsfreien Werktag als Ersatzruhetag erhalten.

Tabelle 6.2 stellt Möglichkeiten dar, die wöchentliche Arbeitszeit im Ausgleichszeitraum von 24 Monaten zu verteilen.

Wochen	Werktage	Stunden	Summe Arbeitszeit in Stunden	
24	6	8		1.152
24	5	8		960
24	5	9,6		1.152
8	6	10	720	
16	6	6	432	1.152
12	6	10	480	
12	6	7	672	1.152
16	6	10	960	
8	4	6	192	1.152
1	7*	10	70	
1	5	10	50	
22	6	7,5	990	1.110

* im Betrieb muss Sonntagsarbeit zulässig sein

Tabelle 6.2: Beispiele für zulässige Verteilungen der Arbeitszeit im Ausgleichszeitraum von 24 Monaten

Bei Schichtarbeit wird es komplex

Die Schichtarbeit ist eine Abweichung vom »normalen« Achtstundentag, die in der Verteilung der Wochenarbeitszeit zum Ausdruck kommt. Als Schichtarbeit wird eine Arbeit bezeichnet, die zu konstant ungewöhnlicher Arbeitszeit (als permanentes Schichtsystem) oder zu wechselnder Tageszeit (als Wechselschichtsystem) an einem gleichbleibend eingesetzten Betriebsmittelpotenzial vollzogen wird. Dabei kommt es zu Blöcken komprimierter Arbeitszeit, die sich mit Blöcken komprimierter Freizeit abwechseln.

Die Arbeitswissenschaft verfügt über viele Erkenntnisse zur Schichtarbeit. So sollten Dauernacht-, Dauerfrüh- und Dauerspätschichten vermieden werden. Es muss eine ausreichende Ruhezeit zwischen zwei Schichten liegen. Der Frühschichtbeginn sollte am Tage nicht zu früh, das Spät- und Nachtschichtende dagegen am Tage nicht zu spät liegen. Es sollte keine Massierung von Arbeitszeiten auftreten; geblockte Freizeit am Wochenende gilt wertvoller als einzelne freie Tage während der Woche. Änderungen am Schichtplan sollten rechtzeitig angekündigt werden können.

Es gibt einige typische Ziele, die – im Rahmen der arbeitszeitgesetzlichen Vorgaben – bei der Findung von Schichtarbeitssystemen vom Personalmanagement angestrebt werden, weil sie weniger gesundheitsbeeinträchtigend sind als ihre Alternativen und den Interessen von Mitarbeitern und Unternehmen entgegenkommen:

- ✔ Der Schichtwechselrhythmus sollte vorwärts erfolgen, also nach einigen Frühschichten sollten Spätschichten und Nachtschichten auf dem Schichtplan der Mitarbeiter stehen und nicht die umgekehrte Reihenfolge gewählt werden.
- ✔ Die Länge des Schichtintervalls, in dem sich der Rhythmus der Schichten wiederholt, sollte möglichst kurz sein, damit die Mitarbeiter das Schichtmodell gut nachvollziehen können und eine dezentrale, flexible Planung möglich wird.
- ✔ Die wöchentliche Arbeitsverteilung sollte trotz unterschiedlicher Schichten möglichst gleichmäßig sein.
- ✔ Nach Möglichkeit sollten im Schichtsystem mehrere freie Tage ohne Arbeitsunterbrechung aufeinanderfolgen.
- ✔ Der Wechsel zwischen Schichtteams sollte für Mitarbeiter möglichst einfach sein.
- ✔ Das Schichtsystem sollte von möglichst vielen Mitarbeitern als fair empfunden und akzeptiert werden.

Daraus ergeben sich für ein Planungsproblem in der Regel viele Modelle, beispielsweise solche mit wochenweisem Wechsel von gleich langen Früh-, Spät- und Nachtschichten, solche mit unterschiedlich langen Schichten, bei denen sich noch Fünf- und Sechstagewoche abwechseln, oder Systeme mit wochenweisen Überstunden, die durch ganze Freiwochen kompensiert werden.

In der Praxis werden Schichtmodelle unter Zuhilfenahme von Arbeitszeitkonten umgesetzt, beispielsweise durch Jahresarbeitszeitkonten, deren Regeljahresarbeitszeit durch die Schichtarbeit abgearbeitet wird. Durch eine jährliche Durchschnittsberechnung der Arbeitszeit erhalten Mitarbeiter auch bei vorübergehender schichtbedingter Wenigerarbeit eine gleichmäßige Bezahlung, wohingegen bei Mehrarbeit die Arbeitszeitkontoguthaben auch als Überstunden vergütet werden können.

Nachtarbeit fordert heraus

Als Nachtarbeit gilt jede Arbeit von mehr als zwei Stunden in der Nachtzeit von 23 Uhr bis 6 Uhr. Nachtarbeitnehmer sind Mitarbeiter, die

- ✔ an mindestens 48 Tagen im Kalenderjahr Nachtarbeit verrichten oder
- ✔ Nachtarbeit in Wechselschicht leisten.

Die werktägliche Arbeitszeit von Nachtarbeitnehmern ist auf acht Stunden begrenzt. Eine Verlängerung im Ausnahmefall auf bis zu zehn Stunden ist möglich, muss jedoch innerhalb von einem Kalendermonat oder vier Wochen ausgeglichen werden.

Bei der Nachtarbeit ist der *Healthy Worker Effect* zu beobachten. Er besagt, dass im Rahmen von Nachtarbeitssystemen sich besonders die gesunderen Mitarbeiter die Nachtarbeit selbst zutrauen oder vom Unternehmen ausgewählt werden. Des Weiteren sind im Verlauf des Beschäftigungsverhältnisses diejenigen Mitarbeiter, deren gesundheitliche Kraft unter ein für die Aufgabenerfüllung notwendiges Mindestmaß sinkt, gezwungen, die Nachtarbeit aufzugeben. Als Ergebnis verbleiben die gesünderen Mitarbeiter in Arbeitsbereichen mit hohen Anforderungen und folglich werden die Krankheits- und Sterberaten in diesen Arbeitsbereichen im Vergleich zur allgemeinen Krankheits- und Sterberate niedriger. Der Mitarbeiterbestand der Nachtschicht füllt sich mit »gesunden« Mitarbeitern, während die »kranken« Beschäftigten in die Tagesschichten wechseln. Somit ergibt sich eine Gesundheitsstatistik mit mehr Krankheitsfällen in den Tagesschichten als in der Nachtschicht.

Die betriebliche Arbeitszeitpraxis

In vielen Unternehmen wandelt sich jedoch der Umgang mit der Arbeitszeit. Unter dem Stichwort »Vertrauensarbeitszeit« gibt es keine Pflicht mehr zur Anwesenheit im Unternehmen zu bestimmten Zeiten und auch keine Pflicht mehr, täglich die Regelarbeitszeit zu erfüllen. Stattdessen werden zwischen Führungskraft und Mitarbeiter Arbeitsziele festgelegt, die es in einer bestimmten Zeit zu erreichen gilt. Wann genau und wo genau die dazu notwendige Arbeit von den Mitarbeitern erledigt wird, können sie selbstständig bestimmen. Hierbei gelten die gesetzlichen und tariflichen Bestimmungen zu Arbeitszeit, Pausen und Überstunden. Daher geben Unternehmen mit Vertrauensarbeitszeit werktägliche Zeitkorridore vor, in denen die Arbeit dann erfolgen soll.

In dem Maße, wie die Arbeitszeitflexibilisierung der Selbstkontrolle des Mitarbeiters unterstellt wird, steigt die Gefahr, dass sich die Mitarbeiter überlasten und selbst ausbeuten. Nicht jeder Mitarbeiter ist in der Lage, sich selbst zu managen. Von Gewerkschaften und Betriebsräten wird kritisiert, dass sich durch die Vertrauensarbeitszeit die Leistungspflicht des Mitarbeiters vom Bemühen zum tatsächlichen Arbeitsergebnis wandele und damit die Mitarbeiter zu ihrer Arbeit auch noch die Verantwortung schultern müssten, die ursprünglich das Unternehmen tragen musste. Daher sehen einige Unternehmen für Konfliktfälle eine Schlichtungskommission vor, an der neben dem Personalmanagement auch der Betriebsrat beteiligt ist.

Gelebte Vielfalt

Variationen der Arbeitszeit beziehen sich auf die tägliche, die wöchentliche, die Jahresarbeitszeit oder die Lebensarbeitszeit. In ihnen können die Dauer (etwa durch Teilzeitarbeit) und/oder die Lage (etwa durch Gleitzeit) der Arbeitszeit variieren.

Das Arbeitszeitgesetz setzt für die Gestaltung der Arbeitszeit lediglich grundlegende Leitplanken. In diesem Rahmen ist vieles möglich und Unternehmen reizen vielfach den ihnen zur Verfügung stehenden Gestaltungsrahmen aus, wobei folgende Fälle typisch sind und immer wieder für innerbetriebliche Diskussionen sorgen:

- ✔ Bei *Dienstreisen* sieht das Bundesarbeitsgericht die Zeit der An- und Abreise, also die Fahrt oder den Flug, als Freizeit an, sofern keine Arbeitsleistung erbracht wird. Werden jedoch für die Reisezeit Arbeitsaufgaben auf den Mitarbeiter delegiert, gilt die Reisezeit als Arbeitszeit. Dies ist auch der Fall, wenn – so etwa bei Außendienstmitarbeitern – eine arbeitsvertragliche Pflicht zur Durchführung dienstlicher Reisen besteht.

- ✔ Eine *Rufbereitschaft*, also die »Erreichbarkeit rund um die Uhr«, kann von Unternehmen für bestimmte Arbeitsplätze angeordnet werden, muss dann aber auch entsprechend der Tarif- oder Betriebsvereinbarungen vergütet werden. Bestehen solche Regelungen nicht, gelten die Vorschriften des Arbeitszeitgesetzes und damit die ununterbrochene Ruhephase von elf Stunden. Dies ist selbst dann der Fall, wenn das Unternehmen das Gerät zur mobilen Kommunikation kostenlos bereitstellt.
- ✔ In *internationalen Teams* müssen aufgrund der Zeitverschiebung zwischen entfernteren Ländern Besprechungen via Telefon oder Videokonferenz manchmal zu Terminen stattfinden, zu denen Mitarbeiter ihre übliche Arbeitszeit bereits beendet haben. In der Regel lassen sich solche Besprechungen auch außerhalb des normalen Arbeitsplatzes durchführen, also von zu Hause. Die hierzu aufgewendete Arbeitszeit wird dann von der Arbeitszeit im Unternehmen abgezogen.

Nicht freigestellt werden müssen Mitarbeiter für Arztbesuche, sofern es sich nicht um einen Notfall handelt. Mitarbeiter müssen ihren Arzt außerhalb ihrer Arbeitszeit aufsuchen oder sie müssen sich für eine Zeit während der Arbeitszeit beurlauben lassen.

Abgeltung von Überstunden

Die Abgeltung geleisteter Überstunden durch Geld oder Freizeit erfolgt nicht automatisch, sondern muss gesondert vereinbart werden, etwa per Arbeitsvertrag, per Tarifvereinbarung oder per Betriebsvereinbarung.

Eine verbreitete Klausel in Arbeitsverträgen besagt: »Etwaige Überstunden sind mit dem monatlichen Gehalt abgegolten.« Diese Klausel ist rechtlich unwirksam,

- ✔ wenn Grenzen der Sittenwidrigkeit überschritten werden, also unverhältnismäßig viele Überstunden angeordnet werden,
- ✔ wenn sich aus der Vereinbarung im Arbeitsvertrag nicht klar ergibt, auf welche Leistungen sich die Überstunden beziehen und welcher maximale Überstundenumfang vereinbart wird, oder
- ✔ wenn eine unangemessene Benachteiligung erfolgen kann, also für Überstunden keine Bezahlung vorgesehen wird.

Bei rechtlicher Unwirksamkeit dieser Pauschalabgeltungsklausel ergibt sich für den Mitarbeiter ein Anspruch auf die übliche Vergütung der geleisteten Mehrarbeit. Daher sollte das Personalmanagement die Formulierung einer Pauschalabgeltungsklausel für Überstunden auf ihre Gültigkeit prüfen lassen. Leitenden Angestellten, die nicht den Vorschriften des Arbeitszeitgesetzes unterliegen, werden in der Regel Überstunden nicht vergütet, aber auch hier ist eine rechtlich einwandfreie Formulierung im Arbeitsvertrag von Vorteil.

Damit in Sachen Arbeitszeit Klarheit herrscht

In Konfliktfällen haben die Mitarbeiter die Möglichkeit, die Hilfe ihres Betriebsrats in Anspruch zu nehmen. Die Einhaltung der Vorschriften des Arbeitszeitgesetzes wird durch Aufsichtsbehörden der Bundesländer überwacht. Sie können nicht nur Auskunft von Unternehmen verlangen und Betriebsprüfungen einleiten und durchführen, sondern sind auch Beschwerdestelle. Die Unternehmen tragen die Beweislast dafür, dass sie ihren arbeitszeitrechtlichen Pflichten nachkommen. Die Unternehmen müssen auch alle arbeitszeitrelevanten Gesetze, Tarifverträge und Betriebsvereinbarungen zur Einsichtnahme auslegen oder aushängen.

Verstöße gegen das Arbeitszeitgesetz können für Unternehmen teuer werden. Das Arbeitszeitgesetz sieht bei Verstößen Bußgelder bis zu einer Höhe von 15.000 Euro pro Tag und Arbeitnehmer vor. Auch können die Verantwortlichen für Ordnungswidrigkeiten persönlich belangt werden. Ihnen drohen Geldstrafen und im Höchstfall eine Freiheitsstrafe bis zu einem Jahr.

Personalentlohnung: Leistungsbereite Mitarbeiter

7

In diesem Kapitel ...

- Entlohnungssystem strategisch aufsetzen
- Mitarbeitervergütung gestalten
- Ethische Leitplanken beachten

Das Unternehmen hat mit seinen Mitarbeitern vereinbart, dass sie für ihre Arbeitsleistung entlohnt werden. Dies muss das Unternehmen auch einlösen. Darüber hinaus möchte es das Geld, das es den Mitarbeitern zahlt, für weitere Zwecke einsetzen – vor allem für eine zusätzliche Steigerung der Leistungsmotivation und für die langfristige Bindung der Mitarbeiter an das Unternehmen.

Ob und wie dies alles geschieht, zeigt dieses Kapitel. Dabei wird deutlich, dass die Personalkosten, die in der Regel den größten Kostenblock des Unternehmens ausmachen, nicht allein als strategische Frage betrachtet werden können. Die Zahlungen müssen auch so abgewickelt werden, dass jeder Mitarbeiter rechtzeitig über seinen versprochenen Lohn verfügen kann. »Das ist doch selbstverständlich«, sagen Sie. Nun, in der Regel gelingt dies den Unternehmen tatsächlich. Aber, was meinen Sie, würde im Unternehmen los sein, wenn dies mal nicht so wäre!

Entlohnungssystem als Rahmen

Das Entlohnungssystem soll gleichzeitig mehrere Ziele erfüllen. Es soll

- ✔ die individuelle Arbeitsleistung der Mitarbeiter in eine angemessene Entlohnung übersetzen,
- ✔ die Verfolgung der Unternehmensziele unterstützen,
- ✔ insgesamt ein unternehmensweit gerechtes System sein,
- ✔ zur Unternehmenskultur passen,
- ✔ sich flexibel an Änderungen im Unternehmen sowie in der Unternehmensumwelt anpassen können sowie
- ✔ für die Mitarbeiter verständlich und durchschaubar sein.

Um alle diese Ansprüche möglichst gleichzeitig zu erreichen, ist viel strategische Konzeptionsarbeit notwendig. Diese lohnt sich jedoch, weil das Entlohnungssystem wie kaum ein anderes personalwirtschaftliches System unter der Beobachtung sowohl von Unternehmensleitung, Finanz- und Rechnungslegungsabteilung als auch von den Mitarbeitern und Bewerbern steht und dabei auch noch mit »exakten« Zahlen operiert.

Die Personalkosten des Unternehmens lassen sich in zwei Kostenkategorien aufspalten:

- ✔ in die Kosten der Personalvergütung auf der einen Seite – sie werden Personalbestandskosten genannt – und
- ✔ in die Kosten für die Personalarbeit auf der anderen Seite – sie werden Personalarbeitskosten genannt.

Dass neben der Entlohnung aller Mitarbeiter, der Führungskräfte und der Unternehmensleitung noch Kosten für die Bewältigung des Personalmanagements anfallen, ist einsichtig: so die Kosten für die Bewältigung der personalwirtschaftlichen Aufgaben von Personalplanung über Personalbeschaffung und Personalführung bis hin zum Personalcontrolling, zudem die Kosten für die Einrichtung einer Personalabteilung.

Die Kosten für die Personalentlohnung unterliegen drei wesentlichen Aufgaben:

- ✔ Entlohnungsplanung: Ihr liegt die Personalstrukturplanung zugrunde, die den Personalbestand in die Zukunft fortschreibt und daher regelmäßig aktualisiert werden sollte. Auf Basis dieser Daten kann das Personalmanagement nicht nur abschätzen, wie sich die Personalstruktur entwickeln wird, sondern auch, wie sich die damit verbundenen Entlohnungskosten verändern werden.
- ✔ Durchführung der Entlohnung: Hier erfolgen die Festlegung der Entlohnung sowie die Abwicklung des Auszahlungsprozesses mit seinen bürokratischen Anforderungen.
- ✔ Entlohnungscontrolling: Hier unterzieht das Personalmanagement das Entlohnungssystem einer Kontrolle und steuert bei Bedarf. Hierbei helfen Kennzahlen wie der Entlohnungsaufwand pro Mitarbeiter oder die Gesamtpersonalkosten pro Mitarbeiter, die im Zeitverlauf verfolgt oder mit den entsprechenden Verhältniszahlen ähnlicher Unternehmen verglichen werden können.

Es ist im Grunde unerheblich, ob von Lohn, Gehalt, Vergütung oder Entgelt gesprochen wird. Einige Systematiken sehen »Entgelt« als Oberbegriff für die Zahlungen an die Mitarbeiter an, weil deren Leistung entgolten wird.

Ein Entlohnungssystem ist immer von den spezifischen Bedingungen abhängig, also vor allem von den konjunkturellen Rahmenbedingungen und den tarifvertraglichen Gegebenheiten. Bei der Metall- und Elektroindustrie gibt es einen Tarifvertrag über das Entgelt-Rahmenabkommen (ERA). Dieses Regelwerk verändert eine über 100-jährige Tariftradition dieser Branche und ordnet sie neu. Es hebt die Differenzierung zwischen Arbeitern und Angestellten auf und stellt die Abschaffung einer »Zweiklassengesellschaft« dar, indem es ein einheitliches System für alle Arbeitnehmer schafft. An die Stelle der 25 Lohn- und Gehaltsgruppen für gewerbliche Mitarbeiter, technische und kaufmännische Angestellte sowie Meister treten, abhängig vom jeweiligen Bundesland, neun bis 17 Entgeltgruppen. Das Entgelt wird in eine anforderungsbezogene und eine leistungsbezogene Komponente untergliedert, die durch eine Erschwerniszulage ergänzt werden kann. Damit ist die Struktur des Entgelt-

Rahmenabkommens den variablen Entgeltsystemen zuzuordnen, die durch ein fixes Grundentgelt, einen variablen Entgeltbestandteil und oftmals eine Zulage geprägt sind.

Das Entgelt-Rahmenabkommen ist ein Beispiel dafür, wie stark tarifliche Vereinbarungen in das Personalmanagement von Unternehmen – auch und gerade im Mittelstand – eingreifen können. Das Personalmanagement hat viel damit zu tun, ein solches System im Unternehmen einzuführen. Automatismen wie eine Regelüberführung alter Lohn- oder Gehaltsgruppen in neue Entgeltgruppen sollten dabei vermieden werden, da sonst mögliche Fehlentwicklungen aus der Vergangenheit in die Zukunft fortgeschrieben werden könnten. Zur Erarbeitung neuer, aussagekräftiger Aufgabenbeschreibungen und -bewertungen gewährleistet das Personalmanagement ein Projektmanagement unter Einbeziehung der Mitarbeiter, des Betriebsrats und der Führungskräfte.

Mit der Einführung eines Entgelt-Rahmenabkommens geht in der Regel nicht nur die Umstrukturierung der bisherigen Löhne und Gehälter für das Unternehmen einher, es verändern sich auch die Entgelte fast aller Mitarbeiter. Daher sind Übergangsregelungen für den Systemwechsel und entsprechende Anpassungssysteme wichtig. Das Personalmanagement muss die mit dem Entgelt-Rahmenabkommen verbundenen Werte in die Unternehmenskultur einbringen und die Beteiligten hinsichtlich dieser Werte sensibilisieren.

Die Vergütung der Mitarbeiter

Bei der Personalentlohnung erhalten die Mitarbeiter gemäß den Regelungen ihres Arbeitsvertrags ein tätigkeitsbezogenes Entgelt, das auch als Lohn, Gehalt oder Vergütung bezeichnet wird. Hinzu kommen Entgeltbestandteile, die aufgrund gesetzlicher, tarifvertraglicher oder freiwillig getroffener Regelung an die Mitarbeiter gezahlt werden. Zusammengefasst ergeben diese Entgeltbestandteile für alle Mitarbeiter die Personalbestandskosten des Unternehmens.

Kosten der Arbeit

Der Gesamtaufwand, den das Unternehmen für die Entlohnung eines Mitarbeiters bereitstellen muss, ist die Gesamtheit aller von ihm zu leistenden Zahlungen im Zusammenhang mit dem Beschäftigungsverhältnis, also abhängig vom vereinbarten Umfang unter anderem

- ✔ das vertraglich festgelegte und an die Arbeitszeit gebundene Grundgehalt einschließlich Lohn- und gegebenenfalls Kirchensteuer und Solidaritätszuschlag sowie allen Zahlungen für die Sozialversicherung (dies sind Beiträge zur Krankenversicherung, Pflegeversicherung, Rentenversicherung, Arbeitslosenversicherung, aber auch die weniger bekannten Entgeltfortzahlungsversicherungen für den Krankheitsfall sowie für Mutterschaftsfälle und die Insolvenzgeldumlage),
- ✔ Urlaubs- und Weihnachtsgeld,
- ✔ Zuschüsse für Werkswohnungen und Dienstwagen,
- ✔ Kosten für das subventionierte Essen in der Kantine,

- Beiträge zu Versicherungen für den Mitarbeiter sowie
- Zahlungen für die betriebliche Altersversorgung.

Das Unternehmen führt einen Teil dieses Gesamtaufwands als Arbeitgeberanteil zur Sozialversicherung an die Sozialversicherungsträger ab, der Rest ist dann der Bruttolohn des Mitarbeiters. Davon werden weitere Anteile abgezogen, der Arbeitnehmeranteil zur Sozialversicherung sowie die Steuern für den Staat. Der verbleibende Betrag wird dem Mitarbeiter als Nettolohn ausgezahlt.

Es ist für die Höhe des Gesamtaufwands für das Unternehmen unerheblich, ob es als Arbeitgeber einen höheren oder niedrigeren Anteil an der Sozialversicherung abführen muss als der Mitarbeiter. Letztlich muss das Unternehmen beides zahlen.

Das Statistische Bundesamt hat für 2011 ermittelt, dass eine Stunde Arbeit einschließlich aller Lohnnebenkosten in der Privatwirtschaft Deutschlands 34,40 Euro kostet, was in der Europäischen Union den siebten Platz der 27 EU-Staaten ausmachte. Auf Basis einer 40-Stunden-Woche ergäbe sich aus Unternehmensperspektive ein durchschnittlicher Bruttolohn in Höhe von knapp 6.000 Euro pro Monat.

Vorsicht, Bürokratiefalle

Die Gehaltsabrechnung basiert auf den Personaldaten jedes Mitarbeiters, so den

- persönlichen Daten (Geschlecht, Geburtsdatum, Eintrittsdatum, Staatsangehörigkeit und so weiter),
- arbeitsvertraglichen Daten (Tätigkeit, Tarifgruppe und so weiter),
- Daten zu zugesagten Einmalzahlungen (Weihnachtsgeld, Urlaubsgeld, Prämien, Überstundenabgeltung und so weiter) und den
- Fehlzeitendaten (Krankheiten, Urlaub und so weiter).

Die Gehaltsabrechnung ist mit unzähligen bürokratischen Regelungen befrachtet. So müssen die Gesamtsozialversicherungsbeiträge beispielsweise alle an die Krankenkassen überwiesen werden und sind jeweils am drittletzten banküblichen Arbeitstag des Monats fällig, wobei die Beiträge dann bereits auf den Konten der Krankenkassen eingegangen sein müssen. Die Kommunikation zwischen Unternehmen und Krankenkasse wurde weitgehend auf den elektronischen Datenaustausch umgestellt, sodass viele Anträge, Meldungen oder Bescheinigungen über diesen Kommunikationsweg abgewickelt werden müssen. Zudem müssen die Unternehmen vielfältige Prüf- und Meldepflichten erfüllen und dazu beispielsweise

- die aktuellen Daten zur Beitragsberechnung und -abführung in die Datenverarbeitungssysteme einpflegen,
- etwaige Erstattungsanträge wegen zu viel gezahlter Sozialversicherungsbeiträge einreichen,
- alle erforderlichen Entgeltmeldungen wie Abmeldungen, Ummeldungen, Unterbrechungsmeldungen, Jahresmeldungen oder diverse Sondermeldungen abgeben,

- ✔ von den Mitarbeitern die Nachweise wie Krankenversicherungsnachweise, Rentenbescheide, Erklärungen zu weiteren Beschäftigungsverhältnissen oder Immatrikulationsbescheinigungen einfordern und
- ✔ prüfen, ob Veränderungen in Tarifverträgen oder sozialversicherungsrechtlichen Bestimmungen sich bei den einzelnen Mitarbeiter auswirken.

Zur Unterstützung gibt es Softwarelösungen für Unternehmen sowie die Möglichkeit, die Lohnzahlung/Sozialversicherung an darauf spezialisierte Dienstleister auszulagern.

Auf der Suche nach Glück und Leistung

Versetzt sich das Personalmanagement in die Situation der Mitarbeiter, versteht es, dass diese ihre persönlichen Bedürfnisse erfüllen möchten und hierzu Geld brauchen. Deren Ideal ist es, für ihre Arbeitsleistung eine Vergütung zu erhalten, die es ihnen erlaubt, davon zumindest den Lebensunterhalt bestreiten zu können. Dafür kämpfen sie von Beginn an. Sie verhandeln um ihr Einstiegsgehalt und später um Gehaltserhöhungen.

Versetzen sich umgekehrt die Mitarbeiter in das Personalmanagement, so verstehen sie, dass es die Entlohnung als Mittel nutzen möchte, die Mitarbeiterleistung zu steigern.

Verhandlungen um Entlohnung sind Verhandlungen um persönliches Glück für die Mitarbeiter und um Leistungserbringung für das Unternehmen. Obwohl dies ganz unterschiedliche Kategorien sind, muss das Personalmanagement alles tun, um sie zusammenzubringen.

Ich wünsch mir ein Einstiegsgehalt

Einstiegsgehälter sind durch Tarifverträge und durch interne Vergütungssysteme weitgehend festgelegt.

- ✔ Berufseinsteiger, die nach Tarifvertrag bezahlt werden, bekommen in der Regel das Gehalt, das der Tarifvertrag für ihre berufliche Eingruppierung vorsieht. Darüber hinaus kann das Personalmanagement darüber entscheiden, ob das Unternehmen weitere Zulagen gewährt.
- ✔ Außertariflich eingestufte Mitarbeiter, also etwa leitende Angestellte, können flexibler mit Vergütungspaketen bedacht werden.

Das Personalmanagement berücksichtigt im Rahmen der Gehaltsverhandlungen viele Faktoren. Einige kann ein Bewerber nicht beeinflussen, wie zum Beispiel

- ✔ **konjunkturelle Lage:** In einer Rezession sind Einstiegsgehälter und Gehaltssteigerungen eher niedriger als in einem Wirtschaftsboom.
- ✔ **Unternehmensgröße:** Große Unternehmen zahlen tendenziell besser als kleine und mittelständische Unternehmen.
- ✔ **Unternehmensstandort:** In großen Städten wird häufig mehr gezahlt als auf dem Land.

Andere Faktoren hängen sehr wohl mit dem Bewerber zusammen, so etwa

- ✔ **Qualifikation:** Je besser dessen Kenntnisse und Fertigkeiten sind, desto höher kann das Gehalt sein. Hierzu schaut das Personalmanagement auf die Ausbildung, die besuchten Schulen und Hochschulen, die belegten Fächer und die Noten, die Abschlüsse, eventuelle Praktika und Auslandserfahrungen.
- ✔ **Persönlichkeit:** Je gereifter eine Persönlichkeit in ihrem Auftreten, der Kommunikation, Kooperation und Verhandlung erscheint, desto höhere Einstiegsgehälter sind möglich.

Gehaltsbestandteile sind über das Grundgehalt hinaus freiwillige Leistungen wie Weihnachtsgeld und Urlaubsgeld, vermögenswirksame Leistungen, eine betriebliche Altersversorgung, Prämien sowie geldwerte Vorteile durch vom Unternehmen zur Verfügung gestellte Firmenwagen, Handys, Laptops oder Versicherungsleistungen.

Bedingungsloses Grundeinkommen

Im politischen Diskurs wird das »bedingungslose Grundeinkommen« diskutiert. Hiermit ist gemeint, dass allen Bürgern unabhängig von allen anderen Randbedingungen vom Staat ohne Gegenleistung monatlich der gleiche Betrag ausgezahlt werden soll, etwa 1.000 bis 1.500 Euro. Dieser Betrag soll ausreichen, dass jeder Bürger unabhängig von weiteren Einkommen wirtschaftlich existieren würde. Finanziert werden soll er aus den eingesparten Sozialleistungen wie unter anderem Sozialhilfe, Kindergeld, Arbeitslosengeld, die nicht mehr ausgezahlt werden, sowie aus einem vereinfachten Steuersystem, das auf Freibeträge und Subventionen verzichten würde, weniger Bürokratieaufwand mit sich brächte und gegebenenfalls statt einer Einkommensteuer nur noch eine Umsatzsteuer auf den Konsum vorsähe. Personen, die sich darüber hinaus etwas hinzuverdienen möchten, können dies durch Arbeit tun, wobei in verschiedenen Modellen mit steigendem Zusatzeinkommen das bedingungslose Grundeinkommen entweder konstant bleibt oder reduziert wird.

Während die Befürworter auf die gesellschaftlichen Vorteile gerade für sozial Schwache hinweisen, ethische Argumente der Verteilungsgerechtigkeit anführen und die ökonomische Realisierbarkeit in einer alternden Gesellschaft zu belegen suchen, sehen die Kritiker neben Fehlanreizen zum Nichtlernen und Nichtarbeiten sowie der Gefahr eines grundsätzlichen Anspruchsdenkens gegenüber dem Staat bei gleichzeitiger Nichtfinanzierbarkeit die Problematik einer internationalen Wohlfahrtsmigration nach Deutschland.

Auch wenn das bedingungslose Grundeinkommen eine gesellschaftliche Entscheidung ist, betrifft es auch das Personalmanagement. So würde sich durch ein bedingungsloses Grundeinkommen die Lohnstruktur der Unternehmen verändern, weil die Lohnnebenkosten wegfallen würden und somit für Unternehmen die Arbeitskosten sinken könnten. Dem steht aber die Unsicherheit gegenüber, ob die Unternehmen ausreichend Mitarbeiter bekommen würden, wenn Arbeit zur Existenzsicherung nicht mehr zwingend notwendig wäre und sich die gesellschaftliche Einstellung zur Leistung verändern würde.

Es ist üblich, dass ein Einstiegsgehalt sich nach erster Bewährung im Unternehmen erhöht. Daher ist nicht nur die Höhe des Einstiegsgehalts für einen Berufseinsteiger wichtig, sondern auch das System, nach dem sich die mögliche Gehaltsentwicklung richtet. Gehaltssteigerungen können zeitlich automatisch erfolgen, aber auch bezogen auf die Erreichung vereinbarter Leistungen.

Ein Bonus obendrauf

Bonus ist der Oberbegriff für Sonderzahlungen, die über das reguläre Festgehalt hinaus gezahlt werden. Einen Bonus bekommen nicht nur Führungskräfte, sondern häufig auch die normalen Mitarbeiter. Boni unterscheiden sich nach ihrem Zweck:

- ✔ Sie motivieren zu Leistung: als leistungsabhängige Zulagen, Honorierung erreichter Zielvereinbarungen, Aktienoptionen für Führungskräfte.
- ✔ Sie führen zur Mitarbeiterbindung: als freiwillige Sozialleistungen wie Weihnachtsgeld, betriebliche Altersversorgung, Jahresabschlusssonderzahlungen.
- ✔ Sie dienen dem Ausgleich sozialer Aspekte: als Zulagen zur Unterstützung von Familien, Behinderungen, Partnerschaften mit zwei Karrieren.

Für ein professionelles Personalmanagement ist es wichtig, in Bezug auf die Boni glaubwürdig zu sein: Das Engagement der Mitarbeiter wird zurückgehen, wenn zugesagte Boni, selbst wenn sie freiwillig vom Unternehmen gezahlt werden, nach einer Gewöhnungszeit wieder zurückgenommen werden. Mitarbeitern sollte transparent gemacht werden, womit sie rechnen können und unter welchen Bedingungen der Bonus doch nicht gezahlt wird.

Ansonsten sind Boni nicht gesetzlich geregelt. Individuell rechtsverbindlich sind die Regelungen im individuellen Arbeitsvertrag. Ein Unternehmen kann mit dem Betriebsrat eine Betriebsvereinbarung über Boni abschließen, in der die Modalitäten von Bonuszahlungen festgelegt werden. Reduktionen können nach Abschluss nur noch durch einvernehmliche Veränderung der Betriebsvereinbarung erfolgen.

Freiwillige Sozialleistung: Das Beispiel »betriebliche Altersversorgung«

Die heute 30- bis 40-Jährigen werden im Durchschnitt zwei Jahre älter werden als die heutigen Rentner. Außerdem kommen in Deutschland immer weniger Kinder zur Welt. Das sogenannte Umlagesystem, das momentan noch die gesetzliche Rente in Deutschland garantiert, gerät dadurch in eine Schieflage, weil es in dreißig Jahren voraussichtlich nicht mehr genügend junge Menschen geben wird, die die Renten der älteren Menschen bezahlen können. Es entsteht für die zukünftigen Rentner eine Versorgungslücke, die geschlossen werden muss. Diese Versorgungslücke kann durch private Zusatzabsicherungen geschlossen werden. Die Rentenreform aus dem Jahr 2001 wollte überdies insbesondere die betriebliche Altersversorgung in den Vordergrund stellen und fördern.

Die betriebliche Altersversorgung umfasst Versorgungszusagen des Unternehmens an seine Mitarbeiter, die dann eingelöst werden müssen, wenn ein Mitarbeiter in die Rente geht. Es werden Ansprüche auf eine vom Unternehmen gezahlte Betriebsrente begründet. Für Unternehmen ist die betriebliche Altersversorgung eine freiwillige Sozialleistung. Sie erweitert das Arbeitsverhältnis zwischen Unternehmen und Mitarbeiter um ein Versorgungsverhältnis. In dieses Versorgungsverhältnis werden Entgeltbestandteile investiert und damit zeitlich verschoben, wobei dem Mitarbeiter hieraus ein zusätzlicher Nutzen entsteht. Der Betriebsrat hat nur im Hinblick auf die Verteilung dieser Leistung ein Mitbestimmungsrecht, nicht aber im Hinblick auf die Entstehung dieser Leistung. Für einen Tarifangestellten werden üblicherweise etwa 100 Euro pro Monat fällig, um für eine betriebliche Altersversorgung anzusparen.

Grundsätzlich werden drei Arten der Versorgungszusagen an Mitarbeiter unterschieden:

- ✔ *Tarifvertragliche Versorgungszusagen* werden im Rahmen von Tarifverträgen zwischen einem Arbeitgeberverband oder einem Unternehmen und einer Gewerkschaft vereinbart und gelten für die dem Tarifvertrag unterliegenden Mitarbeiter unterschiedlicher Unternehmen.
- ✔ *Versorgungszusagen per Betriebsvereinbarung* sind innerhalb eines Unternehmens mit dem Betriebsrat geregelt und gelten für die Mitarbeiter dieses Unternehmens.
- ✔ *Einzelvertraglich zugesicherte Versorgungszusagen* beziehen sich auf einzelne Mitarbeiter. Mit ihnen kann ein Unternehmen individuelle Vereinbarungen treffen. Hierzu zählt auch die Variante, dass mehrere Mitarbeiter im Unternehmen die gleiche Vereinbarung erhalten und es faktisch zu einer Gleichbehandlung der Mitarbeiter kommt.

Einmal einzelvertraglich vereinbarte Versorgungszusagen können durch das Unternehmen verbessert werden, allerdings unter bestimmten Voraussetzungen auch verschlechtert. Dies wird beispielsweise bei wirtschaftlichen Schwierigkeiten des Unternehmens erwogen wie auch bei Unternehmensfusionen, in deren Rahmen mehrere Versorgungswerke in eines zusammengeführt werden sollen. Eine Verschlechterung wird erst dann wirksam, wenn sie der Mitarbeiter ausdrücklich angenommen hat. Grundsätzlich ist der individuelle Besitzstand eines Mitarbeiters angemessen zu wahren. In der Regel können bereits erworbene Anwartschaften nicht angetastet werden.

Werden einzelvertragliche Versorgungszusagen durch eine Betriebsvereinbarung ersetzt, muss der Gesamtbetrag der Zusagen des Unternehmens im Rahmen dieser Umstrukturierung erhalten bleiben, sofern nicht explizit eine Verschlechterung vereinbart wird. Auch können Versorgungszusagen in Betriebsvereinbarungen und Tarifverträgen verändert werden, doch auch dies gilt in der Regel nicht rückwirkend.

Unternehmen, die das Geld der betrieblichen Altersversorgung in Anleihen mit langer Laufzeit und höchster Bonität anlegen, bekommen in einer Phase niedriger Kapitalmarktzinsen nicht genügend Rendite, um ihren Verpflichtungen aus den Zusagen an die Mitarbeiter nachzukommen. Sie müssen dann Geld aus ihrem Eigenkapital zur Deckung der betrieblichen Altersversorgungszusagen aufwenden. Daher bilden Unternehmen Rückstellungen, wenn sie ihre

Verpflichtungen nicht aus dem Geldzufluss des operativen Geschäfts bezahlen wollen, was bei großen Unternehmen mit hohem Umsatz möglich wird, deren jährliche Versorgungszahlungen weit unter 10 Prozent des Jahresumsatzes betragen.

Die Durchführungswege der betrieblichen Altersversorgung unterscheiden sich durch ihre Finanzierungsart:

- ✔ Die *Direktauszahlung* als gebräuchlichste Form ist ausschließlich arbeitgeberfinanziert. Der Arbeitgeber sagt seinem Arbeitnehmer zu, Risiken wie Alter, Tod oder Invalidität abzusichern, indem er für den Ruhestand Pensionsrückstellungen bildet. Sein Insolvenzrisiko muss beim Pensions-Sicherungs-Verein aG abgesichert werden. Die Pensionsrückstellungen des Unternehmens schmälern seinen Gewinn, aber reduzieren seine Steuerbelastung.
- ✔ Die Variante einer *Versicherung* bietet sich insbesondere für ein kleineres Unternehmen an, das dann als Gesamtversicherungsnehmer einen Vertrag mit einem externen Versicherungsunternehmen abschließt, das seinerseits im Versicherungsfall dem Arbeitnehmer die versprochene Leistung zahlt. Die Direktversicherung ist bilanzneutral.
- ✔ Eine *Pensionskasse* ist in erster Linie für größere Unternehmen interessant. Ein Mittler in Form eines eingetragenen Vereins oder einer Stiftung wird zwischen die betriebliche Zusage an den Mitarbeiter und die Auszahlung der Leistung geschaltet. Ein *Pensionsfonds* kann als rechtlich selbstständiger Versorgungsträger von einem Arbeitgeber oder branchenübergreifend von mehreren Arbeitgebern gegründet werden. Beide zeichnen sich durch eine flexible und wenig geregelte Kapitalanlagepolitik aus, haben folglich höhere Renditechancen, müssen aber auch ein größeres Risiko absichern.

Abbildung 7.1 fasst die Möglichkeiten der betrieblichen Altersversorgung zusammen, also die unterschiedlichen Varianten der Zusagen, der Formen der Zusageerteilung und der späteren Leistungserbringung. Für das Personalmanagement relevant werden insbesondere die sich anschließenden Verwaltungsaufgaben. Das Personalmanagement muss das unternehmensinterne System der betrieblichen Altersversorgung pflegen, ein entsprechendes Risikomanagement unterhalten, die Personaldaten der einbezogenen Mitarbeiter fortlaufend aktuell halten sowie die Abwicklung der Leistungserbringung sicherstellen.

Variable, leistungsorientierte Entlohnung

Das Personalmanagement versucht, den wirksamsten Leistungsanreiz für seine Mitarbeiter zu finden. Neben der motivierenden Personalführung rangiert die leistungsorientierte Entlohnung ganz vorn auf der Instrumentenliste.

Zusageinhalt		Eine Mindestleistung	Eine beitragsabhängige Leistung	Eine feste Leistung
	Bei Erreichen einer Altersgrenze			
	Bei Invalidität			
	Im Todesfall			
und Zusageerteilung	Einzelzusage oder Globalzusage			
	Betriebliche Praxis			
	Betriebsvereinbarung			
	Tarifvertrag			
Leistungserbringung		Einmalig	Auf Raten	Kontinuierlich als Rente
	Über Direktauszahlung			
	Über eine Versicherung			
	Über Pensionskasse/-fonds			
Verwaltung	Pflege des Systems der betrieblichen Altersversorgung			
	Risikomanagement der betrieblichen Altersversorgung			
	Pflege von Personaldaten			
	Abwicklung der Leistungserbringung			

Abbildung 7.1: Personalwirtschaftliche Aktivitäten der betrieblichen Altersversorgung

Neben der festen und an die Arbeitszeit gebundenen Grundentlohnung (dem Fixlohn) wird bei entsprechender arbeitsvertraglicher Vereinbarung ein weiterer Gehaltsbestandteil gezahlt, der von der tatsächlich erbrachten Leistung des Mitarbeiters abhängt, also von den Leistungsergebnissen und vom Leistungsverhalten. Dieser Gehaltsbestandteil kann je nach erbrachter Leistung schwanken und wird deshalb variabel genannt. Bemessungsgrundlagen sind eine Einzelleistung, eine Gruppenleistung, die Gesamtunternehmensleistung oder beliebige Kombinationen aller drei Leistungsarten in einem zurückliegenden Beurteilungszeitraum.

Um die leistungsorientierte Entlohnung zu zahlen, ermittelt das Personalmanagement zunächst über die Leistungsbeurteilung die qualitative Leistung. Für sie werden Punktwerte vergeben, die dann mit zuvor beschriebenen Tabellen verglichen werden. Dort werden die Leistungen mit der Höhe der Leistungsentgelte in Form von Leistungsstufen verbunden.

Eine Leistungsbeurteilung kann *analytisch* erfolgen, indem einzelne Leistungsmerkmale nach einem vorgegebenen Beurteilungsverfahren beurteilt werden und sich aus der Zusammenführung mehrerer Teilbeurteilungen eine Gesamtbeurteilung ergibt. Alternativ kann eine Leistungsbeurteilung *summarisch* erfolgen, indem für die Leistung eine einzige Einschätzung vorgenommen wird nach der Form »die Mitarbeiterleistung war überdurchschnittlich« oder »die Leistung von Frau X war besser als die Leistung von Herrn Y«. Die analytische Leistungsbeurteilung ist differenzierter.

Weil die leistungsorientierte Entlohnung sich auf eine vom Unternehmen erwünschte Leistung bezieht, sorgt das Personalmanagement dafür, dass sich die Leistungsbeurteilung später auch tatsächlich auf diese Leistungsziele bezieht. Diese sollen realistisch erreichbar sein, damit sich die Motivationswirkung bei den Mitarbeitern auch einstellen kann. Bei einigen leistungsorientierten Entlohnungsformen hat das Personalmanagement allerdings nicht die vollständige Gestaltungsfreiheit, so beispielsweise bei Provisionszahlungen, die im Handelsgesetzbuch gesetzlich geregelt sind. Auch gibt es gesetzliche Vorgaben im Aktiengesetz über die Vergütung von Vorständen.

Schwierig wird es, im Rahmen der leistungsorientierten Entlohnung Minderleistungen zu berücksichtigen. Wenn Leistungen unterhalb der Mindestleistungsgrenze erbracht wird, ist in der Regel der Fixlohn die Entlohnungsuntergrenze, die nicht weiter reduziert wird. Ein Malussystem, bei dem weitere Abzüge wirksam werden, ist selten.

Zur leistungsorientierten Entlohnung passt das Cafeteria-System. Hier kann sich jeder Mitarbeiter, der leistungsorientiert entlohnt werden soll, die für ihn persönlich am besten passenden Entlohnungsbestandteile aus einem Katalog an Alternativen auswählen – ähnlich wie er sich das Essen in der Cafeteria zusammenstellen würde. Das Personalmanagement wird dann im Rahmen des ihm zustehenden Entgelts diese Wünsche berücksichtigen, also einem Mitarbeiter eher einen Firmenwagen zur Verfügung stellen, einem anderen bestimmte Versicherungen bezahlen, einem dritten das Geld auf sein Gehaltskonto überweisen.

Leistungsorientierte Entlohnungssysteme werden heutzutage in vielen Unternehmen eingesetzt und ergänzen die Fixlöhne. Allerdings verfügen kleine und mittelgroße Unternehmen im Mittelstand häufig nicht über die finanziellen Mittel, um im gleichen Maße leistungsorientierte Entlohnung zu zahlen wie manche Großunternehmen. Sie versuchen sich als Arbeitgeber dadurch attraktiv zu machen, dass sie ein Gehaltsbündel aus monetären und nicht monetären Bestandteilen schnüren und auch als solches kommunizieren. Hier gehen psychologische Aspekte wie das Betriebsklima, die Kollegialität in der Belegschaft, Weiterbildungsmöglichkeiten und Karrierechancen, Anerkennung durch die Unternehmensleitung, Rückmeldung durch die Führungskraft sowie ein flexibel zu wählendes Verhältnis zwischen fixem und variablem Lohnanteil ein.

Ein Schuss kulturelle Führung zur Abrundung

Es gibt immer wieder Themen im Bereich der Personalentlohnung, die über das rein Finanzielle hinausreichen. Sie betreffen das Erscheinungsbild des Unternehmens in Wirtschaft und Gesellschaft oder wirken sich im Unternehmen auf die Unternehmenskultur aus.

Wann Entlohnung gerecht ist

Als gerecht wird eine Entlohnung angesehen

- ✔ vom einzelnen Mitarbeiter, wenn sie das widerspiegelt, was der Mitarbeiter auf seiner Arbeitsstelle leisten soll beziehungsweise geleistet hat;
- ✔ von Mitarbeitern in Arbeitsteams, wenn sie ihre eigene Entlohnungs-/Leistungs-Relation mit denen ihrer Kollegen vergleichen und keine Ungleichbehandlung entdecken, sowie
- ✔ von der Gesellschaft, die ihrer Beurteilung vor allem sozial erwünschte Ansprüche zugrunde legt.

Dies in jedem Einzelfall sowie im Gesamtzusammenhang des Unternehmens zu erreichen ist für das Personalmanagement eine große Herausforderung. Es kann allerdings versuchen, sich dem Idealzustand der Entlohnungsgerechtigkeit anzunähern – wissend, dass dies kein statischer Zustand sein wird, sondern ein ständiger Anpassungsprozess, der sich in der Dynamik der Unternehmens- und Umweltveränderungen mit wandeln wird. Dennoch: Was sozial gerecht ist, kann dem Leistungsprinzip widersprechen. Daher erreichen Unternehmen kaum die vollständige Integration von Wirtschaftlichkeit und Gerechtigkeit.

Einige von Unternehmen praktizierte Ansätze, um Personalentlohnung personalmanagementethisch zu prägen, sind die Zahlung einer Entlohnung mindestens in Mindestlohnhöhe und die Gleichwertigkeit von Anforderungen, Leistungen und Entlohnungshöhe. Auch kann ein Unternehmen bewusst Löhne zahlen, deren Höhe auch die Verbesserung der Lebensbedingungen seiner Mitarbeiter anstrebt – man nennt dies Soziallöhne –, oder im Rahmen der betrieblichen Sozialpolitik den Mitarbeitern Vergünstigungen bereitstellen, so etwa günstige Werkswohnungen, Kindergärten, Altershilfe, Krankenversorgung und kulturelle Angebote.

Als gerecht wird es von der Gesellschaft auch angesehen, wenn ein Unternehmen Teile seines Gewinns, den die Mitarbeiter mit erwirtschaften, an diese zurückfließen lässt. Dies kann über eine Erfolgsbeteiligung der Mitarbeiter geschehen, in deren Rahmen ein Gewinnanteil an die Mitarbeiter ausgeschüttet wird, oder über die Beteiligung des Unternehmens an der Vermögensbildung der Mitarbeiter durch regelmäßige Zuschüsse.

Ein brennendes Gerechtigkeitsthema ist die Diskriminierungsfreiheit der Personalentlohnung. Wenn ein Unternehmen das Ziel verfolgt, Frauen und Männer für die gleiche Arbeit gleich zu entlohnen, muss das Personalmanagement dies beachten. Eine solche diskriminierungsfreie Personalentlohnung bezieht sich nicht nur auf die Einordnung von Frauen und Männern in Gehaltsgruppen. Manchmal ist es notwendig, unterschiedliche Leistungen gegeneinander aufzuwiegen. Während in einigen Männerberufen die Leistung zum Beispiel in physischer Anstrengung liegt, ist dies für Frauen nicht möglich. Als gleichwertig können im Rahmen von Arbeitsbewertungen daher soziale Anstrengungen bewertet werden. Im Ergebnis werden dann trotz unterschiedlicher Anstrengungsausprägungen zwischen Frauen und Männern ähnliche Anstrengungsniveaus ähnlich entlohnt.

Lebensphasendynamik als Leitprinzip

Die bisher verbreiteten Entlohnungssysteme basieren auf der Grundidee, dass die Mitarbeiter im Verlauf ihres Arbeitslebens immer weiter Karriere machen und dass die Vergütung daher kontinuierlich bis hin zu einer erreichbaren Höchstvergütung ansteigt.

Ein unbedingtes »immer mehr« der Entlohnung im Karriereverlauf kann dort auf den Prüfstand gestellt werden, wo

- ✔ die Karriereverläufe nicht mehr ständig ansteigen, sondern sich inhaltlich auf demselben Niveau abspielen (die sogenannten horizontalen Karrieren) und von Karrierestaus begleitet sind,
- ✔ die tatsächliche Leistung von Mitarbeitern gegen Karriereende nicht ständig weitersteigt, sondern motivations- oder gesundheitsbedingt wieder sinkt, und
- ✔ der demografische Aufbau der Personalstruktur sich in Richtung einer alternden Belegschaft verändert, was ein Senioritätsprinzip der Entlohnung für das Unternehmen immer teurer macht.

In diesem Zusammenhang verändern sich die Bedürfnisse der Mitarbeiter: Sie möchten häufig, dass sich ihr Engagement zu Beginn ihrer Karriere und die Wachstumsraten ihrer Leistung eher im Entgelt niederschlagen, und sind dafür bereit, gegen Ende der Karriere geringere Steigerungsraten oder sogar eine Stagnation der Gehaltsentwicklung in Kauf zu nehmen, wenn dies in einem attraktiven Langfristvertrag abgebildet wird.

Wählt das Personalmanagement die Lebensphasendynamik als Leitprinzip, versucht es, die automatische Verbindung von Vergütung und Lebensalter voneinander zu entkoppeln und dafür die tatsächliche Produktivität der Mitarbeiter stärker als Vergütungsmaßstab einzusetzen, was dennoch unternehmensweit wirkungsneutral im Hinblick auf den Gesamtaufwand der Mitarbeiterentlohnung bleibt. Dies ist ein Signal an die Mitarbeiter, dass etwaige Gehaltszuwächse gerechter erfolgen werden.

Realisiert werden kann eine Berücksichtigung der Lebensdynamik beispielsweise durch

- ✔ die Gewährung flexibler individueller Zulagen an leistungsstarke Mitarbeiter,
- ✔ die Festlegung von Entgeltbändern, in denen das Gehalt der dort zugeordneten Mitarbeiter dann flexibel schwanken und auch einmal stagnieren kann,
- ✔ die Einrichtung von langfristigen Wertkonten, auf denen Gehaltsanteile zum Zweck eines Schwankungsausgleichs angespart werden können,

- die Nutzung von Maßnahmen zur Gesunderhaltung, die dazu führen, dass etwaige Produktivitätsverminderungen im Alter gar nicht erst zum Tragen kommen,
- die altersfreundliche Gestaltung eines sanfteren Übergangs in den Ruhestand, die individuelle Bedürfnisse mit unternehmensbezogenen Interessen in Einklang bringen können.

Das professionelle Personalmanagement besinnt sich in diesem Zusammenhang auf die Komponente »Differenzierung« im Professionalisierungsmodell. Es beurteilt, wie sich die Mitarbeiterpräferenzen im Hinblick auf vergütungsrelevante Nebenleistungen im Lebensphasenverlauf verändern. Nimmt das Personalmanagement die Lebensjahrzehnte ihrer Mitarbeiter als Grundlage, zeigt sich etwa, dass die Präferenz von Weiterbildungsmaßnahmen eher in den Dreißigern, die Präferenz von Lebensarbeitszeitkonten, Sabbaticals oder Dienstwagen eher in den Vierzigern, von Gesundheitsmaßnahmen oder Versicherungsleistungen eher in den Fünfzigern und Sechzigern ihren Höhepunkt erreicht. Über diese Komponenten können Schwankungen der produktivitätsbezogenen Entlohnung in gewissem Rahmen ausgeglichen werden und weitere Motivationswirkung entfalten.

Reizthema Managervergütung

Ein Reizthema ist die Managervergütung. Unternehmensleitung und Personalmanagement werden immer wieder rechtfertigen müssen, warum die Manager so viel verdienen, wie sie es tun. Dies ist weniger eine Problematik des Mittelstands als vielmehr der Großunternehmen, die zudem stärker von der Öffentlichkeit wahrgenommen werden.

Seit den 1980er-Jahren läuft die Schere der Gehaltsentwicklung von Mitarbeitern und Topmanagern auseinander. Während sich zuvor beide im Wesentlichen parallel mit dem Bruttoinlandsprodukt entwickelten, wachsen die Vorstandsgehälter seitdem überproportional an. Erklären lässt sich dies durch mehrere Faktoren:

- Es herrscht ein zunehmend internationaler Wettbewerb um international mobile Spitzenkräfte, was zu Zuständen ähnlich denen auf dem Fußballertransfermarkt geführt haben kann, bei dem für Spitzensportler ebenfalls viel Geld geboten wird, damit sie zu einem bestimmten Arbeitgeber kommen oder sich dort binden lassen.
- Vorstände wollen sich im Hinblick auf ihre persönliche Verantwortung und ihr gestiegenes persönliches Haftungs- und Verbleiberisiko entlohnen lassen. So ist beispielsweise die durchschnittliche Verbleibedauer auf einem Vorstandsposten gesunken.
- Der variable, leistungsorientierte Anteil am Gehalt beträgt bei Topmanagern bis zu 80 Prozent. In Phasen steigender Unternehmensgewinne kann dies zu bedeutenden Gehaltszuwächsen führen.

Eine managerkritische Perspektive geht hingegen davon aus, dass die Topmanager einen bedeutenden Einfluss auf die Bestimmung ihrer eigenen Gehälter haben, der umso größer ist, je weniger Aufsicht und Kontrolle im Unternehmen wirksam werden, und den sie dann zur Selbstbereicherung nutzen.

Auch die Transparenz der Managervergütung ist ein interessantes Thema: Denn selbst wenn die Struktur der Managervergütung und damit die Anteile fixer und variabler Entlohnung sowie die Bemessungskriterien für den variablen Entlohnungsteil offengelegt werden, bedeutet dies noch nicht automatisch, dass das Unternehmen Jahr für Jahr die konkret erreichten Ausprägungen dieser Bemessungskriterien ebenfalls transparent macht. Doch nur wenn dies der Fall ist, können Mitarbeiter und auch die Öffentlichkeit beurteilen, ob und in welchem Ausmaß ein Managergehalt tatsächlich angemessen steigt oder nicht. Es hat schon Fälle gegeben, in denen trotz einer Verschlechterung zentraler Bemessungskriterien die Gesamtentlohnung eines Managers gestiegen ist, was dann nicht mehr nachvollziehbar wirkt.

Der Weg in die Hochleistungskultur

Gerade durch die Gestaltung des Personalentlohnungssystems werden wichtige Weichen für eine Hochleistungskultur im Unternehmen gestellt. Insgesamt ist die Ausrichtung des Gesamtunternehmens auf wirtschaftliche Ergebnisse, die auch mit dem Begriff *Performance Management* bezeichnet wird, ein übergreifender Personalführungsansatz, der Elemente des organisationalen Wandels, der Unternehmenskulturbeeinflussung, der Führungsnachhaltigkeit, der Personalentwicklung, des Leistungscontrollings und der persönlichen Verantwortungsübernahme enthält. Im Rahmen des letztgenannten Punkts geht es daher nicht nur um Zielvereinbarungen und spätere Leistungsbewertungen, sondern auch um die finanzielle Belohnung erreichter Ziele. Allerdings bringt gerade die Ausrichtung auf eine Hochleistungskultur die Notwendigkeit zum Umdenken mit.

Die Personalentlohnung muss sich darauf einstellen, dass sie in diesem Rahmen flexibler als bislang gefordert wird. Während bisher beispielsweise die Leistungsziele vor einem Prozess festgelegt wurden, verlagert sich diese Zielfestlegung nun in den laufenden Prozess hinein und kann sich auch fortlaufend aktualisieren. Dies bedeutet, dass auch die damit verbundenen Personalkostenplanungen fortlaufend aktualisiert werden müssen.

Ein anderer Aspekt sind die zu erreichenden Ziele, die einer leistungsorientierten Entlohnung zugrunde liegen. Während sie in der Vergangenheit pro erreichtem Meilenstein auf ihre Erfüllung abgeprüft werden konnten, erfolgt in einer Hochleistungskultur eine prozessbegleitende Abfrage dynamischer Stromgrößen wie Engagement, Zufriedenheit, Leistungsergebnisse und Wertschöpfung, wie sie ähnlich in der Humankapitalbewertung vorgenommen wird. Damit werden nicht zeitpunktbezogene Bestandsgrößen, sondern zeitraumbezogene Veränderungsgrößen zur Bemessungsgrundlage von Leistung – und von der entsprechenden leistungsorientierten Entlohnung.

Personalführung: Mitarbeiter erhalten

8

In diesem Kapitel ...

- Motivation erhalten
- Qualifikation erhalten
- Gesundheit erhalten

Schaut das Personalmanagement auf die Zielgruppe der Mitarbeiter, so hat es eine ganz zentrale Langfristaufgabe zu bewältigen. Von ihm wird erwartet, dass es deren Leistungsbereitschaft und die Leistungsfähigkeit aufrechterhält. Unter dem Oberbegriff Personalführung finden sich viele Aktivitäten wieder, die dem Ziel der Leistungsmotivation sowie der fachlichen Verbesserung und Entwicklung der Mitarbeiter dienen, darüber hinaus der langfristigen Gesunderhaltung der Mitarbeiter und ihrer Bindung. Dieses Kapitel stellt die wichtigsten Handlungsfelder aus diesen Bereichen vor.

Dabei muss das Personalmanagement alle diese Aktivitäten nicht allein durchführen, sondern es verlässt sich auf die engagierte Mitwirkung der Führungskräfte im Unternehmen. Dennoch hat es im Hinblick auf diese Führungskräfte auch eine Steuerungsfunktion, denn es muss ihnen angemessene Anweisungen geben. Es kommt also darauf an, dass das Personalmanagement die Gesamtheit der Personalführungsaufgaben durchdenkt, konzipiert, kommuniziert und im Blick behält.

Es gibt genügend Personalmanagementbücher, die die immer wieder gleichen Motivationskonzepte wiederholen und vor lauter Hintergrundtheorie den Handlungsbezug untergehen lassen. *Personalmanagement für Dummies* konzentriert sich daher ohne Anspruch auf Vollständigkeit auf einige ausgewählte Felder, zu denen es aktuelle Erkenntnisse gibt, die es in den Vordergrund rücken möchte.

Personalführung: Und täglich grüßt das Murmeltier

Personalführung ist eigentlich eine undankbare Aufgabe. Wenn Führung funktioniert, wird sie von den Geführten nicht als besonders erwähnenswert angesehen. Man ist allgemein zufrieden, hält jedoch die akzeptablen Arbeitsbedingungen gerade auch auf der zwischenmenschlichen Ebene für selbstverständlich. Doch wehe, wenn die Mitarbeiterführung auch nur einmal einen unerwünschten Effekt mit sich bringt. Dann spätestens reagieren Mitarbeiter mit »das ist aber ungerecht«, ärgern sich über eine aus ihrer Sicht ungerechtfertigte Behandlung und beginnen, ihren Ärger im Netzwerk der übrigen Mitarbeiter zu verbreiten.

Personalführung bedeutet immer Höchstleistung bringen, jeden Tag aufs Neue, aber auch frustrationstolerant bleiben, wenn nur die Hälfte der eigenen Anstrengungen wahrgenommen wird und wenn Kritik unverhältnismäßig und unausgewogen erscheint.

Der modernen Führungslehre liegt die Grundidee der transformationalen Führung zugrunde. Anstatt dass Führung allein ein Austausch (eine Transaktion) von Arbeitsleistung und Entlohnung ist, wie es in der transaktionalen Führung unterstellt wird, erwartet man einen Zuwachs an Führungseffektivität dadurch, dass die Persönlichkeit der Führungskraft die Mitarbeiter zusätzlich zum Erreichen eines höheren Leistungsniveaus anregt.

Durch die Persönlichkeit der Führungskraft wird im Geführten eine Veränderung seiner Anspruchsniveaus angestoßen. In deren Folge verändert sich der Geführte im Hinblick auf seine Eigenmotivation (es erfolgt eine »Transformation«) und er setzt sich für Ziele ein, die über seine ursprünglich verfolgten Ziele hinausgehen. Es geht dem Geführten dann nicht mehr nur um das Erreichen vereinbarter Unternehmensziele, sondern auch um die Erarbeitung und das Erreichen weiterer, mit der Führungskraft gemeinsam neu definierter Ziele. Somit kann aufgrund transformationaler Führung durch erhöhte Motivation ein Führungserfolg erzielt werden, der über die ursprünglichen Erfolgserwartungen der transaktional denkenden Führungskraft hinausgeht.

Dieses Modell enthält vier Ausprägungen der transformationalen Führung:

- **Charisma:** spezifische persönliche Ausstrahlungskraft einer Führungskraft, die sich auf das Leistungsverhalten der Mitarbeiter auswirkt
- **Inspirierende Motivation:** Begeisterungskraft in Form emotional positiv belegter Zukunftsvisionen
- **Intellektuelle Stimulierung:** Fähigkeit zur Anregung der Mitarbeiter im Hinblick auf Ideenfindung, eigenständige Problemanalyse und -lösung
- **Individuelle Wertschätzung:** Fähigkeit der Führungskraft, jeden Mitarbeiter als Individuum zu behandeln, ihm Aufmerksamkeit entgegenzubringen und ihn zu fördern

Die Führungsrolle ist nicht mehr nur das Managen von Mitarbeitern, sondern vielmehr die ganzheitliche Führung mithilfe von Inspiration und Innovation, das die Grenzen des durch Führung Erreichbaren immer weiter hinausschiebt. Dies gilt auch für Teams, in denen sich die Erreichung von Hochleistung in den genannten Rahmenbedingungen selbst verstärken kann. Letztlich werden die Mitarbeiter angespornt, selbst Verantwortung für ihre Arbeit zu übernehmen, nicht mehr nur den Anweisungen der Führungskraft nachzukommen und den sich selbst verwirklichenden Weg von der Verfolgung ihrer Eigeninteressen hin zu Team-, Unternehmens- oder Gemeinschaftsinteressen zu beschreiten.

Damit sind bereits die wirksamsten Motivatoren benannt: für etwas »zu brennen«, die Ziele zu kennen und sie als faszinierende Vision zu formulieren, die Mitarbeiter dann einzeln und gemeinsam auf den Weg mitnehmen und sie dabei geistig zu fordern und weiterzuentwickeln. Begeisterung, Richtung, Einbindung und Lernen – diese vier Motivationsfaktoren haben sich als höchst wirksam herausgestellt.

Motivation als die Königsdisziplin des Personalmanagements

Es gibt unzählige Bücher, die die verschiedenen Motivationstheorien erklären. Für jede Motivationstheorie lassen sich die Wirkungsweise erläutern und wissenschaftliche Studien anführen, die den tatsächlichen Eintritt einer vermuteten Motivationswirkung belegen. Dies alles im Einzelnen zu beschreiben würde nur wieder weitere Bücher füllen. Daher gehe ich in *Personalmanagement für Dummies* mit Ihnen einen anderen Weg: Ich führe den jeweiligen Motivationsansatz ganz kurz ein, stelle seine Besonderheit heraus und verdeutliche dann, was genau man tun muss, um mit seiner Hilfe Personen zu motivieren.

Begriffliches Grundverständnis

Motivation ist zunächst ein individuumsbezogenes Phänomen, das mehrfach geprägt ist: durch biologisch-genetische Faktoren wie auch durch sozial-kulturelle Faktoren:

- ✔ Das Verhalten einzelner Personen lässt sich nicht vorhersagen und damit auch nicht vollständig steuern. Dennoch gibt es Erkenntnisse aus der Hirnforschung, die nahelegen, dass es grundlegende biologisch-genetische Muster gibt, nach denen Personen sich motivieren lassen. So ist etwa ein Areal im Gehirn bekannt, das als Belohnungssystem bezeichnet wird und das, wenn es aktiviert ist, mit einem Wohlgefühl einhergeht. Dinge, die dies bewirken, tut ein Mensch bevorzugt. Er ist also motiviert, für sich ein Wohlgefühl auszulösen. Das ist der Fall, wenn man seine Grundbedürfnisse befriedigt oder wenn man etwas Neues lernt. Allerdings wurde auch herausgefunden, dass bei aktiviertem Belohnungssystem die Qualität des rationalen Entscheidens negativ beeinflusst, dass also nicht mehr so intensiv nachgedacht wird. Zusätzlich treten Gewöhnungseffekte auf.
- ✔ Auch sozial-kulturelle Faktoren spielen bei der Motivation eine Rolle. Die Motivationsneigung ist durch sozialen Austausch beeinflussbar. Wenn Personen miteinander diskutieren, kann sich eine Präferenz bilden, die der biologisch-genetischen Motivation entgegensteht. Damit bildet der Wille eine sozial-kulturelle Motivation aus, die andere Motivationsmuster überlagern kann. Das geschieht, wenn man mit anderen Personen die gemeinschaftlichen Lebensbedingungen für seine Zukunft sichert oder wenn man eine Situation herbeiführen kann, die man als fair wahrnimmt. Den Mechanismus der gemeinsamen Diskussion und Abstimmung kann gerade das Personalmanagement intensiv nutzen.

Motivieren beziehungsweise Motivation im Sinne einer Tätigkeit (»ich motiviere«) wird definiert als das Ausrichten eines individuellen Verhaltens in Richtung eines als positiv wahrgenommenen Ziels. Motivation im Sinne eines Zustands (»ich bin motiviert«) beschreibt, dass das Verhalten einer Person bereits auf ein positiv wahrgenommenes Ziel hin ausgerichtet ist. Voraussetzung eines erfolgreichen Motivierens ist, dass die zu motivierende Person über Motive verfügt, also über ein Grundmuster, das die Präferenz bestimmter Ziele festlegt.

Gründe einer Motivation können innerhalb einer Person liegen, dann spricht man von intrinsischer Motivation: Offenbar sind dann die inneren Motive so stark, dass sie verhaltenswirksam werden. Intrinsisch motivierte Mitarbeiter wollen ihre Motivation, Leistung zu erbringen, in ihrer Arbeit ausleben. Das muss dann entsprechend zugelassen werden. Gründe können aber auch außerhalb einer Person liegen, sodass von extrinsischer Motivation die Rede ist. In diesem Fall werden der Person von außen Anreize angeboten, die zur Befriedigung der inneren Motive beitragen.

Wie Führung die Mitarbeiter motiviert

Wenn die Arbeit nicht ausreichende Potenziale zur intrinsischen Motivation aufweist, kann man die Motivation durch äußere Anreize steigern. Mittels Belohnungen lenkt man Handlungen in eine gewünschte Richtung:

- ✔ Einige dieser Belohnungen, so der Personalforscher Frederick Herzberg in den 1960er-Jahren, können gerade einmal dazu dienen, vorhandene Unzufriedenheit abzubauen, ohne aber eine nachhaltige Zusatzmotivation aufzubauen. Hierzu zählen die Verbesserung von Arbeitsbedingungen, die Entlohnung, der persönliche Status, die Beziehung zu Kollegen, Untergebenen und Vorgesetzten oder die allgemeine Unternehmenspolitik.
- ✔ Andere Belohnungen schaffen es, im Sinne der transformationalen Führung die Mitarbeiter weiterzuentwickeln und zur nachhaltigen Leistung zu motivieren. Hierzu zählen die persönliche Weiterentwicklung, herausfordernde Arbeit, die Bestätigung durch die geschaffte Leistung und die Anerkennung durch andere.

Lob und Anerkennung halten also gesund. Daher ist es nicht allein die Gehaltserhöhung, die motiviert – mindestens genauso stark wirkt der freundliche, persönliche Dankesbrief der Unternehmensleitung. Belohnungen sollten allerdings in ihrem absoluten Beitrag zu einer Verhaltensbeeinflussung ausreichen und grundsätzlich allen Mitarbeitern mit berechtigten Ansprüchen gewährt werden. Die Alternative zu Belohnungen sind Bestrafungen für das Nichterreichen gesetzter Ziele. Das Personalmanagement, das am längeren Hebel sitzt, übt einen ökonomischen Zwang auf die Mitarbeiter aus, entzieht also Entgeltkomponenten, sozialen Status, soziale Sicherheit, bestimmte Tätigkeiten oder Lernmöglichkeiten. Die Langfristwirkungen von Bestrafungen sind denen von Belohnungen unterlegen.

Ein Problem der extrinsischen Motivation über Belohnungen wird als Verdrängungseffekt (*Crowding-out-Effekt*) bezeichnet. Wenn man Personen, die eine Arbeit intrinsisch motiviert erledigen, für diese bislang nicht extra belohnte Arbeit freiwillig eine zusätzliche Belohnung gibt, kann die Motivation kurzzeitig steigen. Sollte man nach einiger Zeit jedoch die zusätzliche Belohnung wieder weglassen und den ursprünglichen Zustand herstellen wollen, sinkt die Leistung unter das ursprünglich gezeigte Niveau ab. Offensichtlich empfinden die Personen es als ungerecht, dass ihnen etwas weggenommen wird, obwohl sie objektiv nicht schlechter gestellt sind als zu Beginn. Die extrinsische Motivation hat also dazu geführt, dass die intrinsische Motivation verloren gegangen ist beziehungsweise verdrängt wurde.

Es gibt zwei Hauptrichtungen der Motivationsbeeinflussung:

- ✔ Das Personalmanagement kann Motivation über die Beeinflussung von *Personen* erlangen. Hier versucht es, deren Motive zu beeinflussen, indem es sie auf Erfolg ausrichtet und im Sinne einer mentalen Prägung ein gelingendes Vorgefühl erzeugt.

- ✔ Es kann Motivation auch über die Beeinflussung der *Situation* erlangen. Das Personalmanagement versucht dies im Rahmen des Personaleinsatzes dadurch, dass es im Hinblick auf zu erledigende Aufgaben und Tätigkeiten möglichst passende Mitarbeiter auswählt und diese hierauf zuordnet. Zudem kann das Personalmanagement versuchen, Arbeitsbedingungen herzustellen, in denen das gemeinschaftliche Wohl erkennbar wird und nicht durch Dritte ausgenutzt wird, damit die Mitarbeiter die Bereitschaft entwickeln, dazu beizutragen.

Die Mitarbeiter sollten den Eindruck haben, dass die Motivationsanstrengungen tatsächlich auf sie orientiert sind. Dies bezieht die Wahrnehmung der Mitarbeiter und die bewusste Reflexion ihrer Bedürfnisse ein.

Von einigen Seiten wird ein systematisches »Staff Relationship Management« vorgeschlagen, also ein Mitarbeiterbeziehungsmanagement, das man dem Marketing abschaut, das Ähnliches bereits lange in Form des Kundenbeziehungsmanagements kennt. Kern eines solchen systematischen Mitarbeiterbeziehungsmanagements ist die unternehmenskulturelle Ausrichtung auf die Mitarbeiter als wichtige Kunden. Zu dieser Grundphilosophie kommen entsprechende Analyse- sowie Motivationsinstrumente und Führungsstile hinzu.

Ein gebräuchliches und verbreitetes Analyseinstrument ist die Mitarbeiterbefragung. Darin erhebt das Personalmanagement zu einem Zeitpunkt den Stand der Motivation unter den Mitarbeitern. Es integriert Fragen zur Leistungsbereitschaft, zu den Rahmenbedingungen des Arbeitens, zur Bindungsbereitschaft, zum Betriebsklima und zu Verbesserungsimpulsen. Einerseits sollen Schwachstellen diagnostiziert werden, andererseits sollen Motivationsmaßnahmen abgeleitet werden. Um möglichst ehrliche Antworten zu bekommen, empfiehlt es sich, Mitarbeiterbefragungen anonymisiert durch unabhängige Dienstleister durchführen zu lassen. Auf jeden Fall aber müssen in den Prozess die Unternehmensleitung und der Betriebsrat integriert werden. Ein professionelles Personalmanagement strebt an, den Zeitraum zwischen Datenerhebung, Ableitung von Maßnahmen und Kommunikation des Veränderungsbeginns möglichst zu minimieren. Eine wiederholte Mitarbeiterbefragung mit ähnlichen Fragen (ein »Panel«) erlaubt es, längerfristige Trends in der Entwicklung des Motivationsstatus der Mitarbeiter zu erkennen.

Wie Zielvereinbarungen das Führen erleichtern

Der Abschluss von Zielvereinbarungen ist die Grundlage für eine sinnvolle Beziehung zwischen einer Führungskraft und einem Mitarbeiter und ein zentraler Zeitpunkt, zu dem Motivation unmittelbar in der Kommunikation geschieht. Dementsprechend verlangen Unternehmen von ihren Führungskräften, dass Zielvereinbarungsgespräche geführt werden. Eng verbunden damit sind die Kontrolle der Zielerreichung sowie die Führung von Beurteilungsgesprächen. Daher stellt sich die Frage: Wie geht das genau?

Einordnung in den Führungszusammenhang

Zielvereinbarungsgespräche dienen dazu, zwischen Führungskraft und Mitarbeiter Ziele zu vereinbaren, die der Mitarbeiter in der Zukunft erfüllen soll. Aus dieser Vereinbarung lassen sich die zur Zielerreichung notwendigen Aufgaben, Prioritäten, Ressourcen, unterstützende Maßnahmen sowie Verantwortlichkeiten ableiten.

Die Ziele für die Mitarbeiter leiten sich aus den Unternehmenszielen ab. Beispielsweise werden strategische Ziele über das Instrument der Balanced Scorecard in operative Teilziele heruntergebrochen. Über diese Ziele verständigen sich die Führungskraft und der Mitarbeiter dann, damit die Wahrscheinlichkeit einer erfolgreichen Zielerreichung steigt. Über die unternehmensbezogenen Ziele hinaus werden auch mögliche Projektziele besprochen, dann allgemeine Entwicklungsziele für das Unternehmen oder einzelne Gruppen und schließlich persönliche Entwicklungsziele für den Mitarbeiter.

Eine Zielvereinbarung dient der Umsetzung des Führungskonzepts »Management by Objectives« (MbO), das sich dadurch auszeichnet, dass Führungskräfte mit Mitarbeitern Ziele gemeinsam erarbeiten oder im etwas autoritäreren Fall Ziele vorgeben, der Weg zur Zielerreichung allerdings der autonomen Entscheidung der Mitarbeiter überlassen wird. Demzufolge sollte das Personalmanagement darauf achten, dass die Führungskräfte des Unternehmens folgende drei Aspekte berücksichtigen:

- ✔ Die Ziele sollen klar formuliert werden und es sollen eindeutige und gerechte Erfolgsmaßstäbe angelegt werden.
- ✔ Die Zielformulierung soll Raum für Selbstverantwortung des Mitarbeiters lassen, denn der Mitarbeiter wünscht Beschränkung der Kontrolle auf das Wesentliche.
- ✔ Eine Zielvereinbarung soll wiederholt und in regelmäßigen Abständen erfolgen, damit sie von allen Beteiligten planmäßig bearbeitet werden kann.

Zielvereinbarungen unterliegen der Mitbestimmung des Betriebsrats, der das Recht hat, bei der Ausgestaltung des Zielvereinbarungssystems mitzuwirken sowie den Ablauf des Systems zu überwachen. In der Regel werden auf Betriebsebene Betriebsvereinbarungen zu Zielvereinbarungssystemen geschlossen.

Gestaltung durch die Führungskraft

Zur Vorbereitung des Zielvereinbarungsgesprächs, das mindestens einmal im Jahr stattfinden sollte, hilft der Führungskraft eine Checkliste, die die wesentlichen Inhalte im Vorfeld zu durchdenken hilft:

- ✔ **Was weiß ich über den Mitarbeiter?** Verantwortung, Pflichten, erforderliche Fertigkeiten/Kenntnisse, Einstellung zur Arbeit, Einstellung zu den Kollegen, Einstellung zu mir als Führungskraft, Ehrgeiz und berufliche Entwicklung, Hauptarbeitsinteressen, Stärken/Schwächen, persönliche Probleme
- ✔ **Welche Ergebnisse liegen aus dem letzten Zielvereinbarungsgespräch vor?** Was wurde besprochen (Ergebnisprotokoll), was wurde vereinbart (Leistungsrückmeldung zu Stärken und Schwächen)?
- ✔ **Welche Zielsetzung habe ich für dieses Gespräch?** Inhaltlich: Verbesserung der Einstellung, Fertigkeiten oder Kenntnisse, Herausarbeitung von Schwerpunkten der zukünftigen Arbeit, Fortbildungsplan, Verhinderung von Störungen. Formal: genaue Aufgabenbeschreibung, klare Zeitplanung.

- ✔ **Wie gehe ich am besten vor?** Wann ist der günstigste Zeitpunkt? Nenne ich dem Mitarbeiter den Gesprächsanlass? Fordere ich eine Selbsteinschätzung des Mitarbeiters bezogen auf seine Leistungen ein und lasse ich ihn diese begründen? Wie und wann mache ich mir Notizen?
- ✔ **Worauf achte ich während des Gesprächs?** Nennt der Mitarbeiter realistische Ziele für die Zukunft? Wie können diese Ziele erreicht werden? Welche Unterstützung kann ich ihm geben? Welche Zielkontrollen vereinbaren wir?

Das Ergebnis eines Zielvereinbarungsgesprächs wird schriftlich niedergelegt und von beiden Gesprächsteilnehmern unterzeichnet. Damit bekommt die Zielvereinbarung ihre Verbindlichkeit: Arbeitsrechtlich handelt es sich dann um eine schriftliche Ergänzung des Arbeitsvertrags.

Zur Bewältigung des Zielvereinbarungsprozesses mit allen Mitarbeitern eines Unternehmens sowie zur Unterstützung der Führungskräfte stehen Softwareanwendungen zur Verfügung. Während die Führungskräfte die vereinbarten Ziele erfassen, kann das Personalmanagement diese Daten zur Dokumentation, zum Zielcontrolling und zur Gehaltsberechnung verwenden. Unter Beachtung der Vertraulichkeit können die Daten auch Verantwortungsträgern zwecks Zielüberwachung in ihren Bereichen zugänglich gemacht werden.

Nach der Zielerreichung ist vor der Zielerreichung

Die Kontrolle der Einhaltung der vereinbarten Ziele kann von Zielvereinbarungsgespräch zu Zielvereinbarungsgespräch erfolgen. Es können auch separate Beurteilungsgespräche geführt werden, sogenannte Beratungsgespräche oder Fördergespräche. Darin geht es nicht allein um die Zielbewertung, sondern auch – und gegebenenfalls noch während der Laufzeit der Zielvereinbarung – um eine Unterstützung des Mitarbeiters bei der Erreichung seiner Ziele.

Vor dem Beurteilungsgespräch muss die Führungskraft für sich eine Beurteilung des Mitarbeiters und seiner Leistung erstellen. In dem Beurteilungsgespräch geht es dann darum, dass der Mitarbeiter zunächst für sich seine Leistung bewertet, damit zwischen beiden Beurteilungen ein Abgleich erfolgen kann.

Beurteilungsgespräche werden von Mitarbeitern sehr ernst genommen. Sie fühlen sich nicht nur in ihrer Leistung, sondern auch in ihrer Persönlichkeit bewertet. Zudem werden die Gesprächsergebnisse im Unternehmen dokumentiert und damit »offiziell«. Damit solche Gespräche keine Konflikte auslösen, sollten Führungskräfte sowohl die Methodik als auch die typischen Inhalte von Beurteilungsgesprächen erlernen. Darüber hinaus sind psychologisches Geschick, Menschenkenntnis und Kommunikationsfähigkeit von Nutzen. Es gehört zu den Aufgaben von Führungskräften, ihre Mitarbeiter ständig zu beobachten, damit sie sich ein fundiertes Urteil bilden können.

Die Rolle des Personalmanagements besteht dabei darin, dass es die Führungskräfte im Hinblick auf die Führung solcher Gespräche schult und sie für typische Beurteilungsfehler sensibilisiert. Vermieden werden sollen bei der Führungskraft insbesondere:

- ✔ selektive Wahrnehmung, Vorurteile, Sympathie und Antipathie,
- ✔ die Beeinflussung der Beurteilung durch die persönlich-emotionale Situation des Mitarbeiters sowie
- ✔ ungerechtfertigter Schutz einzelner Mitarbeiter oder das Wegloben von Mitarbeitern.

Der Mitarbeiter erwartet offene Anerkennung oder Kritik – allerdings nicht seiner Person, sondern seines Arbeitsverhaltens. Aus diesem Grund bieten sich für die Führungskraft Selbsteinschätzungsbogen an, die die Gesprächsführungskompetenz beurteilen. In manchen Unternehmen stellt das Personalmanagement den Führungskräften Checklisten für das Gespräch und Formulare für die Zielvereinbarung zur Verfügung und macht idealerweise vor den jährlich anstehenden Gesprächen die Teilnahme an einem Auffrischungsworkshop zur Gesprächsführung verpflichtend.

Selbsteinschätzungsbogen zur Gesprächsführungskompetenz

- ✔ Ich habe den Willen des Mitarbeiters an einer besseren Zusammenarbeit mit mir geweckt.
- ✔ Ich habe beim Mitarbeiter keinen Widerstand erzeugt.
- ✔ Ich habe dem Mitarbeiter genügend Zeit gegeben, seine persönliche Einschätzung auszudrücken.
- ✔ Ich habe dem Mitarbeiter Hilfestellung und zusätzliche Sicherheit gegeben.
- ✔ Der Mitarbeiter versteht meine Erwartungen an ihn.
- ✔ Der Mitarbeiter akzeptiert die gemeinsam gefundene Beurteilung.
- ✔ Ich habe mit dem Mitarbeiter Maßnahmen besprochen, die er verwirklichen kann.
- ✔ Ich habe dem Mitarbeiter nichts versprochen, was ich nicht einhalten kann (zum Beispiel Gehaltserhöhung).
- ✔ Ich habe mit dem Mitarbeiter offen über Kontrollen gesprochen.
- ✔ Ich habe einen zeitlichen Rahmen für Maßnahmen festgelegt.
- ✔ Ich habe bei dem Mitarbeiter Zuversicht in seine Fähigkeiten geweckt.
- ✔ Der Mitarbeiter kann in Zukunft besser über Schwächen reden.
- ✔ Der Mitarbeiter hat mir offene Rückmeldung zu meinem Führungsverhalten gegeben.
- ✔ Ich bin mit dem Gesprächsverlauf zufrieden.

Manchmal ist wenig auch schon was

Nicht immer muss das Personalmanagement für die Motivation der Mitarbeiter sorgen. Es kann auch gelingen, den Mitarbeitern Rahmenbedingungen zu schaffen, in denen sie sich selbst motivieren oder in denen erwünschte Motivationswirkungen unbeabsichtigt oder ungeplant eintreten. In diesem Fall spricht man von der emergenten (vom lateinischen Wort emergere = auftauchen) Personalführung. Und hier brauchen weder Personalmanagement noch die Führungskräfte andauernd lenkend einzugreifen.

Emergente Personalführung setzt darauf, Mitarbeiter sich weitgehend selbst zu überlassen, sodass sie sich ihre eigenen intrinsischen Motivationspotenziale erschließen. Dieses Führungskonzept kann man auch als »Führung durch Nichtführung« bezeichnen. Es ersetzt sicherlich nicht die bewusste Personalführung, kann aber insbesondere bei erfahrenen Mitarbeitern zur Anwendung kommen. Dort sieht es Fremdmotivation als weniger wichtig für das Mitarbeiterhandeln an als den sich aus dem Moment heraus ergebenden Spaß an der Arbeit.

Ein Beispiel für diese Art der emergenten Personalführung ist das Flow-Konzept von Mihalyi Csikszentmihalyi: Darin tauchen Führungswirkungen wie von selbst aus den verborgenen Strukturen des Unternehmens und des Mitarbeiters auf, wenn sich ein Arbeitsfluss einstellt. Handeln und Aufmerksamkeit des Mitarbeiters fallen nach und nach zusammen und es erscheint ihm, als gehe die Arbeit von selbst. Wer kennt nicht die Erfahrung, dass man manchmal über die Arbeit die Zeit und die Umgebung völlig vergisst und sich dafür an den direkt erfahrbaren Arbeitsergebnissen begeistert?

Probleme der emergenten Personalführung liegen darin, dass das Unternehmen die Arbeitsresultate nicht genau steuern kann. Es ist möglich, dass Mitarbeiter im Zustand des Flows aus Unternehmenssicht unerwünschte Arbeitsresultate hervorbringen, zum Beispiel zu sorgfältig arbeiten. Zudem muss das Arbeitssystem ständig Innovationspotenziale bereithalten, die sich der Mitarbeiter erschließen kann, was jedoch im Hinblick auf das Gesamtunternehmen nicht immer möglich und auch nicht immer in der gleichen Intensität notwendig oder erwünscht ist. Der Vorteil der emergenten Personalführung liegt hingegen darin, dass sie – wenn sie funktioniert – den Mitarbeitern äußerst befriedigende Arbeitserfahrungen und Lernprozesse ermöglicht.

Personalbindung als Motivationsziel

Als Bindung bezeichnet man zwei Dinge:

✔ Zunächst den *Zustand* der Bindung: Es besteht ein unsichtbares Band zwischen Mitarbeiter und seinem Unternehmen, das es beiden Partnern erlaubt, sich beinahe blind zu vertrauen. Dies ist zunächst unabhängig davon, ob der eine Partner den Erwartungen des anderen Partners entspricht oder seinen Anweisungen gehorcht.

✔ Dann der *Prozess* der Bindung: Hiermit sind die Aktivitäten der Beziehungspflege gemeint, die dazu führen, dass die Bindung sich vertieft. Da es sich um eine Vertrauensbildung handelt, ist die Bindung ein ständiger, langfristiger Prozess.

Im Kern der Definition steht also eine besonders enge soziale Beziehung.

Zu große Erwartungen an die Bindung führen zu Enttäuschungen. Eine dieser zu großen Erwartungen ist, dass Mitarbeiter, die an ein Unternehmen gebunden sind, diesem automatisch gehorchen. Die realistische Sicht auf Bindung erkennt, dass es nicht um loyalen Gehorsam, sondern um freiwillige Zusammenarbeit/Kooperation geht.

Die Bindung von Mitarbeitern an das Unternehmen wird unter anderem über die Fluktuationsrate gemessen, also den Anteil der von sich aus das Unternehmen verlassenden Mitarbeiter an der Gesamtmitarbeiterzahl. Eine Fluktuationsrate nahe null lässt sich in der Regel nicht realisieren. Dieselben Personalverantwortlichen, die sich um Personalbindung bemühen, haben häufig keine Scheu davor, anderen Unternehmen qualifizierte Mitarbeiter abzuwerben. Aus diesem Grund ist ein ständiges Fließgleichgewicht aus (idealerweise: wenigen) Eintritten und Austritten der Normalfall für Unternehmen.

Führung ganzer Gruppen

Gruppenarbeit zielt darauf ab, spezialisierte Gruppen (Teams) zu bilden, die verschiedene Leistungen miteinander verzahnt auf hohem Qualitätsniveau erbringen können und zu einem Arbeitsergebnis zusammenführen. Je mehr solcher Projektteams und Arbeitsgruppen es im Unternehmen gibt, desto mehr Mitarbeiter bekommen die Gelegenheit, eine solche Gruppe zu führen. Wechselnde Führungsverantwortlichkeiten bringen es mit sich, dass es noch viel mehr als früher auf die Beziehungen aller Mitarbeiter untereinander ankommt. Die Führungsforschung spricht in diesem Zusammenhang von »relationaler Führung« und meint damit, dass zusätzlich zu den Belangen einzelner Mitarbeiter die Belange der Gruppen in den Vordergrund rücken, also zum Beispiel kollektive Motivation, kollektive Wahrnehmung und auf das Gruppenergebnis bezogene Entlohnung.

Damit Gruppenarbeit funktioniert, haben sich folgende Grundregeln für die Führung solcher Gruppen bewährt:

- ✔ Die Mitarbeiter wissen, wer Gruppenleiter ist und welche Mitglieder zur jeweiligen Gruppe gehören, und übernehmen in diesem Rahmen gemeinsam die Verantwortlichkeit für die Effektivität der Gruppenarbeit.
- ✔ Die Gruppenaufgaben sind klar definiert und für sie stimmen Aufgabeninhalt, Verantwortung für die Aufgabenbearbeitung sowie Entscheidungsbefugnis überein.
- ✔ Die Steuerung der Gruppe erfolgt auf Gruppenebene, zum Beispiel über Gruppenzielvereinbarungen, Gruppenautonomie, Gruppeninformation und Gruppencontrolling. Hierbei sind gemäß dem Prinzip der Selbststeuerung Transparenz und Beteiligung der Gruppenmitglieder wichtige Voraussetzungen für eine effektive Gruppenarbeit.
- ✔ Engagement und Motivation sind nicht nur innerhalb der Gruppe wichtig, die Gruppe tritt im Unternehmen auch engagiert bei gruppenübergreifenden Aktivitäten in Erscheinung, damit es nicht zu einem Abteilungsdenken auf Gruppenebene kommt.
- ✔ Die Gruppenmitglieder werden an der Formulierung und Abarbeitung der Gruppenaufgabe beteiligt und erhalten Befugnisse beispielsweise für bestimmte Entscheidungen oder für den Zugriff auf dieselbe Wissensbasis.

Eine Herausforderung für die gelingende Gruppenarbeit ist der Wissenstransfer zwischen Mitarbeitern, deren Aufgabe es mit sich bringt, dass sie auf verteiltes Wissen zugreifen müssen. Obwohl es schwierig ist, wenn es viele verschiedene Datenquellen gibt und wenn viele verschiedene Mitarbeiter Wissen teilen beziehungsweise aufnehmen müssen, ist dennoch eine einfache und relativ leicht im Unternehmen einführbare Lösung notwendig. Damit wird das Wissensmanagement zu einem zentralen Führungsinstrument für Teams.

Unter Wissensmanagement versteht man die organisatorischen und die informationstechnologischen Maßnahmen, die dazu beitragen, dass Mitglieder von Arbeits- und Projektteams auf Basis des jeweils aktuellen Fach- und Erfahrungswissens einfacher und besser zusammenarbeiten. Über die Optimierung des individuellen Wissens hinaus ist also die Teilung von Wissen in Teams an einem Ort, in regional oder international verteilten Teams und im gesamten Unternehmen die Aufgabe des Wissensmanagements. Ziel des Wissensmanagements ist es, die Kosten der kooperativen Leistungserstellung zu senken und die Zielerreichung zu verbessern.

In seiner Rolle als Partner der Unternehmensleitung kann das Personalmanagement mit kritischer Distanz Fragen stellen, die darauf hinauslaufen, ob das Wissensmanagement im Unternehmen sinnvoll ist. Die Sinnhaftigkeit ist die Grundvoraussetzung dafür, dass die Mitarbeiter es später nutzen.

Checkliste: Ist unser Wissensmanagement gut aufgestellt?

- ✔ Gibt es eine mit den Unternehmenszielen verbundene Notwendigkeit im Unternehmen, untereinander Wissen zu teilen?
- ✔ Entscheiden die Anwender des Wissensmanagements über dessen Ausgestaltung mit?
- ✔ Ist das Wissensmanagement in der bestehenden Unternehmensstrategie verankert und damit kompatibel?
- ✔ Gibt es klare Ziele des Wissensmanagements?
- ✔ Wird die Zielerreichung zum Wissensmanagement bei uns gemessen?
- ✔ Wissen wir, wer im Rahmen des Wissensmanagements wofür verantwortlich ist?
- ✔ Kennen alle am Wissensmanagement Beteiligten ihre Ziele genau?
- ✔ Gibt es eine regelmäßige Kommunikation des Wissensmanagements zu Aufgaben, Zielen, Maßnahmen und Erfolgen?
- ✔ Ist es in unserer Unternehmenskultur verankert, dass wir untereinander Wissen teilen?
- ✔ Wird Wissensmanagement bei uns in der täglichen Arbeit genutzt?
- ✔ Gibt es eine ausreichende Verzahnung der normalen Arbeitsprozesse und -systeme mit dem Wissensmanagement?
- ✔ Haben wir kurzfristig etwas vom Wissensmanagement und haben wir langfristig etwas davon?
- ✔ Wird das Wissensmanagement regelmäßig auf den Prüfstand gestellt und gegebenenfalls verändert?
- ✔ Würde jemand bei uns das Wissensmanagement vermissen, wenn wir es abschafften?

Kernbestandteil eines modernen Wissensmanagements ist seine Verankerung in IT-Systemen. Für die Mitarbeiter sichtbar sind besonders die Profile, die sich für einzelne Aufgaben oder Projekte anlegen lassen. In einem Projektprofil, das mit den Daten konkreter Projekte gefüllt werden muss, können beispielsweise

- ✔ Projektname und Projektnummer,
- ✔ verantwortlicher Projektmanager, beteiligte Mitarbeiter, verantwortliche Organisationseinheit und unterstützende Organisationseinheiten,
- ✔ Kunde, Branche, Land, Sprache,
- ✔ Kundenauftrag, finanzielles Projektvolumen,
- ✔ Lösungsansatz, informationstechnologische Umsetzung,
- ✔ Vorschlag und Realisation zu genutztem Vorwissen, genutzten Wissensquellen, genutzten Ressourcen sowie
- ✔ Leistungsdaten zur Budgeteinhaltung, Zeitplaneinhaltung, Kundenzufriedenheit

dokumentiert werden. Die Projektprofile bilden eine Wissens- und Erfahrungsdatenbank, die später per Computerabfrage nach Stichworten durchsuchbar ist. Eine Regel aus der Beratungsbranche besagt, dass in Projekten zwischen 30 und 40 Prozent des Wissens und der Dokumente aus bereits durchgeführten Projekten wiederverwendet werden. Aus diesem Grund kann ein gut systematisiertes Wissensmanagement dem Unternehmen nützen.

Die Aufgabe des Personalmanagements besteht im Rahmen des Wissensmanagements darin, die Mitarbeiter in die Lage zu versetzen, Wissen zu teilen und gemeinsam zu nutzen, und sie hierzu zu motivieren. Daher arbeitet es im Idealfall eng mit Organisationsverantwortlichen und mit der IT-Abteilung zusammen.

Das Personalmanagement wirkt darauf hin, dass der Austausch von Wissen möglichst einfach gestaltet wird. Dies betrifft die Wissensbereitstellung, die -vernetzung und den -abruf. Weil in vielen Unternehmen – und insbesondere denen, die komplexe Systemlösungen anbieten – die Aufgaben immer schwieriger und für Einzelne unübersichtlicher werden, gleichzeitig aber jeder Einzelne an der Gesamtaufgabe des Unternehmens mitwirken soll, ist die Einfachheit des Wissensmanagements eine zentrale Anforderung. So liegt der Fokus des Personalmanagements nicht zuerst auf dem technisch Machbaren und dem technisch Wünschenswerten, was die IT-Abteilung im Blick hat, sondern vielmehr darauf zu schauen, wie die Mitarbeiter das Wissensmanagement und den Umgang damit verstehen und nutzen können:

- ✔ **Wissensbereitstellung:** Nicht jeder Mitarbeiter ist bereit oder fähig, sein Wissen in den Computer einzugeben – denken Sie nur an den Maschinenschlosser, der bereits 30 Jahre im Unternehmen arbeitet und dem es gar nicht einfallen würde, an einen Computer zu gehen. Es müssen für alle Mitarbeiter Wege gefunden werden, wie Wissen in das Wissensmanagement eingespeist wird, zum Beispiel auch Mitarbeiter, die andere Mitarbeiter nach ihrem Wissen und ihren Erfahrungen befragen und dies dann an ihrer Stelle bereitstellen.

✔ **Wissensvernetzung:** Hier sollten nicht zu viele Einstiegswege angelegt werden, um das Wissen zu strukturieren. Das Wissen sollte sich nicht dauernd wiederholen. Doppeltes, redundantes Wissen sollte aus dem Wissensmanagement entfernt werden. Einfachheit bezieht sich schließlich auch auf die Darstellung des Wissens, die von jedem Mitarbeiter verstanden werden muss.

✔ **Wissensabruf:** Was nützt ein schickes Intranetportal mit viel Wissen, wenn die Mitarbeiter es nicht bedienen können, vielleicht, weil die Umstände ihrer Arbeit es gar nicht zulassen? Manchmal tun traditionelle Kärtchen aus Papier einen besseren Dienst, als es ein Intranet je könnte, manchmal sind mobile Endgeräte sinnvoll.

Das Personalmanagement kann als Anwalt der Mitarbeiter einen Beitrag zur Umsetzung des Wissensmanagements auf Gruppenebene und damit zur Gruppenführung leisten.

Eine Methode, Arbeitsgruppen im Hinblick auf bessere Zusammenarbeit zu entwickeln, sind die *Outdoor-Trainings*: Als handlungsorientierte Lehrmethode ermöglichen sie den Teilnehmern das Erlebnis der Entfaltung ihrer Potenziale. Outdoor-Training funktioniert dadurch, dass die Teilnehmer außerhalb des Unternehmens in eine für sie neuartige, unkomfortable Situation gebracht werden, die sie mit Neugier und Kreativität bewältigen müssen, und dadurch ihr Verhaltensrepertoire anreichern. Zu den klassischen Outdoor-Trainingsaktivitäten zählen Überlebenstrainings und Natursportarten wie Rafting, Eisklettern, Kanutouren und Mountainbiking. In jüngerer Zeit werden vor allem Aktivitäten verwendet, die in ihrem Anspruch und ihrer Ernsthaftigkeit eine größere Nähe zu den psychologischen Anforderungen realer Arbeitssituationen aufweisen. Im Hochseilgarten etwa auf künstlich angelegten Parcours aus über zehn Meter hohen Pfählen mit Seil-, Balken- und Bretterkonstruktionen werden insbesondere Vertrauensbildung, Teamidentität, Kreativität und die Überwindung von Ängsten gelernt. Andere Projektaufgaben in Natur (wie Expeditionen) oder Gesellschaft (wie Zirkusse oder Camps für Kinder) sind aufgrund ihrer Verzahnung aller Akteure so ausgestaltet, dass sie von einem Team nur arbeitsteilig gelöst werden können. Dabei lassen sich die Spielregeln so verändern, dass die in realen Arbeitssituationen vorhandenen Restriktionen und Konflikte simuliert werden können. Gelernt werden soll der Umgang mit Unwägbarkeiten und die Erfahrung der wechselseitigen Abhängigkeit der Teammitglieder.

Ein Outdoor-Training dauert in der Regel ein bis zwei Tage und wird durch Nachbereitungstreffen ergänzt. Um einen Transfer des Lernerlebnisses in das betriebliche Arbeits- und Entscheidungsverhalten zu bewirken, muss das Personalmanagement das Training vorbereiten, indem es den Personalentwicklungsbedarf analysiert und die Zielsetzung der Outdoor-Methoden sowie ihre Einbindung in die übrigen Maßnahmen der Personalentwicklung klärt. Zudem legt es in der Vorbereitung die Lerntransfermechanismen während und nach der Maßnahme fest und plant die Nachbearbeitung über Instrumente wie Analysen, Auswertungsworkshops oder Coachings. Schließlich sucht es Trainer, die sich in Pädagogik, Psychologie, Wirtschaftswissenschaft und Outdoor-Methodiken auskennen.

Mobbing ist, wenn Teamführung nicht klappt

Gerade in Bezug auf Teamführung kann es vorkommen, dass trotz Personalführung Störungen auftreten. Eine davon ist das »Mobbing«. Es leitet sich von dem englischen Begriffe für »über jemanden herfallen« ab und beschreibt eine Situation, in deren Rahmen im Unternehmen einzelne Personen Opfer von Schädigungshandlungen durch Kollegen oder durch Vorgesetzte werden. Man spricht daher auch vom »Psychoterror am Arbeitsplatz«.

Einige Fakten zum Mobbing

Definiert wird Mobbing über konkrete Schädigungshandlungen, die in negativer Absicht mindestens einmal wöchentlich über mindestens ein halbes Jahr stattfinden. Zur Identifikation dieser Schädigungshandlungen gibt es Kataloge, die sich in typische Handlungsgruppen unterteilen:

- Handlungen, die die Kommunikation mit der angegriffenen Person ins Absurde treibt oder sie verkümmern lässt (zum Beispiel Schreien, Schimpfen, Unterbrechungen, ständig unbefugte Kritik über Arbeitseinsätze oder Privatleben, Telefonterror, Ignorieren, Tuschelei)
- Handlungen zur Zerstörung des Ansehens der angegriffenen Person (zum Beispiel Klatsch, Beleidigungen, öffentliche Verhöhnung von Lebensauffassungen, Kränkungen, Imitieren von Schwächen)
- Handlungen zur Manipulation des Arbeitseinsatzes der Person und Angriffe auf die Gesundheit (zum Beispiel Zuteilung sinnloser/gar keiner/sehr gefährlicher/tief kränkender Arbeitsaufgaben, körperliche Gewalt, sexuelle Belästigung)

Mehrere Arbeitsgerichte haben in Urteilen Definitionen für Mobbing formuliert, die entweder sehr grob sind (»das systematische Anfeinden, Schikanieren oder Diskriminieren von Arbeitnehmern untereinander oder durch Vorgesetzte«) oder aber sich eng an obige Katalogdefinition anlehnen.

Gerichte schließen bei drei Gegebenheiten auf Mobbing: ein systematisches Vorgehen (einzelne Vorkommnisse sind kein Mobbing), eine Rechtsgutverletzung (es müssen also Rechtsfolgen wie Gesundheitsschädigung, Verletzung des Eigentums oder Verletzung allgemeiner Persönlichkeitsrechte gegeben sein; ein negativ wahrgenommenes, aber folgenloses Verhalten reicht für Mobbing nicht aus) sowie eine eindeutige Täter-Opfer-Konstellation (damit ist auch eine Konflikteskalation ohne klare Täter-Opfer-Beziehung kein Mobbing).

Mobbing ist in Unternehmen durchaus verbreitet: Untersuchungen gehen davon aus, dass zwischen 3 und 6 Prozent der arbeitenden Bevölkerung akut gemobbt werden und dass jeder Vierte zumindest einmal während seines Berufslebens zum Mobbingopfer wird. Dabei geht Mobbing nicht nur von gleichrangigen Kollegen aus – entweder von Einzelnen oder Gruppen von zwei bis vier Mitarbeitern –, sondern auch von Führungskräften. Das wird auch als »Bossing« oder »Mobbing von oben« bezeichnet. Doch auch Führungskräfte werden von ihren Mitarbeitern gemobbt, gerade dann, wenn sie führungsschwach erscheinen, Angriffsflächen bieten und sich nicht zur Wehr setzen. Das Mobbingrisiko von Frauen gilt allgemein als circa 75 Prozent höher als das von Männern – was Anzeichen einer noch immer männerdominierten Arbeitswelt ist.

Folgen von Mobbing sind nicht nur Unfrieden, Konflikte und eine Störung des Betriebsklimas, sondern auch hohe Kosten für das Unternehmen. Gemobbte Mitarbeiter sind nicht mehr vollständig einsatzfähig, ihre Leistung lässt nach und ihre Fehlzeiten häufen sich. Rechnet man die Kosten zusammen, können die zusätzlichen Kosten das Anderthalbfache der sowieso anfallenden Gehaltskosten betragen.

In der Praxis zeigt sich, dass Mobbingopfer unter Sanktionen des Arbeitgebers leiden – so etwa unter Kündigung, zwangsweiser Versetzung, Nötigung zur Unterzeichnung eines Auflösungsvertrags und Abmahnungen. Dies signalisiert eine Unsicherheit des Personalmanagements bezüglich des rechtlichen Umgangs mit Mobbing. Denn offensichtlich werden diejenigen sanktioniert, die sich am wenigsten wehren können.

Vier Auslöser, vier Phasen, vier Folgen

Wie kommt es überhaupt zum Mobbing? Man geht davon aus, dass es vier Auslöser gibt, die an unterschiedlichen Akteuren ansetzen und die einzeln oder in Kombination wirken:

- ✔ Mobbender/mobbende Arbeitsgruppe: Mobbing wird als Ventil genutzt, um arbeitsbezogenen Stress zu bewältigen oder um Langeweile auszugleichen.
- ✔ Mobbender/mobbende Arbeitsgruppe: Ihnen fehlt das moralische Korrektiv, das verhindern würde, andere über einen längeren Zeitraum zu verfolgen.
- ✔ Gemobbte: Sie befinden sich in einer sozial herausgehobenen Situation, sind zum Beispiel behindert oder arbeiten in einer traditionell eher untypischen Arbeitssituation wie etwa ein »männlicher Kindergärtner«. Auch unspektakulärere Auslöser wie das Sichanbiedern beim Chef durch übertriebenen Arbeitseinsatz oder ständiges Stören der Gruppenatmosphäre durch immer neue Ideen können die Aufmerksamkeit auf sie lenken.
- ✔ Führungskraft: Ihr mangelt es an Handlungskompetenz im Hinblick auf soziale Konflikte, wodurch sie entstehendem Mobbing nicht früh genug entgegentritt.

Das Mobbing entwickelt sich aus der Perspektive des Opfers in vier Phasen:

- ✔ Phase 1: Das Mobbing bahnt sich durch einzelne Unverschämtheiten, die sich wiederholen und in ihrer Intensität zunehmen, an.
- ✔ Phase 2: Es kommt zu einer deutlichen Abgrenzung der betroffenen Person von ihrer Gruppe, verbunden mit zunehmenden Fehlzeiten.
- ✔ Phase 3: Das Mobbingopfer sucht Hilfe und tritt in die »offizielle« Auseinandersetzung mit Führungskräften und dem Management ein, erhält aber keinen wirksamen Schutz. Schließlich scheidet das Mobbingopfer aus dem Arbeitsverhältnis aus.
- ✔ Phase 4: Im Nachhinein kommt es zu arbeitsrechtlichen Auseinandersetzungen mit dem Unternehmen und zum zumeist unfreiwilligen Ausschluss des Mobbingopfers aus der Arbeitswelt.

Führungskräften muss bekannt sein, dass Mobbing für Betroffene drastische Folgen haben kann:

- ✔ gesundheitliche Folgen wie Schlafstörungen, Übelkeit, Herz-Kreislauf-Erkrankungen oder Kopfschmerzen
- ✔ psychische Folgen in Form von Depressionen, Selbstzweifeln, Albträumen, Antriebslosigkeit oder Selbstmordgedanken
- ✔ soziale Folgen wie der Verlust von Selbstvertrauen und Optimismus, Kommunikationsbereitschaft und Konfliktfähigkeit
- ✔ private Folgen wie Auswirkungen auf das Familienleben und die Freizeit des Mobbingopfers, so etwa Gereiztheit, ständige Arztbesuche, Beeinträchtigung des Familienlebens durch Arbeitsunfähigkeit, Vernachlässigung von Freundschaften und von Vereins- und Familienaktivitäten

Konsequenzen für das Führungslernen

Der klassische Dreiklang an Schutzmaßnahmen zum geeigneten Umgang mit Mobbing besteht aus Prävention, frühem Eingreifen und Rehabilitation. Er leitet sich aus der Fürsorgepflicht des Arbeitgebers gegenüber dem Arbeitnehmer ab, die eine arbeitsvertragliche Nebenpflicht ist.

Ein gemobbter Arbeitnehmer hat nach § 611 des Bürgerlichen Gesetzbuches in Verbindung mit §§ 241 (2), 242 BGB einen aktiven, gerichtlich durchsetzbaren Leistungsanspruch, wenn der Arbeitgeber seine Fürsorgepflicht verletzt hat und Wiederholungsgefahr besteht.

Vorbeugungsmaßnahmen bietet vor allem eine professionelle Personalführung. So ist es eine wichtige Aufgabe von Führungskräften, neu eingestellte Mitarbeiter gleich zur Einführung mit den Anti-Mobbing-Bestimmungen des Unternehmens vertraut zu machen, insbesondere mit einer Null-Toleranz-Politik. Auch können bereits im Arbeitsvertrag Mechanismen zur Konfliktbegrenzung festgehalten werden sowie abschreckende Maßnahmen für den Fall aktiven Mobbings angekündigt werden. Im Übrigen verstößt Mobbing von Arbeitnehmern sowieso bereits gegen deren arbeitsvertragliche Treuepflicht dem Arbeitgeber gegenüber, die für Arbeitnehmer das unbedingte Gebot des betriebsfördernden Verhaltens aufstellt.

Vorbeugung im Arbeitsbetrieb lässt sich beispielsweise über Gesprächsrunden zum Thema Mobbing, über Schulungen und Supervision vornehmen. Sollte doch einmal Mobbing auftauchen, besteht eine Vorbeugungsmaßnahme darin, schnell und bestimmt das Mobbing abzustellen, damit hierdurch anderen Mitarbeitern gegenüber ein Signal der Nichtakzeptanz von Mobbing gesetzt wird.

Als Nächstes gilt es, Mobbingfälle schnell zu identifizieren. Hier können sich Hinweise aus regelmäßigen Mitarbeiterbefragungen ergeben. Sollte im Unternehmen ein Mobbingfall auftreten, ist die Führungskraft gehalten, früh einzugreifen. Dies sollte schnell und mit Nachdruck erfolgen. Angemessene Maßnahmen sind Rügen und Ermahnungen, formale Abmahnungen, die Versetzung oder die verhaltensbedingte Kündigung von Mobbenden.

Auch kann die Möglichkeit bestehen, dass der Arbeitgeber den mobbenden Arbeitnehmer auf Schadensersatz in Anspruch nimmt, wenn es zu einer unmittelbaren Schädigung des Arbeitgebers gekommen ist.

Bei der Lösung eines Mobbingfalls unterstützt werden kann die Führungskraft zum Beispiel mit Arbeitsmaterial wie Videos, das sie in Gruppengesprächen einsetzen kann. Auch der Betriebsrat muss informiert werden und das Abstellen des Mobbings unterstützen, wie es § 75 des Betriebsverfassungsgesetzes vorsieht.

§ 75 Betriebsverfassungsgesetz: Grundsätze für die Behandlung der Betriebsangehörigen

(1) Arbeitgeber und Betriebsrat haben darüber zu wachen, dass alle im Betrieb tätigen Personen nach den Grundsätzen von Recht und Billigkeit behandelt werden, insbesondere, dass jede Benachteiligung von Personen aus Gründen ihrer Rasse oder wegen ihrer ethnischen Herkunft, ihrer Abstammung oder sonstigen Herkunft, ihrer Nationalität, ihrer Religion oder Weltanschauung, ihrer Behinderung, ihres Alters, ihrer politischen oder gewerkschaftlichen Betätigung oder Einstellung oder wegen ihres Geschlechts oder ihrer sexuellen Identität unterbleibt.

(2) Arbeitgeber und Betriebsrat haben die freie Entfaltung der Persönlichkeit der im Betrieb beschäftigten Arbeitnehmer zu schützen und zu fördern. Sie haben die Selbstständigkeit und Eigeninitiative der Arbeitnehmer und Arbeitsgruppen zu fördern.

Schwierig ist es zu beurteilen, ob dem Mobbingopfer ein Zurückbehaltungsrecht seiner persönlichen Arbeitsleistung oder ein Leistungsverweigerungsrecht bei bestehen bleibendem Vergütungsanspruch zusteht. Auch die Konsequenzen einer Eigenkündigung des Mobbingopfers, die sich beispielsweise aus Klauseln im Arbeitsvertrag zur Rückzahlung von Treueprämien oder in Hinblick auf die Sozialversicherung ergeben können, müssen im Einzelfall betrachtet werden.

Zur Rehabilitation von Mobbingopfern sind Unternehmen in der Regel nicht geeignet, denn die entstandenen psychischen Schäden sind weitreichend. Daher sind professionelle Einrichtungen und spezialisierte Selbsthilfegruppen gefragt. Ansprechpartner für Rehabilitationsmaßnahmen können der Betriebsrat, Freunde, der Hausarzt, Kollegen und die Führungskraft sein. Häufig ist es wichtig, die psychologische Rehabilitation mit juristischen Vorgängen zu kombinieren, die dem Mobbingopfer eine positive Perspektive für sein Berufsleben eröffnen können.

Dass sich Vorbeugung und die Rehabilitation von Mobbing für ein Unternehmen auch finanziell lohnen, wird deutlich, wenn man sich vor Augen führt, dass beides etwa nur 10 bis 20 Prozent von dem kostet, was die Alternative – das reine Abwarten und Nichtstun – das Unternehmen kosten würde.

Personalentwicklung als langfristige Führungsaufgabe

Im Rahmen der Personalführung wurde bereits weiter vorn in diesem Kapitel darauf hingewiesen, dass einer der wirksamsten Motivationsfaktoren darin besteht, Mitarbeitern Lern- und Entwicklungschancen zu eröffnen. In diesem Rahmen dient die Personalentwicklung dazu, die Mitarbeiter kontinuierlich mit aktuellem Wissen zu versorgen. Da das zum Zeitpunkt ihres Eintritts in das Unternehmen annähernd aktuelle Fachwissen im Zeitverlauf immer weniger zur Wertschöpfung beitragen kann und auch Erfahrungsgewinne diese Wissenserosion nicht wettmachen können, ist es die Aufgabe des Personalmanagements, eine Kompensation durch neues Wissen sicherzustellen.

Auch in der Talententwicklung für das Unternehmen spielt die Personalentwicklung eine wichtige Rolle. Sie begleitet die Karrieren der Mitarbeiter. Dabei hat sich der Karrierebegriff in den letzten Jahrzehnten weiterentwickelt. Im Vordergrund steht nicht nur die vertikale Karriere, bei der es um den Aufstieg in der Unternehmenshierarchie geht, sondern alternativ oder ergänzend die horizontale Karriere, bei der Mitarbeiter auf derselben Hierarchieebene anspruchsvollere Aufgaben oder mehr Personal-, Prozess- oder Projektverantwortung übernehmen. Überhaupt wird Personalentwicklung langfristiger gedacht als früher. Da der Lernstoff aufgrund der Technologisierung von Leistungserstellungsprozessen so umfangreich geworden ist, dauert die Ausbildung einer Spitzenqualifikation einschließlich eines profunden Erfahrungswissens für alle möglichen Ausnahmesituationen bei Mitarbeitern teilweise bis zu zehn Jahren. Umso wichtiger ist es, dass das Personalmanagement diese ausgebildeten Spezialisten nicht an seine Konkurrenten verliert.

Lebenslanges Lernen als Idealvorstellung

Will das Personalmanagement das Entwicklungspotenzial, das in ihren Mitarbeitern liegt, nutzen, bietet es sich an, auch die nebenberufliche Weiterbildung zu fordern und zu fördern. Wenn Mitarbeiter sich in Dingen weiterbilden, die zugleich einen Nutzen für das Unternehmen darstellen könnten, und dies ihrem Unternehmen verdeutlichen, können sie häufig auch mit einer Unterstützung rechnen:

- ✔ Gewährung von Lernzeiten im Unternehmen in Zeiten geringer Arbeitsbelastung,
- ✔ Gewährung von Freistellungen und Sonderurlaub für Lern- und Klausurphasen,
- ✔ finanzielle Unterstützung bei der Aufnahme von Aufbaustudien wie etwa einem Master of Business Administration (MBA) oder einem Fernstudium oder
- ✔ Bereitstellung von fachlicher Unterstützung.

Der Nutzen dieser Investition in das sogenannte »lebenslange Lernen« erschließt sich dem Unternehmen über fachlich weitergebildete, motivierte und zur Innovation fähige Mitarbeiter, die sich zudem an das Unternehmen binden wollen.

Bildungsurlaub ist in einigen Bundesländern ein gesetzlicher Anspruch auf Zusatzurlaub für Mitarbeiter, die sich auf eigene Kosten berufsbezogen, allgemein politisch oder kulturell weiterbilden wollen und damit der Zielsetzung des lebenslangen Lernens entsprechen. Hierfür sind je nach gesetzlicher Regelung bis zu fünf Arbeitstage im Jahr vorgesehen, die in der Regel über zwei Jahre zusammengefasst werden dürfen. Kursangebote müssen von Landesbehörden als Bildungsurlaub anerkannt sein. Wo es Bildungsurlaub gibt, muss er spätestens sechs Wochen vor der Bildungsmaßnahme beim Arbeitgeber beantragt werden, der den Antrag nur ablehnen darf, wenn dem wichtige betriebliche Gründe entgegenstehen. Obwohl Unternehmen die Mitarbeiter während des Bildungsurlaubs weiter bezahlen, werden die Angebote selten genutzt – teils aus Unkenntnis, teils aus Furcht vor einer ablehnenden Haltung von Führungskräften oder Kollegen.

Finanzielle Beteiligungen sind kein Fall für das undifferenzierte Gießkannenprinzip, vielmehr handelt es sich um teilweise nicht unerhebliche Investitionen des Unternehmens. Das Personalmanagement verantwortet diese Investitionen. Daher sollte es seiner Verantwortlichkeit nachkommen, indem es

- ✔ sich Leitlinien überlegt, die eine Auswahl der Geförderten, die Durchführung der finanziellen Unterstützung und die eventuellen anteiligen Rückzahlungsmodalitäten festschreibt,
- ✔ die ständige Begleitung der Geförderten sicherstellt, damit die erworbenen Ausbildungsinhalte auch mit den Interessen des Unternehmens in Einklang gebracht werden,
- ✔ den grundsätzlichen Erfolg seines Förderprogramms misst, beispielsweise am Ausbildungserfolg und an einer daran ansetzenden Leistungssteigerung,
- ✔ das Gelernte wertschätzt und zum Zweck der Erledigung von Unternehmensaufgaben abruft,
- ✔ die für die Geförderten verantwortliche Führungskraft leistungsbezogen vergütet, und zwar so, dass sie am Erfolg der Geförderten teilhat, aber auch einen eventuellen Misserfolg der Geförderten im Rahmen ihres eigenen Gehalts verspürt.

Von den Adressaten des Lernens und des Wissensmanagements gesehen ist vor allem die Stammbelegschaft nicht zu vergessen, die einige Jahre im Unternehmen arbeitet und dann langsam aus dem Blickfeld des (unprofessionellen) Personalmanagements verschwindet. Auch weitere Mitarbeitergruppen wie Nachtarbeitende, im Ausland Tätige sowie die Führungskräfte sind nach wie vor Zielgruppen einer Personalentwicklung.

Macht sich das Personalmanagement die Erkenntnisse der Hirnforschung für die Mitarbeiterführung nutzbar, spricht man von »Neuroleadership«. Um von den neuesten interdisziplinären Erkenntnissen der biologischen Hirnforschung zu profitieren, müssen die dort gefundenen Forschungsergebnisse zunächst in umsetzbares Führungswissen umgewandelt werden. Basierend auf den Erkenntnissen des Neuroleadership lässt sich die Leistungsfähigkeit des Gehirns älterer Menschen neu beurteilen: Demgemäß ist auch im Alter die Lernfähigkeit immer noch in großem Ausmaß gegeben. Ältere Menschen haben einen größeren Erfahrungsschatz, den sie kurzfristig abrufen können, wohingegen ihre Fähigkeit zur Informationsverarbeitung tendenziell abnimmt. Ihre intuitive Entscheidungsfähigkeit steigt daher an, während die rationale Entscheidungsfähigkeit eher nachlässt. In der Personalentwicklung sind für ältere Menschen Programme sinnvoll, die den Erfahrungsschatz und die Intuition in die Lernsysteme einbeziehen und langwierige Erklärungen vermeiden.

Der klassische Personalentwicklungsprozess

Der Begriff der Personalentwicklung umfasst Ausbildung, Fortbildung und Weiterbildung sowie die Mitarbeiterförderung. Eine Personalentwicklung wird immer dann erforderlich, wenn Abweichungen zwischen den vorhandenen Mitarbeiterfähigkeiten und den an sie gestellten Anforderungen nicht über die Beschaffung neuer Mitarbeiter ausgeglichen werden können oder sollen.

Der klassische Personalentwicklungsprozess umfasst neun Teilaspekte:

1. Die Lernhistorie des Mitarbeiters wird in der *Personalakte* archiviert. Sie ist eine wichtige Datenquelle auch für die Personalentwicklung. Moderne Personalabteilungen verwenden nicht mehr die Papierform, sondern die elektronische Personalakte, die aus einem elektronischen Archiv sowie dem Personalinformationssystem besteht.

2. Die *Personalentwicklungsziele* können sich aus der Unternehmensstrategie ergeben, etwa dann, wenn das Unternehmen sich auf seinem Markt als Technologieunternehmen positionieren will. Sie können zudem aus der *Personalstrategie* abgeleitet werden, die Ziele im Hinblick auf die langfristige Mitarbeiterentwicklung und Organisationsentwicklung formuliert.

3. Als Nächstes gilt es, den *Ansatzpunkt der Personalentwicklungsmaßnahmen* zu definieren: entweder konkrete Tätigkeiten, die erlernt werden, oder ganze Systeme, die es zu verstehen gilt, oder sogar die Unternehmenskultur, die erspürt und verinnerlicht werden soll.

4. Der *Entwicklungsbedarf* als Basis für die Personalentwicklung ist die Gegenüberstellung von aufgabenseitigem Anforderungsprofil und mitarbeiterseitigem Fähigkeitsprofil. Dieser Vergleich führt zur Bestimmung einer Fähigkeitslücke.

5. Entscheidend für das Gelingen der Personalentwicklung ist das individuelle *Entwicklungspotenzial* des Mitarbeiters, der lernen soll. Ob es vorhanden ist, beurteilen in der Regel die unmittelbaren Führungskräfte.

6. Das Personalmanagement achtet auf die Wirtschaftlichkeit und wird daher nicht das gesamte Entwicklungspotenzial ausschöpfen, das gegeben ist. Daher hängt das *Entwicklungsvolumen* von den zur Personalentwicklung bereitstehenden Ressourcen ab, darüber hinaus von der übergeordneten Entwicklungsstrategie sowie den individuellen Entwicklungszielen der Mitarbeiter.

7. Welcher Mitarbeiter genau *Entwicklungsadressat* wird, hängt von der Entscheidung des Personalmanagements ab. Die personalwirtschaftliche Literatur schlägt hierzu vier alternative Prinzipien vor: (a) Die Engpassregel sucht die Mitarbeiter aus, deren Nicht-

qualifizierung dem Unternehmen am meisten schaden würde; (b) die Suche nach Chancengleichheit lässt alle Mitarbeiter zu; (c) die Privilegierung bevorzugt bestimmte Beschäftigtengruppen wie beispielsweise Führungskräfte; (d) die Begabtenförderung will die Mitarbeiter mit dem höchsten Entwicklungspotenzial weiterbilden.

8. Die *Entwicklungsmaßnahmen* spezifizieren, wie ein Mitarbeiter geschult wird. Dafür gibt es vier Gruppen von Aktivitäten: (a) Personalentwicklung *into the job* als Hinführung zu einer neuen Tätigkeit, (b) Personalentwicklung *on the job* und *along the job* als direkte Maßnahmen am Arbeitsplatz, beispielsweise planmäßiger Arbeitswechsel (»Jobrotation«), Sonderaufgaben, Projektarbeit oder Strategie-Workshops, (c) Personalentwicklung *near the job* als arbeitsplatznahes Training und Stellvertretung, dazu Personalentwicklung *off the job* als Weiterbildung außerhalb der Arbeitszeit, beispielsweise Seminare, Fallstudien, Sensitivitätstraining oder der Besuch einer Corporate University, sowie (d) Personalentwicklung *out of the job* als Sicherstellung der Beschäftigungsfähigkeit und Vorbereitung auf ein Verlassen des Unternehmens.

9. Jeder formal vollständige Personalentwicklungsplan enthält Aussagen über die *Personalentwicklungskontrolle*. Bei der prozeduralen Kontrolle wird der Personalentwicklungsprozess auf Sinnhaftigkeit geprüft. Bei der Ergebniskontrolle wird überprüft, inwieweit die Ziele der Personalentwicklung erreicht wurden und ob ein Transfer des Gelernten in die Arbeit des Mitarbeiters und gegebenenfalls sogar auf weitere Kollegen erfolgt ist.

Weil Personalentwicklung von Budgets abhängt, ist sie häufig ein strittiger Punkt. Bei guter Wirtschaftslage werden eher »Geschenke verteilt«, bei nachlassender Konjunktur kommt zwecks allgemeiner Kürzung die »Rasenmähermethode« zum Zuge. Beim Mittelstand kommt noch dazu, dass eine vom Unternehmen durchgeführte Personalentwicklung scheinbar immer eine Mindestunternehmensgröße voraussetzt – ein Gedanke, der weit verbreitet und nicht ganz falsch ist, trotzdem aber nicht zwingend. Zwar lässt sich ein Zusammenhang zwischen dem Umfang der Personalentwicklung und der Unternehmensgröße feststellen. Größere Unternehmen können einen umfangreicheren Werkzeugkasten bereitstellen und deshalb auch für den Einzelfall passendere Qualifikationsmaßnahmen liefern. Da aber gut qualifizierte Mitarbeiter für die meisten Unternehmen wichtig sind und zudem die Personalentwicklung für Mitarbeiter eine hohe Motivationswirkung entfaltet, brauchen auch kleinere Unternehmen Personalentwicklungsprogramme zur Erhaltung ihrer Wettbewerbsfähigkeit.

Einen Ausweg aus diesem Problem besonders für den Mittelstand bieten zum einen die Verbundqualifikation, in deren Rahmen mehrere Unternehmen bei ihrer Personalentwicklung kooperieren, zum anderen externe Anbieter, schließlich die Personalentwicklung per E-Learning.

E-Learning

Als E-Learning wird das mittels elektronischer Medien unterstützte Lernen bezeichnet, also das Anleiten und Lenken des Lernens mittels Computer oder mobiler Endgeräte.

Zum E-Learning zählt das synchrone Lernen, bei dem Lernender und Lehrender miteinander in unmittelbarem Kontakt stehen und sich daher Rückmeldungen geben können. Medien sind hier Videokonferenzen, die gemeinsame Nutzung derselben Dateien auf mehreren Computern oder Chatfunktionen (dies sind schriftliche Gespräche von Computer zu Computer). Zum E-Learning zählt auch das asynchrone Lernen, bei dem der Lernende zeitversetzt mit dem Lehrenden kommuniziert. Typische Medien hierfür sind beispielsweise die Kommunikation per E-Mail oder Internetforen.

Lerninhalte werden beim E-Learning in verschiedenen Formen präsentiert, unter anderem durch:

- ✔ *Übungsprogramme* stellen den Lernstoff in einzelnen Schritten dar, die vom Lernenden abgearbeitet werden müssen. Ist die Bearbeitung eines Schrittes erfolgreich, was durch Kontrollfragen überprüft werden kann, kann der folgende Lernschritt begonnen werden. Der Lernende erhält eine Rückmeldung über die Qualität seiner Bearbeitung.
- ✔ *Tutorensysteme* sind Übungsprogramme, die nicht schrittweise vorgehen, sondern in Abhängigkeit von den Lernerfolgen und Präferenzen des Lernenden individuell abgestimmte Lernpfade entwickeln.
- ✔ *Hypertext* vermittelt Lernstoff in einer vernetzten Struktur, wobei der Lernende wie auf einer Internetseite selbstständig Verknüpfungen mit anderen Datenbeständen aufruft (also Links anklickt). Dies können Filme, Texte oder Tondateien sein.
- ✔ *Einfache Simulationen* ermöglichen es dem Lernenden, ein bestimmtes Modell dadurch zu verstehen, dass sich im Computer bestimmte Rahmendaten verändern lassen, wodurch das Modellverhalten sich unmittelbar verändert.
- ✔ *Planspiele* sind *komplexe Simulationen*, bei denen der Lernende ganze Systeme durch seine Dateneingaben zu steuern versucht, wobei der Steuerungserfolg durch das zeitliche Fortschreiben des Systems ersichtlich wird.
- ✔ *Wikis* nennt man ein gemeinschaftlich erzeugtes Verwaltungssystem für Wissen im Internet. Als offene Plattform bietet ein Wiki die Möglichkeit, dass freiwillige Nutzer ihr Wissen beitragen und in das bereits bestehende Wissen integrieren. Das Ergebnis ist eine in sich verzahnte Wissensdatenbank.
- ✔ *Blogs* sind Sammlungen von themenbezogenen Informationen, Meinungen und Kommentaren im Internet, die ständig aktualisiert und durch neue Einträge ergänzt werden. Für Lernende sind sie informativ, weil sie sich auf einzelne Themen fokussieren.
- ✔ Sammlungen von Lehrfilmen zu allen möglichen Themen finden sich mittlerweile auf den gängigen *Videoportalen* und auf Seiten von Bildungsanbietern.

Mit der rasanten Entwicklung des Internets und der mobilen Datenverarbeitung ist in den letzten Jahren auch eine Entwicklung des E-Learnings einhergegangen. So gibt es als E-Learning-Ansätze:

- ✔ *Computer Based Training*, bei dem vor allem DVDs die Inhalte bereitstellen;
- ✔ *Web Based Training*, bei dem die Lerninhalte aus dem Internet abgerufen werden, hier auch Lernportale;
- ✔ *mobiles Lernen*, das über mobile Endgeräte erfolgt;
- ✔ *virtuelle Seminare*, die Livestreams von Lehrveranstaltungen nutzen, was auch als Webcast oder Webinar bezeichnet wird, wobei Lehrender und Lernende von verschiedenen Orten aus agieren;
- ✔ *Blended Learning*, was alle vorgenannten Möglichkeiten miteinander verzahnt.

Damit ist E-Learning nicht nur an individuelle Lernbedürfnisse anpassbar, sondern flexibel einsetzbar, was Lernzeiten, -orte, -inhalte und -methoden betrifft. Zudem lässt es sich in individuellen wie auch in teambezogenen Lernzusammenhängen einsetzen und nutzt die Vorteile moderner Kommunikationsmedien.

Da E-Learning die Selbstständigkeit des Lernenden voraussetzt, kann das Personalmanagement diese durch die Bereitstellung der technischen und datenschutzrechtlichen Voraussetzungen sowie durch eine anfängliche Schulung unterstützen. Hinzu kommt, dass das E-Learning als Lehrmethode im Unternehmen positiv besetzt werden muss, dass es also ein Teil der Lernkultur des Unternehmens wird, sich am E-Learning zu beteiligen.

Die Grenzen des E-Learning liegen zunächst in den Lernenden selbst. Nicht jeder lässt sich zum eigenverantwortlichen Lernen motivieren und nicht jeder kommt mit den technischen Gegebenheiten des Lernprogramms zurecht. Es kommt erfahrungsgemäß zu Abbruchraten, die über 50 Prozent der entsprechenden Schulungen liegen. Die Mitarbeiter fühlen sich von den Materialien nicht abgeholt, insbesondere dann, wenn nur bereits existierende Lernmaterialien in elektronischen Medien eingestellt werden. Hieraus hat man gelernt, dass die Vorteile elektronischer Medien zum Tragen kommen müssen, beispielsweise Filme und Animationen eingebaut werden sollten. Ansonsten fühlen sich Mitarbeiter beim E-Learning nicht mit anderen Kollegen verbunden. Es wurden daher insbesondere solche Kurse entworfen, die einen Kontakt zwischen verschiedenen Lernenden mit sich bringen.

Zur bewussten personalwirtschaftlichen Entscheidung, ob und in welchem Maße E-Learning im Unternehmen eingesetzt werden soll, zählt auch die Kostenkalkulation. Während für die Entwicklung, die Ersteinrichtung, die Pflege und Aktualisierung oder alternativ für die Lizenzierung oder für den Kauf des E-Learning Kosten anfallen, ist der tatsächliche Einsatz bei den Lernenden im Vergleich zu Präsenzseminaren kostengünstig: Es entfallen Anreise- und Abwesenheitskosten der Mitarbeiter und es verkürzen sich die Lernzeiten. E-Learning reduziert Weiterbildungskosten teilweise bis zur Hälfte, was insbesondere für mittelständische Unternehmen attraktiv sein kann. Eine vergleichende Kostenkalkulation sollte auf der Annahme wiederholten Lernens basieren, um eine mittelfristige Betrachtung zu ermöglichen.

Ein E-Learning-System besteht aus einem Lernmanagementsystem zur Abwicklung der Verwaltung und einem Lerninhaltssystem zur Bereitstellung der Kursinhalte.

Der Einsatz von Technologie bedeutet noch nicht automatisch ein effektives E-Learning. Für die Lernergebnisse ist es besonders wichtig, dass sowohl ein vernünftiges Lernkonzept hinter dem E-Learning steht als auch, dass die Lernpräferenzen der Mitarbeiter berücksichtigt werden.

Das *Digital Game Based Learning* ist ein solches E-Learning-Angebot, das sich insbesondere auf die Lernpräferenzen junger Menschen ausrichtet. Als Instrument des elektronischen Lernens verwendet es Computer-, Internet- und Videospiele.

Allgemein lassen sich zwei Arten von digitalen Spielen unterscheiden:

- ✔ Die einen werden geschaffen, um dem Nutzer einen hohen Spaßfaktor zu bieten, wobei es in ihrem Rahmen auch zu beiläufigen Lerneffekten kommt, die auch personalwirtschaftlich relevant sein können.
- ✔ Andere zielen von vornherein auf die Vermittlung von Lerninhalten ab.

Bei der Entwicklung des spielbasierten E-Learnings für Unternehmen wird das Design der Spiele mit pädagogischem Wissen angereichert, weshalb man auch von »Positive Impact Games« spricht, Spielen mit ernsthaftem Bildungsauftrag. Dennoch adressiert es jüngere Bewerber, Mitarbeiter und Nachwuchsführungskräfte. Bei ihnen geht man davon aus, dass sie als Teil der »digitalen Netzwerkgeneration« (oder »Net Generation«) einen engeren Bezug zu Videospielen haben. Die Net Generation glaubt an die eigene Selbstwirksamkeit, ist risikobereit, bevorzugt induktives Denken, fordert häufige und direkte Möglichkeiten der Interaktion, benutzt mehrere Informationskanäle gleichzeitig und zieht visuelle Reize vor, um zu lernen. Erfahrungen mit dem Angebot von Digital Game Based Learning zeigen jedoch, dass sich auch ältere Nutzer von diesen Spielen angesprochen fühlen. Insofern trägt es zu lebenslangem Lernen bei.

Das Gleichgewicht zwischen Arbeit und Freizeit

Heutzutage wird nicht nur von den Mitarbeitern ein ausgewogenes Verhältnis von Arbeit und Privatleben – die sogenannte *Work-Life-Balance* – angestrebt, auch vonseiten des Personalmanagements ist dies ein wichtiges Ziel. Das Personalmanagement will seine gut qualifizierten Mitarbeiter möglichst langfristig an das Unternehmen binden. Dies gelingt eher, wenn die Zufriedenheit mit den Arbeitsbedingungen hoch ist. Die Work-Life-Balance trägt hierzu bei.

Die Komponenten, die es in ein ausgewogenes Verhältnis zu bringen gilt, sind Arbeitszeit, Freizeit und Urlaubszeit. Selbst wenn flexibel arbeitende Mitarbeiter oder sogar Selbstständige keiner festen Zeiteinteilung mehr folgen, sollte das Verhältnis zwischen Arbeit und Freizeit noch »gesund« sein.

Was individuell als »gesund« erachtet wird, ist verschieden. Nicht nur bei Selbstständigen lauert die Falle, dass in dem Maße, wie Mitarbeiter ihre Arbeit als deckungsgleich mit ihrem persönlichen Lebensentwurf empfinden und hier ihre primäre Chance auf Selbstverwirklichung sehen, die Gefahr besteht, dass sie Arbeitszeit als »ist doch eigentlich Freizeit« umdefinieren. Damit ebnen sie den Weg zu ihrer Selbstausbeutung.

Es kommt darauf an, dass jeder Mitarbeiter für sich definiert, in welchem Maße er wo – also in der Arbeit, in der Freizeit oder im Urlaub – bestimmte seiner Bedürfnisse befriedigen kann. Üblicherweise haben sowohl Arbeit als auch Freizeit als auch Urlaub gleichzeitig Aspekte auf folgenden Dimensionen:

- ✔ Anerkennung – Unterdrückung
- ✔ Abwechslung – Langeweile
- ✔ Gesunderhalten – Krankmachen
- ✔ Erholung – Gestresstwerden
- ✔ Geborgenheit – Flucht
- ✔ Weiterentwicklung – Stagnation

Deshalb ist es für einen Mitarbeiter möglich, seine Bedürfnisse nicht nur in einem einzigen Lebensbereich zu befriedigen, sondern in einer ausgewogenen Mischung aus Arbeit und Privatleben. Er kann allerdings nicht gezwungen werden, den Arbeitsaspekt nicht überzubetonen, wie es bei Workaholics zu beobachten ist. Daher kann das Personalmanagement lediglich versuchen, die Mitarbeiter von einer gesunden Mischung aus Arbeit und Freizeit zu überzeugen.

Die Rolle des Personalmanagements besteht darin, den Mitarbeitern Hilfestellung beim Finden ihrer eigenen Work-Life-Balance zu geben. Auch unter ähnlichen Begriffen wie »familienbewusstes Personalmanagement« werden viele Maßnahmen einzeln oder in Kombination eingesetzt, wie die folgende Auswahl zeigt:

- ✔ **Arbeitszeit:** flexible Arbeitszeit und -organisation, Vertrauensarbeitszeit, flexible Arbeitszeitgestaltung, Teilzeitmodelle für Mitarbeiter sowie für Führungskräfte, Vertrauensarbeitszeit, bezahlte kurzfristige Auszeit, Schnupperteilzeit;
- ✔ **Maßnahmen der Arbeitsgestaltung:** Kombination von Büro- und Telearbeit zu Hause, flexible Arbeitsplätze im Büro, moderne Informationsinfrastruktur zur Unterstützung;
- ✔ **Unternehmenskultur:** werteorientierte Unternehmensführung, flache Hierarchien, Förderung von sozialer Vielfalt (Diversity), Gesundheitsmanagement, familienfreundliche Personalpolitik;

- **praktische Unterstützung:** Personalentwicklungsmaßnahmen, Kontakthalteprogramm für Beurlaubte, Kinderbetreuungszuschuss, Notfallbetreuung für Kinder im Betrieb, individuelle Firmenwagenwahl, Informationsangebote zu Themen wie Kinderbetreuung und Pflege.

Das Personalmanagement kann zukunftsorientierte Maßnahmen im Hinblick auf demografische Entwicklung und gesellschaftlichen Wandel anbieten, Familienfreundlichkeit als Markenzeichen entwickeln, seine Arbeitgeberattraktivität steigern, möglicherweise Imagegewinne bei seinen Kunden und in der Gesellschaft erzielen und langfristig die Unternehmensinteressen mit den Mitarbeiterinteressen in Einklang bringen, sodass die qualifizierten Mitarbeiter das Unternehmen nicht verlassen. Hinzu kommen die personalwirtschaftlichen Effekte wie niedrige Krankheitsquote, geringe Fluktuation, Erhöhung der Rückkehrquote, Senkung der Abwesenheitsdauer im Anschluss an den Mutterschutz, Reduzierung von Überbrückungs- und Wiedereingliederungskosten sowie Vermeidung oder Senkung von Personalwiederbeschaffungskosten.

Im Erfolgsfall lassen sich die Work-Life-Balance-Programme von Unternehmen auch zertifizieren, wozu es eine ganze Reihe an Audits, Wettbewerben und Preisen der öffentlichen Hand, von Unternehmensverbänden und Zertifizierern gibt.

Mit dem Urlaub fängt es an

In Deutschland richtet sich der Mindesturlaubsanspruch nach dem Bundesurlaubsgesetz. Der Anspruch auf bezahlten Erholungsurlaub beträgt mindestens 24 Werktage (also alle Tage außer Sonn- und Feiertagen) im Jahr – sobald das Arbeitsverhältnis sechs Monate besteht. Wechselt ein Arbeitnehmer seinen Arbeitsplatz, muss der bisherige Arbeitgeber den bereits gewährten Urlaub bescheinigen, damit gegen den neuen Arbeitgeber kein Anspruch auf bereits gewährten Urlaub geltend gemacht werden kann.

Das Personalmanagement muss laut Gesetz die Urlaubswünsche des Mitarbeiters berücksichtigen, wenn dem keine betrieblichen Belange oder Urlaubswünsche von unter sozialen Gesichtspunkten vorrangigen Mitarbeitern entgegenstehen. Grundsätzlich muss der Urlaub im laufenden Kalenderjahr gewährt und genommen werden, wobei in Ausnahmefällen die Übertragung in die ersten drei Monate des Folgejahrs möglich ist.

Während seines Urlaubs darf der Mitarbeiter keine Erwerbsarbeit leisten, die dem Zweck von Urlaub widerspricht. Wird ein Mitarbeiter während seines Urlaubs krank, zählen die Tage, für die eine ärztliche Arbeitsunfähigkeitsbescheinigung vorliegt, nicht als Urlaubstage.

In Deutschland haben Schulkinder 75 Werktage Urlaub, davon zwölf Samstage. Dies bedeutet, dass es sich um circa zwölfeinhalb Ferienwochen für Schulkinder handelt – gegen die etwa sechs Urlaubswochen ihrer Eltern stehen. Daher sind Kinderferienbetreuungsprogramme sinnvolle Angebote im Bereich Work-Life-Balance.

Krankheit als Weckruf

Wenn ein Mitarbeiter krank ist, muss er dies gemäß den Regelungen des Entgeltfortzahlungsgesetzes dem Arbeitgeber unverzüglich melden. Er muss seine Arbeitsunfähigkeit und die voraussichtliche Dauer mitteilen. Bei einer Arbeitsunfähigkeit, die länger als drei Tage dauert, muss er eine ärztliche Arbeitsunfähigkeitsbescheinigung vorlegen, sofern im Arbeitsvertrag keine kürzere Vorlagefrist vereinbart wurde oder das Unternehmen nicht früher eine Bescheinigung einfordert.

Die Arbeitsunfähigkeitsbescheinigung kann aus dem Inland oder dem EU-Ausland stammen. Stammt die Arbeitsunfähigkeitsbescheinigung aus einem Land außerhalb der EU, muss sie die sozialversicherungsrechtliche Unterscheidung zwischen Krankheit und Arbeitsunfähigkeit vornehmen. Das Unternehmen muss den Beweiswert einer ärztlichen Arbeitsunfähigkeitsbescheinigung anerkennen. Hat das Unternehmen Zweifel, liegt die Beweislast bei ihm.

Nach dem Entgeltfortzahlungsgesetz besteht Arbeitern, Angestellten und den zu ihrer Berufsbildung Beschäftigten, die von diesem Gesetz erfasst werden, ein Anspruch auf Entgeltfortzahlung im unverschuldeten Krankheitsfall. Dieser gilt sechs Wochen und beläuft sich auf das bei normaler Arbeit zustehende Arbeitsentgelt. Dies bedeutet, dass normalerweise anfallende Überstundenzuschläge und Aufwandsentschädigungen in der Regel nicht vergütet werden. Bei leistungsbezogener Entlohnung wird der üblicherweise erzielbare Durchschnittsverdienst gezahlt. Liegt die ärztliche Arbeitsunfähigkeitsbescheinigung nicht vor, darf das Unternehmen die Entgeltfortzahlung verweigern. Gesonderte Regelungen bestehen hinsichtlich der Entgeltfortzahlung bei Heimarbeit.

War ein Mitarbeiter innerhalb eines Jahres länger als sechs Wochen arbeitsunfähig erkrankt, muss das Unternehmen ihm eine Maßnahme des betrieblichen Eingliederungsmanagements gemäß Sozialgesetzbuch IX anbieten, die allerdings nur mit dem Einverständnis des Betroffenen durchgeführt werden kann. Die Aufgabe des Personalmanagements ist es, Vorbereitungen für solche Wiedereingliederungsmaßnahmen zu treffen, damit diese im Bedarfsfall sofort anlaufen können, und dann im Einzelfall die Kommunikation mit den betroffenen Mitarbeitern einzuleiten.

Das Personalmanagement ist auch mit langandauernd Kranken konfrontiert. Solche Mitarbeiter fehlen dem Unternehmen nicht nur bei der Leistungserstellung, vielmehr entstehen weitere Kosten: Urlaubsansprüche von Mitarbeitern, die aufgrund einer langandauernden Krankheit nicht wahrgenommen werden können, verfallen nicht, auch nicht gemäß § 7 Bundesurlaubsgesetz nach dem Ablauf des dreimonatigen Übertragungszeitraums im Folgejahr. Ein aus längerer Krankheit wiederkehrender Mitarbeiter kann also zunächst seinen ausgefallenen Urlaub – im Extremfall für mehr als ein Jahr – nachholen oder aber diesen in finanzieller Form als Urlaubsgeld beanspruchen. Daher ist es für das Personalmanagement ratsam, für den Fall langandauernder Erkrankter entsprechende Rückstellungen zu bilden. Einige Unternehmen versuchen zur Vermeidung dieser Zahlungen, personenbedingte Kündigungen durchzusetzen, was jedoch nicht immer funktioniert. Eine Alternative ist es, im Einvernehmen mit dem Mitarbeiter das Arbeitsverhältnis zu beenden, gleichzeitig aber eine Widereinstellungszusage zu geben, damit einerseits die Kosten nicht entstehen, andererseits der Mitarbeiter aber eine Perspektive zur Weiterarbeit nach seiner Genesung erhält.

Fehlt ein Mitarbeiter häufig aus anderen Gründen als infolge tatsächlicher Krankheit, also beispielsweise wegen Motivationsmangel oder Privatproblemen, wird von »Absentismus« gesprochen. Ein solches »Krankfeiern« ist schwer nachzuweisen, weil in der Regel trotzdem Krankmeldungen vorgelegt werden. Das Gegenteil ist der »Präsentismus«. Hier kommen Mitarbeiter zur Arbeit, obwohl sie krank sind. Sie begründen dies mit ihrer Angst um den Arbeitsplatz und nehmen nicht nur in Kauf, dass ihre Gesundheit langfristig leidet, sondern auch, dass die Fehler- und Unfallgefahr während ihrer Leistungsbeeinträchtigung ansteigt. Untersuchungen belegen, dass die Produktivitätsverluste durch Präsentismus höher sind als die Verluste durch krankgeschriebene Mitarbeiter.

Eskalation »Burn-out«

Der Begriff Burn-out ist noch nicht eindeutig definiert, sondern gilt eher als Beschreibung eines Gesamtbilds aus Person und Arbeitsumgebung. Burn-out benennt bestimmte Formen von arbeitsbezogenen Depressionserkrankungen, vermeidet aber den negativen Beigeschmack des Wortes Depression. Beim Burn-out stellen sich über Stufen zunehmender psychischer Beanspruchung nach und nach unumkehrbare Stresszustände ein, die sich in permanenter Erschöpfung, Vernachlässigung sozialer Kontakte, ständigen Konzentrationsstörungen, Gereiztheit, Hang zu Zynismus, Angstzuständen, innerer Leere, Dauererkrankungen oder im Extremfall Selbstmord zeigen.

Studien zeigen, dass Burn-out zunimmt und zu einer Erhöhung von Krankheitstagen in Unternehmen geführt hat, was mit Ausfallkosten für die Unternehmen verbunden ist. Allerdings wird dies auch darauf zurückgeführt, dass die Sensibilisierung gegenüber Depressionserkrankungen beispielsweise durch die inflationäre Berichterstattung in den Medien gestiegen ist, sodass eine entsprechende Diagnose auch häufiger erfolgt.

Schätzungen zum Zeitpunkt der Drucklegung des Buches gehen davon aus, dass je Arbeitnehmer im Jahr durchschnittlich zwei Arbeitsunfähigkeitstage anfallen, die auf psychische Erkrankungen zurückgehen. Hierbei sind die meistverbreiteten Krankheitsbilder Depressionen, Anpassungsstörungen und Burn-out. Auf Deutschland hochgerechnet ergeben sich hierdurch Produktionsausfälle von circa 26 Milliarden Euro.

Was genau kann das Personalmanagement bei auftretendem Burn-out tun? Es gilt das Arbeitsschutzgesetz, das in § 1 Satz 1 formuliert: »Dieses Gesetz dient dazu, Sicherheit und Gesundheitsschutz der Beschäftigten bei der Arbeit durch Maßnahmen des Arbeitsschutzes zu sichern und zu verbessern.« Es konkretisiert hier also die allgemeine Fürsorgepflicht des Arbeitgebers.

Es lassen sich Vorbeugung, Behandlung und Prävention unterscheiden. Zur *Vorbeugung* gegen Burn-out zählen:

- Zunächst sollte im Rahmen einer Gefährdungsanalyse erhoben werden, ob mögliche Schäden und Gesundheitsgefährdungen der Mitarbeiter im Rahmen ihrer Tätigkeit auftreten können – was bei mehr als zehn Mitarbeitern dokumentiert werden muss. Dem

Betriebsrat kommt gemäß Betriebsverfassungsgesetz ein Mitbestimmungsrecht zu, in dessen Rahmen er beispielsweise den Abschluss einer Betriebsvereinbarung mit grundsätzlichen Regelungen zur Gefährdungsbeurteilung anstoßen kann. Obwohl es keine standardisierte Erhebungsmethode für psychische Belastungen gibt, existieren dennoch Verfahren, die mittels Mitarbeiterfragebogen oder Führungskräfteinterviews eine Gefährdungslage zu identifizieren helfen. Die Bundesanstalt für Arbeitsschutz und Arbeitsmedizin hat viele solcher Verfahren unter `www.baua.de/toolbox` zusammengestellt.

- ✔ Der Arbeitgeber muss seine Mitarbeiter hinsichtlich der Sicherheits- und Gesundheitsschutzlage ausreichend und angemessen unterweisen, damit die Mitarbeiter auch selbst Gefährdungen erkennen können. Insbesondere können Mitarbeiter ihre Resilienz trainieren. Hiermit wird die persönliche Widerstandskraft gegenüber Stress bezeichnet. Unter der Annahme, dass jede Person selbst für ihre Gesundheit verantwortlich ist, lernen sie persönliche Stressauslöser in ihrem Alltag zu erkennen und entwickeln Aufmerksamkeit für Anzeichen persönlicher Überforderung.
- ✔ Erkannte Gefahren müssen abgemildert oder beseitigt werden. Hierzu kann das Personalmanagement organisatorische Veränderungen genauso in Erwägung ziehen wie Modifikationen im Arbeitsinhalt oder Arbeitsumfeld.

Zu der *Behandlung* von Burn-out kann das Personalmanagement unter anderem

- ✔ die persönliche Stressbewältigung der Betroffenen unterstützen,
- ✔ Arbeitsprozesse durchdenken und verbessern sowie
- ✔ den Führungskräften Anreize zur Verminderung des Arbeitsdrucks auf die Mitarbeiter setzen. Hierzu zählt ein bewusstes unternehmenskulturelles Umsteuern, denn bislang gelten die Mitarbeiter, die immer bis an ihre Leistungsgrenze gehen, noch als »die Guten«, obwohl sie ihre längerfristige Leistungsfähigkeit aufs Spiel setzen. In diesem Zusammenhang sind gerade die Führungskräfte selbst Vorbilder für eine nicht gesundheitsschädigende Arbeit.

Die Verantwortlichen im Personalmanagement stehen vor der Aufgabe, sich ihre Prioritäten genau zu überlegen, die irgendwo zwischen zwei Extremen liegen:

- ✔ Das eine Extrem ist eine übertriebene Leistungserwartung, die bereits bei der Personalauswahl beginnen kann und dann die Personalführung prägt. Sie führt zu einer hohen Dauerbelastung der Mitarbeiter und provoziert dann individuell Burn-out.
- ✔ Das andere Extrem ist die umfassende Schonung der Mitarbeiter, damit sie sich wohlfühlen, was aber zulasten der unternehmerischen Wertschöpfung geht.

Burn-out zu vermeiden heißt, einen Mittelweg zu finden und die Schwankung von Leistung nicht nur zu tolerieren, sondern bewusst in die langfristige Arbeitsgestaltung einzubauen.

Als relativ neues Gestaltungsfeld entwickelt sich der »psychische Arbeitsschutz«: Mitarbeiter sollen davor geschützt werden, dass sie auf ihren Smartphones auch in ihrer Freizeit jederzeit erreichbar sein müssen. Das Personalmanagement kann hierzu Regeln setzen, die es dann von den Mitarbeitern umzusetzen gilt. Einige Unternehmen haben Regeln eingeführt wie »Der Mailserver wird zwischen 20 Uhr abends und 7 Uhr morgens heruntergefahren und ist nicht erreichbar.« oder »In der Freizeit und am Wochenende müssen keine Mails beantwortet werden.« Dies funktioniert allerdings dann nicht, wenn die Mitarbeiter diese Regeln dadurch umgehen, dass sie in ihrer Freizeit über ihr privates Mailkonto mit der Arbeit fortfahren – auch hier ist also wieder Überzeugungsarbeit zu leisten. Mitarbeiter, die sich unausgesprochenen, psychisch hoch belastenden Leistungserwartungen des Unternehmens ausgesetzt sehen und sich davon überbeansprucht fühlen, können vom Unternehmen eine explizite Anweisung erbitten. Eine solche Anweisung muss dann die Regelungen des Arbeitszeitgesetzes beachten.

Hinsichtlich einer *Vorbeugung* beauftragen Unternehmen externe Experten oder fest angestellte Therapeuten damit, die Mitarbeiter zu beraten und ihnen unter Wahrung der Anonymität zu helfen. Unternehmen können damit kalkulieren, dass sich die Kosten solcher Vorbeugungsmaßnahmen pro Mitarbeiter auf bis zu 5 Euro pro Monat belaufen.

Das Gegenteil des Burn-out-Syndroms ist das Bore-out-Syndrom. Es wird durch das Gefühl der permanenten Unterforderung bei der Arbeit hervorgerufen (von englisch bored = gelangweilt). Es kommt primär in Dienstleistungsberufen vor, in denen der Arbeitserfolg nicht so sichtbar und einfach messbar ist wie etwa in der Produktion. Gründe für das Bore-out-Syndrom sind Routine und mangelnde Abwechslung in der Arbeit oder die personelle Überausstattung eines Arbeitsbereichs. Von Bore-out betroffene Mitarbeiter langweilen sich und sind unzufrieden mit ihrer Arbeitssituation, deren Schein des Ausgelastetseins sie nur aufrechterhalten, um ihren Arbeitsplatz zu bewahren. Ähnlich wie das Burn-out-Syndrom kann auch das Bore-out-Syndrom psychosomatische Krankheiten wie Verspannungen oder Magenbeschwerden auslösen.

Mehr zum Thema erfahren Sie in *Burn-out für Dummies*.

Systematisches Gesundheitsmanagement

Unternehmen, die auf die Gesundheit ihrer Mitarbeiter Wert legen, können von einem Gesundheitsmanagement wirtschaftlich profitieren. Sie vermeiden nicht nur Kosten von Ausfalltagen und den damit verbundenen Beeinträchtigungen der betrieblichen Leistungserstellung. Vielmehr halten sie ihre Mitarbeiter leistungsfähig, erzeugen eine höhere Mitarbeiterzufriedenheit und werden auf dem Arbeitsmarkt als attraktiver Arbeitgeber wahrgenommen.

Als Gesundheit gilt der Zustand des körperlichen, geistigen und sozialen Wohlbefindens eines Menschen. Gesundheit im Arbeitszusammenhang ist mehr als reiner Arbeitsschutz und Unfallverhütung am Arbeitsplatz. Ein Unternehmen hat auch eine gesundheitsbezogene Fürsorgepflicht seinen Mitarbeitern gegenüber.

Das betriebliche Gesundheitsmanagement verfolgt das Ziel, die Mitarbeiter hinsichtlich eines gesundheitsbewussten Arbeits- und Lebensstils zu unterstützen. Es will daher über eine gesunde Arbeitsweise sowie über das Gesundheitsmanagement informieren, die Bedeutung von Gesundheit betonen und Mitarbeiter zu gesundheitsförderlichem Verhalten motivieren.

Das Personalmanagement entscheidet über die Intensität des betrieblichen Gesundheitsmanagements und über die Wahl von Maßnahmen mit. Als Handlungsfelder gelten:

- ✔ die *Arbeitsorganisation*, die wenig gesundheitsschädigend und möglichst gesundheitsförderlich erfolgt und dabei die Anforderungen von Arbeits- und Gesundheitsschutz berücksichtigt,
- ✔ die *Personalführung*, in deren Rahmen die Kommunikation zu Themen des Gesundheitsmanagements zwischen Führungskräften und Mitarbeitern stattfindet,
- ✔ die *Personalentwicklung*, die von Gesundheitskursen für alle Mitarbeiter bis zum individuellen Gesundheitscoaching eine große Bandbreite an Schulungsmaßnahmen bereitstellen kann, sowie
- ✔ die Beeinflussung der *Unternehmenskultur*, die Gesundheit als zentralen Wert verankern kann.

Als erfolgssteigernd gilt hierbei, die Mitarbeiter in Gefährdungsbeurteilungen und in die Gestaltung gesundheitsförderlicher Maßnahmen einzubeziehen. Insbesondere die Führungskräfte sind wichtige Gesundheitsvorbilder im Unternehmen, die nicht nur hinsichtlich der Gestaltungsmöglichkeiten des Gesundheitsmanagements geschult werden können, sondern auch hinsichtlich der arbeitsrechtlichen Grenzen.

Im Hinblick auf die Sensibilität der Gesundheitsdaten von Mitarbeitern, die das Personalmanagement zur Planung seines Gesundheitsmanagements benötigt, müssen die Vorschriften des Datenschutzes beachtet werden. Die Erhebung von Gesundheitsdaten nach der Rückkehr eines Mitarbeiters aus einer längeren Krankheitsphase unterliegt engen rechtlichen Grenzen. So ist eine datenschutzrechtliche Belehrung des Mitarbeiters vor dem Gespräch zum Umfang seiner Auskunftspflicht notwendig. Hierbei müssen die Führungskräfte Informationen zum Zweck der Datensammlung, zur Art der Verarbeitung, Auswertung und eventuellen Weitergabe geben. Die möglichen Datenerhebungszwecke liegen im Wesentlichen lediglich in einer Gefahrenabwehr für Mitarbeiter (Gefährdungsbeurteilung), in einer gesundheitlich angemessenen Stellenzuordnung oder in der Vorbereitung von Wiedereingliederungsmaßnahmen.

Die Aufbewahrung von personenbezogenen Gesundheitsdaten sollte besonders gesichert sein; sie erfolgt – wenn vorhanden – häufig beim Betriebsarzt. Die Speicherung von Krankheitsdaten in der Personalakte ist unzulässig. Grundsätzlich empfiehlt es sich für das Personalmanagement, alle Schritte und Ergebnisse gesundheitsbezogener Mitarbeitergespräche zu dokumentieren. Dennoch: Das Personalmanagement darf einem Mitarbeiter im Rahmen des Arbeitsverhältnisses durchaus gesundheitsbezogene Verhaltensanweisungen geben, die dann beachtet werden müssen.

Gerade das Gesundheitsmanagement ist ein Gestaltungsfeld, in dem die Mitbestimmung des Betriebsrats zum Tragen kommt. Ihm kommen Initiativrechte zu, beispielsweise Gesundheitsgefährdungen beurteilen zu lassen. Auch bei der Gestaltung der Unterweisung der Mitarbeiter über Sicherheits- und Gesundheitsschutzmaßnahmen bestimmt der Betriebsrat mit.

Welche Maßnahmen kann das Personalmanagement konkret anbieten? Es gibt folgende Angebote:

- ✔ Entspannungstrainings,
- ✔ Ernährungsberatung,
- ✔ Lauf- und Bewegungstrainings,
- ✔ Rückenschule,
- ✔ Stresskontrolle und Stressbewältigung sowie
- ✔ Suchtberatung.

Darüber hinaus unterstützen organisatorische Maßnahmen wie die gesundheitsorientierte Veränderung eines Schichtarbeitssystems das Gesundheitsmanagement.

Personalfreisetzung: Ehemalige Mitarbeiter

9

In diesem Kapitel ...

- Freisetzungsformen unterscheiden
- Faire Kündigungspolitik verfolgen
- Ehemalige Mitarbeiter einbinden

Fast täglich ist in der Zeitung von Massenentlassungen, Umstrukturierungen, Arbeitslosigkeit oder Kündigungen zu lesen. Dies spiegelt die heutige wettbewerbsintensive Wirtschaft wider, deren Turbulenzen sich dann auf dem Arbeitsmarkt niederschlagen. Für den einzelnen Mitarbeiter bedeutet dies den Verlust seiner Arbeit und gegebenenfalls den Wechsel auf einen neuen Arbeitsplatz. Dies beginnt mit einer Trennungsentscheidung. Sie kann zweckmäßig für das Unternehmen sein, wenn schlecht leistende Mitarbeiter das Unternehmen verlassen, aber auch unzweckmäßig, wenn gut leistende Mitarbeiter wechseln.

Dieses Kapitel betrachtet die möglichen Trennungsgründe sowie den Trennungsprozess und dessen Konsequenzen. Es zeigt auch, was das Personalmanagement tun kann, damit die Brücken zu den ehemaligen Mitarbeitern nicht abgebrochen werden und tragfähig für eine weitere Kooperation bleiben.

Trennung ist mehr als Rausschmeißen

Wird Personal »freigesetzt«, so bedeutet dies zunächst lediglich, dass ein Mitarbeiter nicht mehr auf seinem bisherigen Arbeitsplatz verbleibt. Daher ist auch eine Änderungskündigung, durch die ein Mitarbeiter im Unternehmen auf einen anderen Arbeitsplatz versetzt wird, eine Freisetzung von der einen Stelle und ein Einsatz auf einer neuen. Der Personalbestand des Unternehmens bleibt gleich, wie auch beim Einsatz von Kurzarbeit, bei der Mitarbeiter ihre vertragliche Arbeitszeit nicht mehr vollständig abarbeiten, der entgangene Lohn aber teilweise durch die Bundesagentur für Arbeit aufgefangen wird.

Andere Trennungsformen bringen eine Abnahme des Personalbestands mit sich. Die verbreitetste Form ist der Renteneintritt (das Renteneintrittsalter steigt bis zum Jahr 2029 schrittweise auf 67 Jahre). Die Pensionierung ist allerdings lange vorhersehbar, es sei denn, es handelt sich um eine krankheitsbedingte Frühverrentung. Gerade weil das Personalmanagement dies weiß, kann es bei wichtigen Mitarbeitern dafür sorgen, dass in einer Art Stabübergabe das personengebundene Wissen frühzeitig in das Unternehmen und auf mögliche Nachfolger übertragen wird.

Auch die Kündigung führt zu einer Trennung von Unternehmen und Mitarbeiter. Die Initiative für eine Kündigung des Arbeitsverhältnisses kann von zwei Seiten ausgehen:

- Entweder kündigt der *Mitarbeiter*. Er ist mit der Situation unzufrieden oder will einen Entwicklungsschritt verwirklichen, wofür die Chancen bei einem anderen Arbeitgeber besser stehen. Einige Mitarbeiter sehen Krisen bei ihrem Arbeitgeber voraus. Dann verlassen besonders »die Guten« die Unternehmen, weil sie eine große Chance haben, schnell einen neuen Job zu finden. Auch familiäre Gründe können ausschlaggebend für einen Arbeitgeberwechsel sein. Beispielsweise möchte man dem Partner, der berufsbedingt in eine andere Stadt wechselt, folgen oder man möchte in die Nähe wichtiger Personen oder attraktiver Standorte ziehen.

- Oder aber das *Unternehmen* kündigt. Es hat etwas am persönlichen Verhalten des Mitarbeiters auszusetzen, was eine verhaltensbedingte Kündigung rechtfertigen kann, oder der Mitarbeiter erfüllt bei gleichbleibenden Anforderungen seine Aufgaben nicht mehr, was eine personenbedingte Kündigung rechtfertigen kann, oder es baut aufgrund von Auftragsrückgängen oder Rationalisierungen Stellen ab, was eine betriebsbedingte Kündigung rechtfertigen kann.

Ein Grund für eine betriebsbedingte Kündigung liegt nicht vor, wenn das Arbeitsvolumen im Unternehmen nur vorübergehend reduziert ist. Gerade wenn in einem Unternehmen Kurzarbeit geleistet wird, ist dies ein Hinweis darauf, dass ein Mangel als lediglich vorübergehend angesehen wird.

Für eine spätere Akzeptanz der unternehmensseitigen Kündigung beim betroffenen Mitarbeiter ist es entscheidend, dass die Gründe nachvollziehbar sind. Wenn ein Mitarbeiter stets wegen guter Leistung belobigt und belohnt wurde, wirkt eine Begründung der Trennung mit schlechter Leistung fadenscheinig und ist dann auch vermutlich gerichtlich anfechtbar.

Gemäß Kündigungsschutzgesetz muss ein Unternehmen unter bestimmten Bedingungen der örtlichen Niederlassung der Bundesagentur für Arbeit in dem für den Betrieb zuständigen Bezirk schriftlich melden, dass es eine Massenentlassung vornehmen möchte. Dazu muss es wissen, wie groß die Anzahl der Arbeitnehmer in dem betroffenen Betrieb ist und wie viele Mitarbeiter innerhalb von 30 Kalendertagen entlassen werden sollen. Eine Meldepflicht besteht, wenn mehr als fünf Arbeitnehmer (bei einer Betriebsgröße zwischen 20 bis 59 Arbeitnehmern), mehr als 25 Arbeitnehmer (bei einer Betriebsgröße zwischen 60 und 499 Arbeitnehmern) oder mehr als 30 Arbeitnehmer (bei einer Betriebsgröße ab 500 Arbeitnehmern) innerhalb von 30 Kalendertagen entlassen werden.

In der Meldung müssen unter anderem die Entlassungsgründe, die Zahl der Mitarbeiter sowie der Entlassenen, der Entlassungszeitraum sowie die Auswahlkriterien benannt werden. Sollten pflichtgemäße Massenentlassungsanzeigen unterbleiben oder fehlerhaft sein, können die Kündigungen unwirksam werden. Wie bei allen übrigen Kündigungsformen auch muss bei Massenentlassungen der Betriebsrat zwingend beteiligt werden.

Eine wiederkehrende Frage stellt sich hinsichtlich der Mitarbeiter, die im Vergleich zu ihren Kollegen überdurchschnittlich viele Krankheitstage aufweisen. Darf ein Unternehmen einen Mitarbeiter wegen häufiger Kurzzeiterkrankungen kündigen?

Gemäß der Rechtsprechung des Bundesarbeitsgerichts müssen vor einer krankheitsbedingten Kündigung drei Sachverhalte geprüft werden:

✔ Besteht beim Arbeitnehmer aus den Fehlzeiten heraus eine negative Gesundheitsprognose, die Anlass zu der Annahme gibt, dass eine Wiederholungsgefahr gegeben ist?

✔ Führen die vergangenen und auch die für die Zukunft prognostizierten Fehlzeiten zu einer erheblichen und unzumutbaren Beeinträchtigung betrieblicher Interessen?

✔ Kann der Arbeitgeber seine Beeinträchtigungen durch weniger harte Maßnahmen als eine Kündigung beheben und so den Interessen des Arbeitnehmers auf Arbeitsplatzerhalt entsprechen?

Da die Beweislast für die Beantwortung dieser Fragen beim Arbeitgeber liegt, muss er alle drei Fragen in seinem Sinne beantworten. Bei Mitarbeitern, die »blauzumachen« scheinen, gelingt dies aber kaum, weil bereits die von dem Arbeitsgericht hinzugezogenen Ärzte eine Wiederholungsgefahr mangels vorhandenen Krankheitsbilds in der Regel nicht konstatieren können.

Selbst wenn eine Wiederholungsgefahr gegeben wäre, müsste der Arbeitgeber nachweisen, dass es keine anderen Beschäftigungsmöglichkeiten für den Arbeitnehmer gibt. Auch eine verhaltensbedingte Kündigung hat kaum Erfolgschancen, weil der Arbeitgeber dem Mitarbeiter die Täuschungsabsicht nicht beweisen kann. Faktisch sind also Mitarbeiter, die häufig kurzzeiterkrankt sind, nur im Ausnahmefall kündbar.

Dem Personalmanagement bleibt bei beabsichtigten Kündigungen von Mitarbeitern mit häufigen Kurzzeiterkrankungen nur eine Langfriststrategie, die auf persönliche Gespräche mit dem Betroffenen setzt. Zudem besteht nach § 84 (2) des Sozialgesetzbuchs IX die Pflicht für den Arbeitgeber, längerfristig kranken Mitarbeitern von sich aus Maßnahmen des betrieblichen Eingliederungsmanagements anzubieten. Da ein Mitarbeiter gegenüber dem Arbeitgeber keine Auskunftspflicht über seine Krankheit hat, haben auch Krankenbesuche bei Personen, die »krankfeiern«, wenig Wirkung. Der Arbeitgeber kann bei anhaltendem Verdacht ein weiteres Mal krankheitsbedingt kündigen, wobei dies die erste krankheitsbedingte Kündigung fortsetzt und vor dem Arbeitsgericht eine höhere Wahrscheinlichkeit für einen Erfolg hat.

Betriebliches Eingliederungsmanagement: § 84 (2) Sozialgesetzbuch IX im Wortlaut

Sind Beschäftigte innerhalb eines Jahres länger als sechs Wochen ununterbrochen oder wiederholt arbeitsunfähig, klärt der Arbeitgeber mit der zuständigen Interessenvertretung im Sinne des § 93, bei schwerbehinderten Menschen außerdem mit der Schwerbehindertenvertretung, mit Zustimmung und Beteiligung der betroffenen Person die Möglichkeiten, wie die Arbeitsunfähigkeit möglichst überwunden werden und mit welchen Leistungen oder Hilfen erneuter Arbeitsunfähigkeit vorgebeugt und der Arbeitsplatz erhalten werden kann (betriebliches Eingliederungsmanagement). Soweit erforderlich wird der Werks- oder Betriebsarzt hinzugezogen. Die betroffene Person oder ihr gesetzlicher Vertreter ist zuvor auf die Ziele des betrieblichen Eingliederungsmanagements sowie auf Art und Umfang der hierfür erhobenen und verwendeten Daten hinzuweisen. (...)

Kündigung als Startschuss

Der Ablauf einer Trennung zwischen Unternehmen und Mitarbeiter ist in Deutschland im Arbeitsrecht geregelt, insbesondere im Kündigungsschutzgesetz. In jedem Fall müssen soziale Gesichtspunkte berücksichtigt werden und es besteht die Pflicht zur Beteiligung des Betriebsrats hinsichtlich der Kündigung. Weil das Arbeitsrecht sowie die Arbeitsrechtsprechung nicht von ungefähr als »intransparent und schwer vermittelbar« gelten, bergen sie immer wieder Veränderungen und halten Überraschungen bereit.

Einer verhaltensbedingten Kündigung geht in der Regel eine *Abmahnung* voraus, die drei arbeitsrechtliche Funktionen hat. Sie stellt arbeitsvertragswidriges Verhalten fest, sie fordert den Mitarbeiter zur Rückkehr zu einem dem Arbeitsvertrag entsprechenden Verhalten auf und sie droht dem Mitarbeiter für den Wiederholungsfall die Kündigung an. Das Personalmanagement kann für einen Mitarbeiter, der sich nicht arbeitsvertragsgemäß verhält, ohne Abmahnung in derselben Abteilung die *Umsetzung* auf einen anderen Arbeitsplatz vorsehen. Eine Eskalationsstufe ist die *Versetzung,* bei der dem Mitarbeiter ein anderer Arbeitsbereich für mehr als einen Monat zugewiesen wird. Neben einer vorangehenden Abmahnung muss in diese Entscheidung auch der Betriebsrat eingebunden werden. Liegt ein schwerwiegendes Fehlverhalten eines Mitarbeiters vor und der Arbeitgeber wäre berechtigt, den Mitarbeiter verhaltensbedingt oder außerordentlich zu kündigen, kann das Unternehmen auch die *Suspendierung* wählen. Es könnte zunächst das teilweise oder vollständige Ruhen der Rechte und Pflichten aus dem Arbeitsverhältnis aussprechen, während die Vergütung des Mitarbeiters weiterläuft und die Chance besteht, dass das Arbeitsverhältnis aufrechterhalten wird.

Die Kündigung eines Arbeitsverhältnisses ist rechtlich gesehen eine einseitige empfangsbedürftige Willenserklärung. Sie kann unabhängig vom Willen des Vertragspartners abgegeben werden. Als zugegangen gilt die Kündigung in dem Moment, in dem der Partner sie persönlich hört oder ihm das Kündigungsschreiben ausgehändigt wird. Ist der Vertragspartner abwesend, kann die Kündigung auch als Einschreiben oder durch einen Boten beziehungsweise Gerichtsvollzieher zugestellt werden.

Die ordentliche und damit fristgerechte Kündigung des Unternehmens als Arbeitgeber richtet sich nach den Regelungen des Bürgerlichen Gesetzbuches. Hier sind die Kündigungsfristen und die Form der Kündigung festgelegt. Hinzu kommen die Regelungen des Kündigungsschutzgesetzes, das dafür sorgen soll, dass Mitarbeitern, die bei einem Unternehmen mehr als sechs Monate arbeiten, nur aus sozial gerechtfertigten Gründen gekündigt wird. Diese Regelungen gelten allerdings gemäß der »Kleinbetriebsklausel« des § 23 des Kündigungsschutzgesetzes nicht für Kleinbetriebe mit weniger als zehn Vollzeitmitarbeitern. Sie sollen flexibler agieren können und müssen daher Kündigungen nicht sozial rechtfertigen.

Kündigungsfristen bei Arbeitsverhältnissen: § 622 des Bürgerlichen Gesetzbuches im Wortlaut

(1) Das Arbeitsverhältnis eines Arbeiters oder eines Angestellten (Arbeitnehmers) kann mit einer Frist von vier Wochen zum Fünfzehnten oder zum Ende eines Kalendermonats gekündigt werden.

(2) Für eine Kündigung durch den Arbeitgeber beträgt die Kündigungsfrist, wenn das Arbeitsverhältnis in dem Betrieb oder Unternehmen

1. zwei Jahre bestanden hat, einen Monat zum Ende eines Kalendermonats,
2. fünf Jahre bestanden hat, zwei Monate zum Ende eines Kalendermonats,
3. acht Jahre bestanden hat, drei Monate zum Ende eines Kalendermonats,
4. zehn Jahre bestanden hat, vier Monate zum Ende eines Kalendermonats,
5. zwölf Jahre bestanden hat, fünf Monate zum Ende eines Kalendermonats,
6. 15 Jahre bestanden hat, sechs Monate zum Ende eines Kalendermonats,
7. 20 Jahre bestanden hat, sieben Monate zum Ende eines Kalendermonats.

Bei der Berechnung der Beschäftigungsdauer werden Zeiten, die vor der Vollendung des 25. Lebensjahrs des Arbeitnehmers liegen, nicht berücksichtigt.

(3) Während einer vereinbarten Probezeit, längstens für die Dauer von sechs Monaten, kann das Arbeitsverhältnis mit einer Frist von zwei Wochen gekündigt werden.

(4) Von den Absatzen 1 bis 3 abweichende Regelungen können durch Tarifvertrag vereinbart werden. Im Geltungsbereich eines solchen Tarifvertrags gelten die abweichenden tarifvertraglichen Bestimmungen zwischen nicht tarifgebundenen Arbeitgebern und Arbeitnehmern, wenn ihre Anwendung zwischen ihnen vereinbart ist.

(5) Einzelvertraglich kann eine kürzere als die in Absatz 1 genannte Kündigungsfrist nur vereinbart werden,

1. wenn ein Arbeitnehmer zur vorübergehenden Aushilfe eingestellt ist; dies gilt nicht, wenn das Arbeitsverhältnis über die Zeit von drei Monaten hinaus fortgesetzt wird;
2. wenn der Arbeitgeber in der Regel nicht mehr als 20 Arbeitnehmer ausschließlich der zu ihrer Berufsbildung Beschäftigten beschäftigt und die Kündigungsfrist vier Wochen nicht unterschreitet.

Bei der Feststellung der Zahl der beschäftigten Arbeitnehmer sind teilzeitbeschäftigte Arbeitnehmer mit einer regelmäßigen wöchentlichen Arbeitszeit von nicht mehr als 20 Stunden mit 0,5 und nicht mehr als 30 Stunden mit 0,75 zu berücksichtigen. Die einzelvertragliche Vereinbarung längerer als der in den Absätzen 1 bis 3 genannten Kündigungsfristen bleibt hiervon unberührt.

(6) Für die Kündigung des Arbeitsverhältnisses durch den Arbeitnehmer darf keine längere Frist vereinbart werden als für die Kündigung durch den Arbeitgeber.

Aus den gesetzlichen Regelungen geht hervor, dass asymmetrische Kündigungsfristen nicht zulasten der Mitarbeiter vereinbart werden dürfen. Häufig gelten daher Regelungen, nach denen das Unternehmen drei Monate zum Quartalsende kündigen darf, der Mitarbeiter dagegen einen Monat zum Monatsende.

Das Gesetz legt fest, dass eine Kündigung nur wirksam ist, wenn sie schriftlich erfolgt. Eine Kündigung kann nicht auf elektronischem Kommunikationsweg erfolgen. Zudem ist eine Kündigung nur dann wirksam, wenn – wie dies in § 95 des Betriebsverfassungsgesetzes festgelegt ist – der Betriebsrat ihr zustimmt.

Eine außerordentliche fristlose Kündigung kann gemäß § 626 des Bürgerlichen Gesetzbuches aus wichtigem Grund erfolgen, also dann, »wenn Tatsachen vorliegen, auf Grund derer dem Kündigenden unter Berücksichtigung aller Umstände des Einzelfalles und unter Abwägung der Interessen beider Vertragsteile die Fortsetzung des Dienstverhältnisses bis zum Ablauf der Kündigungsfrist oder bis zu der vereinbarten Beendigung des Dienstverhältnisses nicht zugemutet werden kann«. Auf der Seite des Mitarbeiters kann eine solche Tatsache ein tätlicher Übergriff oder ein den Betriebsfrieden massiv störendes Verhalten sein. Die außerordentliche fristlose Kündigung muss innerhalb von zwei Wochen erfolgen, nachdem diese Tatsachen bekannt wurden, sowie unter schriftlicher Nennung des Kündigungsgrunds.

Kündigt das Unternehmen einem Mitarbeiter, möchte es sich auch schnell von ihm trennen. Obwohl das Gehalt noch bis zum Ablauf der Kündigungsfrist gezahlt wird, bedeutet dies nicht, dass der Mitarbeiter bis zum Ende seiner Betriebszugehörigkeit seiner Arbeit nachgehen darf. Wenn das Unternehmen es will, kann es dem Mitarbeiter die Weiterarbeit auch kurzfristig untersagen und ihm das Betreten seines Arbeitsplatzes nur noch unter Begleitung durch andere Mitarbeiter gestatten. Dies verhindert, dass der Mitarbeiter sich noch mit Informationen über das Unternehmen versorgen kann oder – vielleicht sogar aus Rache – ein unternehmensschädigendes Verhalten zeigt.

Besonderheiten ganz anderer Art finden sich bei betriebsbedingten Kündigungen. Sind im Unternehmen mehr als 20 betriebsratswahlberechtigte Mitarbeiter beschäftigt, muss das Unternehmen gemäß Betriebsverfassungsgesetz die Mitarbeiter über Betriebsänderungen, also beispielsweise Betriebseinschränkungen, -stilllegungen, -zusammenlegungen oder -spaltungen, rechtzeitig und umfassend informieren und den Betriebsrat einbinden. Unternehmen und Betriebsrat sollen sich über einen Interessenausgleich oder einen Sozialplan einigen, bevor im Falle eines Scheiterns die Einigungsstelle anzurufen ist.

- ✔ Beim *Interessenausgleich* werden die Details der Betriebsänderung verhandelt und es wird gegebenenfalls gemeinsam festgelegt, welche Personen betriebsbedingt gekündigt werden sollen.
- ✔ Beim *Sozialplan* wird verhandelt, wie wirtschaftliche Nachteile, die den von der Betriebsänderung betroffenen Mitarbeitern entstehen, ausgeglichen oder vermindert werden können. Der Betriebsrat möchte möglichst hohe Ausgleichsleistungen erreichen und darüber hinaus solche Mitarbeiter von den Leistungen ausschließen, die zumutbare Angebote zur Weiterbeschäftigung des Unternehmens ablehnen.

Das Personalmanagement wirkt dabei mit, die finanzielle Ausstattung des Sozialplans zu bestimmen. Einerseits soll der Sozialplan dazu beitragen, dass wirtschaftliche Nachteile der Mitarbeiter abgemildert werden, was in etwa einer Vorsorge für neun Monate Arbeitslosigkeit entspricht. Andererseits muss die Ausstattung des Sozialplans auch für das Unternehmen wirtschaftlich vertretbar sein, was noch der Fall ist, wenn es die Einsparungen des Unternehmens durch die Betriebsänderung in einem Jahr widerspiegelt.

Im Einzelnen berechnet sich die Abfindung für einen Mitarbeiter aus dessen Betriebszugehörigkeit in Jahren, multipliziert mit seinem Bruttomonatsgehalt sowie einem weiteren Faktor, der auf Basis von Altersgruppen die Risiken einer Arbeitslosigkeit berücksichtigt.

Trennungskommunikation ist auch eine Kunst

Wer auch immer den Wechsel des Arbeitsplatzes einleitet, es muss kommuniziert werden. Diese Kommunikation ist wichtig für die Betroffenen, andererseits aber auch für das Umfeld. Seien es die Familienmitglieder des Wechselnden, seien es die verbleibenden Mitarbeiter des Unternehmens, seien es die Kunden des Unternehmens – sie alle bekommen die Stimmungen des Wechselprozesses mit und machen sich ein Bild von der Sachlage. Dies geschieht unter Nutzung internetbasierter Medien inzwischen schneller als je zuvor.

Ein schlechtes Image des Unternehmens oder des Mitarbeiters entstehen zu lassen ist daher nicht im Interesse der Beteiligten. Unternehmen sollten nicht unterschätzen, wie aufmerksam die verbleibenden Mitarbeiter Trennungsprozesse beobachten und schauen, ob es aus ihrer Sicht gerecht zugeht. Negative Ereignisse wirken sich auf das Betriebsklima, die Zusammenarbeit und die Produktivität sowie auf die Verbleibewahrscheinlichkeit im Unternehmen aus.

Vor der Trennung beginnt die informelle Kommunikation, die eine Trennungsabsicht erst zu finden hilft:

- ✔ Will der Mitarbeiter kündigen, gibt er manchmal in der Belegschaft verdeckte Signale, dass er das Unternehmen verlassen könnte.
- ✔ Stehen Kündigungen des Arbeitgebers bevor, setzt häufig im Vorfeld die »Gerüchteküche« ein, in der Informationen mit mehr oder weniger Wahrheitsgehalt gehandelt werden. Hierdurch entstehen Unruhe und Angst unter den Mitarbeitern. In einigen Fällen kommt es vor, dass einige Unternehmen verdeckt, aber aktiv dafür sorgen, dass sich plötzlich das Betriebsklima deutlich verschlechtert. Dies soll Mitarbeiter dazu verleiten, »freiwillig« das Unternehmen zu verlassen und von sich aus zu kündigen – was dann aber fast schon den Tatbestand des »Mobbings von oben« erfüllt.

Weniger informell sind Abmahnungen seitens des Unternehmens, die eine Trennung für den Fall androhen, dass ein ungewünschtes Verhalten nicht geändert wird.

Das Kündigungsgespräch markiert den »offiziellen« Beginn der Trennung. Ein Kündigungsgespräch zu führen ist nicht einfach, weil es nicht darauf ausgerichtet ist, einen Kompromiss zu finden, sondern eine Beziehung zu beenden. Außerdem sind Emotionen im Spiel. Ein kündigender Mitarbeiter hat vielleicht ein schlechtes Gewissen, weil er Aufgaben zurücklassen und eingegangene Verantwortlichkeiten enttäuschen wird. Ein kündigendes Unternehmen weiß um die möglichen Folgen einer Kündigung für den Mitarbeiter und tut diesen Schritt in der Regel ebenfalls nicht leichtfertig. Und der Überbringer der Trennungsentscheidung hat immer ein mulmiges Gefühl.

Das Kündigungsgespräch sollten der Mitarbeiter und seine bisherige Führungskraft führen, weil diese ja auch über eine längere Zeit die Arbeitsbeziehung gebildet haben. Neuerdings werden Kündigungen auch auf externe Dienstleister ausgelagert, die die Kündigungsgespräche für den Arbeitgeber übernehmen. Aus personalmanagementethischer Sicht ist dies aber nicht vertretbar, weil damit Dank und Wertschätzung in ihr Gegenteil verkehrt werden.

Für ein gelungenes Kündigungsgespräch gibt es zwei Grundregeln: Gut vorbereiten – und: sofort raus mit der schlechten Botschaft. Das Gespräch sollte im ersten Satz mit der Kommunikation der Trennungsentscheidung beginnen. Im weiteren Verlauf können dann (stichhaltige) Begründungen, die Aushandlung von Rahmenbedingungen der Trennung, die »offizielle Sprachregelung« und auch das gegenseitige Sichwertschätzen erfolgen, wobei aber auch im Gesprächsverlauf keine Relativierung der Trennungsentscheidung erfolgen sollte.

Würde das Kündigungsgespräch mit positiv-emotionalem Small Talk beginnen, würde es dem Trennenden umso schwerer fallen, die Trennungsentscheidung zu begründen – wenn doch alles so schön ist ... Im Verlauf eines Kündigungsgesprächs muss mit emotionalen Reaktionen gerechnet werden, auf die sich die Beteiligten nach Möglichkeit vorbereiten sollten. Auf keinen Fall aber sollte der gekündigte Mitarbeiter bloßgestellt werden.

Unterstützung der ausscheidenden Mitarbeiter

In den wenigsten Fällen werden gekündigte Mitarbeiter in Beschäftigungsgesellschaften untergebracht oder haben schon vor ihrem Ausscheiden aus dem Unternehmen einen neuen Arbeitsplatz (zu Massenentlastungen erfahren Sie mehr in Kapitel 14). Sie müssen sich also auf die Suche begeben.

Wenn sie Glück haben, stellt ihnen ihr altes Unternehmen ein sogenanntes Outplacement zur Verfügung. Es bezahlt also Hilfen bei der Neuorientierung und die Unterstützung des Bewerbungsprozesses, die in Gruppen oder für Einzelpersonen gewährt werden. Dieses Outplacement beginnt teilweise schon nach dem Kündigungsgespräch im Unternehmen, reicht von Stärken- und Schwächenanalysen der Mitarbeiter über die Aufdeckung und Schließung von Kompetenzlücken bis zur Unterstützung einer Neubewerbung und endet im Idealfall dann, wenn der ausscheidende Mitarbeiter eine neue Stelle gefunden hat. Für die im Unternehmen verbleibenden Mitarbeiter und Außenstehende signalisiert es die sozial verantwortliche Rolle des Unternehmens und seines Personalmanagements, denn neben praktischer Hilfe wird auch emotionale Hilfe gegeben.

Nicht abnehmen kann das Outplacement dem gekündigten Mitarbeiter die Antwort auf die Frage, was er in der Zukunft beruflich tun möchte. Es weist aber auf Chancen hin. So erschließen sich durch einen Arbeitsplatzwechsel Möglichkeiten, Fähigkeiten neu einzusetzen oder ganz neue berufliche Wege zu gehen. Auch eine Lernphase vor dem Eintritt in ein neues Unternehmen könnte sinnvoll und spannend sein. Begleitend kann sich neues Selbstvertrauen entwickeln, das für den anstehenden Bewerbungsprozess sehr wichtig ist.

Das Outplacement bereitet Mitarbeiter darauf vor, dass viele Veränderungen auf sie zukommen werden, die sie auf den ersten Blick gar nicht ahnen:

- ✔ Bei einem Wechsel in eine neue Branche finden sie eine neue Branchenkultur vor, die andere Dinge für wichtiger hält oder anders interpretiert als die bisherige Branche, zum Beispiel Professionalisierung.
- ✔ In einem neuen Unternehmen muss sich der Wechselnde auf eine neue Unternehmenskultur einrichten, sich in das soziale Umfeld einordnen und die Feinheiten des Betriebsklimas und seiner Entstehung kennenlernen – wofür das Outplacement hilft, die Antennen neu auszurichten.
- ✔ Die neuen Arbeitsinhalte richten sich nach den spezifischen System- und Prozessanforderungen des neuen Unternehmens. Insbesondere hier bestehen vielfältige Lernnotwendigkeiten.
- ✔ Auch dass es neue Kollegen geben wird, ist im Grunde bekannt. Allerdings bedeutet das Sicheinfinden in neue Gruppenstrukturen, dass sich der gekündigte Mitarbeiter zunächst – auch gegen den Widerstand der bereits vorhandenen Mitarbeiter – aufgrund seiner Leistung und seiner Persönlichkeit eine Position im neuen Unternehmen erarbeiten muss. Hierzu bedarf es eines langen Atems, weil in einer Konkurrenzsituation um Arbeitsbereiche und Entscheidungseinfluss bereits belegte Positionen nicht freiwillig geräumt werden.
- ✔ Schwer durchschaubar werden die informellen Beziehungen innerhalb der Belegschaft eines neuen Unternehmens sein. Die wahren Machtzentren müssen nicht identisch sein mit den Personen, die offiziell Führungskräfte sind. Es können auch einzelne Mitarbeiter, die über wenig Positionsmacht verfügen, Einfluss auf Unternehmensentscheidungen oder Gruppenentscheidungen ausüben. Während man als neuer Mitarbeiter recht schnell von Kollegen die informellen Hintergründe erfahren kann, ist dies für neue Führungskräfte weitaus schwieriger: »Keiner sagt mir was« ist ein häufig anzutreffendes Gefühl, und erst nach und nach gelingt es der Führungskraft, die wahren Absichten ihrer Mitarbeiter zu erschließen. Das Outplacement vermittelt, dass ein Neueinstieg auch ein Kampf um Macht sein kann.

Es dauert ein halbes Jahr, bis ein Mitarbeiter in einem neuen Unternehmen das Gefühl hat, wieder »fest im Sattel zu sitzen«.

Die emotionale Reaktion beim Start in eine neue Arbeit ist entweder ein positives Gefühl des Aufgefangenseins oder aber ein erneutes Motivationsloch aufgrund eintretender Überforderung. Doch anstatt dem Impuls zu folgen, am liebsten gleich wieder zu fliehen, besteht die Herausforderungen darin, sich »durchzubeißen«. Gerade für in ein neues Unternehmen wechselnde Führungskräfte, die sowohl die sachbezogen-inhaltlichen als auch die beziehungsbezogen-unternehmenskulturellen Prozesse des Unternehmens verstehen lernen müssen, bietet es sich an, einen Coach hinzuzuziehen. Er unterstützt die Führungskraft dabei, das System »neues Unternehmen« in seiner komplexen Vernetztheit zu erfassen. Aber auch Mitarbeiter ohne Führungsverantwortung profitieren von einer (eigenen oder fremden) Systemkompetenz, die sie in die Lage versetzt, schnell hinter die Fassade ihres neuen Unternehmens zu schauen.

Zum Abschied ein Arbeitszeugnis

Unternehmen bescheinigen dem ausscheidenden Mitarbeiter im Arbeitszeugnis, wie er gearbeitet hat. Zeugnisse müssen positiv formuliert werden, doch auch schlechtere Arbeitsleistungen lassen sich durch positiv klingende Sätze ausdrücken.

In § 109 Gewerbeordnung ist die Erteilung von Arbeitszeugnissen geregelt. Der Mitarbeiter hat die Wahl zwischen einem einfachen und einem qualifizierten Zeugnis. Ein Arbeitszeugnis dient als Bewerbungsunterlage für folgende Arbeitsverhältnisse und richtet sich daher an künftige Arbeitgeber.

Zeugnis: § 109 Gewerbeordnung im Wortlaut

(1) Der Arbeitnehmer hat bei Beendigung eines Arbeitsverhältnisses Anspruch auf ein schriftliches Zeugnis. Das Zeugnis muss mindestens Angaben zu Art und Dauer der Tätigkeit (einfaches Zeugnis) enthalten. Der Arbeitnehmer kann verlangen, dass sich die Angaben darüber hinaus auf Leistung und Verhalten im Arbeitsverhältnis (qualifiziertes Zeugnis) erstrecken.

(2) Das Zeugnis muss klar und verständlich formuliert sein. Es darf keine Merkmale oder Formulierungen enthalten, die den Zweck haben, eine andere als aus der äußeren Form oder aus dem Wortlaut ersichtliche Aussage über den Arbeitnehmer zu treffen.

(3) Die Erteilung des Zeugnisses in elektronischer Form ist ausgeschlossen.

An qualifizierte Arbeitszeugnisse werden zwei zentrale Anforderungen gestellt:

- **Zeugniswahrheit:** Der Inhalt des Zeugnisses muss bei allem Wohlwollen wahrheitsgemäß sein.
- **Zeugnisklarheit:** Die Formulierungen des Zeugnisses müssen so klar sein, dass auch bei einem durchschnittlichen Zeugnisleser die korrekten Vorstellungen über die beurteilte Person entstehen.

Liegt ein qualifiziertes Arbeitszeugnis vor, das den Anforderungen der Zeugniswahrheit und Zeugnisklarheit nicht entspricht, kann der Beurteilte eine Berichtigung oder Ergänzung des Zeugnistextes verlangen.

Die Bestandteile eines qualifizierten Arbeitszeugnisses sind üblicherweise:

- Briefbogen des Unternehmens
- Überschrift »Zeugnis« oder »Zwischenzeugnis«
- Eröffnungssatz mit Titel, Name, Geburtsdaten, Tätigkeitsbezeichnung und Dauer des Arbeitsverhältnisses
- Beschreibung der Aufgabe samt hierarchischer Position, Tätigkeiten, Versetzungen, Verantwortlichkeiten, Vollmachten
- Beurteilung zu fachlichen Fähigkeiten, Leistungsbereitschaft, Leistungen, Erfolgen, Potenzial

- ✔ besondere Erfolge oder Führungsleistung (bei Führungskräften)
- ✔ Gesamtbeurteilung der Leistung im Sinne der Zufriedenheit mit dem Mitarbeiter
- ✔ Beurteilung zum Sozialverhalten, zur Vertrauenswürdigkeit, zu Werten wie Ehrlichkeit, Verantwortungsbewusstsein, Loyalität oder Gewissenhaftigkeit sowie zum Verhalten gegenüber Vorgesetzten, Kollegen und Kunden
- ✔ Grund für die Beendigung des Arbeitsverhältnisses
- ✔ Schlussformel mit Bedauern, Dank für die geleistete Arbeit und guten Wünschen für die persönliche und berufliche Zukunft
- ✔ Ort, Datum, Unterschriften der Zeugnisgeber

Grundsätzlich verfasst der Arbeitgeber das Zeugnis, wobei die Formulierungen in seinem Ermessen liegen. Er ist allerdings gehalten, sich als wohlwollender Arbeitgeber auszudrücken und auf verschlüsselte, für den Mitarbeiter negative Beurteilungen zu verzichten, um dessen berufliches Fortkommen nicht unnötig zu behindern. Geheimcodes und eine verschlüsselte Zeugnissprache sind daher nicht zulässig, weil sie der Zeugnisklarheit widersprechen. Dennoch kennen Arbeitgeber die Zeugnissprache, nach der beispielsweise Ausdrücke wie »hat stets zu unserer vollsten Zufriedenheit gearbeitet« der Schulnote 1 (sehr gut) entsprechen, Ausdrücke wie »hat zu unserer Zufriedenheit gearbeitet« aber eher der Schulnote 3 (befriedigend). Bei der Dechiffrierung solcher Zeugnisse zählen kleinste Einzelheiten. So haben einige Landesarbeitsgerichte den Anspruch von Arbeitnehmern auf eine vollständige Abschlussformulierung mit Bedauern, Dank und guten Wünschen für die persönliche und berufliche Zukunft bejaht.

Wenn doch gestritten wird

Wenn Gespräche nicht zu einer einvernehmlichen Trennung führen, sieht man sich gegebenenfalls vor dem Arbeitsgericht wieder. Geklagt wird häufig, um die Rechtmäßigkeit von Kündigungsgründen und die Korrektheit des Kündigungsprozesses zu überprüfen, Formulierungen in Arbeitszeugnissen zu klären und die Höhe von Abfindungen zu ermitteln.

Die erste Instanz der deutschen Arbeitsgerichtsbarkeit bilden die Arbeitsgerichte. Nach einer Berufung werden die Landesarbeitsgerichte als zweite Instanz angesprochen. Bei Zulassung der Revision ist als dritte Instanz das Bundesarbeitsgericht zuständig. Vor einem Arbeitsgericht werden, wie dies im Arbeitsgerichtsgesetz festgelegt ist, Streitigkeiten im Zusammenhang mit einem Arbeitsverhältnis wie dessen Bestehen oder Nichtbestehen und die daraus entstehenden Ansprüche verhandelt, zudem Tarifvertragsstreitigkeiten. Es ist durch einen Berufsrichter, einen ehrenamtlichen Richter aus der Reihe der Arbeitnehmer sowie einen weiteren ehrenamtlichen Richter aus der Reihe der Arbeitgeber besetzt, wobei alle drei Richter das gleiche Stimmengewicht haben.

Vor dem Arbeitsgericht werden letztgültige Trennungsregelungen gefunden, wobei die meisten Verfahren zu einer außergerichtlichen Einigung gelenkt werden. Es ist beabsichtigt, dass Arbeitsgerichtsverfahren schnell verhandelt werden, was zum einen zur Setzung von kurzen Fristen und der Konzentration des Verfahrens auf einen einzigen Termin führt. Zum anderen ist es vorgesehen, dass zunächst der Berufsrichter ohne Hinzuziehung der ehrenamtlichen Richter als Kammervorsitzender einen Gütetermin ansetzt, der darauf angelegt ist, dass sich alle Beteiligten – häufig auf informellen »sanften Druck« des Kammervorsitzenden – auf eine Lösung verständigen. Nur wenn dieser Termin scheitert, wird das Verfahren vor der Arbeitsgerichtskammer fortgeführt.

Was Kündigen eigentlich kostet

Ein professionelles Personalmanagement wird auf ein Freisetzungscontrolling nicht verzichten und sich daher sowohl im Voraus als auch im Nachhinein anschauen, ob der Freisetzungsprozess seine Ziele erreicht hat und im Übrigen wirtschaftlich durchgeführt wurde.

Unter den »harten« Controllingaspekten der Kündigung müssen vor allem die Kosten genannt werden. Üblicherweise werden zwei Kostengruppen unterschieden:

- ✔ Die sichtbaren Kosten umfassen solche für Abfindungen, Sozialpläne, Outplacementmaßnahmen und Arbeitsgerichtsverfahren. Hinzu kommen die Kosten, die mit dem Wissensverlust des Mitarbeiters und seinem Ausscheiden aus den Netzwerkstrukturen des Unternehmens einhergehen.
- ✔ Die verborgenen Kosten entstehen durch Nebenwirkungen der Kündigung insbesondere bei den verbleibenden Mitarbeitern, also zum Beispiel die Kosten eines Vertrauensverlusts, einer Demotivation, einer Verschlechterung des Betriebsklimas oder einer leistungsbezogenen Selbstblockade.

Das Personalmanagement achtet auf beide Kostengruppen, um die Effizienz zu sichern.

Unter die »weichen« Controllingaspekte der Kündigung müssen die Auswirkungen auf das Unternehmensimage und den Ruf ebenso gefasst werden wie die psychologischen Auswirkungen auf die Bindungsbereitschaft der verbleibenden Mitarbeiter. Wenn das Personalmanagement beabsichtigt, trotz Kündigungen einiger Mitarbeiter keine negativen Nebenwirkungen auf die Motivation der verbleibenden Mitarbeiter auszulösen, wird es auf eine faire Kündigungspolitik achten, die es unter Umständen sogar noch als positives Signal im Rahmen seines Personalmarketings einsetzen kann.

Das Personalmanagement strebt daher eine möglichst positive Wirkung für das Unternehmen, für den gekündigten und für die verbleibenden Mitarbeiter an.

Wollen wir Freunde bleiben?

Wünschenswert ist es, wenn Unternehmen und Mitarbeiter im Guten voneinander scheiden. Dies bietet beiden Partnern die Möglichkeit, auch über das Ende der arbeitsvertraglichen Beziehung hinaus miteinander in Kontakt zu bleiben und möglicherweise voneinander zu profitieren.

Bevor man auseinandergeht, bietet sich noch eine weitere, wichtige Gelegenheit zur gemeinsamen Kommunikation: das *Exit-Gespräch* oder Austrittsinterview. Es wird – zumindest in Unternehmen mit einer halbwegs professionellen Personalarbeit – am letzten Arbeitstag zwischen dem Unternehmen (also der Führungskraft oder Mitarbeitern der Personalfunktion) und dem ausscheidenden Mitarbeiter geführt.

Das Exit-Gespräch ist die Chance, sich ohne Rücksicht auf eine weitere Zusammenarbeit eine ehrliche Rückmeldung zu allem zu geben, was man in der Vergangenheit gut und was man weniger gut gefunden hat. Das Gespräch bietet Unternehmen eine Chance, wichtige und nicht mehr durch Rücksichtnahme gefilterte Informationen über ihr Innenleben zu erhalten. Außerdem ist es damit, was kaum jemand wahrnimmt, eine Fortbildungschance für die Mitarbeiter des Personalmanagements.

Das Exit-Gespräch wird in der Regel mit einem Mitarbeiter geführt, der selbst gekündigt hat, und umfasst unter anderem folgende Fragen:

- ✔ Warum verlassen Sie unser Unternehmen?
- ✔ Wann haben Sie angefangen, sich nach einer neuen Arbeit umzusehen?
- ✔ Haben Sie sich von uns fair behandelt gefühlt?
- ✔ Wie fanden Sie Ihr Entlohnungssystem – gab es Probleme?
- ✔ Waren Sie mit Ihrer Weiterbildung zufrieden oder hätten wir hier etwas besser machen können?
- ✔ Wie haben Sie die Arbeitsbedingungen wahrgenommen und wo sehen Sie Verbesserungsbedarf?
- ✔ Haben Ihre Führungskräfte Ihr Engagement und Ihre Arbeit so wertgeschätzt, wie Sie sich das gewünscht haben?
- ✔ Unter welchen Bedingungen wären Sie bereit, über eine Rückkehr in unser Unternehmen nachzudenken?
- ✔ Wie würden Sie die Motivation der Mitarbeiter des Unternehmens verbessern?
- ✔ Erkennen Sie die Richtung, in der sich das Unternehmen entwickeln will, und wird diese Ihrer Meinung nach klar genug kommuniziert?
- ✔ Ist Ihnen unethisches Verhalten in unserem Unternehmen aufgefallen?
- ✔ Was hat Ihnen bei Ihrer Arbeit in unserem Unternehmen am besten gefallen?
- ✔ Ist Ihnen sonst noch etwas aufgefallen und haben Sie weitere Verbesserungsvorschläge für uns?

Hat das Unternehmen gekündigt, können im Exit-Gespräch Verletzungen besprochen und wenn auch nicht immer ausgeräumt, dann doch vielleicht abgemildert werden.

Jetzt wird es endgültig

Der letzte Arbeitstag ist ein einschneidendes Ereignis. Der ausscheidende Mitarbeiter muss seine Sachen einpacken, sich von den Kollegen verabschieden, die Insignien seiner Mitarbeiterschaft (so den Betriebsausweis, Schlüssel, Codekarten) abgeben und ein letztes Mal die Tür des Unternehmens hinter sich schließen.

Einige Dinge dürfen ausscheidende Mitarbeiter nicht: zum Beispiel ihre zurückgelassenen Daten auf dem Computer löschen oder andere betriebliche Unterlagen vernichten. Diese gehören dem Unternehmen und ihre Zerstörung wäre strafrechtlich als Sachbeschädigung zu werten. Üblicherweise arbeitsvertraglich untersagt ist es ausscheidenden Mitarbeitern auch, Unternehmensinformationen mitzunehmen und später zu nutzen. Dies wäre strafrechtlich als Verrat von Geschäfts- und Betriebsgeheimnissen anzusehen. Wenn ein Mitarbeiter diese Dinge dennoch tun würde, könnte ihm nachträglich fristlos gekündigt werden, sodass das Arbeitsverhältnis bereits vor dem Ablauf der ordentlichen Kündigungsfrist endet. Außerdem sind Strafverfahren möglich.

Viele Unternehmen haben eine Checkliste für den letzten Arbeitstag vorbereitet, auf der die Schritte und Stationen für den ausscheidenden Mitarbeiter aufgeschrieben werden, damit dieser sie sukzessive abarbeiten kann.

Keine Checkliste gibt es für die psychologischen Aspekte des letzten Arbeitstags. Wie bei jeder Trennung fällt es ausscheidenden Mitarbeitern oft schwer, das Gewohnte hinter sich zu lassen, selbst wenn die Trennung freiwillig erfolgt. Es ist ja das persönliche Umfeld gewesen, das einem über längere Zeit zur beruflichen Heimat geworden ist. Insbesondere bei Mitarbeitern, die nicht freiwillig das Unternehmen verlassen, kann es zu körperlichen Trennungsreaktionen kommen. Appetit- und Schlaflosigkeit, Durchblutungs- und Verdauungsstörungen, Unkonzentriertheit, Reizbarkeit und sogar Schmerzen zählen zu dem Repertoire, mit dem der Körper auf eine berufliche Trennung reagieren kann. Er versucht so, den Schock der tatsächlichen Trennung zu überwinden.

Diese Reaktionen setzen sich am ersten Nichtarbeitstag fort. Hier spürt der ehemalige Mitarbeiter die Leere und begreift sie nicht mehr als Ausnahmesituation, sondern als Situation, mit der sich arrangiert werden muss. Hier helfen Kontrastprogramme mit bewussten Entspannungsphasen und bewusster (gesunder) Beanspruchung mittels Sport, nicht aber Tabletten, Alkohol und andere Drogen.

In der Zeit nach der Trennung vom alten Arbeitsplatz gewöhnt sich der ehemalige Mitarbeiter – und mit ihm seine Familie – langsam an die neue Situation. Vielleicht überwiegen zunächst die negativen Gefühle wie Einsamkeit, die Reflexion über mögliche Fehler, Zukunftsangst oder sogar Verzweiflung. Aber nach und nach kommen auch positive Gefühle zum Tragen, die sich auf eine positive Zukunft beziehen. Es kommt zu einer emotionalen Gewöhnung an den neuen Zustand, die eine Grundvoraussetzung bietet, beruflich wieder aktiv zu werden. Einige ausgeschiedene Mitarbeiter verspüren das Glück der Befreiung. Wenn sie sich im alten Unternehmen nicht wohlfühlten und den Wechsel des Arbeitsplatzes selbst herbeigeführt haben, ist ihre neue Situation des Nicht-mehr-im-alten-Unternehmen-arbeiten-Müssens positiv belegt. Aber auch bei ihnen relativiert sich mit der Zeit die Euphorie: Das enthusiastische Gefühl des Entronnenseins weicht einer Normalisierung.

Das Personalmanagement hat auf den ersten Blick mit den Befindlichkeiten eines ehemaligen Mitarbeiters nichts mehr zu tun. Dennoch kann es kurz nach dessen Ausscheiden aus dem Unternehmen ein positives Signal setzen, etwa ein freundlich gehaltenes Schreiben des Dankes für gezeigtes Engagement und des Interesses an weiterem Kontakt. Damit leitet es den Beginn einer neuen Phase in der Beziehung zu seinem ehemaligen Mitarbeiter ein.

Die Ehemaligen – noch kein »altes Eisen«

Ehemalige Mitarbeiter sind eine wichtige Zielgruppe für das Personalmanagement. Obwohl nicht mehr im Unternehmen tätig, kommt ihnen dennoch eine große Bedeutung zu. Ein Ansatzpunkt für das Personalmanagement ist ihre letzte Position im Unternehmen:

- ✔ Die ehemaligen Mitglieder der Unternehmensleitung unterteilen sich in ehemalige Gründer, Inhaber, Vorstände oder Manager. Wenn »der Chef« – aus welcher Position heraus auch immer – geht, brechen nicht nur wichtige Geschäftskontakte weg. Gerade im Mittelstand sind weitere Entscheidungsfunktionen beeinträchtigt, wenn der Unternehmensleiter gleichzeitig als Personalleiter fungierte. Das Personalmanagement muss dafür sorgen, dass die ehemalige Führungskraft durch einen schrittweisen Nachfolgeprozess zumindest noch lose an das Unternehmen gebunden wird und so der Zugriff auf dessen unternehmensbezogenes Wissen möglich bleibt. Ein enger Kontakt kann durch eine Beirats- oder Beraterfunktion der ehemaligen Führungskraft aufrechterhalten werden.
- ✔ Wichtige ehemalige Mitarbeiter waren in ihrer aktiven Zeit Spezialisten, Vertriebsmitarbeiter, Einkäufer sowie sonstige Mitarbeiter in Schlüsselpositionen. In Bezug auf sie kann das Personalmanagement Onlinenetzwerke herstellen, Rentner als Experten weiter beschäftigen, Patenschaften zwischen Ehemaligen und Neulingen einrichten und ehemalige Mitarbeiter Beratungs- und Revisionsfunktionen übernehmen lassen.
- ✔ Sonstige ehemalige Mitarbeiter sind weniger hoch qualifiziert und tendenziell leichter zu ersetzen. Verliert ein Unternehmen diese Mitarbeiter, verliert es aber gleichzeitig an Routine in der Leistungserstellung, die für eine Übergangszeit noch unterstützt werden könnte. Auch kann eine Bindung dieser Mitarbeiter über ihre aktive Arbeitszeit hinaus für das Betriebsklima sinnvoll sein.

Viele Mittelständler, deren Besonderheit ihre Familiarität der Mitarbeiterführung ist, lassen den Kontakt zu ihren Ehemaligen nicht abreißen. Üblich ist es, sie für kleinere Tätigkeiten einzusetzen, etwa für die Betreuung eines Firmenmuseums oder -archivs oder für Werksführungen. Dies kommt beispielsweise Rentnern entgegen, die sich gern eine Kleinigkeit zu ihrer Rente hinzuverdienen. Zudem integrieren sie die Ehemaligen nach wie vor in soziale Aktivitäten des Unternehmens. Es gilt nicht die Devise »aus den Augen, aus dem Sinn«. So gratuliert das Unternehmen seinen Pensionären noch zum Geburtstag. In einigen mittelständischen Unternehmen ist es üblich, dass die

Ehemaligen zu Betriebsjubiläen und sonstigen Festivitäten eingeladen werden. Damit dienen diese nicht nur der betrieblichen Integration, sondern auch der Stärkung des Gemeinschaftsgefühls über Mitarbeitergenerationen hinweg. Auch gibt es in manchen Unternehmen Ehemaligenstammtische oder Ehemaligenvereinigungen. Schließlich behalten in einigen Unternehmen die Ehemaligen ihre Unternehmens-E-Mail-Adresse.

Ehemalige Mitarbeiter – und gerade diejenigen, die sich bereits in der Rente befinden – können auch reaktiviert werden, um Personallücken und personelle Engpässe im Leistungserstellungsprozess auszugleichen. Sie verstärken dann die Stammbelegschaft bei Projekten oder als Berater. Eine längere Einarbeitung entfällt, weil die ehemaligen Mitarbeiter ihren Tätigkeitsbereich wie auch das Unternehmen noch kennen und über große Erfahrung verfügen. Besonders gilt dies für Produktions- oder Unterstützungssysteme wie zum Beispiel Maschinen und Spezialsoftware, die im Laufe der Zeit veralten und deren Schulung neuer Mitarbeiter sich nicht lohnt. Daher werden ehemalige Mitarbeiter auch gerne externen Unternehmensberatern vorgezogen. Sie verdienen Geld zu ihrer Rente hinzu – was sie ab Erreichen der Regelaltersgrenze unbegrenzt dürfen, davor nur bis zu Höchstbeträgen – und fühlen sich weiterhin vom Unternehmen gebraucht, was sie motiviert.

Die Gewerkschaften stehen der Reaktivierung von Rentnern dann ablehnend gegenüber, wenn hierdurch langfristig Stammarbeitskräfte ersetzt oder Lohnkosten eingespart werden. Das Personalmanagement ist in diesem Zusammenhang dafür verantwortlich, dass solche Verdrängungseffekte nicht entstehen. Hierzu zählt beispielsweise, für ehemalige Mitarbeiter eine Obergrenze an Arbeitstagen im Jahr einzuhalten.

Ehemalige Mitarbeiter unterstützen das Unternehmen auch bei seiner Personalbeschaffung. Oftmals lassen sich über die Kontakte und Empfehlungen Ehemaliger Verbindungen zu möglichen neuen Mitarbeitern herstellen.

Das Personalmanagement hat die Aufgabe, einen standardisierten Prozess zu etablieren, der den regelmäßigen Kontakt mit seinen ehemaligen Mitarbeitern sicherstellt. Die sozialen Medien helfen hierbei. In vielen von ihnen lassen sich separate Bereiche definieren, die speziell den Ehemaligen offenstehen.

Teil III
Interne Verzahnung ist das A und O

In diesem Teil ...

erhalten Sie den Einstieg in die breiten Möglichkeiten, die ein Personalmanagement noch spannender machen, als es seine Kernbereiche sowieso schon sind: Denn im Unternehmen gibt es an allen Ecken und Enden etwas zu gestalten, das mit den Mitarbeitern in mehr oder weniger direktem Zusammenhang steht. Personengruppen, die irgendetwas von der Personalarbeit haben wollen, formulieren ihre Forderungen oder Ansprüche an das Personalmanagement. Sie werden als »interne Stakeholder« bezeichnet, also als Anspruchsgruppen, deren Interessen beachtet werden müssen. Da ist beispielsweise der Betriebsrat, der eine angemessene Mitwirkung der Mitarbeiter an der Unternehmensführung sicherstellen soll und deshalb informiert werden will. Da sind die Führungskräfte des Unternehmens, die in ihrer Führung unterstützt werden wollen. Da ist die Unternehmensleitung, die will, dass alle Mitarbeiter die Unternehmensziele aktiv unterstützen. Das sind Funktionsabteilungen wie die Produktions-, Finanz- und Rechnungslegungsabteilung sowie IT-Abteilung, die ihrerseits genaue Vorstellungen davon haben, was Mitarbeiter und Personalabteilung zu tun haben. Schließlich ist da die Personalabteilung selbst, für die ebenfalls Personalmanagement erbracht werden muss. Und wem das noch nicht reicht, der kann sich um das Personalmanagement für die Auslandsstandorte kümmern. Doch aufgepasst: Das Personalmanagement ist nicht dazu da, automatisch alle Ansprüche interner Stakeholder zu erfüllen, sondern es muss alle Interessen abwägen und eine ausgewogene Ausrichtung auf alle Anspruchsgruppen finden. Zudem muss ein professionelles Personalmanagement seine Interessen gegenüber den verschiedenen Anspruchsgruppen kommunizieren und durchsetzen.

Hier wird mitbestimmt: Der Betriebsrat

10

In diesem Kapitel ...

- Die Entstehung des Betriebsrats verstehen
- Die Rechte des Betriebsrats berücksichtigen
- Die Einbindung des Betriebsrats gestalten

Es gilt als eine der zentralen Errungenschaften moderner Industriegesellschaften, dass die Beschäftigten eines Unternehmens unmittelbar oder über Vertreter in Entscheidungen der Unternehmensleitung eingebunden werden. Viele dieser Möglichkeiten der Mitbestimmung sind gesetzlich geregelt. Sie folgen der Grundidee, dass es für die Mitarbeiter motivationssteigernd ist, wenn sie einen Einfluss auf die Gestaltung ihrer Arbeitsbedingungen bekommen, und dass die Mitarbeiter gemeinsam mit der Unternehmensleitung die Unternehmensziele besser verfolgen, wenn ein Vertrauensverhältnis zwischen Unternehmensleitung und der Belegschaft hergestellt wird. Durch Mitbestimmungsregelungen werden die Machtpotenziale von Unternehmensleitung und Belegschaft ausbalanciert.

Rechte zur Mitwirkung und Mitbestimmung bestehen für Mitarbeiter im Hinblick auf den Arbeitsplatz, im Hinblick auf ihren Betrieb (durch den Betriebsrat), im Hinblick auf die Unternehmensführung (im Aufsichtsrat) sowie auf überbetrieblicher Ebene (mittels Gewerkschaften). In diesem Kapitel erfahren Sie, wie das Personalmanagement den Betriebsrat sieht und wie es das Verhältnis zwischen der Unternehmensleitung und dem Betriebsrat beeinflussen kann.

Was der Betriebsrat ist

In Deutschland ist der Betriebsrat das wesentliche Organ der innerbetrieblichen Mitbestimmung. Geregelt wird die Arbeit des Betriebsrats durch das Betriebsverfassungsgesetz. Es wurde 1952 verabschiedet und mehrere Male (grundlegend 1972) novelliert. Im Betriebsverfassungsgesetz ist dargelegt, wie Betriebsräte entstehen, wann sie informiert werden müssen, in welchen Situationen sie die Unternehmensleitung beraten dürfen und in welchen Situationen sie das Recht haben mitzubestimmen.

Der Betriebsrat ist ein wichtiger Partner für den Arbeitgeber, der zum Wohle des Betriebs und der Belegschaft seine Aufgaben erfüllt. Mit ihm können die Unternehmensleitung und das Personalmanagement direkt kommunizieren. Der Betriebsrat repräsentiert die Interessen der Belegschaft gegenüber dem Arbeitgeber und bietet den Mitarbeitern die Möglichkeit, Probleme und persönliche Anliegen bei der Geschäftsführung zur Sprache zu bringen.

In der Praxis herrscht überwiegend eine vertrauensvolle Zusammenarbeit von Betriebsrat und Betriebsleitung vor. In der Regel werden Entscheidungen zwar diskutiert, teilweise auch kontrovers, letztlich aber doch einvernehmlich getroffen. Es gibt allerdings auch spannungsgeladene Verhältnisse, besonders in Zeiten von Unternehmenskrisen. Die wichtige Funktion des Betriebsrats liegt darin, dass in betriebliche Entscheidungen die Auffassungen der Belegschaft eingehen. Als Folge hiervon achtet beispielsweise das Personalmanagement dann stärker darauf, bestehende Schutzvorschriften einzuhalten.

Wie der Betriebsrat entsteht

Zunächst ist es wichtig zu wissen, was im wirtschaftsrechtlichen Sinne ein Betrieb ist: Im Gegensatz zu einem Unternehmen, das eine rechtliche Einheit ist, ist ein Betrieb eine technisch-organisatorische Einheit. Ein Unternehmen kann damit aus mehreren Betrieben bestehen. Meist ist ein Betrieb mit einer Produktionsstätte, also einem zur Leistungserstellung genutzten Gebäude oder Gebäudeensemble, identisch.

In Betrieben ab fünf regulären Vollzeitbeschäftigten beziehungsweise entsprechend mehr Teilzeitbeschäftigten muss auf Antrag von mindestens drei Mitarbeitern ein Betriebsrat gewählt werden. Seine Amtszeit beträgt vier Jahre. Die Wahlmodalitäten sind im Betriebsverfassungsgesetz genauestens geregelt, wobei es für Kleinbetriebe mit bis zu fünfzig wahlberechtigten Arbeitnehmern ein vereinfachtes Wahlverfahren gibt (mehr zur Entstehung und Arbeit eines Betriebsrats erfahren Sie in *Betriebsrat für Dummies*).

Je mehr Beschäftigte ein Unternehmen hat, desto höher ist die Anzahl der Betriebsratsmitglieder. Das Betriebsverfassungsgesetz sieht in § 9 eine vielstufige Staffelung vor und signalisiert hiermit die Bedeutung der Interessenvertretung der Beschäftigten. Ab neun Betriebsratsmitgliedern werden die laufenden Geschäfte des Betriebsrats durch einen Betriebsausschuss geführt.

Die Mitglieder des Betriebsrats werden in der Zeit, in der sie ihre Funktion wahrnehmen, von ihrer sonstigen Arbeit freigestellt. Ab 200 Beschäftigten ist ein Betriebsratsmitglied vollständig von der sonstigen Arbeit freizustellen. Die Betriebsratstätigkeit umfasst Sitzungen und Sprechstunden des Betriebsrats, die Mitarbeit im Betriebsausschuss und in weiteren Ausschüssen des Betriebsrats, Gesprächstermine mit der Unternehmensleitung, dem Betriebsarzt und dem Sicherheitsverantwortlichen, Besuche von Betriebsstätten, Besprechungen mit Gewerkschaftsvertretern, die Zusammenarbeit mit Berufsgenossenschaften bei der Untersuchung von Arbeitsunfällen, Schulungen und Weiterbildungen sowie die Mitarbeit im Gesamt-, Konzern- oder Europäischen Betriebsrat.

Institute wie das Institut der deutschen Wirtschaft Köln (IW) erforschen die Betriebsratsarbeit. Für die Betriebsratswahlen 2010 konstatiert das IW eine Wahlbeteiligung von durchschnittlich 79 Prozent der Arbeitnehmer und damit einen großen Rückhalt der betrieblichen Interessenvertretungen. Frauen besetzen im Durchschnitt knapp 30 Prozent der Betriebsratssitze. Bis zu 55 Prozent der Betriebsratsmitglieder sind Mitglied einer Gewerkschaft.

§ 9 Betriebsverfassungsgesetz: Zahl der Betriebsratsmitglieder

Der Betriebsrat besteht in Betrieben mit in der Regel

5 bis 20 wahlberechtigten Arbeitnehmern aus einer Person,
21 bis 50 wahlberechtigten Arbeitnehmern aus drei Mitgliedern,
51 wahlberechtigten Arbeitnehmern bis 100 Arbeitnehmern aus fünf Mitgliedern,
101 bis 200 Arbeitnehmern aus sieben Mitgliedern,
201 bis 400 Arbeitnehmern aus neun Mitgliedern,
401 bis 700 Arbeitnehmern aus elf Mitgliedern,
701 bis 1.000 Arbeitnehmern aus 13 Mitgliedern,
1.001 bis 1.500 Arbeitnehmern aus 15 Mitgliedern,
1.501 bis 2.000 Arbeitnehmern aus 17 Mitgliedern,
2.001 bis 2.500 Arbeitnehmern aus 19 Mitgliedern,
2.501 bis 3.000 Arbeitnehmern aus 21 Mitgliedern,
3.001 bis 3.500 Arbeitnehmern aus 23 Mitgliedern,
3.501 bis 4.000 Arbeitnehmern aus 25 Mitgliedern,
4.001 bis 4.500 Arbeitnehmern aus 27 Mitgliedern,
4.501 bis 5.000 Arbeitnehmern aus 29 Mitgliedern,
5.001 bis 6.000 Arbeitnehmern aus 31 Mitgliedern,
6.001 bis 7.000 Arbeitnehmern aus 33 Mitgliedern,
7.001 bis 9.000 Arbeitnehmern aus 35 Mitgliedern.

In Betrieben mit mehr als 9.000 Arbeitnehmern erhöht sich die Zahl der Mitglieder des Betriebsrats für je angefangene weitere 3.000 Arbeitnehmer um zwei Mitglieder.

Man geht davon aus, dass etwa ein Drittel aller Betriebe, die Betriebsräte haben könnten, auch einen Betriebsrat haben; in ihnen arbeiten ungefähr 40 bis 50 Prozent der abhängig Beschäftigten. Dies zeigt, dass es vor allem in größeren Unternehmen Betriebsräte gibt.

Warum aber gibt es nur vergleichsweise wenige Betriebsräte in mittelständischen Betrieben? Bei der kleinen Anzahl von Mitarbeitern und einer größeren wahrgenommenen Nähe dieser Mitarbeiter zur Unternehmensleitung erscheinen den Belegschaften die Vertretungsfunktion durch den Betriebsrat, die Kommunikationsvorteile und die Regelungsvorteile teilweise noch nicht so bedeutsam. Zudem wirkt es unmittelbarer, wenn eine Unternehmensleitung gegenüber der betrieblichen Mitbestimmung negativ eingestellt ist. Darüber hinaus sind in größeren Betrieben auch leichter drei gründungswillige Arbeitnehmer zu finden als in kleineren Betrieben.

In der Praxis versuchen einzelne betriebsratsunwillige Unternehmen die Arbeitnehmer, die einen Betriebsrat gründen wollen, zu entlassen, zahlen ihnen aber hohe Abfindungen. Ob dies letztlich billiger und vor allem zielführender ist als die Akzeptanz eines Betriebsrats, bleibt die Frage. Dennoch gilt: Arbeitgeber können eine Betriebsratsgründung rechtlich nicht verhindern. Betriebsratsgründungen erfolgen jedoch häufig doch noch, wenn bei Mitarbeitern die Unsicherheit steigt. Dies ist beispielsweise bei Eigentümerwechseln oder in Zeiten konjunktureller Krisen der Fall.

Was der Betriebsrat darf

Der Betriebsrat ist nicht nur ein einziges Organ zur Vertretung der Arbeitnehmerinteressen gegenüber dem Arbeitgeber. Ihm zur Seite stehen weitere Gremien wie die Einigungsstelle, die bei Bedarf zur Beilegung von Konflikten zusammentritt, und der Wirtschaftsausschuss, der in Unternehmen mit mehr als 100 ständig beschäftigten Arbeitnehmern gebildet werden muss und dem Arbeitgeber sowie dem Betriebsrat dann als Beratungs- und Unterrichtungsschnittstelle zu wirtschaftlichen Angelegenheiten des Unternehmens dient. Im Kern ist es aber der Betriebsrat selbst, der seine Rechte wahrnimmt.

Ein weit gefächerter Strauß an Rechten

Ein Betriebsrat hat folgende Rechte:

- ✔ Informationsrechte,
- ✔ Anhörungsrechte,
- ✔ Beratungsrechte (bis hierhin sind alles Mitwirkungsrechte),
- ✔ Zustimmungsrechte,
- ✔ Initiativrechte und
- ✔ Vetorechte (dies sind die eigentlichen Mitbestimmungsrechte).

Die Rechte des Betriebsrats beziehen sich auf soziale, personelle und wirtschaftliche Angelegenheiten rund um Arbeitsplatz, Arbeitsentgelte, Arbeitsablauf, Arbeitsbedingungen und Arbeitsumgebung. Auch in Fragen des Gesundheitsschutzes, der Gleichstellung von Frauen und Männern, der Personalplanung, Personalbeschaffung, Personalentwicklung und Kündigung wirkt der Betriebsrat mit. Bei einer Insolvenz und bei Massenentlassungen handelt der Betriebsrat Interessenausgleiche und Sozialpläne aus. Über den Wirtschaftsausschuss wird ein Betriebsrat auch in wirtschaftliche Angelegenheiten des Unternehmens eingebunden.

Im Einzelnen sind die Regelungen sehr aufgefächert; allerdings ergibt sich eine gestufte Grundlogik, die aus Tabelle 10.1 ersichtlich wird.

Das Personalmanagement muss sicherstellen, dass die Rechte des Betriebsrats grundlegend gewahrt werden. Da die meisten verhandelten Fragen aus dem Bereich der Personalarbeit kommen, ist das Personalmanagement – zumeist in Form der Personalleitung – der natürliche Ansprechpartner für den Betriebsrat auf der Seite des Arbeitgebers.

Recht	Der Betriebsrat muss …	Der Arbeitgeber …	Beispiele
Informationsrecht	informiert werden	teilt dem Betriebsrat mittels Unterlagen seine Planungen mit	Einsicht in Lohn- und Gehaltslisten, Einstellung leitender Angestellter, Leistungsbeurteilung im Einzelfall, Personalplanung
Anhörungsrecht	angehört werden	teilt dem Betriebsrat seine Absichten mit und fordert zur Stellungnahme in einer bestimmten Frist auf	Kündigung im Einzelfall
Beratungsrecht	mit beraten	bespricht einen Vorgang gemeinsam mit dem Betriebsrat	Arbeitsplatzgestaltung, Arbeitsablauf, Arbeitsumfang, Berufsbildungsplanung, Betriebsstilllegung, Investitionsplanung
Zustimmungsrecht	zustimmen, aber hat keinen Anspruch auf Durchsetzung eines Alternativvorschlags	darf eine Maßnahme nur umsetzen, wenn der Betriebsrat zugestimmt hat	Beurteilungsgrundsätze, Einstellungen, Personalfragebogen, Versetzungen
Initiativrecht, Vetorecht	mitbestimmen	darf nur gemeinsam mit dem Betriebsrat entscheiden. Erfolgt keine Einigung, ist die Einigungsstelle einzuschalten	Arbeitszeitregelungen, betriebliche Berufsbildung, Ein- und Umgruppierungen, Grundsätze des betrieblichen Vorschlagswesens, Lohngestaltung, Sozialplan bei Betriebsänderungen, Unfallverhütungsregelungen

Tabelle 10.1: Rechte des Betriebsrats

Dies bedeutet jedoch nicht, dass es zwischen Unternehmensleitung und Betriebsrat keine Konflikte geben dürfe. Neben Zielkonflikten (zum Beispiel will das Unternehmen in einer wirtschaftlich schwierigen Situation einem Mitarbeiter betriebsbedingt kündigen, der Betriebsrat will jedoch die Kündigung vermeiden und setzt sich für Kurzarbeit ein) kommt es auch zu Beurteilungskonflikten (bei identischen Zielen weichen die Wege der Zielerreichung voneinander ab). Nicht notwendig sind jedoch Konflikte, die aus gegenseitiger Geringschätzung oder unzureichender gegenseitiger Information heraus entstehen.

Betriebsvereinbarungen für das Kleingedruckte

Im Unternehmensalltag kommt es zwischen dem Arbeitgeber und den Arbeitnehmern immer wieder zu Regelungsbedarfen, die Konflikte und belastende Situationen von vornherein vermeiden sollen. Um das zu erreichen, gilt die Kommunikation zwischen Geschäftsführung und Betriebsrat als sehr wichtig. Deren Ergebnisse manifestieren sich häufig in Betriebsvereinbarungen.

Betriebsvereinbarungen sind die wichtigste Form von verbindlichen Abmachungen zwischen Arbeitgeber und Betriebsrat. Der Betriebsrat hilft dem Unternehmen, verlässliche Regeln zu schaffen. Betriebsvereinbarungen sind Verträge zwischen Arbeitgeber und Betriebsrat und müssen schriftlich niedergelegt und unterschrieben werden. Daher sind sie, wenn sie nicht befristet abgeschlossen wurden, unter Beachtung einer Kündigungsfrist kündbar.

In Betriebsvereinbarungen darf nicht alles geregelt werden, was den Betriebsrat interessiert: Fragen, die üblicherweise von Tarifverträgen geregelt werden – also beispielsweise die Entlohnung –, entziehen sich Betriebsvereinbarungen; sie sind Tarifverträgen untergeordnet.

Dafür werden jedoch Betriebsvereinbarungen abgeschlossen, wenn betriebliche Regelungen, die sich aus der Mitwirkung und Mitbestimmung ergeben, für den Betrieb verbindlich festgelegt werden sollen. Beispiele sind Betriebsvereinbarungen zu Zielvereinbarungssystemen oder zu Datenschutz und Datensicherheit.

Es ist die Aufgabe des Personalmanagements, die Interessen des Arbeitgebers zu wahren und insbesondere dafür zu sorgen, dass die Betriebsvereinbarungen gerichtsfest sind. Das Personalmanagement und der Arbeitgeber können nicht dazu gezwungen werden, eine Betriebsvereinbarung abzuschließen, die sie nicht umsetzen wollen.

Was der Betriebsrat kostet

Zunächst erhalten die Betriebsratsmitglieder für ihre Betriebsratsarbeit keine gesonderte Entlohnung, da es sich um ein Ehrenamt handelt. Allerdings wird ihnen das Entgelt für ihre sonstige Arbeit auch dann weitergezahlt, wenn sie Betriebsratsarbeit verrichten. Kosten für einen Betriebsrat treten daher vor allem aufgrund der Freistellung seiner Mitglieder von ihrer sonstigen Arbeit (bei einer Mitarbeiterzahl von 200) auf.

Der Arbeitgeber ist dazu verpflichtet, die durch die Betriebsratstätigkeit entstehenden Kosten zu tragen. Damit entstehen dem Unternehmen weitere Kosten durch Schulungs- und Bildungsveranstaltungen, Räume, Sachmittel, Fachliteratur, Kommunikationstechnik und Büropersonal. Unternehmen können, wie das Institut der deutschen Wirtschaft Köln auf Basis einer Unternehmensbefragung zuletzt 2004 ermittelt hat, davon ausgehen, dass pro Arbeitnehmer im Betrieb durchschnittlich circa 650 Euro an jährlichen Kosten durch den Betriebsrat anfallen (siehe Tabelle 10.2). Das Unternehmen darf den Betriebsrat nicht zwingen, ein Budget für die erforderlichen Handlungen im Rahmen seiner gesetzlichen Pflichten und Möglichkeiten einzuhalten, weil es damit die Betriebsratstätigkeit behindern würde, was strafbar ist.

Bereich der Betriebsratsarbeit	Kosten pro Jahr und Mitarbeiter
Betriebsratsarbeit	337,95 €
Betriebsversammlung	146,69 €
Einigungsstelle	60,32 €
Gesamtbetriebsrat	25,23 €
Betriebsratswahl	18,93 €
Betriebsräteversammlungen	12,44 €
Wirtschaftsausschuss	12,03 €
Konzernbetriebsrat	7,99 €
Jugendvertretung	7,85 €
Jugendvertreterwahl	2,47 €
Summe	**631,90 €**

Tabelle 10.2: Durchschnittliche Kosten der Betriebsratsarbeit gemäß dem Institut der deutschen Wirtschaft Köln

Das Personalmanagement kann die Kosten der Betriebsratsarbeit kaum beeinflussen: Der Betriebsrat entscheidet selbst, welche Ausgaben erforderlich sind. Darüber hinaus hat das Unternehmen im Hinblick auf die gesetzlich geregelte Aufgabenwahrnehmung des Betriebsrats und seiner Gremien kein Kontrollrecht. Nur in einigen wenigen Fallen, beispielsweise wenn der Betriebsrat einen Sachverständigen hinzuziehen möchte, ist eine vorherige Einigung mit dem Arbeitgeber vorgesehen.

Wie der Betriebsrat behandelt werden will

Der tägliche Umgang mit dem Betriebsrat ist für die Unternehmensleitung und für das Personalmanagement nicht immer einfach, weil es ja in der Natur der Sache liegt, dass der Betriebsrat Auge, Ohr und Stimme der Belegschaft ist. Er will darin ernst genommen werden, dass er auf der einen Seite die Informationen der Unternehmensleitung auf Stichhaltigkeit und Konsequenzen prüft, auf der anderen Seite die Interessen, Belange und Ideen der Mitarbeiter an die Unternehmensleitung kommunizieren will.

Im Unternehmen, gerade auch in kleinen und mittelgroßen, sind mehrere Modelle der Zusammenarbeit zwischen Betriebsrat und Unternehmensleitung denkbar:

- ✔ Im *Traditionsmodell* lösen Unternehmensleitung und maßvoll handelnder Betriebsrat gemeinsam die auftretenden Probleme. Der Betriebsrat arbeitet vor allem dann gut mit der Unternehmensleitung zusammen, wenn er frühzeitig in Entwicklungen einbezogen wird und noch Gestaltungseinfluss hat. Das Leitbild umfasst Partnerschaftlichkeit, Respekt und Gegenseitigkeit.

- Im *Blockademodell* arbeitet der Betriebsrat darauf hin, betriebliche Entscheidungen zu erschweren und im Übrigen für eine Umverteilung zugunsten der Arbeitnehmer zu sorgen. Das Leitbild ist auf Konflikt gerichtet.
- Im *Integrationsmodell* wird der Betriebsrat aktiv in die Entscheidungen der Unternehmensleitung eingebunden. Dafür sichert er die Loyalität der Belegschaft. Im Leitbild dominiert hier die Einsicht, eine Schicksalsgemeinschaft zu bilden.
- Im *Vetternwirtschaftsmodell* bestehen zwischen Betriebsratsvorsitzendem und Unternehmensleitung auch privat regelmäßige, freundschaftliche Beziehungen. Auf dieser Grundlage erfolgen formlose Verständigungen und Absprachen. Das Leitbild ist die Harmonie.
- Im *Vermittlungsmodell* übernimmt der Personalleiter die Vermittlung zwischen Unternehmensleitung und Betriebsrat und entlastet damit die Unternehmensleitung, trennt aber auch gleichzeitig beide Parteien. Das Leitbild ist hier Vertrauen in den Mittler.

In allen Modellen kommt dem Personalmanagement eine aktive Rolle zu, da es die Unternehmensleitung in der Kommunikation mit dem Betriebsrat unterstützt oder sogar ersetzt.

Das Personalmanagement hat vor allem die Aufgabe, die Auswirkungen der Betriebsratsarbeit auf das Unternehmen zu kanalisieren. Dies bedeutet zum Beispiel, dass das Personalmanagement versuchen muss, im Gespräch mit dem Betriebsrat Entscheidungen zu verhindern, die sowohl dem Unternehmen als auch den Mitarbeitern schaden würden. Dieser Versuch, sogenannte »Win-win-Lösungen« für Arbeitgeber und Arbeitnehmer zu erreichen, aus denen beide Parteien einen Vorteil haben, gelingt am ehesten dann, wenn das Personalmanagement bereit ist, Informationen bereitzustellen und Kompromisse einzugehen. Hinderlich dagegen sind kommunikative Muster, bei denen sich die Verhandlungspartner wechselseitig vor vollendete Tatsachen stellen, es an Respekt fehlt, von vornherein eine Konflikteskalation angestrebt wird oder es gar nicht erst zu einem Dialog kommt.

Das Personalmanagement kann den Betriebsrat auch dazu nutzen, die Mitarbeiter noch intensiver in das Unternehmensgeschehen einzubinden und damit die Partizipation im Unternehmen zu erhöhen. Dazu kann es einerseits eigene Impulse an den Betriebsrat weiterleiten, andererseits den Betriebsrat als den wichtigen Vermittler von Mitarbeiterimpulsen ernst nehmen. Im Kontakt mit dem Betriebsrat kann das Personalmanagement Stimmungen abprüfen, etwa ob Forderungen von Mitarbeitern ihre Berechtigung haben oder sie eher Versuche sind, sich übertriebene Vorteile zu verschaffen.

Der Sache nicht angemessen ist es, wenn in Unternehmen ein Dauerkonflikt zwischen Betriebsrat und Unternehmensleitung entsteht. Aus einer solchen Situation heraus erfolgte die Charakterisierung eines Unternehmens durch einen Abteilungsleiter als »betriebsratsverseucht« – was 2009 zum »Unwort des Jahres« gewählt wurde. Das Personalmanagement muss versuchen, mäßigend auf die Unternehmensleitung und den Betriebsrat zu wirken sowie einer Verstärkung des Konflikts durch die Führungskräfte im Unternehmen entgegenzuwirken.

Wie Führungskräfte das Führen lernen

11

In diesem Kapitel ...

- Leitbilder erstellen
- Führungslogik durchschauen
- Führungskompetenz lernen
- Weiterbildung der Führungskräfte wertschätzen

Eine wichtige Zielgruppe des Personalmanagements sind die Führungskräfte des Unternehmens. Sie sind überall im Unternehmen zu finden, in verschiedenen Abteilungen und auf verschiedenen hierarchischen Ebenen. Wenn sie Geschäftsführer oder Betriebsleiter sind oder anderweitig eine eigenverantwortliche vollständige Personalkompetenz haben und damit in Personalbelangen tatsächlich über ein Letztentscheidungsrecht verfügen, werden diese Führungskräfte als »leitende Angestellte« bezeichnet. Und es wird nicht nur im kaufmännischen Bereich des Unternehmens geführt: Im gewerblichen Bereich nehmen die Meister die Führungsrolle wahr.

Auf den ersten Blick ist Personalführung eine Tätigkeit, die sich in vielen Aspekten dem gesunden Menschenverstand erschließt und daher auch ohne Lernen häufig intuitiv richtig gemacht wird. Aber nicht jeder, der (aus welchen Gründen auch immer) zur Führungskraft erkoren wurde, verhält sich seinen Mitarbeitern gegenüber angemessen. Deshalb ist eine Unterstützung durch das Personalmanagement teilweise sinnvoll, teilweise erforderlich.

In diesem Kapitel erkläre ich, wie das Personalmanagement – passend zur Unternehmens- und Personalstrategie – aktiv Einfluss darauf nimmt, wie im Unternehmen generell geführt wird. Es unterstützt die Führungskräfte in vielerlei Hinsicht. Im Ergebnis muss die Führung von Mitarbeitern im Unternehmen nicht zwingend ein reines Zufallsprodukt bleiben: Sie kann, wie ich zeigen werde, Leitlinien folgen, die bewusst formuliert werden, und sie kann vor allem gelernt werden.

Die Kommunikationssituation

Bevor die Kommunikation zwischen dem Personalmanagement und den Führungskräften beschrieben wird, sind zunächst ein paar grundsätzliche Anmerkungen zur Kommunikationssituation angebracht.

Führungskräfte sind Personen im Unternehmen, zu deren Verantwortung es gehört, andere Mitarbeiter zu führen, bei ihrer Arbeit anzuleiten und sie hinsichtlich ihrer Leistungserstellung zu steuern. Gleichzeitig übernehmen Führungskräfte gegenüber der Unternehmensleitung eine besondere Verantwortung dafür, dass die Unternehmensziele umgesetzt werden und sich das Unternehmen fortlaufend an Umweltveränderungen anpassen kann. Diese Verantwortung nehmen sie in Projektgruppen, Arbeitsteams oder Abteilungen wahr. Zusammen bilden die Führungskräfte die betrieblichen Führungsebenen.

Die Kommunikation zwischen dem Personalmanagement und den Führungskräften eines Unternehmens kann über das direkte Gespräch erfolgen, das entweder das Personalmanagement oder die Führungskraft sucht. Es ist jedoch auch sinnvoll, Vertreter des Personalmanagements – zumindest an wichtigen – Projekt- oder Abteilungssitzungen zu beteiligen. So können wichtige Weichenstellungen mit möglichen Auswirkungen auf personalwirtschaftliche Sachverhalte von vornherein mit der Personalarbeit verzahnt werden. Ergebnis ist eine verstärkte und verbesserte Zusammenarbeit zwischen Unternehmenseinheiten und dem Personalmanagement, wodurch die Wahrscheinlichkeit erfolgreicher Projektrealisationen steigt.

Es hat viele Gründe, warum in Unternehmen eine intensive Kommunikation zwischen Führungskräften und Personalmanagement häufig unterbleibt: Aufseiten der Führungskräfte sind vor allem Zeitdruck und Projektflut zu nennen. Manchmal wollen Führungskräfte auch ihren Informationsvorsprung gegenüber dem Personalmanagement bewahren oder boykottieren die Zusammenarbeit, weil sie ihren Status und ihre Autonomie gefährdet sehen.

Führungskräfte erwarten vom Personalmanagement eine Unterstützung ihrer Rolle, die vor allem ein möglichst autonomes Recht zur Entscheidung über die Ressourcen ihrer Gruppe beinhaltet. Anders ausgedrückt: Führungskräfte wollen in der Regel nicht, dass ihnen das Personalmanagement in ihre Arbeit hineinfummelt.

Umgekehrt hat aber auch das Personalmanagement Erwartungen an die Führungskräfte: Es erwartet Kooperation, Information und Integration in die Projekte dort, wo es früher oder später sowieso beteiligt werden muss.

Ein berechtigtes Anliegen des Personalmanagements besteht darin, dass es im Unternehmen das Sagen in Sachen Personalarbeit behält. Nicht jede Führungskraft kann ihre Personalführung nach ihrem eigenen Geschmack vollständig selbst bestimmen. Daher kommt dem Personalmanagement die Deutungshoheit darüber zu, was gute Führung im Unternehmen ist. Dazu kann und sollte das Personalmanagement seine eigene Sichtweise als Maßstab kommunizieren. Darüber hinaus kann und soll das Personalmanagement ein Vetorecht beanspruchen, wenn im Unternehmen etwas personalwirtschaftlich Unsinniges passiert. Mit diesem Vetorecht nimmt es wegen seiner Fachkompetenz eine wichtige Steuerungsfunktion im Unternehmen wahr.

Gemeinsames Ziel von Personalmanagement und Führungskräften kann es sein, zur besseren Erreichung der Unternehmensziele eine gegenseitige Abschottung zu vermeiden.

Die einen nennen es Führungsstrategie, die nächsten Führungsleitlinien, wieder andere Leitbild

Wenn das Führen im Englischen ist von *Leadership* die Rede – im Unternehmen einem roten Faden folgen soll, benötigt das Unternehmen jemanden, der diesen roten Faden vorgibt. Das Personalmanagement ist ideal für diese Aufgabe geeignet: Es beschäftigt sich sowohl mit den Mitarbeitern, den Geführten wie auch mit dem Prozess der Personalführung. Daher liegt es nahe, auch den Führenden hilfreich zur Seite zu stehen und den Inhalt der Führung zu erläutern.

Die Führungsstrategie oder Führungsleitlinie legt eine generelle Richtung und damit die Führungsgrundsätze im Unternehmen fest. Während diese Begriffe aus dem strategischen Management stammen, ist das eher auf die unternehmenskulturellen Aspekte abstellende Pendant der Begriff »Leitbild«: Es stellt den Führungskräften im Unternehmen die grundlegenden Führungsinhalte dar und dient so der zielgerichteten Weiterentwicklung eines Unternehmens. Während im Rahmen der Leitbilderstellung Fragen wie »Wer wollen wir sein?« oder »Was ist unsere Vision für die Zukunft?« in einem Diskussionsprozess beantwortet werden, legt das Ergebnis – das fertige Leitbild – die Führungskräfte auf das gemeinsam Gefundene fest. Es formuliert klar die Ausrichtung des Führungsverständnisses nach innen und außen. Mit einem Leitbild lassen sich die Identität eines Unternehmens verdeutlichen, individuelles und kollektives Lernen unterstützen und konkrete Führungsmaßnahmen ableiten.

Kriterien für ein gutes Leitbild

Folgende fünf Grundregeln tragen zu einem positiven Leitbild bei:

- ✔ Ein Leitbild sollte anspruchsvoll sein, anstatt sich in Banalitäten zu verlieren.
- ✔ Ein Leitbild sollte eine zukunftsgerichtete Vision kommunizieren, anstatt zu beschreiben, was bereits an Führung gelebt wird.
- ✔ Ein Leitbild sollte Klarheit schaffen, anstatt Irreführung aufrechtzuerhalten.
- ✔ Ein Leitbild sollte handlungsleitend sein statt unverbindlich und unrealisierbar.
- ✔ Ein Leitbild sollte Akzente im Wettbewerb des Unternehmens setzen, anstatt strategisch bedeutungslos zu sein.

Es wird immer wieder davor gewarnt, ein Leitbild als reines Marketinginstrument anzusehen: Wenn ein Unternehmen sich ein ausformuliertes Leitbild gibt, können die Mitarbeiter auch auf die Einlösung der gemachten Aussagen pochen. Die Umsetzung eines Leitbilds gilt als Lackmustest für die Glaubwürdigkeit eines Unternehmens.

Gelegenheiten zum Aktivwerden

Anlässe, ein Leitbild für die Führung im Unternehmen zu formulieren, bestehen in seiner Erstellung oder in der Aktualisierung eines vorhandenen Leitbilds. Häufig kommt es zu der Idee, weil Unzufriedenheit mit dem Istzustand des Führens im Unternehmen verspürt wird und mit einem Leitbild ein Mittel zur Behebung dieser Unzufriedenheit gegeben ist, das zudem die Zustimmung zu den neuen Führungsmaximen umfasst.

Hilfreich für die Initiierung eines Leitbilderstellungsprozesses sind auch unscharfe Aspekte wie

- ✔ die Einsicht, dass graduelle und vielleicht teilweise gravierende Veränderung der Rahmenbedingungen ein aktualisiertes Führen sinnvoll machen,
- ✔ das Gefühl, dass der rote Faden von Führung und von Wandel noch nicht allen Verantwortlichen bewusst oder klar ist,
- ✔ die Intuition, dass sich die Komplexität des Führens durch die Beschäftigung mit ihr ein wenig reduzieren lässt,
- ✔ die Erkenntnis, dass ein Unternehmen nicht nur vorgegebene Ziele verfolgt, sondern immer wieder Ideen für seinen Umgang mit der Umwelt braucht,
- ✔ die Hoffnung, dass ein neues Leitbild die täglichen Führungsentscheidungen erleichtert, und
- ✔ das Vertrauen in die Ideen der Führungskräfte und Mitarbeiter sowie in deren Mitwirkungsbereitschaft.

Damit kann die Erstellung eines Leitbilds sowohl durch die Unternehmensleitung als auch durch das Personalmanagement begonnen werden, wobei die Impulse von Führungskräften und Mitarbeitern wichtig sind.

Inhalte von Leitbildern

Typische Inhalte eines Leitbilds betreffen Spannungsfelder des Führens, etwa das Leistungsprinzip im Zusammenhang mit einem respektvollen Umgang, die Bereitschaft zur Kritik und Selbstkritik, Teamarbeit und Freiräume, Information und Kommunikation zwischen Transparenz und Vertraulichkeit oder unternehmerisches Denken und Handeln bei gleichzeitiger gezielter Mitarbeiterförderung. Üblicherweise werden inhaltliche Fragen gestellt, zu denen das spätere Leitbild Auskunft geben soll (siehe Tabelle 11.1).

Leitfragen	Nach innen	Nach außen
Was ist unser Auftrag?		
Für wen arbeiten wir?		
Für welche Ideen/Werte stehen wir?		
Wer wollen wir zukünftig sein? Was ist unsere Vision?		
Wie sehen wir unser Verhältnis zu Politik/Gesellschaft/Öffentlichkeit?		
Wie stehen wir zu Mitbewerbern mit ähnlichem Angebot?		
Wen wollen wir als Partner?		
Wie wollen wir arbeiten?		
Wie führen wir, wie wollen wir geführt werden?		
Wie kommunizieren wir miteinander?		
Wie sehen wir unsere Wunschkolleginnen/-kollegen?		
Wie lernen wir?		
Welche Risiken wollen wir tragen?		
Auf welchen Ressourcen wollen wir aufbauen?		
Was ist für uns der kritische Zeithorizont unseres Handelns?		
Wie stellen wir uns auf die ungewisse Zukunft ein?		
Wie messen wir unseren Erfolg?		

Tabelle 11.1: Inhaltliche Fragen zum Leitbild

Idealer Prozess der Erstellung eines Leitbilds

Der typische Prozess zur Erstellung eines Leitbilds lässt sich in zwölf Arbeitsschritte unterteilen (siehe Tabelle 11.2). Diese Arbeitsschritte sind an Verantwortliche gekoppelt, was sicherstellt, dass auch alle Schritte eingefordert werden können.

Die konzeptionell-inhaltliche Arbeit geschieht in Arbeitsschritt 4, der von einer Projektgruppe aus Führungsinteressierten – also Mitarbeitern des Personalmanagements, der Führungskräfte und der Mitarbeiter, idealerweise moderiert durch einen externen Experten – besteht: Hier werden, orientiert am Fragenkatalog, zunächst in einem Brainstorming Ideen zu inhaltlichen Aussagen gesammelt und aufgeschrieben, ohne sie jedoch bereits zu diskutieren und zu bewerten. Je konkreter die Ideen ausfallen, desto besser ist es für den weiteren Prozess. Auf der Grundlage der Ideen wird ein Text erstellt, der als Grobkonzept für Diskussionen im größeren Kreis dient.

Schritt	Verantwortliche	Inhalte
1	Personalleitung	grundsätzliche Zieldefinition für die Erstellung eines Leitbilds
2	Personalleitung	Prozessarchitektur (Zeithorizont, Personaleinsatz, Budget)
3	Personalleitung	Einholung des definitiven Commitments zur Entwicklung eines Leitbilds bei der Unternehmensleitung
4	Projektgruppe	Erstellung eines Grobkonzepts
5	externer Experte	Bewertung Ist/Soll und Chancen/Gefahren zum Grobkonzept
6	Führungskräfte, Mitarbeiter	Veränderungswünsche und Konkretisierungen
7	Personalleitung	Einarbeitung der Ergebnisse aus Schritt 6 (bedarfsweise mehrfach)
8	Personalleitung	Präsentation und Verabschiedung des Leitbilds
9	Führungskräfte, Mitarbeiter	formelle Genehmigung des Leitbilds
10	Personalleitung	Inkraftsetzung (»Kick-off«)
11	alle	Umsetzung in Workshops
12	alle	regelmäßige Auffrischung, Erfolgskontrolle, Aktualisierung

Tabelle 11.2: Schritte bei der Erstellung eines Leitbilds

Die Erstellung eines Leitbilds folgt nicht dem »Prinzip Wunschzettel«: Es geht nicht darum, als Teil der Führungsorientierung ausschließlich Erwünschtes festzuhalten. Vielmehr sollten auch unangenehme Themen sowie Pflichten deutlich benannt werden. Das Personalmanagement muss – als Ergebnis eines Prozesses, an dem alle Beteiligten teilnehmen – deutlich machen, wo die Schwerpunkte der Führung im Unternehmen liegen, was erwünschtes und unerwünschtes Verhalten sowohl von Mitarbeitern als auch von Führungskräften ist. Damit das auch klar ankommt, braucht es Konzentration auf einige wenige Punkte. Deshalb muss das Personalmanagement in Bezug auf Führungsprägnanz klar sagen, welches Verhalten es wünscht. Dieses Verhalten muss es später auch unterstützen.

Die Schritte 5 bis 8 dienen dazu, die Umsetzung des Leitbilds dadurch sicherzustellen, dass es realisierbar ist und die Zustimmung der Mehrzahl der Führungskräfte und Mitarbeiter erfahren kann. Das Personalmanagement hat hier die Aufgabe, den Prozess zu unterstützen, etwa durch die Einrichtung von Arbeitsmöglichkeiten, durch inhaltliche Vorbereitung sowie durch Bereitstellung von Information.

Wurde das Leitbild von allen Mitarbeitern und Führungskräften »offiziell genehmigt«, kann es in Kraft gesetzt werden. Das wird häufig symbolisch unterstützt, etwa durch einen Ausdruck des Leitbilds, auf dem alle Mitarbeiter während einer Zeremonie unterschreiben und sich damit dem Leitbild verpflichten. Dabei beginnt die Inkraftsetzung während der Erstellung des Leitbilds, da hier das Bewusstmachen von Herausforderungen, die Identitätsbildung, die Modifikation bisherigen Verhaltens und damit die Organisationsentwicklung angestoßen werden. Doch auch zukunftsbezogen ist die Inkraftsetzung wichtig, da sie nicht nur eine Richtschnur für zukünftiges Verhalten bereitstellt, sondern auch Kraft geben soll für die Weiterentwicklung des Unternehmens.

Um das Leitbild bekannt zu machen und umzusetzen, muss es kommuniziert werden. Hierzu gibt es eine Reihe von Ideen, die sich in der Unternehmenspraxis finden:

- ✔ Das Leitbild wird attraktiv gestaltet, etwa auf Würfeln, in kleinen Büchern oder im Scheckkartenformat.
- ✔ Beim Starten des PCs erscheint ein Satz des Leitbilds auf dem Bildschirm.
- ✔ Ein Satz des Leitbilds wird im Bilderrahmen auf jeden Schreibtisch gestellt und im Monatsrhythmus ausgetauscht.
- ✔ Das Leitbild findet sich auf der Rückseite der Visitenkarten.
- ✔ Das Leitbild wird in den regionalen Dialekt des Unternehmens übersetzt und kann dann auch als Werbemittel für Kunden dienen.
- ✔ Das Leitbild wird dort aufgehängt, wo sich immer wieder Führungskräfte und Mitarbeiter aufhalten, also nach dem Prinzip »Bandenwerbung« als übergroße Ausdrucke in den Fluren – und warum nicht auch auf den Toiletten?

Mit dem in Kraft gesetzten Leitbild wissen sowohl die Führungskräfte, welchen Dimensionen sie beim Führungshandeln folgen sollten, als auch die Mitarbeiter, welche Art der Führung sie in ihrem Unternehmen erwartet.

Das Führungshandbuch gibt den Takt vor

Will das Personalmanagement gegenüber den Führungskräften im Unternehmen noch serviceorientierter auftreten, stellt es ein Führungshandbuch zusammen – als gedruckte Version oder im Intranet. Darin finden sich die Grundzüge der unternehmensinternen Mitarbeiterführung. Beginnend mit dem Leitbild wird den Führungskräften erläutert, welche Art der Führung als angemessen und als zur Unternehmenskultur passend wahrgenommen und von der Unternehmensleitung sowie vom Personalmanagement erwartet wird.

Ein Führungshandbuch gibt Anleitungen zum Umgang mit unternehmensinternen Partnern sowie zur führungsbezogenen Berücksichtigung von gesetzlichen Regelungen, internen Richtlinien und Betriebsvereinbarungen. Es erklärt die Führungsinstrumente, das Führungsinformationssystem, die Unterstützung des Führungshandelns, Hilfsmittel und Formulare sowie Anleitungen für besondere Führungsaufgaben wie das Verfassen von Zeugnissen, die Führung von Mitarbeitergesprächen oder die Berechnung von Leistungszulagen für Mitarbeiter. Auch die (sinnvollerweise standardisierte) Beteiligung von Vertretern des Personalmanagements an Koordinationstreffen von Abteilungsleitern oder Projektmanagern können hier erläutert werden.

Eine Führungskraft muss zudem wissen, welche Pflichten sie allgemein sowie dem Personalmanagement gegenüber hat. Hierzu zählen Berichtspflichten, Sorgfaltspflichten sowie Schutz- und Fürsorgepflichten dem Unternehmen und den Mitarbeitern gegenüber. Ein breites Gebiet ist die Überwachung der Einhaltung von Gesundheitsschutz und Arbeitssicherheit.

Die Fürsorgepflichten sind in Deutschland gesetzlich geregelt. Sowohl in § 241 (2) des Bürgerlichen Gesetzbuchs (BGB) als auch in §§ 617 bis 619 BGB wird die Fürsorgepflicht eines Arbeitgebers seinen Arbeitnehmern gegenüber begründet. Weitere Gesetze, unter anderem das Handelsgesetzbuch HGB, das Arbeitsschutzgesetz sowie das Arbeitssicherheitsgesetz, führen die Fürsorgepflichten weiter aus. Darüber hinaus müssen Führungskräfte sicherstellen, dass Mitarbeiter gleichbehandelt und nicht diskriminiert werden.

Führungslogik zwischen »guter alter Zeit« und »Kindergarten«

Führungskräfte müssen auch das »Wie« des Führens verstehen. Dies ist mehr, als es die Inhalte (das »Was«) des Leitbilds vermitteln: Es kommt darauf an, die jeweilige Situation in die Führung von Mitarbeitern einzubeziehen und mit jedem Mitarbeiter sowie mit ganzen Mitarbeitergruppen so umzugehen, dass auch in schwierigen, stressbehafteten Situationen Unternehmens- und Mitarbeiterinteressen gleichzeitig erfüllt werden.

Der Saarbrücker Personalforscher Christian Scholz hat hierzu mit dem »Darwiportunismus« einen Denkrahmen geschaffen. Demnach kann das Personalmanagement einen wichtigen Beitrag zum Erfolg seiner Führungskräfte leisten, wenn es es schafft, das Bild des Führens im Unternehmen auf die Realitäten einer sich ändernden Arbeitswelt anzupassen. Dabei ist das Zusammenspiel zwischen den neuen strategischen Vorgaben der Unternehmen und dem veränderten Wertesystem der Mitarbeiter besonders wichtig. Vor allem das Zusammentreffen der beiden Entwicklungen wird zu einer echten Herausforderung für das Personalmanagement.

Gegenläufige Verhaltenstrends in der Arbeitswelt

Grundlegend lassen sich in der heutigen Arbeitswelt zwei Trends identifizieren:

- ✔ Der erste, sich auf Unternehmen beziehende Trend ist, dass sich der Verdrängungswettbewerb in Wirtschaft und Gesellschaft verstärkt. In Zeiten, in denen Wirtschaften nicht mehr automatisch wachsen, wachsen auch die zu verteilenden Gewinne nicht mehr. Dies führt zu einem Nullsummenspiel der Gewinnverteilung, bei dem vor allem derjenige etwas bekommt, der sich am besten durchsetzt. Durchsetzen müssen sich zunächst die Unternehmen in ihren Märkten. Das schaffen sie im Wettbewerb dann, wenn sie ihr Verhalten vor allem an den Aktionärsinteressen ausrichten (»Shareholder-Value«). Tun sie das nicht, besteht die Gefahr, dass das Unternehmen keine »Stammplatzgarantie« mehr hat, also auch vom Markt verschwinden könnte. Diese Bedrohung wirkt sich auf die Mitarbeiter aus: Auch sie haben dann keine Stammplatzgarantie mehr und ihr »Überleben« im Unternehmen hängt neben dem Unternehmenserfolg von ihren Fähigkeiten und Anpassungsstrategien ab. Das Sich-durchsetzen-und-überleben-Wollen von Unternehmen wird als Darwinismus bezeichnet.

✔ Der zweite, sich auf die Individuen beziehende Trend ist der Opportunismus: Er ist durch die ökonomische Theorie definiert als ein Verhalten, bei dem Einzelne ihren eigenen Vorteil verfolgen, im Extremfall selbst dann, wenn es anderen schaden würde. Dieses egoistische Verhalten haben sich Arbeitnehmer spätestens in der Situation angeeignet, in der sie – trotz durchgehend gezeigter Loyalität und hohem Engagement ihrem Arbeitgeber gegenüber – in Zeiten schwächelnder Konjunktur entlassen wurden, während der Arbeitgeber an anderer Stelle gleichzeitig Boni und Dividenden ausschüttete.

Es muss hier nicht diskutiert werden, ob diese beiden Trends ethisch akzeptabel sind. Für die in diesem Buch zu führende Diskussion zählt lediglich, dass beide Trends existieren: Darwinismus und Opportunismus findet man in gewinnorientierten Unternehmen wie auch in Non-Profit-Organisationen, die nicht gewinnorientiert arbeiten.

Psychologische Arbeitsverträge als Führungsgrundlage

Führt man die Trends des Verdrängungswettbewerbs und des Opportunismus zusammen, erhält man ein Phänomen, das als »Darwiportunismus« bezeichnet wird. Organisationen verhalten sich (unterschiedlich stark) darwinistisch, die Einzelnen verhalten sich (unterschiedlich stark) opportunistisch. Beide Parteien – Organisationen und Individuen – wissen, dass ihr Gegenpart den jeweils eigenen Nutzen maximiert, sie wissen allerdings auch, dass sie diese Nutzenmaximierung letztlich nur in dem Maße erreichen können, wie es der Gegenpart zulässt. Daher sind sie zu einer Schicksalsgemeinschaft verbunden.

Organisationen in der Arbeitswelt fordern Anstrengung und Leistung, um ihr Überleben zu sichern und um Arbeitsplätze bereitstellen zu können. Individuen wie die Angestellten fordern Lohn, attraktive Arbeitsbedingungen und Entwicklungschancen, um von ihrer Anstrengung und Leistung auch etwas zu haben. Beide Parteien akzeptieren diese Forderungen und einigen sich in Verhandlungen auf einen Kompromiss, den sie im Verlauf ihres Zusammenarbeitens einhalten: den »psychologischen Arbeitsvertrag« mit jeweils spezifischen »Spielregeln«. »Psychologisch« heißen die Arbeitsverträge deshalb, weil sie etwas anderes sind als die schriftlich fixierten Arbeitsverträge: Sie bestehen unausgesprochen, sozusagen in den Köpfen der Beteiligten. Psychologische Arbeitsverträge entstehen bereits während des Bewerbungsprozesses und verstärken sich im Rahmen der täglichen Zusammenarbeit zwischen Führungskraft und Mitarbeiter.

Die psychologischen Arbeitsverträge lassen sich in einer Matrix darstellen (siehe Abbildung 11.1): Auf der einen Achse wird die Intensität des darwinistischen Unternehmensverhaltens gezeigt, auf der anderen Achse die Intensität des opportunistischen Individualverhaltens. Dort, wo sich beide Linien treffen, ist der psychologische Arbeitsvertrag zu verorten. Da Darwinismus und Opportunismus der Akteure nicht immer gleich hoch ausgeprägt sind, führt dies zu vier typischen Konstellationen. In ihnen gibt es unterschiedliche Logiken des »Gebens und Nehmens« und unterschiedliche Anreizsysteme.

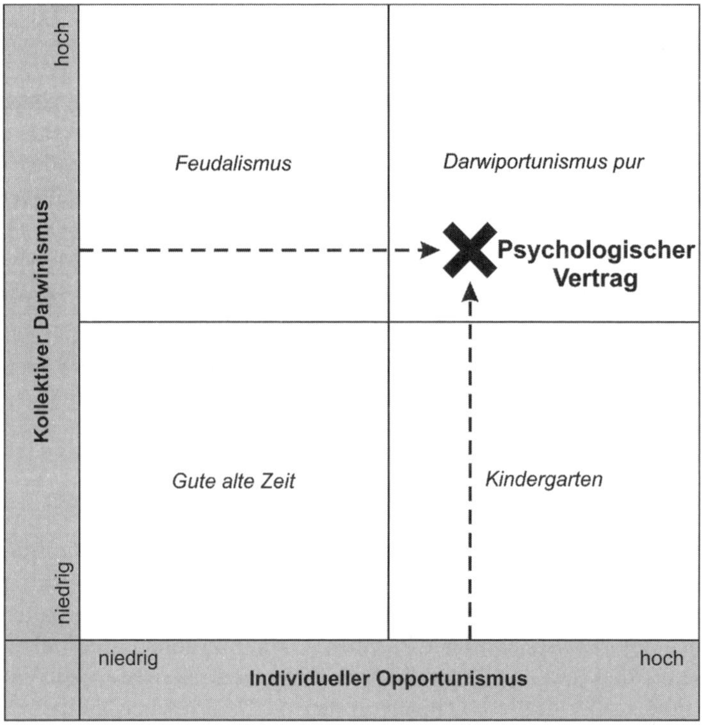

Abbildung 11.1: Psychologischer Arbeitsvertrag in der Darwiportunismus-Matrix nach dem Saarbrücker Personalforscher Scholz

Die vier Typen psychologischer Arbeitsverträge kann man allgemein beschreiben:

- ✔ *Gute alte Zeit* bildet die traditionelle Arbeitswelt ab, in der sich die Loyalität der Mitarbeiter gegenüber ihrem Unternehmen mit der Garantie von Beschäftigungssicherheit trifft. Funktioniert dieser psychologische Arbeitsvertrag, verlassen sich Unternehmen und Mitarbeiter ohne Befristung aufeinander und arbeiten produktiv ohne übermäßig hohen Wettbewerbsdruck zusammen. Hält sich eine der Parteien aber nicht an die unausgesprochene Balance von Loyalität und Sicherheit, sondern bricht den psychologischen Arbeitsvertrag, wirkt sich dies auf die verbleibenden psychologischen Arbeitsverträge aus, die dann instabiler werden.
- ✔ *Kindergarten* ist das Bild für die einseitige Betonung der egoistisch-opportunistischen Interessen von Mitarbeitern: Sie genießen relativ hohe Arbeitsplatzsicherheit, sind aber gegenüber dem Unternehmen nicht zwingend loyal. Dies kann man sich bei besonders benötigten Spezialisten vorstellen, etwa Programmierern oder überdurchschnittlich kreativen Designern. Funktioniert dieses Szenario, das in Zeiten eines Fachkräftemangels häufiger anzutreffen sein wird, kann sich hierin erfolgreiche Innovation entwickeln. Die Gefahr besteht aber darin, dass sich aufseiten des Mitarbeiters eine Selbstbedienungsmentalität breitmacht. Mitarbeiter mit anderen psychologischen Arbeitsverträgen werden kaum verstehen, dass Einzelne eine Vorzugsbehandlung im Unternehmen erhalten.

- ✔ *Feudalismus* bezeichnet die einseitige Betonung der darwinistischen Unternehmensinteressen. Das Unternehmen steht unter einer solchen Überlebensbedrohung, dass es alles daran setzt, seine Interessen im Markt, aber auch gegenüber den Mitarbeitern durchzusetzen. Mitarbeiter wissen, dass ihre Bedürfnisse hinter denen des Unternehmens zurückstehen müssen, fühlen sich aber dennoch in diesem psychologischen Arbeitsvertrag ihrem Unternehmen gegenüber verbunden – sei es, weil sie es ertragen wollen, sei es, weil sie keine Alternative haben. Wird der unternehmensseitige Druck nicht übertrieben, kann er in dieser durch hierarchische Weisungen geprägten Konstellation zur Effizienzsteigerung gerade in zeitkritischen Leistungsprozessen führen, im übertriebenen Fall besteht die Gefahr einer Ausbeutung der Mitarbeiter bis hin zum Burn-out.

- ✔ *Darwiportunismus pur* gilt als der psychologische Arbeitsvertrag, bei dem beide Seiten ihre Interessen wechselseitig transparent machen: Bezogen auf einen begrenzten Zeithorizont handeln beide Seiten aus, welche Eigeninteressen sie durchsetzen möchten und welche Fremdinteressen sie dafür zu unterstützen bereit sind. Wenn das funktioniert, führt es zu einer Hochleistungsdynamik, in der gleichzeitig der individuelle Nutzen des Mitarbeiters und die Wettbewerbsposition des Unternehmens sinnvoll abgeglichen werden, und im Anschluss des Vertragsablaufs zu neuen Absprachen für einen folgenden Zeithorizont. Im negativen Fall führt es aber zu einem unstetigen Arbeitskontext, in dem sich Unternehmen und Mitarbeiter gegenseitig enttäuschen und es zu einer hohen Fluktuation kommt.

Bei Unterstellung der grundlegenden Trends kann es nur diese vier Typen psychologischer Arbeitsverträge geben. Da jeder Arbeitnehmer mit seinem Unternehmen über einen psychologischen Arbeitsvertrag verfügt, muss sich dieser in der Darwiportunismus-Matrix positionieren lassen.

Man spricht von einem beschreibenden Modell. Alle vier Typen psychologischer Arbeitsverträge lassen sich sinnvoll ausgestalten und können – in einer gegebenen Situation – zu einer effektiven Zusammenarbeit von Unternehmen und Mitarbeitern führen. Mit den Grundkonstellationen ist weder die Empfehlung an Unternehmen verbunden, stärker auf »hire and fire« zu setzen, noch die Empfehlung an die Mitarbeiter verbunden, aus dem Arbeitsverhältnis das Letzte für sich persönlich herauszuholen. Vielmehr zeichnet sich die Arbeitswelt durch unterschiedliche »Spielregeln« aus, die Unternehmen und ihre Mitarbeiter sich zunächst gemeinsam wählen können. Sind diese psychologischen Arbeitsverträge dann aber geschlossen, leiten sich daraus Erwartungen zum gegenseitigen Umgang ab – also auch zur Mitarbeiterführung.

Konsequenzen für das Führungslernen

Gesucht ist eine personelle Führung, die in der Lage ist, die »Spielregeln« sinnvoll anzugehen. Dazu ist zunächst die Einsicht notwendig, dass es sowohl Darwinismus als auch Opportunismus gibt und dass beide Verhaltensweisen sich im täglichen Arbeits(er)leben niederschlagen.

Das Personalmanagement sollte die Führungskräfte dabei unterstützen, die Istsituation realistisch zu analysieren. Zudem sollte es den Führungskräften Argumente an die Hand geben, die Mythen entkräften, beispielsweise dass das Unternehmen überhaupt nicht darwinistisch handele oder dass die Mitarbeiter gar nicht opportunistisch seien.

Nur wer der wirklichen Führungssituation ins Auge blickt, kann sie bewältigen und seine Handlungen nachvollziehbar begründen.

Wie lässt sich in diesem Darwiportunismus-Rahmen eine tragfähige Führungslogik entwickeln? Hierzu dienen vier Schritte:

- ✔ Schritt 1 ist eine klare Bestandsaufnahme der Führungssituation hinsichtlich darwinistischer Tendenzen des Unternehmens sowie opportunistischer Tendenzen der Mitarbeiter, beispielsweise über eine themenzentrierte Mitarbeiterbefragung.
- ✔ Schritt 2 ist die Festlegung eines Zielpunkts in der Darwiportunismus-Matrix, die sich das Personalmanagement – durchaus unterschiedlich für verschiedene Mitarbeitergruppen oder verschiedene Einzelmitarbeiter – als sinnvoll vorstellen kann.
- ✔ Schritt 3 ist die Kommunikation dieses Zielpunkts nach innen, zum Beispiel zu den Führungskräften als Grundlage ihrer Führung, und nach außen, zum Beispiel gegenüber Bewerbern im Sinne einer realistischen Rekrutierung.
- ✔ Schritt 4 ist die Abstimmung der personalwirtschaftlichen Führungsinstrumente und deren Ausrichtung auf die anvisierten psychologischen Arbeitsverträge.

Darwiportunistisch differenziertes Führen bedeutet für Führungskräfte, ihr Führungsverhalten am psychologischen Arbeitsvertrag auszurichten. Tabelle 11.3 zeigt einige Beispiele.

Es zeigt sich, dass in derselben Führungssituation je nach vorherrschendem psychologischem Arbeitsvertrag vollkommen andere Gestaltungslösungen sinnvoll sein können. Damit wird es notwendig, auch in einer neuen Arbeitswelt mit vielen Einzelinteressen – die im Mittelstand genauso gegeben ist wie in großen Unternehmen – die Mitarbeiterführung im Unternehmen bewusst auf die Ausgangssituation der psychologischen Arbeitsverträge auszurichten. Hiermit kann das Personalmanagement Hilfestellung leisten bei der Personalbeschaffung, Mitarbeiterauswahl, Motivation, Entlohnung und Bindung von Mitarbeitern.

Personalwirtschaftliche Aufgabe	Gute alte Zeit	Kindergarten	Feudalismus	Darwiportunismus pur
psychologischer Arbeitsvertrag	gegenseitige Loyalitat und Sicherheit, Stammplatzgarantie, unbefristete Verträge	individuelle Selbstoptimierung, Prinzip der Maßlosigkeit	unternehmensseitige Ausbeutung der Arbeitnehmer, Leistungsdruck	klare gemeinsame Absprache uber den Leistungsaustausch, Zeitverträge
Personalauswahl	Gesucht wird Typ »verlässlicher Loyaler«	Gesucht wird Typ »kühner Kreativer«	Gesucht wird Typ »gehorsamer Diener«	Gesucht wird Typ »selbstbewusster Verhandler«
Personalentwicklung	Unternehmen bietet Personalentwicklung an, Mitarbeiter akzeptiert manchmal	Mitarbeiter »bestimmt« Personalentwicklung	Unternehmen lässt Personalentwicklung nur zu, wenn es ihm nützt	Mitarbeiter und Unternehmen handeln die Personalentwicklung aus
Instrumente zur Motivation und Bindung	Beschäftigungssicherheit, Geld	kreatives Umfeld	Leistungsdruck, Sanktionen	Work-Life-Balance, Unternehmenskultur, Employability
Hochleistungsteams	Kooperation ohne Zeitdruck in einem geschlossenen System (Voraussetzung: externe Akzeptanz der Leistungen)	Kreativoutput erwartet, daher Notwendigkeit, Mitnahmementalität abzusenken; gegebenenfalls räumliche Trennung von Mitarbeitern in anderen psychologischen Arbeitsverträgen	Um enge Zeitvorgaben einzuhalten, müssen sich Akteure auf die positiven Aspekte eines Leistungswettbewerbs einlassen	zeitlich befristete Kooperation von Kernkompetenzträgern als Einzelkämpfer unter bewusster Inkaufnahme von Darwinismus und Opportunismus
Personalmanagementethik	»Ethik der Loyalität«: gegenseitige Verantwortung, Dialog	»Ethik der Substanzerhaltung«: Selbstschutz des Unternehmens	»Ethik der Grenzziehung«: hart, aber fair, vorbeugende Vermeidung von Mobbing	»Ethik der Offenheit«: Abgleich berechtigter Interessen, transparentes Setzen der Spielregeln

Tabelle 11.3: Darwiportunistisch differenziertes Führungsverhalten

Wie führen Sie als darwiportunistisch geschulte Führungskraft in folgender Situation?

Sie sind Pflegedienstleiter/in eines ambulanten Pflegedienstes. Eine der Ihnen zugeordneten Pflegefachkräfte, die sehr engagiert und zuverlässig arbeitet, verbreitet einen unangenehmen Schweißgeruch. Die anderen Mitarbeiter weigern sich schon, das von ihr benutzte Dienstfahrzeug zu übernehmen, und einige Patienten haben sich über die »Ausdünstungen« der Mitarbeiterin beschwert. Ihnen ist bewusst, dass Sie dringend etwas unternehmen müssen.

- *Gute alte Zeit*: Sie hoffen zunächst darauf, dass sich das Problem von selbst löst. Wenn das nicht geschieht, moderieren Sie ein Gruppengespräch mit allen Beteiligten, um den Konflikt im Team einer Lösung zuzuführen.
- *Kindergarten*: Sie wollen vermeiden, dass die engagierte und zuverlässig arbeitende Pflegefachkraft verärgert wird, und stellen ihr ein eigenes Dienstfahrzeug zur Verfügung.
- *Feudalismus*: Sie mahnen die Pflegefachkraft ab und drohen für den Fall anhaltender Geruchsbelästigung mit Kündigung.
- *Darwiportunismus pur*: Sie stellen der Pflegefachkraft deutlich dar, wie wichtig eine einwandfreie Hygiene sowie das Auftreten der Mitarbeiter für den Erfolg des Unternehmens sind. Sie forschen aber auch nach den möglichen Ursachen für den Schweißgeruch: Vielleicht steckt ja eine Krankheit oder eine unbewältigte Stresssituation dahinter. In einer Aussprache vereinbaren Sie gemeinsam, den gegenwärtigen Zustand abzustellen.

Das Unternehmen als Racheobjekt

Unternehmen als Ganzes werden zwar nicht gemobbt – aber sie können Opfer von schädigenden Handlungen ihrer Mitarbeiter werden. Das häufigste Phänomen in diesem Zusammenhang ist Rache. Obwohl sie in der Regel tabuisiert wird, gibt es sie.

Als Rache bezeichnet man die bewusste Zufügung von Schaden als Reaktion auf zuvor erfahrenes Unrecht. Der sich Rächende beabsichtigt, die Situation des ursprünglichen Täters zu verschlechtern und dessen Status zu schmälern, um die eigene Position zu rehabilitieren und subjektiv wieder Gerechtigkeit herzustellen.

Während einige Wissenschaftler Rache als durchaus rationale und erklärbare Antwort auf aggressives Verhalten anderer erklären, wird Rache dennoch zumeist als irrationale, unmoralische und antisoziale Handlung mit zerstörerischen Konsequenzen angesehen und als sozial inakzeptabel bewertet. Als Formen der Rache in Unternehmen lassen sich unterscheiden:

- Verdeckte Formen wie »Arbeit nach Vorschrift«, Fehlzeiten, Anstiftung Dritter zur Vergeltung und verborgene materielle oder immaterielle Schädigung des Unternehmens.

✔ Offene Formen wie physische Zerstörung von Sachen, Diebstahl, Sabotage, Bekanntmachung vertraulicher Sachverhalte, Missbrauch sensitiver Informationen und Arbeitsverweigerung.

Die Aufgabe der Führungskräfte besteht darin, Rachehandlungen aufzudecken und in ihren Konsequenzen zu verringern. Sie müssen die Auswirkungen auf personeller und organisatorischer Ebene abschätzen und Gegenmaßnahmen ergreifen, die Schaden vom Unternehmen abwehren. Darüber hinaus gilt es, etwaigen Rachehandlungen vorzubeugen, beispielsweise durch eine wirksame Abschreckung, und Racheschäden zu beheben.

Führungskompetenz erwerben

Wenn Sie jetzt fragen »Was ist das eigentlich, Führungskompetenz?«, haben Sie vollkommen recht: Bislang habe ich den inhaltlichen Rahmen der Führungskompetenz noch nicht gefüllt. Hinter Ihrer Frage steht aber noch eine ganz andere Frage: Kann man gutes Führen erlernen – und wie bringt man anderen Personen Führung bei? Die Antwort ist kurz gesagt: Man kann – und: Es gibt einen Denkrahmen hierzu.

Wozu dient das Führen von Mitarbeitern? Henry Mintzberg, ein kanadischer Managementforscher, sagt hierzu in seinem Buch »Manager statt MBAs«:

> *»Beim Führen geht es nicht darum, kluge Entscheidungen zu treffen und möglichst große Geschäfte abzuschließen, insbesondere nicht solche, die nur dem eigenen Vorteil dienen. Entscheidend ist vielmehr, anderen die nötige Energie zu verleihen, um gute Entscheidungen zu fällen und ihre Arbeit besser zu machen. [...]*
>
> *Erfolgreiche Führung hat mehr mit Anregen als mit Ermächtigen zu tun, mehr mit Verbinden als mit Kontrollieren, mehr mit dem Aufzeigen von Möglichkeiten als mit Entscheiden.«*

Besonders interessant erscheint in diesem Zitat das Wort »Energie«: Offensichtlich sind beim Führen wieder eine Menge Schwingungen am Werk.

Der Blick aus der Ferne

Führungskompetenz wird häufig mit Managementkompetenz gleichgesetzt. Sie bezeichnet die Fähigkeit einer Person, in einer leitenden Funktion ihre Führungsaufgaben den Mitarbeitern und dem Unternehmen gegenüber erfolgreich bewältigen zu können. Die Führungskraft muss also in der Lage sein, sachgerecht und unter Abschätzung der Folgen so zu handeln, dass sie es als Einzelperson sowie im Sinne des Unternehmens verantworten kann.

Der Sinn dieser Definition liegt darin, verhaltensbezogene Aspekte des Führens mit ökonomisch-unternehmensbezogenen Aspekten zu verbinden und darauf hinzuweisen, dass beides gleichermaßen wichtig ist. Führen zielt auf die Erreichung von nachhaltigen Wettbewerbsvorteilen für das Unternehmen ab, also darauf, dass die Geführten durchgehend eine gute Leistung erbringen, die sich an Kunden verkaufen lässt und so zur Wertschöpfung des Unternehmens führt. Idealerweise soll das Führen nicht unbewusst passieren, sondern von der

Führungskraft bewusst und absichtsvoll überblickt werden – hinsichtlich der Visionen und Ziele, der Instrumente und Maßnahmen, der Wirkungen und Nebenwirkungen.

Es gibt viele (einander durchaus ähnliche) Möglichkeiten, Führungskompetenz zu untergliedern. Abbildung 11.2 zeigt eine Systematik, die zwischen dem Erwerb und Aufbau benötigter Führungskompetenzen und der Anwendungskompetenz unterscheidet. Dies bedeutet: Das Erlernen von Führungskompetenz hört nicht einfach mal irgendwann auf, sondern setzt sich so lange fort, wie geführt wird.

Hard Skills		Soft Skills		Role Skills	
Sach-/Fach-kompetenz	Methoden-kompetenz	Selbst-kompetenz	Sozial-kompetenz	Team-kompetenz	System-kompetenz

Abbildung 11.2: Führungskompetenz im Überblick

Eine wichtige Aufgabe des Personalmanagements besteht darin, Führungskräfte beim Erwerb von Führungskompetenz zu unterstützen. Dazu muss es erst einmal wissen, welche Bereiche es abdecken muss.

Ran an den Speck

Die in Abbildung 11.2 verwendeten Fachbegriffe wie »Hard Skills« (berufstypische wissens- und faktenorientierte Fertigkeiten), »Soft Skills« (verhaltens- und emotionsorientierte Fertigkeiten) sowie »Role Skills« (Fertigkeiten, die sich erst bei Eingebundensein in eine spezifische Umgebung entfalten) sollten Sie mal gehört haben. Doch wichtiger ist es, statt der Kategorien die Inhalte der einzelnen Führungskompetenzen zu kennen.

Sach-/Fachkompetenz

Sach- oder Fachkompetenz bezieht sich auf die fachlichen Aspekte des Führens von Mitarbeitern. Führungskräfte sollten in der Lage sein, sich ein Urteil darüber zu bilden, ob das, was sie selbst und die Mitarbeiter tun, sinnvoll im Sinne der Zielerreichung ist.

Zur Sach- oder Fachkompetenz zählen die fachliche Tiefe und damit Spezialwissen zum ausgeübten Beruf genauso wie die fachliche Breite und damit allgemeine Produkt-, Technik-, Prozess-, Branchen- und Marktkenntnisse sowie der sprichwörtliche »Blick über den Tellerrand hinaus«. Der Erwerb von Fachwissen erweitert die Handlungs- und Urteilsfähigkeit.

Hierbei gilt es nicht nur für Führungskräfte, ihr eigenes Fachwissen einzusetzen. Sie müssen auch dafür sorgen, dass Fachwissen im Unternehmen von den Mitarbeitern genutzt wird und in die Leistung einfließt. Darüber hinaus müssen sie in ihrem Einflussbereich Fachwissen organisieren, also die Ressource Wissen steuern und in produktive Richtungen lenken. Fachwissen wird im Rahmen der Personalentwicklung vermittelt.

Methodenkompetenz

Methodenkompetenz betrifft die Fähigkeit von Führungskräften, die Arbeitsprozesse ihrer Mitarbeiter zu befördern. Hierzu zählen die Anregung zum Nachdenken, die Findung neuer Ideen, die Planung zeitlicher Abläufe und die Hilfe bei der Problemlösung.

Methodenkompetent ist eine Führungskraft dann, wenn sie ihren »Werkzeugkasten« an Führungsmethoden gut gefüllt hat. Darin finden sich unter anderem

- ✔ *Kreativitätstechniken*, die die Mitarbeiter dazu anregen, schnell neue und unübliche Ideen zu entwickeln (die bekannteste Methode ist das »Brainstorming«, bei dem es darum geht, in einer Gruppe spontan möglichst viele fantasievolle Vorschläge zu finden),
- ✔ *Planungstechniken*, die das rationelle Arbeiten befördern,
- ✔ *Techniken der Informationsbeschaffung*, die der Informationssammlung, -bewertung, -speicherung und -nutzung dienen,
- ✔ *Techniken der Problemanalyse*, die sich einer Systematik bedienen, um schnell die Schwachpunkte und Defizite eines Sachverhalts zu erfassen,
- ✔ *Präsentationstechniken*, die die Darstellung von Ergebnissen und der Wahl der Präsentationsmedien unterstützen.

Alle Methodenkompetenzen basieren darauf, den Mitarbeitern »die richtigen Fragen zu stellen«. Am Beispiel der Präsentationstechniken lässt sich dies erläutern. Hier werden Fragen gestellt wie: Wie erwecke ich Aufmerksamkeit für meine Botschaft? Wie lässt sich meine Botschaft einfach rüberbringen? Wie bekomme ich meine Zuhörer dazu, meine Botschaft zu akzeptieren? Wie aktiviere ich meine Zuhörer zum Handeln?

Methodenkompetenz konzentriert sich nicht nur auf jeweils einzelne Mitarbeiter: Zahlreiche Methoden fördern ausdrücklich Teamprozesse.

Selbstkompetenz

Führungskräfte müssen als Selbstkompetenz über die Fähigkeit verfügen, ihr eigenes Leben auszubalancieren und ihre Persönlichkeit aktiv zu entwickeln. Dies betrifft nicht nur selbstsicheres Auftreten, Selbsteinschätzungsvermögen und Eigeninitiative, sondern auch die Einstellungen und die persönliche Ethik.

Führungskräfte unterliegen – gerade zu Anfang ihrer Laufbahn – der Gefahr, dass sie sich selbst überschätzen oder aber dass sie sich zu schnell und unreflektiert an Gegebenheiten anpassen, die sie vorfinden. Dabei ist es gerade die Aufgabe von Führungskräften, kritisch und wach mit ihrer Situation umzugehen.

Zur Selbstkompetenz gehört es daher zunächst, seine Grundeinstellung zu reflektieren. Man scheitert als Führungskraft nicht an sich selbst, wenn man sich eine positive Grundeinstellung zulegt. Der ehemalige Bundeskanzler Helmut Kohl formulierte es einmal so:

> *»Manchmal muss ich an die Worte eines Pfarrers denken, der vor einigen Jahren in seiner Weihnachtspredigt sagte: ›Der Engel von Bethlehem hat den Hirten auf dem Felde nicht gesagt: Siehe, ich verkünde Euch ein großes Problem! Sondern: Fürchtet Euch nicht! Denn siehe, ich verkünde Euch eine große Freude!‹«*

Die Persönlichkeit, die jeder Mensch hat, wird allgemein charakterisiert durch die Offenheit gegenüber Neuem, durch das zwischenmenschliche Verhalten, durch die soziale Verträglichkeit, durch Gewissenhaftigkeit und Zuverlässigkeit sowie durch die persönliche emotionale Stabilität. Jeder Mensch ist anders, auch jede Führungskraft. Sie sollte aber ein Bild davon haben, was ihre Persönlichkeit ausmacht, damit sie auch abschätzen kann, wie sie auf andere wirkt und in welcher Hinsicht sie ihnen Vorbild ist. Führungskräfte können

- *Generalisten* sein, die Freude am Managen und der Übernahme von Verantwortung haben,
- *Techniker* sein, die Spaß daran haben, zu basteln und Probleme zu lösen,
- *Unabhängigkeitsfanatiker* sein, die bei ihrer Arbeit ihren Freiraum brauchen,
- *Sicherheitsorientierte* sein, die Dauerhaftigkeit, Regelmäßigkeit und Beständigkeit schätzen,
- *Kreative* sein, die für ihre immer neuen Ideen Anerkennung finden wollen,
- *Überzeugungstäter* sein, die ihre Werte leben, die Welt verbessern wollen und ihre Mitarbeiter auch,
- *Kämpfer* sein, die den Wettbewerb lieben und immer gewinnen wollen, oder
- *Selbstverwirklicher* sein, denen es darum geht, ihre Träume zu leben, unabhängig von Karriere und beruflichem Fortkommen.

Auch im Hinblick auf die Selbstkompetenz kommt es wieder darauf an, Fragen zu stellen – diesmal an sich selbst:

- Was sind meine Stärken, meine Schwächen?
- Welche Handlungsmöglichkeiten habe ich, welche Hindernisse stehen in meinem Weg?
- Wie kann ich meine Stärken dazu nutzen, meine Handlungsmöglichkeiten auszuschöpfen und die Barrieren zu umgehen?
- Wie kann ich meine Schwächen überwinden, bevor sie mir im Weg stehen?

Ziel der Selbstkompetenz ist es, sich als Führungskraft wohlzufühlen. Dies sollte nicht nur materiell durch ein vergleichsweise höheres Gehalt erzeugt werden, sondern auch emotional, sozial sowie gesundheitlich eingebettet sein und auf eine persönliche Weiterentwicklung abzielen.

Die bekannteste operative Selbstkompetenz betrifft das Zeitmanagement. Führungskräfte müssen in der Lage sein, die Flut ihrer Aufgaben im Griff zu behalten. Sie müssen lernen, mit »Zeitfressern« umzugehen, effektiv zu planen, Prioritäten zu setzen, Aufgaben zu delegieren, regelmäßig Auszeiten zu nehmen (dies können auch sehr kurze sein, wenn sie nur regelmäßig genommen werden) und auch mal »Nein« sagen zu können.

Sozialkompetenz

Unter Sozialkompetenz wird die Fähigkeit verstanden, mit anderen Personen sozial akzeptabel umgehen zu können. Hierzu zählen Menschenkenntnis, Wahrnehmung von anderen Personen, Toleranz, Respekt, Empathie, Kritikfähigkeit und interkulturelle Kompetenz.

Die Sozialkompetenz betrifft zum einen das passive Aushalten von anderen Menschen, also im Unternehmen von Mitarbeitern und ihren Eigenheiten. Zum anderen betrifft sie das aktive Verhalten, das in der Lage ist,

- ✔ Gespräche zu beginnen und am Laufen zu halten,
- ✔ anderen eigene Fehler einzugestehen und sich gegebenenfalls zu entschuldigen,
- ✔ Mitarbeitern positive Rückmeldungen, also Lob, oder negative Rückmeldungen, also Widerspruch und Kritik, zu geben,
- ✔ eine eigene Position zu vertreten und die eigenen Interessen klar zu äußern, ohne andere Personen zu verletzen, sowie
- ✔ abweichende Arbeitsstile und Meinungen zu akzeptieren und sich auf Kompromisse einlassen zu können.

Führungskräfte, die ihre Fähigkeit zur Selbstwahrnehmung schärfen, können gleichzeitig Antennen entwickeln, um andere Personen besser wahrzunehmen. Die Leitlinien von Sozialkompetenz sind Zusammenarbeit, Fairness und Vertrauen.

Das Personalmanagement ist dazu da, die Führungskräfte dazu anzuhalten, ihren Mitarbeitern regelmäßig Fragen zur Arbeitssituation, zu Wahrnehmungen und zu Bedürfnissen zu stellen. Mindestens genauso wichtig ist es allerdings, dass das Personalmanagement den Führungskräften beibringt, wie sie mit den Antworten ihrer Mitarbeiter zurechtkommen.

Teamkompetenz

Teamkompetenz bezeichnet die Fähigkeit von Führungskräften, eine Arbeitsgruppe so zu leiten, dass ihre Mitglieder ihre einzelnen Leistungsbeiträge verzahnen und durch diese Verzahnung eine (höhere) Gesamtleistung des Teams entsteht, die ohne diese Kopplung nicht entstanden wäre. Dies nennt man auch die Schaffung von Synergie.

Das Gegenteil des Entstehens von Synergie ist, wenn sich Mitglieder eines Teams hinter der Gesamtleistung des Teams verstecken und im Vertrauen darauf, dass sie vom restlichen Team mitgezogen werden, weniger leisten. Dieses Ausruhen auf Kosten anderer wird als Trittbrettfahrerverhalten bezeichnet oder auf Englisch als »Social Loafing«.

Trittbrettfahrerverhalten lässt sich seitens der Führungskraft dadurch vermindern, dass sie

- ✔ aufmerksam dafür ist, welche Personen individuelle Leistungen erbringen, und diese Leistungen dann auch honoriert,
- ✔ den Mitarbeitern das Gefühl vermittelt, dass sie Trittbrettfahrerverhalten nicht zulassen wird,

- ✔ darauf achtet, dass die Anreiz- und Vergütungssysteme insbesondere die gemeinsame Teamleistung belohnen und so die Idee einer Schicksalsgemeinschaft entstehen kann,
- ✔ eine Teamvision samt positiv belegtem Gemeinschaftsgefühl schafft, die so attraktiv ist, dass alle Mitarbeiter zur Verwirklichung dieser Teamvision motiviert sind,
- ✔ kommunikationsförderliche Strukturen unterstützt und selbst Kommunikation und Kooperation vorlebt sowie
- ✔ die Zuordnung der Aufgaben so vornimmt, dass jedes Teammitglied unter anderem etwas tut, was kein anderes Teammitglied in seiner Handlungsrolle abdeckt.

Heutzutage werden bereits Bewerber daraufhin analysiert, ob sie »teamkompetent« sind. Offensichtlich ist Teamkompetenz so wichtig, dass man ohne sie immer schwieriger einen Arbeitsplatz findet.

Teamkompetenz lässt sich insbesondere durch die Beobachtung feststellen, ob jemand in der Lage ist, einer Gruppe ein möglichst ähnliches Bild vom gemeinsamen Handeln zu vermitteln. Ein bewährtes Mittel ist es, die Teamstruktur und die Teamziele sichtbar zu machen, also beispielsweise auf einem Blatt Papier zu skizzieren und dann zu modifizieren und zu diskutieren, bis sich jeder diese Sichtweise als Handlungsgrundlage angeeignet hat.

Teamkompetenz wird nicht nur bei Führungskräften vorausgesetzt, sondern auch unter den Mitarbeitern entwickelt. Eine Methode der Weiterentwicklung, an denen sowohl die Führungskräfte als auch die Mitarbeiter teilnehmen, ist die Supervision, bei der ein geschulter Experte von außen mit einem Team zusammenarbeitet, um die Zusammenarbeit im Team zu stärken und Teamkonflikte zu überwinden.

Eine andere Methode ist das Outdoor-Training: Dies ist eine handlungsorientierte Lehrmethode der Personalentwicklung, die den Teilnehmern das Erlebnis der Entfaltung ihrer Potenziale dadurch ermöglichen soll, dass sie außerhalb des Unternehmens in eine für sie neuartige, unkomfortable Situation gebracht werden (zum Beispiel im Klettergarten), die sie mit Neugier, Kreativität und Zusammenarbeit bewältigen müssen. Ziel ist es, die gemeinsamen Lernerlebnisse und Teamerfahrungen auf das betriebliche Arbeits- und Entscheidungsverhalten zu übertragen. Dies kann durch Zielvereinbarungen unterstützt werden.

Systemkompetenz

Systemkompetenz versetzt Führungskräfte in die Lage, »den Blick fürs Ganze« zu haben. Hierzu gehört zum einen, dass die Führungskraft die Eigenschaften des Systems genau kennt, also konkret das Unternehmen, seine typischen Reaktionsweisen und sein Umfeld. Zum anderen muss die Führungskraft über die Fähigkeit verfügen, das System zu gestalten, also alle Elemente des Systems und deren Verbindungen zu kennen und zu verändern.

Normalerweise überfordern komplexe Systeme die Gestaltungsfähigkeit einzelner Menschen. Dies ist auch bei Unternehmen der Fall: Sie sind in allen ihren Zusammenhängen und Wirkungsgefügen nicht einfach zu begreifen. Warum ist das so?

Es gibt sehr viele Handlungsvariablen im Unternehmensumfeld und im Unternehmen, dazu unzählige Vernetzungen dieser Variablen, die darüber hinaus nicht immer deutlich sichtbar sind und zu allem Überfluss noch eine Eigendynamik entwickeln. Im Ergebnis kann eine Führungskraft gar nicht mehr sagen, was genau Ursache und was genau Wirkung ihres Handelns ist, sodass selbst bei ähnlichen Situationen einmal das eine Handeln, ein anderes Mal aber genau das Gegenteil zu einem guten Ergebnis führt.

Daher machen es sich Menschen allgemein – und Führungskräfte besonders – häufig dadurch einfacher, dass sie sich nur isolierte Teilbereiche von Systemen genau anschauen und den Rest des Systems ignorieren. Genau dies ist jedoch das Gegenteil von Systemkompetenz. Es ist die Aufgabe einer Führungskraft,

- ✔ die Führungssituation möglichst genau zu analysieren und die Führungsziele im Gesamtzusammenhang zu betrachten,
- ✔ die möglichen Fern- und Nebenwirkungen des eigenen Handelns systematisch zu prüfen und in die Entscheidung einzubeziehen und
- ✔ das typische dynamische Verhalten komplexer Systeme zu kennen und zu antizipieren, das darin besteht, dass sie auf Eingriffe entweder langsam und erst mit Zeitverzögerung reagieren (daher darf eine Führungskraft nicht übersteuern) oder plötzlich exponentielle Entwicklungsverläufe zeigen (wie beim Klimawandel: erst passierte lange nichts, dann plötzlich aber verläuft die Entwicklung immer schneller und unbremsbar; eine Führungskraft müsste also bereits frühzeitig vor Eintritt von exponentiellen Wachstumsphasen handeln).

Systemkompetenz besteht darin, das System Unternehmen möglichst gut durchschauen zu können und damit »zu wissen, wie es tickt«. Dies gelingt durch das, was als Mustererkennung oder Abstraktion bezeichnet wird: Eine Führungskraft muss lernen, im wahrsten Sinne des Wortes einige Schritte zurücktreten und sich ein Gesamtbild der Lage zu verschaffen. Je unschärfer die Einzelheiten werden, desto deutlicher treten die Beziehungen zwischen den einzelnen Systemelementen hervor und geben den Blick auf das System als Ganzes frei.

Unternehmensplanspiele gelten als ein gutes Instrument, um sich Systemkompetenz anzueignen. Sie simulieren die Dynamik eines Unternehmenssystems mit dem Ziel, diese besser verstehen, einschätzen und gestalten zu können. Im Planspiel werden komplexe Systemzustände weitgehend realistisch abgebildet. Systemzusammenhänge und Entscheidungswirkungen lassen sich im Laufe des Handelns und Entscheidens erschließen, ohne dass Fehler sich in der Realität auswirken.

Weiterbildung von Führungskräften – ein absolutes Muss

Obwohl nicht jede Führungskraft es genauso sehen wird: Selbst Führungskräfte müssen kontinuierlich weiterlernen. Die Notwendigkeit zur Stärkung ihrer Fach- und Führungskompetenz ergibt sich bereits aus der Vielfalt der Herausforderungen, die jeden Tag neu auf Führungskräfte einprasseln. Zudem sollen auch Führungskräfte ihre Fähigkeit bewahren, in ihrem jeweils aktuellen Umfeld innovativ sein zu können.

Notwendig wird die Weiterbildung von Führungskräften auch aufgrund des beschönigenden Selbstbilds der Führungskräfte. Nicht selten herrscht die Meinung vor, dass man doch deshalb Führungskraft sei, weil man bereits das Wesentliche gelernt habe. Aus diesem Grund sei die Lernphase vorbei, nun sei die Anwendungsphase dran. Dennoch lassen sich in Führungsetagen einiger Unternehmen gravierende Wissensdefizite feststellen.

Notwendigkeit der Weiterbildung von Führungskräften

Selbst Headhunter geben zu, dass bei der Besetzung von hochrangigen Führungspositionen Sach- und Fachkompetenz zwar ein wichtiges, aber dennoch kein Schlüsselkriterium ist. Höher geschätzt werden Strategiekompetenz und Verhandlungsgeschick, das Verständnis für komplexe Verträge, Führungskompetenz, Internationalität, ein gutes Netzwerk und schließlich Kompetenz in der Außendarstellung. Aus diesem Grund ist es nicht verwunderlich, wenn Führungskräfte in Ermangelung substanzieller Fachkenntnis unrealistische Visionen zur Entwicklung ihrer Branche haben und auf dieser Basis selbst unrealistische Strategien entwickeln. »Selbstvermarktung statt Substanz« reicht nicht immer aus.

Nicht automatisch reicht ein »Learning by doing«, also das beiläufige Lernen im Rahmen der normalen Aufgabenerledigung, für Führungskräfte aus. Zum Teil wechseln sie häufiger ihre Funktionen und sind daher jeweils nur eine begrenzte Zeit in der Lage, wertschöpfungsrelevantes Fachwissen zu sammeln und ihr Geschäft wirklich zu verstehen. Darüber hinaus verwalten sie häufig eher ihren Aufgabenbereich, als dass sie ihn gestalten und dabei Neues lernen.

In Einzelfällen kommt es sogar so weit, dass die Führungskraft sich bewusst von den Aufgaben ihrer Abteilung abkoppelt. Das Paradebeispiel ist, dass eine Führungskraft ihrem Team die Einarbeitung in eine neue Software verordnet, sich selbst aber diese Einarbeitung verweigert, weil sie denkt, dass sie es nicht brauche. Konsequenzen auf der Seite der Mitarbeiter sind Unzufriedenheit und Gestresstsein im Umgang mit der Führungskraft. Ihr wird kein Vertrauen in ihre Kompetenz entgegengebracht, sondern es entsteht im Gegenteil das Bild von Inkompetenz. Infolgedessen erodiert langsam die Legitimität der Führungskraft.

Aus personalwirtschaftlicher Sicht ist es fatal, wenn bei Führungskräften eine schlechte Personalführung in Kauf genommen wird, so lange nur das operative Ergebnis der Führungsbereiche stimmt. Ein professionelles Personalmanagement wird dies nicht hinnehmen: Wirtschaftlicher Erfolg und Führungserfolg sind kein Nullsummenspiel. Das eine darf nicht zulasten des anderen gehen.

Erfolgsfaktoren bei der Weiterbildung von Führungskräften

Eine Weiterbildung von Führungskräften muss ein spezielles Angebot sein, weil auch die Kunden, also die Führungskräfte, spezielle Bedürfnisse haben. Die Aufgabe des Personalmanagements besteht daher darin, im Rahmen einer Potenzialeinschätzung die Bedürfnisse der Führungskräfte zu ermitteln, mögliche inhaltliche Angebote zu identifizieren und diese Angebote dann mit den Bedürfnissen der Führungskräfte abzugleichen.

Was die speziellen Bedürfnisse der Führungskräfte betrifft, so geht es um die – behutsame, aber realistische – Identifikation der Wissens- und Fähigkeitsdefizite. Sie beziehen sich auf die Führungskompetenzen, ergänzt um eine allgemeine Lernkompetenz:

- ✔ Fach-/Sachkompetenz: Ist bei der Führungskraft das notwendige Grundwissen verfügbar? Ist Erfahrungswissen vorhanden?
- ✔ Methodenkompetenz: Ist die Führungskraft in der Lage, andere Menschen bei der Zielerreichung zu unterstützen?
- ✔ Selbstkompetenz: Kann die Führungskraft gut mit sich selbst umgehen? Ist die Führungskraft leistungsmotiviert?
- ✔ Sozialkompetenz: Kann die Führungskraft gut mit anderen Menschen umgehen?
- ✔ Teamkompetenz: Kann die Führungskraft Teamstrukturen bewältigen?
- ✔ Systemkompetenz: Übersieht die Führungskraft die Komplexität ihrer Aufgabe und ihres Handlungsumfelds? Kann sie das Unternehmen als offenes System ganzheitlich managen?
- ✔ Anwendungskompetenz: Ist die Führungskraft umsetzungsstark? Kommt sie mit der Dynamik von Unternehmen zurecht?
- ✔ Lernkompetenz: Ist die Führungskraft in der Lage, sich neues Wissen und neue Verhaltensweisen anzueignen? Ist sie motiviert zu lernen?

Das Personalmanagement kann zur Identifikation möglicher Defizite Gespräche mit der Führungskraft führen, in deren Rahmen auch Fragebogen Einsatz finden können. Ein weiteres Thema sind die Rahmenbedingungen, unter denen ein konkretes Führungskräftetraining stattfinden kann.

Speziell für Führungskräfte steht eine Reihe von Angeboten zur Verfügung:

- ✔ *Führungskräfteseminare* sind Kursangebote speziell für Führungskräfte, die entweder von der Personalentwicklung oder von externen Dienstleistern gemacht werden. Sie beziehen sich inhaltlich auf konkrete Fragestellungen, beispielsweise auf Projektmanagement für Führungskräfte, auf Prozessanalyse, auf Mitarbeiterführung. Externe Angebote sollten zertifiziert sein, also bestimmte qualitative Anforderungen einhalten.
- ✔ *Entwicklungsprogramme* bündeln mehrere Kursangebote und reichern sie gegebenenfalls mit Coaching-Anteilen an. Coaching ist die persönliche Begleitung von Führungskräften durch einen Spezialisten (Coach), der zur gemeinsamen Reflexion des Führungsverhaltens der Führungskraft bereitsteht und die Führungskraft auf ihrem Weg der Weiterentwicklung ihrer Führungskompetenz berät.
- ✔ Ein *Executive MBA* (die Abkürzung steht für Master of Business Administration) ist ein Studium an einer Business School, das sich gezielt an Führungskräfte mit mehr als fünf Jahren Berufserfahrung richtet. Ihnen wird die Möglichkeit geboten, berufsbegleitend – also in Form von Blockkursen, Studienbriefen sowie mit der Option einer zeitlichen Streckung über mehrere Jahre – ein in sich stimmiges Bündel an wirtschaftsbezogenem Fach- und Führungswissen zu erwerben. Dies ist insbesondere für Führungskräfte interessant, die aus ihrer technischen Karriere heraus eine administrativ-managementbezo-

gene Führungsfunktion übernehmen und nun den betriebswirtschaftlichen Hintergrund benötigen. Einige Programme spezialisieren sich auf einzelne Branchen oder auf den Mittelstand. Viele Unternehmen unterstützen Nachwuchskräfte, die sich für ein solches Programm entscheiden, finanziell oder durch teilweise Freistellung von der Arbeit.

Die Weiterbildung von Führungskräften wird dann von den Adressaten angenommen, wenn neben der fachlich-inhaltlichen Passung auch die Rahmenbedingungen der Situation der Führungskräfte entsprechen. Damit entstehen weitere spezifische Erfolgsfaktoren für die Weiterbildungsangebote an die Führungskräfte. Führungskräfte wollen

- ✔ **Individualität:** Eine Führungskraft möchte maßgeschneiderte Angebote, die eine ganzheitliche Ausbildung gewährleisten.
- ✔ **Effizienz, Schnelligkeit und enge Taktung:** Da sie wenig Zeit investieren können oder wollen, muss ein Lernerfolg besonders schnell und effizient erzielt werden können.
- ✔ **Exklusivität und Status:** Führungskräfte wollen sich als besondere Personen fühlen. Für einige Führungskräfte bedeutet Exklusivität einen zusätzlichen Motivationsschub.
- ✔ **Abschottung und Vertraulichkeit:** Keine Führungskraft gibt gerne zu, dass sie ein Wissensdefizit hat. Daher sollte das Lernen so stattfinden, dass die übrigen Mitarbeiter des Unternehmens es nicht wahrnehmen.
- ✔ **Praxisnähe und Anwendungsbezug:** Führungskräfte wollen nicht mit zu viel Theorie beladen werden, sondern suchen den direkten Bezug zu ihrer konkreten Führungssituation und zu möglichen Umsetzungen.
- ✔ **Interaktivität:** Für Führungskräfte darf es auf keinen Fall langweilig werden. Interaktivität des Angebots, das durch Rollenspiele, Medienunterstützung, Gruppenarbeit und weitere Lerntechniken hergestellt wird, verhindert den Abbruch der Weiterbildung.

Das Personalmanagement muss gemeinsam mit der Unternehmensleitung entscheiden, ob das Unternehmen auf diese Wünsche und Bedürfnisse ihrer Führungskräfte eingehen will oder nicht – und dafür auch die Kosten tragen.

Wenn das Unternehmen die berufliche Weiterbildung einer Führungskraft mit großen finanziellen Aufwendungen unterstützt, kann vertraglich vereinbart werden, dass sie sich bis zu fünf Jahre nach Ende der Weiterbildung an das Unternehmen bindet. Bei geringeren Aufwendungen ist diese Zeit kürzer. Sollte die Führungskraft in dieser Zeit das Unternehmen verlassen, wird eine anteilige Rückzahlung fällig, deren Höhe mit der Zeit stufenweise abnimmt.

Unternehmensleitung: Chef und Kunde des Personalmanagements

12

In diesem Kapitel …

- Verantwortlichkeit bewusst machen
- Gesetzliche und freiwillige Regeln einhalten
- Unternehmensnachfolge planen

Die Unternehmensleitung tut personalwirtschaftlich gut daran, dass sie »geerdet« bleibt und damit den Kontakt zu den Mitarbeitern und deren Arbeitswelt nicht verliert. Damit ihr der Vorwurf der Problemferne nicht gemacht werden kann, ist es in größeren Unternehmen teilweise Pflicht, dass selbst oberste Führungskräfte zum Beispiel eine Woche im Jahr im regulären Betrieb mitarbeiten. Dies erfüllt dieselbe Funktion, wie sie übersteigert im Fernsehformat »Undercover Boss« dargestellt wird: Hier begibt sich ein Chef eines größeren Unternehmens verkleidet in normale Arbeitssituationen seines Unternehmens und erfährt im unmittelbaren Kontakt mit seinen Mitarbeitern, wie sich die Entscheidungen der Unternehmensspitze auf die Arbeit an der Basis auswirken.

Die Unternehmensleitung trägt die Letztverantwortung für den Erfolg des Unternehmens und dies bereits mit der Übernahme ihres Amtes – sie braucht Verantwortung nicht erst zu übernehmen, wenn etwas schiefgegangen ist. Während die Unternehmensleitung aus ihrer strategischen Gesamtsicht heraus handelt, ist das Personalmanagement gefordert, seine Interessen und die der Mitarbeiter in diese Gesamtverantwortung einzubringen. Auf welchen Wegen dies möglich ist, erfahren Sie in diesem Kapitel.

Die Bürde der Letztverantwortung

Bereits die Definitionsfrage, was Verantwortung auf der Ebene der Unternehmensleitung ist, ist knifflig, weil es hier um zwei Begriffe geht:

- ✔ *Verantwortlichkeit* ist zu sehen als das Bewusstsein, dass ein Mitglied der Unternehmensleitung gegenüber anderen Pflichten übernimmt und später für sie einstehen muss – und im Extremfall dafür haftbar gemacht wird. Im Englischen ist das »accountability«.
- ✔ *Verantwortung* ist zu sehen als das Einstehen für seine Entscheidungen und Handlungen und somit als das Tragen der damit verbundenen Konsequenzen.

Während also Verantwortlichkeit im Vorhinein gegeben oder zugewiesen wird, zeigt sich Verantwortung erst im Nachhinein.

Die Unternehmensleitung trägt Letztverantwortung für die Interpretation der Unternehmensrealität. Sie ist dazu da, die Widersprüchlichkeiten und Paradoxien, die im Unternehmen auftreten, zu reflektieren und dann zu entschlüsseln: Daher erklärt sie den Mitarbeitern im Unternehmen nicht nur die Zusammenhänge, sondern auch unternehmensrelevante Entscheidungslogiken, die im Wettbewerb zueinander stehen oder sogar in sich widersprüchlich sind. Dies führt zu alternativen Handlungsoptionen, aus denen heraus neue strategische Handlungsrichtungen gewählt werden.

Die Unternehmensleitung trägt darüber hinaus Letztverantwortung für ihr Vorantreiben von Wandel und Entwicklungsprozessen. Dies umfasst die unmittelbaren Konsequenzen ihrer Entscheidungen und Handlungen, darüber hinaus aber auch die Neben- und Fernwirkungen, ob diese nun unbeabsichtigt oder beabsichtigt eintreten. Von der Unternehmensleitung kann verlangt werden, dass sie die Folgen ihres Entscheidens und Handelns breit abschätzt. Die Führungstheorie nennt dies »Systemkompetenz« – das Denken in komplexen und eigendynamischen Zusammenhängen. Auch wenn dies schwierig ist: Gerade die Unternehmensleitung soll die Zukunft ja so abschätzen, dass das Handeln der Mitarbeiter einen sichereren und erfolgversprechenderen Rahmen bekommt. Wenn dies schiefgeht, werden sie (manchmal) vom Unternehmen und dort insbesondere von den Aufsichts- und Kontrollgremien auch zur Verantwortung gezogen.

Der Erfolgsdruck der Unternehmen ist heutzutage immens hoch. Um die betriebswirtschaftlichen Ziele zu erreichen, ist häufig ein Arbeiten in Grenzbereichen notwendig – bei extremem Zeitdruck und Quartalsdenken, unzureichenden Ressourcen, begrenzter Motivation aller Beteiligten und fehlender kritischer Distanz zu den eigenen Entscheidungen. Im Eifer des Tagesgeschäfts werden dann Kompromisse zulasten der Moral eingegangen, weil dies im Hinblick auf das Erreichen der Effizienz als »alternativlos« erscheint. Belastend ist also für Mitglieder der Unternehmensleitung, wenn sie Effizienz und Moral als »Nullsummenspiel« ansehen und meinen, das eine sei nur zulasten des anderen zu bekommen. Dies ist natürlich falsch, denn Effizienz lässt sich auch mit Moral verbinden. Aber das ist der anspruchsvollere Weg: Benötigt wird ein differenziertes Sehen und Verstehen von ethischem Handeln, die Stärkung der Argumentationsfähigkeit in ethischen Fragen, dann das kompromisslose Leben dieser ethischen Grundhaltung gerade in der Unternehmensleitung. Das Personalmanagement unterstützt diesen anspruchsvolleren Weg.

Strategische Verzahnung mit Personalthemen

Die Unternehmensleitung hat auf strategisch-inhaltlicher Ebene das gesamte Unternehmen im Blick und hier insbesondere die Unternehmensstrategie, das Personalmanagement auf strategisch-inhaltlicher Ebene die Personalstrategie. Beide Akteure wollen ihren Bereich, für den sie verantwortlich sind, miteinander abstimmen.

Die Aufstellung der Unternehmensleitung ist abhängig von der Unternehmensgröße: Während in Großunternehmen ein Kollektivgremium das Unternehmen führt, bildet in kleinen oder mittleren Unternehmen häufig eine einzelne Person die Unternehmensleitung. Doch unabhängig davon, wer im Einzelnen die Unternehmensleitung ist ihre Letztverantwortung erstreckt sich auch auf die personalwirtschaftlichen Sachverhalte im Unternehmen.

Gemeinsamer Informationszusammenhang

Damit die Unternehmensleitung bei ihren Entscheidungen ihre unternehmensbezogene Sorgfaltspflicht wahrnehmen kann, muss sie ihre risikobehafteten unternehmerischen Entscheidungen mit angemessener Information unterlegen und dies auch nachweisen können, um im Misserfolgsfall nicht schadensersatzpflichtig dem eigenen Unternehmen gegenüber zu werden. Dies erfordert die Einhaltung von Mindestanforderungen, was ausschließlich intuitive Entscheidungen ausschließt.

Im Hinblick auf personalwirtschaftlich relevante Entscheidungen auf Unternehmensleitungsebene muss das Personalmanagement der Unternehmensleitung zuarbeiten, indem es Prognosen sowohl mit einer begründeten Chancen-/Risikenabwägung unterlegt als auch die Qualität der zugrunde gelegten Informationen und damit der erwarteten Prognosesicherheit explizit beurteilt und entsprechend dokumentiert.

Um hier zwischen Unternehmensleitung und Personalmanagement eine vernünftige Arbeitsgrundlage zu schaffen, ist es wichtig, den wechselseitigen Informationsfluss zu organisieren und den gemeinsamen Informationszusammenhang aufzubauen. Hierbei sind in modernen Unternehmen, gerade auch denen des Mittelstands, die hierarchischen Varianten auf dem Rückzug, also die Einlinienstrukturen, bei denen alle Entscheidungsmacht und das Informationsprimat klar auf die oberste Unternehmensleitung hinauslaufen. Solche Varianten werden abgelöst durch Weiterentwicklungen, bei denen die ausschließlich hierarchische Entscheidungs- und Informationsstruktur durch horizontale Verbindungen auf der gleichen hierarchischen Ebene sowie durch hierarchiearme Vernetzung aller Mitarbeiter unabhängig von ihrer Hierarchieebene ergänzt oder ersetzt wird. Die Nähe zwischen Unternehmensleitung, Personalmanagement und Mitarbeitern steigt hierdurch.

Grundlage für die Personalstrategie ist die Abgrenzung zu Unternehmensvision und Unternehmensstrategie:

- ✔ Die *Unternehmensvision* stellt ein konkretes und positives Bild von der Zukunft dar, das zudem handlungsleitend ist. Sie muss also ein positiv belegtes Ziel des Unternehmens beschreiben.
- ✔ Für eine kommunizierbare *Unternehmensstrategie* ist eine klare Ausrichtung an Kernkompetenzen und an der abzudeckenden Wertschöpfungskette erforderlich. Hinzu kommen Aussagen, die den einzuschlagenden Weg skizzieren.
- ✔ Stimmig hierzu wird die *Personalstrategie* aufgestellt: Wichtig für sie ist der Handlungsbezug eines langfristig ausgelegten und logisch aufgebauten Konzepts unter Berücksichtigung der Belegschaft.

Die Personalstrategie darf nicht nur im Schreibtisch oder in den Köpfen weniger Auserwählter »versteckt« sein, sondern muss offen abgestimmt werden. Sie ist gerade dadurch charakterisiert, dass sie eigenständig durch das Personalmanagement ausgerichtet wird, wobei sie letztlich durch die Unternehmensleitung genehmigt werden muss.

Das Personalmanagement ist dafür verantwortlich, dass die Unternehmensleitung mit den notwendigen Informationen aus dem Personalbereich informiert wird. Abgesehen davon, dass die Unternehmensleitung in der Regel über ein Managementinformationssystem verfügt, das nicht durch das Personalmanagement konzipiert wurde, ist es dennoch die Aufgabe des Personalmanagements,

- ✔ dafür zu sorgen, dass im Managementinformationssystem die notwendigen personalmanagementrelevanten Informationen einen angemessenen Platz erhalten,
- ✔ diesen Informationen einen Bezug zu den strategischen Fragestellungen der Unternehmensleitung zu geben (Wo schöpft das Personalmanagement Wert? Wo vernichtet das Personalmanagement Wert?) und
- ✔ dann diese Informationen bereitzustellen.

Man muss nicht gleich das Schlagwort des »evidenzbasierten Managements« bemühen, um zu erkennen: Im Personalmanagement wie im übrigen Rest des Unternehmens schlummert ein wahrer Schatz an zumeist ungenutzten Fakten. Damit ist das Personalmanagement der Schatzsucher der relevantesten Informationen für die Unternehmensleitung, wobei es auch wissenschaftliche Erkenntnisse in die Entscheidungsfindung einbezieht, Sachverhalte kritisch hinterfragt und mit den verfügbaren Daten aus dem Personalmanagement und dem Personalcontrolling abgleicht, um zu sehen, ob die gesammelte Evidenz im eigenen Unternehmen relevant ist.

Gegen die Gefahr des »Informationsoverkills«, also des ungezielten Sammelns von und des ungerichteten Umgangs mit Daten und Informationen, der zu Überlastung und Hilflosigkeit führt, helfen die Fähigkeit zum Denken in Systemen und der Aufbau personalwirtschaftlicher Expertise auch in der Unternehmensleitung. Manchmal empfiehlt es sich, Dinge auszuprobieren: Warum nicht einen kleinen Testbetrieb zu relevanten Fragestellungen einrichten, bei dem zwei Kontrollgruppen Alternativen anwenden, damit das Personalmanagement erkennen kann, welche Methode oder welches Instrumentarium besser ist?

Wie das Personalmanagement auf den Radarschirm der Unternehmensleitung gelangt

Welche Möglichkeiten gibt es konkret, um das Personalmanagement in der Aufmerksamkeit der Unternehmensleitung zu verankern, es quasi auf den ständigen Radarschirm der obersten Führungsebene zu bringen? Für diese Steuerungsvoraussetzung, die im Professionalisierungsmodell des Personalmanagements unter dem Stichwort »Governance« thematisiert wird, bieten sich mehrere Möglichkeiten an. Einige von ihnen erscheinen eher traditionell:

- ✔ regelmäßige Statusmeldungen an die Geschäftsleitung/den Vorstand/die Aufsichtsgremien, beispielsweise durch eine gut gestaltete Statusübersicht mit den zentralen personalwirtschaftlichen Kennziffern des Unternehmens oder durch einen Personalmanagement-Newsletter;
- ✔ Ergebnisberichte fortlaufender monatlicher Mitarbeiterbefragungen zu zentralen personalwirtschaftlichen Steuerungsgrößen;
- ✔ konsequente Integration der Personalleitung in Diskussionsrunden der Unternehmensleitung, wenn die Personalleitung nicht sowieso Teil der Unternehmensleitung ist;
- ✔ durchgehende Thematisierung personalwirtschaftlicher Fragestellungen in der Mitarbeiterzeitschrift.

Andere Möglichkeiten sprengen das allgemein übliche Vorgehen und sind kreativer:

- ✔ Die Unternehmensleitung bekommt ein Coaching oder im Fall bereits bestehender Konflikte eine Mediation zum Personalmanagement;
- ✔ Unternehmensleitung und Personalleitung einigen sich auf die verbindliche Leitlinie »keine Sitzung der Unternehmensleitung/des Aufsichtsgremiums ohne einen Bericht zur Lage des Personals«;
- ✔ alle Mitglieder der Unternehmensleitung arbeiten jedes Jahr ein, zwei Tage in der Personalabteilung mit und erleben so den täglichen Umgang mit der für das Unternehmen entscheidenden Personalressource;
- ✔ alle Mitglieder der Personalabteilung sind einmal monatlich in der Führungsetage zum »Kaffee mit der Geschäftsleitung« zu Besuch, gegebenenfalls sogar jeder Einzelne bei einem anderen Mitglied der Geschäftsleitung, und sprechen in ungezwungener Atmosphäre über Aktuelles – und damit unter anderem auch über Personalrelevantes;
- ✔ die Personalabteilung macht aktiv Werbung für ihre Arbeit, hängt beispielsweise im Unternehmen – für alle sichtbar – aktuelle personalwirtschaftliche Erfolge, Projekte oder Herausforderungen aus;
- ✔ Unternehmensleitung, Personalmanagement, Mitarbeiter und Betriebsrat überlegen sich gemeinsam Aktionen, um auf ihre personalwirtschaftlichen Interessen und Ziele aufmerksam zu machen, beispielsweise »Aktionsvormittage«;
- ✔ im Intranet oder in einem Unternehmensleitungschat wird monatlich offen eine Frage »Personalmanagement an Unternehmensleitung« gestellt, die dann dort auch offen von der Unternehmensleitung beantwortet wird;
- ✔ die Unternehmensleitung verspricht, E-Mails der Mitarbeiter innerhalb von 24 Stunden zu beantworten und sich bei Nichteinlösen dieses Versprechens sichtbaren Sanktionen zu unterwerfen.

Auch hier gilt die Botschaft: Entscheidend ist der Mut, unkonventionelle Wege zu beschreiten.

Regelungsdruck von allen Seiten

Sowohl der Aufsichtsrat als auch der Vorstand sind dafür verantwortlich, Bedrohungen für das Unternehmen und auch Entwicklungschancen zu erkennen. Hierzu müssen sie vom Personalmanagement mit Informationen unterstützt werden, die die Aufmerksamkeit bewusst auf planungsrelevante Tatbestände lenken. Unternehmensberatungen und Weiterbildungseinrichtungen bieten Weiterbildungsangebote für Aufsichtsräte an, die deren Professionalisierung dienen sollen.

Darüber hinaus unterliegen sowohl Vorstand als auch Aufsichtsrat bestimmten Regeln, die Entscheidungen auf der Ebene der Unternehmensleitung in die richtigen Bahnen lenken wollen, indem sie die Handelnden auf die Relevanz und die Wirkung ihres Handelns hin sensibilisieren und die Einrichtung entsprechender Führungssysteme verlangen. Diese werden in der Regel durch Audits hergestellt, also durch eine ständige Überwachung der eingerichteten Systeme und das Zurückspielen der Überwachungsergebnisse an die Unternehmensleitung. Das Personalmanagement hat hierbei die Aufgabe, solche Audits in seinem Bereich zu begleiten und bei der Interpretation der Ergebnisse zu helfen.

Schließlich unterliegen Vorstände erfolgsabhängigen Anreizsystemen, über die der Aufsichtsrat in eigener Verantwortung entscheidet. Während es hierfür gesetzliche Verfahrensregeln gibt und die Öffentlichkeit solche Entscheidungsfindungen kritisch begleitet, könnte das Personalmanagement den Aufsichtsrat bei der Festlegung der Erfolgskriterien mit speziellem Personalmanagementbezug unterstützen.

Regeltreue nennt man heutzutage Compliance

Unter Corporate Compliance (Regeltreue) wird verstanden, dass Unternehmen sowohl gesetzliche Vorschriften als auch unternehmensinterne Richtlinien einhalten. Verantwortlich ist hierfür die Unternehmensleitung, bei Aktiengesellschaften weist der Deutsche Corporate Governance Kodex dem Vorstand die Verantwortlichkeit zu. Auch wenn Compliance mit Kosten verbunden ist, können die Kosten, die bei Normverletzungen durch Haftungsansprüche und Reputationsschäden entstehen, erheblich höher sein. Daher ist die Einhaltung freiwilliger Compliance-Richtlinien kein Gutmenschentum, sondern eine Sonderform des Risikomanagements.

Es ist Aufgabe des Personalmanagements, sich an der Organisation der Sicherstellung der ordnungsgemäßen Unternehmensführung zu beteiligen. Die Unternehmensleitung kann ihre Letztverantwortung teilweise delegieren, beispielsweise an einen Compliance-Manager oder an eine Stabsstelle, die eine Schnittstelle zwischen Rechnungslegungsabteilung, Rechtsabteilung und Personalmanagement/Organisation darstellt. Nicht nur die Einrichtung dieser Stabsstelle könnte durch das Personalmanagement begleitet werden, sondern auch die umfangreichen Aufgaben hinsichtlich der Mitarbeiterinformation nach innen und der der Kommunikation nach außen. Darüber hinaus kann das Personalmanagement dazu beitragen, die Unternehmenskultur auf die allgemeine Regeltreue auszurichten.

Fokus auf persönliches Verhalten: Korruptionsprävention

Im Unternehmen ist die Korruptionsvorbeugung ein wichtiges Thema für die Unternehmensleitung. Selbst wenn ein Mitarbeiter dadurch lukrative Aufträge für das Unternehmen einwerben will, ist es ihm nicht erlaubt, andere Personen mit Geld oder Gefälligkeiten zu bestechen. Genauso wenig ist es erlaubt, Geld oder Gefälligkeiten anzunehmen, die mit einer nicht wettbewerbskonformen Gegenleistung gekoppelt sind.

Im Falle nachgewiesener Korruption werden sowohl die handelnden Personen verurteilt als auch die gesamten Unternehmen, die dieses Verhalten zugelassen haben, empfindlich bestraft, ganz abgesehen von der möglicherweise verheerenden Außenwirkung, die entsteht. Aus diesem Grund ist ebenfalls eine Aufgabe des Personalmanagements, Korruption gemeinsam mit der Unternehmensleitung zu thematisieren und in ein Gesamtkonzept für die Unternehmensleitung und alle Mitarbeiter zu überführen.

Ein Instrument, dies zu tun, ist ein an die Unternehmensleitung und die Führungskräfte, darüber an alle Mitarbeiter gerichteter Leitfaden gegen Korruption. Er kann insbesondere

- ✔ die grundsätzliche Ablehnung von Korruption und das »Null-Toleranz«-Prinzip verdeutlichen,
- ✔ auf die hohe Korruptionsgefährdung bestimmter Stellen und Arbeitsplätze aufmerksam machen,
- ✔ die Maßnahmen der Korruptionsprävention vorstellen,
- ✔ das glaubwürdige Vorleben eines korruptionsfreien Handelns bei Unternehmensleitung und Führungskräften anmahnen und
- ✔ der unternehmensinternen Korruptionsbekämpfung Glaubwürdigkeit und Nachdruck verleihen.

Dieser Leitfaden kann in persönliche Verhaltensanweisungen übertragen werden, wobei es besonders wichtig ist, die nicht akzeptablen und nicht tolerierbaren Verhaltensweisen konkret zu benennen.

Fokus auf organisatorische Regelungen: SOX

Mitarbeiter können heutzutage mit Recht erwarten, in einem Unternehmen zu arbeiten, in dem Fehlverhalten der Unternehmensleitung sowie der von ihr verantworteten Kontrollfunktionen nicht toleriert wird. Gerade in den USA gibt es eine Vielzahl gesetzlicher Regelungen und Verordnungen, die nicht nur amerikanische Unternehmen befolgen müssen, sondern auch ausländische Unternehmen, deren Wertpapiere in den USA gehandelt werden, sowie deren Tochtergesellschaften. Damit gilt auch für einige deutsche Unternehmen beispielsweise der Sarbanes-Oxley Act (kurz: SOX), der in den USA seit 2002 die interne finanzielle und rechnungslegungsbezogene Kontrolle von Unternehmen regelt. Im weiteren Sinne verpflichtet SOX alle in den USA börsennotierten Unternehmen, einen strengen Verhaltenskodex zu befolgen, der vor allem ein internes Kontrollsystem verlangt. Viele Unternehmen, die diesem Gesetz nicht unterliegen, passen sich freiwillig an diese Regelungen an, die somit weltweite Verbreitung gefunden haben.

Für das Personalmanagement ergeben sich hieraus vielerlei Prozesskontrollen, die es zu beachten und sorgfältig zu dokumentieren gilt. Insbesondere werden hier die Prozesse der Gehaltsabrechnung und der Personalbestandsdaten überwacht, wobei ein SOX-Audit entsprechende Prüfroutinen vorsieht. Aber auch hier verantwortet die Unternehmensleitung die Einhaltung dieser gesetzlichen Vorschriften und unterliegt verschärften Haftungsvorschriften.

Unterstützung durch Revision und Unternehmenskultur

Die Unternehmensleitung versucht, die Einhaltung der gesetzlichen sowie freiwilligen Regelungen systematisch zu überwachen, wobei sie diese Aufgabe an eine interne Revision überträgt. Diese versucht, möglicherweise bestehende Verstöße gegen die Vorschriften aufzuspüren und abzustellen. Hierzu werden regelmäßig interne Überprüfungen (englisch: Audits) durchgeführt. Diese werden durch externe Audits ergänzt, insbesondere dann, wenn im Rahmen von Zertifizierungen die organisatorischen Regelungen von den Qualitätssiegelverleihern durchleuchtet werden.

Vorbeugend richtet eine Compliance-Kultur im Unternehmen die Unternehmensleitung, das Personalmanagement und die Mitarbeiter auf eine gelebte Regeltreue hin aus, bevor kritische Ereignisse eintreten: Sie hilft zu verhindern, dass es zu Regelverstößen kommt. Wenn sie von der Unternehmensleitung vorgelebt wird, dann kann sie das Handeln von Mitarbeitern, aber auch externen Partnern des Unternehmens beeinflussen – und vor allem kann sich dann niemand mit dem Verweis auf ein Fehlverhalten der Unternehmensleitung aus eigenem Fehlverhalten herausreden.

Ein professionelles Personalmanagement darf nicht vergessen, dass die unternehmenskulturellen, ethischen Werte für alle Personen im Unternehmen gleichermaßen gelten. Gerade die Unternehmensleitung und das Personalmanagement tragen mit ihrem Verhalten dazu bei, dass die übrigen Mitarbeiter hinter dem Unternehmen stehen. Der Ratschlag an dieser Stelle: einen verbindlichen Fahrplan für regelmäßige Erinnerungen an die Compliance-Kultur aufstellen!

Spezialfall Unternehmensnachfolge

Ein für die Unternehmensleitung besonders von mittelständischen (Familien-)Unternehmen wichtiges Thema ist die Regelung der Nachfolge in der Unternehmensleitung. Dies ist zunächst weniger die Sache des Personalmanagements als vielmehr die Sache des Eigentümers (und damit der Unternehmensleitung), der eine Nachfolge sucht. Dennoch sind im Umfeld der Unternehmensnachfolge einige Aufgaben für das Personalmanagement verborgen.

Diese beginnen bereits bei der psychologischen Komponente einer Unternehmensnachfolge, die das Personalmanagement begleiten kann. Für den Übernehmer ist die Nachfolge mindestens so schwierig wie eine Neugründung eines Unternehmens, weil er bereits Vorhandenes übernimmt und nicht unmittelbar alle seine Vorstellungen umsetzen kann. Darüber hinaus ist ein möglicher Nachfolger mit den Fragen der Auswahl eines geeigneten Unternehmens, der Aufstellung eines Businessplans, der Finanzierung der Übernahme und der möglichen

Beratung durch Dritte konfrontiert. Doch auch der Übergeber muss sich auf die Nachfolge vorbereiten, also auf den angemessenen Zeitpunkt, die Auswahl eines geeigneten Nachfolgers, die konkrete Unternehmensübertragung und auch sein späteres Loslassenmüssen.

Aus der Vielzahl möglicher Fragestellungen wird an dieser Stelle beispielhaft nur ein Aspekt herausgegriffen, der verdeutlicht, wie komplex diese Unternehmensnachfolge schnell wird. Vielfach wird die Unternehmensnachfolge per Testament geregelt. Ein Testament bietet sich sowohl dann an, wenn die familiären Verhältnisse nicht eindeutig sind, also beispielsweise mehr als ein Kind vorhanden ist. Zudem ist eine testamentarische Verfügung dann sinnvoll, wenn es sich um größere oder komplex strukturierte Vermögen handelt. Das Erbschaftsrecht hat in diesem Zusammenhang einen großen Einfluss.

Familienunternehmer sollten auf das selbstständige Verfassen eines Testaments zur Unternehmensnachfolge verzichten, weil die Gefahr groß ist, missverständliche, unpräzise oder unvollständige Formulierungen und Regelungen aufzunehmen. Auch sollten Testamente regelmäßig überprüft werden, denn sowohl hinsichtlich der Sachwerte wie auch hinsichtlich der im Testament genannten Personen können sich Änderungen ergeben. Für das Verfassen und die Überprüfung können rechtskundige Berater hinzugezogen werden.

In Bezug auf die Unternehmensnachfolge finden sich in Testamenten zwei Ziele, die unter Umständen zu Widersprüchen führen:

- ✔ Die Unternehmensleitung soll möglichst einheitlich auf die nächste Generation übergehen, also gegebenenfalls nur auf eines mehrerer möglicher Kinder.
- ✔ Weitere Kinder sowie verbleibende Partner sollen dennoch mit Vermögen bedacht werden.

Wichtig ist damit, dass das Testament eindeutig klarstellt, wie Unternehmensnachfolge und Vermögen verteilt werden sollen. Hierbei sollten im Vorhinein möglichst die Pflichtteilsansprüche von Kindern, eventuelle Zugewinnausgleiche bei Ehen ohne Gütertrennung sowie die Erbschaftsteuer berücksichtigt werden. Gegebenenfalls sind Schenkungen unter Lebenden im Sinne einer vorweggenommenen Erbfolge wirtschaftlich vorteilhafter.

Um Konflikte zu vermeiden, sollten das Testament oder die Schenkung zur Nachfolgeregelung passen, die im Gesellschaftsvertrag des Unternehmens festgelegt wurde. Hier sollten keine inhaltlichen Widersprüche auftreten. Auch sollten Gesellschaftsverträge zeitlich vor der Schenkung so formuliert werden, dass vorzeitige Nachfolger nicht bereits bestehende Rechte aus dem Gesellschaftsvertrag dazu nutzt, das Unternehmensgefüge gegen den Willen des bisherigen Eigentümers zu seinen Gunsten zu verändern. Die Gestaltung von Gesellschaftsverträgen ist überhaupt ein weites Feld mit vielen Fallstricken, der noch komplexer wird, wenn mehrere Familien am Unternehmen beteiligt sind, die ihren Einfluss sichern wollen.

Was genau kann die Rolle des Personalmanagements im Zusammenhang mit der Unternehmensnachfolge sein? Hier sind mehrere Aufgaben möglich:

- Das Personalmanagement kann den Eigentümer bei der Personalentwicklung des möglichen Nachfolgers unterstützen. Dies ist besonders herausfordernd, wenn es sich um ein Kind des Eigentümers oder sogar den Ehepartner handelt. Ideal wäre es, wenn der Nachfolger frühzeitig die Chance erhält, unabhängig vom Eigentümer eine selbstständige Leitungsaufgabe zu übernehmen, um so für die spätere Unternehmenstätigkeit trainieren zu können.
- Das Personalmanagement kann dazu beitragen, einen Rahmen zu schaffen, in dem der bisherige Eigentümer und der ins Auge gefasste Nachfolger während einer Vorbereitungs- und Übergangszeit regelmäßig miteinander über Geschäftliches diskutieren. Dies hilft bei der Vermeidung der Probleme, die typischerweise mit dem Loslassen der Geschäftsführung verbunden sind.
- Das Personalmanagement kann die Mitarbeiter des Unternehmens auf die Unternehmensnachfolge vorbereiten, indem es im Vorfeld Transparenz über die anstehenden Veränderungen schafft. Gerade die Regelungen des Wechsels vom bisherigen auf den nachfolgenden Chef benötigen eine grundlegende Orientierungsfunktion sowie klare Anweisungen im Detail.

Das Spezialangebot an Informationen zur Unternehmensnachfolge im Internet ist sehr groß; insbesondere finden sich umfangreiche praktische Leitfäden der Wirtschaftsministerien von Bund und Ländern.

Nicht im Paralleluniversum: Die Produktionsabteilung

13

In diesem Kapitel …

- Informationen verzahnen
- Produktivität erhöhen
- Interne Märkte unterstützen

Die Produktionsabteilung wird als Anspruchsgruppe für das Personalmanagement insbesondere in Unternehmen des Produktionssektors wichtig. In diesem Sektor findet sich das produzierende Gewerbe, das Rohstoffe verarbeitet und Waren herstellt. Im Einzelnen zählen hierzu Industrie und Handwerk, Versorgung mit Energie und Infrastruktur sowie das Baugewerbe. Deren Produktion ist in der Regel kapitalintensiv, setzt also vor allem Investitionsgüter wie Maschinen ein, darüber hinaus aber auch spezialisierte Mitarbeiter.

Während in Ländern wie China eher die Massenfertigung dominiert, herrschen in Deutschland die variantenreiche Serienfertigung und die Einzelfertigung vor. Energie- und Materialeffizienz stehen in der Produktion immer stärker im Vordergrund. Dies führt zum eigentlich Paradoxen: Obwohl die Automatisierung in der Produktion anhält und hierdurch der Anteil einfacherer Arbeit zurückgeht, werden aufgrund der Spezialisierung der Produktion die Menschen – und damit das Personalmanagement – wichtiger.

Der verarbeitende Sektor ist in Deutschland traditionell stark, gilt als robust im Konjunkturverlauf und als international wettbewerbsfähig. In der Vergangenheit gelang es ihm überwiegend, während konjunktureller Wachstumsphasen seine Produktivität fortlaufend zu erhöhen und in Zeiten konjunktureller Krisen eine geringere Produktionsauslastung zu überstehen. Entscheidend hierfür ist nicht zuletzt das Bewusstmachen der vielfältigen Verzahnungen mit dem Personalmanagement, die gerne übersehen werden, weil die Produktion für sich allein genommen bereits herausfordernd genug ist.

Dieses Kapitel stellt die wichtigsten Schnittstellenthemen vor. Es läuft auf zwei Erkenntnisse heraus: Erstens wird die innerbetriebliche Kooperation zwischen Personalmanagement und Produktionsbereich immer wichtiger und zweitens müssen beide Seiten aufeinander zugehen.

Vermeidbare Störfeuer

In einigen Unternehmen hat es den Eindruck, dass die Schnittstelle zwischen Personalmanagement und Produktion vollkommen unkoordiniert ist, dass beide betriebliche Funktionen sich sozusagen in voneinander unabhängigen Paralleluniversen bewegen. Das lässt sich auf eine Reihe von Gründen zurückführen:

- ✔ Die Produktionsabteilung folgt häufig noch einer technologisch orientierten Produktionslogik und -kultur, in denen das Personalmanagement allenfalls als Randgebiet auftaucht. Vor dem technologischen Wandel war dies noch verständlich, weil die Produktionstechnologie weniger flexibel war als die Mitarbeiter und sich daher die Mitarbeiter an die Gegebenheiten anpassen mussten. Im Zuge der digitalen Unterstützung der Produktion hat sich aber auch auf der Seite der Produktion neues Flexibilitätspotenzial ergeben, wobei sich die Mitarbeiter zu einem erfolgskritischen Element der Produktion entwickelt haben, wodurch es nicht mehr zeitgemäß ist, die wichtige Planungsrolle des Personalmanagements auszublenden.
- ✔ Die Führungskräfte im Produktionsbereich entstammen technischen Karrierepfaden, in deren Verlauf die betriebswirtschaftlichen Kenntnisse und Fertigkeiten in der Regel im Hintergrund stehen, wodurch sich diese Führungskräfte in Personalfragen teilweise für überfordert halten oder tatsächliche Führungsdefizite aufweisen.
- ✔ Die Mitarbeiter im Produktions- und Fertigungsbereich sind nicht durchgehend hoch qualifiziert und teilweise – auch wenn ihr Anteil langsam geringer wird – ungelernt, was eine Unsicherheit im Umgang mit den administrativen Aspekten des Unternehmens mit sich bringen kann.
- ✔ Das Personalmanagement hat seinerseits häufig technische Wissensdefizite und versteht nicht die durch die Produktionstechnologie vorgegebene Handlungslogik der Produktionsabteilung.

Unzureichende Koordination zwischen Personalmanagement und Produktionsabteilung resultiert in Vorurteilen oder gar Konflikten. Im Ergebnis kann eine unterschwellige oder aber offene wechselseitige Unzufriedenheit entstehen. Ganz fatal wäre ein Gegeneinanderarbeiten, das auch als Eigenbeschuss (englisch: »friendly fire«) bezeichnet wird, denn im Grunde sind beide betrieblichen Funktionen im Unternehmen im Hinblick auf die Erreichung der Unternehmensziele miteinander verbündet.

Information ist keine Einbahnstraße

Der Abbau möglicher Unzufriedenheit zwischen Personalmanagement und Produktion – oder noch besser: die Vermeidung von Unzufriedenheit – setzt an den wechselseitigen Erwartungen an:

- ✔ Das Personalmanagement erwartet von der Produktionsabteilung, dass diese ihr personalmanagementrelevante Produktionsdaten weitergibt, zu der Vermeidung von kostenintensiven Überstunden in der Produktion beiträgt, sich in generelle personalwirtschaftliche Controllingaktivitäten einbinden lässt und im Übrigen Verständnis und Akzeptanz für die geleistete Personalplanung und den Personaleinsatz entwickelt.
- ✔ Die Produktionsabteilung erwartet vom Personalmanagement eine professionelle Personalarbeit im Hinblick auf den Personaleinsatz, ergonomische Arbeitsplätze, Arbeits-

platzsicherheit, Beschaffung passenden Personals, hilfreiche Personalentwicklung, angemessene Bezahlung, Unterstützung bei der Mitarbeitermotivation sowie bei der Innovations- und Produktivitätssteigerung.

Hierüber miteinander zu sprechen ist unverzichtbar – die wechselseitige Ausrichtung von Personalmanagement und Produktionsabteilung aufeinander macht also gegenseitige Information notwendig.

So nicht!

Ein mittelständisches Unternehmen freut sich über ein immenses und in dieser Höhe nicht erwartetes Auftragswachstum aus dem Ausland, weil seine Produkte den Auftraggebern offensichtlich gefallen. Es beschließt, den bestehenden drei Produktionsstraßen eine neue vierte hinzuzufügen. Die Verwirklichung dieser technologisch hoch komplexen Millioneninvestition zur Kapazitätserweiterung dauert ein halbes Jahr. Doch kurz vor Inbetriebnahme der Produktionsstraße fällt plötzlich auf, dass die Personen fehlen, die diese Maschinen bedienen sollen. Und nicht nur das: Diese Mitarbeiter hätten für die technisch anspruchsvolle Maschinenbedienung auch noch geschult werden müssen. Nur wusste niemand in der Personalarbeit Bescheid, dass eine solche Investition überhaupt getätigt wurde und dass Mitarbeiter gebraucht würden. Trotz der hektisch auf den Weg gebrachten Stellenanzeige in der Regionalzeitung mit dem Aufmacher »15 Maschinenbediener gesucht«: Es war dem Personalmanagement nicht mehr möglich, »auf den letzten Drücker« zusätzliche Maschinenbediener auf dem Arbeitsmarkt zu suchen, einzustellen und anzulernen. Neben den Zusatzkosten der Notfallaktion wurde die neue Produktionsstraße erst mit zweimonatiger Verspätung in Dienst gestellt.

Das Produktionsprogramm eines Unternehmens ist der Ausgangspunkt für die Personalplanung. Wenn die zu seiner Realisierung notwendigen qualitativen und quantitativen Personalbedarfe nicht inhaltlich sowie mengenmäßig spezifiziert und der Personalarbeit zugänglich gemacht werden, können diese auch nicht immer befriedigt werden. Die Produktionsabteilung ist daher gut beraten, solche Informationen direkt oder über die Unternehmensleitung dem Personalmanagement frühzeitig anzuzeigen. Dabei geht es nicht nur um die Mitarbeiter, die produzieren. Es geht auch um die Führungskräfte, meist Ingenieure für Elektrotechnik, Konstruktion, Projektabwicklung, Produktion, Instandhaltung und Vertrieb. Sie sind in Zeiten des Fachkräftemangels besonders gesucht.

Die Personalbeschaffung ist für die Produktion besonders wichtig. Aufgrund der Flexibilitätsanforderungen ist es erforderlich, schnell zusätzliches Personal für die Produktion zu beschaffen und zu schulen, aber auch, das Personal bei Bedarf schnell wieder reduzieren zu können. In Deutschland hat das Wort vom »atmenden Unternehmen« die Runde gemacht, das die personalseitige Kapazitätsanpassung an Produktionsschwankungen bezeichnet. Instrumente hierzu sind neben einer sorgfältigen Personalplanung und der Arbeitszeitflexibilisierung der vorübergehende Einsatz von Zeitarbeitnehmern und die Kurzarbeit.

Das Personalmanagement übernimmt neben der Personalbeschaffung viele weitere Funktionen für die Produktionsabteilung oder unterstützt dabei die Führungskräfte im Produktionsbereich: die Durchführung der Personalentwicklung, die Organisation von Arbeitsabläufen, die Bereitstellung von Personal bei nicht vorhergesehenen Leistungsspitzen, die Überprüfung der Mitarbeiter im Hinblick auf ihre Leistung, die Entlohnung und auch das Zeitmanagement. Daher fordert ein professionelles Personalmanagement die benötigten Informationen bei der Produktionsabteilung ein, schafft aber auch das Bewusstsein, dass die Produktionsabteilung die Personalabteilung von sich aus über ihre Aktivitäten informiert. Hierbei hilft es gerade in kleineren und mittelständischen Unternehmen, dass zwischen den jeweils Verantwortlichen kurze Wege bestehen.

Um die Informationsschnittstelle zur Produktionsabteilung gut zu definieren, kann das Personalmanagement sich darum bemühen, technologische Kompetenz zu erwerben. Nicht von ungefähr sehen einige Unternehmen vor, dass die Mitarbeiter des Personalmanagements alle ein bis zwei Jahre eine Woche in der wertschöpfenden Abteilung mitarbeiten, damit sie den Bezug zu der Situation dieser Mitarbeiter nicht verlieren.

Produktivitätsmanagement als Zauberwort

Das Produktivitätsmanagement – es ist auch unter dem englischen Begriff *Industrial Engineering* bekannt – ist eine Kernaktivität der Produktionsabteilung. Es richtet sich auf die operative Umsetzung von Produktivitätssteigerungen aus, darüber hinaus auf ein umfassendes Produktivitätscontrolling. In Produktionsunternehmen gibt es daher typische Prozesse, die im Einzelnen Konsequenzen für das Personalmanagement haben:

- Konzeptionell am Anfang steht das Durchdenken aller Planungs-, Steuerungs- und Kontrollprozesse.
- Der Produktionsprozess besteht aus der Transformation von materiellen Inputfaktoren zum Endprodukt, also von der Vorfertigung über die Endmontage bis hin zur Verpackung mitsamt der begleitenden Inbetriebhaltung der hierzu notwendigen Maschinen.
- Unterstützt wird die Produktion durch logistische Materialflussprozesse vom Wareneingang bis zum Versand.
- Alle Produktionsschritte unterliegen umfangreichen Qualitätssicherungsprozessen.
- Betriebswirtschaftliche Auftragsabwicklungsprozesse begleiten die Produktion von der Bestellung bis hin zur Abrechnung.
- Unterstützende administrative Prozesse des Personalmanagements, der Finanzierung oder auch der juristischen Beratung haben einen Einfluss auf die Wertschöpfung.
- Weitere infrastrukturelle Unterstützungsprozesse erfolgen mittelbar und mit weniger Nähe zur Wertschöpfung durch die Informationstechnologie, das Gebäudemanagement bis hin zur Kantine.
- Die Unternehmensleitung ist für die Managementprozesse verantwortlich.
- Der kreative Innovationsprozess betrifft die Technologie- und Produktentwicklung.

- ✔ Im Rahmen der Marktkommunikationsprozesse werden vorhandene Kunden betreut und neue Kunden gewonnen.

Es ist wichtig, dass für alle diese Prozesse die personellen Bezüge systematisch beachtet werden, allerdings unter Berücksichtigung ihrer Besonderheiten, denn einige Prozesse sind direkt produktionsmengenabhängig, weitere indirekt produktionsmengenabhängig, andere überhaupt nicht produktionsmengenabhängig. Bevor das Personalmanagement ins Spiel kommt, bildet zunächst die Prozesskostenrechnung im Rahmen des betrieblichen Rechnungswesens diese Unterschiedlichkeit ab und macht für alle Prozesse sichtbar, wie wirtschaftlich sie bewältigt werden – und damit auch, wo ein Verbesserungsbedarf besteht.

Das Produktivitätsmanagement dient der Produktionsoptimierung und hat somit zum Ziel, in allen Prozessen die Wirtschaftlichkeit und Produktivität zu sichern, also auch die Arbeitsproduktivität. An dieser Stelle verzahnen sich die Logiken der Produktion und des Personalmanagements, weil die Mitarbeiter in die Richtung einer effektiven Arbeit gelenkt werden müssen. Im Idealfall überlegen sich Produktionsabteilung und Personalmanagement gemeinsam,

- ✔ welche Zielgrößen wie etwa Produktivitätsziele, einzusetzende Ressourcen (wie eben auch das Personal) oder Produktionsstrukturen in welcher Ausprägung als Vorgabe dienen sollen,
- ✔ wie einzelne Prozesse optimiert und standardisiert werden können und
- ✔ wie Zielvorgaben als Steuerungsgrößen für die Mitarbeiter übersetzt werden und wie dann ihre Zielerreichung überprüft wird.

Das Ergebnis dieser Überlegungen geht in die Führungsarbeit der Produktionsmitarbeiter ein, etwa in ihre individuellen Zielvereinbarungen.

Einige der gebräuchlichen Produktivitätskennzahlen spiegeln den Bezug zu den Mitarbeitern unmittelbar wider. Sie folgen der Grundformel für die Arbeitsproduktivität, die sich aus dem Verhältnis einer Ausbringungsmenge zu einem Arbeitseinsatz (also Output zu Input) ergibt. Ein Beispiel für eine direkt produktionsmengenabhängige Produktivitätskennzahl ist die Arbeitseffizienz:

$$\text{Arbeitseffizienz} = \frac{\text{produzierte Stückzahl} * \text{Vorgabezeit pro Stück}}{\text{eingesetzte Arbeitszeit}}$$

Die eingesetzte Arbeitszeit kann hierbei als »geleistete Arbeitsstunden« oder als »Zahl der Beschäftigten« angesetzt werden.

Das Personalmanagement trägt vor allem durch drei Aktivitäten dazu bei, dass die angestrebte Produktivität tatsächlich erreicht wird: durch die mitarbeiterbezogene Gestaltung der Produktionsbedingungen, durch die Unterstützung der Personalführung im Produktionsbereich, die die Leistungsmotivation der Mitarbeiter steigert, und durch Personalentwicklung und Training.

Wer will nicht auch schlank sein

Die Produktion kann unternehmensextern ausgelösten Schwankungen unterliegen im Hinblick auf Auftragsmengen, -änderungen und auch -stornierungen. Auch intern gibt es Störgrößen, so die eingeschränkte Verfügbarkeit von Maschinen, Material, Personal, Widerbeschaffungszeiten von Zulieferteilen, kurze Produktlebenszyklen, häufige Produktveränderungen. Gerade deshalb passt die Produktion permanent die Produktionspläne an, sowohl in ihrer mittelfristigen Planung als auch bis hin zur minutengenauen Produktionssteuerung. Darüber hinaus entstehen aufgrund der Schwankungen Wartezeiten von Mitarbeitern, Maschinen und Material, die Kostentreiber für das Unternehmen sind: Das Personalmanagement kann hierzu personalseitige Flexibilität durch Arbeitszeitflexibilisierungssysteme beisteuern, um die Kapazitäten von Fach- und Führungskräften besser zu nutzen.

Als Gesamtkonzept aller personalwirtschaftlichen und organisationalen Bestrebungen zur Produktionsverbesserung gilt das *Lean Management* (Englisch für »Schlankes Management«), das darauf abzielt, eine hohe Outputqualität zu erreichen und dabei Kosten zu vermeiden, die durch Fehler und Verschwendung hervorgerufen werden. Ein Teilgebiet dieses Lean-Ansatzes ist die *Lean Production,* die die Prinzipien einer schlanken Organisation auf den Produktionsbereich überträgt, um extern oder intern ausgelöste Produktionsschwankungen zu minimieren.

Diese Prinzipien betreffen die Führung und das Personalmanagement des Unternehmens, beispielsweise wenn es um die Arbeit in Netzwerken, die Zusammenführung von delegierten Aufgaben mit Verantwortlichkeiten oder die kontinuierliche Verbesserung von Produktionsabläufen geht. Im Ergebnis arbeiten die Mitarbeiter in flacheren Hierarchien, haben also weniger Führungsebenen. Dies bringt eine höhere persönliche Verantwortung für jeden einzelnen Mitarbeiter mit sich, der sich auf diese Verantwortungsübernahme vorbereiten muss, vor allem in der Kommunikation und Abstimmung mit Kollegen.

In einigen Unternehmen initiiert das Personalmanagement das *Visual Management*: Es gilt als kommunikative Grundlage der Lean Production und orientiert sich an der bildhaften Darstellung wichtiger Tatbestände. So werden im Produktionsbereich von Unternehmen Daten und Fakten, die für die Mitarbeitersteuerung notwendig sind, zur Verfügung gestellt und so einfach wie möglich aufbereitet, damit die Mitarbeiter den Informationsgehalt dieser Daten auch im Rahmen ihrer Arbeit verwenden. Konkret stehen Stellwände oder Schwarze Bretter bereit, auf denen Blätter mit den jeweils aktuellen Daten aufgehängt werden – gut sichtbar als Grafiken zu Entwicklungsverläufen, bunte Diagramme, Ergebnistabellen, häufig unter Verwendung der Ampellogik, bei der Rot ein Problem anzeigt und Grün einen problemlosen Zustand. Mitarbeiter werden beispielsweise durch die Visualisierung der zeitlichen Entwicklung von Fehlerquoten dazu angeregt, über Fehlervermeidung nachzudenken. Oder sie erkennen durch dargestellte Ist-Soll-Abweichungen Problemfelder in ihrem Tätigkeitsbereich. Schließlich erhalten sie Informationen über Neuerungen im Arbeitsablauf.

Kontinuierliche Verbesserung

Im Rahmen des Lean Managements spielt der kontinuierliche Verbesserungsprozess (KVP) eine prominente Rolle: Zunächst werden die Wertströme in der Produktion analysiert, also der eigentliche Fertigungsprozess und dann die vorgelagerten Lieferantenprozesse sowie die nachgelagerten Kundenprozesse. Das Ziel besteht darin, fortlaufend nach Verbesserungen zu suchen, indem für die Mitarbeiter, Maschinen und Material Prozessstandards definiert und im Produktionsbereich kommuniziert werden.

Wenn Abweichungen zwischen dem Produktionsprozess und den Prozessstandards auftauchen, müssen sie als Verbesserungspotenzial sichtbar gemacht und beseitigt werden. Das Personalmanagement nimmt hierbei eine besondere Rolle ein: Es mahnt zunächst die Verantwortlichkeit für den kontinuierlichen Verbesserungsprozess auf allen Ebenen des Unternehmens an. Dann unterstützt sie die Führungskräfte im Produktionsbereich – das sind vor allem Ingenieure – bei ihrem Erwerb der notwendigen Kompetenzen und Methoden und deren Anwendung im Produktionsbereich. Den Führungskräften werden nicht nur ihre Führungsrollen klar zugewiesen, es werden auch typische Führungsfehler benannt und bewusst gemacht: dass sie nicht genügend Zeit haben, nicht ausreichend bei den Produktionsmitarbeitern präsent sind, nicht konsequent genug die Standards einfordern, notwendige Risikobeurteilungen und Risikominderungen vernachlässigen, sich nicht untereinander abstimmen und die eigenen Standards nicht sichtbar vorleben.

Der kontinuierliche Verbesserungsprozess erfordert methodische Kompetenzen in Moderation, Teamführung und Coaching, dann Expertise aus verschiedenen Disziplinen wie Ingenieurwissenschaften, Psychologie, Betriebswirtschaft, Arbeitswissenschaft und Pädagogik, schließlich eine Systemkompetenz im Sinne des ganzheitlichen Verstehens der Wertschöpfungskette.

Qualifizierte Verantwortliche für den kontinuierlichen Verbesserungsprozess können dann die aktive Beteiligung aller Mitarbeiter an gemeinsamen Lern- und Problemlösungsprozessen sicherstellen. Die Mitarbeiter lernen im Idealfall nicht nur auf einen Anstoß durch die Führungskraft hin, sondern auch selbstverantwortlich in ihrem Team. Ein solches auf die Verbesserungspotenziale in der Produktion ausgerichtetes Teamlernen wird Qualitätszirkel genannt.

Besonders muss der Produktionsbereich verstehen, wie die speziell auf die Produktionsnotwendigkeiten angepasste Mitarbeiterqualifikation aussieht: Sie setzt

- ✔ an Verbesserungsbarrieren aufgrund fehlender individueller Technologiekompetenz,
- ✔ an Verbesserungsbarrieren aufgrund fehlenden individuellen Engagements sowie
- ✔ an Verbesserungsbarrieren aufgrund fehlender individueller Akzeptanz von Produktionsprozess und Produktionsbedingungen

an. Das Personalmanagement unterstützt dies nicht nur durch individualisierte Maßnahmen wie Fortbildungen und – in Maßen – den wechselseitigen Tausch von Arbeitsplätzen zwischen den Mitarbeitern, was Jobrotation genannt wird. Auch allgemeinere Maßnahmen wie

Gesprächsmöglichkeiten für die Produktionsmitarbeiter (»Die Personalabteilung stellt sich den Fragen vor Ort«), die Berücksichtigung von Personalthemen für Produktionsmitarbeiter in der Unternehmenszeitschrift oder die Unterstützung innovativer Pilotprojekte mit Personalmanagementbezug können sinnvoll sein.

Wenn Verbesserungsmaßnahmen erkannt wurden, unterstützt das Personalmanagement die Durchführung dieser Maßnahmen von der personalwirtschaftlichen Seite her: Insgesamt motiviert es die Mitarbeiter in ihren Prozessen (damit sie verbessern *wollen*), es qualifiziert (damit sie *können*), es hilft bei der Definition von Rollen (damit sie *dürfen*), es unterstützt die Aufgabenzuweisung (damit sie *sollen*).

Dies erfolgt gemäß grundlegender Prinzipien, die dem einzelnen Mitarbeiter die Funktion als interner Prozessverantwortlicher einräumen. Als solcher ist er sowohl Kunde als auch Lieferant. Als Kunde darf er die Anforderungen an den Vorprozess formulieren und durch das Abnehmen der Vorleistung bestimmen, wann der Vorprozess abgeschlossen ist. Als Lieferant muss er seinerseits die Erwartungen seiner Prozesskunden erfüllen, kann dabei aber selbst Ziele aus den Kundenanforderungen ableiten, seine Prozessabläufe auf die Ziele ausrichten und die Prozesskennzahlen auf seine eigene Zielerreichung abstimmen. Dies erfordert über die eigentliche Leistung hinaus das Verstehen einer übergreifenden Dienstleistungskultur.

Extreme Leistungsorientierung im Produktivitätssystem

Einige Unternehmen treiben die Leistungsorientierung so weit, dass sie ihre produktivsten Mitarbeiter überproportional bevorzugen: Diese bekommen leistungsabhängig das meiste Geld, darüber hinaus auch die attraktivsten oder lukrativsten Arbeitsaufträge. Die Unternehmen spekulieren darauf, dass leistungsschwächere Mitarbeiter mit der Zeit dem Druck nicht gewachsen sind und das Unternehmen verlassen, was dazu führt, dass bei den verbleibenden Mitarbeitern das durchschnittliche Leistungsniveau steigt.

Eine Gefahr der extremen Leistungsorientierung liegt darin, dass systematisch ein Dauerleistungsdruck erzeugt wird, der sich negativ auf die langfristige Motivation der Mitarbeiter auswirken und zu stressbedingten Erkrankungen führen kann. Dass ein solches System – noch weiter in den USA und China verbreitet als in Deutschland – nicht zu jeder Landeskultur und auch nicht zu jeder Unternehmenskultur passt, liegt auf der Hand. Auch eignet sich nicht jede Branche für ein solches System, und ob es auf lange Sicht wirtschaftlich effektiv ist, ist fraglich. Es ist eine personalmanagementethische Fragestellung, in welchem Ausmaß ein Unternehmen extreme Leistungsorientierung samt entsprechendem Leistungsdruck nutzen will.

Wenn sich ein Unternehmen schon auf diese extreme Form der Leistungsorientierung einlassen will, sollte das Personalmanagement zumindest dafür sorgen, dass alle Mitarbeiter ähnliche Erfolgschancen haben. Zum Beispiel müssten Schwankungen der externen Auftragseingänge aus der Leistungsbewertung herausgerechnet werden, damit sie nicht einzelnen Mitarbeitern zugerechnet werden. Auch könnten zwecks Herstellung eines faireren Systems die zu betreuenden Leistungspakete, Projekte oder Kundengruppen nicht einzelnen Mitarbeitern zugeordnet werden, sondern im festen Turnus wechseln, sodass die Chancengleichheit für alle Mitarbeiter gewahrt bliebe.

Schutz der Produktioninnovationen

Das Personalmanagement hilft der Produktionsabteilung auch beim Schutz seiner Innovationen. Denn gerade in Fernost kommt es vor, dass Unternehmen deutsche innovative Produkte nachzubauen versuchen. Dies wird nicht einmal verheimlicht, sondern teilweise sogar offen zugegeben und mit einer zu erwartenden Kostenersparnis begründet. Ausländische Konkurrenten versuchen zudem, qualifizierte Mitarbeiter der deutschen Unternehmen abzuwerben, damit diese ihr Wissen dem anderen Land zur Verfügung stellen. Sie wollen es sich allerdings in der Regel nicht leisten, fernöstliche Kunden nur deshalb nicht zu beliefern oder nur deshalb keine Auslandsstandorte einzurichten, weil sie einem Innovationsklau aus dem Weg gehen wollen – dafür sind die Märkte zu bedeutend und bringen zu große Anteile am Gesamtumsatz des Unternehmens.

Deutsche Unternehmen versuchen allerdings, ihren Wissensvorsprung auf andere Art zu verteidigen. Dies beginnt bereits bei den innovativen Produkten, die so konzipiert werden, dass ein Kopieren nicht leicht möglich ist. Beispielsweise kann man sie schützen, indem man wichtige Teile so verschweißt oder verklebt, dass sie nicht ohne Beschädigung geöffnet werden können. Oder man ersetzt mechanische Prozesse durch informationstechnologische Prozesse, also etwa mechanische Messungen durch Lasermessungen, deren Softwaresteuerung dann auf einer Platine versteckt werden kann und zudem verschlüsselt wird.

In der Zeit, die die Nachahmer benötigen, eine Innovation zu kopieren, muss das heimische Unternehmen bereits eine neue Innovation hervorbringen. Der Wissens- und Technologievorsprung muss ständig gehalten werden, um längerfristig wettbewerbsfähig zu bleiben. Daher wird Schnelligkeit zu einem der zentralen Kernfaktoren für Wertschöpfung – und damit auch personalwirtschaftliche Schnelligkeit.

Interne Verrechnungspreise für gute Personalarbeit

Eine schwierige Aufgabe besteht darin, festzulegen, ob und wenn ja, wie das Personalmanagement für seinen Einsatz im Produktionsbereich kompensiert werden soll. Die traditionelle Form besteht darin, dass das Personalmanagement auf Anweisung der Unternehmensleitung wie selbstverständlich die personalwirtschaftlichen Aufgaben im Gesamtgefüge des Unternehmens übernimmt und dafür nicht separat entlohnt wird. Es ist also die Regel, dass alle Aufgaben der Wertschöpfungskette des Unternehmens »von oben herab« hierarchisch organisiert und verteilt werden.

Eine Alternative besteht darin, das unternehmensinterne Marktprinzip zur Anwendung kommen zu lassen. Es findet sich in Unternehmen, die ihre funktionalen Bereiche als *Profitcenter* einrichten, also als Unternehmenseinheiten, die über ihre Aufgabenerledigung hinaus vor allem unternehmensintern einen finanziellen Gewinn erzielen sollen. Dies funktioniert über Mechanismen, die auch auf unternehmensexternen Märkten zu finden sind, sich hier aber ausschließlich innerhalb des Unternehmens abspielen:

- ✔ Vorausgesetzt wird, dass es aus verschiedenen Abteilungen und Funktionsbereichen Angebote von Leistungen gibt, etwa »Wir trainieren die Mitarbeiter interessierter Mitarbeiter« und eine Nachfrage nach Leistungen, etwa »Ich suche jemanden, der meinen Mitarbeiter weiterbildet«. Dieser Markt an Angeboten und Nachfragen ist für innerbetriebliche Anbieter und Nachfrager uneingeschränkt zugänglich, wobei die Anbieter über ihre Güter oder Leistungen so verfügen, als gehörten sie ihnen.

- ✔ Interne Verrechnungspreise lenken den innerbetrieblichen Leistungstransfer: Einzelne Anbieter von Leistungen geben diese im Verlauf der Prozessketten an Abnehmer weiter, wobei diese Kunden dafür einen Verrechnungspreis bezahlen. Sie können ihrerseits die von ihnen weiterbearbeitete Leistung »weiterverkaufen«. Das können echte Preise sein, die sich aus Angebot und Nachfrage ergeben, oder aber fiktive Preise, die sich aus vorherigen Beurteilungen der Leistung durch Dritte ergeben.
- ✔ Der unternehmensinterne Markt zeichnet sich in der Regel dadurch aus, dass die Partner für einen Leistungsaustausch aus dem Unternehmen stammen. Nur ganz wenige Unternehmen lassen es zu, dass sich Abteilungen mit benötigten Leistungen alternativ außerhalb des Unternehmens versorgen können. Über die einzelnen Leistungspakete und Preise können die internen Partner weitgehend frei verhandeln.

Unternehmen imitieren hier also in ihrer internen Koordination externe Märkte. Das Ergebnis der Koordination sind Transaktionen, für die Preise festgelegt werden, die schließlich auch innerbetrieblich gezahlt werden müssen – wobei die Währung nicht zwingend nur Geld ist. Innerbetrieblich unentgeltliche Leistungen werden zu innerbetrieblich entgeltlichen Leistungen. Durch den entstehenden Marktdruck – so die allgemeine Erwartung – werden bürokratische Blockaden im Unternehmen überwunden und das Unternehmertum jeder einzelnen Funktion mitsamt ihren Mitarbeitern gestärkt.

Finanz- und Rechnungslegungsabteilung – die Sprache des Geldes

14

In diesem Kapitel ...

- Humankapital bewerten und berichten
- Personalcontrolling modernisieren
- Unternehmenssanierung begleiten

Der Wettbewerbsdruck auf Unternehmen ist national und international immer stärker zu spüren. Unternehmen, die ihre Position im Wettbewerb optimieren wollen, müssen sich nicht nur mit ihrer Marktposition beschäftigen, sondern auch mit den unternehmensinternen Ressourcen wie insbesondere dem Personal. Wird es so eingesetzt, dass es sich insgesamt rechnet? Dies interessiert vor allem die Abteilungen im Unternehmen, die sich mit der Bereitstellung von Finanzmitteln und deren Überwachung beschäftigen: der Finanz- und der Rechnungslegungsabteilung. Sie sichern die ständige Zahlungsbereitschaft des Unternehmens, steuern die finanziellen Risiken, mehren den Geldbestand des Unternehmens, koordinieren die Finanztransaktionen und erfassen und überwachen systematisch alle Geld- und Leistungsströme. Daher schauen diese Abteilungen sehr genau auf die Aktivitäten betrieblicher Funktionen wie dem Personalmanagement, ist dieses doch die Funktion, die mit den Personalkosten den größten Kostenblock im Unternehmen verantwortet.

Doch auch das Personalmanagement hat vielfältige Eigeninteressen, die finanzielle Auswirkungen mit sich bringen können. Es dringt allerdings nicht immer mit ihnen durch, vor allem dann nicht, wenn es nicht auch in der Lage ist, in der Sprache der Finanz- und Rechnungslegungsabteilung zu sprechen: in Geld.

Dieses Kapitel nähert sich drei wichtigen Schnittmengen beider Funktionen: zunächst der Bewertung der Belegschaft als Vermögenswert des Unternehmens, dann den Verzahnungen im Rahmen des Personalcontrollings und schließlich den Aufgaben, die dem Personalmanagement im Rahmen von Insolvenz und Sanierung zukommt.

Was man misst, kann man auch managen: Humankapital

Wenn sich die Finanz- und Rechnungslegungsabteilung für eine Sache interessiert, dann für die finanzielle Gesundheit des Unternehmens. Selbstverständlich tragen alle betrieblichen Funktionen hierzu bei und dies wird auch entsprechend abgebildet, vor allem als Sach- und Finanzkapital in der Bilanz. Darüber hinaus wird gerne der Wert der Produktmarke als Markenwert ermittelt.

Nur das Personalmanagement hat manchmal den Eindruck, die Finanz- und Rechnungslegungsabteilung hätte einen blinden Fleck. Denn wer im Unternehmen interessiert sich schon wirklich für den Wert, den das Personal des Unternehmens hat? Für den Wert des Humanvermögens, der wie der Rest des betrieblichen Kapitals in Geld ausgedrückt werden kann – also das Humankapital?

Doch auch das Personalmanagement befindet sich in der Praxis erst auf dem Weg, diese wichtige Information zur Steuerung zu nutzen und den eigenen blinden Fleck zu entfernen. Dabei hat die Personalforschung hier ihre Hausaufgaben bereits erledigt, indem sie wissenschaftlich fundierte Methoden bereitstellt.

Die faszinierende Grundidee

Was wäre, wenn das Personalmanagement eine Methode zur Hand hätte, die es ihm ermöglicht, zu zeigen, wo das Personalmanagement den Wert des Unternehmens steigert? Viele dürften sich für solche Informationen tatsächlich interessieren:

- ✔ Die *Finanz- und Rechnungslegungsabteilung* möchte wissen, ob das Geld, das in das Personalmanagement investiert wird, sinnvoll angelegt und sich rechnen wird.
- ✔ Dies möchten auch *Kapitalgeber*, die ihre Aufmerksamkeit auf bestehende Unternehmensrisiken und Frühwarnindikatoren richten, gleichzeitig aber auch Entwicklungschancen des Unternehmens suchen und diese bislang im Personalmanagement nur sehr schwierig identifizieren können. Dabei interessieren sie sich besonders für den »inneren Wert« von Unternehmen, der sich auch aus dem Wert der immateriellen Vermögensgegenstände ergibt. Außerdem beeinflussen Kriterien wie die Qualität von Management und Personalwesen, die sich durch Humankapitalverläufe belegen lassen, die Konditionen einer Kreditvergabe bei Banken.
- ✔ Die *Unternehmensleitung* möchte das Unternehmen mittels messbarer Kennzahlen im Griff behalten und legt dabei Wert auf konkrete Steuerungs- und Ergebnisgrößen, die zwar noch handhabbar sind, gleichzeitig aber auch aussagekräftig. Weiterhin freut es sich über ein professionell arbeitendes Personalmanagement, das solche Größen bereitstellen kann, die beispielsweise offenlegen, ob Humankapital im Zeitverlauf aufgebaut oder vernichtet wird. Schließlich möchte sie ihre Strategien für die Zukunft auf einer substanziellen Informationsgrundlage aufbauen.
- ✔ Die einzelnen *Mitarbeiter* möchten als wichtiges Vermögen des Unternehmens entsprechend pfleglich behandelt werden und legen Wert darauf, dass sich eine Optimierung des Humankapitals auch bei ihnen persönlich bemerkbar macht; genau hierüber möchten sie Transparenz erhalten.
- ✔ Der *Betriebsrat* möchte positiv beeinflussen, wie das Unternehmen mit den Mitarbeitern umgeht, und ist an einer umfassenden und detaillierten personalwirtschaftlichen Vorausplanung interessiert, um unerfreuliche Ereignisse wie überraschende Massenentlassungen abzuwenden.
- ✔ Das *Personalmanagement* steht unter dem ständigen Druck, nachweisen zu müssen, dass es im Unternehmen eine wichtige Funktion ist, die erhalten werden muss. Weil dieser Nachweis nicht so einfach zu führen ist wie beispielsweise von den unmittelbar pro-

duzierenden Unternehmenseinheiten, muss es sich hier besonders anstrengen. Dafür erhält es aber auch die Möglichkeit, mit seinen Erfolgen »anzugeben«.

Das Faszinierende ist nicht, die benötigten Informationen zur Verfügung zu stellen. Spannender sind die vielfältigen Möglichkeiten zur Interpretation dieser Informationen, die sich dann in verbesserter Personalarbeit niederschlagen.

Mitarbeiter stellen einen immateriellen und damit recht schwer zu bewertenden Vermögenswert des Unternehmens dar. Sie sind die Träger von Wissen und Kompetenzen und verhelfen durch deren Einsatz dem Unternehmen zu einem dauerhaften Wettbewerbsvorteil. Deshalb sind sie für Unternehmen wertvoll und einen Vermögenswert bewertet man üblicherweise in Geldeinheiten, wobei dies sowohl Nutzwert als auch Knappheit des Vermögenswerts widerspiegelt. Dies setzt voraus, dass die Mitarbeiter als wertschöpfende Faktoren verstanden werden und nicht als solche, die primär Kosten verursachen. Sie sind ein Potenzial für die Erwirtschaftung von Erträgen und nicht primär ein Potenzial für mögliche Kosteneinsparung.

Hier schließt sich die Verbindung zwischen Humankapital und Personalmanagement. Humankapital als Potenzialwert lässt sich einerseits in Beziehung setzen zu den Kosten, die zum Aufbau von Personal im Unternehmen führen, und andererseits zu dem Unternehmensertrag, der durch die Mitarbeiter erzielt wird. Alle drei Größen – Personalkosten, Humankapital im Sinne eines Ertragspotenzials und Personalertrag – sind zunächst voneinander unabhängig, können aber als Pro-Kopf-Durchschnittswerte miteinander in Beziehung gesetzt werden.

Substanziellere Entscheidungen durch Humankapitaltransparenz

Ermittelt man den Wert des Humankapitals in Eurogrößen, so erscheinen Maßnahmen des Personalmanagements in neuem Licht. Besonders deutlich wird dies an einem Extrembeispiel. Werden Mitarbeiter entlassen, so senkt dies – wie erwünscht – die Personalkosten. Jetzt gibt es aber zwei Wege, diese Entlassungen durchzuführen. Beim ersten Weg geht das Unternehmen pfleglich mit seinen Mitarbeitern um, plant die Auswahl der Entlassungskandidaten auch im Hinblick auf die verbleibenden Mitarbeiter, schafft für die Entlassenen Perspektiven durch persönliche Unterstützung für die Übergangszeit und kommuniziert sowohl mit den Betroffenen als auch mit den Verbleibenden. Beim zweiten Weg werden die Entlassungen knallhart und ohne viel Nachdenken über Nebenwirkungen durchgezogen.

Während beim ersten Weg neben den Personalkosten das rechnerische Humankapital ein wenig abnimmt, wird beim zweiten Weg deutlich, dass bei gleicher Einsparung der Personalkosten die Entlassungswelle ein überproportional höheres Humankapital inklusive der zuvor getätigten Bildungsinvestitionen vernichtet. Der erste Weg bedeutet 1 Million Euro Personalkosteneinsparung mit 1,3 Millionen Euro Potenzialverlust, der zweite Weg 1 Million Euro Personalkosteneinsparung mit 9,7 Millionen Euro Potenzialverlust.

Führt man Personalkosten, Humankapital und Personalertrag zusammen, ergibt sich eine faszinierende Chance, im Rahmen der Formulierung der Personalstrategie inhaltliche Schwerpunkte zu setzen. Diese können im Bestands-, Vergütungs-, Wissens- und Motivationsmanagement liegen und lassen sich jeweils in Geldeinheiten konkretisieren, wodurch sichtbar wird, zu wie viel Euro an Potenzial eine bestimmte Investition in Humankapital führt und wie viel Euro an Ertrag ein bestimmtes Maß an eingesetztem Humankapital erwirtschaftet.

Damit wird es konkret. So gibt es die Strategie der »Humankapitaloptimierer«, die durch ihre Personalarbeit das rechnerische Humankapital pro Mitarbeiter (und damit den Potenzialwert) maximieren, noch vergleichsweise hohen Personalertrag damit erzielen und relativ geringe Personalkosten dafür aufwenden. Andere Unternehmen positionieren sich als »Ertragsoptimierer« und bevorzugen die Maximierung des Personalertrags vor der Maximierung des Potenzialwerts. In diesen und anderen Strategien spiegeln sich verschiedene Zukunftsorientierungen und unterschiedlicher Umgang mit den Mitarbeitern wider. Dieses Verständnis einer Humankapitalbewertung ist die Basis für die Professionalisierung des Personalmanagements, das sich des Potenzials in seiner Belegschaft bewusst ist und das entsprechend unprofessionelle Methoden ablehnt.

Die Saarbrücker Formel übersetzt Personalmanagement in Humankapital

Die Frage »Wie viel ist das momentan vorhandene Humankapital unseres Unternehmens in Geldeinheiten ausgedrückt wert?« zielt darauf ab, die Belegschaft und das darin enthaltene Wirkpotenzial in einem Eurobetrag zu bewerten. Die an der Universität des Saarlandes entwickelte »Saarbrücker Formel« (siehe Abbildung 14.1) als eines der in Deutschland verbreitetsten Humankapitalbewertungsinstrumente folgt dieser Wirkpotenzialauffassung.

Ihre Verwendung ergibt sich aus dem Zusammenspiel von vier Ebenen:

- ✔ Die *logische Grundkonzeption* führt die grundlegenden Komponenten zusammen, also inwieweit die vorhandenen Mitarbeiter, bewertet mit unternehmensübergreifenden Vergleichsgehältern, mit aktuellem Wissen ausgestattet sind und – sofern dies veraltet – ob durch zusätzliche Personalentwicklung der schleichenden Wissenserosion entgegengesteuert wird. Hinzu kommt, ob das in der Belegschaft gebundene Potenzial auch tatsächlich umgesetzt werden kann, was an dem Motivationsumfeld des Unternehmens liegt. Das Humankapital verändert sich in Abhängigkeit von der motivationalen Bereitschaft der Mitarbeiter zur Leistungserbringung, von ihrem Arbeitsumfeld sowie – als Risikoindikator – von ihrer Neigung, im Unternehmen zu bleiben.

- ✔ Die *mathematische Umsetzung* überführt die logische Grundkonzeption in eine mathematisch eindeutige Formel, die als Wertbasis die Mitarbeiterzahl (FTE_i) und das Marktgehalt (l_i) multipliziert, den Wertverlust ausdrückt als von Wissensrelevanzzeit (w_i) und Betriebszugehörigkeit (b_i) abhängige Aussage über die Erosion an Wissenssubstanz im Unternehmen, die Wertkompensation zum Ausgleich des Wertverlusts über die Personalentwicklungskosten (PE_i) abbildet und die zusätzliche Wertänderung des Humankapitalwerts über Motivationskomponenten (M_i) berücksichtigt. Alle Mitarbeiter des Unternehmens werden einer der betrachteten Mitarbeitergruppen zugeordnet. Somit führt die

Summe über die Humankapitalwerte aller betrachteten Beschäftigtengruppen (i) dann zu dem Gesamtbetrag für das Humankapital in Euro.

HC-Wertbasis (Marktgehalter) — HC-Wertverlust (Wissenserosion) — HC-Wertveränderung (Motivation)
Mehrung/Minderung durch Commitment - Context - Retention

$$HC := \sum_{i=1}^{g} \{ [FTE_i \cdot l_i \cdot f_i(w_i; b_i) + PE_i] \cdot M_i \}$$

HC-Wertkompensation (Personalentwicklung)

Legende
HC: Humankapitalwert
i: Index der betrachteten Mitarbeitergruppe (von 1 bis g)
g: Gesamtheit aller Mitarbeitergruppen
FTE: Full Time Equivalent (Vollzeitmitarbeiter)
l: Marktgehalt
w: Berufsbezogene Wissensrelevanzzeit
b: Beschäftigungsdauer
PE: Personalentwicklungskosten
M: Motivationswert

Abbildung 14.1: Die Saarbrücker Formel von Scholz, Stein und Bechtel

✔ Die *messtheoretische Spezifizierung* bereitet die mathematisch verknüpfte Grundformel für den Praxiseinsatz vor. Die tatsächliche Messung aller Komponenten ist noch ein wenig komplexer, weil hinter jedem Term eine umfangreichere, normierte Messvorschrift steht. Sie ist eine Konvention, die anderen Bewertungskonventionen ähnelt – so greift auch die Bilanzierung bei der Bestimmung der Abschreibung auf AfA-Tabellen zurück, die betriebsgewöhnliche Nutzungsdauern für Wirtschaftsgüter festlegen. Im Rahmen der Humankapitalbewertung mit der Saarbrücker Formel ist beispielsweise die berufsbezogene Wissenserosion (die sich durch Personalentwicklung ausgleichen lässt) für alle möglichen Berufe in standardisierten Tabellen und ergänzenden Berechnungsvorschriften differenziert niedergelegt; zur Bestimmung der Motivation mit den Komponenten Commitment (Leistungsbereitschaft), Context (Arbeitsumfeld) und Retention (Mitarbeiterbindung) existiert ein Referenzfragebogen mit dreißig Standardfragen, die sich in vielfältigen Befragungen bewährt und als besonders aussagefähig erwiesen haben. Durch die messtheoretische Spezifizierung wird die an anderen Bewertungsansätzen teilweise kritisierbare Manipulierbarkeit erheblich eingeschränkt.

✔ Die *IT-technische Umsetzung* erfolgt über eine webbasierte Softwarelösung, die auf die im Unternehmen verfügbaren Daten zum Personalmanagement zurückgreift und sie in die Berechnung einspielt. Dies ist heutzutage »auf Knopfdruck« mit wenig Aufwand möglich.

Die Standardisierung gibt Anwendern der Bewertung die Sicherheit, dass die ermittelten Ergebnisse den beabsichtigten Aussagewert entfalten können. Zudem ist in Prüfberichten testierbar, in welchem Ausmaß sich Bewerter an die Standards gehalten haben. Daraus ergibt sich ein Indikator für die Bewertungsqualität.

Für Fortgeschrittene: Ein Rechenbeispiel mit der Saarbrücker Formel

Ein stark vereinfachtes Beispiel verdeutlicht die Humankapitalermittlung einer Mitarbeitergruppe im Unternehmen. In Tabelle 14.1 ergibt sich für die 100 betrachteten Vollzeitmitarbeiter ein Humankapital von 2,8 Millionen Euro. Während der Wertverlust aufgrund veraltenden Wissens durch die Personalentwicklung nicht ausreichend ausgeglichen wird, steigert insgesamt das Motivationsmanagement den Wert der Belegschaft wieder ein wenig.

Komponente	**Grundrechnung**		
	Input	*Berechnung*	*Anmerkung*
Vollzeitmitarbeiter FTE [Anzahl, spezifiziert nach Beruf]	100		
Marktgehalt l [€]	30.000		
		+ 3.000.000	*Wertbasis*
Wissensrelevanzzeit w [Jahre]	4		
Betriebszugehörigkeit b [Jahre]	6		(Näherung: w/b = 2/3 verbleiben, also kann 1/3 subtrahiert werden)
		– 1.000.000	*Wertverlust*
Personalentwicklung PE [€]	100.000		(hier: werttragend für w = 4 Jahre, daher mit 4 zu multiplizieren)
		+ 400.000	*Wertkompensation*
		(2.400.000)	*(Zwischenergebnis)*
Commitment M1	1,4	+ 320.000	(1/3*2.400.000) * 0,4 addieren
Context M2	0,9	– 80.000	(1/3*2.400.000) * 0,1 abziehen
Retention M3	1,2	+ 160.000	(1/3*2.400.000) * 0,2 addieren
		+ 400.000	*Wertänderung*
Humankapital [€]		**2.800.000**	
Humankapital pro Kopf [€ pro Kopf]		28.000	

Tabelle 14.1: Humankapitalberechnung für eine Mitarbeitergruppe

Wenn das Unternehmen jetzt für das nächste Jahr (die durchschnittliche Betriebszugehörigkeit ist derweil um ein Jahr gestiegen) seine Personalstrategie bestimmen möchte, kann es Alternativszenarien berechnen (siehe Tabelle 14.2). Durch das auslösende Moment – hier jeweils eine Personalkosteneinsparung von 100.000 Euro, allerdings erreicht über unterschiedliche Wege – ergeben sich (auf Basis der Wirkungsschätzung auf die Motivation der Mitarbeiter) unterschiedliche Auswirkungen auf das Humankapital. In beiden

Fällen ist beispielsweise ein Absinken der Motivation der Belegschaft zu erwarten, allerdings im Hinblick auf jede Unterkomponente der Motivation ein wenig anders. Während beide Strategien zur Vernichtung von Humankapital führen, scheint in diesem Beispiel die Lohnkostenreduktion, also die Entlassung von Mitarbeitern, im Hinblick auf die Erhaltung von Potenzial immerhin noch besser zu sein als die vollständige Einstellung der Personalentwicklung.

Komponente	**Alternativszenario 1: nächstes Jahr Reduktion der Lohnkosten um 100.000 €**		**Alternativszenario 2: nächstes Jahr Reduktion der Personalentwicklungskosten um 100.000 €**	
	Input	*Berechnung*	*Input*	*Berechnung*
Vollzeitmitarbeiter FTE [Anzahl]	96,7		100	
Marktgehalt l [€]	30.000		30.000	
Wertbasis		*+ 2.900.000*		*+ 3.000.000*
Wissensrelevanzzeit w [Jahre]	4		4	
Betriebszugehörigkeit b [Jahre]	7		7	
Wertverlust		*–1.242.857*		*– 1.285.714*
Personalentwicklung PE [€]	100.000		0	
Wertkompensation		*+ 400.000*		*0*
(Zwischenergebnis)		*(2.057.143)*		*(1.714.286)*
Commitment M1	1,1	+ 68.571	1,2	+ 114.286
Context M2	0,7	– 205.714	0,8	– 114.286
Retention M3	1,0	0	1,1	+ 57.143
Wertveränderung		*–137.143*		*+ 57.143*
Humankapital [€]		**1.920.000**		**1.771.429**
Humankapital pro Kopf [€ pro Kopf]		19.855		17.714
Personalkostendifferenz zum Vorjahr [€]		– 100.000		– 100.000

Tabelle 14.2: Alternative Auswirkungen einer Personalkosteneinsparung auf das Humankapital einer Mitarbeitergruppe

Mit solchen Szenarien ist eine Planungsgrundlage gegeben, die ein Handeln »aus dem Bauch heraus« ablösen kann. Zudem wird deutlich, dass sich die Wirkung von Werthebeln wie Wissensmanagement, Personalentwicklung und Motivation in Euro ausdrücken lässt.

Mit der Saarbrücker Formel werden nicht nur die unmittelbaren Primäreffekte einer personalwirtschaftlichen Maßnahme sichtbar, sondern auch die mittelbaren Sekundäreffekte. So erhöht eine Personalbindungsmaßnahme nicht nur als direkten Primäreffekt die Motivation der Betroffenen und steigert so den Humankapitalwert, sondern stabilisiert als mittelbaren Sekundäreffekt auch das Wissens- und Beziehungsnetzwerk der Teamkollegen, was sich in der Verbesserung des Arbeitsumfelds niederschlägt und das Humankapital zusätzlich positiv beeinflusst.

Was der Humankapitalwert nutzt

Heraus kommen bei der Humankapitalbewertung ein Wert für das gesamte Humankapital des Unternehmens, die Humankapitalwerte für die einzelnen Mitarbeitergruppen und die Aufschlüsselung des inhaltlichen Zustandekommens dieser Werte – also wo und wie wertschöpfendes Humankapital aufgebaut (und auch abgebaut) wurde. Dies sind Ursache-Wirkungs-Beziehungen zwischen Personalarbeit und Humankapitalwert.

Die Humankapitalbewertung führt nicht zu individuellen Humankapitalwerten für jeden einzelnen Mitarbeiter – denn es ist nicht das Ziel, eine Einzelbewertung vorzunehmen und den »gläsernen Mitarbeiter« zu schaffen. Selbst wenn es den Wert »Humankapital pro Kopf« gibt, so ist dies immer nur ein Durchschnittswert und spiegelt nicht die Bewertung einer Einzelperson wider. Dies würde rechtliche Problematiken mit sich bringen und auch vom Betriebsrat nicht akzeptiert werden.

Je nachdem, ob weitere Vergleichsgrößen wie Personalkosten, Personalerträge, Eigenkapital, andere Kapitalarten, unternehmensinterne und -externe Werttreiber herangezogen werden, lassen sich nun vielfältige Kennzahlen bilden. Mögliche abgeleitete Kennzahlen sind der durchschnittliche Humankapitalwert pro Vollzeitmitarbeiter, der Humankapitalwert in Relation zum Marktanteil, der Humankapitalwert pro Eigenkapital und viele weitere Kombinationen. Sie dienen dazu, Stellgrößen des Personalmanagements mit exakten monetären Zielvorgaben zu belegen. In einem zweiten Schritt können diese Zielvorgaben zum Bestandteil von Zielvereinbarungen der Umsetzungsverantwortlichen eines besseren Personalmanagements werden.

Zur Messung der Fortschritte im Personalmanagement dienen neben den Bewertungsergebnissen der Saarbrücker Formel auch zentrale nicht monetäre Key-Performance-Indikatoren (KPIs; personalwirtschaftliche Erfolgsgrößen). So ist es von hohem Interesse, wie die Humankapitalwerte im Zeitablauf mit Mitarbeiterzufriedenheits-KPIs und Loyalitäts-KPIs korrespondieren – also mit Fluktuationsgrößen, Verbleibezeiten auf derselben Stelle oder der Zufriedenheit neu eingestellter Mitarbeiter. Relevante Personalentwicklungs-KPIs können Personalentwicklungsdauer, Personalentwicklungserfolg, Transfererfolg, Personalentwicklungszufriedenheit, Personalentwicklungsreichweite oder Einsatz von E-Learning sein – und auch sie lassen sich in Beziehung zu Humankapitalwerten setzen.

Auch jährliche und monatliche Veränderungsverläufe des Humankapitals sind extrem spannend. So lassen sich für einzelne Abteilungen die Veränderungen des Stands ihrer Motivation im Zeitverlauf abbilden. Sehr schnell wird sichtbar, ob sich einzelne Abteilungen aus dem allgemeinen Trend verabschieden oder ob einzelne Abteilungen komplett andere dynamische Muster der Humankapitalentwicklung aufweisen als die anderen Abteilungen. Hierdurch lässt sich eine fortlaufend aktualisierte Steuerung realisieren und die Personalführung unterschiedlicher Beschäftigtengruppen kann differenzierter erfolgen als zuvor.

Was besonders für die Finanz- und Rechnungslegungsabteilung von großem Interesse sein kann, sind Berichte über das Humankapital. Sie ergänzen unternehmensinterne sowie unternehmensexterne Berichte über die Wertentwicklung der übrigen Kapitalbestandteile in idealer Weise. Eine derartige Bewegung wird beispielsweise durch den Humankapital-Reportingstandard »HCR10« gefordert. Dieser gibt vor, wie sich personalwirtschaftlich relevante Tatbestände in der Humankapital-Berichterstattung der Unternehmen niederschlagen sollen. Im Einzelnen systematisiert und spezifiziert der HCR10 personalwirtschaftlich aussagekräftige Kennzahlen – dies sind sowohl die Komponenten, die sich in der Saarbrücker Formel finden, wie auch darüber hinausgehende personalwirtschaftliche Effektivitätskriterien – im Hinblick auf Berichte über Personal im Geschäfts-, im Nachhaltigkeits- oder im Personalbericht. Darauf aufbauend empfiehlt der HCR10 die Ausgestaltung der benötigten Kennzahlen hinsichtlich Berichtsumfang und -tiefe und verdeutlicht schließlich die personalwirtschaftlichen Rollen, die hinsichtlich der Berichterstattung zu verantworten sind.

Durch eine Standardisierung wird nicht nur die Humankapital-Berichterstattung einfacher. Vor allem werden die »HR-Metrics«, also die Kennzahlen, lesbar, verstehbar und damit vergleichbar. Personalleiter, Aufsichtsräte, Wirtschaftsprüfer oder Bewerber können sie nutzen, wenn sie sich über Humankapitalkosten, Humankapitalpotenzial sowie Humankapitalertrag informieren möchten.

Wenn ein Unternehmen schon damit angibt, seine »Mitarbeiter sind das wertvollste Kapital«, muss es sich konsequenterweise auch daran erinnern lassen, dass es den Wert dieses Kapitals genau kennt und unter seiner Nutzung auch personalwirtschaftlich steuert. Denn schließlich ist Humankapital auch das einzige Kapital des Unternehmens, das Beine hat und weglaufen kann.

Personalcontrolling fühlt dem Personalmanagement auf den Zahn

Ein Personalmanagement, das sich auf betriebswirtschaftliche Wertschöpfung ausrichtet, nutzt auch moderne Managementmethoden. Eine ist das Personalcontrolling, das sich das allgemeine Controllingwissen für das Personalmanagement erschlossen hat.

Ziel des Personalcontrollings ist es, personalwirtschaftliche Prozesse zu steuern, zu regeln, zu überwachen und letztlich zu beherrschen. Dies erfolgt nicht nur vergangenheitsorientiert, sondern auch im Hinblick auf den zukünftigen Erfolg. Das Personalcontrolling basiert als Entscheidungsunterstützungsfunktion vor allem auf quantitativen Informationen und hier vor allem auf ökonomischen Kostengrößen.

Controlling ist mehr als Kontrolle

Als Controlling- und Planungsgrundlage dienen personalwirtschaftliche Informationen, die sich beurteilen lassen und eventuell zu einer Neuausrichtung des Handelns führen. Evaluiert werden im Einzelnen

- die generelle Sinnhaftigkeit der gesetzten Ziele für Personalmanagementaufgaben und deren stimmige Verknüpfung zu einem Gesamtsystem,
- die Konformität der Durchführung von Personalmanagementaktivitäten mit ihrer ursprünglichen Planung,
- die Kosten des Personalmanagements, also die Personalkosten sowie die Kosten für die Personalarbeit,
- die Wirtschaftlichkeit des Ressourceneinsatzes als Abgleich von realisiertem zu geplantem Ressourceneinsatz und somit die Einhaltung der vereinbarten Budgets,
- der Beitrag des Personalmanagements zum Unternehmenserfolg sowie
- die Sinnhaftigkeit der Planungsverfahren und der Problembehebungsverfahren im Personalmanagement.

Personalcontrolling hat damit umfassendere Zielsetzungen als die reine Personalkostensenkung und auch andere Absichten als die Kontrolle der Mitarbeiter und ihrer Arbeitsleistung. Es richtet sich auf die betriebliche Funktion Personalmanagement aus.

Das Personalcontrolling stellt sich als Sammlung personalwirtschaftlicher Kennzahlen zu quantitativen wie auch qualitativen Sachverhalten dar, die als Input oder Output erhoben werden. Aus Abweichungen zwischen Soll- und Istgrößen und aus der Nutzenermittlung als Vergleich von Kosten und Erträgen einer Maßnahme werden Steuerungsmaßnahmen abgeleitet, die in das zukünftige Handeln des Personalmanagements eingehen. Um das Personalcontrolling darüber hinaus auf miteinander verzahnte Aktivitäten auszurichten, werden ganze Prozesse oder sogar das komplette Personalmanagementsystem eines Unternehmens untersucht, wobei man Letzteres auch als Personalmanagement-Audit bezeichnet. Dieses ist besonders dann wichtig, wenn die Prozesse des Personalmanagements dezentral im Unternehmen verteilt sind oder im weltweiten Maßstab stattfinden und ein Gesamtüberblick nur noch schwer erhältlich ist.

Personalcontrolling wird stark durch Informationstechnologie unterstützt, insbesondere durch ein Personalinformationssystem. Mit seiner Hilfe werden

- Informationen gesammelt, zusammengestellt und ausgewertet,
- Datenvergleiche angestellt und Trends analysiert,
- Frühwarnindikatoren und Risikomaße ermittelt und
- Prognose- und Simulationsrechnungen zur Unterstützung der strategischen Personalplanung angestellt.

Dies dient der Zielausrichtung der personalwirtschaftlichen Prozesse. Dabei werden alle Teilfunktionen des Personalmanagements dem Personalcontrolling unterzogen, beispielsweise als Personalbeschaffungscontrolling, Personalentwicklungscontrolling oder Personalführungscontrolling. Insgesamt wird Personalcontrolling als zentrale Querschnittsfunktion im Personalmanagement begriffen.

Für das Personalmanagement ist die Frage wichtig, wer im Unternehmen die Verantwortung für das Personalcontrolling trägt. Hier treffen sich die Interessen von Finanz- oder Rechnungslegungsabteilung mit den Interessen des Personalmanagements. Denn während Finanz- oder Rechnungslegungsabteilung das Personalcontrolling als Bestandteil des zentralen Unternehmenscontrollings ansehen, möchte das Personalmanagement das Personalcontrolling gerne in seinen eigenen Bereich einordnen. Damit hier eine gewisse Unabhängigkeit gewahrt werden kann, bietet es sich an, das Personalcontrolling als besondere Projektgruppe oder Stabsstelle einzurichten, die nur der Personalleitung verantwortlich ist, sich aber nicht mit den operativen Personalmanagementaktivitäten vermischt.

Neuere Trends im Personalcontrolling

Impulse für den graduellen Wandel des Personalcontrollings kommen gleichermaßen aus der Unternehmenspraxis wie aus der Personalmanagementforschung. Dabei finden vielfältige Veränderungen statt:

- ✔ Die *Ausrichtung* des Personalcontrollings verschiebt sich von vergangenheitsorientierten Messgrößen zu zukunftsorientierten Wertschöpfungskriterien. Im Unternehmen fehlendes Personal kann ein Engpassfaktor der gesamten Unternehmensentwicklung sein. Daher ist die Sicherstellung einer quantitativ, qualitativ, räumlich und zeitlich optimierten und flexibilisierten Personalausstattung die Grundvoraussetzung für die Steuerung der Unternehmensentwicklung. Dies bringt es auch mit sich, dass das Personalcontrolling nicht nur finanzielle Größen berücksichtigt, sondern zunehmend nicht finanzielle, wie es im Beziehungs- und Vertrauenscontrolling geschieht.
- ✔ Die *Instrumente* des Personalcontrollings ergänzen die traditionelle Kostenreduktionsfunktion, wie sie Prozesskostenrechnung und Target-Costing mit sich bringen, durch eine stärkere Konzentration auf die Wertschöpfung im Personalmanagement. Personalkosten werden nicht isoliert betrachtet, sondern stehen der durch das Personal erbrachten Wertschöpfung gegenüber. Nicht nur ist die Balanced Scorecard ein Instrument zur Entwicklung eines Gesamtkonzepts der Unternehmenssteuerung mit Bezug zum Personalmanagement – auch präventive Qualitätssicherungssysteme im Rahmen von Qualitätsmodellen und Zertifizierungen werden als Personalcontrollingansätze auf das Personalmanagement übertragen.
- ✔ Die *Beschleunigung* des Personalcontrollings zeigt sich im Trend zu einem Personalcontrolling in Echtzeit. Im Sinne eines ständig verfügbaren Überwachungs-Cockpits stellen Datenverarbeitungssysteme prozessorientiert alle zur Personalmanagementsteuerung erforderlichen Personaldaten, zum Beispiel Krankenstände, Personalbestandsdaten,

Leistungsgrade, den Personalkostenstatus oder die detaillierte Humankapitalentwicklung, aktuell bereit.

- ✔ Der *Unternehmensentwicklungsbezug* des Personalcontrollings zeigt sich darin, dass es das Potenzial von Gründerpersönlichkeiten und die Qualität des Managements zu bewerten hilft, das als entscheidendes Erfolgskriterium für eine externe Kapitalbeschaffung des Unternehmens gilt und somit Eingang in die Beziehung zu den unternehmensexternen Finanzinvestoren finden muss. Letztlich wird das intellektuelle und soziale Kapital eines Unternehmens entwickelt und überwacht.
- ✔ Die *Internationalisierung* des Personalcontrollings ist der globalen Anwendung einheitlicher Rechnungslegungsvorschriften wie etwa den IAS (International Accounting Standards) oder den US-GAAP (US-amerikanische General Accepted Accounting Principles) geschuldet. Wenn es zu einer global standardisierten und harmonisierten Bewertung und Steuerung der Unternehmenseffektivität kommt, bringt dies direkte Auswirkungen auf das kostenorientierte Personalcontrolling mit sich.
- ✔ Die *Organisation* des Personalcontrollings nimmt mit föderalistischen Netzwerkstrukturen neuere Strukturierungstrends auf. Statt der Entscheidung zwischen zentralem und dezentralem Personalcontrolling bilden sich in Unternehmen zunehmend virtuelle Personalcontrollingnetzwerke, die befristet aufgabenbezogene Projektstrukturen realisieren. Vor allem die Verzahnung von Spezialisten des Personalcontrollings aus dem Personalmanagement mit entsprechenden Spezialisten aus der Finanz- und Rechnungslegungsabteilung bietet sich hier an. In solche Netzwerke werden auch die Mitarbeiter eingebunden, denn zur Stärkung von Selbstverantwortung und Selbstführung in immer flacheren Hierarchien wird das Selbstcontrolling einen größeren Stellenwert einnehmen.

Neben der Personalmanagement- und der Finanzperspektive berücksichtigt Personalcontrolling auch die Innovationsperspektive im Unternehmen. Aufgrund der aussagekräftigen Datenlage können Unternehmen an Benchmarking-Projekten im Personalmanagement teilnehmen und von ihnen profitieren.

Wenn Sie sich oder anderen zeigen möchten, wie gut Ihr Unternehmen oder Ihre Personalarbeit dastehen, bietet sich die Methode des Benchmarking an. Sie suchen sich einen möglichst erfolgreichen Vergleichsfall außerhalb Ihres Unternehmens und stellen einen Vergleich zwischen den dortigen Gegebenheiten mit denen Ihres Unternehmens an. Aus den Ergebnissen können Sie dann Ihre relative Erfolgs- und Risikoposition ermitteln und darüber hinaus lernen, ob – und wenn ja, was – Sie besser machen können. Für Ihre Veränderungsprozesse ergeben sich aus dem Benchmarking auch Anschauungsfälle, wie andere mit Veränderung umgegangen sind oder Probleme bewältigt haben.

Solche Vergleichsfälle finden sich über Personalernetzwerke. Andere Personalmanager sind nach Abstimmung mit ihrer Unternehmensleitung häufig bereit, auf Gegenseitigkeit zu einem Benchmarking zur Verfügung zu stehen.

Erwarten Sie aber nicht zu viel von einem Benchmarking. Viele Unternehmen tauschen sich sowieso bereits über die Personalmanagementliteratur, über Kongresse und über Netzwerke über die Standards guten Personalmanagements aus und sind bereits an einen allgemeinen Standard angepasst, sodass es als Ergebnis eines Benchmarking keine wirklich großen Überraschungen geben wird, die weit über das bisher Bekannte herausreichen.

Personalmanagement bei Insolvenz und Sanierung

Spätestens wenn ein Unternehmen zahlungsunfähig ist und die Forderungen seiner Gläubiger nicht mehr bedienen kann – also insolvent ist –, ist der Zeitpunkt erreicht, zu dem selbst Unternehmensleitung sowie Finanz- und Rechnungslegungsabteilung die Fortführung des Unternehmens nicht mehr garantieren können. Das Unternehmen befindet sich schon in einer späten Phase einer Unternehmenskrise, von der noch nicht bekannt ist, ob es bereits zu spät ist. Als Reaktion auf die Zahlungsunfähigkeit wird ein formales Verfahren eingeleitet. Jedes Jahr stellen um die 15.000 deutsche Unternehmen einen Insolvenzantrag, wobei je nach Konjunktur ein Drittel bis die Hälfte auf eine Wirtschaftskrise zurückgeführt werden kann. Betroffen sind von Insolvenzen grob geschätzt 400.000 bis 600.000 Mitarbeiter im Jahr. Eine Insolvenz bedeutet jedoch nicht, dass das Personalmanagement plötzlich irrelevant würde, denn es entsteht eine Vielzahl neuer Fragen, die Mitarbeiter betreffen.

Personalwirtschaftliche Folgen der Insolvenz

Ziel des Insolvenzverfahrens ist es, eine bestmögliche, gemeinschaftliche Befriedigung der Gläubiger zu erreichen. Dies geschieht über

- ✔ die Liquidation, also die Zerschlagung des Schuldnervermögens und die Auflösung des zahlungsunfähigen Unternehmens mittels eines Insolvenzverfahrens, oder über
- ✔ die Sanierung beziehungsweise die übertragende Sanierung (hierbei übernimmt ein neuer Unternehmensträger das insolvente Unternehmen), bei der das Unternehmen mittels eines Insolvenzplans erhalten und wieder leistungs- und konkurrenzfähig gemacht werden soll.

Damit ist ein Insolvenzverfahren nicht automatisch der Anfang vom Ende des Unternehmens. Dennoch ist eine Insolvenz vor allem aus personalwirtschaftlicher Sicht eine knifflige Situation. Sicherlich wird sich das Unternehmen von Mitarbeitern trennen müssen, gleichzeitig aber muss (im Fortführungsfall) mitten in der Krise mit dem Neuaufbau begonnen werden – gerade auch im Hinblick auf die Mitarbeiter.

Gemäß der Insolvenzordnung wird ein Insolvenzverfahren auf Antrag eines Gläubigers oder eines Schuldners eröffnet, bevor ein Insolvenzgericht prüft, ob einer der Eröffnungsgründe – Zahlungsunfähigkeit, drohende Zahlungsunfähigkeit oder Überschuldung – vorliegt und ob das Schuldnervermögen die Verfahrenskosten decken würde. Ist dies gegeben, wird im Eröffnungsbeschluss der Insolvenzverwalter ernannt, der die Verwaltungs- und Verfügungsbefugnis über das Unternehmen erhält. Zum Berichtstermin legt er der Gläubigerversammlung einen Bericht über die Lage des Unternehmens, die Gläubigerrechte sowie Chancen und Risiken verschiedener Strategien vor, auf dessen Basis diese entscheidet, ob das Unternehmen liquidiert oder saniert werden soll. Im Prüfungstermin verhandelt er mit den Gläubigern über die bestehenden Forderungen und deren Rangordnungen. Das Insolvenzverfahren endet durch Beschluss des Insolvenzgerichts entweder durch Aufhebung, wenn das restliche Geld verteilt wurde oder wenn ein Insolvenzplan rechtskräftig bestätigt wurde, oder aber durch Verfahrenseinstellung, wenn der Eröffnungsgrund weggefallen ist oder alle Gläubiger zustimmen oder mangels Masse.

Mitarbeiter können gegen ihren Arbeitgeber bei Eintritt einer Insolvenz folgende Ansprüche haben:

- ✔ *Insolvenzforderungen* wurden bereits vor Eröffnung des Insolvenzverfahrens begründet, was nicht gezahlte Löhne betreffen kann. Sie werden in der Regel nur anteilig gemäß einer Quote befriedigt.
- ✔ *Masseverbindlichkeiten* entstehen dem insolventen Unternehmen nach Eröffnung des Insolvenzverfahrens, also wenn Arbeitsverhältnisse dann noch fortdauern. Sie werden in der Regel vorweg aus der Konkursmasse gezahlt. In der Regel zählen auch Arbeitnehmerforderungen aus einem Sozialplan zu den Masseverbindlichkeiten des insolventen Unternehmens.

Diese gilt es zu befriedigen, was unter Leitung des Insolvenzverwalters geschieht. Er ist es auch, der letztlich die Entlassungen ausspricht, den Sozialplan erstellt, möglichst einvernehmliche Aufhebungsverträge mit Mitarbeitern abschließt und gegebenenfalls eine Beschäftigungs- oder Qualifizierungsgesellschaft für die entlassenen Mitarbeiter einzurichten hilft, in der von den Mitarbeitern »Kurzarbeit Null« geleistet wird, während sie aktiv bei ihrer Fortbildung und ihrer Suche nach einem neuen Arbeitsplatz unterstützt werden.

Wenn im Verlauf des Insolvenzverfahrens Betriebsteile oder ganze Betriebe an einen neuen Käufer übertragen werden, handelt es sich in der Regel um einen Betriebsübergang, bei dem der Erwerber in die Rechte und Pflichten aus bestehenden Arbeitsverhältnissen eintritt, die sich vor allem auf den Schutz der Arbeitsplätze und die Kontinuität des Betriebsrats beziehen, nicht aber auf die vor Eröffnung des Insolvenzverfahrens erstandenen finanziellen Ansprüche aus Arbeitsverhältnissen.

Viel zu tun im Sanierungsfall

Im Rahmen der Sanierung erfolgt zunächst eine Entschuldung, um das Unternehmen wieder zahlungsfähig zu machen. Auch das Personalmanagement wirkt hieran mit. Es unterstützt die Bestandsaufnahme im Rahmen der Wertbeurteilung des Sanierungsfalls, indem es den Wert des Humankapitals und die hierüber ausgedrückte personelle Substanz in die Beurteilung der Sanierungsfähigkeit des Unternehmens einfließen lässt. Ein entsprechender Standard (»IDW S 6«) hierfür existiert bereits. Darüber hinaus ergreift das Personalmanagement Sofortmaßnahmen. So kürzt es oftmals Boni, freiwillige Zusatzleistungen wie Weihnachts- oder Urlaubsgeld, Überstundenzuschläge oder zusätzliche Urlaubsansprüche für langjährige und ältere Mitarbeiter – oder streicht diese Leistungen komplett. Parallel hierzu wird die Unternehmensfortführung vorbereitet. Im Vordergrund steht in einer ersten Phase der Personalabbau, in einer zweiten Phase der strategische Neuaufbau des Unternehmens.

Die Sanierung ist, wie die Insolvenz auch, in ihrer ersten Phase meistens mit einem Personalabbau verbunden, der zur Einsparung von Personalkosten führen soll. Doch auch in der Insolvenz und der Sanierung muss das Arbeitsrecht beachtet werden, wodurch bestehende Arbeitsverhältnisse zunächst auch bestehen bleiben. Allerdings können im Rahmen von Insolvenz und Sanierung einige Maßnahmen schneller durchgeführt werden. Hierzu zählen alle Maßnahmen von Einstellungsstopps über Änderungskündigungen bis hin zur Beendigungskündigung, wobei die Insolvenzordnung dem Unternehmen einige kleinere Erleichterungen schafft, zum Beispiel die Kündigungsfrist auf maximal drei Monate beschränkt oder vor der Insolvenz bestehende Beschäftigungsgarantien unwirksam werden lässt. Dennoch müssen auch hier ein Kündigungsgrund gegeben sein und die Regelungen zur Sozialauswahl beachtet werden; zudem müssen die üblichen Verfahren bei Massenentlassungen befolgt werden.

Die Sanierung basiert auf der Erwartung, dass der Fortführungswert des Unternehmens dessen Liquidationswert übersteigt.

In der zweiten Phase der Sanierung muss eine Unternehmensstrategie eine entsprechende Perspektive aufzeigen, die dann für einzelne Teilbereiche des Unternehmens spezifiziert wird. Für das Personalmanagement wird eine Aufbaustrategie infrage kommen, die das quantitative und qualitative Wachstum der Belegschaft vorzeichnet. Um die Erfolgswahrscheinlichkeit für die neue Personalstrategie zu steigern, ist ihre Verzahnung mit der Unternehmenskultur hilfreich. Haben Personalabbau und Kürzungen von Personalbudgets noch frische Spuren in diesem Gedächtnis des Unternehmens hinterlassen, sind nun auch die Aspekte des Heilens zu gestalten, die beim zwischenmenschlichen Umgang beginnen und sich bis in die partnerschaftliche Beteiligung der Mitarbeiter an Unternehmensentscheidungen fortsetzen. Das Personalmanagement – gegebenenfalls gestärkt durch neue, von der Insolvenz unbelastete Mitarbeiter – übernimmt eine konstruktive Rolle, die kreative Impulse setzt und auch symbolisch neue Wege beschreitet.

Im Rahmen der Sanierung kann das Personalmanagement folgende Sofortmaßnahmen in Angriff nehmen beziehungsweise für den Insolvenzverwalter vorbereiten, der die Rechte und Pflichten des Arbeitgebers übernommen hat:

- ✔ Es kann bei allen Mitarbeitern die Panik und Angst vor der unsicheren Gegenwart und Zukunft zu mindern versuchen.
- ✔ Es kann dem Insolvenzverwalter helfen, auf die verbleibenden Mitarbeiter überzeugend zu wirken. Bei Betriebsversammlungen baut der Insolvenzverwalter Ängste, Skepsis und Vorbehalte der verbliebenen Mitarbeiter ab, indem er durch seine Persönlichkeit, aber auch durch seine Fortführungsvision Vertrauen schafft, aus der sich dann neue Hoffnung und Motivation speisen. Das Personalmanagement kann darauf hinwirken, dass der Insolvenzverwalter Vertrauen in die Mitarbeiter und deren Leistungsfähigkeit aufbaut und im Übrigen einen situationsangepassten Führungsstil pflegt – bei der Lösungssuche eher kooperativ, in zeitkritischen Umsetzungsphasen durchaus auch autoritär.

- Es kann die Mitarbeiter, die zunächst durch die Insolvenz demotiviert werden, neu motivieren. Besonders die qualifizierten Mitarbeiter reagieren auf eine drohende Insolvenz mit der Suche nach einem neuen Arbeitsplatz, daher ist es wichtig, eine Fluktuation von Leistungsträgern zu vermeiden, die das Unternehmen weiter schädigen könnte. Eine Motivation aller Mitarbeiter erfolgt durch die Aktivierung für die Neugestaltung und den Aufbruch, dann auch über die Erweiterung der Fähigkeiten der Mitarbeiter, die sich im Rahmen der Sanierung zwangsläufig auf neue Gebiete ausweiten. Die gezielte Bindung und Motivation der Leistungsträger erfolgt am ehesten durch persönliche Gespräche, in deren Rahmen den Leistungsträgern realistische, gleichzeitig aber attraktive Entwicklungsperspektiven aufgezeigt werden.
- Es kann für die Mitarbeiter die finanziellen Übergangsregelungen abwickeln, etwa die eventuelle Zahlung des Insolvenzgelds für den Fall, dass die gesetzlichen Voraussetzungen hierfür gegeben sind. Besonders eine Vorfinanzierung erhöht bei den verbleibenden Mitarbeitern, die teilweise wegen ausbleibender Entgeltzahlungen keine finanziellen Mittel mehr haben, die Bereitschaft, dem Sanierungsunternehmen weiterhin ihre Arbeitskraft zur Verfügung zu stellen.
- Es kann mit den Mitarbeitern und dem Betriebsrat Sanierungsbeiträge der Mitarbeiter verhandeln, also beispielsweise einen vorübergehenden Gehaltsverzicht, eine Erhöhung der regelmäßigen Arbeitszeit oder ein Entgegenkommen bei der Flexibilisierung der Arbeitszeit, sowie eine spätere Kompensation für diese Sanierungsbeiträge.
- Es kann die Suche nach neuen Führungspersonen übernehmen, die am Unternehmensneuaufbau beteiligt werden.
- Es kann Insolvenzverwalter, Betriebsrat, die Führungskräfte und auch Mitarbeiter an einen Tisch bringen, um in gemeinsamer Information und Kommunikation das Konzept des anstehenden Sanierungsweges transparent zu machen und realistisch darzustellen, um hierfür Akzeptanz zu erzeugen.
- Es kann Personalentwicklungsmaßnahmen inhaltlich auf positives Denken, Unternehmergeist und Teamorientierung ausrichten und am Entwicklungsbedarf des zu sanierenden Unternehmens orientieren.
- Es kann Randbereiche des Personalmanagements, die strategisch nicht relevant für den Wiederaufbau sind und die keine Kernkompetenzen des Unternehmens berühren, zwecks Reduzierung seiner Fixkosten an externe Dienstleister auslagern.
- Es kann eingetretene Schädigungen des Unternehmensimages mindern, beispielsweise, indem es im Rahmen der Möglichkeiten mitarbeiterfreundlichen Regelungen zustimmt.

Personalmanagement ist also im Sanierungsfall ein zentrales Handlungsfeld mit vielfältigen Gestaltungsoptionen.

Die IT-Abteilung: Personalmanagement in Bits und Bytes

15

In diesem Kapitel ...

- Aufgaben der Informationstechnologie verstehen
- Die Rolle des Personalmanagements präzisieren
- Abteilungsschnittstelle optimieren

In diesem Kapitel entdecken Sie, in welchem Maße die Welt aus Bits und Bytes, also die Informationstechnologie (IT), mit der Welt des Personalmanagements verzahnt ist. Das Verhältnis beider betrieblichen Funktionen zueinander ist nicht immer unproblematisch – geht es hier doch häufig neben der Sache an sich auch um die Frage der unternehmensweiten Deutungshoheit in personalwirtschaftlichen Dingen. Während das Personalmanagement im Zuge der Interessenerfüllung von Unternehmen und Mitarbeitern allen möglichen Einzelfällen gerecht werden will, nimmt die IT-Funktion eher eine mechanistische Sicht ein, in der »das wirkliche Leben« sich den standardisierten Anforderungen der Computersysteme und ihrer Software unterzuordnen hat. Wer sich in diesem Spannungsfeld durchsetzt, beeinflusst stark die Handlungsspielräume des jeweils anderen. »Vielfalt oder Nivellierung – das ist hier die Frage!« Dabei ist eine sinnvolle Integration dieser scheinbar gegenläufigen Interessen möglich, die zu einem produktiven Miteinander beider Funktionen führt. Interessant ist es herauszufinden, welche Aufgaben beide Abteilungen gemeinsam bewältigen, wie die Kommunikation und die Kooperation dieser beiden Abteilungen erfolgt und wie diese optimiert werden kann.

Die IT-Abteilung verantwortet im Unternehmen das Bestehen und Funktionieren der notwendigen Informationstechnologie. Dabei leistet sie neben der technischen auch personelle, organisatorische und räumliche Unterstützung. In vielen Unternehmen besteht die IT-Abteilung aus drei Bereichen (siehe Abbildung 15.1):

- ✔ **Systemplanung** – von der Anforderungsermittlung der Infrastruktur der Informationstechnologie über die Budgetierung hin zum Abgleich der Infrastruktur der Informationstechnologie mit der IT-Strategie
- ✔ **Systemaufbau** – von der Ersteinrichtung über die Erweiterung bis hin zur Veränderung der benötigten Software und Anwendungsprogramme
- ✔ **Systembetrieb** – von der Überwachung der Nutzerschnittstellen über die Störungsbehebung bis hin zum Beschaffen von IT-Komponenten und der Nutzerbetreuung

Damit sind neben die klassische Datenverarbeitung auch Informationsverarbeitung sowie Beratung und Service getreten. Diese Aufgaben der IT-Abteilung finden in einem Umfeld statt, in dem die Komplexität der Technologien durch den technologischen Fortschritt immer weiter steigt.

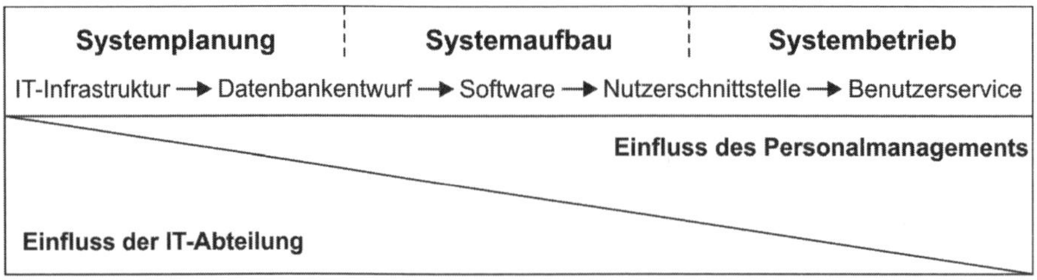

Abbildung 15.1: Handlungsrahmen personalwirtschaftlicher IT-Aufgaben

Das Personalmanagement muss von der Seite der Informationstechnologie her grundsätzlich funktionsfähig sein. Daher bietet es sich an, alle drei Bereiche im Detail auf Bezüge zum Personalmanagement hin durchzuschauen.

Systemplanung

Die IT-Abteilung ist für den Aufbau der Basissysteme zur Informationsverarbeitung zuständig. Sie plant daher die sogenannte »Architektur« der Infrastruktur der Informationstechnologie (und damit auch der personalwirtschaftlichen IT-Unterstützung). Hierbei hat die IT-Abteilung die Aufgabe, Entscheidungen zu treffen, die vor allem technischer Natur sind.

Sehr vereinfacht ausgedrückt bedeutet Systemplanung: Die IT-Abteilung kümmert sich um die technischen Grundvoraussetzungen der Informationstechnologie; darum, wo Kabel verlegt werden, ob eine »Serverfarm« bereitgestellt wird, wie die kabellose Datenübertragung eingerichtet wird und vieles mehr. Die IT-Infrastruktur wird so geplant, dass sie insgesamt lauffähig ist, dem Einsatz in unterschiedlichen betrieblichen Funktionen zur Verfügung gestellt werden kann und für zukünftige Entwicklungen anpassbar bleibt.

Hinzu kommt die Planung der Datenbankstruktur für das Unternehmen. In den Datenbanken sollen alle Daten des Unternehmens so effizient wie möglich gespeichert werden, ohne dass es zu Widersprüchlichkeiten kommt und ohne dass Daten verloren gehen. Neben der Datenbank, die die Daten umfasst, muss auch ein Datenbankmanagementsystem erstellt werden, das mithilfe einer Datenbankverwaltungssoftware die Schreib- und Lesezugriffe auf die Datenbank sowie die systematische Datenspeicherung bewältigt. Aus der Datenbank werden später im Rahmen des Systemaufbaus nutzerspezifische Anwendungen generiert, indem bezogen auf Datenteilmengen Software entwickelt und mit Inhalt gefüllt wird.

»Für die IT-Abteilung ist alles eine Datenbank« – dieser Ausspruch bringt treffend die Sichtweise der Abteilung zum Ausdruck. Dabei ist der Entwurf einer Datenbankarchitektur alles andere als einfach: So muss beispielsweise entschieden werden, ob es eine einzige oder verschiedene Datenbanken geben soll. Dies hängt von der Größe der Datenbestände, den erwarteten Geschwindigkeiten, möglichen Redundanzen oder Sicherheitsanforderungen ab – eine Wissenschaft für sich. Die Datenbank muss zum Unternehmen und dessen Strategie passen: Gerade ein mittelständisches Unternehmen muss im IT-Bereich nicht alles machen, was technologisch möglich ist, sondern genau auswählen, welche Schwerpunkte es setzen will.

Der Aufbau von Hardware und Datenbanken ist das klassische Arbeitsgebiet der IT-Abteilung: Sie entscheidet unternehmensweit unter anderem über die Verarbeitungskapazitäten der Informationen und über zentrale oder dezentrale Vernetzungsarchitekturen der Rechner. In diesem Zusammenhang dieser und ähnlicher Entscheidungen kommt dem Personalmanagement keine größere Bedeutung zu. Das Personalmanagement kann an dieser Stelle lediglich erwarten, dass ihm in der unternehmensweiten IT-Infrastruktur ein angemessener Stellenwert eingeräumt wird. Dies betrifft allerdings nur ganz grundlegende Entscheidungen, beispielsweise ob es im Unternehmen Funknetze zur Internetanbindung geben sollte oder nicht.

Systemaufbau

Im Systemaufbau wird nun – auf Grundlage der Datenbankstrukturen – die Welt der personalwirtschaftlichen Software betreten. An dieser Stelle geht das Tauziehen los: Auf der einen Seite gibt die IT-Abteilung vor, was im Spannungsfeld von Systemstabilität und Systemflexibilität möglich ist, auf der anderen Seite fordert das Personalmanagement, was genau in der Software und den darauf basierenden Anwendungsprogrammen enthalten sein muss.

Für das Personalmanagement geht es im Zuge des Systemaufbaus um die Beeinflussung der Prozesse der Personalarbeit. Alle Entscheidungen, die hier getroffen werden, haben eine längere Haltbarkeit. IT-Lösungen sind zumeist teuer und bringen für die Nutzer eine Menge an Einarbeitungsaufwand mit sich. Daher werden sie nicht permanent gewechselt. Sind sie erst einmal da, muss das Personalmanagement mit ihnen fortan leben. Es lohnt sich also für das Personalmanagement, seinen Einfluss geltend zu machen.

Aus personalwirtschaftlicher Sicht betroffen vom Systemaufbau sind sowohl der Umfang der informationstechnologischen Unterstützung der Personalprozesse als auch das Gesamtgefüge der Informationstechnologie im Unternehmen samt der besonders wichtigen Schnittstelle zwischen Unternehmenssteuerung und Personalmanagement. Das Personalmanagement hat daher ein großes Interesse daran, die personalwirtschaftlichen IT-Lösungen mit zu entwickeln, an die Bedürfnisse des Unternehmens anzupassen und technologische Fortschritte zu begleiten.

Selbst wenn das Personalmanagement die Federführung bei der Bestimmung der Anforderungen für die notwendige IT-Unterstützung des Personalmanagements übernehmen will, kann es dennoch aufgrund von Budgetrestriktionen nicht die Erfüllung aller seiner Wünsche erwarten. Entscheidungen über Investitionen zur Personal-IT sind ein Feld, auf dem sich Personalmanagement und IT-Abteilung häufig gegenüberstehen. Selbst wenn also die Entscheidung der personalwirtschaftsbezogenen Systemplanung häufiger bei der Personalabteilung als bei der IT-Abteilung liegt, werden in der Praxis durchaus auch alternative Entscheidungswege genutzt: Mindestens ebenso aktiv wie das Personalmanagement ist die Unternehmensleitung selbst, wenn es um personalwirtschaftliche Informationstechnologie geht. Zum Teil wird die Entscheidung hierüber auf externe Berater oder IT-Häuser verlagert.

Unternehmen erfinden ihre personalwirtschaftlichen Informationssysteme und -technologien in der Regel nicht selbst. Entweder haben sie eine Unternehmenssoftware, die im Rahmen einer Gesamtlösung auch das Personalmanagement abdeckt und dies gleich mit anderen fachlichen Teilgebieten verzahnt. Ein prominentes Beispiel hierfür ist SAP. Oder aber sie kaufen sich spezielle personalwirtschaftliche Software für Aufgaben wie zum Beispiel Personalverwaltung, Gehaltsabrechnung, Personalplanung oder Talentmanagement, wobei es hierfür wieder separate oder integrierte Softwarelösungen gibt.

Angeboten werden sowohl Lösungen für Großunternehmen wie auch für den Mittelstand und Kleinunternehmen. Entsprechende Anbietervergleiche finden sich sowohl im Internet wie auch in personalwirtschaftlichen Zeitschriften wie etwa *HR Performance*.

HR-Fabrik als Faszinationsszenario der IT-Abteilung

Das Ziel einer IT-Systemplanung für das Personalmanagement besteht darin, die Personalarbeit in ihren Prozessen so zu unterstützen, dass sie einerseits so hochqualitativ wie möglich, anderseits so kostengünstig wie möglich geleistet werden kann. Die häufig in der IT-Abteilung anzutreffende Sicht ist: Das Personalmanagement besteht nicht nur aus beratungsintensiven und strategiebezogenen Aufgaben, sondern auch aus Aufgaben, die gut zu vereinheitlichen sind oder die häufig wiederkehrend bearbeitet werden müssen und daher große Einsparpotenziale bieten.

Gerade die operativen, verwaltungsbezogenen Aufgaben sind typische Objekte einer Rationalisierung. Eine Systemstandardisierung ist somit für die IT-Abteilung die logische Schlussfolgerung. Für ein standardisierendes Gesamtsystem einer zentralisierten und gleichzeitig softwarebasierten Dienstleistungserstellung wurde der Begriff der »HR-Fabrik« geprägt.

Der Begriff der HR-Fabrik leitet sich zum einen von »Human Resources« (HR; englisch für Personal) ab und zum anderen von der Idee der Fabrik, die üblicherweise durch eine industriell erscheinende, integrierte und standardisierte Produktionsweise charakterisiert ist, bei der Planungsbausteine über Prozessstufen hinweg weitergereicht werden. Gerade im Hinblick auf die Informationstechnologie kennt man auch die digitale Fabrik, die eine Fabrikproduktion in einem Netzwerk aus digitalen Modellen und Methoden abbildet. Hierzu werden Software und Prozesse bestimmt, die die Planung und Durchführung einer Leistungserstellung steuern und überwachen.

Das Ziel einer HR-Fabrik besteht darin, die personalwirtschaftlichen Prozesse so weit wie möglich zu automatisieren, damit Zeit gespart, die Qualität der Prozessbearbeitung erhöht, Kosten gesenkt und die Effizienz gesteigert werden. Eine solche Automatisierungslogik ist für eine IT-Abteilung faszinierend, weil sie, von ihrem eigenen Datenbankentwurf ausgehend, betriebliche Funktionen informationstechnologisch durchgestalten kann.

Bestrebungen, eine HR-Fabrik einzurichten und damit das Personalmanagement zu automatisieren, gehen seltener vom Personalmanagement aus, sondern kommen eher aus der IT-Abteilung oder von der Unternehmensleitung. Für das Personalmanagement besteht nämlich die Gefahr, dass die Informationstechnologie – über das normale Maß einer sinnvollen Softwareunterstützung hinaus – die Personalarbeit weitgehend zu ersetzen versucht.

Dies liegt an der unausgesprochenen Annahme, dass eine HR-Fabrik, die Personalarbeit massiv verbilligt, das Optimum der Personalarbeit darstellt. Nun gilt jedoch nicht immer »billig ist besser«, sondern in einem Arbeitsmarkt, in dem gut qualifizierte Mitarbeiter rar sind und umworben und später auch an das Unternehmen gebunden werden müssen, ist eine qualitativ gute Personalarbeit notwendig. Nur durch sie kann das Personalmanagement sicherstellen, dass die Mitarbeiter nachhaltig als eine Ressource zur Verfügung stehen, die einen Wettbewerbsvorteil des Unternehmens ausmacht. In anderen Worten: Nur so kann das Personalmanagement das Humankapital, das in den Mitarbeitern des Unternehmens steckt, dauerhaft erhalten und entwickeln.

Eine weitere Nebenwirkung einer HR-Fabrik besteht darin, dass die Personalverantwortlichen immer weniger Aufgaben selbst bewältigen und daher den Überblick über die Breite ihres Entscheidungsfelds verlieren. Dies wirkt der Professionalisierung des Personalmanagements entgegen. Je weniger professionell jedoch das Personalmanagement insgesamt handelt, desto eher wird es als Ganzes ausgelagert. Die HR-Fabrik kann also einen bestehenden Trend zur Abschaffung einer unternehmensinternen Personalarbeit verstärken. Dies ist gefährlich: Denn wenn erst immer mehr administrative Aufgaben zentralisiert und dann ausgelagert werden, ist der Schritt zur Auslagerung auch der strategischen Aufgaben sehr verlockend, in seiner Konsequenz aber fatal: Im Unternehmen gibt es dann zwar immer noch personalwirtschaftliche Herausforderungen in Hülle und Fülle, aber weder qualifiziertes Personal noch bewährte Prozesse und Routinen zu deren Bearbeitung.

Das Personalmanagement ist gut beraten, sich zu überlegen, ob die möglichen Vorteile einer HR-Fabrik das Risiko überwiegen, sich als Personalmanagement im Unternehmen zunehmend selbst überflüssig zu machen – denn wenn es so weit käme, wären davon neben den administrativ-operativen Aufgaben auch die strategischen Aufgaben, die zur Erzielung von Wettbewerbsvorteilen dienen, betroffen.

e-HRM als Idealprinzip des Personalmanagements

Ein personalwirtschaftlich orientierter Gegenentwurf zum Softwareaufbau für die Personalarbeit ist das Electronic Human Resource Management (e-HRM): Damit ist gemeint, dass das Personalmanagement versucht, ausgewählte Aufgaben (und nach und nach immer mehr davon) systematisch mit informationstechnologischen Lösungen zu unterlegen.

Anders als bei der HR-Fabrik mit seinen generellen Standardisierungsvorgaben liegt der Schwerpunkt beim e-HRM auf der gezielten Unterstützung der personalwirtschaftlichen Aufgabenerledigung. Daher formuliert vor allem das Personalmanagement im Einzelnen, welche IT-Unterstützung es benötigt, und findet sich so mit der IT-Abteilung zusammen.

Naheliegenderweise rücken hierbei zunächst wieder die administrativen Aufgaben wie die Lohnbuchhaltung und die Personaldatenverwaltung in den Blick. Daneben werden grundlegende Geschäfts- und Serviceprozesse wie die Personalbeschaffung, Personalauswahl, Personalentwicklung, das Managen der Leistungssteuerung oder Belohnungssysteme mit Iformationstechnologie unterlegt. Schließlich greift die IT-Unterstützung auch auf strategische Aufgaben des Personalmanagements über, zum Beispiel auf organisatorische Wandlungsprozesse, ein unternehmensweites Talentmanagement, das strategische Wissensmanagement oder die unternehmensübergreifende Risikosteuerung. Nur die passenden Bausteine werden implementiert, getestet und dann verwendet.

Das Ziel einer Integration vieler IT-gestützter Aufgaben des Personalmanagements in einem e-HRM besteht in der Schaffung eines Mehrwerts, der sich insbesondere in der dann möglichen Verzahnung des Personalmanagements mit anderen informationstechnologiebasierten strategischen Planungsprozessen im Unternehmen ergibt. In diesem Sinne ist e-HRM ein Prinzip des personalwirtschaftlichen IT-Systemaufbaus, zu dem sich ein Personalmanagement dann auch bewusst bekennen muss, wenn es sich erst einmal dafür entschieden hat.

Personalinformationssystem als Umsetzung

Der Kern eines e-HRM ist das Personalinformationssystem, ein unverzichtbarer Bestandteil der Steuerung des betrieblichen Personalmanagements. Es dient dazu, dem Personalmanagement auf der Grundlage möglichst aller auf die Personalarbeit bezogenen Daten des Unternehmens einen Überblick über wichtige Handlungsfelder zu ermöglichen.

Ein computergestütztes Personalinformationssystem weist im Regelfall zwei zentrale Komponenten auf:

- Die *Stellendatenbank* enthält aufgaben- und arbeitsplatzbezogene Informationen, unter anderem betriebliche Steuerungsdaten sowie stellenbezogene Anforderungsprofile. Sie ist häufig mit der Produktions- und Absatzplanung verzahnt.
- Die *Mitarbeiterdatenbank* enthält alle Daten, die sich unmittelbar auf die einzelne Person beziehen. Hierzu zählen neben den Stammdaten (Name, Adresse, Arbeitsplatz) Informationen zur Aus- und Weiterbildung sowie zum bisherigen Karriereverlauf.

Teilprogramme des Personalinformationssystems greifen auf diese Datenbanken zu und ermitteln daraus Informationen, die das Personalmanagement für seine Arbeit benötigt, zum Beispiel Arbeitseinsatzpläne oder Daten zur Gehaltsabrechnung. Auch werden hiermit Statistiken erzeugt, die von Externen wie den Krankenkassen oder den Statistischen Ämtern eingefordert werden.

Da die im Personalinformationssystem enthaltenen Daten vertraulich sind und zudem die Mitarbeiterinteressen betreffen, müssen bei der Ausgestaltung viele Datenschutz- und Mitbestimmungsvorschriften berücksichtigt werden.

Abhängig vom Aggregationsgrad der Daten ist ein Personalinformationssystem vielfach einsetzbar:

- ✔ **Einzelfallebene:** Hier stehen der einzelne Mitarbeiter und der einzelne Arbeitsplatz im Vordergrund. Das Personalinformationssystem stellt vor allem Routinen zur Fortschreibung von Zeitreihen sowie Möglichkeiten zu einzelfallspezifischen Datenabfragen zur Verfügung, beispielsweise von aktualisierten Personalstammdaten, Prozessdaten oder Abrechnungsdaten. Damit kann unter anderem die Planung des Personaleinsatzes unterstützt werden.
- ✔ **Gruppenebene:** Hier werden schon über einzelne Personen oder Stellen hinausgehende Steuerungsinformationen zu gruppenbezogenen Personalkosten, Humankapital oder Kompetenzen bereitgestellt.
- ✔ **Gesamtunternehmensebene:** Hier wird der Blick aufs Ganze gewagt, indem die gesamten Personalressourcen hinsichtlich Menge, Qualität, Wertschöpfungsfähigkeit oder aggregierten Kostenstrukturen abgebildet werden. Die erhoffte strategische Steuerungswirkung resultiert aus der Bildung einer multimedial unterstützten Informationsvernetzung mit hohem Flexibilitätspotenzial für Steuerung und Planung.

Wenn einzelne Informationen aus dem Personalinformationssystem auch für die Unternehmensleitung interessant sind – und das sollen sie gemäß der notwendigen Verzahnung von Personalmanagement und Unternehmensleitung auch sein –, werden diese Informationen in das Managementinformationssystem eingespeist.

Intranetportal als Zugangsweg

An dieser Stelle muss das Personalmanagement über den Übergang von einer Anwendungssoftware zur Nutzerschnittstelle nachdenken: An einer auch »Interface« genannten Nutzerschnittstelle bekommen Benutzer die Software im wahrsten Sinne des Wortes zu sehen und können sie bedienen.

Wenn ein Personalmanagement schon ein Personalinformationssystem hat, wäre es doch viel zu schade, es nur für die interne Verwendung vorzusehen. Viel geschickter wäre es hingegen, daraus einen Zusatznutzen für weitere Interessenten zu erschließen. Dies ist auch deshalb immer stärker notwendig, weil sich durch eine Zunahme dezentraler Entscheidungsstrukturen mit mehr Mitarbeiterbeteiligung, durch die Ausbreitung von Unternehmen über die ganze Welt und durch verstärkte Kooperation mit Partnern in sogenannten virtuellen Strukturen der Nutzerkreis von Personalinformationssystemen automatisch vergrößert.

Ein Weg, ein Personalinformationssystem unternehmensintern breit zu nutzen, besteht darin, es über ein Intranetportal zugänglich zu machen. Das Intranet (also ein nur unternehmensintern zugängliches Internet) hat nicht nur den Vorteil, Informationen zu ganz verschiedenen Themengebieten bereitstellen zu können und darüber hinaus eine Vielzahl von Sprachen zu unterstützen – es bietet sich geradezu an, um Mitarbeiterprofile herum gruppiert ein für alle Mitarbeiter zugängliches Informationsportal im Hinblick auf das Personalmanagement zu schaffen.

Die innerhalb des Unternehmens sichtbaren Mitarbeiterprofile listen die zentralen Kontaktdaten eines jeden Mitarbeiters für alle anderen Mitarbeiter sichtbar auf. Während das Ausmaß der sichtbaren Daten durch den Betriebsrat freigegeben werden muss, können zusätzliche persönliche Angaben freiwillig (dies sollte dokumentiert werden) von jedem Mitarbeiter selbst ergänzt werden, zum Beispiel berufliche Interessen oder ein persönliches Foto.

Mitarbeiter profitieren von dem auf Mitarbeiterprofilen basierenden Intranetportal, sobald sie in den zugänglichen Bereichen nach Kolleginnen und Kollegen suchen, die ähnliche Interessen, Produkte oder Kunden haben. Dies ist insbesondere in global tätigen Unternehmen mit mehreren Standorten sinnvoll, bei denen das Intranet alle Standorte umfasst.

Employee-Self-Service-System als Aktivierung

Vielleicht haben Sie ja nicht nur die Idee, den Mitarbeitern einen Zugang zu personalwirtschaftlichen Informationen zu bieten, sondern sogar die Idee, Ihre Mitarbeiter über Computer an der Personalarbeit zu beteiligen. Vor diesem Hintergrund ist das Intranet der passende Zugangsweg für sie.

Auf der Basis der Mitarbeiterprofile kann jeder Mitarbeiter sein Profil weiter pflegen und ausbauen, wobei diese Daten dann nicht allgemein verfügbar sind, das Personalmanagement jedoch Einblick in diese Daten bekommt. Dieses Prinzip nennt man Employee-Self-Service-System, also ein System, das der Mitarbeiter (englisch: employee) selbst pflegt (englisch: self service). Mitarbeiter übernehmen zunehmend selbst Verantwortung für die Führung ihrer elektronischen Personalakte.

Wichtig ist natürlich, dass die Benutzeroberfläche für die Mitarbeiter gut zu bedienen ist. Sie darf nicht zu kompliziert wirken, sondern muss weitgehend selbsterklärend sein. Hilfreich ist zudem ein optisch ansprechendes Design.

Typischerweise ergeben sich infolge eines funktionierenden Employee-Self-Service-Systems für das Personalmanagement vollständige und dauerhaft aktuelle Datensätze zu allen Mitarbeitern. Enthalten sind dann zum Beispiel Stammdaten wie die aktuelle Adresse, die Abteilungsdaten, die Kostenstellen, die IT-Zugangsdaten. Damit unterstützt ein solches ESS-System die Personalverwaltung. Wird dieses System zusätzlich für die Personalentwicklung genutzt, können hieran angebunden sowohl die bisherige Aus-, Fort- und Weiterbildungshistorie sowie die erworbenen Kenntnisse und Fertigkeiten dokumentiert werden.

Zusätzlich bietet es sich an, ein Buchungssystem für verfügbare Personalentwicklungsmaßnahmen anzudocken. Auch weitere Verbindungen wie zu Zielvereinbarungssystemen, Ideenmanagementsystemen, dem Reisemanagement oder der Zeiterfassung lassen sich einrichten. Diese Informationen kommen nicht nur dem Mitarbeiter selbst, sondern auch den Führungskräften und damit dem Management des Unternehmens zugute, die hierdurch eine aktuelle und aussagekräftige Datenbasis für ihre Planung erhalten. Nach und nach wird also das Employee-Self-Service-System immer stärker ein Bestandteil der qualitativen Planung.

ESS-Systeme sind in mittelgroßen und großen Unternehmen bereits sehr weit verbreitet. Sie sehen als hauptsächlichen Vorteil, dass der Pflegeaufwand der Personaldaten auf die Mitarbeiter verlagert wird, womit das Personalmanagement von Verwaltungsarbeit entlastet wird. Die Mitarbeiter bekommen ihrerseits eine größere Nähe zu den über sie vorhandenen Daten, erhalten eine höhere Transparenz und werden durch die ihnen zugestandene Eigenverantwortung zufriedener. Die Einrichtung von ESS-Systemen scheint auch mit der Unternehmenskultur vieler Unternehmen vereinbar zu sein. Lediglich kleinere Unternehmen, die kein vertretbares Kosten-Nutzen-Verhältnis erwarten, sehen von einer Einführung dieser Systeme ab.

Personalmanagementcockpit als Überblick

Nicht nur die Mitarbeiter benötigen eine Nutzerschnittstelle: Auch das Personalmanagement kann von den vorhandenen Daten für seine Arbeit profitieren, indem es mithilfe spezifischer Personalmanagementsoftware seine eigene Arbeit erleichtert. Entsprechende Software-Angebote gibt es von vielen darauf spezialisierten Unternehmen.

Für das Personalmanagement ist es nicht entscheidend, so viele Daten wie möglich zu sammeln. Je größer die Datenmenge wird, desto schwieriger wird in der Regel auch ihre sinnvolle Auswertung. Daher ist es wichtig, zunächst möglichst die strategierelevanten Daten zu erfassen und diese im Hinblick auf strategisch relevante Fragestellungen hin zu integrieren. Gesucht ist damit eine komplexitätsreduzierende Überblicksfunktion über das gesamte Personal management und dessen jeweils aktuellen Status. Eine solche Software wird als Personalmanagementcockpit oder als Personalmanagementleitstand bezeichnet.

Ein Personalmanagementcockpit besteht – wie ein Cockpit im Flugzeug – aus vielen kleinen Anzeigen, die die personalwirtschaftliche Lage im Unternehmen »auf einen Blick« ersichtlich machen. Es umfasst verschiedene Komponenten:

- ✔ **Bestandscockpit:** Hier werden aktuelle Bestandsdaten in Echtzeit abgebildet, beispielsweise Daten zum Personalbestand, Stellenplan und Organigramm, Fehlzeiten, Krankenstand, Stellenauslastungen, Präsenzzeiten, vorhandene Qualifikationen wie etwa Sprachen oder Kosten einzelner Kostenstellen.
- ✔ **Prozesscockpit:** Es dient dazu, den Stand laufender Personalmanagementprozesse abzubilden, zum Beispiel die Bearbeitung der Wiederbesetzung offener Stellen, die Personalentwicklung, organisationalen Wandel oder die Auslastung bestehender Budgets. Aber auch unternehmenskulturelle Sachverhalte können angezeigt werden, zum Beispiel der Stand der Mitarbeitermotivation oder der Mitarbeiterbindung – und selbst das Foto des »motiviertesten Mitarbeiters des Monats«.

- **Risikocockpit:** Aus dem Personalcontrolling werden zudem Angaben zu Kosten-, Ertrags- und Humankapitalpositionen verschiedener Gruppen oder Abteilungen eingepflegt. Aus ihnen werden dann Soll-Ist-Abweichungen sowie Leistungs-, aber auch Risikokennzahlen ermittelt. In diesen Bereich fallen dann auch Zukunftsprognosen über strategierelevante Steuerungsvariablen wie beispielsweise Trends zur Gehaltsentwicklung auf dem Arbeitsmarkt.
- **Strategiecockpit:** Verbindet man operative Daten mit strategischen Anforderungen, so lässt sich nicht nur ein Indikator zum gegenwärtigen Stand der Erreichung der Personalstrategie anzeigen: Auch das Ausmaß der personalwirtschaftlichen Unterstützung der Unternehmensstrategie kann sichtbar gemacht werden.

Optisch wird ein Personalmanagementcockpit in Anlehnung an ein Flugzeugcockpit, ein Armaturenbrett eines Autos oder einen Leitstand einer großen Fabrik gestaltet. Beliebt ist die Darstellung von Sachverhalten in der Ampellogik, wobei grün Stabilität, gelb eine Gefahr und rot ein virulentes Problem anzeigen. Da ein »mobiles Personalmanagement« als wichtige Zukunftstechnologie angesehen wird, werden Personalmanagementcockpits zunehmend über Smartphones und Tabletcomputer abrufbar sein.

Fortgeschrittene Personalsoftware strebt an, selbst solche Datenbestände im Unternehmen, die bislang nicht für personalwirtschaftliche Fragestellungen genutzt werden, für personalwirtschaftliche Entscheidungen zu erschließen. Insbesondere solche Programme, die Datenbestände und Textdateien auf bestimmte Wörter hin untersuchen (sogenanntes Data Mining oder Text Mining), könnten hier eingesetzt werden. So wäre es beispielsweise für das Personalmanagement interessant, Vertriebsstrategien oder Berichte von Außendienstmitarbeitern gezielt daraufhin zu untersuchen, ob sich neue Anforderungen für die Personalbeschaffung solcher Mitarbeiter ergeben.

Systembetrieb

Ab dem Punkt, wo die IT-Infrastruktur des Personalmanagements samt Software und Nutzerschnittstellen aufgebaut ist, muss sie »nur noch« laufen – und zwar durchgehend und störungsfrei.

Der Systembetrieb umfasst alle Aufgaben, die im Sinne einer Unterstützung das reibungslose Funktionieren der personalwirtschaftlichen Informationstechnologienutzung sicherstellen. Hierzu zählen unter anderem die Bereitstellung von Hardware für die einzelnen Nutzer, das Beseitigen von Störungen im IT-System, die Anpassung an neue Gegebenheiten, die Herstellung von Datensicherheit und die Verwaltung von Passwörtern.

Die Ausstattung einzelner Arbeitsplätze – für Mitarbeiter im Personalmanagement und dann im Rahmen des Personaleinsatzes für alle Mitarbeiter des Unternehmens – mit Hardware und Software ist eine Aufgabe, die von den Anforderungen des Personalmanagements her gesteuert wird. Es hängt im Einzelfall von den spezifischen Aufgaben sowie von weiteren Variablen wie beispielsweise der hierarchischen Stellung des Nutzers ab, welche Endgeräte (Laptops, Computer, mobile Endgeräte) mit welcher Netzwerkanbindung (internes Netzwerk, Internetverbindung) zur Verfügung gestellt werden. Die IT-Abteilung ist in diesem Zusammenhang eine Serviceeinheit, die die technische Ausstattung sowie die Einrichtung der Geräte der Mitarbeiter im Unternehmen unterstützt.

Aaaah – Systemstörung

Heutzutage sind IT-Systeme allgemein sehr stabil. Dies liegt sowohl an der fortgeschrittenen Entwicklung der Hardware als auch an der gestiegenen Qualität verfügbarer Software. Doch immer kann es passieren, dass Störungen auftauchen und etwas in der Informationstechnologie nicht funktioniert.

In der Regel werden Probleme mit der Informationstechnologie schnell behoben. Viele Unternehmen haben für den Systembetrieb qualitätsgesicherte (und teilweise sogar zertifizierte) Prozeduren eingeführt, bei denen jeder Kunde – versehen mit einer Vorgangsnummer – durch den Prozess von der Problemanalyse bis zur Problembeseitigung geführt wird.

Ärgerlich wird es für das Personalmanagement jedoch, wenn selbst einfache Prozesse nicht funktionieren, wie sie geplant und mit den Bereitstellern von Hardware oder Software vereinbart waren. Die Standardantwort »Tut mir leid, aber das System kann das nicht!« löst natürlich kein Problem und ist zudem unsinnig, denn ein System kann alles, was ein Programmierer hineinschreibt – solange er es nicht unterlassen hat. Werden die IT-Systeme komplexer, kommt als weitere Erschwernis hinzu, dass sie sich ständig verändern, also neue Versionen (sogenannte Releases) erscheinen und Umbauten an den grundlegenden Strukturen erfolgen.

Zum Schlüssel eines reibungslosen Systembetriebs wird, dass sich das Personalmanagement von der IT-Abteilung eine möglichst weitgehende Garantie über das Funktionieren der Systeme sowie über ihr nachhaltiges Bestehen geben lässt. In ihren Rahmen fällt, dass anstehende Systemveränderungen nur nach gegenseitiger Information und Verabredung vorgenommen werden können. Die IT-Abteilung sollte sich idealerweise zu einer qualitätsorientierten Kundenorientierung gegenüber dem Personalmanagement verpflichten. Über entsprechende Gegenleistungen kann das Personalmanagement mit der IT-Abteilung verhandeln.

Informationssicherheit als neuralgischer Punkt

Unverzichtbar ist in Unternehmen die Wahrung der Informationssicherheit: Obwohl fast alle Unternehmen in Deutschland IT-Sicherheitslösungen verwenden, wird die Sicherheit von Daten dennoch häufig nicht ausreichend betrachtet.

In diesem Zusammenhang werden zwei zentrale Begriffe unterschieden:

- ✔ **Informationssicherheit** – oder auch Datensicherheit – meint, die IT-Systeme so zu gestalten, dass die Informationen vertraulich bleiben und die Eigentümer der Information nicht mit einer unbefugten Nutzung der Informationen konfrontiert werden, die eine

Bedrohung oder einen Schaden hervorrufen. Daher müssen die IT-Systeme und alle in ihnen gespeicherten Daten vor unbefugtem Zugriff geschützt werden.

- **Datenschutz** bedeutet, den Einzelnen davor zu schützen, dass Daten, die sich auf seine Person beziehen, missbräuchlich verwendet werden. Dieser Schutz personenbezogener Daten bezieht sich auf die Privatsphäre Einzelner und auf ihr Recht zur informationellen Selbstbestimmung. Datenschutz im Unternehmen setzt Informationssicherheit voraus.

In der Regel stellt die IT-Abteilung Informationen dazu bereit, welche Verhaltensweisen im Unternehmen zur Wahrung von Informationssicherheit dienen, und warnt vor aktuellen Bedrohungen. Das Personalmanagement hat hingegen die Aufgabe, diese Verhaltensweisen im Unternehmen durchzusetzen.

Unverzichtbar ist im Unternehmen an den einzelnen IT-Arbeitsplätzen die Nutzung von Verschlüsslungen, »Firewalls« (übersetzbar als Brandschutzmauern, die verhindern, dass Unbefugte in die Netzwerke des Unternehmens eindringen) und Virenscannern, um sich gegen externe Bedrohungen zu schützen. Aktiv bekämpft werden müssen allerdings auch Sorglosigkeit, mangelndes Interesse, Unwissenheit und Zeitmangel für Sicherheitsmaßnahmen bei den Mitarbeitern.

Während die IT-Abteilung sich primär um die Infrastruktur kümmert (Zugangsschutz zu zentralen Datenbeständen, Brandschutz, ausreichende Stromversorgung, sichere Aufstellung der IT-Komponenten, Klimatisierung) und auch die Informationstechnik zum unternehmensweiten Einsatz vorbereitet (Sicherheit der Systeme, Virenschutz, Firewall, Zugriffsschutz, Datensicherung), trifft das Personalmanagement Maßnahmen zur Erhöhung der IT-Sicherheit auf zwei Ebenen:

- **Organisation:** Festlegung einer IT-Sicherheitspolitik, geregelte Verantwortlichkeiten, Sicherheitskonzepte, Notfallplanung.
- **Personalarbeit:** Klare Anweisungen und Richtlinien, Schulungen zur Informationssicherheit, Sensibilisierung der Mitarbeiter für die Gefahren, Regelungen für den Fall eines Verstoßes gegen die Richtlinien zur IT-Sicherheit.

Die Informationssicherheit darf trotz entstehender Kosten nicht vernachlässigt werden: Zu groß sind für Unternehmen die wirtschaftlichen Risiken, wenn zum Beispiel Dritte durch Spionage überlebenswichtige Kernkompetenzen erfahren und sie imitieren.

Das grundlegende Problem der Unternehmensspionage ist nicht zu unterschätzen. Seit dem Ende des Kalten Krieges hat sich die Aktivität selbst internationaler Geheimdienste sowie von internationalen Konkurrenzunternehmen auf das wirtschaftliche und technologische Feld verlagert, wobei es Staaten und Einzelunternehmen erfolgreicher macht, wenn sie vom Ideenreichtum und der Innovationsstärke anderer Länder profitieren und deren Wissens- und Zeitvorsprünge vermindern. Deutsche Unternehmen sind ein bevorzugtes Ziel von Unternehmensspionage. Ein wichtiges Einfallstor hierfür ist wiederum die Informationstechnologie der Unternehmen, die es besonders zu schützen gilt.

Das Personalmanagement muss gemeinsam mit der IT-Abteilung besonders darauf achten, dass bestimmte Gefährdungen beobachtet werden:

- ✔ Zur Vorbeugung gegen unerlaubten Zugang sollten besonders wichtige Datenbestände – man geht von circa 5 Prozent aller Unternehmensdaten aus, die extrem schutzenswert sind – auf Rechnern gespeichert werden, die weder einen Netzwerkzugang haben (und damit leichter gegen elektronische Attacken wie Trojaner und Virenprogramme zu sichern sind) noch mit USB-Schnittstellen ausgerüstet sind, mittels derer ein Kopieren von Daten leicht möglich wird.
- ✔ In modernen Speicherkonzepten, die Daten in einer Datenwolke (»Cloud«) speichern, dürfen wettbewerbskritische Daten keine Rolle spielen.
- ✔ Im Rahmen von Joint Ventures, Outsourcing-Beziehungen oder Kontakten zu Patentanwälten müssen diese Kooperationspartner vom Zugang zu sensiblen Daten ausgeschlossen werden beziehungsweise es muss sichergestellt sein, dass die gleichen strengen Informationssicherheitsstandards gelten wie im eigenen Unternehmen.
- ✔ Die Beschäftigung von ausländischen Gastwissenschaftlern und Gastforschern in Unternehmen, aber auch von Reinigungspersonal und von Aushilfskräften sollte mit Blick auf die Informationssicherheit organisiert sein.
- ✔ Bei Führungen von Gästen durch das Unternehmen sollte darauf geachtet werden, dass Fremde nicht unbeobachteten Zugang zu Rechnern und Netzwerken bekommen können, auch nicht beim zufälligen »Gang auf die Toilette«.
- ✔ Besonders Mitarbeiter, die unzufrieden im Unternehmen sind, stellen eine Gefahr dar, wenn sie Rachegedanken entwickeln. Daher sollte man auf sie besonders achten.

Der Schutz von Unternehmenswissen kann nicht ernst genug genommen werden, denn haben sensible Daten erst einmal den Weg aus dem Unternehmen gefunden, sind die Resultate der vergangenen und häufig auch die zukünftige Innovationsarbeit massiv bedroht.

Auch im Detail gibt es viele Fragen zu klären, die alle Mitarbeiter betreffen. Eine immer wieder auftretende Frage ist die der Verwaltung von Nutzerpasswörtern für die unternehmensinternen Informationssysteme. Die IT-Abteilung ruft regelmäßig die Informationssicherheit in Erinnerung. Das Personalmanagement gibt dann allen Nutzern konkrete Regeln zum Passwortgebrauch vor, etwa in Form einer Passwortrichtlinie.

Wer kooperiert mit wem und wie?

Das Personalmanagement ist gefordert, sich mit der IT-Abteilung zu verständigen, wie mit eventuellen Konflikten, unvorhergesehenen Problemen, notwendigen Dokumentationspflichten und den immer wiederkehrenden Versionsupdates umgegangen werden soll. Dies setzt eine intensive Kommunikation zwischen Personalabteilung und IT-Abteilung voraus, die allerdings aufgrund der Unterschiedlichkeit beider Abteilungen problematisch sein kann und daher bewusst optimiert werden muss.

Passwortrichtlinie

- ✔ Das Passwort muss vom Nutzer geheim gehalten und darf an niemanden weitergegeben werden. Dies gilt insbesondere für Telefon- oder E-Mail-Anfragen, die Benutzerkennung und zugehöriges Passwort wissen wollen (sogenanntes Phishing durch Kriminelle) – was weder die IT-Abteilung noch ein externer IT-Dienstleister jemals erfragen würden.
- ✔ Das Passwort darf nicht schriftlich notiert werden. Auch darf das Passwort nicht in Funktionstasten oder Makros gespeichert werden, sondern muss im Anmeldeprozess immer per Hand eingegeben werden.
- ✔ Das Passwort darf nicht leicht zu erraten sein (keine Geburtstage oder Namen!) und nicht zu kurz sein (mindestens acht Zeichen, darunter Großbuchstaben, Kleinbuchstaben, Zahlen, Sonderzeichen).
- ✔ Das Passwort sollte regelmäßig geändert werden, zum Beispiel alle drei Monate, und vor allem dann, wenn der Nutzer den Verdacht hat, eine unbefugte Person habe Kenntnis von dem Passwort erlangt. Auch voreingestellte Passwörter müssen individuell geändert werden.
- ✔ Gruppenpasswörter müssen dann geändert werden, wenn sich die Zusammensetzung der Arbeitsgruppe verändert.

Zwei Welten prallen aufeinander

Mitarbeiter der IT-Abteilung und Personalmanagement sind, was an ihren Aufgaben und an ihrer Ausbildung liegt, hinsichtlich ihrer IT-Orientierung in der Regel sehr unterschiedlich:

- ✔ Mitarbeiter der IT-Abteilung sind technikorientiert und kommunizieren nicht immer gerne mit Mitarbeitern, die weniger technikbegeistert sind als sie. Hinzu kommt, dass sich die Mitarbeiter der IT-Abteilung in einem technologisch schnell wandelnden Feld bewegen müssen daher einem hohen Aktualisierungsdruck unterliegen, der auch zu Ungeduldes- und Stresssymptomen führen kann. In ihrer Kommunikation konzentrieren sie sich auf neue Technologien, Computersysteme und die Lösung von Hardware- und Softwareproblemen. In diesem Rahmen verwenden sie eine hoch spezialisierte Fachsprache (»Fachchinesisch«). Kurz: Sie leben in einer abstrakten Technikwelt.
- ✔ Mitarbeiter der Personalabteilung sind in Bezug auf die Informationstechnologie weniger auf dem letzten Stand der Dinge als ihre IT-Kollegen und langsam. Ihre Unsicherheit versuchen sie durch bürokratisches Vorgehen zu kompensieren. In ihrer Kommunikation legen sie viel Wert auf das Nichttechnische, also auf das Individuelle der Mitarbeiter und auf den Einzelfall. Ihre Fachsprache ist ebenfalls spezialisiert, aber wenig technisch, sondern psychologisch geprägt. Kurz: Sie leben in einer konkreten Anwendungswelt.

Viel unterschiedlicher könnten beide Abteilungen nicht sein: In der gemeinsamen Kommunikation geht – etwas überzeichnet dargestellt – der IT-Abteilungsmitarbeiter vom »dümmsten anzunehmenden User« aus, während der Personalmanagementmitarbeiter im IT-Kollegen oft einen »Ignoranten des richtigen Lebens« vor sich sieht.

Es liegt auf der Hand, dass die vorprogrammierten Kommunikationsprobleme aktiv angegangen werden müssen.

Optimierte Schnittstelle

Das Personalmanagement hat die Aufgabe, die Expertise der IT-Abteilung zu nutzen, ohne sich gleichzeitig die Personalarbeit durch die IT-Abteilung vorschreiben zu lassen. Abbildung 15.1 weist auf den unterschiedlichen Einfluss von IT-Abteilung und Personalmanagement bei Systemplanung, Systemaufbau und Systembetrieb hin. Deutlich wird dort, dass abhängig von der anstehenden Aufgabe jeweils eine Abteilung einen größeren Entscheidungsanteil beansprucht als die andere. Eine Optimierung des Verhältnisses beider Abteilungen zueinander kann daher nicht bedeuten, dass eine Abteilung alle Vorgaben macht, an die sich die andere dann zu halten hat.

Eine wichtige personelle Maßnahme besteht darin, auf der Seite jeder Abteilung einen »Dolmetscher« zu etablieren – einen Mitarbeiter in der IT-Abteilung, der die Anliegen des Personalmanagements versteht, und einen Mitarbeiter im Personalmanagement, der hohe IT-Kompetenz besitzt. Dies würde das wechselseitige Verstehen fördern. Interessanterweise hat das Personalmanagement dies in der Hand, weil es auch für die IT-Abteilung die Mitarbeiter beschafft und entsprechende Anforderungsprofile mit festlegen kann.

Auf der Grundlage eines gegenseitigen Verständnisses wechselseitig qualifizierter Mitarbeiter können die unterschiedlichen Präferenzen in der Kommunikation überbrückt, ein gemeinsamer Nenner gefunden und traditionelle mit innovativen Wegen zusammengeführt werden. Hierbei helfen folgende unterstützende Maßnahmen:

- ✔ regelmäßiger Kontakt und Austausch zwischen den Abteilungen,
- ✔ Nutzen der persönlichen Gesprächsebene, um Vertrauen aufzubauen,
- ✔ Herstellung einer Kommunikation unter Gleichen, indem Fachsprache reduziert wird und unter den Schnittstellenmitarbeitern Wissen ausgetauscht wird,
- ✔ gegenseitiges Kommunizieren der jeweiligen Bereichsstrategien und Suche nach Überschneidungen und Passungen,
- ✔ wiederholte Erklärung der Notwendigkeit bestimmter Prozessvorgaben der jeweils anderen Abteilung in der eigenen Abteilung sowie
- ✔ Ausrichtung der Anreizsysteme auf gemeinsame Erfolge beider Abteilungen.

Im Sinne eines »Gebens und Nehmens« ist auch die IT-Abteilung an einer guten Zusammenarbeit mit dem Personalmanagement interessiert: Gerade im IT-Bereich ist die Fluktuation sehr groß, insbesondere weil gut qualifizierte Fachkräfte auf dem Arbeitsmarkt nicht unbegrenzt zur Verfügung stehen. Um diese Fluktuation zu mindern, kann das Personalmanagement Beiträge dazu leisten, um in der IT-Abteilung gezielt die Mitarbeiterzufriedenheit zu steigern, die Personalentwicklung zu fördern und die Mitarbeiterbindung zu erhöhen. Es ist auch eine wichtige Aufgabe des Personalmanagements, die Dringlichkeit zu verstehen, mit der IT-Abteilungen neues Personal benötigen oder dieses einarbeiten beziehungsweise weiterentwickeln müssen.

Gar nicht so paradox: Personalmanagement für die Personalabteilung

16

In diesem Kapitel ...

- Sich organisieren
- Sich seiner Daseinsberechtigung vergewissern
- Sich perspektivisch ausrichten

Genauso wenig, wie ein Wirt sein bester Kunde sein sollte, sollte die Personalabteilung der beste Kunde des Personalmanagements sein. Im Regelfall richtet das Personalmanagement seine Aufmerksamkeit auf die Mitarbeiter aus. Professionell ist es, wenn die Aufmerksamkeit darüber hinaus jederzeit bei jeder anderen Anspruchsgruppe ist. Doch dies bedeutet nicht, dass nicht auch die Personalabteilung selbst wichtige personalwirtschaftliche Bedürfnisse haben darf.

Vielleicht sind gerade die Personalmanagementaufgaben der Personalabteilung besonders wichtig, weil sie die Voraussetzungen dafür schaffen, dass die Wirkung des Personalmanagements steigt.

Dieses Kapitel betrachtet die grundlegende »Arbeit in eigener Sache«, die zu einer Personalabteilung führt, die eine Existenzberechtigung hat, die Wert schöpft und die nicht ausgelagert werden muss.

Wie sich das Personalmanagement organisiert

Es ist gar nicht von vornherein ausgemacht, dass die Aufgaben des Personalmanagements immer von einer Personalabteilung erledigt werden:

- ✔ In kleinen Unternehmen gibt es aufgrund der Unternehmensgröße häufig keine Personalabteilung.
- ✔ In einigen Unternehmen mit Personalabteilung werden einige Personalmanagementaufgaben automatisiert und unter Nutzung von Personalmanagementsoftware erledigt.
- ✔ In einigen Unternehmen mit Personalabteilung werden einige Personalmanagementaufgaben auf interne Shared Service Center, also zentrale Einheiten zur Abwicklung von Personalmanagementaufgaben, übertragen oder an externe Dienstleister ausgelagert.
- ✔ Internationale Konzerne gründen ihre Personalmanagementaufgaben als Servicedienstleister aus oder übertragen sie bereits komplett auf externe Großanbieter.

Personalabteilungen sind nicht automatisch da, sie sind auch nicht automatisch stark. Schon gar nicht haben sie im Unternehmen eine Bestandsgarantie. Daher müssen sie darum kämpfen, ihr Leistungsspektrum auszuweiten und ihre verfügbaren Ressourcen zu erhalten oder sogar zu vergrößern.

Die traditionelle Struktur der Personalabteilung ist funktional: Es werden die Aufgabenfelder in Unterabteilungen abgebildet und durch Mitarbeiter wahrgenommen. Während sich in kleineren Unternehmen die Mitarbeiter mit mehreren oder sogar allen Themengebieten des Personalmanagements befassen, gibt es in größeren Unternehmen Experten für einzelne Aufgaben, etwa Referenten für die Personalbeschaffung, die Personalbetreuung oder die Personalentwicklung. Geführt wird die Personalabteilung in der Regel von einem Personalleiter, der manchmal auch Mitglied der Unternehmensleitung ist. Wenn es Unterabteilungen gibt, führen die dortigen Abteilungs- oder Gruppenleiter die übrigen Mitarbeiter der Personalabteilung.

Wie viele Mitarbeiter die Personalabteilung haben soll, kann nicht allgemeingültig gesagt werden. Dies hängt unter anderem von der Unternehmensgröße, vom Leistungsspektrum und vom zur Verfügung stehenden Budget ab.

Symptomatisch für den Stellenwert des Personalmanagements in Großunternehmen ist, wem in der Unternehmensleitung die Personalleitung berichten muss. Häufig ist es der Chief Financial Officer (CFO), also ein Finanzexperte. Dies ist bereits eine Weichenstellung mit eingebautem Konflikt. Denn während das Bestreben eines CFO darauf gerichtet ist, mit dem Unternehmen Geld zu verdienen und es den Eigentümern zukommen zu lassen, will ein Personalleiter eher Geld ins Unternehmen und seine Mitarbeiter hineinstecken.

Prinzip »Hierarchie« gegen Prinzip »Markt«

Zu Beginn der Organisation einer Personalabteilung steht eine Entscheidung: Soll sie als klassische Abteilung eingerichtet werden oder als modernes Netzwerk?

- ✔ Einerseits kann die Personalabteilung über *hierarchische Organisation* realisiert werden, also dadurch, dass klassische Leitungsstrukturen mit Anweisungen »von oben nach unten« eingerichtet werden. Hier wird dann von einer Personalleitung mehr oder weniger strikt vorgegeben, was zu tun ist. Die untergeordneten Mitarbeiter müssen diesen Anweisungen Folge leisten. Weisungs- und Verantwortungsbefugnisse sind klar definiert.
- ✔ Andererseits kann die Personalabteilung über *Marktmechanismen* als ein Kompetenznetzwerk gestaltet werden. Wer welche Aufgabe übernimmt, wird gemäß dem Prinzip von Angebot und Nachfrage ausgehandelt, wobei die kompetentesten Anbieter zum Zuge kommen. Also muss Personalarbeit nicht immer nur von Mitarbeitern der Personalabteilung erledigt werden, es könnte auch ein Marketingmitarbeiter eine Aufgabe des Personalmarketings übernehmen – und dafür auch entlohnt werden. Je verteilter die Aufgaben des Personalmanagements sind, desto notwendiger wird es, sie später für die Auftraggeber wieder zu einer verständlichen Leistung zusammenzuführen.

Die Aufgabe des Personalmanagements besteht vor allem darin, der Personalabteilung diese grundlegenden Prinzipien bewusst zu machen und sie darin zu schulen, neue und zeitgemäße Wege in der Konzeption der Personalarbeit beschreiten zu können. Ein wenig marktlicher Wettbewerb mit »Angebot und Nachfrage« zur Bewältigung der Personalaufgaben muss nicht von vornherein verkehrt oder gar schlecht sein.

Die Kommunikation in der Personalabteilung

Die Effektivität der Personalabteilung hängt von ihrer internen Kommunikation ab. Zunächst kann die Personalabteilung bestimmen, welche Kommunikationswege sie in welcher Intensität nutzen möchte:

- ✔ Bei der Kommunikation »von oben nach unten« werden von der Personalleitung Informationen und Arbeitsanweisungen an die Mitarbeiter der Personalabteilung weitergegeben, häufig sogar über schriftliche oder elektronische Medien verteilt. Hierbei kann es schwierig werden, wenn die Informationsmenge zu groß wird oder die Informationen erst mit Verspätung bei den Mitarbeitern ankommen.
- ✔ Bei der Kommunikation »von unten nach oben« geben Mitarbeiter der Personalabteilung ihre Meinungen, Statusmeldungen und Informationen zur Personalleitung weiter. Diese Art der Kommunikation lebt vor allem von der guten Beziehung zwischen den Mitarbeitern der Personalabteilung und der Personalleitung, denn wenn hier kein Vertrauen herrscht, trauen sich die Mitarbeiter nicht, kritische oder unbequeme Informationen weiterzugeben. In einem solchen Fall würde die Personalleitung nur ein gefiltertes Bild der Realität erhalten.
- ✔ Bei der Kommunikation »auf der gleichen Ebene« informieren sich die Mitarbeiter der Personalabteilung gegenseitig. Seltener ist die Information auf Mitarbeiterebene über Abteilungsgrenzen hinweg.

Traditionell dominiert in Personalabteilungen die Kommunikation »von oben nach unten«. Mit der Verbreitung elektronischer Medien haben aber auch die beiden anderen Kommunikationswege an Bedeutung gewonnen. Da in einer Personalabteilung nur wenige Hierarchieebenen bestehen, sind die organisatorischen Kommunikationsbarrieren eher gering.

Häufig beklagen Mitarbeiter der Personalabteilung eine zu späte Information. Die Personalleitung meint, dass Informationen erst dann sinnvoll sind, wenn Entscheidungen getroffen seien. Doch gerade in der Personalabteilung ist auch die Kommunikation vorläufiger, noch nicht entschiedener Informationen wichtig. Denn die Mitarbeiter der Personalabteilung werden ja ihrerseits mit Gerüchten der übrigen Mitarbeiter des Unternehmens konfrontiert, auf die sie dann im Sinne der Unternehmensinteressen angemessen reagieren müssen.

Schließlich gibt es Kommunikationsbarrieren auf der zwischenmenschlichen Ebene. Wie überall in Gruppen mangelt es manchmal an der Bereitschaft zuzuhören, an Vertrauen oder an der Offenheit für Neues und Veränderung. Zudem wirken sich auch persönliche Konflikte, feindselige Einstellungen unter Kollegen oder schlicht die geistige Inflexibilität (die Welt wird nur schwarz oder weiß gesehen, nicht aber in den vielen möglichen Grautönen) auf die Kommunikation innerhalb der Personalabteilung aus. Wenn die interne Kommunikation schon nicht funktioniert, wie sollen dann erst die Kommunikation, die alle Mitarbeiter in das Unternehmensgeschehen einbinden will, oder gar die interkulturelle, standort- und länderübergreifende Kommunikation gelingen? Das Personalmanagement kann mit Problemsensibilisierung und Schulungen darauf hinwirken, dass solche Konflikte die Effektivität der Personalarbeit nicht langfristig beeinträchtigen.

Selbst wenn es auf den ersten Blick eigenartig wirkt: Das Personalmanagement kann auch die Personalabteilung als seinen Kunden begreifen. Das Personalmanagement kann so handeln, dass es neben den Interessen vieler anderer auch die eigenen Interessen in den Vordergrund stellt. Ein existenzielles Interesse ist die Institutionalisierung als stabile Abteilung. Mit den Bedürfnissen der Personalabteilung sind nicht alleine die Bedürfnisse des Personalchefs gemeint. Auch die Mitarbeiter der Personalabteilung sind die »Kunden in eigener Sache«. Damit stellen sich zwei zentrale Fragen: Wie bringt das Personalmanagement die Personalabteilung in Schwung – und was will die Personalabteilung als »Kunde« vom Personalmanagement, damit sie optimal arbeiten kann und eine Perspektive im Unternehmen bekommt?

Aktivierung der Personalabteilung durch das Personalmanagement

Die Aktivierung der Personalabteilung durch das Personalmanagement erfolgt durch die Abfrage der Situation der dort beschäftigten Mitarbeiter. In dieser Selbstbetrachtung stehen die gleichen Aspekte im Vordergrund, die auch für alle anderen Mitarbeiter gelten würden:

- ✔ Ist die Personalabteilung zahlenmäßig und qualitativ so mit Mitarbeitern ausgestattet, dass sie ihre Aufgaben erledigen kann?
- ✔ Sind die Mitarbeiter der Personalabteilung so motiviert und engagiert, so integriert in die Unternehmensprozesse und so langfristig an das Unternehmen gebunden, dass einer kontinuierlich guten Arbeit nichts im Wege steht?
- ✔ Wird das Potenzial mit vertretbaren Personalkosten »erkauft« und wird mit dem Potenzial eine angemessene Leistung erzielt?

Hinzu kommen vor allem Prüffragen, mit denen das Bewusstsein auf die Bedeutung der Personalarbeit gelenkt wird:

- ✔ Hat die Personalabteilung ein gemeinsames Leitbild und damit eine verbindliche gemeinsame Sicht, wie Personalarbeit ausgerichtet werden soll?
- ✔ Sind die personalwirtschaftlichen Instrumente, mit denen die Personalabteilung arbeitet, als feste Bestandteile mit allen übrigen Unternehmensprozessen verzahnt?
- ✔ Hinterfragt die Personalabteilung, wie lange es dauert, bis sich ihre Personalarbeit im Einzelnen rechnet?
- ✔ Übernimmt die Personalabteilung bewusst die Verantwortung für ihre Personalarbeit, lässt sie sich an den Ergebnissen messen und ist sie bereit, entsprechende Zielvereinbarungen einzugehen?

Es ist wichtig, sowohl die Stärken und Chancen als auch die Schwächen und Risiken zu kennen, die die Personalabteilung insgesamt verspürt. Methodisch bieten sich hierfür speziell auf die Mitarbeiter der Personalabteilung zugeschnittene Einzelinterviews oder – bei einer ausreichend großen Personalabteilung – eine Mitarbeiterbefragung in der Personalabteilung an.

Dienstleistungen des Personalmanagements für die Personalabteilung

Was das Personalmanagement für die Personalabteilung tun kann, lässt sich mit dem Professionalisierungsmodell des Personalmanagements durchdenken:

- ✔ **Differenzierung in eigener Sache:** Das Personalmanagement kann sich Gedanken darüber machen, wie es die am besten geeigneten Mitarbeiter für die Personalabteilung bekommt. Hierzu sind fachkompetente Personen notwendig, die gleichzeitig sozialkompetent sind. Allerdings kommt es je nach zu erledigender Aufgabe auf die passende Mischung der Kompetenzen an. Nicht jede personalwirtschaftliche Aufgabe verlangt das gleiche Maß an Sozialkompetenz, beispielsweise benötigen Schnittstellenpositionen zum Finanz- und Rechnungswesen, wie sie das Personalcontrolling besetzt, ein hohes Maß an spezifischer Fachkompetenz. Geeignete Mitarbeiter für die Personalabteilung sind daher nicht automatisch nur solche, die »immer schon was mit Menschen« machen wollten.

- ✔ **Kontinuität in eigener Sache:** Das Personalmanagement kann sich überlegen, wie es die Personalabteilung im Hinblick auf deren Glaubwürdigkeit unterstützt. Zu arbeiten ist einerseits an der langfristigen inhaltlichen Orientierungslinie des Personalmanagements. Andererseits ist es notwendig, die Mitarbeiter so mit Entscheidungsbefugnissen auszustatten, dass sie im Unternehmen als handlungsfähig erscheinen können. Sie brauchen an einigen Stellen beispielsweise das Recht, Entscheidungen anderer Abteilungen aufzuhalten oder zu verhindern (Vetorecht), wenn sie damit der langfristigen Personalpolitik im Unternehmen Geltung verschaffen.

- ✔ **Expertise in eigener Sache:** Das Personalmanagement kann dafür sorgen, dass die Mitarbeiter die Aufgaben verstehen. Hierbei geht es um den Erwerb von Fachkompetenz in Theorie und Praxis. So kann die Personalabteilung Mitarbeiter, die ins Ausland entsandt werden sollen, bereits dann betreuen, wenn sich der Betreuer das notwendige Wissen selbst aneignet. Besser sollte eine solche Betreuung allerdings funktionieren, wenn der Betreuer eine entsprechende Fortbildung besucht. Das Optimum ist sicherlich dann erreicht, wenn der Betreuer darüber hinaus selbst bereits einmal ein paar Monate in der Auslandsgesellschaft verbracht und die Entsendung am eigenen Leib erfahren hat. Allerdings geht es nicht allein um personalwirtschaftliches Wissen. Die Mitarbeiter der Personalabteilung sollten auch wissen, womit und wie genau ihr Unternehmen Geld verdient, damit sie sich in die Arbeitswirklichkeit hineindenken können.

- ✔ **Governance in eigener Sache:** Das Personalmanagement kann die Positionierung der Personalabteilung im Gefüge des Unternehmens klären. Diese Position ist dann bedeutsam, wenn sie eigene Entscheidungen treffen, andere Abteilungen beeinflussen und wenn sie sogar überschaubare Risiken eingehen darf. Die Unternehmensleitung wird diese Positionierung genehmigen, wenn sie erkennt, dass die so aufgestellte Personalabteilung zur Wertschöpfung des Unternehmens beiträgt und dass sie über ihre Erfolge auch Bericht erstatten kann.

Auf dieser Basis kann das Personalmanagement dann Dienstleistungen für die Personalabteilung erbringen.

Dienstleistung »Bürokratieabbau«

Der Begriff Bürokratie ist eher negativ belegt: »Irgendeine Verwaltung gibt mal wieder Regelungen vor, ohne ausreichend Ahnung von der Sache zu haben.« Dabei haben bürokratische Regelungen ihre Berechtigung. Unter anderem tragen sie dazu bei, dass allgemeingültige, gemeinschaftlich nützliche Regelungen getroffen werden und dass verschiedene Akteure gleichbehandelt werden. Bürokratie schafft also Planungssicherheit. Dennoch schaffen bürokratische Regelungen auch neue Hürden und schränken Handlungsfreiheiten ein.

Das Personalmanagement sucht gezielt nach den unternehmensinternen und unternehmensexternen bürokratischen Vorschriften. Ein Suchraster fragt zunächst, wo genau die Bürokratie entsteht: als (regionale, nationale oder europäische) Gesetzgebung, als Verwaltungsakt einer Behörde oder selbst gemacht im Unternehmen. Dann geht das Personalmanagement wie folgt damit um:

- ✔ Externe Vorschriften respektiert es zunächst und beachtet sie, um Strafen im Fall des Nichtbefolgens zu vermeiden. Das Personalmanagement kann sich zudem auf politischer Ebene dafür engagieren, dass nicht (mehr) benötigte Bürokratie abgebaut wird.
- ✔ Interne Vorschriften stellt es regelmäßig auf den Prüfstand mit dem Ziel, sie möglichst zu reduzieren. Jede neue interne Vorschrift könnte mit einem Verfallsdatum versehen werden, nach dessen Ablauf die Vorschrift erlischt, sofern nicht zuvor der Nachweis erbracht wurde, dass die Regelung noch notwendig ist. Auch bietet es sich an, vor dem Erlassen neuer interner Regelungen jeweils zwingend eine Kostenfolgeabschätzung zu verlangen, um so kostspieligen oder sinnlosen Vorschriften vorzubeugen.

Insgesamt versucht es, in der Personalabteilung und im Unternehmen das Prinzip durchzusetzen, nachdem nicht immer alles abschließend geregelt werden muss, sondern nur das Notwendigste: »so wenig wie möglich, so viel wie nötig«.

Weitere Dienstleistungen des Personalmanagements für die Personalarbeit sind die Qualitätssicherung, beispielsweise unter Nutzung standardisierter Zertifizierungen oder Qualitätsmanagementsystemen, sowie die ständige Überprüfung der Struktur auf Reorganisationsbedarf hin.

Die Leistungsfähigkeit der Personalabteilung wird davon beeinflusst, wie sie ihre Ressourcen nutzt. Wenn sich die personalwirtschaftlichen Prozesse über das ganze Unternehmen verteilen, können Systeme der Prozessautomatisierung die Personalabteilung in Fragen der Einbindung von Führungskräften und Mitarbeitern entlasten.

Eine bislang vernachlässigte Problematik betrifft die vielen Projekte im Unternehmen, die wie selbstverständlich und ohne besondere Vereinbarung auf die Ressourcen der Personalabteilung und anderer unterstützender Einheiten zugreifen. Eine übergeordnete Steuerung, das Multiprojektmanagement, macht mithilfe von Software sichtbar, welche Projekte welche Ressourcen unterstützender Einheiten nutzen wollen, und gleicht die Bedarfe mit den vorhandenen Kapazitäten ab. Sollten die Kapazitäten nicht ausreichen, bestimmt das Multiprojektmanagement die Reihenfolge der Projekte und versucht, die Ressourcen optimal auszulasten. Das Personalmanagement stellt sicher, dass das Multiprojektmanagement die Belange der Personalabteilung berücksichtigt, damit es weder zu Projektverzögerungen im Unternehmen noch zur Überlastung einzelner Mitarbeiter in der Personalabteilung kommt.

Ethik für das Personalmanagement

Genau wie die Gesellschaft von Unternehmen eine ethische Unternehmensführung einfordert, haben die Unternehmen und ihre Mitarbeiter den Anspruch an das Personalmanagement, ethisch zu handeln. Dabei ist die Befolgung gesetzlicher und freiwilliger Regelungen, die sich auf eine ethische Unternehmensführung beziehen und unter dem Begriff Compliance bekannt sind, nur das Minimum dessen, was eine ethische Unternehmensführung für das Personalmanagement bedeutet. Es geht um ein Ethos des Personalmanagements, also darum, bewusst in einer Gesinnung handeln zu wollen, die durch sittliche Werte geprägt ist.

Unternehmen kennen die Risiken einer unethischen Unternehmensführung und versuchen, die Chancen ihrer ethischen Unternehmensführung auf ihren Märkten für Güter, Dienstleistungen, Arbeit und Information auszuspielen. Unternehmen, die sich nach innen und nach außen den Anschein von »ethisch handelnd« geben können, erwarten hierdurch sogar Wettbewerbsvorteile gegenüber den Unternehmen, die dies nicht tun.

Die Richtungen der ethischen Unternehmensführung sind vielfältig, konzentrieren sich aber immer wieder auf drei Aspekte:

- ✔ *Inhaltsaspekt:* Ethisches Verhalten zeigt sich im Hinblick auf ökologische, soziale und ökonomische Verantwortung. So muss der ökologische Fingerabdruck des Unternehmens mit der gesellschaftlichen Verantwortung gegenüber der lokalen, regionalen, nationalen und globalen Umwelt sowie mit der Erhaltung der wirtschaftlichen Langfristperspektive des Unternehmens in Einklang gebracht werden.
- ✔ *Richtungsaspekt:* Ethisches Verhalten zielt nicht nur aus dem Unternehmen heraus auf die Unternehmensumwelt, sondern genauso intensiv in das Unternehmen hinein zu den Mitarbeitern.
- ✔ *Verantwortungsaspekt:* Ethisches Verhalten eines Unternehmens wird sowohl von jedem Einzelnen als auch durch das Kollektiv der am Unternehmen Beteiligten verantwortet.

Personalmanagementethik formulieren

Das Unternehmen benötigt eine unternehmensweite Ethikstrategie – und diese wird durch die Unternehmensleitung formuliert. Entscheiden können Unternehmensleitung und Personalmanagement gemeinsam, welche Idee von Ethik im Vordergrund stehen soll:

- eine Freiheitsethik, die individuelle Spielräume jedes Einzelnen vergrößert,
- eine Nutzenethik, die versucht, möglichst vielen eine möglichst große Zufriedenheit zu verschaffen, ohne anderen zu schaden,
- eine Verhaltensethik, die ethische Maßstäbe setzt und zur Befolgung aufruft, oder
- eine Verantwortungsethik, die aus der Vernetzung mit anderen die Verantwortung für deren Wohlergehen ableitet.

Das Personalmanagement unterstützt die Formulierung der Ethik, indem es insbesondere mit Blick auf die Personalressource

- die positiven Effekte der verfolgten Geschäfts- und Personalstrategie mit den möglichen Schädigungen, die mit ihr einhergehen, abwägt und auszubalancieren versucht,
- den ethisch bedeutsamen Anforderungen der Mitarbeiter eine Stimme verleiht,
- die Auswirkungen der Personalarbeit auf die Unternehmensreputation ins Spiel bringt und
- die Aufmerksamkeit auf die ethische Verantwortung jedes einzelnen Entscheiders lenkt.

Daher formuliert das Personalmanagement eine Managementethik als Teil der Unternehmensethik, die herausstellt, dass jeder Einzelne, der im Rahmen des Personalmanagements handelt, verantwortlich für das ethische Auftreten des gesamten Unternehmens ist.

Die Personalmanagementethik ist das wertebezogene Dach der nachhaltigen Personalarbeit. Sie nimmt das Personalmanagement in die Pflicht, sozial verantwortlich zu handeln, insbesondere im Hinblick auf die Belange der Mitarbeiter – hier ist das englische Schlagwort die *Corporate Social Responsibility*. Kern hiervon ist die Aussage, dass die Mitarbeiter in ihrer Würde respektiert und nicht als Mittel zum Zweck behandelt werden sollen. Darüber hinaus nimmt sie die Mitarbeiter in die Pflicht, sich als »verantwortliche Bürger« ihres Unternehmens zu verhalten, was mit dem Schlagwort der *Corporate Citizenship* umschrieben wird. Kern hiervon ist die »goldene Regel«, die in vielen Formulierungen existiert und als Gegenseitigkeitsprinzip jeden Einzelnen dazu auffordert, gegenüber anderen so zu handeln, wie man selbst behandelt werden will. Diese goldene Regel begründet, wenn sie festgeschrieben und akzeptiert wird, eine persönliche Verantwortung für ethisches Handeln.

Im Einzelnen besteht die Personalmanagementethik aus zwei Bestandteilen:

- **Ethische Grundprinzipien:** Sie beschreiben recht allgemein die ethische Grundposition für das Personalmanagement. Was ist das als angemessen empfundene Verhalten von Mitarbeitern des Personalmanagements als Einzelperson sowie als Abteilung? Was sind die Kernwerte des Personalmanagements, die wichtigsten Anspruchsgruppen der Personalarbeit, wie sollen die ethischen Prinzipien überprüft werden und in welchen Intervallen soll über die ethischen Vorgaben diskutiert werden?

- ✔ **Verhaltensgrundsätze:** Sie beschreiben die Verantwortlichkeiten der Mitarbeiter des Personalmanagements gegenüber dem Gesetz und dem Unternehmen, die durch Einbezug in die Arbeitsverträge eine bindende Wirkung bekommen können. Geregelt werden hier zum Beispiel der Umgang mit Mobbing und Diskriminierung, die Bewältigung von Interessenkonflikten, Regelungen zur Korruption und die entsprechenden Toleranzgrenzen, Verschwiegenheitspflichten, der private Umgang mit Unternehmensressourcen wie Internet oder Telefon sowie weitere Verantwortlichkeiten gegenüber dem Unternehmen.

Beides zusammen sind interne Dokumente, die sich an alle Mitarbeiter der Personalabteilung richten. Wichtig für die Wirkung ist die Unterstützung durch die Personalleitung und durch die Unternehmensleitung. Einige Unternehmen versehen daher die ethischen Grundprinzipien mit einem persönlichen Anschreiben aus der Unternehmensleitungsebene.

Welche Vorteile ergeben sich für das Unternehmen aus einer formulierten Personalmanagementethik?

- ✔ Alle Mitarbeiter werden ermächtigt, ethisches Verhalten in den Vordergrund zu rücken und sich hierzu unternehmensintern wie auch unternehmensextern zu bekennen und – was noch viel mehr zählt – sich auch entsprechend ethisch zu verhalten. Dies wirkt sich positiv auf das Arbeitsklima, die Unternehmenskultur und das Unternehmensimage aus.
- ✔ In dem Maße, wie es Personalmanagementethikregeln gibt, können alle Mitarbeiter der Personalabteilung, aber auch die Führungskräfte, für ein Fehlverhalten verantwortlich gemacht und zur Rechenschaft gezogen werden.
- ✔ In dem Maße, wie die Ethikregeln auch mit dem Anreizsystem des Unternehmens korrespondieren (dieses also nicht ausschließlich auf quantitative Gewinnsteigerung ausgerichtet ist), ziehen diese solche Mitarbeiter an, die in einem guten Umfeld eine gute Leistung erbringen wollen, was die Unternehmensentwicklung nachhaltig stärkt.

Insgesamt hilft die Personalmanagementethik dem Unternehmen dabei, die Aufmerksamkeit im Rahmen des täglichen Handelns auf ethische Aspekte zu lenken.

Ethikbarrieren abbauen

Viel spannender, als immer nur auf die personalmanagementethischen Grundforderungen hinzuweisen, ist es, wenn das Personalmanagement Hindernisse beseitigt, die ein ethisches Verhalten hemmen. Dabei hat es viele Möglichkeiten:

- ✔ Es stellt heraus, dass ethisches Verhalten und das Streben nach Erfolg keine natürlichen Gegensätze sind, sondern miteinander vereinbart werden können, und nimmt auf die Einarbeitung neuer Mitarbeiter Einfluss, damit unethische Praktiken von vornherein geächtet werden. Dabei thematisiert es auch Egozentrik und die Suche nach persönlichem Erfolg um jeden Preis als nicht zur Unternehmenskultur passende Verhaltensweisen.

- Es achtet darauf, dass Mitarbeiter nicht zu stark in Hierarchien und Gruppen eingebunden werden, bei denen eine übersteigerte Loyalität den Widerstand gegen mögliches ethisches Verhalten verstärkt.
- Es weist Mitarbeitern im Rahmen der Stellenbesetzung Zuständigkeiten auch für ethische Entscheidungen zu und versucht, eine zu kleinteilige Arbeitsteilung zu vermeiden, bei der jeder Mitarbeiter die Verantwortung für ethisches Verhalten abwälzen könnte.
- Es stellt sich der Mentalität entgegen, dass im Unternehmen kein Staub aufgewirbelt werden dürfe, und unterstellt ethische Fragen einer unabhängigen, gegebenenfalls unternehmensextern erfolgenden Kontrolle.
- Es legt eigene Aktivitäten zur Durchsetzung ethischen Verhaltens, aber auch eigene Fehler, offen und bemüht sich um ein auf Langfristigkeit ausgerichtetes und in sich konsistentes Verhalten.

Damit trägt das Personalmanagement dazu bei, dass seine Ethik glaubwürdig wirkt.

Mitarbeiter, die sich in einer für sie schwierigen Situation ethisch verhalten haben, können vom Personalmanagement gelobt und für alle anderen Mitarbeiter sichtbar ausgezeichnet werden. Dies ist ein Signal für die Bedeutung, die das Personalmanagement seiner ethischen Grundposition beimisst.

Ethiktraining konzipieren

Ein Ethiktraining besteht – neben der Vermittlung der ethischen Prinzipien – aus der Einübung von ethischen Problemlösungstechniken. Dies geschieht insbesondere anhand der Diskussion von Entscheidungsfällen, die eine ethische Problematik enthalten. So können die Mitarbeiter Selbstvertrauen in ethischen Fragen erwerben. Darüber hinaus wird vermittelt, wo und wie die Mitarbeiter in ethischen Zwickmühlen Entscheidungshilfe im Unternehmen finden können.

Ethische Prinzipien sind nicht um ihrer selbst willen da, sie müssen sich im täglichen Verhalten niederschlagen. Ein Ethiktraining ist daher nicht darauf ausgerichtet, die persönlichen Werte der Mitarbeiter zu verändern. Es dient vielmehr dazu, Wege aufzuzeigen, wie das individuelle Verhalten an die ethischen Prinzipien des Unternehmens angepasst werden kann.

Ethik lässt sich im Arbeitskontext anhand konkreter Fälle diskutieren und trainieren: zum Beispiel unerlaubte Mitteilungen von Interna an die Presse, die Nutzung von Unternehmenseigentum für private Zwecke oder Schummeleien bei Kostenabrechnungen.

Trainiert werden auch die Verhaltensreaktionen, die Sie in Ihrer Rolle als Führungskräfte oder Mitarbeiter des Personalmanagements gegen unethisches Verhalten zeigen:

- Sie können zunächst mit der Person beziehungsweise den Personen sprechen, die durch das unethisch erscheinende Verhalten betroffen sind. Wie beurteilen diese Personen Ihre Wahrnehmungen? Brauchen sie Unterstützung? Können sie ermutigt werden, dem unethischen Verhalten selbstständig entgegenzutreten?

- ✔ Sie können dann das unethische Verhalten den zuständigen Führungskräften zur Kenntnis bringen und einer Lösung zuführen.
- ✔ Sie können eine offizielle Meldung an die Stelle im Unternehmen machen, die für ethisches Fehlverhalten zuständig ist. Dies kann das Personalmanagement sein, aber auch ein Ethikbeauftragter. Ein Unterstützungspartner ist auch der Betriebsrat.
- ✔ Sie können außerhalb des Unternehmens nach Rat und Unterstützung suchen, zum Beispiel bei Supervisoren, Organisationen wie Gewerkschaften oder Spezialisten wie Fachanwälten für Arbeitsrecht.

In jedem Fall braucht es Ihren persönlichen Mut, um sich gegen unethisches Verhalten zu stellen.

Kernfragen des Personalmanagement-Ethikaudits

- ✔ Befolgt das Personalmanagement seine Wertmaßstäbe und seine Personalmanagementethik?
- ✔ Kann das Entscheiden und Handeln der Mitarbeiter des Personalmanagements als ethisch bezeichnet werden?
- ✔ Gibt es Abweichungen zwischen Personalmanagementethik in Konzeption und praktischer Umsetzung, sind die personalmanagementethischen Vorgaben durch die Mitarbeiter der Personalabteilung umsetzbar?
- ✔ Gibt es Interessenkonflikte zwischen den Interessen des Personalmanagements und den Interessen einzelner Mitarbeiter im Personalmanagement?
- ✔ Fühlen sich die Mitarbeiter des Personalmanagements den Unternehmenswerten und den ethischen Vorgaben der Personalmanagementethik verpflichtet?
- ✔ Sind den Mitarbeitern des Personalmanagements der Ruf des Unternehmens sowie ihr eigener Einfluss darauf bewusst?
- ✔ Werden die Vorgaben der Vertraulichkeit im Personalmanagement gewahrt?
- ✔ Verhalten sich die Mitarbeiter im Personalmanagement gemäß den Nichtdiskriminierungsvorgaben?
- ✔ Sind die Systeme im Personalmanagement, die ein ethisches Verhalten unterstützen sollen, tragfähig genug?
- ✔ Dürfen Entscheidungen des Personalmanagements aus ethischer Sicht infrage gestellt werden?
- ✔ Funktionieren die Beschwerdestellen für Ethikfragen?
- ✔ Stellt das Personalmanagement ein angemessenes Ethiktraining bereit, das alle Mitarbeiter des Personalmanagements erreicht?

Ethikaudit einrichten

Es ist eine zentrale Aufgabe des Personalmanagements im Hinblick auf ethisches Verhalten im Unternehmen und des Unternehmens, die Einhaltung der Personalmanagementethik regelmäßig zu überprüfen. Man nennt dies *Ethikaudit*, wenn nach Schwachstellen, Lücken und Verbesserungspotenzialen des ethischen Systems im Unternehmen gesucht wird. Dies kann sich speziell auf die Personalmanagementethik beziehen.

Green HRM

Auch die Themen Nachhaltigkeit, unternehmerische Verantwortung und Umweltorientierung sind inzwischen Bestandteil des Personalmanagements. In den Unternehmen setzt sich die Erkenntnis durch, dass auf Nachhaltigkeit ausgerichtete Aktivitäten notwendig sind und Nutzen stiften können: sei es unternehmensintern, angefangen bei ethischem Führungsverhalten über humane Arbeitsbedingungen bis hin zur ökonomischen Humankapitalerhaltung, sei es unternehmensextern, beginnend mit Transparenz und offener Kommunikation über Fairness und Umweltschutz bis hin zur Produktqualität.

Nachhaltigkeit hängt an den Mitarbeitern

Bei allen Bekenntnissen wird Nachhaltigkeit in der Unternehmenswirklichkeit häufig nicht engagiert genug umgesetzt. Nicht besonders glaubwürdig wirkt es beispielsweise, wenn sich Unternehmen lediglich auf gesetzlich geforderte Nachhaltigkeitsaktivitäten beschränken. Doch seitdem die Vereinten Nationen und auch die Europäische Union den Druck auf einzelne Länder und diese wiederum auf ihre privatwirtschaftlichen Unternehmen erhöht haben, sich mit Nachhaltigkeit zu beschäftigen, hat sich als Minimalstandard ein Dreiklang herausgebildet:

- ✔ Schutz der *ökologischen* Umwelt,
- ✔ Sicherung der *ökonomischen* Nachhaltigkeit,
- ✔ Übernahme der *sozialen* Verantwortlichkeit.

Eine organisationale Verankerung des Nachhaltigkeitsmanagements im Unternehmen kann an verschiedenen Stellen im Unternehmen ansetzen, so an der Unternehmensleitung, an der Organisationsabteilung oder der Personalabteilung.

Letztlich liegt das erfolgreiche Leben von Nachhaltigkeit in Unternehmen aber an den Personen, die sie wahrnehmen – unabhängig von der betrieblichen Funktion. Diese Personen müssen in der Lage sein, das unscharfe Leitbild der Nachhaltigkeit und die unverbindlichen Handlungsansprüche für sich und andere in konkretes, verbindliches Handeln zu übersetzen und Widersprüche auszuräumen. Es reicht nicht aus, die Verantwortung für ein nicht nachhaltiges Handeln zwischen der Unternehmensleitung, »dem Markt« und den Mitarbeitern hin- und herzuschieben. Und fatal ist es, wenn der Fisch vom Kopf her stinkt – wenn Personalleiter also die Einstellung haben, dass sie selbst nicht nachhaltig handeln müssen und dies frühestens ein Thema für ihre Nachfolger werden wird. Dies ist ein Fall für die Unternehmensleitung.

Personalmanagement wird grün

»Green HRM« – also umweltorientiertes Human Resource Management beziehungsweise Personalmanagement – ist der an der Personalfunktion ansetzende Weg, Nachhaltigkeit mit dem Schwerpunkt auf Ökologie als Denk- und Handlungsrahmen in Personen zu verankern. »Grünes Personalmanagement« wird in zwei Richtungen gedacht:

- ✔ Green HRM bezeichnet eine »grüne«, umweltorientierte Personalarbeit, die ökologisch orientiert ist, die sich darüber hinaus aber auch auf Nachhaltigkeit ausrichtet. Diese Personalarbeit trägt zur Erhaltung der personalwirtschaftlichen Substanz des Unternehmens bei.
- ✔ Green HRM beeinflusst weitere Personen, die ihrerseits Entscheidungen treffen, in Richtung auf umweltorientiertes Verhalten. Damit verbreitet Green HRM das Nachhaltigkeitsbewusstsein im Unternehmen.

Damit kommt dem Personalmanagement als Träger des Green HRM eine wichtige Doppelrolle zu.

Umweltorientiertes Personalmanagement ist auf drei Ebenen zu finden:

- ✔ Auf der untersten Ebene der *Praktiken* geht es um Verhaltensweisen einer Umweltorientierung wie zum Beispiel Abfallvermeidung und Recycling, aktive Energieeinsparungen, Klimaschutz durch Verminderung des »CO_2-Fußabdrucks« (Carbon Footprint) der Produkte und Prozesse sowie – stärker personalwirtschaftlich – um die Vorgabe ökologischer Ziele im Rahmen der leistungsorientierten Entlohnung, die bewusste Rekrutierung von Mitarbeitern mit ökologischem Bewusstsein oder eine unternehmensbezogene Berichterstattung mit Umweltbezug.
- ✔ Auf der mittleren Ebene der *Strukturen* werden organisationale und personalwirtschaftliche Lösungen eingerichtet, die einen Handlungsrahmen für umweltorientiertes Handeln und Führen bilden, zum Beispiel Konzepte wie das »Grüne Büro«, das eine nachhaltige Arbeitsgestaltung auf Verhalten, Gebäude, IT und Arbeitsplatz bezieht und sich beispielsweise im »papierlosen Büro« konkretisiert, in dem kein Schriftstück mehr ausgedruckt wird, wenn es sich im Computer speichern und bearbeiten lässt.
- ✔ Auf der übergeordneten Ebene der *Systeme* werden alle Prozesse und Vorgaben der Unternehmenspolitik sowie Unternehmenskultur betrachtet, die das Verhalten des Unternehmens und aller seiner Mitglieder auf den nachhaltigen Schutz der natürlichen Umwelt ausrichten, also beispielsweise eine betriebliche Umweltschutzpolitik, eine umweltorientierte Personalentwicklung oder ein umweltbezogenes Qualitätsmanagementsystem.

Aus dieser Ebeneneinteilung folgt, dass Lernen von Green HRM auf unterschiedlich abstrakten Vermittlungsebenen erfolgen muss, vom konkreten Fachinhalten und Handlungen über Strukturen bis zu übergeordneten Systemen.

Üblicherweise werden zwei Handlungskategorien im Green HRM genannt:

- ✔ Schadenvermeidendes Handeln (*preventive*) verhindert, dass ökologische Schädigungen eintreten, und konzentriert sich auf Umweltschutzverhalten, die verantwortliche Einhaltung von Normen und auf das Sicheinrichten auf die Belange der natürlichen Umwelt.

- Umweltfreundliches Handeln (*promotive*) geht einen Schritt weiter und versucht, das umweltorientierte Personalmanagement weiterzuentwickeln, beispielsweise durch eine Übernahme einer Pionierrolle in Umweltfragen, durch die Suche nach umweltfreundlichen Lösungen sowie durch das bewusste Eingehen von Risiken, wenn sich gleichzeitig die Chance zur Generierung ökologischen Nutzens ergibt.

Der Nutzen ergibt sich aus einer ressourcenschonenderen Arbeitsweise des Unternehmens, dann aber auch daraus, dass das Personalmanagement indirekt sogar auf die Bewahrung der ökologischen Umwelt einwirken kann. Das Personalmanagement kann dazu beitragen, dass ein möglichst vollständiges, »reifes« Green HRM im Unternehmen entsteht. Hierzu hat es mehrere Ansatzpunkte:

- Es kann die *Führungskräfte* sensibilisieren, dass diese in der Praxis der täglichen Arbeit eine auf Nachhaltigkeit und Umweltverträglichkeit ausgerichtete Unternehmensführung vorleben, und ihnen verdeutlichen, dass das umweltbezogene Verhalten von Unternehmen für Mitarbeiter und Bewerber ein latenter Imagefaktor ist, der die Wahl des Arbeitgebers sowie die Mitarbeiterbindung beeinflusst.
- Es kann die *Mitarbeiter* auf den Wert einer berufsbezogenen Nachhaltigkeitskompetenz sensibilisieren, ihnen gezielt Green HRM-Kompetenzen vermitteln und sie zur Umsetzung dieser Kompetenzen ermutigen.
- Es kann *Bewerber* dahingehend auswählen, dass diese ökologische Sensibilität bereits in das Unternehmen mitbringen, was sich im Bewerbungsgespräch zeigt. Dort stellt das Unternehmen seine Position in Umweltfragen vor, fragt aber auch die Einstellung des Bewerbers hierzu ab.
- Zudem kann es in seiner *Kommunikation* umweltbezogene Themen verstärken, damit man einerseits intern über umweltbezogene Sachverhalte reden kann, damit andererseits extern wichtige Signale gesendet werden. So können bereits Stellenausschreibungen, Personalberichte und die Personalseite im Internet mit entsprechenden Umweltinformationen aufwarten.

Für das Personalmanagement ist die umweltorientierte Schulung von Mitarbeitern eine effektive Personalentwicklungsmaßnahme: Aus einer einmaligen Schulung ergibt sich in der Regel eine anhaltende Verhaltensänderung der Mitarbeiter, die auf längere Sicht auch die Unternehmenskultur in Richtung Nachhaltigkeit verändert. Aus relativ geringen Investitionen erwächst so eine große Hebelwirkung.

Es ist absehbar, dass Green HRM mehr ist als eine kurzfristige Mode, in deren Rahmen mittels »Greenwashing« alles einen oberflächlich grünen, umweltfreundlichen Anstrich erhält. Die realen Probleme mit Umwelt- und Klimaschutz werden die Menschheit auch weiter intensiv beschäftigen, sodass entsprechende Nachhaltigkeitskompetenzen zur Lösung dieser Probleme zukünftig eher stärker nachgefragt werden dürften. Green HRM ist eine Blaupause für jegliche Erörterung von Kompetenzstärkungen im Feld von Nachhaltigkeit und Corporate Social Responsibility.

Auslandsstandorte: Global trifft komplex

17

In diesem Kapitel ...

- Globalisierung begreifen
- Eröffnung eines Auslandsstandorts begleiten
- Auslandsentsendung gestalten

Dass Wettbewerb heutzutage global stattfindet, ist mittlerweile ein Allgemeinplatz. Fast alle mittelgroßen und kleineren Unternehmen (die großen sowieso) verkaufen ihre Leistungen im Ausland, beschaffen von dort ihre Vorprodukte und kooperieren mit weltweit angesiedelten Partnern. Das Personalmanagement spielt in diesem Zusammenhang eine besondere Rolle: Es organisiert die personellen Schnittstellen zu den Auslandsstandorten.

Dieses Kapitel nimmt sich die globale Vernetzung auf personeller Ebene vor. Dabei verfolge ich nach der Begriffsklärung zur Globalisierung eine Chronologie: Als Erstes beschreibe ich, welche Rolle das Personalmanagement einnimmt, wenn es die Eröffnung eines Auslandsstandorts begleitet. Erst danach beschreibe ich für Unternehmen, die diesen Schritt bereits hinter sich haben, wie sie die laufenden Probleme der internationalen Personalarbeit lösen können, etwa wenn sie Mitarbeiter ins Ausland schicken. Wenn schon der erste Schritt der Eröffnung samt Markteintritt im Ausland nicht funktioniert, sind Folgeprobleme für den zweiten Schritt des Tagesgeschäfts im Ausland vorprogrammiert.

Ich spreche nicht nur interkulturelle Probleme an, sondern stelle auch Lösungen für die internationale Personalarbeit vor. Sowohl international agierende Führungskräfte als auch die Mitarbeiter des Personalmanagements auf den Umgang mit verschiedenen Zeitzonen, Sprachen und Kulturen vorzubereiten und für die globale Zusammenarbeit zu entwickeln, ist hierbei die vornehmliche Aufgabe.

Was genau Globalisierung bedeutet

Globalisierung scheint auf den ersten Blick ein klarer Begriff zu sein: Ist damit nicht einfach nur gemeint, dass wir uns in einem System befinden, in dem Handelnde – also Länder, Unternehmen, Personen – wiederholt etwas mit dem Ausland zu tun haben?

In der Tat lässt es sich messen, welches Ausmaß grenzüberschreitende Handelsumsätze ausmachen: je mehr, desto globaler. Doch je nach Definition der Grenzen verändert sich das Ausmaß grenzüberschreitender Zusammenarbeit. Ist beispielsweise die Europäische Union noch »Ausland« oder nicht eigentlich schon so etwas Ähnliches wie »Inland«? Außerdem ist Ausland nicht gleich Ausland: So wurde in einer Studie gemessen, dass die Intensität von Handelsverbindungen zwischen Ländern beispielsweise von der Entfernung der Länder, einer gemeinsamen Sprache oder einer gemeinsamen Zugehörigkeit zu einem ehemaligen Kolonialgebiet abhängt.

Globalisierung ist aber auch eine bewusst gewählte Strategie von Unternehmen, die sich von ihrer internationalen Geschäftstätigkeit Erfolge versprechen, die sie ohne Globalisierung nicht hätten. Dies gilt nicht nur für Geschäftsmodelle, die tragfähiger werden können, wenn neue Märkte erschlossen oder wenn Wettbewerbsvorteile aus anderen Regionen der Welt genutzt werden sollen. Dies gilt auch für die Lebensentwürfe einzelner Personen, die es spannend finden, in Kontakt mit Personen anderer Kulturen zu kommen.

Weil im Unternehmen verankerte Kulturmuster, etwa im Hinblick auf den Umgang mit Eigenem und Fremdem, mit Chancen und Risiken sowie mit Gewinnen und Verlusten, die Wahrnehmung der Chancen und Risiken von Auslandstätigkeiten prägen, ist es hilfreich, diese Kulturmuster aus dem Verborgenen hervorzuholen. Wie positiv oder negativ die Mitarbeiter Globalisierung finden, beeinflusst stark, wie sich die Mitarbeiter später im internationalen Arbeitszusammenhang verhalten werden. Die Prägung »Globalisierung ist gefährlich und wir sind ihre Opfer« kann erfolgreiches internationales Handeln blockieren. Daher ist es die Aufgabe des Personalmanagements, die Eigendynamiken der individuellen und kollektiven Identitätsbildung der Mitarbeiter zu beachten und hierüber mit ihnen in einen Dialog einzusteigen.

Die Globalisierung zeigt einen Handel zwischen allen Regionen der Erde, der auf den Absatz- und Beschaffungsmärkten so intensiv miteinander verzahnt ist, dass sich die wirtschaftlichen Abhängigkeiten von Ländern auch politisch auszahlen: Kriegerische Auseinandersetzungen lohnen sich dann nicht mehr, wenn ein Land damit gleichzeitig seine eigenen Investitionen zerstören würde.

Ruft man sich den langen Weg der Globalisierung gerade deutscher Unternehmen seit dem Zweiten Weltkrieg in Erinnerung, so wird deutlich, wie nachhaltig Deutschland die Phasen seines beginnenden Auslandsgeschäfts, seiner Positionierung in Europa und seiner Bewährung in diversen Wirtschaftskrisen bewältigt hat. Der deutsche Außenhandel weist kontinuierliche Exportüberschüsse auf, in deren Folge Deutschland sogar zeitweilig zum Exportweltmeister aufstieg. Offensichtlich müssen viele Menschen sehr kompetent gehandelt haben – und das Personalmanagement leistet hierzu in Unternehmen seinen Beitrag.

Eröffnung eines Auslandsstandorts: Vier personalwirtschaftliche Professionalisierungsimpulse

Der Schritt, einen Auslandsstandort zu eröffnen, wird traditionell unter Gesichtspunkten der Wahl der Absatzmarktstrategie betrachtet, die dem Unternehmen eine konkurrenzfähige und nachhaltig gewinnorientierte Wettbewerbsposition ermöglichen soll. Dazu muss das Unternehmen über die notwendigen Ressourcen verfügen: Neben Ressourcen wie Geld, Gebäude, Maschinen und Materialien rücken zunehmend die immateriellen Ressourcen, also die Marken, das Wissen und die Menschen, in den Blick.

Vor allem an den personellen Ressourcen hängt der Erfolg der Eröffnung (und später natürlich des weiteren Bestehens) des Auslandsstandorts, weil sie es sind, die die Unsicherheit des neuen Umfelds bewältigen müssen. Daher ist die internationale Expansion eine strategische Aufgabe auch für das professionelle Personalmanagement.

Kulturelle Differenzierung

Die erste Herausforderung für das Personalmanagement setzt an der Kultur des Ziellandes an: Es müssen die spezifischen Besonderheiten berücksichtigt werden. Das Personalmanagement ist der ideale Akteur, um die interkulturellen Aspekte der neuen Schnittstelle mit einem anderen Land differenziert zu gestalten. Das Augenmerk kann hier auf zwei Aspekte gelegt werden: auf die Inhalte einer Personalarbeit im Ausland und auf den Prozess der kulturellen Vorbereitung der Mitarbeiter aus personalwirtschaftlicher Sicht.

Die interkulturelle Forschung, die sich mit Kulturunterschieden zwischen Ländern befasst, hat in den vergangenen Jahrzehnten vielfältige Beschreibungssysteme für kulturelle Charakteristika von Ländern hervorgebracht. So wurden ihre grundlegenden Kulturdimensionen, Verhandlungsstile oder landestypische Führungskulturen untersucht.

Für das Personalmanagement bedeutet ein strategischer Umgang mit Kulturunterschieden zwischen dem Heimatland des Unternehmens und dem Auslandsmarkt die Einsicht, dass viele kulturell-mentale Unterschiede bestehen, die sich auf die Gestaltung der Schnittstelle zum Auslandsstandort auswirken werden. Damit wird es auch ein weltweit einheitliches Personalmanagement nicht geben, eher verschiedene, durch lokale Faktoren beeinflusste Varianten.

Die Eröffnung eines Auslandsstandorts erfordert durch das professionelle Personalmanagement nun allerdings nicht nur, *dass* es sich überhaupt auf Kulturunterschiede einstellt, sondern gerade auch, dass es weiß, *wie* es sich und andere auf diese unterschiedlichen Gegebenheiten einstellt. Eine entscheidende Frage ist, wie Personalmanager mit kulturellen Unterschieden umgehen:

- ✔ Eine erste Gruppe von Personalmanagern geht davon aus, dass man sich an die im Ausland vorherrschende Kultur anpassen sollte, um nicht negativ aufzufallen.
- ✔ Eine zweite Gruppe von Personalmanagern sieht keine Veranlassung, von der kulturellen Prägung ihres Heimatlands abzuweichen. Ihre Vertreter passen sich nicht an andere kulturelle Gegebenheiten an, sondern nehmen lieber eine kulturelle Konfrontation in Kauf.
- ✔ Eine dritte Gruppe von Personalmanagern bewegt sich mit einem standardisierten Verhaltensmuster in jeglicher Fremdkultur, wobei typische Vertreter nicht tiefer in die kulturellen Besonderheiten des Auslandsmarkts einsteigen, sondern Kulturunterschiede wegdefinieren.
- ✔ Eine vierte Gruppe von Personalmanagern begreift Kulturunterschiede als Chance für eine bewusste Steuerung der Zielerreichung, instrumentalisiert die Kulturunterschiede zur Durchsetzung ihrer Unternehmensziele und generiert Wettbewerbsvorteile.

Während die ersten drei Gruppen die Chancen eines kulturkompetenten Handelns nicht ausschöpfen, orientiert sich die vierte Gruppe an der betriebswirtschaftlichen Strategielehre. Diese fordert von Unternehmen, nach Wettbewerbsvorteilen zu suchen und anders zu sein als ihre Umwelt. Die vierte Gruppe kombiniert also kulturelle Anpassung mit wettbewerbsstrategischer Abgrenzung, obwohl sich beide Forderungen zu widersprechen scheinen.

Ein Personalmanager soll sich bewusst sein, wie er sich und andere auf einen bestimmten Auslandsstandort hin ausrichten soll, damit sowohl interkultureller als auch betriebswirtschaftlicher Erfolg eintreten kann. Dies lässt sich in drei Schritten verwirklichen:

- ✔ Zunächst muss er die kulturelle Funktionsweise eines Auslandsstandorts genau verstehen – und zwar, welche kulturellen Orientierungen dort in welcher Intensität vorherrschen. Nehmen Sie an, dort wären eine hohe Leistungsorientierung und eine hohe Unsicherheitsvermeidung sowie eine niedrige Qualitätsorientierung vorzufinden. Jetzt sollte er aber nicht reflexhaft auf die Kulturanpassung setzen.
- ✔ Er muss vielmehr nach Informationen suchen, aufgrund welcher kulturellen Orientierungen die am Auslandsstandort tätigen Unternehmen erfolgreich sind. Diese Zusammenhänge von Kulturorientierung und Unternehmenserfolg bilden drei mögliche Muster aus: Unternehmen sind umso erfolgreicher, je stärker sie sich an die vorherrschende Landeskultur anpassen; sie sind umso erfolgreicher, je mehr sie entgegen der vorherrschenden Landeskultur handeln; bei einigen Kulturorientierungen zeigt sich kein Zusammenhang zum Unternehmenserfolg. Nehmen Sie an, in dem betrachteten Auslandsmarkt fiele die Unsicherheitsvermeidung ins erste Muster, die Qualitätsorientierung ins zweite Muster und die Leistungsorientierung ins dritte Muster. Nun kann ein Personalmanager abschätzen, wodurch auch in der Zukunft erfolgreiches Handeln in dem bestimmten Land entsteht.
- ✔ Schließlich muss er diese beiden Schritte miteinander in Beziehung setzen, was in der »Competitive Acceptance-Matrix« (siehe Abbildung 17.1) erfolgt. Sie enthält Handlungsanweisungen dafür, an welche kulturellen Bestandteile man sich in einem Land anpassen sollte, weil es Erfolg versprechend ist, und gegen welche kulturellen Bestandteile man in diesem Land steuern sollte, weil dies ebenfalls Erfolg bringt, und welche Kulturdimensionen man getrost ignorieren kann, weil sie nicht unmittelbar erfolgsrelevant sind.

Die Logik der Competitive Acceptance klingt zunächst kompliziert, wird aber nachvollziehbar, wenn man genau weiß, in welchem Land man sich an welche kulturelle Orientierung anpassen muss und wo man bewusst entgegengesetzt handeln muss. Jedes Zielland hat eigene Notwendigkeiten der wettbewerbsorientierten Abgrenzung und der strategisch notwendigen kulturellen Anpassung.

Erfolg an Auslandsstandorten resultiert nicht nur aus Produkten oder Dienstleistungen, sondern seitens des Personalmanagements auch aus dem bewussten Umgang mit kulturellen Unterschieden. Dies setzt sich auf dem Arbeitsmarkt fort, wo das Personalmanagement ebenfalls versuchen kann, im Ausland durch eine bewusste Strategie attraktiver für heimische Mitarbeiter zu werden als die ansässigen Unternehmen.

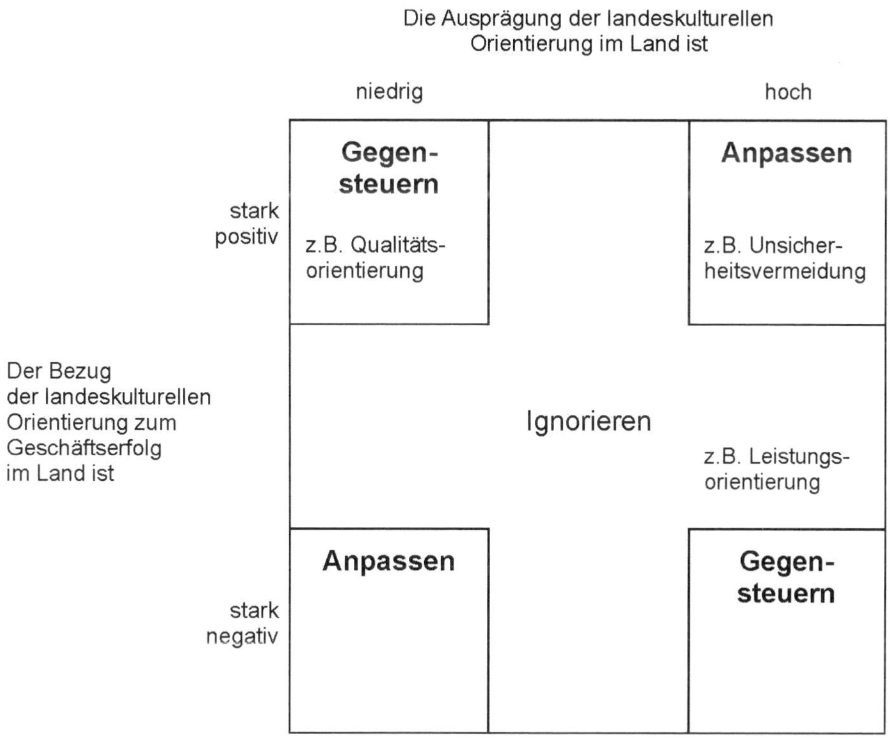

Abbildung 17.1: Competitive Acceptance-Matrix nach Scholz und Stein

Kontinuität mit langem Atem

Bis sich nach der Eröffnung eines Auslandsstandorts Erfolg einstellt, dauert es häufig länger als anfänglich geplant. Die Absatzzahlen der im Auslandsmarkt verkauften Leistung bewegen sich nach der Markteinführung eher im Monats- und Jahrestakt auf die Zielwerte zu als im Wochentakt. Dies bedeutet, dass auch für die ressourcenorientierte Steuerung der Aktivitäten am Auslandsstandort ein langfristiger Zeithorizont unterstellt werden sollte.

Das professionelle Personalmanagement sollte für die Eröffnung eines Auslandsstandorts eine Langfriststrategie entwickeln, in der es beispielsweise um die langfristige Kompetenzstruktur der Mitarbeiter und um den Aufbau und die langfristige Bindung von wichtigen Mitarbeitern geht. Die Kompetenzsicherung kann nicht allein durch die Auslandsentsendung von Mitarbeitern aus dem Stammhaus erfolgen, weil dies auf Dauer zu kostenintensiv wäre und das Potenzial an Expatriates den Bedarf in der Regel nicht decken wird. Im Sinne eines auch im Auslandsmarkt zu führenden »Talentekriegs« ist eine Bindungsstrategie von Mitarbeitern samt Aufbau einer Arbeitgebermarke (*Employer Branding*) notwendig, was aufgrund der Kulturunterschiede zum Stammland noch um einiges komplizierter sein wird als zu Hause.

Im Sinne einer Kontinuitätsanforderung kommt der Personalentwicklung schon vor der Eröffnung eines Auslandsstandorts eine wichtige Rolle zu: Frühzeitige interkulturelle Trainings wirken sich positiv auf das spätere Engagement der Mitarbeiter im Ausland aus. Im Rahmen der internationalen Expansion bewähren sich zudem Strategien, die auf die Nutzung vorhandenen Wissens durch Allianzen oder auf den Zukauf von ausländischen Unternehmen setzen.

Internationalisierungsexpertise

Während die für die Geschäftstätigkeit am Auslandsstandort vorgesehenen Mitarbeiter vorbereitet und begleitend trainiert werden, rückt die Internationalisierungsexpertise für das Personalmanagement in den Hintergrund. Dabei muss gerade das Personalmanagement in der Lage sein, inhaltlich kompetent mit der strategischen Herausforderung der Eröffnung eines Auslandsstandorts und seiner Etablierung umzugehen. Hierzu zählt unter anderem die interkulturelle Verhandlungskompetenz, die primär für die Aushandlung von Rahmenbedingungen der Arbeits- und Handlungsfähigkeit der Mitarbeiter notwendig ist. Im Vordergrund steht daher die Verhandlung mit Mitarbeitern am Auslandsstandort mit dem Ziel, sie zur Mitarbeit zu motivieren und sie dort längerfristig zu binden.

Für das Personalmanagement bedeutet dies, sich in Bezug auf diese Kompetenzen zu trainieren beziehungsweise trainieren zu lassen. Ein ständiges Lernen der Mitarbeiter in der Personalabteilung ist genauso angemessen wie die ansonsten übliche Weiterbildung für andere. Es gilt, als international expandierendes Unternehmen systematisch sicherzustellen, dass es beispielsweise Kurse zur Kultur des Auslandsstandorts, zum Talentekrieg in Auslandsmärkten, zu Internationalisierungsstrategien, zu zeitgemäßen Auslandsentsendungsregelungen oder zu Innovationsbedingungen im Auslandsmarkt gibt. Hier kann die Expertise von zurückkehrenden Expatriates genutzt werden, die ihr Wissen über Funktionierendes, aber auch über Nichtfunktionierendes weitergeben können.

Nur ganz wenige Unternehmen schulen Mitarbeiter der Personalabteilung dadurch, dass sie sie – wenn auch relativ kurz – selbst einmal die Erfahrung eines Auslandseinsatzes mit Bezug zum Personalmanagement machen lassen. Zwar haben Personalleiter, die Auslandsmärkte im Rahmen ihrer internationalen Karrierevorbereitung kennenlernen, und auch Studienabsolventen, die in das Personalmanagement einsteigen, in der Regel Auslandserfahrung, aber sie machen häufig nicht die internationale Personalarbeit. Dabei ist es hilfreich, wenn es auf der Seite des Personalmanagements eine authentische Beratungskompetenz gibt, die auf Erfahrung beruht.

Strategische Steuerung des Auslandsstandorts

Die Herausforderung der personalwirtschaftlichen Professionalisierung im Hinblick auf die strategische Verzahnung mit den Steuerungsaktivitäten der Unternehmensleitung (Governance) betrifft im Rahmen der Eröffnung eines Auslandsstandorts strategische, organisatorische und controllingorientierte Aspekte.

Es ist unmittelbar einsichtig, dass der Erfolg einer Expansion in das Ausland zu einem großen Teil von der personellen Umsetzung abhängt. Daher ist die im Rahmen der Markteintrittsstrategie zu definierende Personalstrategie nicht allein die Grundlage für die notwendige Personalplanung, sondern auch wichtig für die spätere Akquisition, Bindung, Führung und Entwicklung von Mitarbeitern.

Je klarer Prioritäten festgelegt werden, desto besser kann das Personalmanagement Vorbereitungen treffen und Anforderungen an weitere beteiligte Funktionsbereiche wie die Produktions- oder Vertriebsabteilung stellen. Diese beziehen sich auf die Bereitstellung personalplanungsnotwendiger Informationen wie Produktions- und Vertriebsumfang, die aufgrund der Komplexität im internationalen Kontext mit längeren Vorlaufzeiten erfolgen muss. Auch der Abgleich mit der Investitionsplanung – deren Fokus beim Aufbau eines Auslandsstandorts noch stärker als im Heimatland von den personalwirtschaftlichen Interessen abgelenkt ist – hinsichtlich der für die personalwirtschaftliche Realisation zur Verfügung stehenden Budgets sollte möglichst früh unternommen werden. Gleichfalls spielt die Schnittstelle zur Informationssystemstrategie und deren internationaler Implementierung eine wichtige Rolle, weil das Personalmanagement Informationen zu den am Auslandsstandort stattfindenden personalwirtschaftlichen Vorgängen bekommen sollte.

Das Personalmanagement muss seine Arbeit auch machen dürfen. Dies ist in Unternehmen nicht selbstverständlich: Gerade die Entscheidungskompetenz des Personalmanagements bei der Eröffnung eines Auslandsstandorts ist häufig nicht ausreichend klar geregelt. Wenn dem Personalmanagement jedoch Entscheidungsautonomie fehlt, wirkt sich dies im Rahmen der anstehenden Aufgaben möglicherweise fatal aus, weil es hier auf flexible, teilweise extrem kurzfristige Entscheidungen ankommt, bei denen eine ausführliche Rücksprache mit der Heimatabteilung nicht durchgehend möglich ist.

Ein professioneller Umgang mit Personalmanagement bei der Eröffnung eines Auslandsstandorts und seiner Etablierung bedeutet auch, dass die Erfolge gemessen werden müssen. Hier kommen Humankapitalbewertung und Humankapitalmanagement in zwei Bereichen zur Anwendung:

- ✔ Der erste Bereich ist die Personalarbeit am neuen Auslandsstandort. Hier ist durch Humankapitalmessungen zu belegen, ob der personelle Aufbau des Standorts erfolgreich ist, ob hierbei Humankapital im Sinne von Personalbestand, Wissen, Motivation, Arbeitskontext und Bindung aufgebaut wird oder aber ob hier Potenziale vernichtet werden. Schließlich können auch die Personalkosten, das Humankapital als Potenzialwert sowie der Unternehmensertrag im Auslandsmarkt in Beziehung zueinander gesetzt werden. Gerade im Benchmark-Vergleich dieser Daten aus verschiedenen Auslandsmärkten – die internationale Standardisierung der Humankapitalmessung schreitet voran – lässt sich innerhalb eines international agierenden Unternehmens zeigen, wie erfolgreich das personalwirtschaftliche Handeln ist.

- ✔ Der zweite Bereich betrifft die Messung des Humankapitals der Personalabteilung: Ist die Personalarbeit in Bezug auf die internationale Expansion tatsächlich professionell? Wenn sie es ist, schlagen sich ihre Fortschritte im Wissensmanagement (Expertise) wie auch im Motivationsmanagement (erfolgreiche Beziehung zur Unternehmensleitung, Möglichkeit zur Einhaltung von Zusagen, Wertschätzung durch sich individuell berücksichtigt findende Mitarbeiter) im Humankapitalwert der Personalabteilung nieder.

Damit kann ein professionelles Personalmanagement die Frage beantworten, welchen Beitrag es dazu geleistet hat, dass im Ausland ein neues personelles Leistungspotenzial in Form von Humankapital aufgebaut wurde, und worin genau sein Wertschöpfungsbeitrag besteht.

Auslandsentsendung mit Hand und Fuß

Mit »Auslandsentsandter« (englisch: Expatriate) wird ein Mitarbeiter – meist ist dies eine Fach- oder Führungskraft – bezeichnet, der für sein Unternehmen zeitlich begrenzt im Ausland arbeitet. Dies erfolgt im Interesse des Unternehmens, kann aber auch karriereförderlich sein: Einige deutsche Großunternehmen nehmen keine Mitarbeiter in ihre Führungsebene auf, die nicht mindestens einen längeren Auslandsaufenthalt absolviert und sich danach wieder erfolgreich am Heimatstandort eingegliedert haben.

In der Regel wird ein Expatriate zwischen sechs Monaten bis zu fünf Jahren im Ausland eingesetzt. Kürzere Auslandsaufenthalte gelten als Dienstreise oder als Abordnung, wobei kein separater Entsendungsvertrag geschlossen wird. Längere und dann meistens unbefristete Arbeitsverhältnisse an einem Auslandsstandort hingegen gelten als Übertritt in das Unternehmen im Ausland.

Welche Mitarbeiter in das Ausland entsandt werden, ergibt sich aus der personalwirtschaftlichen Internationalisierungsstrategie des Unternehmens:

- ✔ Bei Unternehmen, die sich strategisch und kulturell am Heimatland orientieren (der Fachbegriff hierfür ist »ethnozentrische Strategie«), werden Schlüsselpositionen des Auslandsstandorts mit Stammhausmitarbeitern besetzt. Die Entsendungsquote ist tendenziell hoch.
- ✔ Bei Unternehmen, deren Auslandsstandorte sich relativ autonom an den Strukturen und Kulturen des jeweiligen Marktes ausrichten (»polyzentrische Strategie«), werden auch für Führungspositionen Angehörige des Gastlands bevorzugt, weil sie sich in ihrem Umfeld auskennen. Die Entsendungsquote des Stammhauses ist tendenziell niedrig.
- ✔ Bei Unternehmen, die nach einer weltweiten Verzahnung und Standardisierung ihrer Aktivitäten streben (»geozentrische Strategie«), kommen prinzipiell alle Mitarbeiter sowohl des Stammhauses als auch der Auslandsstandorte für einen internationalen Einsatz infrage. Eine Stellenbesetzung wird gemäß der Qualifikation entschieden und es kommt zu Entsendungen aus allen Standorten in alle Richtungen mit hoher Entsendungsquote.

Es überrascht nicht, dass von den Expatriates, die in Partnerschaften leben, die meisten Männer sind, deren Frauen für die Zeit der Entsendung ihre berufliche Karriere unterbrechen, ihr soziales Umfeld zeitweise aufgeben und manchmal während der Entsendungsphase ihre Kinder bekommen. Partnerschaftlich gebundene Frauen hingegen befinden sich viel seltener in der Situation, dass ihre Partner eine Karriereunterbrechung in Kauf nehmen.

Charakteristisch sind folgende Phasen der Auslandsentsendung:

- ✔ Rekrutierung und Auswahl: Hier wird bestimmt, welcher Mitarbeiter an einen Auslandsstandort entsandt werden soll. Kriterien sind unter anderem die Persönlichkeit des Mitarbeiters, die Sprachkenntnis, die familiäre Situation, die finanzielle Situation, die Gesundheit, aber auch Motivation und Karriereerwartungen sowie natürlich die fachlichen Kenntnisse. Die Phase endet mit der gemeinsamen Erarbeitung des Entsendungsvertrags.
- ✔ Vorbereitung: Der Mitarbeiter wird für den Auslandseinsatz geschult, vor allem sprachlich und interkulturell.
- ✔ Entsendung und Arbeit im Ausland: Der Mitarbeiter nimmt seine Aufgabe im Ausland auf und richtet sich am Auslandsstandort ein. Gegen Ende der Entsendungszeit erfolgt die Vorbereitung auf die Rückkehr ins Heimatland.
- ✔ Rückkehr/Repatriierung/Wiedereintritt/Reentry: Nach Ablauf der Entsendungsfrist kehrt der Expatriate zurück und nimmt im Unternehmen wieder eine Arbeit auf.

Einem Modell zufolge durchlaufen Expatriates während ihrer Entsendung auch emotional vier Phasen: Nach einer ersten kurzen Phase der »Flitterwochen« mit anfänglicher Neugier, dem Genuss des Exotischen und hoher Zufriedenheit am Auslandsstandort stellen sich nach etwa vier Monaten Ernüchterung und Frustration ein – der »Kulturschock« mit stark abfallender Zufriedenheit. Erst danach folgen langsam eine Anpassung an die neuen Lebens- und Arbeitsumstände und eine Aussöhnung mit der Situation, in der der Auslandsentsandte dann seine Höchstleistung im fremden Kulturraum abrufen kann. Interessanterweise wiederholt sich genau dieses Muster nach der Rückkehr in das Heimatland, weshalb von einem »umgekehrten Kulturschock« gesprochen wird. Das Personalmanagement hat hier eine besondere Verantwortlichkeit bei der Vorbereitung.

Entsendungsrichtlinien

Entsendungsrichtlinien (im Englischen: transfer guidelines) sind Regelwerke eines Unternehmens, die die Rahmenbedingungen und Prozesse bei Auslandsentsendungen standardisieren. Durch generelle Regelungen werden fallweise, zum Teil nicht aufeinander abgestimmte Einzelentscheidungen vermindert. Zudem helfen Entsendungsrichtlinien, Konflikte zwischen dem entsendenden Unternehmen oder der aufnehmenden Gesellschaft einerseits und den Expatriates andererseits zu vermeiden, sodass es häufiger zu einem ausgewogenen Interessenausgleich bei der Lösung entsendungsbezogener Probleme kommt. Schließlich stellen Entsendungsrichtlinien für Interessierte Transparenz her.

Im Einzelnen umfassen Entsendungsrichtlinien folgende Themen:

- ✔ Formale Angaben (Aktualität der Regelungen, Zielgruppen und Adressaten);
- ✔ Entsendungsziele (unternehmensbezogene wie auch mitarbeiterbezogene);
- ✔ Zustandekommen des Entsendungsvertrags (Kandidatenauswahl, Bestimmung der Vertragspartner, Grundregeln);
- ✔ zeitliche Vertragsgestaltung (Entsendungsdauer, Auswirkungen auf die Betriebszugehörigkeit);

- ✔ Auslandsvorbereitung von Expatriate und Familie (Look-and-see-Trip, Visum, Aufenthalts- und Arbeitsgenehmigung, medizinische Untersuchungen, Sprachtraining, landeskundliche Vorbereitung/interkulturelles Training, Sicherheitstraining, sonstige Vorbereitungsmaßnahmen);
- ✔ Transfer ins Einsatzland (zurückgelassene Wohnung, Freistellung für den Umzug, Einlagerung des Hausrats, Transferreisekosten, Transport des Hausrats, Hausratversicherung, Umzugspauschale/Umzugsnebenkostenpauschale, vorläufige Unterkunft, Haustiere);
- ✔ Wohnen im Einsatzland (Unterstützung bei der Wohnungssuche, endgültige Wohnung, Nebenkosten, Renovierungskosten, Ausstattungszuschuss, Übernahme doppelter Mietzahlungen, Erwerb von Wohneigentum);
- ✔ PKW (Überführung des Privatwagens, Interimsfahrzeug, Ausgleich für Verkaufsverluste, Unterstützung bei der Anschaffung, Dienstwagen, Führerschein im Einsatzland);
- ✔ Arbeits- und Urlaubszeit (vertragliche Arbeitszeiten, Feiertagsregelungen, Urlaubsregelungen);
- ✔ Entgeltgestaltung im Auslandseinsatz (Grundgehalt, Auslandszulagen, Lebenshaltungskostenzulagen, Steuerausgleich, sonstige Gehaltsbestandteile, Entgeltüberprüfung, Auszahlungsmodus der Expatriate-Vergütung, Fortschreibung des für den Wiedereinstieg wichtigen »Schattengehalts« im Herkunftsland, Lohnfortzahlung im Krankheitsfall);
- ✔ soziale Sicherung im Auslandseinsatz (Rentenversicherung, betriebliche Altersversorgung, Arbeitslosen-, Kranken- und Unfallversicherung, Weitergewährung heimatlicher Sozial- und Zusatzleistungen);
- ✔ Tätigkeitsumfeld des Expatriates (Verhalten im Gastland, Leistungsbeurteilung, Zuordnung von Paten/Mentoren, Dienstreisen, Klubmitgliedschaften, Steuerberatung, Hilfen bei medizinischen Notfällen);
- ✔ Familie des Expatriates (Geltungsbereich von »Familie« und »Partner«, Unterstützung des Partners bei Arbeitsplatzsuche und Weiterbildung, Ausbildung der Kinder des Entsandten, Besuche »aus der Heimat« im Einsatzland, Evakuierung des Expatriates und seiner Familie in Notfällen);
- ✔ Heimaturlaub (Festlegung des Heimatorts, Häufigkeit des Heimaturlaubs, Reiseklasse, Variabilität im System der Heimreisen, dienstliche Verpflichtungen im Heimaturlaub);
- ✔ Kündigung des Auslandsvertrags (durch den Arbeitgeber, durch den Entsandten);
- ✔ Übernahme des Entsandten in ein Arbeitsverhältnis am Auslandsstandort;
- ✔ Rückkehr ins Herkunftsland (Reentry-Zusagen, Maßnahmen zur Reentry-Vorbereitung, Abwicklung des Transfers ins Heimatland, Maßnahmen nach der Rückkehr aus dem Ausland, Konsequenzen des Reentry-Prozesses);
- ✔ Kostensplitting unter den beteiligten Gesellschaften.

An der Vielfalt der Themen wird die Komplexität der Fragen erkennbar, mit der sich das Personalmanagement im Rahmen von Auslandsentsendungen befassen muss.

Zielgruppen von Entsendungsrichtlinien sind erstens die mit der Entsendung befassten Mitarbeiter des Personalmanagements, zweitens die an der Auslandsentsendung Interessierten und drittens die davon Betroffenen: die Unternehmensleitung, die Auslandsstandorte, die potenziellen Expatriates, die tatsächlichen Expatriates, Betriebsräte, vereinzelt auch neue Bewerber mit Ambitionen für eine Auslandstätigkeit sowie die Familien der Expatriates.

Formal eingeordnet sind Entsendungsrichtlinien nicht nur in die Internationalisierungsstrategien von Unternehmen, sondern in die Entsendungspolitik als Teil des Personalmanagements. Aufgrund der Komplexität von Entsendungen sind die Richtlinien in der Regel sehr umfangreich und detailliert. Sie werden oft durch auslandserfahrene Personalexperten formuliert und meist von Fachanwälten auf ihre Rechtskonformität hin überprüft. Teilweise sind Entsendungsrichtlinien bereits Bestandteil des Arbeitsvertrags zwischen Unternehmen und Mitarbeiter, können aber auch durch den Entsendungsvertrag in Kraft gesetzt werden.

Kommunikation mit den Expatriates

Eine schwierige Aufgabe für das Personalmanagement besteht darin, mit den ins Ausland entsandten Mitarbeitern in Kontakt zu bleiben. Die Strategie »Aus den Augen, aus dem Sinn« ist schon deshalb nicht sinnvoll, weil ein Expatriate das Unternehmen etwa das Zwei- bis Dreifache kostet wie ein vergleichbarer stammhausansässiger Mitarbeiter. Fehlschläge können daher für das Unternehmen zu finanziellen Einbußen wie auch im Fall von Kündigungen zu einem Abfluss von wertvollem Humankapital führen.

Untersuchungen zeigen, dass der Anteil der Mitarbeiter, die ihre Entsendung abbrechen, zwischen 10 und 20 Prozent liegt. Hinzu kommt noch einmal die Quote der Kündigungen zurückgekehrter Expatriates nach misslungener Wiedereingliederung, die auf etwa 10 Prozent geschätzt wird.

Ein zielführendes Kommunikationssystem nutzt mehrere Kommunikationskanäle: Zu ihnen zählen E-Mail, Videokonferenzen sowie die sozialen Medien. Diese Kommunikationskanäle sollten nicht nur von den Auslandsentsandten, sondern auch von den Entsendeverantwortlichen des heimischen Personalmanagements genutzt werden. Sie können beispielsweise ein »digitales Tagebuch« der Expatriates verlangen, das ihnen nicht nur die Befindlichkeiten der Auslandsentsandten signalisiert (im Übrigen dient das Aufschreiben von Erfahrungen auch der Stressverarbeitung), sondern auch für nachfolgende Expatriates eine Sammlung wertvoller Berichte aus erster Hand darstellt.

Wenn die Kommunikationspartner nicht fest definiert und mehrere Personen im Heimatland für den Expatriate zuständig sind, die dann auch unterschiedliche Informationsstände haben, treten Informationsdopplungen und -verluste auf. Beides beeinträchtigt den Expatriate in seiner Entscheidungsfindung und seiner Möglichkeit der Verantwortungsübernahme. Daneben fühlt sich ein Expatriate dann auch ohne persönlich zuständigen Kontaktpartner mit seinen Problemen alleingelassen und entwickelt möglicherweise Distanz zu der als unprofessionell empfundenen Personalabteilung.

Die Personalabteilung kann zwecks Verminderung von Kommunikationsbarrieren feste Kommunikationsverbindungen einrichten, so etwa eine bestimmte Führungskraft hiermit betrauen oder einen Mentor, der nicht nur Informationen in das Ausland weiterleitet, sondern auch aus dem Ausland einfordert. Ein erfahrener Mentor kann dem Auslandsentsandten auch Hilfestellung bei der Bewältigung seiner Gewöhnungsphasen geben.

Die Kommunikationsinhalte lassen sich wiederum auf die einzelnen Phasen der Auslandsentsendung hin ausrichten:

- ✔ In der Vorbereitungsphase stehen Informationen zur Motivation des Expatriates im Vordergrund sowie Informationen zu seinem neuen Einsatzort, also Sprache, Landeskultur und Besonderheiten der Unternehmenseinheit im Ausland. Hierbei ist zu beachten, dass der Expatriate nicht zu sehr bevormundet und auch nicht unrealisierbaren Leistungserwartungen unterworfen wird. Mit Bezug auf den gesamten Entsendeverlauf wird darüber hinaus über die Karriereplanung kommuniziert, was während der Entsendung fortgeführt wird. Schließlich wird der Expatriate auf spezifische Probleme der Auslandsentsendung hin sensibilisiert, vor allem auf den Kulturschock.
- ✔ In der Entsendephase kann das Personalmanagement Ziele für die Arbeit im Ausland vereinbaren und die Zielerreichung überwachen. Diese Überwachung verliert ihren Kontrollcharakter in dem Maße, in dem sie als Betreuungs- und Personalentwicklungsmaßnahme kommuniziert wird. Dann kann das Personalmanagement die Motivation und das Befinden abfragen und den Expatriate fortlaufend mit Informationen aus dem Heimatunternehmen versorgen, um einer gegenseitigen emotionalen Entfremdung vorzubeugen.
- ✔ In der Rückkehrphase, die im Idealfall rechtzeitig vorbereitet wurde, kann das Personalmanagement die Wiedereingliederung in die Arbeitsabläufe des heimatlichen Unternehmens unterstützen und die Bindung des zurückgekehrten Mitarbeiters an das Unternehmen wiederherstellen oder stärken. Das Personalmanagement sollte Interesse an den Erfahrungen des Rückkehrers zeigen und ihm die weitere Karriere ermöglichen, indem es über interne Strukturen, die aktuelle Stellensituation und attraktive Projektchancen informiert. Besonders schwierig ist es, den Rückkehrer dabei zu unterstützen, die Unsicherheit nach der Rückkehr auszuhalten.

In allen Phasen kann die Kommunikationsintensität schwanken, allerdings ist das Personalmanagement besonders in krisenbehafteten Phasen der Kulturschocks gefordert, die kommunikative Betreuung nicht zu vernachlässigen. Die Kommunikation ist eben mehr als ein Zusatz zur normalen Personalarbeit: Sie ist der Kern einer erfolgreichen Betreuung von Auslandsentsandten.

Was ebenfalls gestaltet werden muss, ist die Kommunikation zwischen dem heimatlichen Personalmanagement und dem Personalmanagement am Auslandsstandort. Diese Schnittstelle bezieht sich zunächst auf Abstimmungen, etwa der Gehaltszahlung und der Abwicklung vertraglicher Vereinbarungen für den Expatriate. Darüber hinaus kann das heimische Personalmanagement die ausländische Personalarbeit auch als Informationsquelle zu Motivation, Leistung und Zufriedenheit des Expatriates nutzen.

Teil IV
Externe Partner mischen kräftig mit

In diesem Teil ...

In diesem Teil schauen Sie sich durch die Brille des Personalmanagements in Ihrer Unternehmensumwelt um. Auch dort gibt es viele Personen und Institutionen, für die sich Ihr Unternehmen interessiert und für die Sie sich ebenfalls interessieren sollten. Diese externen Adressaten nehmen Ihnen Arbeit ab, vertreten Ihnen gegenüber Interessen, stellen Ihnen Geld zur Verfügung, stellen Informationsansprüche an Sie oder wollen einfach nur wissen, wie es Ihrem Unternehmen geht. Doch was hat das mit Personalmanagement zu tun? Ist die Beschäftigung mit Externen nicht etwas, das gerade keine Aufgabe der an und für sich intern orientierten Personalarbeit sein darf? Das Gegenteil ist der Fall: Das Personalmanagement, das »aus den Tiefen des Unternehmens kommt«, kann wichtige Unternehmensaufgaben unterstützen, weil es das interne Unternehmensgefüge kennt. Zudem ist das Personalmanagement im Unternehmen der Spezialist für die weichen Faktoren, die im Rahmen jeder Beziehung zu anderen eine zentrale Rolle spielen. Nicht zuletzt ist das Personalmanagement auch dafür verantwortlich, die Interessen der Mitarbeiter im Rahmen der unternehmensbezogenen Außenbeziehungen zu vertreten. Dies alles wird in seiner Wirkung häufig massiv unterschätzt. Daher ist in vielen Unternehmen die unternehmensexterne Ausrichtung des Personalmanagements noch kaum bis gar nicht vorhanden und muss systematisch aufgebaut werden.

Outsourcing-Partner – wenn das Personalmanagement nicht mehr die Personalarbeit macht

18

In diesem Kapitel ...

- Auslagerungsformen und -ziele aufgliedern
- Prozesse optimieren
- Outsourcing-Risiken beurteilen

Outsourcing ist der Fachbegriff für die Auslagerung oder Fremdvergabe von Aufgaben und Prozessen, die bislang im Unternehmen selbst erbracht wurden, zu einem unternehmensexternen Dienstleister. Eine Vorstufe zum Outsourcing, die der gleichen Grundidee folgt, aber eine Auslagerung lediglich an einen unternehmensinternen Dienstleister vorsieht, ist das *Shared Service Center*.

In diesem Kapitel erwartet Sie der personalwirtschaftliche Blick auf die Verbindung zwischen Outsourcing-Partner und Personalmanagement. Im Einzelnen erfahren Sie etwas über Sinn und Zweck von unternehmensinterner und externer Auslagerung, über die Organisation des arbeitsteiligen Prozesses sowie über die Chancen und Risiken.

Die bestechend einfache Grundidee

Die Auslagerung von Unternehmensaufgaben unterliegt einer zeitlichen Wellenbewegung: Auf Phasen der Auslagerung folgen die Phasen der Wiedereingliederung von Aufgaben, das *Insourcing*. Gerade in Zeiten von Überkapazitäten oder qualitätsverbesserter Software spricht viel für das Do-it-yourself. Doch meistens herrscht auch Kostendruck, der bislang viele Unternehmen dazu bewogen hat, Outsourcing in Erwägung zu ziehen.

Finden Sie das nicht auch faszinierend: Was Sie im Personalmanagement nicht selbst machen wollen, können doch andere für Sie übernehmen – gegen Bezahlung, versteht sich.

Die Unternehmensleitung, vielleicht vertreten durch eine Strategie-/Organisationsabteilung und unterstützt durch die interne Kostenrechnungsabteilung, sucht sich einen passenden Outsourcing-Dienstleister, der auf vertraglicher Basis gegen Entgelt bestimmte Aufgaben der Personalabteilung übernimmt. Bei dieser »Auslagerung«, »Fremdvergabe« oder dem »Outsourcing im engeren Sinne« werden allerdings die bisher mit den Personalmanagementaufgaben betrauten Mitarbeiter nicht mehr benötigt, sodass für sie eine neue Verwendung gefunden werden muss oder es zu Kündigungen kommen kann.

Die Alternative der »Ausgliederung« sieht zudem vor, dass neben den Aufgaben auch Kapital auf den Dienstleister übertragen wird: Das ausgliedernde Unternehmen gründet beispielsweise allein ein Tochterunternehmen oder gemeinsam mit Partnern ein Joint Venture oder beteiligt sich finanziell an einem bestehenden Dienstleister. Dabei werden die bislang mit den Personalmanagementaufgaben betrauten Mitarbeiter in diese Neugründung beziehungsweise Beteiligung eingebracht.

Im Zusammenhang mit einer Ausgliederung müssen einige rechtliche Normen beachtet werden, vor allem § 613a des Bürgerlichen Gesetzbuches (BGB) zu arbeitnehmerbezogenen Rechten und Pflichten beim Betriebsübergang, § 123 Umwandlungsgesetz (UmwG) über die Aufspaltung von Betriebsteilen oder die Vorschriften des Umwandlungssteuergesetzes (UmwStG) zur steuerlichen Behandlung eines Übergangs von Betriebsteilen.

Der Outsourcing-Dienstleister erbringt seine Angebote in der Regel nicht exklusiv für ein einziges Unternehmen, sondern auch für weitere Unternehmen.

Was alles ausgelagert werden kann

Ausgelagert werden häufig solche Aufgaben, die zu hohen Investitionen und hoher Mittelbindung führen würden, also Aufgaben mit einem hohen Fixkostenanteil. Hinzu kommen Aufgaben, die das Unternehmen selbst nicht effizienter und effektiver ausführen kann als der Outsourcing-Dienstleister.

Im Personalbereich lässt sich die Auslagerung von Aufgaben nach dem Umfang differenzieren: Es können administrative Einzelprozesse ausgelagert werden, danach personalwirtschaftliche Teilfunktionen und schließlich das gesamte Personalmanagement.

Die Gründe für Outsourcing

Durch Outsourcing erreichbare Ziele sind

- ✔ Kostenersparnis,
- ✔ Variabilisierung der Kosten durch Abbau von Fixkosten,
- ✔ Rationalisierung von Geschäftsprozessen,
- ✔ Fokussierung auf das Kerngeschäft,
- ✔ Nutzung von Spezialisten und deren Wissen und Technologie,
- ✔ Reduktion von Prozesskomplexität,
- ✔ Verlagerung von Risiken auf den Outsourcing-Anbieter,
- ✔ Flexibilisierung des Unternehmens,
- ✔ Freisetzung von Managementkapazitäten,

- ✔ schnelleres Wachstum und
- ✔ Datenschutz durch Nutzung externer Sicherheitsinfrastruktur.

So weit, so gut! Aber der Chance, diese und andere Vorteile des Outsourcings zu erreichen, stehen auch Nachteile gegenüber.

Grundsätzlich ist Outsourcing eine typische Make-or-buy-Entscheidung, in deren Rahmen abgewogen wird, ob es sinnvoller ist, eine spezifische Leistung unter Aufwendung eigener Ressourcen selbst zu erstellen (make) oder extern einzukaufen (buy). Die Abwägung der Vor- und Nachteile erfolgt durch einen Vergleich der bei beiden Varianten entstehenden Kosten: Die nachhaltig kostengünstigere Variante wird gewählt. Dabei fließen in die Kostenbetrachtung nicht nur die tatsächlichen Kosten der aufgabenbezogenen Leistungserstellung ein, sondern darüber hinaus die sogenannten Transaktionskosten: Das sind die Kosten, die aufgewendet werden, damit eine Geschäftsbeziehung zustande kommt und funktioniert.

Zu diesen Transaktionskosten zählen zum Beispiel die Kosten für die Informationsbeschaffung über die möglichen Outsourcing-Partner, die Kosten von Kontaktaufnahme, Verhandlung, Vertragsgestaltung und Vertragsabschluss, darüber hinaus die Kosten, die sich im Rahmen der Leistungskontrolle und möglicher Vertragsanpassungen ergeben.

Interne Auslagerung: Shared Service Center

Ein Shared Service Center (SCC) ist eine zentralisierte Abteilung eines Unternehmens, die als interner Outsourcing-Dienstleister agiert. Shared Service Center haben sich zunächst in Finanzfunktionen entwickelt, um interne Dienstleistungen zur gemeinsamen Nutzung finanzieller Ressourcen innerhalb eines Konzerns bereitzustellen. Die konzerneigene Lösung wird mit dem Fachbegriff »captive« belegt.

Auch für den Personalbereich nimmt die Verbreitung dieser Organisationsform in Konzernen zu: Ein Personalmanagement-Shared-Service-Center zentralisiert und bündelt Personalmanagementaufgaben, die zuvor an verschiedenen Betriebsstätten lokal erledigt wurden, und bietet sie vor allem internen Kunden an. Es entsteht ein unternehmensweites Wertschöpfungsnetzwerk, in das die vorher über das Unternehmen hinweg verteilten Mitarbeiter verlegt werden. Der Vorteil eines Shared Service Centers besteht darin, dass Unternehmensinterna und Personalmanagement-Kernkompetenzen im Unternehmen verbleiben.

Gerade die unternehmensweite Zentralisierung des Personalmanagements in Verbindung mit der Leistungsverzahnung in andere Unternehmensfunktionen hinein soll zu einer dreifachen Stärkung der Effizienz führen:

- ✔ Investitionen in Instrumente und Wissen des Personalmanagements können aufgrund von Skaleneffekten stärker ausgelastet werden und Kosten reduzieren.
- ✔ Durch die Bündelung interner Nachfrage nach bestimmten Leistungen beispielsweise in den Feldern Personalentwicklung oder Personalmarketing, also durch interne Verbundeffekte, kann sich die Marktmacht des Personalmanagements nach außen hin erhöhen.
- ✔ Aufgrund von Lern- und Professionalisierungseffekten der Mitarbeiter, bei denen alle Personalmanagementaufgaben zusammenlaufen, können Produktivität, Qualität und Flexibilität des angebotenen Personalmanagements gesteigert werden.

Da diese Effizienzziele immer wichtiger werden, nimmt auch die Bedeutung der Shared Service Center immer mehr zu.

Auch wenn es Fälle gibt, in denen Unternehmen das Shared Service Center Personalmanagement als zentrale Serviceabteilung stabilisieren, so ist die Einrichtung eines Shared Service Centers in der üblichen Realisierung ein Zwischenschritt, der in die Ausgliederung des Shared Service Centers als Ganzes mündet und eine graduelle Auflösung der unternehmensinternen Personalabteilung einleitet.

Wie Outsourcing vor sich geht

Entscheidend für den Erfolg von Outsourcing ist die beiderseitige Zufriedenheit. Sie ergibt sich, wenn es gelingt, einen vertrauensvollen Auslagerungsprozess zu initiieren und zu stabilisieren.

Auslagerungsprozess

Das Personalmanagement muss den Outsourcing-Prozess gestalten, also

- ✔ auf Basis einer strategischen Analyse die Outsourcing-Strategie festlegen,
- ✔ in einer Projektgruppe das Anforderungsprofil für den Outsourcing-Partner bestimmen und einen entsprechenden Anbieter auswählen,
- ✔ bei der Abgrenzung der auszulagernden Leistung und ihrer Standardisierung mitwirken,
- ✔ die Struktur und Rechtsform der Outsourcing-Verbindung und die Prozessabläufe designen und deren rechtliche Folgen klären,
- ✔ den Outsourcing-Vertrag samt Anforderungs- und Leistungsvereinbarungen, den sogenannten Service Level Agreements, verhandeln und ausformulieren,
- ✔ alle Betroffenen (Mitarbeiter, Betriebsrat, Führungskräfte, Unternehmensfunktionen außerhalb des Personalmanagements) frühzeitig informieren,
- ✔ den Übergang der bislang internen Prozesse zur Auslagerung überwachen,
- ✔ fortlaufend die Qualität der Leistungserstellung evaluieren,
- ✔ Informationen im laufenden Prozess austauschen und Konflikte lösen sowie
- ✔ die mit dem Outsourcing verbundenen Verpflichtungen wie die Bezahlung der erbrachten Leistung sicherstellen.

Ob diese gesamthafte Gestaltung gelingt, hängt unter anderem auch von der räumlichen Entfernung zwischen den Outsourcing-Partnern ab: Eine geringere Entfernung kann dazu beitragen, dass eine partnerschaftliche Beziehung samt kontinuierlicher Kommunikation auch durch persönlichen Kontakt erreicht wird.

Entscheidend für den Erfolg und die Steigerung der Effizienz sind die als Teil des Outsourcing-Vertrags zu schließenden Service Level Agreements (SLA) oder auch Dienstgütevereinbarungen (DGV): Dies sind die detaillierten Anforderungs- und Leistungsvereinbarungen, durch die die zu erbringende Servicequalität sowie deren Messung quantitativ und qualitativ definiert werden. Zudem werden hier die rechtlichen Konsequenzen aufgeführt, die bei Nichteinhaltung der vereinbarten Servicequalität eintreten.

Die Sicherung der Servicequalität erstreckt sich zum einen auf die Qualität der ausgelagerten, zu erbringenden Personalmanagementaufgabe, zum anderen auf die Kooperationsqualität der Outsourcing-Partnerschaft. Aus diesem Grund finden sich in den Service Level Agreements auch Vereinbarungen zum Ablauf von Kommunikation und Krisenbewältigung bis hin zum Datenschutz. In der Praxis können Service Level Agreements den Umfang ganzer Handbücher annehmen, weil sie Vereinbarungen zu allen Gestaltungsaspekten des Auslagerungsprozesses enthalten können. Das Personalmanagement kann Service Level Agreements nur unter Einschaltung von Rechtsexperten formulieren.

Schnittstellenoptimierung

... in eigener Sache

Wichtig wird die Gestaltung der Schnittstelle zwischen dem Personalmanagement und dem Outsourcing-Partner. Es kommt darauf an, dass die Externen die zur Leistungserstellung notwendigen Informationen erhalten, dass gegebenenfalls mehrere externe Partner koordiniert werden, dass die leistungs- und qualitätsbezogenen Vereinbarungen überwacht werden, dass von Zeit zu Zeit auch über Innovation und Weiterentwicklungen nachgedacht wird und dass der gesamte Prozess einem Controlling unterliegt.

... für andere Abteilungen

Wenn andere Abteilungen des Unternehmens Aufgaben auslagern, kann das Personalmanagement – so es nicht selbst ausgelagert wurde – hier als kompetenter Dienstleister mitwirken:

- ✔ es kann den Akteuren als Prozessspezialist beratend zur Seite stehen,
- ✔ es kann im Vorfeld den Kompetenzaufbau der Beteiligten planen und steuern,
- ✔ es kann konkrete Maßnahmen zur Personalentwicklung in Richtung des Outsourcings bereitstellen und
- ✔ es kann auch die Ausrichtung des Outsourcing-Partners auf das eigene Unternehmen durch Vermittlung von Fachwissen und unternehmenskulturellem Wissen begleiten.

Das Personalmanagement kann sich also auch als Outsourcing-Prozessdienstleister des Unternehmens positionieren.

Strategisches Risiko als Kehrseite der Outsourcing-Medaille

Die Entwicklung zu einem Outsourcing von Personalarbeit wird zumindest außerhalb des Personalbereichs positiv beurteilt. Man kann davon ausgehen, dass ungefähr jeder dritte Geschäftsführer ernsthaft darüber nachdenkt, seinen Personalbereich auszulagern: Sie sehen die Kosten des Personalmanagements, der wertschöpfende Nutzen bleibt dagegen vage, demzufolge fallen Kosten-Nutzen-Analysen unvorteilhaft aus.

Gegen eine zumindest teilweise Auslagerung haben Personalverantwortliche häufig keine Einwände, flüchten sich in Argumente wie »dann haben wir Zeit für das Wesentliche« und sehen nicht die Bedrohung ihrer unternehmensinternen Legitimation und ihres eigenen Verbleibens im Unternehmen. Auch einige Beratungsfirmen plädieren für eine Auflösung des Personalbereichs, weil sie von dem Umstellungsprozess und der langfristigen Übernahme strategischer Aufgaben profitieren.

Jede Entscheidung für ein Outsourcing von Personalmanagementaufgaben basiert aber auf dem indirekten Eingeständnis, wonach durch die interne Personalarbeit bislang schon kein strategischer Wettbewerbsvorteil vorhanden ist und auch nicht angestrebt wird. Wenn ein Unternehmen seine Personalentwicklung auslagert und durch denselben externen Outsourcing-Partner betreuen lässt wie mehrere seiner wichtigsten Hauptkonkurrenten, kann das Unternehmen in diesen Funktionen kaum besser auftreten als diese. Und genau das ist problematisch: Es kann sich durch ein Outsourcing auch keine neuen Wettbewerbsvorteile verschaffen, sich also nicht positiv von der Konkurrenz abgrenzen.

Überlegen sich ein Unternehmen oder sein Personalmanagement, ob es Personalmanagementaufgaben outsourcen soll oder nicht, so müsste es sich bei seiner Entscheidung fragen, ob durch das Outsourcing ein bedrohlicher Einfluss auf die Personalmanagement-Kernkompetenzen des Unternehmens entsteht.

Üblicherweise werden zunächst Aufgaben ausgelagert, die wenig spezifisch und damit gut standardisiert sind und durch die sich das Unternehmen auf dem Arbeitsmarkt nicht sonderlich abgrenzen kann. Hierzu gehören die Lohnabrechnung, die Bearbeitung arbeits- und sozialrechtlicher Fragen sowie die Buchung von Standardseminaren im Rahmen der Personalentwicklung. In diesen Fällen ist keine Personalmanagement-Kernkompetenz bedroht, im Gegenteil: Hier bietet sich ein gut nutzbarer Hebel zur Effizienzsteigerung, der dann noch in vernünftiger Relation zu den Auslagerungskosten stehen sollte.

Bereits bei der Auslagerung der konzeptionellen Gestaltung von Arbeitszeitmodellen oder Vergütungssystemen, der Personalbeschaffung oder der Personalplanung ist jedoch zu fragen, ob es sich nicht um personalwirtschaftliche Kernaufgaben handelt, die das Unternehmen aus strategischer Sicht selbst bearbeiten sollte. Sobald es um die Weiterentwicklung strategischen Personalwissens geht, sollte die Auslagerbarkeit sehr gründlich und kritisch geprüft werden.

Zudem geht durch Outsourcing Schritt für Schritt personalwirtschaftliches Know-how verloren: zunächst von der Personalabteilung auf dem Weg der internen Auslagerung an das Shared Service Center, dann von dort auf dem Weg des externen Outsourcings an externe Dienstleister. Ist es erst einmal verloren, kann das Outsourcing auch nicht mehr einfach rückgängig gemacht werden, denn das Insourcing setzt seinerseits vorhandenes Know-how im Unternehmen voraus.

Zeitarbeitsunternehmen, die Lieferanten von Flexibilität

19

In diesem Kapitel ...

- Besonderheiten der Zeitarbeit kennenlernen
- Zeitarbeit in Betracht ziehen
- Mitarbeiter regional austauschen

Zeitarbeit hat sich auf dem deutschen Arbeitsmarkt etabliert. Das Personalmanagement hat viel Arbeit damit, weil Zeitarbeit sich durch Flexibilität, Kurzfristigkeit und Dynamik auszeichnet. Zeitarbeitnehmer werden durchschnittlich kürzer beschäftigt als die regulären Mitarbeiter eines Unternehmens, was zu häufigeren Vertragsabschlüssen und -auflösungen führt.

Dieses Kapitel bringt Ihnen näher, wie das Personalmanagement mit den Zeitarbeitsunternehmen zusammenarbeitet. Sie erfahren die wichtigsten Besonderheiten der Zeitarbeit, die von den Zeitarbeitnehmern zwiespältig gesehen wird: Einerseits eröffnet sie ihnen Chancen auf Beschäftigung, andererseits bietet sie ihnen aber kaum langfristige Beschäftigungssicherheit und Stabilität. Danach stelle ich Ihnen die Aufgaben des Personalmanagements beim Einsatz von Zeitarbeit vor.

Zeitarbeit ist kein ganz neues Phänomen: Bereits 1948 wurde die erste Zeitarbeitsfirma »Manpower Inc.« in den USA gegründet, die sich zur Aufgabe machte, für temporär ausfallende Mitarbeiter einen zeitlich befristeten Ersatz zu organisieren.

In Deutschland stellte 1967 des Bundesverfassungsgericht die Zulässigkeit der Arbeitnehmerüberlassung fest. Seit 1972 sichert das Arbeitnehmerüberlassungsgesetz den sozialen Mindestschutz für überlassene Arbeitnehmer. Seit 1997 sind unbefristete Arbeitsverträge zwischen Zeitarbeitnehmern und Zeitarbeitsunternehmen zugelassen. Im Jahre 2003 wurde ein erster Flächentarifvertrag für Zeitarbeitnehmer abgeschlossen. 2004 erfolgte die Abschaffung der maximalen Überlassungsdauer eines Zeitarbeitnehmers an ein ausleihendes Unternehmen. Seit 2009 können Zeitarbeitnehmer Kurzarbeit in Anspruch nehmen. 2011 schließlich trat die gesetzliche Regelung in Kraft, gemäß der ein allgemeinverbindlicher Mindestlohn bei der Zeitarbeit möglich wurde.

In Deutschland stieg die Zahl der Zeitarbeitnehmer stark an. Im Jahre 1980 waren es noch 33.000, Ende des Jahres 2011 etwa 872.000 Zeitarbeitnehmer, wobei es mehr als 17.500 Zeitarbeitsunternehmen in Deutschland gibt. Die Übernahmequote von Zeitarbeitnehmern in unbefristete Beschäftigungsverhältnisse bei ihren Entleihern liegt bei unter 10 Prozent.

Gerade Gewerkschaften stehen der Zeitarbeit ablehnend gegenüber – einerseits, weil sie gegen eine Zweiklassenbeschäftigung von Mitarbeitern und die Ausbildung prekärer Beschäftigung mit Niedriglöhnen und geringer sozialer Absicherung sind, andererseits aber auch, weil Zeitarbeitnehmer seltener in Gewerkschaften organisiert sind als Stammmitarbeiter und sie damit die Gewerkschaftsziele weder finanziell durch Mitgliedsbeiträge noch durch ihre Teilnahme an Arbeitskampfmaßnahmen unterstützen.

Eine Besonderheit bei der Zeitarbeit nach der anderen

Die Zeitarbeit gilt als Beispiel eines »atypischen Beschäftigungsverhältnisses«. Während ein Normalarbeitsverhältnis auf Dauer angelegt ist, die Anwesenheit im Unternehmen bei sozialversicherungspflichtiger Vollzeitbeschäftigung und normierter Entlohnung mit sich bringt und zudem den Weisungen der Führungskräfte unterliegt, weichen atypische Beschäftigungsverhältnisse hiervon ab. Dazu zählen geringfügige und befristete Beschäftigung, Teilzeitarbeit, selbstständige Arbeit, hierarchiefreie und damit nicht weisungsgebundene Arbeit, »freie Mitarbeit« wie in der Medienbranche und eben Zeitarbeit.

Zeitarbeit hat viele Synonyme: Man bezeichnet sie auch als Leiharbeit (so der Begriff im Gesetz), Arbeitskräfteverleih, Arbeitnehmerüberlassung oder Personalleasing. Gemeint ist in jedem Fall das Gleiche: Ein Zeitarbeitsunternehmen stellt einen Arbeitnehmer ein, um ihn dann einem Dritten als Mitarbeiter zu überlassen. Aus diesem Grund ist die Zeitarbeit auch als gewerbsmäßige Arbeitnehmerüberlassung definiert.

Besondere Auslagerungsform

Zeitarbeit ist eine besondere Form der Auslagerung: Es werden nicht Personalmanagementaufgaben ausgelagert, sondern das Unternehmen lagert seine Funktion als Arbeitgeber aus.

Rechtliche Regelungen finden Sie hierzu im Gesetz zur Regelung der Arbeitnehmerüberlassung, kurz Arbeitnehmerüberlassungsgesetz (AÜG). Es regelt nicht nur die Pflicht, sich als Verleiher eine Erlaubnis bei der Bundesagentur für Arbeit einzuholen, sondern unter anderem auch die Rechtsbeziehung zwischen Verleiher und Entleiher, die Pflichten des Verleihers zur Gewährung von Arbeitsbedingungen, Mitwirkungs- und Mitbestimmungsrechte des Leiharbeitnehmers und die Kontrolle der Einhaltung der gesetzlichen Vorschriften.

Besondere Rechtsbeziehungen bei der Zeitarbeit

Bei der Zeitarbeit leiht sich ein Unternehmen von einem Zeitarbeitsunternehmen für eine begrenzte Zeit gegen ein Entgelt einen Mitarbeiter aus. Dieser ist arbeitsvertraglich beim Zeitarbeitsunternehmen beschäftigt, unterliegt jedoch für den Zeitraum seiner Ausleihe dem Weisungsrecht des entleihenden Unternehmens (siehe Abbildung 19.1).

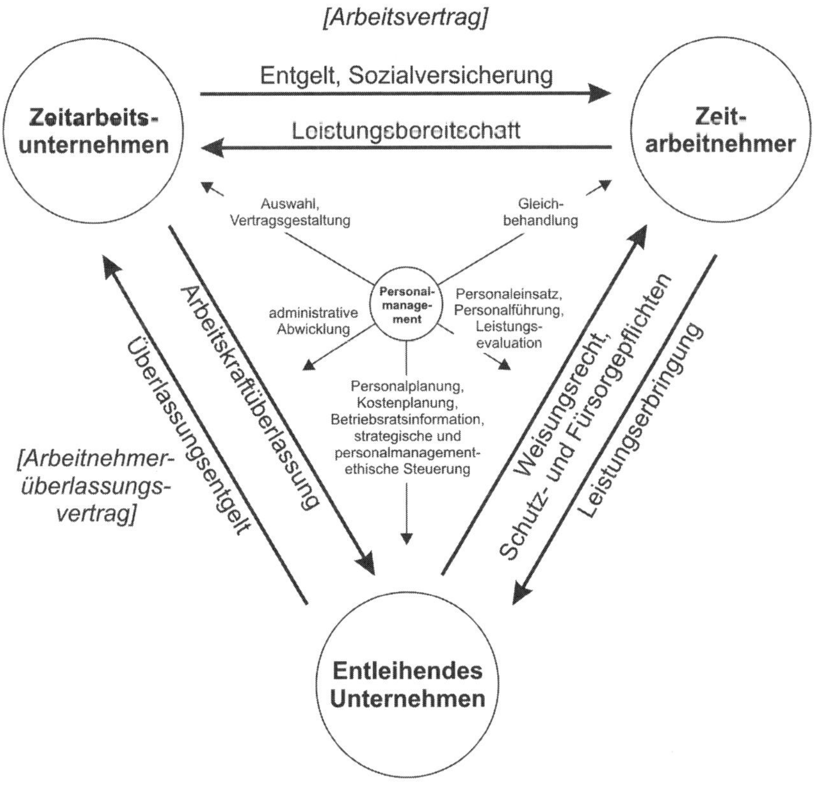

Abbildung 19.1: Die Rolle des Personalmanagements des entleihenden Unternehmens innerhalb der Arbeitnehmerüberlassung

Das sind Rollen der Beteiligten:

✔ Das Zeitarbeitsunternehmen als Verleiher ist gegenüber dem Zeitarbeitnehmer der Arbeitgeber. Es schließt einen ganz normalen Arbeitsvertrag ab, allerdings zusätzlich mit der Vereinbarung, dass der Zeitarbeitnehmer einem Dritten überlassen werden darf. Gegenüber diesem Entleiher muss das Zeitarbeitsunternehmen dafür einstehen, dass es die angeforderte Mitarbeiterqualifikation bereitstellt. Eine Haftung für die Arbeitsqualität übernimmt das Zeitarbeitsunternehmen allerdings nicht.

✔ Das entleihende Unternehmen, das nur einen Vertrag über die Arbeitnehmerausleihe mit dem Zeitarbeitsunternehmen abgeschlossen hat, darf die Arbeitskraft des Arbeitnehmers nutzen. Hierbei entstehen zwischen dem Entleiher und dem Zeitarbeitnehmer keine arbeitsrechtlichen Verpflichtungen, also beispielsweise keine Kündigungsvorschriften, die beachtet werden müssen. Gegenüber dem Zeitarbeitnehmer entstehen Schutz- und Fürsorgepflichten.

✔ Der Zeitarbeitnehmer ist Mitarbeiter des Verleihers und kann ihm gegenüber alle Arbeitnehmerrechte wahrnehmen, die sich aus dem Arbeitsvertrag, aus Tarifverträgen und aus dem Arbeitsrecht ergeben. In diesem Arbeitsverhältnis gelten dann zum Beispiel auch die üblichen Kündigungsschutzregeln. Auch das Arbeitsentgelt erhält der Zeitarbeitnehmer vom Zeitarbeitsunternehmen. Die Arbeitserbringung findet allerdings beim Entleiher und auf dessen Weisung statt. Für Konfliktfälle behält aber der Verleiher die Sanktionsrechte. Ein speziell für Zeitarbeitnehmer aufbereitetes »Merkblatt für Leiharbeitnehmer« stellt die Bundesagentur für Arbeit zur Verfügung.

Die Beendigung der Ausleihe eines Zeitarbeitnehmers kann per Aufhebungsvertrag, per Rücktritt vom Vertrag, per Kündigung (soweit im Arbeitnehmerüberlassungsvertrag ein Kündigungsrecht vereinbart wurde) oder durch Ablauf der vertraglich vereinbarten Befristung erfolgen.

Nicht wegdefinieren lässt sich die Tatsache, dass Zeitarbeitnehmer in das Unternehmen nicht genauso integriert sind wie die Stammmitarbeiter. Dies liegt zum Teil an der zeitlichen Befristung, die eine soziale Integration erschwert, aber auch daran, dass die Stammmitarbeiter in den Zeitarbeitnehmern eine Konkurrenz sehen.

Manche Unternehmen, die Zeitarbeiter beschäftigen, symbolisieren offen, dass Zeitarbeiter im Unternehmen einen anderen Status genießen als die Stammarbeitnehmer. So tragen etwa in einem Automobilunternehmen in Deutschland die Zeitarbeiter eine andere Arbeitskleidung und dürfen nicht in der regulären Kantine essen. Aus anderen Unternehmen ist bekannt, dass Zeitarbeiter den Mitarbeiterparkplatz nicht nutzen dürfen oder nicht zur Weihnachtsfeier des Unternehmens eingeladen werden.

Besondere Erwartungen an die Zeitarbeit

Warum lassen sich die Vertragspartner auf ein solches Dreiecksverhältnis ein? Hier spielen die besonderen Erwartungen einer Rolle, die jeder der drei Beteiligten hat:

- ✔ Das Zeitarbeitsunternehmen will durch dieses gewerbliche Geschäftsmodell natürlich Geld verdienen. Darüber hinaus lassen sie sich in ihrer Eigenschaft als möglicher Personalvermittler vom Entleiher auch eine Vermittlungsgebühr von bis zu 30 Prozent des künftigen Bruttojahresgehalts bezahlen, wenn dieser den Zeitarbeitnehmer übernimmt und fest weiterbeschäftigt. Selbst der Zeitarbeitnehmer muss auf Basis eines Vermittlungsvertrags eine Vermittlungsgebühr an das Zeitarbeitsunternehmen entrichten, wenn eine schnelle Übernahme durch einen Entleiher erfolgt.
- ✔ Das entleihende Unternehmen schätzt an der Zeitarbeit erstens die Flexibilität, die es durch das relativ problemlose Ausleihen von Arbeitnehmern erlangt. Bei besonders hohem Arbeitsanfall können ohne langwierige eigene Personalbeschaffung Zeitarbeitnehmer im Unternehmen mitarbeiten. Sollte jedoch nicht mehr so viel Arbeit vorhanden sein, kann die Zeitarbeitnehmerausleihe ohne Berücksichtigung von Kündigungsprozeduren beendet werden. Ein zweiter Grund sind die Kosten: Auf der einen Seite sind die Ausleihpreise zwar höher als die Entgelte für vergleichbare Stammmitarbeiter, dafür spart das Personalmanagement andererseits Personalmarketingkosten, Personalbeschaffungskosten, Personalverwaltungskosten, Personalausfallkosten aufgrund von Krankheit (hier muss das Zeitarbeitsunternehmen Ersatz beschaffen) sowie Personalfreisetzungskosten und Abfindungen. Als Nebeneffekt tritt also eine Flexibilisierung der Kostenseite

ein. Durch die Zeitarbeit ergibt sich auch eine Risikominimierung, weil die Verantwortung für den Zeitarbeitnehmer hauptsächlich beim Zeitarbeitsunternehmen liegt. Es liegen Chancen darin, die Zeitarbeitnehmer während ihrer Arbeit zu erproben und dann gegebenenfalls als Stammarbeitnehmer zu übernehmen, wobei eine solche Erprobungszeit motivierend auf den Zeitarbeitnehmer wirken kann.

✔ Der Zeitarbeitnehmer findet gegebenenfalls schneller eine Beschäftigung und kann dort Erfahrungen in mehreren Unternehmen gewinnen. Dieses Motiv verfolgen auch hoch qualifizierte Zeitarbeitnehmer, die über einen häufigeren Wechsel des Entleihers recht schnell eine breite Berufserfahrung erwerben können.

Die Zeitarbeit nimmt inzwischen eine bedeutende Rolle in der Arbeitswelt ein. Dabei zeigt die Zeitarbeit eine parallele Entwicklung zur Konjunktur: Bei guter Konjunktur wird mehr Personal entliehen als bei schlechter Konjunktur.

Besondere Entlohnung der Zeitarbeitnehmer

Die Entlohnung in der Zeitarbeit ist deshalb immer wieder im Rahmen von Tarifverhandlungen und Gesetzgebungsverfahren umstritten, weil alle drei Beteiligten möglichst gute finanzielle Ergebnisse erzielen wollen. Grundsätzlich kann aber Folgendes zur Entlohnung in der Zeitarbeit gesagt werden:

✔ Das Zeitarbeitsunternehmen zahlt dem Zeitarbeiter einen Lohn, stellt dem entleihenden Unternehmen jedoch einen höheren Stundensatz in Rechnung. Dieser ergibt sich als Summe aus dem Bruttostundenlohn und den Sozialabgaben für den Zeitarbeiternehmer, aus kalkulatorischen Zeitarbeitnehmerkosten etwa für Urlaub, Krankheit und Fluktuation, aus den kalkulatorischen Verwaltungskosten, die für Personal und Mieten anfallen, sowie aus dem Gewinnanteil. Als Faustformel kann – je nach Qualifikation des Zeitarbeitnehmers – der Bruttostundenlohn verdoppelt bis verdreifacht werden, um den Stundensatz zu ermitteln.

✔ Das entleihende Unternehmen muss für die produktive Zeit des Zeitarbeitnehmers den vereinbarten Stundensatz an das Zeitarbeitsunternehmen bezahlen, der in der Regel höher ausfällt als der Bruttostundenlohn und die Sozialabgaben für einen Stammarbeitnehmer. Dennoch kann sich die Zeitarbeit für den Entleiher rechnen, wenn die Kostenersparnisse in der Personalarbeit kalkuliert werden.

✔ Der Zeitarbeitnehmer wird nach der im anzuwendenden Tarifvertrag vorgesehenen Entgeltgruppe bezahlt, die sich nach seiner Qualifikation richtet.

Die Zeitarbeiter in einem Unternehmen haben Anspruch darauf, dass sie gleichbehandelt werden wie vergleichbare Stammbeschäftigte beim Entleiher, und zwar im Hinblick auf ihre Bezahlung einschließlich Sondervergütungen, Jahresprämien und Mehrarbeitszulagen. Dieses Prinzip »Equal Pay/Equal Treatment« kann nur auf Basis eines Tarifvertrags verletzt werden, der Abweichendes regelt, was allerdings in der Praxis der Normalfall ist. Daher sind die durchschnittlichen Bruttoarbeitsentgelte in der Zeitarbeit niedriger als in der Beschäftigung insgesamt.

Abweichungen zwischen der tariflich vereinbarten Normalarbeitszeit des Zeitarbeitnehmers und der für ihn maßgeblichen Arbeitszeit beim Entleiher werden auf einem Arbeitszeitkonto erfasst, das je nach zugrunde gelegter Regelung durch Freizeitausgleich/Nacharbeit oder durch Geld ausgeglichen werden kann.

Mit Zeitarbeit planen

Für Sie heißt es nun, die Zusammenarbeit mit Zeitarbeitsunternehmen aus dem Blickwinkel des Personalmanagements zu betrachten und die Interessen des Personalmanagements Ihres entleihenden Unternehmens zu vertreten.

Kommt Zeitarbeit infrage?

Die erste Überlegung bezieht sich auf die Flexibilität, die sich durch Zeitarbeit für Ihr Unternehmen ergeben kann: Ihr Unternehmen kann durch Zeitarbeit flexibel Produktionsspitzen abfangen und auch Innovationspotenziale freisetzen, indem es die Stammarbeitnehmer im Tagesgeschäft entlastet und ihnen damit Kreativitätsfreiräume schafft. Das Personalmanagement muss diese Flexibilität allerdings auch aktiv befördern. Dazu muss es die Zeitarbeitnehmer möglichst schnell in die bestehenden Arbeitsstrukturen integrieren.

Die Integration von Zeitarbeitnehmern erfordert Betreuungskapazitäten und Ressourcen. Zwar ist das Einsatzfeld von Zeitarbeitnehmern üblicherweise klar definiert, aber eventuell ist ein sehr spezieller Ausbildungshintergrund des Zeitarbeitnehmers nicht kompatibel mit den Kenntnissen, Fähigkeiten und Erfahrungen der restlichen Belegschaft.

Das Personalmanagement muss besonders auf den unternehmenskulturellen Zusammenhalt im Unternehmen achten. Er kann durch Zeitarbeit gestört werden. Zeitarbeiter können zwar auf der einen Seite die bestehende Belegschaft entlasten und damit zum Beispiel deren Work-Life-Balance zu verbessern helfen. Auf der anderen Seite aber befinden sich Zeitarbeitnehmer in einer kulturellen Zwickmühle, da sie gleichzeitig sowohl zum Zeitarbeitsunternehmen als auch zum entleihenden Unternehmen gehören. Sie können Fremdkörper für bestehende Teams sein.

Zeitarbeitnehmer erzeugen womöglich Unzufriedenheit unter den Stammarbeitnehmern durch neue Konkurrenz, Einarbeitungsaufwand, Differenzen in Arbeitsethos und in der Qualitätsauffassung. Durch eine nicht gelingende Integration können Betriebsklima und Betriebsfrieden gestört werden. Sätze von Zeitarbeitnehmern wie »So motiviert, wie ihr hier arbeitet, wird nirgends sonst gearbeitet« können die Stammarbeitnehmer erst darauf aufmerksam machen, dass sie eigentlich höhere Gegenforderungen an die Führungskräfte stellen können, und so bisherige Erfolge der personellen Führung zunichtemachen.

In Unternehmen mit mehr als 20 wahlberechtigten Arbeitnehmern im Sinne des Betriebsverfassungsgesetzes muss der Betriebsrat vor jedem beabsichtigten tatsächlichen Einsatz eines Zeitarbeitnehmers mindestens eine Woche vorher unterrichtet werden, damit er sich zu dieser personellen Maßnahme äußern kann. Zum Informationsumfang zählen die Angaben zur Person, Beginn und Dauer des Einsatzes, Arbeitsbereich und Arbeitsumfang, die erwarteten Wirkungen des Arbeitseinsatzes sowie die innerbetriebliche Ausschreibung der Stelle.

Im Hinblick auf den Einsatz von Zeitarbeit in der Unternehmensleitung – man spricht von Interimsmanagern – sind zwei Möglichkeiten denkbar:

- ✔ Einerseits gibt es manchmal das kurzfristige Sanierungsinteresse eines Unternehmens, bei dem unter Zeitdruck ein Manager gesucht wird, der nach einer Weichenstellung in die richtige, da überlebenssichernde Richtung das Unternehmen wieder verlässt und verlassen will, um einer längerfristigen Perspektive Platz zu machen. Eine Verlängerungsoption ist von vornherein nicht mit eingeplant.
- ✔ Andererseits gibt es das Modell, bei dem ein Manager kurzfristig eingestellt wird, aber Möglichkeiten zur Vertragsverlängerung für den Fall erhält, dass die erbrachte Leistung für beide Seiten als zufriedenstellend bewertet wird. Dies kann in eine Verlängerungs- oder Nachfolgeregelung münden.

Schließlich hat Zeitarbeit einen Einfluss auf das Außenimage des Unternehmens: Es kann ein positiver Außeneffekt eintreten, wenn Zeitarbeitnehmer das entleihende Unternehmen schätzen und entsprechend nach außen hin präsentieren. Negativer Einfluss kann entstehen, wenn es im Unternehmen mangels gelingender Integration der Zeitarbeitnehmer zu Unfrieden kommt und das Betriebsklima geschädigt wird.

So wird es professionell

Das professionelle Personalmanagement hat auch an dieser Stelle wieder einige Ideen, wie mit der Zeitarbeit und den Zeitarbeitsunternehmen umzugehen ist, sodass die gesteckten Ziele erreicht werden.

Differenzierung

Folgende Zielgruppen können hinsichtlich des Einsatzes von Zeitarbeitnehmern berücksichtigt werden: die Zeitarbeitnehmer selbst, dann die Abteilung oder das Team, in denen die Zeitarbeit eingesetzt wird, von ihrer Leitung bis zu den Mitarbeitern, darüber hinaus die Unternehmensleitung sowie die direkten Führungskräfte der Zeitarbeitnehmer.

»Differenziert berücksichtigen« heißt, sich bewusst zu machen, welche Erwartungen jeweils bestehen und welche Barrieren überwunden werden müssen, und dies offen anzusprechen. Es ist davon auszugehen, dass bei jeder Zielgruppe unterschiedliche Informationsbedürfnisse bestehen. So sollte zum Beispiel mit den Zeitarbeitnehmern besprochen werden, wie sie eine persönliche Bindung zum Unternehmen aufbauen könnten, und es sollten Motivationsbedingungen geschaffen werden, die gezielt einer sinkenden Motivation und einer inneren Kündigung bei längerer Ausleihdauer entgegenwirken.

Kontinuität

Kontinuität entsteht im Personalmanagement durch einen kontinuierlich-professionellen Umgang mit Zeitarbeit. Hierzu sind Regeln unerlässlich, beispielsweise: In welchen Situationen und aus welchen Gründen wird auf Zeitarbeitnehmer zurückgegriffen? Gibt es dafür Messgrößen wie beispielsweise die Anzahl von Überstunden einer Abteilung? Wird ein vernünftiger Umgang mit Zeitarbeitnehmern, nämlich die Gleichbehandlung zu Stammarbeitnehmern, sichergestellt, zum Beispiel im Hinblick auf eine leistungs- oder erfolgsabhängige Vergütung? Gibt es nachvollziehbare Kriterien zur Übernahme von Zeitarbeitnehmern in eine Festanstellung? Die entsprechenden Regeln sollten nicht nur festgelegt, sondern auch befolgt werden.

Expertise

Die Besonderheiten von Zeitarbeit erfordern (nicht nur) beim Personalmanagement eine spezielle Expertise. Auf Zeitarbeit ausgerichtete Schulungen fördern die Sensibilisierung bei der Personalabteilung, den Führungskräften und Mitarbeitern der Abteilungen, in denen Zeitarbeit eingesetzt wird, und zwar vor und während der Einarbeitung von Zeitarbeitnehmern. Das Ziel besteht darin, die Zeitarbeit möglichst reibungslos abzuwickeln, nicht in Konflikt mit der Bundesagentur für Arbeit als zuständige Behörde zu geraten und die Besonderheiten aller Prozessphasen zu kennen.

Governance

Im Professionalisierungsfeld der Governance kann die Unternehmensleitung ein Verständnis für die Zeitarbeit entwickeln, etwa durch rückgekoppelten Informationsaustausch zu den Abteilungen, die Zeitarbeit nutzen. Das Personalmanagement beeinflusst hierbei die strategische Ausrichtung, indem es die Kostenpositionen und die Kostenersparnisse in die Diskussionen einbringt.

Die Zeitarbeitsplanung lässt sich unternehmensweit über abteilungsübergreifende Kommunikation koordinieren. Bereits gemachte Erfahrungen mit Zeitarbeit können über die Auswertung und Interpretation von Messgrößen, die der Zeitarbeitsentscheidung zugrunde liegen, in die strategischen Steuerungsprozesse eingebracht werden.

Gegen Zeitarbeit lässt sich einwenden, dass sie dazu führen kann, Stammarbeitskräfte vollständig zu ersetzen und Lohnkosten einzusparen. Hier ist eine personalmanagementethische Positionierung der Unternehmensleitung gefordert, die dann zur Leitlinie des Personalmanagements wird.

Nicht gewerbsmäßige Arbeitnehmerüberlassung als Alternative

Gerade mittelständische Unternehmen profitieren von der nicht gewerbsmäßigen Personalausleihe, bei der sich in einer Region Unternehmen zusammenschließen, um sich gegenseitig Mitarbeiter, die sie sonst gegebenenfalls entlassen würden, befristet zur Verfügung zu stellen. Das schafft regionale Arbeitsplatzsicherheit und eine bessere Motivation verfügbarer Mitarbeiter. Vorreiter der nicht gewerbsmäßigen Arbeitnehmerüberlassung in Deutschland sind Standortsicherungsinitiativen in Braunschweig und Siegen.

Die nicht gewerbsmäßige Arbeitnehmerüberlassung kann als Arbeitnehmerüberlassung definiert werden, die zumeist in einem regionalen Netzwerk von Arbeitgebern erfolgt. Sie ist ohne Beachtung des Arbeitnehmerüberlassungsgesetzes möglich, da das nur für die gewerbsmäßige Arbeitnehmerüberlassung gilt. Die Nichtanwendung des Arbeitnehmerüberlassungsgesetzes eröffnet Unternehmen eine größere Handlungsfreiheit, birgt aber gleichzeitig auch eine gewisse Rechtsunsicherheit. Weil sich viele Parallelen zur gewerbsmäßigen Arbeitnehmerüberlassung ergeben, kann man sich zur genaueren Ausgestaltung an den entsprechenden gesetzlichen Regelungen der gewerbsmäßigen Arbeitnehmerüberlassung orientieren.

Zur Anwendung der nicht gewerbsmäßigen Arbeitnehmerüberlassung muss ein Tarifvertrag vorliegen. Der schafft in der Regel einen Unternehmensverbund, der die am möglichen Personalaustausch teilnehmenden Unternehmen zusammenfasst. Dieser Tarifvertrag soll die fehlenden gesetzlichen Regelungen ersetzen und vergleichbare Schutzrechte enthalten. Auf dieser Basis und auf Grundlage des bestehenden Arbeitsvertrags zwischen Verleiher und Leiharbeitnehmer erfolgt die Ausleihe über einen Arbeitnehmerüberlassungsvertrag zwischen Entleiher und Verleiher. Obwohl hier keine Formvorschriften bestehen, bietet sich die Schriftform an. Sowohl der Arbeitnehmer als auch die Betriebsräte von entleihendem und ausleihendem Unternehmen müssen dem Personalaustausch dann zustimmen, weil es sich um eine personelle Einzelmaßnahme handelt.

Damit Sie auch wissen, welche Alternative zur gewerbsmäßigen Arbeitnehmerüberlassung nicht zulässig ist, verweise ich kurz auf die illegale Arbeitnehmerüberlassung: Sie liegt dann vor, wenn entweder die erforderliche Erlaubnis zur gewerbsmäßigen Arbeitnehmerüberlassung fehlt oder wenn das verleihende Unternehmen nicht die üblichen Arbeitgeberpflichten übernimmt. Verstöße gegen das Arbeitnehmerüberlassungsgesetz seitens des verleihenden Unternehmens führen zur Unwirksamkeit der Personalüberlassung. Das Gesetz sieht für solche Fälle Geldstrafen vor, zu denen dann noch der Imageschaden für das verleihende Unternehmen tritt.

Tarifpartner, weit weg und doch so nah

20

In diesem Kapitel ...

- Tarifvertragsparteien wahrnehmen
- Tarifverträge durchschauen
- Tarifinteressen durchsetzen

Aufgrund der Tarifautonomie ist der Staat an der Findung von Tarifverträgen nicht direkt beteiligt: Tarifvertragsparteien (oder: Tarifpartner) handeln Tarifverträge selbstständig aus. Das Personalmanagement kann sich entscheiden, ob es sich auf die Tarifpartner ausrichtet und sie zu beeinflussen versucht oder ob es seinen Handlungsspielraum schlicht den Entscheidungen der Tarifpartner unterordnet.

Dieses Kapitel stellt Ihnen die Tarifpartner vor und führt Sie in die Welt der Tarifverträge ein: was sie regeln, wie sie zustande kommen und wie das Personalmanagement eine aktive Rolle einnehmen kann. Sie erfahren auch, was das Personalmanagement tun kann, wenn dem Unternehmen ein Streik droht.

Wer alles bei Tarifverhandlungen mitmischt

Als tariffähige Akteure in der Welt der Tarifverhandlungen finden sich einzelne Arbeitgeber und Vereinigungen von Arbeitgebern auf der einen Seite, die Gewerkschaften und ihre Spitzenorganisationen auf der anderen Seite. Sie bilden zusammen die Tarifvertragsparteien:

- ✔ Arbeitgeberverbände sehen sich als Partner und Dienstleister ihrer Mitgliedsunternehmen, für die sie Funktionen wie Rechtsberatung, Bereitstellung von Rechtsschutz, Übernahme von Tarifverhandlungen und Öffentlichkeitsarbeit wahrnehmen. Der Dachverband ist die Bundesvereinigung der Deutschen Arbeitgeberverbände (BDA).
- ✔ Gewerkschaften vertreten die Arbeitnehmer beziehungsweise Arbeitnehmervereinigungen, um zur Verbesserung der sozialen und wirtschaftlichen Lebensbedingungen beizutragen. Dabei sind sie nach Branchen oder Berufen gegliedert oder richten sich gemäß politischen oder religiösen Richtungen aus. Die bedeutendste Dachorganisation zur übergeordneten Koordination gewerkschaftlicher Aktivitäten sowie zur Einflussnahme auf die Politik ist der Deutsche Gewerkschaftsbund (DGB).

In Deutschland herrscht eine grundgesetzlich garantierte Koalitionsfreiheit: Unternehmen dürfen sich in Arbeitgeberverbänden und Mitarbeiter in Gewerkschaften zusammenschließen. Gemeinsam dürfen sie jenseits staatlicher Einflussnahme autonom die Bedingungen von Arbeit festlegen. Das geschieht in Form von Tarifverhandlungen, die als Ergebnis einen Tarifvertrag hervorbringen.

Ein Tarifvertrag als Rahmen

Unter den Tarifverträgen unterscheidet man in Bezug auf den Inhalt und den zeitlichen Regelungshorizont mehrere Formen:

- ✔ Ein Manteltarifvertrag enthält Regelungen zu grundlegenden Fragen von Arbeitsverhältnissen. Sie werden mit vergleichsweise langen Laufzeiten oder sogar unbefristet geschlossen. Typische Inhalte von Manteltarifverträgen sind Zuschläge für Überstunden und Schichtarbeit, Sonderzahlungen, die Lohnfortzahlung im Krankheitsfall, wöchentliche Arbeitszeiten, Urlaubszeiten, die Länge der Probezeit, Kündigungsregelungen und Beschäftigungssicherungs- und Kurzarbeitsregelungen. Hinzu kommen Vereinbarungen über den Umgang der Tarifpartner miteinander sowie formale Aspekte wie die Gültigkeitsdauer des Tarifvertrags.
- ✔ Ein Rahmentarifvertrag ist ein besonderer Tarifvertrag, der Lohn- und Gehaltsgruppen und Lohn- und Gehaltsstufen festlegt und damit die Verfahren zur Lohnfindung regelt.
- ✔ Ein Gehaltstarifvertrag (auch: Lohntarifvertrag, Entgelttarifvertrag) spezifiziert dann mit kurzfristiger Laufzeit die konkreten Höhen der Vergütung für durch Arbeitnehmer erbrachte Leistungen.

In Bezug auf den Geltungsbereich gibt es folgende Varianten:

- ✔ Ein Flächentarifvertrag gilt nur für eine abgegrenzte Region oder ein Bundesland; dies kann allerdings auch ganz Deutschland sein.
- ✔ Ein Haustarifvertrag oder Firmentarifvertrag gilt nur für das Unternehmen, das diesen Vertrag abgeschlossen hat, und dessen Mitarbeiter.
- ✔ Ein Branchentarifvertrag erstreckt seine Gültigkeit auf einen Wirtschaftszweig.

Die Regelungen zur Entgeltfindung sind in diversen Tarifverträgen geregelt und haben, je nach Bundesland beziehungsweise Region, einen unterschiedlichen Geltungsbereich. Der Manteltarifvertrag bildet dabei ein Grundgerüst mit allgemeinen Arbeitsbedingungen. Darin sind, neben vielen anderen Regelungen wie beispielsweise zur Arbeitszeit sowie zur Einstellung und Kündigung, die grundsätzlichen Strukturen der Entgeltregelung rechtlich festgehalten. Der Rahmentarifvertrag hingegen enthält Normen zu Verfahren der Entgeltfindung (zum Beispiel Regelungen zu Lohnarten und Lohngruppen). Die Lohn- und Gehaltstarifverträge regeln letztendlich die Höhe der Vergütung.

Tarifverträge haben in erster Linie die Funktion, die Arbeitnehmer vor der institutionellen Überlegenheit des Arbeitgebers zu schützen. So bewirkt die Schutzfunktion eine einheitliche Entgeltgestaltung für Arbeitnehmer oder einen Schutz vor Rationalisierungsmaßnahmen über Beschäftigungsgarantien.

Tarifverträge haben zudem eine Ordnungsfunktion: So sollen durch die tarifvertragliche Regelung und Typisierung der Arbeitsbedingungen die Überschaubarkeit über die Personalkosten und über notwendige Personalmanagementaktivitäten gewährleistet werden.

Die Friedensfunktion von Tarifverträgen gewährleistet, dass während der Laufzeit eines Tarifvertrags Arbeitskämpfe mit Streiks und Aussperrungen unterbleiben, da eine Friedenspflicht herrscht. Das gibt den Tarifpartnern Planungssicherheit.

Tarifverträge setzen der strategischen Ausgestaltung betrieblicher Entgeltpolitik Grenzen, da sie Kostenstrukturen und Maßstäbe für die reguläre Entlohnung sowie für die leistungsorientierte Entlohnung festlegen und somit Flexibilitätspotenziale beschränken. Für die Arbeitgeber haben Tarifverträge jedoch den Vorteil, dass sie unternehmensübergreifend einheitliche Wettbewerbsbedingungen hinsichtlich der Arbeitskosten schaffen, weil ein allgemeingültiger Maßstab für die entsprechende Branche festgelegt wird.

Tarifbindung, also die Pflicht zur Befolgung der ausgehandelten tarifvertraglichen Regelungen, besteht, sofern das Unternehmen dem zuständigen Arbeitgeberverband und der jeweilige Arbeitnehmer der Gewerkschaft angeschlossen ist. Diese Mitgliedschaften sind in Deutschland freiwillig.

Die einseitige Tarifbindung des Arbeitgebers reicht bereits aus, damit die Tarifnormen im Unternehmen bezogen auf betriebliche oder betriebsverfassungsrechtliche Fragen rechtswirksam werden und damit die betriebliche Ordnung beeinflussen. Alle anderen Regelungen werden erst bei bestehender Tarifbindung beider Tarifpartner rechtswirksam. Tarifverträge dienen jedoch auch vielen nicht tarifvertraglich gebundenen Unternehmen als Orientierungshilfe, vor allem bei der Entgeltfindung.

Grundsätzlich ist die Anwendbarkeit von Tarifverträgen auf ein einzelnes Arbeitsverhältnis eine der zentralen Frage des Tarifrechts und wird in Theorie und Praxis sehr differenziert betrachtet. Unstrittig ist sie, wenn Unternehmen und Mitarbeiter Mitglieder der tarifschließenden Verbände sind. Aber auch für Arbeitgeber und Arbeitnehmer, die nicht in tarifschließenden Verbänden gebunden sind, kann ein Tarifvertrag zwingend gelten, wenn das Bundesministerium für Wirtschaft und Arbeit oder ein Landesarbeitsministerium auf Antrag der Tarifvertragsparteien einen Tarifvertrag für allgemein verbindlich erklärt hat. Die Anwendbarkeit kann darüber hinaus einzelvertraglich vereinbart werden und wird auch dann angenommen, wenn die Anwendung tarifvertraglicher Regelungen auf einzelne Arbeitsverhältnisse betriebsüblich ist – beim Umfang der Geltung liegt aber der sprichwörtliche Teufel im Detail. Gilt jedoch ein Tarifvertrag für ein Arbeitsverhältnis, so hat der Mitarbeiter mindestens Anspruch auf die dort vereinbarten Regelungen, selbst wenn der Arbeitsvertrag geringere Ansprüche vorsieht. Zugunsten des Mitarbeiters darf von den Regelungen jedoch abgewichen werden.

Früher unterlagen Unternehmen einem Tarifvertrag, der für alle ihre Mitarbeiter gültig war. Große Gewerkschaften konnten ihre Interessen tendenziell leichter durchsetzen. Heute kann es mehrere Verträge pro Unternehmen geben: Ein Beispiel ist die Deutsche Lufthansa AG, bei der die Piloten, das Kabinen- und das Bodenpersonal unterschiedliche Tarifverträge haben.

Die Qual der Wahl: Gestalten lassen oder gestalten

Das Personalmanagement muss die Unternehmensleitung dazu beraten, wie aktiv das Unternehmen in die Gestaltung von Tarifverträgen eingreifen soll. Grundsätzlich bestehen zwei Alternativen: Das Unternehmen lässt seinem Arbeitgeberverband mehr oder weniger freie Hand – oder aber, es verhandelt direkt mit einer passenden Gewerkschaft einen Haustarifvertrag aus.

Sich Tarifverträgen unterwerfen

Nach dem Auslaufen der Laufzeit kann ein Tarifvertrag gekündigt werden. Der Ablauf einer dann notwendigen Tarifverhandlung ist immer recht ähnlich und erfolgt in drei Stufen:

- ✔ Zunächst werden die wechselseitigen Forderungen formuliert. Sie basieren auf vorbereitenden Diskussionen der Tarifpartner und enthalten sowohl die entgeltpolitischen und arbeitsbedingungsbezogenen Vorstellungen wie auch Forderungen zur Durchsetzung verbandspolitischer Interessen.
- ✔ Dann folgt der Verhandlungsprozess, der von Verhandlungskommissionen getragen wird. In mehreren Verhandlungsrunden werden Angebote und Gegenangebote ausgetauscht und sich abzeichnende Einigungsmöglichkeiten in Szenarioberechnungen hinsichtlich ihrer Konsequenzen für die vertretenen Tarifverbandsmitglieder durchkalkuliert. Es erfolgen wiederholt Rückversicherungen bei den Tarifverbänden und Dachverbänden, um Annäherungen im Vorfeld zu legitimieren. Der Öffentlichkeit wird symbolisiert, dass man hart um eine Einigung ringt. Wenn auf dem Verhandlungsweg keine Einigung erreicht wird, kann – eventuell unterbrochen durch einen Arbeitskampf mit Streikmaßnahmen – ein Schlichtungsverfahren die Einigung auf einen neuen Tarifvertrag herbeiführen.
- ✔ Das gefundene Ergebnis wird durch die Tarifverbände legitimiert, in der Regel durch Tarifkommissionen.

Das Personalmanagement kleinerer Unternehmen kommuniziert im Verlauf von Tarifverhandlungen meist nicht auf Basis einer geplanten Kommunikationsstrategie mit seinem Arbeitgeberverband. Damit verzichtet es, häufig »aus zeitlichen Gründen«, auf wichtige Einflussmöglichkeiten. Die Regel ist, dass der Arbeitgeberverband erst nach einem erfolgreichen Tarifabschluss die Ergebnisse seinen Mitgliedern im Rahmen einer Präsentation vorstellt. Je größer allerdings ein Unternehmen ist und je besser ausgestattet dessen Personalabteilung mit Mitarbeitern ist, desto spürbarer wird sein Einfluss auf die Meinungsbildung des Arbeitgeberverbands und auf den Verlauf von Tarifverhandlungen.

Zwischen 10 und 20 Prozent der kleinen bis mittleren Unternehmen in Deutschland sind Mitglieder in einem Arbeitgeberverband. Diese kleinen und mittleren Unternehmen sind teilweise unzufrieden mit ihren Tarifverbänden, weil sie der Meinung sind, die gefundenen Tarifverträge würden ihre spezifische Ausgangslage nicht angemessen widerspiegeln. Für das Personalmanagement bedeutet dies, dass es intensiv mit seinem Tarifverband über unternehmensbezogene Ziele in Richtung von Tarifvertragsgestaltungen kommunizieren muss, um seine Interessen möglichst gut durchzusetzen.

Die wahrgenommene Inflexibilität der von Arbeitgeberverbänden ausgehandelten Tarifverträge führte in der Vergangenheit dazu, dass sich viele Arbeitgeber aus ihren Verbänden zurückzogen, damit sie der Tarifbindung und zudem auch noch der Entrichtung ihrer Mitgliedsbeiträge entkommen konnten. Als Gegenreaktion führten Arbeitgeberverbände sogenannte OT-Mitgliedschaften ein, also Mitgliedschaften im Arbeitgeberverband ohne Tarifbindung. In dieser Konstellation können Unternehmen nach wie vor die beliebten Verbandsdienstleistungen, insbesondere die Rechtsberatung, in Anspruch nehmen, gleichzeitig aber eigene Haustarifverträge abschließen.

Ebenfalls kommuniziert das Personalmanagement von sich aus meistens nicht direkt mit den Gewerkschaften, sondern vor allem mit dem Betriebsrat. Der Betriebsrat ist in der Unternehmenspraxis ein wichtiges Bindeglied zwischen dem Personalmanagement und den Gewerkschaften.

Auf jeden Fall strebt ein professionelles Personalmanagement an, eine langfristige und mit der Unternehmensleitung abgestimmte Strategie im Hinblick auf die Weiterentwicklung von Tarifverträgen zu erreichen und diese strategischen Überlegungen auch dem Arbeitgeberverband zwecks entsprechender Berücksichtigung zur Kenntnis zu geben.

Selbst Haustarifverträge aushandeln

Wenn kleine und mittlere Unternehmen Tarifverträge mit Gewerkschaften selbst aushandeln, hat dies Vor- und Nachteile:

- ✔ Positive Punkte sind: Es könnten flexiblere Gehälter erreicht werden, flexiblere Arbeitszeiten, niedrigere Personalkosten, eine höhere Motivation der Mitarbeiter und weniger Einfluss der Gewerkschaften im Betrieb.
- ✔ Dem stehen als mögliche Nachteile gegenüber: Die Personalkosten könnten steigen, das Verhältnis zwischen Unternehmer und Betriebsrat könnte kämpferischer werden, Arbeitskämpfe könnten den Betriebsfrieden schädigen, Betriebsräte und Gewerkschaften könnten schmerzhafte Lohnerhöhungen erkämpfen wollen, Gewerkschaften kämpfen dann gegebenenfalls um mehr Einfluss auf die Betriebsräte, und schließlich ist das Rechtsgebiet des Tarifrechts hoch komplex und bindet daher viele Ressourcen des Personalmanagements.

Haustarifverträge erfassen alle Mitarbeiter des Unternehmens und können dabei die Tarifregelungen an die speziellen Anforderungen des Unternehmens anpassen, indem ein umfangreicher Interessenausgleich angestrebt wird. Aufgrund der erforderlichen Verhandlungsexpertise sind sie für sehr kleine Unternehmen eher ungeeignet.

Gerade das Personalmanagement befindet sich bei der Aushandlung von Haustarifverträgen in einer schwierigen Position, weil es ja die Interessen des Unternehmens vertreten soll, die Gewerkschaft aber gleichzeitig die Interessen aller tarifgebundenen Mitarbeiter im Unternehmen – und somit auch die Eigeninteressen der Mitarbeiter im Personalmanagement – vertritt. Aus diesem Grund werden Haustarifvertragsverhandlungen unter Beteiligung der (in der Regel außertariflich beschäftigten) Personalleitung auf der Ebene der Unternehmensleitung verhandelt.

Wenn ein Streik ins Haus steht

Manchmal kommt es im Rahmen von Tarifverhandlungen zu einem Streik. Das ist das gute Recht der Gewerkschaften: Sie sind, wie die Arbeitgeber auch, dafür zuständig, den Zeitpunkt zu bestimmen, zu dem ihre Verhandlungsoptionen als ausgeschöpft gelten. Dann dürfen sie nach der Friedenspflicht, die im Tarifvertrag vereinbart ist und entweder mit dem Ablauf der tarifvertraglichen Geltungsdauer oder mit Ablauf der Kündigungsfrist oder mit dem Scheitern einer Schlichtung endet, Warnstreiks oder Vollstreiks organisieren.

Ein Streik ist rechtmäßig, wenn er

- ✔ nach Ablauf der Friedenspflicht und
- ✔ nach offiziell als gescheitert erklärten Tarifverhandlungen
- ✔ von der verhandelnden Gewerkschaft
- ✔ auf Grundlage einer mit mindestens 75 Prozent der Gewerkschaftsmitglieder gebilligten Urabstimmung
- ✔ bei vorliegendem Streikbeschluss des Hauptvorstands der Gewerkschaft

ausgerufen wird. Sind diese Bedingungen nicht gegeben, so kann es sich um spontane Arbeitsniederlegungen, selbstständige Streiks von Mitarbeitern ohne Gewerkschaftsbeteiligung oder um Solidaritätsstreiks von Mitarbeitern, die in nicht zuständigen Gewerkschaften organisiert sind, handeln. Sie sind rechtswidrig und stellen eine Verletzung des Arbeitsvertrags durch den Mitarbeiter dar, der letztlich zu Abmahnung und Kündigung führen kann.

Sind die Bedingungen dagegen gegeben, so beteiligen sich die Mitarbeiter, die vom Streikaufruf betroffen sind, durch Arbeitsniederlegung am Streik. Auch alle nicht gewerkschaftlich organisierten Mitarbeiter dürfen sich einem Streik anschließen. Während des Streiks ruhen die arbeitsvertraglichen Hauptpflichten von Mitarbeiter (Erbringung der Arbeitsleistung) und Unternehmen (Entlohnung). Die Nebenpflichten wie etwa Fürsorgepflichten des Unternehmens oder Verschwiegenheitspflichten des Mitarbeiters bleiben jedoch bestehen.

Im Falle des Streiks heißt es: Alarm für das Personalmanagement! Es gilt, schnell zu handeln, damit die negativen Konsequenzen des Streiks für das Unternehmen beherrschbar bleiben. Denn auch wenn Gewerkschaften gehalten sind, Arbeitskämpfe fair auszutragen und die wirtschaftlichen Belange von Unternehmen zu berücksichtigen, kommt es in der Regel für Unternehmen zu finanziellen Einbußen.

Das Personalmanagement ergreift folgende Maßnahmen:

- ✔ Es versucht, schnell zu ermitteln, welche Mitarbeiter sich mit welchem Umfang am Streik beteiligen werden. Dazu bittet es die Mitarbeiter durch direkte Ansprache oder durch Aufruf per E-Mail, ihre Absichten zu melden. Verlangen darf das Personalmanagement diese Auskunft jedoch nicht.
- ✔ Es gibt die Informationen über Arbeitsniederlegungen an die produktiven Abteilungen weiter, die ihrerseits anstehende Termine der Produktion oder mit externen Kunden umlegen oder absagen können. Damit werden die Wertschöpfungskapazitäten des Unternehmens gesichert.

- ✔ Es informiert die Mitarbeiter über zulässiges und unzulässiges Verhalten während des Streiks. So kann es beispielsweise die Errichtung von Streikposten auf dem Unternehmensgelände untersagen.
- ✔ Es weist die Mitarbeiter, die dem System der selbstständigen Zeiterfassung unterliegen, an, ihre Streikzeiten zu erfassen, und darüber hinaus die Führungskräfte, die Streikzeiten der Mitarbeiter zu dokumentieren.
- ✔ Es versorgt die Öffentlichkeitsarbeit des Unternehmens mit Informationen zum Streikverlauf und zu den Zielen des Unternehmens beziehungsweise des Arbeitgeberverbands, damit die Kommunikation zur Öffentlichkeit zielgerichtet erfolgt.
- ✔ Es speist nach Ablauf des Streiks die Zeiten der Streikteilnahme, die jeder Mitarbeiter melden muss oder die die Führungskräfte erfasst haben, in die Lohnberechnungssysteme ein. Streikende haben für die Dauer des Streiks keinen Vergütungsanspruch, wozu auch Sonderzahlungen und die Arbeitgeberbeiträge zur Sozialversicherung zählen.

Vor allem die Kapazitätssicherung ist für Unternehmen wichtig. Wenn Lücken im Leistungsprozess entstehen, müssen sie so weit wie möglich gefüllt werden. Dazu gibt es nur wenige Möglichkeiten:

- ✔ Aufgaben der Streikenden werden an nicht am Streik beteiligte Mitarbeiter delegiert, was nicht der Zustimmung des Betriebsrats bedarf, lediglich seiner Information. Die betroffenen Mitarbeiter werden dann zu »Streikbrechern«.
- ✔ Es wird versucht, Streikende zur Beendigung des Arbeitskampfes zu bewegen, teilweise sogar mit »Streikbrecherprämien«, was erlaubt ist. Unternehmen dürfen aber keine Streikenden zum Streikbrechen zwingen.

Es ist allerdings in der Praxis kaum möglich, Aufgaben von Streikenden auf Zeitarbeitnehmer zu übertragen, da diese während eines Streiks das Recht haben, ihre Arbeitsleistung in einem bestreikten Betrieb zu verweigern, und sie das Zeitarbeitsunternehmen auf dieses Recht zudem ausdrücklich hinweisen muss. Zeitarbeitnehmer müssen allerdings auch bei Arbeitsniederlegung weiter bezahlt werden.

Schon gar nicht darf das Unternehmen Streikende bestrafen oder ihnen kündigen. Mitarbeiter haben das Recht, nach dem Ende des rechtmäßigen Streiks weiterbeschäftigt zu werden.

Betriebsräte sind im Hinblick auf Arbeitskämpfe zur Neutralität verpflichtet, obwohl sie sich grundsätzlich gewerkschaftlich betätigen dürfen. Betriebsratsmitglieder dürfen beispielsweise nicht die dem Betriebsrat vom Unternehmen zur Verfügung gestellten Sachmittel für Arbeitskampfmaßnahmen nutzen, also nicht etwa das E-Mail-Konto ihrer Betriebsratsarbeit, um im Unternehmen einen Streikaufruf einer Gewerkschaft zu verbreiten.

Ist ein Streik beendet, kann das Personalmanagement dazu beitragen, den Betriebsfrieden wiederherzustellen. Hierzu bietet es sich an, die am Streik beteiligten wie auch die nicht am Streik beteiligten Mitarbeiter zu gemeinsamen Gesprächen zusammenzuführen und die gemeinsamen Zielsetzungen wie auch das gute kollegiale Verhältnis für die Zukunft zu verstärken.

Wer gibt dem Unternehmen Geld? Die Investoren

21

In diesem Kapitel ...

- Geldgeber überzeugen
- Kreditwürdigkeit beeinflussen
- Personalrisiken bewältigen

Über nicht ausreichendes Kapital zu verfügen, kann für Unternehmen schnell zur Wachstumsbremse werden. Doch Geldgeber investieren nur dann ihr Geld in ein Unternehmen, wenn sie die begründete Erwartung hegen, dass sich ihre Investition lohnt: Sie wollen nicht nur das investierte Geld zurückerhalten, sondern darüber hinaus noch eine Risikoprämie gezahlt bekommen – die Belohnung dafür, dass sie das Risiko der Investition eingegangen sind.

Da ein Unternehmen nicht allein aus seinen Produkten besteht, sondern aus einer Vielzahl von personenabhängigen Prozessen, und es neben dem materiellen auch immaterielles Vermögen wie sein Personal zur Wertschöpfung einsetzt, hat plötzlich auch das Personalmanagement einen inhaltlichen Bezug zu den Interessen von Investoren.

Dieses Kapitel stellt Ihnen die Investoren vor, die für das Personalmanagement wichtig sind. Darüber hinaus zeigt es Ihnen, wie das Personalmanagement die Kreditwürdigkeit des Unternehmens beeinflusst und wie es in seinem Einflussbereich Unternehmensrisiken beherrscht. Schließlich finden Sie Vorschläge, wie das Personalmanagement so über seine Arbeit berichtet, dass die Investoren ihr Bild, das sie sich bereits vom Unternehmen gemacht haben, im Hinblick auf den Umgang mit den Mitarbeitern abrunden können.

In Studien wurde nachgewiesen, dass Unternehmen, die über ein innovatives Personalmanagement verfügen, signifikant erfolgreicher sind, deutlich mehr innovative Produkte am Markt platzieren, über eine höhere Produktivität verfügen und in der Rezession einen geringeren Rückgang des Geschäftserfolgs verspüren als Unternehmen mit einem nicht so innovativen Personalmanagement. So etwas finden Investoren natürlich interessant. Also sollte das Personalmanagement den Investoren entsprechende Informationen bereitstellen.

Die Vielfalt von Investoren

Zu den Investoren zählt eine ganze Reihe an Akteuren, von denen ich im Folgenden diejenigen nenne, die unmittelbar – und nicht über Marktplätze wie die Börsen – mit dem betreffenden Unternehmen eine Geschäftsbeziehung eingehen:

- Vermögende Privatpersonen: Sich als Unternehmer ansehend und häufig aus dem Gefühl einer gesellschaftlichen Verantwortlichkeit heraus oder aber als Angehöriger der Eigentümerfamilie unterstützen sie durch Direktbeteiligungen Neugründungen oder Unternehmen, deren Geschäftszweck ihnen sympathisch ist. Eine persönliche Vertrauensbeziehung geht einem Investment in der Regel voraus.
- Business Angels: Dies sind fachlich erfahrene Personen, die Neugründungen nicht nur Geld zur Verfügung stellen, sondern darüber hinaus auch ihr Fachwissen, um so die Managementqualität des neuen Unternehmens zu sichern. Sie wollen sich als Mitunternehmer aktiv an der Unternehmensentwicklung beteiligen.
- Risiko- oder Wagniskapitalgeber, die auf Englisch *Venture Capitalists* genannt werden, wollen durch ihre Investitionen in neu gegründete Unternehmen einen kurzfristigen Erfolg erzielen. Sie streben an, in etwa drei bis fünf Jahren das in Form von Minderheitsbeteiligungen eingesetzte Geld zu vervielfachen, indem sie ihre Anteile nach Ablauf dieser Zeit verkaufen (das sogenannte *Exit*). Sie bieten dafür im Gegenzug den Zugang zu ihrem nationalen und internationalen Netzwerk an Kunden und Geschäftspartnern an. Das neu gegründete Unternehmen erkauft sich den Rückenwind für seinen Aufbau durch einen Verlust an strategischer Selbstbestimmung und einen hohen Leistungsdruck.
- Strategische Investoren investieren in bereits länger bestehende Unternehmen. Sie verfolgen das Ziel, von deren strategischer Passung zu den eigenen Unternehmenszielen zu profitieren. Sie erhöhen eigene Marktchancen oder reduzieren eigene Marktrisiken, beispielsweise durch die Sicherung von Expertenwissen, Innovationen, Marktzugängen und Technologien. Strategische Investoren sehen ihre Investition als langfristig an und haben ein Interesse, strategischen Einfluss auszuüben. Daher streben sie häufig Mehrheitsbeteiligungen an. Diese können in *Joint Ventures*, also die Bildung eines gemeinsamen Tochterunternehmens durch zwei wirtschaftlich getrennte Unternehmen, oder in *Fusionen*, also den Zusammenschluss zweier Unternehmen zu einem einzigen Unternehmen, münden.
- Banken verdienen ihr Geld unter anderem durch das Kreditgeschäft und leihen daher Unternehmen gegen eine Risikoprämie (die Zinsen) Geld aus. Für riskantere Geschäfte gründen sie teilweise eigene Venture-Capital-Gesellschaften. Im Rahmen eines Börsengangs nehmen Banken für kapitalsuchende Unternehmen die wichtige Rolle einer Konsortialbank ein, wickeln also den Börsengang ab und sind daher wichtige Adressaten, denen Marktchancen und Unternehmensrisiken dargestellt werden müssen. Das Personalmanagement stellt Banken in diesem Zusammenhang entsprechende unternehmensinterne Anhaltspunkte für den Börsenprospekt und die *Roadshow*, also die Werbung für die neuen Aktien bei Investoren im Vorfeld des Börsengangs, zur Verfügung.
- Staatliche Förderer und Forschungsgeldgeber wie beispielsweise Stiftungen lassen Unternehmen dann Geld zukommen, wenn die Unternehmen im Gegenzug eine Innovation hervorbringen oder umsetzen. Werden die vereinbarten inhaltlichen Ziele erreicht, so fordern die Geldgeber ihr Geld nur zu einem Teil oder aber überhaupt nicht zurück.

In Deutschland fließt das verausgabte Beteiligungskapital zu 80 Prozent mittelständischen Unternehmen zu. Dabei liegt die Beteiligungsdauer im langfristigen Bereich und ist zumeist länger als sieben Jahre. Beliebte Branchen für solche Investitionen sind aktuell die Informationstechnologiebranche, Medizin- und Biotechnik wie auch erneuerbare Energien.

Auch das Personalmanagement kann an der Entscheidung beteiligt werden, mit welchem Investor das Unternehmen eine enge Verbindung eingehen möchte. Es hat bereits Vorstellungen zu den – nicht zuletzt auch personellen – Wachstumsstrategien entwickelt, die nun mit den Erwartungen der Geldgeber in Einklang gebracht werden müssen. Außerdem kann das Personalmanagement dazu beitragen, die Vertrauensbeziehungen und die unternehmenskulturellen Passungen mit zu formen.

Was Kreditwürdigkeit mit dem Personalmanagement zu tun hat

Spätestens seit den Regelungen zur notwendigen Eigenkapitalausstattung von kreditvergebenden Finanzdienstleistungsinstituten, die als *Basel-II-Regelungen* bekannt geworden sind und die riskante Kreditvergaben durch Banken begrenzen, fordern Banken im Rahmen von Kreditverträgen den Nachweis einer hohen Kreditwürdigkeit (Bonität) ihrer Kreditnehmer. Von der festgestellten Bonität hängen dann die Kreditkonditionen, insbesondere die Höhe der Sollzinsen, ab: Eine niedrige Bonität bedeutet höhere Risiken und höhere Zinsen.

Die Bonität eines Unternehmens wird durch ein *Rating* ermittelt, also durch eine Bewertung einzelner Bonitätskriterien sowie der Zuordnung des Ergebnisses zu einer Rangklasse, also zu einer Benotung wie beispielsweise AAA oder AA+ oder B. Entweder wird ein solches Rating durch eine externe Ratingagentur vorgenommen oder aber als internes Rating kooperativ zwischen Bank und bewertetem Unternehmen erstellt.

Die Kriterien, an denen die Bonität von Unternehmen gemessen wird (siehe Tabelle 21.1), sind sowohl quantitativ (harte Faktoren) als auch qualitativ (weiche Faktoren). Die Kreditbedingungen werden seit »Basel II« auch von der Qualität der Personalarbeit bestimmt.

Quantitativ (harte Faktoren)	Qualitativ (weiche Faktoren)
✔ Liquidität	✔ Unternehmensstrategie
✔ Kapitalausstattung	✔ Personalstrategie
✔ Ertragskraft	✔ Managementqualität
✔ Wettbewerbsposition	✔ Personalführung
✔ Finanzwirtschaftliche Risiken	✔ Organisationsstrukturen
✔ Markt- und Branchenrisiken	✔ Kommunikationsprozesse
✔ Produktivität	✔ Qualität der bisherigen Geschäftsbeziehung
✔ Werttreiber	

Tabelle 21.1: Ratingkriterien zur Bonitätsermittlung von Unternehmen

Das Personalmanagement muss dafür sorgen, dass insbesondere die qualitativen Ratingkriterien nicht nur erfüllt werden, sondern dass über sie auch in der benötigten Form Informationen bereitstehen und entsprechend Rechenschaft abgelegt werden kann. Es muss also über Aktivitäten und Erfolge der Personalarbeit berichten, beispielsweise durch Ergebnisse von Mitarbeiterbefragungen und personalwirtschaftliche Kennzahlen. Da die Sprache von Banken wie auch von anderen Investoren das Geld ist, bietet es sich an, das Humankapital und seine zeitbezogene Entwicklung in Geldgrößen zu bewerten und entsprechend zu kommunizieren (mehr dazu erfahren Sie in Kapitel 14). Hiermit lassen sich auch mögliche Abweichungen gegenüber vormaligen Planungen nachvollziehbar erklären.

Ein Rating dient aber nicht nur zur Erlangung zinsgünstiger Kredite, sondern kann dann auch weitergehenden Einfluss entfalten: So können die Ergebnisse dazu genutzt werden, Kooperationspartner substanziell zu informieren, Kunden und Lieferanten die Seriosität des Unternehmens zu belegen, Mitarbeitern die Langfristperspektive zu verdeutlichen und in der Öffentlichkeit ein positives Image zu befördern.

Reden Sie als Personalmanagement nicht nur in schlechten Zeiten mit Banken und Geldgebern – das kann jeder, wenn der Handlungsdruck nur groß genug ist! Gerade in guten Zeiten aber ist es eine wichtige Vorbeugungsmaßnahme, belastbare Vertrauensbeziehungen aufzubauen. Ein nachhaltiges Vorgehen erhöht für schlechtere Zeiten die Wahrscheinlichkeit, über Refinanzierungsalternativen zu verfügen.

Risikomanagement für die Personalarbeit

Als Grundlage der Kommunikation der Personalabteilung zu seinen Investoren wird ein systematisches Personalrisikomanagement notwendig – das Erkennen und Identifizieren, Messen und Bewerten, das Bewältigen und Steuern sowie das Kontrollieren und Überwachen von Risiken.

Risiken lassen sich durch die Wahrscheinlichkeit beschreiben, mit der unerwünschte Ereignisse in der Zukunft eintreten werden, beispielsweise das Verfehlen gesetzter Ziele und der daraus resultierende Schaden für das Unternehmen.

Personalrisiken – systematisch erkannt

Zunächst bestehen im Unternehmen grundlegende Risiken, die sich aus dem Verhalten der Mitarbeiter ergeben und die sich das Unternehmen zurechnen lassen muss, wenn es sie nicht verhindert: Hierzu zählen beispielsweise Diskriminierungen, sexuelle Belästigung, Mobbing oder Verletzung anderer ethischer Standards des Unternehmens. Tritt ein solches Verhalten ein, so kann dies schädigende Wirkungen auf das Unternehmensimage haben. Dennoch werden diese allgemeinen mitarbeiterbezogenen Risiken nicht im engeren Sinne des Personalrisikomanagements betrachtet.

Gängige Risikofelder im Personalmanagement, die branchenabhängig unterschiedliche Ausprägungen haben können, hängen vielmehr unmittelbar mit der Personalarbeit des Unternehmens zusammen und beziehen sich üblicherweise auf folgende Risiken:

- ✔ **Engpassrisiko:** Mitarbeiter fehlen oder fallen aus, auf dem Arbeitsmarkt sind keine geeigneten Bewerber zu finden, offene Stellen können nicht besetzt werden. Gefragt sind das frühzeitige Erkennen und Entwickeln innerer Potenziale des Unternehmens, um Engpässe unternehmensintern bewältigen zu können.
- ✔ **Austrittsrisiko:** Mitarbeiter verlassen möglicherweise das Unternehmen, was insbesondere bei wichtigen Schlüsselpersonen für das Unternehmen gefährlich wird. Gefragt ist, diese Schlüsselmitarbeiter zu erkennen und zu halten. Die Bindung von wertschöpfenden Mitarbeitern an das Unternehmen (Retention) wird zu einer zentralen Aufgabe.
- ✔ **Anpassungsrisiko:** Herausforderungen für das Unternehmen wandeln sich, aber die Mitarbeiter sind nicht passend qualifiziert und können oder wollen sich demzufolge nicht an notwendigen Wandel anpassen. Dies bedroht die flexible Anpassungsfähigkeit des Unternehmens. Gefragt sind rechtzeitige vorbeugende Umqualifizierungen und Neuqualifizierungen von Mitarbeitern.
- ✔ **Motivationsrisiko:** Die Gefahr besteht in nicht mehr motivierbaren Mitarbeitern, also im Extremfall solchen, die ausgebrannt sind oder die innerlich gekündigt haben. Gefragt ist hier die Fähigkeit, es erst gar nicht dazu kommen zu lassen. Bei eingetretenem Risikofall ist es wichtig, zur Therapierung der Motivationsdefizite beizutragen, wirksame Motivationsimpulse zu setzen und neues Commitment der Mitarbeiter zu erzeugen.

Das Personalmanagement muss sich daher grundlegend mit der Frage auseinandersetzen, welche Mitarbeiter man in Zukunft braucht, wie man sie gewinnt und im Unternehmen hält und wie man sie nachhaltig zu überdurchschnittlicher Leistung motiviert. Personalrisiken müssen vorausschauend sichtbar gemacht und nach ihrem Bedrohungspotenzial sortiert werden, damit sie präventiv vermieden, begrenzt oder angegangen werden können.

Personalrisikomessung und -bewertung

Die Messbarkeit personeller Risiken ist im Vergleich zur Messbarkeit finanzieller Risiken eingeschränkt, weil im Personalmanagement viel mehr weiche als harte Faktoren eine Rolle spielen und daher die Steuerbarkeit geringer ist.

Dennoch tragen einige Instrumente, die im Personalmanagement zum Einsatz kommen und die in anderen Kapiteln von *Personalmanagement für Dummies* erläutert werden, auch zur Risikomessung als Teil des Risikomanagements bei:

- ✔ Die Ergebnisse von Mitarbeiterbefragungen (mehr dazu in Kapitel 8) können zur Aufstellung eines Risikoportfolios genutzt werden, das zeigt, welche Risiken mit welcher Eintrittswahrscheinlichkeit bestehen.
- ✔ Auf das Personalmanagement ausgerichtete Balanced Scorecards (mehr dazu in Kapitel 11) können eingesetzt werden, in denen Aus- und Weiterbildung, Teamarbeit oder die leistungsorientierte Entlohnung spezifiziert werden. Die jeweilige Zielerreichung beziehungsweise Zielnichterreichung signalisieren die derzeit realisierte Risikoposition.

- Ein Benchmarking (mehr dazu in Kapitel 14) eröffnet die Möglichkeit, das Unternehmen mit anderen Unternehmen hinsichtlich der Risiken zu vergleichen.
- Schließlich ist es möglich, Methoden der Humankapitalbewertung wie die Saarbrücker Formel (mehr dazu in Kapitel 14) zu nutzen, um Risiken personalwirtschaftlicher Aktivitäten zu identifizieren.

Die Bewertung der gemessenen Risiken erfordert die Aufbereitung der gesammelten Informationen hinsichtlich der Eintrittswahrscheinlichkeit von Risiken, der zeitlichen Bedrohungslage, der mit den Risiken verbundenen Schadenspotenziale sowie ihrer Beherrschbarkeit.

Diese Informationen lassen sich zum einen in Risikotabellen nach Bedrohlichkeit anordnen, zum anderen in Risikomatrizen (siehe Abbildung 21.1) visualisieren.

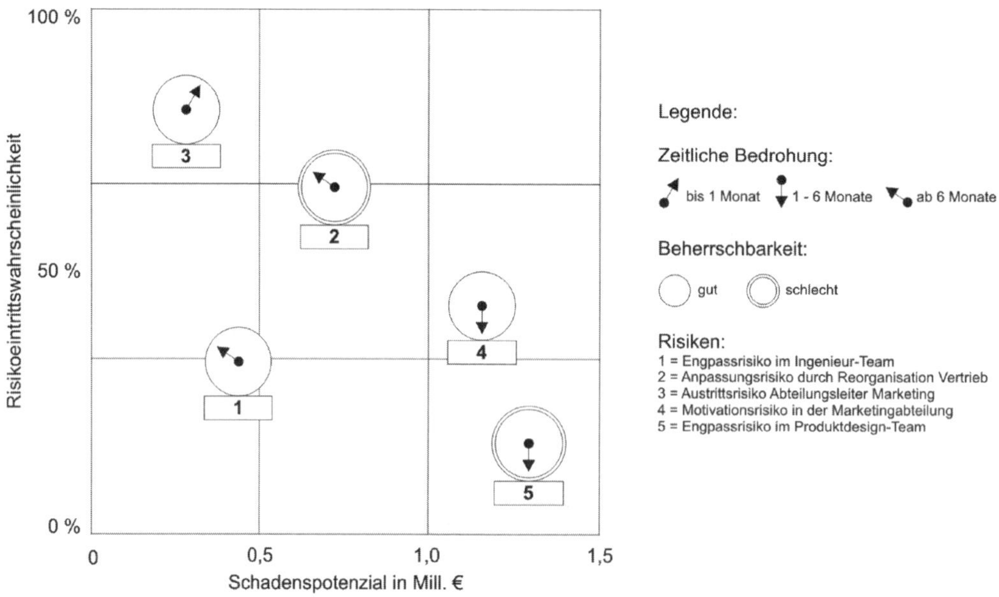

Abbildung 21.1: Risikomatrix für Personalrisiken

Steuerung der Personalrisiken

Die Risikosteuerung und -bewältigung soll nun die Personalrisiken senken, die einer Zielerreichung gefährlich werden könnten, und damit im Umkehrschluss die Erfolgsposition des Unternehmens stärken. Im Rahmen der Risikosteuerung werden die zuvor bewerteten Risiken auf vier Wegen beeinflusst:

- Die *Vermeidung* von Risiken zielt darauf ab, risikobehaftetes Handeln von vornherein zu unterlassen. Damit können natürlich auch die möglichen Chancen dieses Handelns nicht realisiert werden. Das Personalmanagement kann in dieser Hinsicht personalstrategische Entscheidungen überdenken.

- ✔ Die *Verminderung* von Risiken konzentriert sich auf die Absenkung der Eintrittswahrscheinlichkeit oder auf die Reduzierung des Ausmaßes der Schadenswirkung. Das Personalmanagement kann hier Prävention betreiben, beispielsweise gegen Mobbing oder Burn-out der Mitarbeiter, oder den Schaden durch Ausscheiden der Mitarbeiter dadurch gering halten, dass es eine Gruppe an flexiblen »Arbeitsplatzspringern« bereithält.
- ✔ Die *Übertragung* von Risiken strebt an, Personalrisiken auszulagern. Das Personalmanagement kann hierzu beispielsweise Versicherungen gegen eintretende Schadensfälle abschließen.
- ✔ Die *Übernahme* von Risiken nimmt bewusst in Kauf, dass ein drohendes Risiko tatsächlich eintritt. Das Personalmanagement kann in dieser Hinsicht Rückstellungen oder andere Risikopuffer bilden, die eintretende Schäden abfedern können.

Dem Personalmanagement muss allerdings klar sein, dass es die Personalrisiken nicht komplett auf null herunterfahren kann.

Im Rahmen des Controllings des Personalrisikomanagements evaluiert das Personalmanagement den Erfolg der Personalrisikosteuerung und zieht aus der ermittelten Zielerreichung Rückschlüsse für den gesamten Prozess des Personalrisikomanagements. Dies führt zu dessen schrittweiser Verbesserung.

Personalberichterstattung zum Erfolgsfaktor machen

Die Investoren haben ein großes Interesse daran und in den meisten Fällen auch ein vertraglich verbrieftes Recht, regelmäßig mit relevanten Informationen über die Unternehmensentwicklung informiert zu werden. Hierzu muss das Personalmanagement ebenfalls seinen Beitrag leisten. Bei engen Verflechtungen zu den Kapitalgebern muss es – je nach vertraglicher Vereinbarung – gegebenenfalls sogar Einblicke in das interne Personalcontrolling zulassen. Dem Ziel, dass aber auch nicht so eng mit dem Unternehmen verzahnte sowie potenzielle Investoren die Personalmanagementrisiken und -erfolge eines Unternehmens abschätzen können, dienen die öffentlich zugänglichen Information einer externen Personalberichterstattung.

Für eine Personalberichterstattung bietet sich ein *Personalbericht* an, eine mit Statistiken zur Belegschaft versehene und diese Daten erläuternde Übersicht über alles Wichtige, das mit dem Personal und dem Personalmanagement zusammenhängt. Adressaten des Personalberichts sind Externe wie Investoren, Kooperationspartner oder Kunden, die sich einen Eindruck über die Belegschaft und die damit verbundenen Risikopositionen verschaffen wollen.

Ein Personalbericht umfasst Angaben zu

- ✔ Personalstruktur (durchschnittliche Betriebszugehörigkeit, Altersstruktur, Qualifikationsstruktur, Diversitätsstruktur),
- ✔ Personalplanung (Fluktuation, Vakanzen, Fehlzeiten, Überstunden),
- ✔ Personalkosten (Lohn- und Gehaltsstruktur, Boni und Tantiemen),

- Personalbeschaffung (durchgeführte Maßnahmen, Kooperationspartner, konzipierte Stellenanzeigen, Kennzahlen zur Personalbeschaffung wie die Bewerbungen pro Stelle),
- Personalentwicklung (verwendete Instrumente der Potenzialanalyse und Nachfolgeplanung, Weiterbildungsaufwendungen, Ausbildungsquote, durchschnittliche Weiterbildungstage pro Mitarbeiter),
- Personalführung (Ergebnisse aus Mitarbeiterbefragungen),
- Humankapitalbewertung (der monetäre Wert der Belegschaft und seiner Komponenten) sowie
- zukunftsorientierte Personalmanagemententscheidungen (zum Beispiel frühzeitig erfolgte Nachfolgeplanung für die Unternehmensleitung).

Hinzu kommen emotionale Informationen, die Mitarbeiter personalisieren und ihnen »ein Gesicht geben«, sie als Repräsentanten des Unternehmens positionieren, sie als glaubwürdige Vertreter eines erfolgreichen und produktiven Unternehmens präsentieren und insgesamt den Eindruck einer hohen Mitarbeiterqualität erwecken.

Ein solches personalbezogenes Reporting ist sich bewusst, dass viele und aussagekräftige Informationen zum Gelingen der Beziehungspflege zu den Investoren – die in ihrer englischen Übersetzung als *Investor Relations* bezeichnet wird – beitragen. Investor Relations ist eine hoch spezialisierte Unterform der Unternehmenskommunikation, die vor allem die Erwartungen von Investoren und den Aufbau von Reputation beabsichtigt. Dabei sind Glaubwürdigkeit, Gleichbehandlung der Adressaten, Transparenz, Aktualität, Langfristigkeit, Vergleichbarkeit, Relevanz und Plausibilität der Informationen oberste Leitlinien. Je wichtiger die Geldgeber sind, desto eher müssen die Leitung des Personalmanagements selbst und sogar die Unternehmensleitung den persönlichen Kontakt zu den Geldgebern pflegen und dort die jeweils neuesten Informationen präsentieren.

Wo kommen Sie denn her? Ach, von der Unternehmensberatung …

22

In diesem Kapitel …

- Beratungsleistungen unterscheiden
- Eine kritisch-konstruktive Rolle finden
- Einen Unternehmenszusammenschluss begleiten

Ob Unternehmensberatung oder Consulting – in Deutschland ist die Berufsbezeichnung des Unternehmensberaters nicht geschützt: Jeder kann sich als Unternehmensberater bezeichnen. »Guter Rat ist teuer« – und wenn ein Unternehmen erst einmal für einen Rat bezahlt, fällt es auch schwer, ihn abzulehnen.

Das Personalmanagement wird an vielen Stellen von Externen unterstützt, etwa von Dienstleistern der Personalvermittlung, die Hochqualifizierte – vom Auswahlverfahren bis zum Headhunting – beschaffen (mehr dazu erfahren Sie in Kapitel 5).

Dieses Kapitel konzentriert sich auf den Umgang des Personalmanagements mit Beratern, die Einfluss auf unternehmenspolitische und strategische Entscheidungen nehmen. Sie erfahren, wie das Personalmanagement eine Vermittlungsrolle zwischen Unternehmensberatung und den Mitarbeitern des Unternehmens wahrnehmen kann und dabei seine eigene Gestaltungsrolle nicht verliert.

Wenn sich Externe in die Interna einklinken

Unter den Unternehmensberatungen, die einen Bezug zum Personalmanagement aufweisen, sind insbesondere drei Arten relevant:

- ✔ Eine Strategie- und Organisationsberatung berät Unternehmen bei ihrer strategischen Ausrichtung sowie der systematischen Umsetzung im Unternehmen hinsichtlich der Strukturen und Prozesse.
- ✔ Eine Personalberatung berät Unternehmen vor allem bei der Personalbeschaffung von Fach- und Führungskräften, darüber hinaus aber auch zu Themen der Personalpolitik sowie zu allen Spezialfunktionen des Personalmanagements wie zum Beispiel bei der Suche nach neuen Vorstandsmitgliedern.
- ✔ Auch Wirtschaftsanwälte sind wichtige Berater und Partner für die Unternehmensleitung bei großen Organisationsprojekten wie Unternehmensfusionen, Eigentümerwechsel oder Sanierungen. Insbesondere Wirtschaftsanwälte mit dem Fachgebiet Personal und Arbeit

können einen externen Einfluss auf das Personalmanagement entwickeln, wobei sie die Arbeit der unternehmensinternen Juristen ergänzen, vor allem im Rahmen der rechtlichen Kontrolle. Wirtschaftsanwälte versuchen, die Haftungsschäden eines Unternehmens im Voraus zu minimieren, indem sie Unternehmensleitung und Personalmanagement juristisch beraten. Fachanwälte im Arbeitsrecht unterstützen das Personalmanagement darüber hinaus bei der Bewältigung von Arbeitsrechtsprozessen.

Vor allem die Arbeit von Strategie- und Organisationsberatungen hat unmittelbare Auswirkungen auf die Mitarbeiter: Sie kann zu Entlassungen von Mitarbeitern und Führungskräften führen. Häufig schlagen Unternehmensberatungen den Unternehmen zur Stärkung ihrer Wettbewerbsfähigkeit Reorganisationen und damit verbunden die Streichung von Stellen vor. Das Personalmanagement muss diese Stellenstreichungen dann ausführen und zudem noch loyal hinter den (letztlich von der Unternehmensleitung getroffenen) Entscheidungen stehen. Daher ist es besonders als Kommunikator und Vermittler in Richtung der Mitarbeiter und des Betriebsrats gefordert.

Während sich kleine Unternehmensberatungen teilweise nur auf einzelne inhaltliche oder methodische Kompetenzen spezialisieren, finden sich in größeren Unternehmensberatungen mehr methodische Standardisierungen, die den Blick auf die Besonderheiten des Einzelfalls verstellen können. Die Vergütung von Unternehmensberatungen erfolgt auf Basis einer Projektkalkulation hauptsächlich gemäß der veranschlagten Beraterstunden und ist damit für das Unternehmen ein Festhonorar, dessen Auszahlung an den Projektfortschritt gekoppelt wird. Vergleichsweise wenige Beratungsprojekte werden mit einem erfolgsabhängigen Honorar vereinbart.

Manchmal entsteht gerade bei den Unternehmensinternen der Eindruck, durch die Beschäftigung von Unternehmensberatern würde viel Geld verschleudert werden. Teils werden überflüssig erscheinende oder mit vorhandener Expertise selbst erstellbare Leistungen durch Unternehmen von Unternehmensberatungen eingekauft, teils »alter Wein in neuen Schläuchen«, teils durch Unternehmensberatungen eigens geschaffene Managementmoden mit im Einzelfall zweifelhafter Wirkung. Daher ist es wichtig, den tatsächlich eingetretenen Nutzen der Beratungstätigkeit zu messen und das Ergebnis transparent zu machen. Hieran kann das Personalmanagement kompetent mitwirken: Es kann dafür sorgen, dass als Unternehmensberatung – zumindest in personalwirtschaftlichen Fragen – »der Weizen« im Unternehmen tätig wird und nicht »die Spreu«.

Vor allem muss das Personalmanagement in der Lage sein, zu beurteilen, was die Unternehmensberatung gerade tut: Es muss sowohl die verwendeten Methoden der Problemdefinition und Lösungsfindung durchschauen wie auch die eingesetzte IT-Unterstützung verstehen, um als Korrektiv eingreifen zu können, wenn eine Unternehmensberatung »mehr Schein als Sein« abliefert. Allerdings liegt hier eines der Hauptdefizite des Personalmanagements: Die Kombination aus eigener Expertise, Befugnis und Mut reicht häufig nicht aus, um diese Aufgabe ernsthaft wahrzunehmen.

Berater zwischen willkommenem Ratschlag und Durchsetzungshilfe

Unternehmensberatungen finden bei der Unternehmensleitung häufig ein offenes Ohr, und zwar deshalb, weil ihnen sehr gute Marktkenntnisse wie auch sehr gute Methodenkenntnisse zugesprochen werden, was ihnen erlaubt, die komplexen Aufgaben zu bewältigen. Darüber hinaus gelten sie als diskret und neutral. Sie bringen eine Außensicht ein, die aufgrund eines breiten Erfahrungshintergrundes innovativ für das Unternehmen sein kann und die höchstwahrscheinlich zur Überwindung gegebenenfalls vorhandener »Betriebsblindheit« beiträgt. Schließlich können sie sich dann im Unternehmen mit ihrer vollen Arbeitszeit auf eine einzige Beratungsaufgabe konzentrieren und daher effizienter arbeiten als interner Mitarbeiter, die gleichzeitig in mehrere Prozesse eingebunden sind.

Aus diesem Grund verlagern sich etliche Bereiche der unternehmensbezogenen Strategieentwicklung hin zu Unternehmensberatungen und befördern das Zustandekommen von Zukunftsperspektive.

Das professionelle Personalmanagement freut sich nicht in jedem Fall über die Verlagerung der strategischen Personalmanagementaufgaben auf eine Unternehmensberatung und auch nicht immer über extern zugekaufte Strategieentwicklung. Auch wenn immer wieder der Spruch angeführt wird, ein System könne sich nicht selbst verstehen, so kann man dem Personalmanagement dennoch nicht von vornherein absprechen, dass es – sofern es mit gut ausgebildeten Personalexperten besetzt ist – die komplexen Personalmanagementaufgaben kompetent lösen kann. Wenn dem Personalmanagement durch die Unternehmensleitung eine Unternehmensberatung vor die Nase gesetzt wird, fühlt es sich übergangen.

Der Beratungsauftrag von Unternehmensberatungen im strategischen Bereich, bei dem es inhaltlich in der Regel um die Profitabilität des Unternehmens geht, kann zwei psychologische Stoßrichtungen aufweisen:

- ✔ Unternehmensbezogene Abläufe sollen durch die Unternehmensberatung kritisch begutachtet werden, um durch die Kommunikation der externen Wahrnehmung innovative Impulse hervorzubringen und Verbesserungsmöglichkeiten aufzuzeigen. Dabei geht es vor allem um willkommene Ratschläge.
- ✔ Unternehmensbezogene Entscheidungen sollen durch die Unternehmensberatung getroffen, begründet und legitimiert werden, und zwar gerade dann, wenn sie unpopulär sind. Hierbei geht es dann vor allem um Durchsetzungshilfe für die Unternehmensleitung.

Diese Stoßrichtungen werden zwar nicht immer offen kommuniziert und sind selten offizieller Vertragsbestandteil, gehören aber zum psychologischen Vertrag zwischen Unternehmen und Unternehmensberatung.

Vor allem die beraterische Stoßrichtung »Durchsetzungshilfe für die Unternehmensleitung« ist im Hinblick auf Mitwirkungsmöglichkeiten problematisch, weil sie nicht mehr ergebnisoffen ist: Es kommt in ihr weniger darauf an, die angemessenste Entscheidung zu finden, als vielmehr darauf, mit der zwangsläufigen Gegenwehr gegen eine bereits im Wesentlichen getroffene Entscheidung zurechtzukommen. Hierzu gibt die Unternehmensberatung dann diverse Anweisungen und greift so in die Unternehmensführung mit ein.

Wenn das Personalmanagement auch noch mitreden möchte

Wenn sich die Unternehmensleitung erst überlegt, ob sie eine Unternehmensberatung in ihre Geschäftsführung einbinden will, könnte das Personalmanagement bei dieser Entscheidung beratend mitwirken. Es könnte insbesondere bei der Klärung der konkreten Zielsetzung und der während der Beratung bestehenden Ergebnisoffenheit helfen. Außerdem sind schon in dieser Phase mögliche Schnittstellen zu benennen, bei denen das Personalmanagement mit der Unternehmensberatung intensiver zusammenarbeiten soll.

Eine Schnittstelle, die prädestiniert ist für die Kooperation von Unternehmensberatung und Personalmanagement, ist die Unternehmenskultur: Das Personalmanagement kann der Unternehmensberatung die unternehmenskulturellen Besonderheiten des Unternehmens vermitteln. Auch die informellen Entscheidungsstrukturen im Unternehmen sind eine wichtige Vorabinformation für die Unternehmensberatung.

Wenn die Unternehmensleitung die Entscheidung über Einsatz und Auswahl einer Unternehmensberatung bereits getroffen hat, bleibt dem Personalmanagement, die Arbeit der Unternehmensberatung kritisch, aber konstruktiv zu begleiten. Die Weichen müssen so gestellt werden, dass das Personalmanagement bei Beendigung der Beratungstätigkeit die eingeleiteten Prozesse übernehmen und dafür auch nachhaltige Akzeptanz finden kann.

Ein Spezialfeld der Beratung ergibt sich in der Vorbereitung von Unternehmenszusammenschlüssen (Fusionen) und -zukäufen, sogenannten *Mergers and Acquisitions* (M&As). Hierbei bilden zwei zuvor voneinander unabhängige Unternehmen eine neue Einheit mit dem Ziel, die Wettbewerbsposition zu stärken. Im Vorfeld eines solchen M&A-Prozesses wollen die beteiligten Unternehmen allerdings sicherstellen, dass sie von dem jeweils anderen Unternehmen nicht über den Tisch gezogen werden. Deshalb werden die vorhandenen Informationen vor den M&A-Vertragsverhandlungen durch Unternehmensberater eingehend geprüft, was man *Due Diligence* nennt.

Unter vielen möglichen Due-Diligence-Prozessen, die sich auf die Passung der unterschiedlichen Funktionalbereiche der Unternehmen ausrichten, konzentriert sich die »Human Resource Due Diligence« (HR Due Diligence) auf die personalwirtschaftliche Situation. Ziel ist es, herauszufinden, ob sowohl dem Verkäufer als auch dem Käufer des Unternehmens ein faires Geschäft angeboten wird, ob also das Chancen-Risiken-Profil zu den Verkaufspreisvorstellungen passt.

Im Rahmen einer HR Due Diligence werden das vorhandene Humankapital, das Personalmanagementsystem, die Prozesse, die Kosten- und Wertschöpfungsstrukturen sowie die personalwirtschaftlichen Verpflichtungen des Unternehmens (zum Beispiel im Hinblick auf die betriebliche Altersversorgung) analysiert: Bestehen hier sinnvoll nutzbare Synergiepotenziale? Und werden bereits vor dem Unternehmenskauf zukünftige Personalmanagementkosten zum Abbau von Schwachstellen sichtbar, die im Vorhinein vom Kaufpreis abgezogen werden müssten?

Wird keine separate unternehmenskulturbezogene Due Diligence durchgeführt, kann auch im Rahmen der HR Due Diligence die Passung der beiden beteiligten Unternehmenskulturen untersucht werden. Schließlich versucht man abzuschätzen, wie die vormals zwei Personalabteilungen kooperieren können und wie sie neu strukturiert werden können. Dabei achtet das HR-Due-Diligence-Team besonders auf Schlüsselpersonen, deren Verbleiben im Unternehmen essenziell wichtig erscheint.

Durchgeführt wird die HR Due Diligence durch ein Team, das neben spezialisierten Beratern aus Personalmanagementmitarbeitern beider Unternehmen besteht. Die Größe des Teams richtet sich nach der Größe des M&A-Projekts und nach dessen strategischer Relevanz. Je nach Zielfokus werden Personalbindungsexperten (zur Bindung von Schlüsselmitarbeitern) oder Arbeitsrechtsexperten (zur Abwicklung von Restrukturierungen) benötigt. Das Personalmanagement bringt insbesondere sein Wissen über die Unternehmensgeschichte, die Unternehmenskultur, die Unternehmensziele wie auch die unternehmensinternen Möglichkeiten zur Anpassung von Personalstrukturen ein.

Die Rahmenbedingungen für das Personalmanagement bestimmt immer noch »der Staat«

23

In diesem Kapitel ...

- Staatliche Pflichten einhalten
- Staatliche Chancen ergreifen
- Zur Region bekennen

Zwischen dem Personalmanagement und dem Staat besteht eine Vielzahl wechselseitiger Beziehungen: Sie sollten in diesem Zusammenhang an die rechtlichen Rahmenbedingungen des Staates in seiner Rolle als Gesetzgeber, an die behördlichen Auflagen des Staates in seiner Rolle als öffentliche Verwaltung und Fiskus, an die Förderprogramme des Staates in seiner Rolle als Zuteiler von Ressourcen sowie an die öffentlich hergestellten Lebensbedingungen des Staates in seiner Rolle als Kultur- und Lebensraum denken. Das Personalmanagement hat in dieser Beziehung Pflichten zu beachten, jedoch auch Rechte, die es wahrnehmen kann.

Dieses Kapitel erläutert, in welchen Formen der Staat dem Personalmanagement begegnet und wie das Personalmanagement seinen Pflichten gegenüber dem Staat nachkommt – aber auch die sich bietenden Chancen ergreifen kann. Darüber hinaus erfahren Sie, wie das Personalmanagement dazu beiträgt, dass sich das Unternehmen samt seiner Mitarbeiter aktiv in das Gefüge aus Staat und Gesellschaft einbringt.

Recht und Gesetz mit Personalmanagementrelevanz

Will das Personalmanagement »den Staat« als Zielgruppe seiner Arbeit verstehen, ergeben sich die ersten Berührungspunkte aus der Gesetzgebung. Viele Gesetze aus dem Arbeitsrecht beziehen sich unmittelbar auf Unternehmen und berühren die Personalarbeit, wie etwa das

- ✔ Arbeitnehmer-Entsendegesetz
- ✔ Arbeitsplatzschutzgesetz
- ✔ Arbeitszeitgesetz
- ✔ Berufsbildungsgesetz
- ✔ Betriebsverfassungsgesetz

- ✔ Bundesurlaubsgesetz
- ✔ Entgeltfortzahlungsgesetz
- ✔ Heimarbeitsrecht
- ✔ Jugendarbeitsschutzgesetz
- ✔ Kündigungsschutzgesetz
- ✔ Schwerbehindertengesetz
- ✔ Sprecherausschussgesetz
- ✔ Tarifvertragsgesetz
- ✔ Teilzeit- und Befristungsgesetz

Jedes dieser Gesetze birgt viele Vorschriften, die das Personalmanagement berücksichtigen muss und deren Befolgung teilweise ein umfangreiches Spezialwissen voraussetzt. So bedürfen Arbeitsverträge keiner Schriftform, Kündigungen dagegen immer. Oder: In Kleinstunternehmen mit einem bis neun Mitarbeitern gewährt das Kündigungsschutzgesetz entgegen der Regelung für größere Unternehmen den Mitarbeitern keinen Kündigungsschutz, außer

- ✔ bei abweichenden tarifvertraglichen Regelungen,
- ✔ gegenüber schwangeren Personen,
- ✔ gegenüber Behinderten mit einem Schwerbehindertengrad von über 50 Prozent, dann aber nur nach Anhörung durch das Integrationsamt.

Keine Regel ohne Ausnahme! Aufgrund der immensen Komplexität gilt: Das Personalmanagement im Unternehmen ist gut beraten, wenn es sich in Rechtsfragen gut beraten lässt. Eine Anwaltskanzlei, die auf arbeitsrechtliche Fragestellungen spezialisiert ist, kann dem Personalmanagement helfen, seine Entscheidungen arbeitsrechtlich abzusichern. Auch wenn die Anwaltskanzlei neutral ist, kennt sie nach längerer Zusammenarbeit bereits das Unternehmen sowie die Unternehmenskultur. Auf Grundlage dieser Kenntnis können spezielle Fälle des Individual- und Kollektivarbeitsrechts hinsichtlich von Chancen und Risiken beurteilt und Lösungsalternativen entwickelt werden. Auch sollte sich das Personalmanagement regelmäßig über Präzedenzfälle der aktuellen Rechtsprechung informieren: In personalwirtschaftlichen und arbeitsrechtlichen Zeitschriften wird regelmäßig über neueste Arbeitsgerichtsurteile berichtet. Wer sich hier informiert, kann Fehler vermeiden.

Verstöße gegen Gesetze werden – wie in anderen Rechtsgebieten auch – mit Strafen geahndet. Unternehmen können also rechtlich belangt werden, wenn sie gegen Gesetzesvorschriften verstoßen. Im Innenverhältnis von Unternehmen kann dies dann gegebenenfalls dazu führen, dass die Personalverantwortlichen in Regress genommen werden.

In der Arbeitsgerichtsbarkeit werden Streitigkeiten zwischen Arbeitnehmern und Arbeitgebern sowie zwischen Gewerkschaften und Arbeitgeberverbänden juristisch entschieden. Als Instanzenweg sind Arbeitsgericht, Landesarbeitsgericht und Bundesarbeitsgericht vorgesehen. Eine Revisions- beziehungsweise Beschwerdemöglichkeit gegen Arbeitsgerichtsurteile wird immer dann zugelassen, wenn es sich um entscheidungserhebliche Rechtsfragen von grundsätzlicher Bedeutung für die Rechtsordnung beziehungsweise die Allgemeinheit handelt und wenn eine Entscheidung des Landesarbeitsgerichts von einer anderen Entscheidung des Bundesverfassungs- beziehungsweise Bundesarbeitsgerichts in einem vergleichbaren Fall abweicht.

Das Bundesarbeitsgericht ist einer der fünf obersten Gerichtshöfe Deutschlands und höchste Instanz der Arbeitsgerichtsbarkeit. Es nahm 1954 seine Arbeit zunächst in Kassel auf und hat heute seinen Sitz in Erfurt. Seine Aufgabe ist die Überprüfung der Entscheidungen der Landesarbeitsgerichte auf Rechtsfehler. Abgesehen von wenigen Ausnahmen werden keine neuen Tatsachen mehr berücksichtigt: Damit wahrt das Bundesarbeitsgericht die Rechtseinheit, stellt Rechtssicherheit her und sorgt für eine Weiterentwicklung des Arbeitsrechts. Die Rechtsprechung wird von zehn Senaten wahrgenommen, die sich mit jeweils einer ausgewählten Rechtsmaterie beschäftigen.

Wenn ein Arbeitsgericht befindet, dass die Rechte einer Prozesspartei verletzt wurden, können Strafen und Schadensersatz auferlegt werden. Dagegen stellt ein Vergleich kein Rechtsvergehen einer Prozesspartei fest, sondern führt zu einer Einigung, in deren Rahmen aber Ausgleichszahlungen von einer Prozesspartei an die andere vereinbart werden können. Dies ist im Rahmen von Kündigungsverfahren häufig der Fall, wo es um Abfindungszahlungen und Abfindungshöhe geht.

Behörden und Ämter

Der Staat zeigt sich auch in Form behördlicher Regelungen und Auflagen, wie sie im Zusammenhang mit Baugenehmigungen, Steuerzahlungen, Abgaben, Arbeitsschutzregelungen, Arbeitssicherheitsvorschriften, Datenschutzrichtlinien oder Regelungen der Bundesagentur für Arbeit bestehen.

Besonders »trickreich« sind Schwellenwerte, die beachtet werden müssen. So sehen die Regelungen für Arbeitsschutz und Arbeitssicherheit vor, dass Pausenräume oder Pausenbereiche ab zehn Mitarbeitern (oder aber aus Sicherheits- oder Gesundheitsgründen) eingerichtet werden müssen. Die Überschreitung eines anderen Schwellenwerts, nämlich der Anzahl von 20 weiblichen Mitarbeitern, führt dazu, dass ein separater Ruheraum für schwangere und stillende Frauen vorhanden sein muss.

Das Personalmanagement muss also regelmäßig überprüfen, ob aufgrund von Veränderungen im Personalbestand bestimmte Vorschriften zur Geltung kommen oder aber ob diese dann nicht mehr gelten. Einige Ämter prüfen die Einhaltung personalwirtschaftlicher Regelungen durchaus auch vor Ort in den Betrieben: Beispielsweise überwacht das Amt für Arbeitsschutz die Einhaltung von Arbeitszeitregelungen. Oder die örtliche Niederlassung der Bundesagentur für Arbeit prüft, ob Unternehmen, die im Jahresdurchschnitt über mindestens 20 Arbeitsplätze verfügen, ihrer durch das Gesetz zur Bekämpfung der Arbeitslosigkeit Schwerbehinderter (SchwbBAG) begründeten Pflicht nachkommen, mindestens fünf Prozent der Arbeitsplätze mit schwerbehinderten Menschen zu besetzen. Bei Nichterfüllen dieser sogenannten »Behindertenquote« müssen die Unternehmen eine Ausgleichsabgabe entrichten.

Behörden und Ämter sind allerdings umgekehrt für das Personalmanagement wertvolle Informationsquellen und Unterstützer. So bietet zum Beispiel die Bundesagentur für Arbeit, deren Aufgaben im dritten Buch des Sozialgesetzbuches (SGB III) festgelegt sind, über ihre örtlichen Niederlassungen eine Vielzahl von Schnittstellen zur betrieblichen Personalarbeit an: Sie vermittelt Arbeits- und Ausbildungsplätze, fördert die berufliche Aus- und Weiterbildung oder stellt Angebote der Berufsberatung sowie Arbeitgeberberatung zur Verfügung. Sie betreibt dazu ein Internetportal insbesondere zur Veröffentlichung von Arbeitsangeboten, das eine Reihe von Partnerportalen integriert und Teil des *virtuellen Arbeitsmarkts,* also des Arbeitsmarkts im Internet, ist. Hieraus ergeben sich für das Personalmanagement viele nutzbare Handlungsmöglichkeiten.

Beachten muss das Personalmanagement darüber hinaus diverse Meldepflichten. Hierzu zählen zum Beispiel speziell für die Personalarbeit:

- ✔ die Anmeldung der Beschäftigten zur Sozialversicherung gemäß dem Vierten Buch des Sozialgesetzbuches (SGB IV),
- ✔ die Meldung automatisierter Verfahren zur Datenbearbeitung gemäß Bundesdatenschutzgesetz,
- ✔ die Meldung einer Vielzahl von Daten an statistische Behörden.

Werden solche Meldepflichten nicht befolgt, kann dies zu einer Strafverfolgung führen.

Entlastung bieten betriebswirtschaftliche Softwarelösungen, die die Erledigung der notwendigen Meldungen standardisieren und automatisieren. Auch das Statistische Bundesamt stellt im Internet mit der kostenlosen PC-Anwendung »CORE.reporter« (`http://www.statspez.de/core`) ein teilautomatisiertes Meldeinstrument zur Erstellung, kontinuierlichen Pflege, Übermittlung, Verwaltung und Archivierung statistischer Daten zur Verfügung.

Finanzielle Förderungsmöglichkeiten ausnutzen

Staatliche Stellen verbessern auch ganz unmittelbar die Arbeitsbedingungen von Mitarbeitern in Unternehmen, zum Beispiel durch Förderprogramme zur Entstehung neuer Arbeitsplätze. Einen Überblick mit Suchhilfe über Förderprogramme und Finanzhilfen des Bundes, der Länder und der EU vermittelt im Internet die Förderdatenbank des Bundesministeriums für Wirtschaft und Technologie unter `http://www.foerderdatenbank.de`. Es sind sogar bereits entsprechende Anwendungen (Apps) für mobile Endgeräte erhältlich.

Beispiele für finanzielle Förderungsmöglichkeiten – deren Formen reichen von Zuschüssen über Darlehen, Bürgschaften und Beteiligungen bis hin zu Garantien – kommen aus ganz vielen thematischen Bereichen:

- ✔ In der Familienförderung werden häufig Kindertagesstätten, die von Unternehmen geschaffen werden, unterstützt. In § 4 KiTaG (Gesetz über Tageseinrichtungen für Kinder) ist festgelegt, dass die Öffnungszeiten von Kindertagesstätten den Bedürfnissen erwerbstätiger Eltern nach Möglichkeit Rechnung tragen sollen.

- ✔ In einigen Bundesländern sind staatliche Zuschüsse für Lohnkosten erhältlich, die speziell für kleine und mittelstandische Unternehmen vorgesehen sind und einen Anreiz zur Ansiedelung von Betrieben bieten sollen.
- ✔ Im Bereich der Energieversorgung ist es möglich, über staatliche Energieberatungen Zuschüsse für energetische Sanierungsmaßnahmen in Unternehmen zu erhalten – was vielleicht ein Beitrag nicht nur zur Optimierung der Energiebilanz ist, sondern sogar als Attraktivitätsargument im Rahmen der Personalbeschaffung genutzt werden kann.
- ✔ Unternehmen können sich hinsichtlich ihrer Reaktion auf den demografischen Wandel innovative Gestaltungslösungen finanziell fördern lassen.
- ✔ Unterstützt wird häufig auch, wenn Unternehmen, die sich in Schwierigkeiten sehen, professionell beraten werden möchten. Zuschüsse zu Beratungskosten sind unter anderem für Themen wie Personalentwicklung, Flexibilisierung des Personaleinsatzes, betriebliche Umstrukturierung oder Regelung der Unternehmensnachfolge erhältlich.

Stöbern Sie doch einmal selbst in der Internetdatenbank: Sie werden überrascht sein, auf welche Ideen Sie stoßen werden – und auf wie viele Ideen!

Es ist einsichtig, dass das Personalmanagement aktiv nach finanziellen Förderungsmöglichkeiten und unterstützenden Maßnahmen suchen und sich entsprechend informieren muss, wenn es von ihnen profitieren will. Dies muss das Personalmanagement nicht alleine tun, es bietet sich häufig an, die Zusammenarbeit zu anderen betrieblichen Planungsfunktionen zu suchen.

Stadt, Region, Land: Das Lebensumfeld für Mitarbeiter und Unternehmen

Der Staat kann nicht nur als rechtlicher und institutioneller Rahmen begriffen werden, sondern auch als Kultur- und Lebensumfeld. Unternehmen haben in der Regel Standorte, in denen die Mitarbeiter zum Arbeiten zusammenkommen. Vor diesem Hintergrund werden die Lebensumstände der betreffenden Stadt und Region relevant.

Unternehmen finden sich häufig in ihr Umfeld ein und werden durch das Umfeld auch aktiv in die unmittelbare Lebenswirklichkeit ihrer Mitarbeiter, Nachbarn und Mitbürger eingebunden. »Leben in der Region« bedeutet dann ein Bekenntnis zur Stadt oder Region – im Hinblick auf Bereiche wie Bauen, Bildung, Familien, Freizeit, Kultur und Wirtschaft.

Viele Städte und Regionen wollen sich als attraktive Standorte für Unternehmen positionieren und initiieren daher eine integrierte Wirtschaftsförderung, die den Unternehmen aus einer Hand viele Standortvorteile erschließt. Hier kann das Personalmanagement ansetzen, um zum einen unmittelbar von diesen Vorteilen zu profitieren, zum anderen aber, um diese Vorteile als Argumente zur Gewinnung und Bindung von Mitarbeitern einzusetzen.

Ein Beispiel für das Bekenntnis zur eigenen Region ist der Umgang des Personalmanagements mit ehrenamtlichen Tätigkeiten ihrer Mitarbeiter, zum Beispiel in der Freiwilligen Feuerwehr. Im Rahmen eines vorbildlichen Arbeitgeberverhaltens würde das Personalmanagement bereits im Bewerbungsverfahren eines Mitarbeiters auf ein Engagement in der Freiwilligen Feuerwehr oder in ähnlichen Ehrenämtern achten. Wenn dann ein Mitarbeiter ehrenamtsbedingt fehlen sollte, macht ein verantwortliches Unternehmen bei Einsätzen der Freiwilligen Feuerwehr den ihm zustehenden Verdienstausfall bei der Gemeinde nicht geltend.

So wird es professionell

Was empfiehlt Ihnen das Professionalisierungsmodell für das Personalmanagement hinsichtlich des Umgangs mit dem Staat?

Differenzierung

Unterschiedliche staatliche Stellen haben unterschiedliche Informationsbedürfnisse. Das Personalmanagement sollte daher wichtige Informationen und Kennzahlen an Interessenten weiterleiten – allerdings nicht nur wenn Meldepflichten bestehen, sondern auch dann, wenn eine günstige Beeinflussung der Ziele des Personalmanagements zu erwarten ist.

Kontinuität

Gerade für die Ausrichtung an staatlichen Stellen bietet es sich an, Prozesse zu standardisieren und gleichbleibende Abläufe einzuüben. Dies betrifft die regelmäßige Kontrolle und Aktualisierung der Daten genauso wie die regelmäßige Prüfung der Einhaltung von Gesetzen und Auflagen und die regelmäßige Suche nach geeigneten Förderprogrammen.

Expertise

Mitarbeiter des Personalmanagements, die für die Bearbeitung der Schnittstelle zum Staat Verantwortung tragen, können in Workshops und Seminaren geschult werden. Damit werden sie hinsichtlich relevanter Gesetzesänderungen oder Verwaltungsvorschriften, aber auch in Bezug auf das Entdecken von (Förder-)Chancen sensibilisiert.

Governance

Das Personalmanagement kann gemeinsam mit der Unternehmensleitung und anderen Unternehmensfunktionen strategische Entscheidungen darüber herbeiführen, welche Berührungspunkte zwischen Staat und Unternehmen besonders relevant sind und daher vorrangig beachtet werden sollten. Auch sollte die Entscheidung, bestimmte Förderprogramme nutzen zu wollen, strategisch getroffen werden.

Die Öffentlichkeit, das schwer zu bändigende Wesen

24

In diesem Kapitel …

- Öffentlichkeit verstehen
- Professionell kommunizieren
- Verantwortung übernehmen

Ziemlich herausfordernd ist es für das Personalmanagement, sich auf die Öffentlichkeit einzustellen und diese aktiv als Zielgruppe ihrer Aktivitäten zu betrachten: Sie ist nämlich nicht klar abgegrenzt und damit auch nicht klar fassbar. Am wichtigsten sind die unternehmensinterne Öffentlichkeit, die Fachöffentlichkeit sowie die allgemeine Öffentlichkeit.

Zunächst erfahren Sie in diesem Kapitel ganz allgemein, warum das Personalmanagement seine Kommunikationsrolle annehmen sollte und wie es sich auf sie einstellt. Danach wird es konkreter: Sie vertiefen die Kommunikation des Personalmanagements mit den Mitarbeitern sowie mit den Personalmanagementverbänden als Teil der Fachöffentlichkeit. Im Hinblick auf die Allgemeinheit machen Sie sich schließlich aus personalwirtschaftlicher Sicht mit der unternehmerischen Verantwortung für die Gesellschaft vertraut und tauchen in die Welt der sozialen Medien ein.

Neue Transparenz – neue Aufgaben

Für das Personalmanagement ist es traditionell keine Aufgabe mit hoher Priorität gewesen, sich auch um die Kommunikation des Unternehmens zu kümmern. Das ändert sich aber spätestens seit dem Aufkommen der sozialen Medien, deren Nutzung und Wirkung vom Unternehmen nicht mehr steuerbar ist. Auch würde es immer schwerer (wenn es überhaupt sinnvoll wäre), die einzelnen Mitarbeiter kommunikativ von der Außenwelt abzuschotten, wenn sie immer autonomer die modernen Kommunikationsmedien nutzen. Das Personalmanagement hat hierdurch eine vollkommen neue Aufgabe bekommen: sich um Medien und Kommunikation der Mitarbeiter zu kümmern, um die Interessen des Unternehmens und seiner Mitarbeiter zu schützen.

Ein Wortspiel formuliert es so: »Arbeiten mit der Öffentlichkeit – Arbeiten für die Öffentlichkeit – Arbeiten in der Öffentlichkeit«. Gestaltet wird im Rahmen der Öffentlichkeitskommunikation vor allem das Image, also das Bild über das Unternehmen und seine Mitarbeiter in den Köpfen von Außenstehenden.

Die informationelle Transparenz wird von Außenstehenden erlebt, aber vom Unternehmen – und damit auch vom Personalmanagement – aktiv gestaltet. Heutzutage gilt Transparenz als Bestandteil einer ordentlichen Unternehmensführung, die unter dem Begriff *Corporate Go-*

vernance unter anderem unternehmensinterne sowie unternehmensexterne Informationsflüsse nachvollziehbar und verlässlich gestalten will, und zwar über formalisierte Vorschriften hinaus aus einem gesunden Eigeninteresse heraus.

Die Gegenstrategie »wenig bis keine Transparenz« wird häufig dort zum Tragen kommen, wo vitale Interessen des Unternehmens wie zum Beispiel der Schutz von Innovationen und Daten betroffen sind. In solchen Fällen macht das Personalmanagement den Mitarbeitern strategische Vorgaben und schließt zudem einzelvertragliche Vereinbarungen zu Verschwiegenheit und Diskretion ab (mehr dazu finden Sie in Kapitel 15 zu Datenschutz und Datensicherheit).

Ein neuer Trend geht dahin, dass spezialisierte Anbieter mithilfe von Analysesoftware (sogenannter Business-Intelligence-Software) von Unternehmen Echtzeitprofile über Vergangenes, Gegenwärtiges wie die Reisetätigkeiten der Vorstände sowie Zukünftiges wie Strategien und Planungen anlegen, die man abonnieren kann. Die annähernd vollkommene Transparenz über Unternehmen bedroht Wettbewerbsvorteile: Man kann als Unternehmen zwar seine Kunden und Konkurrenten besser im Blick behalten, wird jedoch auch selbst zum Ziel einer möglichen Komplettdurchleuchtung.

Die Mitarbeiter als Brücke zur Öffentlichkeit

Zunächst muss allen Beteiligten eine Selbstverständlichkeit jeglicher öffentlicher Kommunikation in aller Konsequenz bewusst werden: Jeder einzelne Mitarbeiter kann »von außen« wahrgenommen werden und prägt – direkt oder indirekt – das Bild des Unternehmens mit, ist sozusagen sein Botschafter. Heutzutage gibt es im Grunde kein Handeln des Unternehmens mehr, das nicht öffentlich ist.

Nun wäre es nicht gerade vorteilhaft für ein Unternehmen, wenn es in der Öffentlichkeit ein schlechtes Bild abgeben würde, denn das hat immer Konsequenzen:

- ✔ Der Ruf als Arbeitgeber kann leiden – und dann sinken die Bewerberzahlen.
- ✔ Der Ruf als zuverlässiger Produzent oder Dienstleister kann leiden – und dann kaufen die Kunden woanders ein.
- ✔ Der Ruf als innovativer Entwickler kann leiden – und dann werden Neuentwicklungen woanders gesucht.
- ✔ Der Ruf als zahlungskräftiges Unternehmen kann leiden – und dann werden Kredite teurer und Zahlungsziele kürzer.
- ✔ Der Ruf als ökologisch Verantwortlicher kann leiden – und dann steht das Unternehmen gesellschaftlich unter Rechtfertigungsdruck.
- ✔ Der Ruf als Unternehmen mit guter Reputation kann leiden – und dann erweckt das Unternehmen vielleicht sogar die Aufmerksamkeit der Staatsanwaltschaft.

Weil die Mitarbeiter aber nicht wissen, dass und wo genau sie gerade unter Bobachtung stehen, kann es schnell zu einem kommunikativen Desaster kommen. Das Personalmanagement kann hier aktiv gegensteuern. Die Beseitigung solcher kommunikativer Desaster ist hingegen viel aufwendiger.

Die Rolle des Personalmanagements in der Kommunikation

Was hat aber das Personalmanagement mit der Außenkommunikation des Unternehmens zu tun? Ist das nicht eine Angelegenheit des Marketings? Oder der Abteilungen, die sich – wie die Presseabteilung, Public Relations oder Investor Relations – gezielt mit der Information von Außenstehenden befassen?

Ein professionelles Personalmanagement hat gar nicht nur die offizielle Unternehmenskommunikation, sondern vor allem die unbeabsichtigte Kommunikation des Unternehmens und aller seiner Mitarbeiter nach außen im Blick. Auch sie beeinflusst das Bild, das sich Externe vom Unternehmen machen, nicht zuletzt das Bild vom Unternehmen als Arbeitgeber.

Wer genau aus dem Unternehmen mit der Öffentlichkeit in Kontakt tritt, richtet sich nach der Unternehmensgröße. Während es in ganz kleinen Unternehmen vor allem die Unternehmensleitung sowie die wenigen Mitarbeiter gemeinsam übernehmen, erweitert sich bereits bei mittelgroßen Unternehmen der Kreis der an der Kommunikation Beteiligten auf die Funktionen Marketing und Personalmanagement.

Wächst das mittelständische Unternehmen weiter, lohnt es sich ab einer bestimmten Kommunikationsintensität zu überlegen, zusätzlich zu den bislang Beteiligten eine eigenständige Kommunikationsstelle oder Presseabteilung einzurichten (Public Relations). In Großunternehmen wird dann dort die gesamte Öffentlichkeitsarbeit konzentriert.

In vielen mittelgroßen Unternehmen steht also das Personalmanagement mit in der Verantwortung für die Gestaltung der Schnittstelle mit der Öffentlichkeit. Die Kommunikation des Personalmanagements mit der Öffentlichkeit ist allerdings keine Einbahnstraße: Zwar kann das Personalmanagement seine Kommunikation als eine Kernkompetenz ausbauen und sich vieles von dem, was es in seiner Kommunikation erreichen will, selbst erarbeiten. Es kann sich aber auch Unterstützung holen, zum Beispiel von Kommunikationsexperten, aus regionalen Unternehmensverbünden oder aus den Verbänden, in denen das Unternehmen Mitglied ist. Schließlich ist das Gelingen der Kommunikation mit der Öffentlichkeit auch von der entstehenden Resonanz abhängig. Das bedeutet, dass das Personalmanagement Antennen entwickeln und nutzen muss, um seinerseits Informationen über seine Wahrnehmung in der Öffentlichkeit zu erhalten.

Ziele der Kommunikation

Übergeordnetes Erfolgskriterium für die Unternehmenskommunikation ist ein möglichst unverzerrter Informationsaustausch mit den öffentlichen Zielgruppen bei gleichzeitiger Erreichung der Kommunikationsziele des Unternehmens.

Inhaltlich kommt es bei der Unternehmenskommunikation vor allem darauf an, die jeweils angesprochene Öffentlichkeit dem Unternehmen und seinen Handlungen gegenüber – und spezieller, der Personalarbeit gegenüber – gewogen zu machen. Das bedeutet, Aufmerksamkeit auf das Unternehmen zu lenken, Vertrauen in die Integrität des unternehmerischen Handelns zu schaffen und Akzeptanz für die Unternehmensziele zu wecken.

Die Kommunikation mit der Öffentlichkeit bietet somit eine Chance, das Wesen des Unternehmens und seiner Mitarbeiter positiv und attraktiv darzustellen und dafür zu sorgen, dass die Spielräume für ungerechtfertigte Spekulationen so gering wie möglich gehalten werden. Das muss nach innen und nach außen hin funktionieren:

- ✔ In das Unternehmen hinein werden vor allem Sachverhalte kommuniziert, die die generelle Mitarbeiterzufriedenheit betreffen. Über die Inhalte der Personalführung hinaus sind das dann vor allem Sozialleistungen, Möglichkeiten der Flexibilisierung oder Entwicklungsperspektiven für die Mitarbeiter.
- ✔ Aus dem Unternehmen hinaus werden Kontakte zu Kooperationspartnern wie Universitäten, Schulen, Verbänden und Interessenvertretungen gepflegt. Darüber hinaus versuchen stärker ungerichtete Kommunikationsmaßnahmen wie Sponsoring, Tag der offenen Tür oder Jobmessen, eine möglichst breite interessierte Öffentlichkeit zu erreichen.

Im Hinblick auf das Personalmanagement konzentrieren sich die Kommunikationsinhalte vor allem auf die Präsentation des Unternehmens als attraktiver Arbeitgeber.

So wird es professionell

Unter Heranziehung des Professionalisierungsmodells für das Personalmanagement werden erneut dessen vier Kernaspekte wichtig.

Differenzierung

Erst wenn die unterschiedlichen Adressaten der Kommunikation sowie deren unterschiedlichen Bedürfnisse bekannt sind, kann sich die Kommunikation gezielt darauf ausrichten. Bewusst differenziert werden sollten aber auch die Kommunikationsmedien und die Kommunikationsanlässe.

Kontinuität

Die Kommunikation mit der Öffentlichkeit sollte zum einen regelmäßig erfolgen und damit die als sinnvoll erachteten Rhythmen einhalten. Das schließt ein, dass die Personalleitung bei wichtigen öffentlichen Terminen persönlich anwesend ist und damit »ein Gesicht bekommt«. Zum anderen sollten auch die kommunizierten Inhalte anhaltend zur Verfügung stehen, also beispielsweise im Internet dokumentiert werden.

Expertise

Genau zu wissen, wie man mit der Öffentlichkeit effektiv kommuniziert, ist für das Personalmanagement unabdingbar. Benötigt werden also sowohl Mitarbeiter mit geschulten Fähigkeiten und Kommunikationserfahrung wie auch weiteres Spezialwissen, wenn es um besondere Herausforderungen bei der Kommunikation geht. Hierzu gehören beispielsweise bereits die Sachverhalte, bei denen das Unternehmen im Einzelfall offiziell angehalten ist, die Öffentlichkeit zu informieren, also pflichtgemäß Auskünfte zu erteilen. Solche Fälle betreffen mit unternehmensexternen Adressaten etwa Entsorgungsfachbetriebe, die den zuständigen Behörden einen Einsatzplan zum Nachweis der ausreichenden Personalstärke übermitteln müssen. Unternehmensintern bestehen zum Beispiel Informationspflichten gegenüber dem Betriebsrat gemäß § 92 des Betriebsverfassungsgesetzes in Belangen der Personalplanung oder die Informationspflicht gegenüber Mitarbeitern gemäß dem Gesetz zur Verbesserung der betrieblichen Altersversorgung, dass sie einen Rechtsanspruch auf Entgeltumwandlung für ihre betriebliche Altersversorgung haben. In solches Spezialwissen muss das Personalmanagement investieren. Eine Datenbank aller bundesrechtlichen Informationspflichten wird durch das Statistische Bundesamt unter `https://www-skm.destatis.de/webskm/online` zur Verfügung gestellt.

Governance

Letztlich muss ein konsistentes Bild über alle öffentlichkeitswirksamen Maßnahmen hinweg entstehen, sozusagen »der rote Faden«. Die Kommunikation des Personalmanagements mit der Öffentlichkeit muss mit der Unternehmensleitung in ihren Grundpositionen abgestimmt sein, aber auch von der Unternehmensleitung gestützt werden. Daher muss festgelegt werden, welche Informationen an wen genau, zu welchem Zeitpunkt und in welchem Ausmaß zur Verfügung gestellt werden sollen.

Unternehmensinterne Öffentlichkeit: Die wachsame Macht

Nur wenige Frühwarnsensoren im Unternehmen sind aufmerksamer als die eigenen Mitarbeiter. Sie nehmen bewusst und unbewusst fast alles wahr, was geschieht, und tauschen sich darüber aus. Unternehmen können sicher sein, dass sie unter kritischer Dauerbeobachtung ihrer Mitarbeiter stehen. Das ist auch durchaus legitim, weil an der seriösen Arbeit des Unternehmens die Sicherheit ihrer Arbeitsplätze und letztlich ihre wirtschaftliche Existenz hängt.

Mitarbeiter möchten informiert sein

Innerhalb von Unternehmen besteht die *Öffentlichkeit* aus allen Personen, die nicht direkt mit den Entscheidungen zu tun haben, die gerade Inhalt der eigenen Arbeit sind. Es sind also die »unbeteiligten Dritten«, die »Zaungäste«, die dennoch eine Meinung zu dem haben, was in Unternehmen stattfindet. Diese Meinung bildet sich dann nicht zwingend in einer formalen Kommunikation, sondern in der informellen Kommunikation.

Von Gerüchteküchen und Flurfunk

Zur informellen Kommunikation gehören »Flurfunk« und »Gerüchteküche« und das ritualisierte Treffen am Kaffeeautomaten.

Gerüchte auszutauschen ist eine menschliche Eigenheit, die sich wahrscheinlich nicht abstellen lässt, auch nicht in Unternehmen. Es geht um stark vereinfachte, häufig übertrieben dramatisierte, spekulative Aussagen mit Bezug zum aktuellen Handlungskontext, deren Wahrheitsgehalt sich nicht unmittelbar überprüfen lässt. Gerüchten kommt immerhin die Funktion zu, dass sie das Interesse an Sachverhalten wecken und Aufmerksamkeit kanalisieren können. Zudem tragen sie zur Entwicklung und Veränderung von Unternehmenskultur bei, weil sie ein Mechanismus des kollektiven Teilens von wertenden Aussagen sind: Mitarbeiter, die in Form von Gerüchten echte oder vermeintliche Geheimnisse teilen, binden sich enger zusammen und verstärken ihre impliziten Normen.

Die Aufgabe des Personalmanagements besteht darin, hilfreiche Kommunikationsangebote in das Unternehmen einzubringen. So sollten durchaus gezielt Informationen bereitgestellt werden, die auch in solche informelle Meinungsbildung eingehen. Das bedeutet im Einzelnen:

- ✔ **Involvierung:** Dem Personalmanagement gelingt es, einen lebendigen Dialog zu initiieren und die Mitarbeiter in das Unternehmensgeschehen einzubeziehen, damit sie an gemeinschaftlichen Entscheidungen tatsächlich mitwirken können.
- ✔ **Aktivierung:** Das Personalmanagement hilft mit zu kommunizieren, was das Unternehmen erreichen will. Einzelnen Adressaten wie zum Beispiel Mitarbeitern werden kulturelle Werte, Wissen, Ideen und konkrete Aufgaben kommuniziert. Kollektiven Adressaten wie zum Beispiel »der Belegschaft« werden Stimmungen, etwa im Hinblick auf ein positives Arbeitsklima, vermittelt.
- ✔ **Aufmerksamkeit:** Aufmerksamkeit ist eine knappe Ressource. Wenn das Personalmanagement dazu beiträgt, dass Unternehmen ihren Mitarbeitern Aufmerksamkeit geben, wirkt das Unternehmen attraktiv (zum Beispiel als attraktiver Arbeitgeber). Im Gegenzug fühlen sich die Mitarbeiter dann dem Unternehmen verbunden, was sich letztlich beispielsweise in der Zahl von Verbesserungsvorschlägen der Mitarbeiter zeigt. Unternehmen wollen zudem aktiv Kommunikation empfangen, indem sie ihre Mitarbeiter dazu ermutigen, sie anzusprechen und von sich aus in Kommunikation mit dem Unternehmen beziehungsweise seinem Personalmanagement zu treten.
- ✔ **Konsistenz:** Gelingende Kommunikation benötigt breite Stimmigkeit unter vielen Komponenten des Unternehmens, beispielsweise den Kommunikationsinhalten, den Unternehmenszielen und dem glaubwürdigen Verhalten der Unternehmensleitung. Diese Stimmigkeit versucht das Personalmanagement zu befördern. Ein unstimmiges Negativbeispiel wäre, wenn auf der einen Seite Kundenservice als Unternehmensziel kommuniziert wird, auf der anderen Seite aber die Leistung der Mitarbeiter anhand der Zahl der bedienten Kunden pro Stunde gemessen wird. Die Schaffung realer und kommunikativer Stimmigkeit bedeutet nicht zuletzt, dass das Personalmanagement die »wahren Ziele« des Unternehmens möglichst offen kommunizieren sollte.

Die Berücksichtigung aller vier Aspekte führt dazu, dass Blockaden in der Unternehmenskommunikation abgebaut werden, weil die Intensität der Kommunikation steigt und die Inhalte der Kommunikation sich verdichten.

Schwarze Bretter und grüne/rote Kennzahlen

Das Personalmanagement kann die Information allerdings auch aktiv steuern. Dies tut es dadurch, dass es Informationen möglichst gut zugänglich bereitstellt. Geeignete Medien sind im Unternehmen unter anderem Schwarze Bretter und Informationstafeln, Rundbriefe, Mitarbeiterzeitschriften und Newsletter im Intranet. Die Auswahl der Medien richtet sich nach der gewünschten Aktualität (also ob Tagesaktualität notwendig ist oder nicht) und der gewünschten Mobilität der Nutzung (also ob die Medien überall hin mitgenommen und genutzt werden können).

Inhaltlich nutzt das Personalmanagement neben verbalisierten Informationen auch betriebswirtschaftliche Kennzahlen aus seinem Bereich, um die Mitarbeiter über den Stand der Erreichung einzelner Ziele der Personalarbeit zu informieren. Diese Kennzahlen sind zum einen solche, die Auskunft geben über Bestandsgrößen wie beispielsweise Mitarbeiterzahl, Frauenanteil an der Belegschaft oder Krankenstand. Zum anderen sind es prozessbezogene Kennzahlen, die auch *Key-Performance-Indikatoren* (KPI) genannt werden: Sie spiegeln die Prozessqualität wider. Beispiele sind Mitarbeiterzufriedenheitsindizes. Diese Kennzahlen lassen sich mit Erfolgskennzahlen in Beziehung setzen und erlauben dann eine bewertende Einschätzung von Effektivität und Effizienz des Personalmanagements. Häufig wird bei Kennzahlen die Ampelsymbolik benutzt: Ein hoher Zielerfüllungsgrad wird grün gekennzeichnet, ein mittlerer Erfüllungsgrad gelb und ein niedriger Erfüllungsgrad rot.

Wenn das Personalmanagement Kennzahlen nutzen will, muss es dafür sorgen, dass die Kennzahlen regelmäßig aktualisiert werden. Hierzu bietet sich ein standardisiertes Vorgehen an, nicht zuletzt, um die Vergleichbarkeit von Kennzahlen verschiedener Perioden sicherzustellen. Inhaltlich sollten Kennzahlen so eindeutig definiert sein, dass Fehlinterpretationen nicht möglich sind – andernfalls würde das wieder die Gerüchteküche befeuern.

Krisenkommunikation

Das Auf und Ab in der Wirtschaft scheint seit dem Jahrtausendwechsel schneller zu erfolgen als zuvor: Die weltweite Verzahnung verschiedener Volkswirtschaften in einer globalisierten Wirtschaftsordnung transportiert Krisen, die auf der einen Seite des Globus auftreten, unmittelbarer auf die andere Seite des Globus. Und irgendwo scheint immer gerade eine Krise zu sein, die sich ausbreiten kann.

Unternehmenskrisen, die existenzgefährdende Notsituationen für Unternehmen sind, werden in der betriebswirtschaftlichen Literatur in strategische Krisen, Ergebniskrisen und Liquiditätskrisen eingeteilt. Mit zunehmender Eskalation der Krise sinkt der zur Verfügung stehende Handlungsspielraum, während die Krisensymptome und damit der unmittelbare Handlungsdruck zunehmen. Wird die Krise nicht bewältigt, droht die Insolvenz des Unternehmens. Die Ursachen für die Krise liegen dabei nicht allein in äußeren Faktoren wie der weltwirtschaftlichen Entwicklung, sondern können auch unternehmensintern ausgelöst sein, etwa durch strategische Fehler, Innovationsdefizite oder Führungsmängel.

Wenn Wirtschaftskrisen einzelne Unternehmen erreichen, müssen diese reagieren. Sie stehen dann vor der Entscheidung, wie sie ihren Mitarbeitern die schwierige Lage beibringen. Hier stehen sich zwei widerstreitende Bedürfnisse gegenüber: auf der einen Seite das Bedürfnis nach Transparenz und Offenheit bei den Mitarbeitern, auf der anderen Seite das Bedürfnis beim Personalmanagement, Ängste bei den Mitarbeitern zu vermeiden.

Wie kann das Personalmanagement Entstehung und Verlauf einer Krise, die das Unternehmen erreicht, den eigenen Mitarbeitern kommunizieren? Dass dies erwartet wird, ist unstrittig. In mitbestimmten Unternehmen hat der Betriebsrat zudem ein Recht darauf, über die wirtschaftliche Lage des Unternehmens informiert zu werden.

Das Personalmanagement ist in Krisen gut beraten, gegenüber den Mitarbeitern nicht in Krisengejammer einzustimmen. Das Lamentieren über das Nichtverschulden der Krise, über die Unverschämtheit von Kunden, die ihre Rechnungen nicht bezahlen, sowie über unzureichende Unterstützung seitens der Politik trägt zur Überwindung der Krise in der Regel nicht bei, sondern ist im Gegenteil gefährlich: Es verstärkt noch das Gefühl, dass die – unternehmenskulturell unverzichtbaren – Grundwerte wie Vertrauen, Fairness und Zuversicht noch weiter an Gewicht verlieren, und wertvolle Zeit, die zur Krisenbewältigung benötigt wird, verstreicht.

In der Unternehmenskrise besteht die Gefahr, dass die kooperative Grundeinstellung der Mitarbeiter verloren geht. In dem Maße, wie Unternehmen fast schon reflexartig auf Krisen mit der Ankündigung von Entlassungen reagieren, nimmt der interne Wettbewerb um den eigenen Arbeitsplatz zu. Dies schlägt natürlich auf das Betriebsklima durch, das sich dann aller Wahrscheinlichkeit nach verschlechtert.

Dennoch ist es genauso wenig sinnvoll, die Mitarbeiter von der Krise abzulenken, sie abzustreiten oder zu marginalisieren. Eine knappe, möglichst neutrale Information kann die Mitarbeiter dafür sensibilisieren, mit nach Auswegen aus der Krise zu suchen. Das Personalmanagement hat in diesem Rahmen die Aufgabe, positive Szenarien zu entwickeln und realistische Zukunftsperspektiven zu entwerfen.

Fachöffentlichkeit

Besonders sichtbar wird das Personalmanagement eines Unternehmens im Kreise von Fachkollegen. Es gibt viele Foren, in denen sich Personalverantwortliche zum fachlichen Austausch treffen. Neben Personalmessen ist insbesondere die Arbeit in Personalmanagementverbänden eine gute Gelegenheit für Personaler, ihre Tätigkeit zu reflektieren, sie mit beispielhafter Personalarbeit zu vergleichen und nach Innovationen im Personalmanagement zu suchen.

Personalmanagementverbände

Die engere Fachöffentlichkeit für den Personalbereich besteht aus der *Personaler-Community,* also der Gruppe aller an Personalmanagement und Personalarbeit interessierten Personen und Institutionen. In Deutschland gibt es im Rahmen dieser Personaler-Community einige Vereine, die sich auf den Schwerpunkt Personalmanagement konzentrieren:

- ✔ Die *Deutsche Gesellschaft für Personalführung e.V.* (DGFP) ist ein unabhängiger Verein zur Förderung des Personalmanagements in Praxis, Wissenschaft und Lehre. Sie wurde 1952 unter dem Namen Der Neue Betrieb – Studienkreis für sozialwirtschaftliche Betriebsformen e.V. (DNB) gegründet, 1968 umbenannt und hat ihren Sitz in Düsseldorf. Die Gründer sahen das Ziel ihres Vereins in der Stabilisierung der jungen westdeutschen

Demokratie und der sozialen Marktwirtschaft. Zu den anfänglichen Mitgliedern zählten bald Vertreter namhafter Unternehmen und zunehmend rückte die Personalarbeit in den Fokus des Vereins. Die DGFP besteht aus rund 1.750 Mitgliedsunternehmen und 250 Einzelmitgliedern. Organisatorisch sind sieben Regionalstellen, die die unternehmensnahe Betreuung ihrer Mitglieder und die Veranstaltung von Seminaren übernehmen, über Deutschland hinweg verteilt. Zu den Angeboten der DGFP zählen circa 450 »Erfa-Kreise«, die dem Erfahrungsaustausch von Personalverantwortlichen dienen, die personalwirtschaftliche Fachzeitschrift »Personalführung«, Aus- und Weiterbildungsangebote, die Veranstaltung des jährlich stattfindenden DGFP-Kongresses sowie einer Messe für Personal und Weiterbildung, ein internetbasiertes Rechercheportal zu allen Fragen des Personalmanagements, themenbezogene Arbeitskreise, eine Schriftenreihe zur Veröffentlichung der Forschungsergebnisse sowie eine Tochtergesellschaft zur unternehmensindividuellen Personalberatung. Als Gründungsmitglied mehrerer internationaler Personalmanagementverbände ist sie international weit verzahnt. Die DGFP setzt mit ihrer Arbeit vielfältige Impulse für die deutschsprachige Personalmanagementszene, wobei diese teilweise auch kritisch diskutiert werden.

✔ Die *Deutsche Gesellschaft für Personalwesen e.V.* (DGP), ein unabhängiger Verein zur Schaffung und Förderung eines professionellen Personalwesens in Verwaltung und Wirtschaft, wurde im April 1949 gegründet und hat ihren Sitz in Hannover. Ihre Satzung sieht ausschließlich juristische Personen wie Unternehmen, Verwaltungen, Verbände und Forschungseinrichtungen als Vereinsmitglieder vor. Der Verein strebt in seinem Tätigkeitsgebiet Professionalität, die Verknüpfung wissenschaftlicher Erkenntnisse mit der Praxis und die Wahrnehmung gesellschaftlicher Verantwortung an. Das satzungsgemäße Ziel der DGP ist es, an dem Aufbau und Ausbau eines sachorientierten, leistungsfähigen Personalwesens in Verwaltung und Wirtschaft mitzuwirken. Hierzu ist sie beratend im Bereich Personalwesen für Verwaltung und Wirtschaft tätig – hier insbesondere auf den Feldern Organisationsentwicklung, Personalentwicklung, -auswahl, -beurteilung, Befragungen, Fort- und Weiterbildung, Konfliktmanagement sowie individuelles Coaching und Gruppencoaching – und setzt unter anderem Erkenntnisse eigener wissenschaftlicher Forschung aus dem Gebiet der angewandten Psychologie ein. Darüber hinaus nennt die DGP die Interessen und Bedürfnisse der arbeitenden Menschen als wesentlichen Bestandteil der Beratungsleistung, ist aber keine Berufsvertretung und nimmt auch keine Standesinteressen wahr.

✔ Der *Bundesverband der Personalmanager e.V.* (BPM) ist ein unabhängiger Verein mit dem Zweck der Definition und Wahrnehmung der berufsständischen Interessen der Personalmanager, der Förderung ihrer Aus- und Weiterbildung, der Förderung des Meinungs- und Erfahrungsaustauschs, der Erhaltung und Pflege des Ansehens des Berufsstands Personalmanager sowie der Artikulation der Interessen von Personalmanagern gegenüber Gesellschaft, Medien und Politik. Er wurde 2009 gegründet und hat seinen Sitz in Berlin. Gemäß Satzung können nur natürliche Personen, die hauptberuflich als Personalmanager angestellt sind, Verbandsmitglieder werden; andere natürliche und juristische Personen können Fördermitglieder werden. Der BPM hat inzwischen rund 3.000 Mitglieder. Während acht über Deutschland verteilte Regionalgruppen die Mitglieder vor Ort betreuen und verzahnen, verstehen sich die themenbezogenen Fachgruppen als »Think Tanks«, die innovative Themen aufgreifen und in ihnen Standardisierung,

Professionalisierung, Qualifizierung und Internationalisierung vorantreiben. Ein Interesse des BPM besteht darin, sich in gesellschaftliche und politische Debatten einzubringen und als Interessenvertretung von Personalmanagern Lobbyarbeit zu betreiben.

Zudem gibt es eine ganze Reihe an Personalberatungen, Hochschullehrern für Personalmanagement, Personalpraktikern, Veranstaltern von Personalkongressen sowie Personalmanagementzeitschriften, die ebenfalls alle zur Personaler-Community zählen. Das Personalmanagement kann diese Personaler-Community auch zur Verbreitung eigener innovativer oder prestigeträchtiger Informationen nutzen. Der Vernetzungsgedanke unterstützt dabei solche Bemühungen.

IHK, BDA, BDI und andere Verbandsabkürzungen

Zur Fachöffentlichkeit für das Personalmanagement gehören Institutionen, die die Arbeit von Unternehmen und damit auch die Arbeit in Unternehmen unmittelbar beeinflussen.

Industrie- und Handelskammern (IHK)

Die *Industrie- und Handelskammern* (IHK) sind Körperschaften des öffentlichen Rechts, die das Interesse der ihnen zugehörigen Gewerbetreibenden ihres Bezirks vertreten und für die Förderung der gewerblichen Wirtschaft wirken. Basis der Industrie- und Handelskammer ist die Zwangsmitgliedschaft aller Personen, Handelsgesellschaften und juristischen Personen des jeweiligen Bezirks, die Gewerbesteuer zahlen müssen. Ausgenommen sind Handwerksbetriebe, Freie Berufe und landwirtschaftliche Betriebe.

Die Aufgaben der IHK sind im § 1 IHKG (Gesetz zur vorläufigen Regelung des Rechts der Industrie- und Handelskammern) geregelt und umfassen unter anderem die Aufsicht bei der Berufsausbildung, die Durchführung von Abschlussprüfungen und die Schiedsgerichtsbarkeit. Daneben erbringen Industrie- und Handelskammern für ihre Mitglieder Dienstleistungen wie Existenzgründungsberatung, Erteilung von Rechtsauskünften und Unterstützung bei der Knüpfung ausländischer Geschäftskontakte. Nicht zu den Aufgaben der Industrie- und Handelskammern gehört die Wahrnehmung sozialpolitischer und arbeitsrechtlicher Interessen. Nach § 3 IHKG werden die Kosten der Einrichtung und Tätigkeit der IHK gemäß einer Beitragsordnung von den Kammerzugehörigen aufgebracht, wobei sich die Pflichtbeiträge an der wirtschaftlichen Leistungsfähigkeit orientieren.

Die in Deutschland tätigen 80 regionalen Industrie- und Handelskammern werden jeweils durch einen Präsidenten und einen Hauptgeschäftsführer, die von der durch ihre Mitglieder gewählte Vollversammlung bestellt werden, vertreten. Die Industrie- und Handelskammern auf der Kreisebene sind auf der Ebene der Bundesländer in Arbeitsgemeinschaften oder Kammervereinigungen zusammengeschlossen, auf der Bundesebene dann im *Deutschen Industrie- und Handelskammertag* (DIHK). Dieser ist als Spitzenorganisation eine wichtige wirtschaftspolitische Interessengruppe auf bundes- und europapolitischer Ebene.

Bundesvereinigung der Deutschen Arbeitgeberverbände (BDA)

Für das Personalmanagement wird zudem die *Bundesvereinigung der Deutschen Arbeitgeberverbände* (BDA) relevant. Sie ist der sozial- und tarifpolitische Spitzenverband der deutschen Wirtschaft, der die Interessen von Unternehmen im Bereich der Sozialpolitik vertritt und somit im Kern das Personalmanagement betrifft. Der BDA, die seit 1950 besteht und deren Sitz sich in Berlin befindet, gehören etwa zwei Millionen Unternehmen an, die von mehr als 1.000 rechtlich und wirtschaftlich selbstständigen Arbeitgeberverbänden betreut werden. Diese Unternehmen beschäftigen etwa 80 Prozent aller Arbeitnehmer in Deutschland.

Organisiert in Branchenfachverbänden und Landesverbänden, ist die BDA nicht nur für ihre Mitglieder, sondern auch für die Öffentlichkeit und die Regierung Ansprechpartnerin und Beraterin unter anderem in Fragen des Arbeitsrechts, der Bildungs- und der Personalpolitik. Die BDA vertritt damit die Belange ihrer Mitglieder sowohl auf nationaler als auch auf europäischer Ebene gegenüber der Regierung, den Gewerkschaften, den gesellschaftlichen Gruppen und der Öffentlichkeit und nimmt an gesellschaftlich relevanten Diskussionen teil.

Die BDA steht unter anderem ein für ein modernes Arbeitsrecht, das neben Entbürokratisierung auch die Rechtssicherheit fördert und weiterhin innovative Arbeitsformen und flexible Beschäftigungsformen erlaubt, um den deutschen Arbeitsmarkt dynamischer zu machen. Dazu zählen vor allem auch die soziale Absicherung bei Arbeitslosigkeit und die konsequente Arbeitsförderung, um eine schnelle Beschäftigungsaufnahme zu fördern.

Bundesverband der Deutschen Industrie e.V. (BDI)

Ein in Deutschland einflussreicher Verband, der vor allem die Interessen der deutschen Industrie gegenüber den politisch Verantwortlichen vertritt, ist der *Bundesverband der Deutschen Industrie e.V.* (BDI). Im Jahre 1949 gegründet und mit Sitz in Berlin, repräsentiert er 38 Branchenverbände aller Industriezweige mit über 100.000 Unternehmen und gut 8 Millionen Beschäftigten. Die Mitgliedschaft im BDI ist freiwillig. Seine Hauptziele bestehen darin, die internationale Wettbewerbsfähigkeit Deutschlands zu fördern, Deutschland als attraktiven Industriestandort zu stärken, ein höheres und nachhaltigeres Wachstum insbesondere über Anstrengungen in den Feldern Bildung, Forschung, Innovation und Arbeitsplätze zu erreichen sowie das ordnungspolitische Fundament der sozialen Marktwirtschaft zu bewahren. Hierzu bündelt der BDI unterschiedliche Meinungen im politischen Diskurs, berät die deutsche Politik in wirtschaftspolitischen Fragen, nimmt aktiv Einfluss auf den demokratischen Willensbildungsprozess vor allem in Wirtschaftsfragen – drängt beispielsweise auf eine Vereinfachung des Reisekostenrechts – und ist im Übrigen ein Dienstleister, der seine Mitglieder durch Informationen und Beratungsleistungen zu industrierelevanten Themen im globalen Wettbewerb unterstützt.

Vor allem das Informationsangebot des BDI betrifft auch die angewandte Personalarbeit: So unterstützt das »BDI-Helpdesk« Unternehmen bei der Umsetzung der EU-Chemikalienverordnung oder informiert über wesentliche Pflichten im technischen Arbeitsschutz.

Zentralverband des Deutschen Handwerks e.V. (ZDH)

Für das Handwerk in Deutschland ist der *Zentralverband des Deutschen Handwerks e.V.* (ZDH) die oberste Interessenvertretung. Im Jahre 1949 gegründet und mit Sitz in Berlin, umfasst der ZDH die 53 deutschen Handwerkskammern, die den *Deutschen Handwerkskammertag* (DHKT) bilden, 36 Zentralfachverbände des Handwerks und weitere wirtschaftliche und wissenschaftliche Einrichtungen, die dem Handwerk verbunden sind. Er repräsentiert damit knapp 1 Million Betriebe mit knapp 5 Millionen Beschäftigten. Die politische Interessenvertretung gegenüber nationalen und internationalen Regierungen und Organisationen bezieht sich vor allem auf die Wirtschafts-, Steuer- und Sozialpolitik. Zur Arbeitsmarkt- und Tarifpolitik stellt der ZDH Interessenten Informationen zur Verfügung.

Das Personalmanagement muss natürlich darauf achten, dass es – wenn es das für wichtig hält – seine Meinung und Position auch in die Fachöffentlichkeit trägt. An dieser Stelle beginnt das, was als Lobbyismus bezeichnet wird. Umgekehrt ist diese Fachöffentlichkeit eine sehr wertvolle Quelle für Informationen, Innovationen und Professionalisierungsimpulse.

Sie als Leser von *Personalmanagement für Dummies* merken sicherlich mit einiger Berechtigung an, dass es keinesfalls die Kernaufgabe des Personalmanagements sein kann, permanent die Informationsangebote anderer Unternehmen und Verbände zu lesen. Vielmehr sollte doch eigentlich das eigene Unternehmen im Zentrum der Aufmerksamkeit stehen. Nur: Wenn Zeit- und Leistungsdruck besonders hoch werden, werden Sie es auch im Personalmanagement zu schätzen wissen, auf externe Vorarbeiten zurückgreifen zu können.

Das Personalmanagement muss aufpassen, dass es nicht alles, was von der Fachöffentlichkeit als »Mainstream« kommuniziert wird, für bare Münze nimmt: Kritisches Hinterfragen bietet zumindest die Chance dafür, dass nicht jede Mode, die sich vielleicht später als kontraproduktiv entpuppt, gleich im Unternehmen umgesetzt wird und dort gegebenenfalls Schaden anrichtet. Daher ist es ratsam, sich bei der Meinungsbildung nicht ausschließlich auf Praktikerverbände zu verlassen, sondern sich auch am wissenschaftlichen Diskurs zu orientieren.

Allgemeine Öffentlichkeit

Die allgemeine Öffentlichkeit ist der Oberbegriff für die Vorgänge und Personen, die zur Bildung einer öffentlichen Meinung in der Gesellschaft beitragen. Unternehmen sind in die allgemeine Öffentlichkeit eingebunden und bringen ihre Meinung in Diskussionen ein, sind aber auch selbst Gegenstand von öffentlichen Diskursen – denken Sie nur an die Vergütung von Topmanagern.

Unternehmerische Verantwortung – Corporate Social Responsibility

Ein zentraler Begriff, der in Bezug auf die allgemeine Öffentlichkeit eine große Rolle spielt, ist die Verantwortlichkeit.

Unternehmen stehen in einer wachsenden Verantwortung der ökonomischen, sozialen und ökologischen Umwelt gegenüber. Man bezeichnet dies mit dem Begriff *Corporate Social Responsibility* (CSR) und meint damit, dass die Unternehmen freiwillig, also nicht durch gesetzliche Regelungen gezwungen, ihrer Verantwortlichkeit gerecht werden wollen und werden.

Diese Verantwortung bezieht sich sowohl auf unternehmensinterne Aspekte wie die Behandlung der Mitarbeiter als auch auf unternehmensexterne Aspekte wie regionale Kultur- und Sportförderung oder Umwelt- und Klimaschutz. Sie kann im Unternehmen auf einzelne

Handelnde oder aber auf eine ganze betriebliche Funktion wie das Personalmanagement übertragen werden.

Die allgemeine Öffentlichkeit nimmt die unternehmerische Verantwortung sehr wohl wahr, und zwar nicht nur erst, wenn es zu Krisen kommt wie etwa dem Sinken einer Ölplattform im Golf von Mexiko, sondern zunehmend auch allgemein. Gerade die Medien tragen dazu bei, dass Verstöße gegen ethische Normen und verantwortliche Praktiken in Windeseile verbreitet werden. Auch soziale Netzwerke sind Plattformen, auf denen sich Informationen und Beschwerden über Unternehmen finden. Einige Unternehmen reagieren darauf mit Mitarbeitern, die im Rahmen ihrer Öffentlichkeitsarbeit aktiv twittern, chatten und bloggen.

Gerade in Bezug auf die unternehmerische Verantwortung wird es zu einer neuen Aufgabe für das Personalmanagement, den Kontakt zu sozial engagierten Interessengruppen und Organisationen zu suchen. Auf lokaler Ebene sind dies beispielsweise Hilfsorganisationen für sozial Benachteiligte, auf nationaler Ebene dann aber auch einflussreiche Nichtregierungsorganisationen wie etwa die großen Umweltschutzverbände. Im Kontakt mit ihnen können Reputation und Glaubwürdigkeit des Unternehmens positiv beeinflusst werden, allerdings nicht nur durch Reden oder die entsprechende Darstellung im Geschäftsbericht, sondern gerade auch durch konkretes Tun.

Whistleblowing – wenn Mitarbeiter etwas »verpfeifen«

Das Personalmanagement muss stärker als in früheren Zeiten damit rechnen, dass unternehmerisches Fehlverhalten an die Öffentlichkeit dringt.

Das Öffentlichmachen eines individuellen oder kollektiven Verhaltens, das dem Gemeinwohl schaden könnte, bevor dieser Schaden eingetreten ist, nennt man *Whistleblowing*. Das »Verpfeifen« – so die wörtliche Übersetzung – besteht aus dem Alarmieren und dem Hinweis auf illegale, illegitime oder unethische Handlungen Einzelner zulasten einer größeren Gruppe. Solche Handlungen umfassen etwa Korruption, Bilanzfälschung, Betrug, Untreue oder Vetternwirtschaft. Zielgruppe dieses Alarms sind beispielsweise übergeordnete Führungskräfte, Aufsichtsgremien, Medien, Staatsanwaltschaft, Polizei, Aufsichtsämter und nicht staatliche kritische Organisationen. Whistleblowing setzt in der Regel erst dann ein, wenn vorausgehende Anläufe unternehmensinterner Kritik vergeblich waren.

Whistleblowing ist idealerweise durch eine hohe Uneigennützigkeit des Whistleblowers (in der Regel eines Mitarbeiters) und sein hohes persönliches Risiko charakterisiert: Er zeigt durch sein Verhalten eine höhere Loyalität gegenüber dem kollektiven System als gegenüber einzelnen – mächtigen – Personen, die ihm durchaus auch gefährlich werden könnten. Whistleblowing entstammt häufig moralischer Entrüstung über Unfairness und Ungerechtigkeit.

Im Juli 2011 hat der *Europäische Gerichtshof für Menschenrechte* (EGMR) das Whistleblowing durch ein Urteil unterstützt. Bislang war es rechtens, dass Arbeitnehmer entlassen werden können, wenn sie über ihr Unternehmen »wissentlich oder leichtfertig« falsche oder potenziell rufschädigende Angaben machen und so erheblich gegen die Rücksichtnahmepflichten im Arbeitsverhältnis verstoßen. Nach dem EGMR-Urteil ist ein Arbeitnehmer jedoch durch das Recht auf freie Meinungsäußerung geschützt, wenn gerade in einem öffentlichen Unternehmen ein besonderes Interesse über die Offenlegung gravierender Mängel und Missstände besteht. Ein öffentliches Informationsinteresse kann also mehr wiegen als das Interesse eines Unternehmens am Schutz seines Rufes und seiner Geschäftsinteressen.

In den USA und Großbritannien ist Whistleblowing bereits teilweise gesetzlich gedeckt, vergleichbar einer Kronzeugenregelung. In den USA müssen börsennotierte Unternehmen seit 2002 sogar ein System zur mitarbeiterseitigen Meldung von Rechtsverstößen einrichten. Dagegen sind entsprechende gesetzliche Regelungen in Deutschland noch nicht vorhanden und würden zum Teil sogar gegen deutsche Datenschutzregelungen verstoßen. Zudem spielt der historische Kontext eine Rolle: Menschen in Ländern, in denen negative Erfahrungen mit Verpfeifen bestehen (zum Beispiel im Osten Deutschlands aufgrund der Erfahrungen mit der Staatssicherheit oder in Frankreich aufgrund der Collaboration mit den deutschen Besatzern), haben starke Vorbehalte gegen Whistleblowing.

Beratungsangebote, zum Beispiel eine telefonische Fairness-Helpline, eine internetbasierte Whistleblowerinfo-Plattform oder ausführliche Verhaltenschecklisten, bieten Hilfen zur Situationsbewertung und zum angemessenen Vorgehen bei einem Verdacht auf illegale, illegitime oder unethische Handlungen Einzelner an.

Erste deutsche Unternehmen benennen im Rahmen ihrer personellen Führung als Vertrauenspersonen Anwälte, an die sich Mitarbeiter wenden können. Die Einrichtung einer anonymen Hotline für das Whistleblowing in Deutschland ist allerdings juristisch problembehaftet. Auf jeden Fall muss das Personalmanagement den Betriebsrat in die Planung und Umsetzung solcher Maßnahmen mit einbeziehen.

Soziale Medien von Blogs bis Wikis

Heutzutage ist keine Öffentlichkeitsarbeit denkbar ohne die Einbindung sozialer Medien. Sie zeichnen sich dadurch aus, dass sie breit verfügbar und gerade von jüngeren Menschen eingeübt und akzeptiert sind, gleichzeitig aber aufgrund ihres interaktiven, partizipativen und dezentralen Charakters in ihrer Wirkung nicht steuerbar sind.

Das Personalmanagement muss im Hinblick auf eine informationelle Risikoabwehr sowohl im Innenverhältnis als auch im Außenverhältnis des Unternehmens auf der Klaviatur sozialer Medien virtuos spielen können.

Faszinierende Vielfalt

Soziale Medien dienen entweder der reinen Kommunikation innerhalb von Gruppen oder aber der gemeinsamen Herstellung von Information, die dann einer breiteren Öffentlichkeit zugänglich gemacht werden. Als Teilnehmer treten Unternehmen – häufig die Unternehmensfunktionen Marketing und Personalmanagement – auf wie auch Mitarbeiter von Unternehmen, entweder im Rahmen ihrer Arbeit oder als Privatpersonen in ihrer Freizeit. Folgende Technologien und Anwendungen sozialer Medien, die zurzeit im Vordergrund stehen, haben Bedeutung für das Personalmanagement:

Blogs (auch: *Weblogs, Foren*) sind eine Möglichkeit für Unternehmen, sich darzustellen und den Mitarbeitern zu ermöglichen, vom Innenleben der Unternehmen zu berichten. Es werden eigene Internetseiten verwaltet, auf denen Themen samt einem mehrfachen Kommentar diskutiert werden können. Da im Rahmen von Blogs längere Texte erwünscht sind, sollte seitens des Personalmanagements eine Qualitätskontrolle von Beiträgen stattfinden, die sich auf Unternehmen zurechnen lassen. Unternehmen und Mitarbeiter können durch Entwicklungsblogs Außenstehende an Innovationsprozessen teilhaben lassen, deren Meinungen und Erfahrungen abfragen und so indirekt die Attraktivität des Unternehmens als Arbeitgeber oder Leistungsanbieter erhöhen. Im Gegensatz zu anderen Plattformen ist der Aufwand zur Pflege und zur Aktualisierung von Blogs relativ hoch: Blogs müssen regelmäßig genutzt werden, da Leser sonst den Eindruck erhalten, dass der Blog nicht gepflegt wird.

Soziale Netzwerke verzahnen die Kommunikationsoptionen ihrer Mitglieder und bieten ihnen die Möglichkeit, unkompliziert miteinander in Kontakt zu treten. *Facebook* ist solch ein soziales Netzwerk: Es ermöglicht Unternehmen, sich durch sogenannte Unternehmensseiten selbst attraktiv darzustellen. Auf diesen Seiten können Mitarbeiter dann auch miteinander kommunizieren oder exklusive Mitarbeiternetzwerke einrichten. Auf ihren privaten Facebook-Seiten können Mitarbeiter darüber hinaus angeben, wer ihr aktueller Arbeitgeber ist, und so ihre Verbundenheit zum Unternehmen offenbaren. Das Personalmanagement kann erneut darauf hinweisen, dass es auch in sozialen Netzwerken unverzichtbar ist, sich als identifizierbarer Mitarbeiter des Unternehmens korrekt zu verhalten und auf die Informationen zu achten, die öffentlich geteilt werden. Der seit 2011 auf den Markt strebende Konkurrent *Google+* bietet ebenfalls Unternehmensseiten und Diskussionsgruppenfunktionen an. Einen noch stärkeren Fokus auf Unternehmen, Beruf und Karriere legen die Netzwerke *XING* und *LinkedIn*, in denen vor allem Verbindungen geknüpft werden, die mit Arbeit und Karriere zu tun haben. Insbesondere hier ist es wichtig, dass die Unternehmen sich so vorteilhaft wie möglich darstellen und dass sich auch die Mitarbeiter vorrangig als Vertreter ihres Unternehmens sehen.

Twitter erlaubt dem Unternehmen wie allen übrigen Nutzern auch, in Form von Kurznachrichten mit nur 140 Buchstaben mit der Außenwelt zu kommunizieren. So besteht die Möglichkeit, schnell und kurz auf Neuigkeiten hinzuweisen. Wichtig ist vor allem die Frage, ob Mitarbeiter in ihren privaten Accounts auch auf ihren Beruf und ihr Unternehmen hinweisen. Rufschädigungen seitens der Mitarbeiter müssen von Unternehmen nicht akzeptiert werden, aber die Mitarbeiter können durchaus ermuntert werden, auch auf positive Sachverhalte aus dem Unternehmen hinzuweisen. Des Weiteren ermöglicht Twitter insbesondere dem Personalmanagement eine einfache und schnelle Kommunikation mit potenziellen Bewerbern, und zwar nach dem Motto »kurze Frage, kurze Antwort«.

Soziale Netzwerke, die sich auf Speicherung und Austausch von Fotos spezialisieren, sind Internetplattformen wie *Flickr* oder *Picasa*. Hier hat auch das Personalmanagement die Möglichkeit, das Unternehmen vorzustellen und dessen Aktivitäten mit Bildern zu präsentieren. Dies bietet sich für die Dokumentation sozialer Aktivitäten an, beispielsweise von Firmenläufen, Preisverleihungen oder Tagen der offenen Tür.

Videoplattformen wie *YouTube* oder *vimeo* sowie Live-Broadcasting (also Internetfernsehen in Echtzeit) wie *Justin.tv* oder *ustream* sind Plattformen, auf denen Unternehmen Videodateien teilen können. Dies kann regelmäßig oder aber zu besonderen Anlässen erfolgen: Produktwerbung, Imagefilme, Unternehmensvorstellungen oder Livemitschnitte von Unternehmensveranstaltungen bieten sich hier an. Gerade Videos, die von Mitarbeitern als gut befunden werden, werden von diesen mit deren sozialen Netzwerken geteilt, was einen Multiplikatoreffekt auslöst. Auch hier sollte das Personalmanagement darauf achten, dass sich die Mitarbeiter an vereinbarte Leitlinien halten und dem Unternehmen nicht schaden.

Schließlich bieten *Wikis* die Chance, eine umfangreiche Onlinewissensdatenbank zu Themengebieten aufzubauen, indem die Benutzer neben dem Lesezugriff auf Inhalte diese Inhalte auch ergänzen oder verändern können. Außerdem können die Benutzer über Verlinkungen Querverbindungen zu anderen Wissensdatenbanken herstellen. Die soziale Kontrolle der Inhalte durch die Mitglieder der Community stellt eine ständig steigende Qualität der Inhalte sicher. Das Personalmanagement kann solche Wikis auch unternehmensintern initiieren und die Mitarbeiter dazu bewegen, Projekte zu dokumentieren oder Unternehmenswissen unternehmensweit zugänglich zu speichern.

Personalmanagement im Web 2.0

Das Personalmanagement steht im Hinblick auf den Umgang mit sozialen Medien vor einer großen Herausforderung: Auf der einen Seite wollen sich Unternehmen mittels dieser sozialen Medien wirtschaftliche Vorteile erschließen. Auf der anderen Seite sollen aber auch mögliche Schäden vom Unternehmen ferngehalten werden, insbesondere solche, an denen Mitarbeiter beteiligt sein könnten. An dieser Stelle besteht eine große Nähe zu arbeitsrechtlichen Fragen.

Wirtschaftlichen Nutzen erschließen

Im Hinblick auf die Nutzenaspekte, die sich speziell das Personalmanagement im Web 2.0 erschließen kann, sind folgende Bereiche hervorzuheben:

- ✔ Das Wissensmanagement profitiert von einem schnelleren Austausch unternehmensbezogenen Wissens und von neuen Strukturen und Prozessen der Zusammenarbeit der Mitarbeiter, die zur Qualitätsverbesserung der Unternehmensleistung beitragen.
- ✔ Die Kommunikation innerhalb des Unternehmens – gerade auch über geografisch verteilte Standorte hinweg – beschleunigt sich und nutzt eine Vielfalt von Kanälen, die jeweils unterschiedliche Informationsreichhaltigkeit zur Verfügung stellen, also unterschiedliche Reizintensitäten übertragen. Letztlich kann es zu einer stärkeren Identifikation der Mitarbeiter untereinander sowie der Mitarbeiter ihrem Unternehmen gegenüber kommen, wenn die Kommunikation über das Web 2.0 die traditionelle Kommunikation im Unternehmen ergänzt.
- ✔ Das Personalmarketing dient nicht nur der Präsentation des Unternehmens als attraktivem Arbeitgeber, der Pflege der Arbeitgebermarke und der Veröffentlichung von Stellenanzeigen, sondern auch der Weiterempfehlung durch Mitarbeiter, der Informationsbeschaffung zu Bewerbern (was zumindest in berufsorientierten sozialen Netzwerken rechtlich zulässig ist) und der Kontaktpflege zu Partnern der Personalarbeit und ehemaligen Mitarbeitern.

Einen Vorsprung gegenüber anderen Unternehmen verschafft sich das Personalmanagement dadurch, dass es frühzeitig eine Strategie für den Umgang mit sozialen Medien formuliert. Darin sind nicht nur die bevorzugten Nutzungsfelder festgelegt: Ergänzt werden für jede Anwendung der konkrete Zielgruppenbezug und die Art der Kommunikation (Einweg- oder Dialogkommunikation). Auch sollte ersichtlich sein, was bei jedem sozialen Medium als Erfolg gelten soll und wie dieser zu messen ist: So ist es ein Unterschied, ob ein soziales Medium eine bestimmte Anzahl an Besuchern erzielen soll, an anderer Stelle im Personalmanagement Budgets einzusparen hilft oder sogar eine Talentdatenbank speist. Schließlich ist noch zu bestimmen, wie die verschiedenen sozialen Medien miteinander verknüpft werden sollen und ob sie die Interessenten auf eine zentrale Internetseite hin lenken sollen.

Das Personalmanagement hat in diesem Zusammenhang die Aufgabe, die Mitarbeiter zur aktiven Teilnahme an den Möglichkeiten des Web 2.0 zu motivieren, und zwar nicht nur die Mitarbeiter im Personalmanagement selbst, sondern alle Mitarbeiter des Unternehmens.

Personalwirtschaftliche Herausforderungen bewältigen

Wer die Nutzung sozialer Medien gutheißt oder sogar fördert, muss auf der anderen Seite zulassen, dass Mitarbeiter das Internet während ihrer Arbeitszeit nutzen. Die dienstliche Nutzung des Internets ist hierbei unproblematisch.

Das Personalmanagement kann die private Nutzung des Internets erlauben, könnte aber auch – und zwar ohne Beteiligung des Betriebsrats – ein entsprechendes Verbot der Nutzung seiner Betriebsmittel aussprechen. Schwierig (aber nicht unmöglich) wird es natürlich für das Personalmanagement, dieses Verbot unter Einhaltung des Fernmeldegeheimnisses zu überwachen. Bewährt haben sich Betriebsvereinbarungen, die zwar private Internetnutzung untersagen, gleichzeitig aber Freiräume für eine in Maßen tolerante Handhabung durch das Unternehmen bestehen lassen. Beteiligt werden muss der Betriebsrat wieder, wenn es um die Kontrolle einer privaten Internetnutzung geht.

Schwierig wird es für das Personalmanagement, wenn es auf eine außerdienstliche Beteiligung seiner Mitarbeiter an Blogs trifft. Solange keine negativen Auswirkungen auf das Arbeitsverhältnis auftreten, kann das Personalmanagement nicht in die freie Meinungsäußerung seiner Mitarbeiter eingreifen. Anders ist es, wenn Unternehmensinterna oder Geschäftsgeheimnisse verbreitet werden oder im Zusammenhang mit dem Unternehmen Mobbing stattfindet. In solchen Fällen können übliche arbeitsrechtliche Konsequenzen wie etwa Abmahnungen folgen.

Gut beraten ist das Personalmanagement, wenn es Leitlinien zum Umgang mit sozialen Medien herausgibt. Darin werden die Mitarbeiter dann hinsichtlich des Umgangs mit sozialen Medien sensibilisiert, auf mögliche Gefahren hingewiesen, mit Geheimhaltungsregeln des Unternehmens bekannt gemacht, zu den unternehmensbezogenen Grenzen ihrer privaten Meinungsäußerung informiert sowie dazu animiert, die Aktivitäten des Unternehmens in sozialen Netzwerken zu unterstützen.

Teil V
Der Top-Ten-Teil

In diesem Teil ...

Wie jedes ... *für Dummies*-Buch endet auch dieses mit dem Top-Ten-Teil. Kurz und knackig sollen zum Abschluss noch einmal wichtige Erkenntnisse präsentiert werden, die sich leicht in den Personalmanagementalltag mitnehmen lassen: Zunächst zehn Kernfragen erfolgreichen Personalmanagements, dann zehn Erfolgsgrößen, mit deren Hilfe man erkennen kann, ob das Personalmanagement auch gute Arbeit leistet. Nicht weniger bedeutsam sind die zehn Tipps, um im Unternehmen als kompetenter Personalmanagementstratege aufzutreten. Wer dann noch erfahren möchte, welche Personen hinter zentralen Personalmanagementinnovationen stecken, lernt zehn Vordenker modernen Personalmanagements und ihre Ideen kennen.

Zehn Kernfragen erfolgreichen Personalmanagements

25

In diesem Kapitel ...

- Dem Personalmanagement Sinn geben
- Über den Tellerrand hinausschauen
- Die Zukunft des Personalmanagements bedenken

Schon in dem Sesamstraßen-Lied heißt es: »Wer nicht fragt, bleibt dumm!« Leider werden Personalmanagementinteressierten und Personalmanagementverantwortlichen wie Ihnen selten so offen die folgenden zehn Fragen gestellt, die zum Nachdenken darüber anregen, was der eigentliche Sinn des Personalmanagements ist, der sich dann entfaltet, wenn die Personalmanagementaufgaben schon bearbeitet sind. Macht aber nichts – dann stelle ich Ihnen eben diese Fragen!

Muss man im Personalmanagement Menschen mögen, um gut zu führen?

Spontan würde man sagen: Ja, unbedingt! Doch so einfach ist die Antwort nicht. Denn obwohl Menschen von vornherein soziale Wesen sind, bedeutet dies noch nicht, dass sie automatisch alle anderen »mögen«. Dies gilt auch für Menschen im Personalmanagement. Zudem ist »mögen« auch ein Begriff mit mehreren Facetten. Einige Personen sind gerne mit anderen Menschen zusammen, zeigen dies aber als introvertierte Menschen nicht so offensichtlich wie extrovertierte Menschen, denen man sofort ansieht, wie sie auf andere Menschen reagieren. Der äußere Anschein kann also täuschen.

Zunächst einmal schadet es aber nichts, wenn man im Personalmanagement mit Menschen gerne umgehen mag. Menschen zu tolerieren und zu respektieren ist eine wesentliche Grundlage für das gemeinsame Miteinander in Unternehmen. Dies bedeutet im Umkehrschluss, dass man, wenn man andere Menschen grundsätzlich nicht mag, keinen nachhaltigen Führungserfolg hervorbringen wird.

Allerdings reicht es für den Erfolg einer Führungsbeziehung nicht aus, sich gegenseitig zu mögen. Mindestens genauso wichtig ist das gemeinsame Ziel, das auch gemeinsam verfolgt wird. Und würde man es mit dem Mögen übertreiben, würde vor lauter Konzentration auf die zwischenmenschliche Beziehung die Konzentration auf die eigentliche Arbeit leiden. Ideal ist es daher, beides zu kombinieren und sich um ein gutes Arbeitsklima und um eine gute Aufgabenerledigung gleichermaßen zu kümmern.

Da die wenigsten Personen geborene Führungskräfte sind, können sie lernen, mit anderen Menschen gut und zielführend zusammenzuarbeiten. Zur Führungskompetenz zählt auch, anderen gegenüber unangenehme Dinge zur Sprache bringen zu können, zu kritisieren oder Entscheidungen gegen den Willen anderer zu vertreten und durchzusetzen. Auch dies ist noch kein Zeichen dafür, dass eine Führungskraft Menschen nicht mag. Eine Führungskraft muss letztlich nicht bei allen Geführten beliebt sein und es auch mal aushalten können, wenn sie gerade mal nicht gemocht wird.

Wann ist das Personalmanagement für die Führung ein Vorbild?

Diese Frage berührt die Diskussion um Authentizität – also darum, dass sich die Ansprüche an andere und das eigene Leben in Übereinstimmung befinden. Als Vorbild werden vor allem solche Personen wahrgenommen, die selbst das leben, was sie von anderen fordern – die also »echt« erscheinen. Auch das Personalmanagement kann hinter dem eigenen Unternehmen, dem eigenen Projekt, der eigenen Aufgabe stehen. Dort zeigt es Enthusiasmus bei der Arbeit – und kann dann von den Mitarbeitern erwarten, dass auch sie sich für die Sache einsetzen.

Zur Authentizität gehört darüber hinaus, dass das Handeln einer Person aus ihr heraus definiert wird und damit nicht von außen fremdbestimmt ist. Es basiert auf bewusst überdachten Entscheidungen, die konsequent umgesetzt werden, ohne beim erstbesten Gegenwind gewechselt zu werden. Die als handlungsleitend erkannten Werte und Prioritäten manifestieren sich im Handeln einer authentischen Person. Für die Personalführung bedeutet beispielsweise ein gelebter Gerechtigkeitssinn, dass die Führungskraft ihren Mitarbeitern die gleichen Chancen einräumt und sich nicht allein auf »besondere Lieblinge« konzentriert. Und gegenüber Externen steht eine Führungskraft schützend vor ihren Mitarbeitern, selbst wenn mal etwas nicht optimal gelaufen ist.

Schließlich ist ein Personalmanagement mit Vorbildcharakter in der Lage, aufrichtig zu sein, eigene Schwächen zuzugeben und auch Unangenehmes über sich selbst an sich heranzulassen. Obwohl es zunächst ausreicht, dass Mitarbeiter den Personalverantwortlichen solche Authentizitätseigenschaften zuschreiben – es muss sich also zunächst gar nicht um wirkliche Authentizität handeln, sondern kann auch gut gespielt sein –, ist es langfristig für das Personalmanagement dennoch weniger anstrengend, tatsächlich authentisch zu sein, als die Authentizität lediglich zu inszenieren.

Wie informiert muss das Personalmanagement sein?

Umfassend! Wie das Buch *Personalmanagement für Dummies* zeigt, gibt es viele Themen, zu denen das Personalmanagement informiert sein muss:

- ✔ über die Mitarbeiter, sowohl die gegenwärtigen wie auch die vorangehenden (Ehemalige) und zukünftigen (Bewerber),
- ✔ über die Führungskräfte und die Unternehmensleitung,
- ✔ über das gesamte Unternehmen mit allen seinen Anspruchsgruppen sowie
- ✔ über das Wissensfeld Personalmanagement mit allen Innovationen und neuen Trends.

Überallhin gilt es Antennen zu haben, Informationen zu sammeln und so auszuwerten, dass immer mal wieder Neues in die Arbeit des Personalmanagements einfließen kann.

Dabei bewegt sich das Personalmanagement auf einem schmalen Grat zwischen »Geheimdienst« und »Spamming«: Während auf der Seite des Informationssammelns das Hinterherschnüffeln nach jeglicher Information mit zunehmender Intensität rechtlich und ethisch fragwürdig wird, ist auf der Seite der Informationsverbreitung die Überschwemmung der Kommunikationspartner mit Informationen ebenso lähmend.

Wie findet das Personalmanagement ein Optimum der Informationssammlung und Informationsverbreitung? Denn es bleibt ja unbestritten, dass das Personalmanagement angemessen informiert sein sowie informieren muss. Die Antwort hängt zunächst von den Ressourcen ab, über die das Personalmanagement verfügt und die es in seine Informationsaufgaben stecken möchte. Darüber hinaus ist es hilfreich, wenn das Personalmanagement einen Informationsfilter definiert und damit einschränkt, welche Art der Informationen besonders wichtig sind und welche weniger wichtig sind. Gemäß dieser Prioritätssetzung kann sich das Personalmanagement dann mit Informationen versorgen.

Ein professionelles Personalmanagement ist auf jeden Fall *wach*. Relevante Informationen sind solche, die für die Gestaltung der Zukunft wichtig werden, weniger aber solche, die lediglich das Vergangene zusammenfassen. Die Managementlehre redet hier von »proaktiv statt reaktiv« und betont damit das Vorausschauen. Zudem betont sie das Prinzip »nicht nur beim Durchschnitt schauen, sondern gerade auch an den extremen Rändern«. Damit wird sichergestellt, dass innovative Entwicklungen und Außenseiterpositionen nicht systematisch übersehen werden, sondern in die Aufmerksamkeit des Personalmanagements rücken.

Woher erhält das Personalmanagement neue Ideen, wenn ihm mal nichts einfällt?

Hauptsächlich lassen sich drei Impulsgeber unterscheiden:

- ✔ Als Erstes sind die Quellen zu nennen, die sich mit personalwirtschaftlicher Expertise befassen – Fachbücher über Personalmanagement, Fachzeitschriften, Fachkongresse. Aber Vorsicht, denn auch hier gilt: Wirklich hilfreich sind nur die vorausschauenden Quellen, und die kommen vor allem aus der Wissenschaft. Bei den Fachzeitschriften ist genau zu prüfen, ob es sich nicht eher um Geschäftsmodelle mit »gekauften Veröffentlichungen« handelt, ob also eine Veröffentlichung von Praktikerbeiträgen vor allem dann erfolgt, wenn im Gegenzug das Unternehmen Anzeigen in der Fachzeitschrift schaltet – und wenn Beiträge von Wissenschaftlern bis zur Unkenntlichkeit von Redakteuren redigiert werden, die unternehmenskritische Töne zensieren, um eventuelle Werbekunden nicht zu verprellen. In solchen Fällen ist genauso wenig von unabhängiger Berichterstattung auszugehen wie im Fall von Fachkongressen, bei denen sich die Referenten einkaufen und dafür bezahlen, dass sie Werbung für ihre Dienstleistungen im Gewand der Wissenschaftlichkeit machen dürfen.
- ✔ Zweitens kann das Personalmanagement auf die »Schwarmintelligenz« zurückgreifen, also auf die Intelligenz einer Gruppe von Menschen, die in einer gemeinsamen Entscheidungsfindung ihre Informationsstände zu einer kollektiven Meinung aggregieren. Konkret bedeutet dies, beispielsweise die Mitarbeiter über das Intranet zu Trends, Entwicklungen oder zu entscheidenden Sachverhalten zu befragen. Darüber hinaus können auch die Anspruchsgruppen (Stakeholder) des Unternehmens zur Meinungsbildung herange-

zogen werden. Sie stimmen beispielsweise über vorgegebene Antwortmöglichkeiten zu einer gestellten Frage ab oder formulieren ihre Ideen oder Bedürfnisse in offener Form.

- ✔ Als Drittes kann das Personalmanagement sich interdisziplinären Verbindungen öffnen. Es kann bewusst Denkweisen und Methoden anderer Fachrichtungen als der Betriebswirtschaftslehre nutzen, um sich neuen Fragen und damit auch neuen Antwortmöglichkeiten zu stellen. So ist es möglich, Personalmanagement aus der Sicht der Soziologie zu denken und nach den Gruppenaspekten des Arbeitens zu fragen. Aus der Richtung der Biologie könnten Anpassungsstrategien für das Personalmanagement abgeschaut werden. Aus der Ingenieurwissenschaft kommen immer wieder neue Ideen, mit Unsicherheit umzugehen und Risiken vorzubeugen. Diese und ähnliche Ideen muss sich das Personalmanagement allerdings suchen und damit Raum für ein Nachdenken in interdisziplinäre Richtungen geben.

Was das Personalmanagement als Einziges nicht gut vertreten kann, ist Untätigkeit: Wenn es gar nicht erst nach Neuem sucht, wird es wenige andere Akteure im Unternehmen geben, die dem Personalmanagement die neuen Ideen hinterhertragen. Eher ist das Personalmanagement Impulsgeber für das restliche Unternehmen als umgekehrt.

Wie offen muss Personalmanagement sein?

Im Unternehmen gilt: Ein zu offenes Personalmanagement lähmt tendenziell die Arbeit. Dies sieht man gut an der Entstehungsgeschichte der deutschen Piratenpartei, die auf vollständige Transparenz setzt, sich allerdings an der Komplexität zu vieler Informationen, zu vieler Diskussionsprozesse und zu vieler Entscheidungsfelder abarbeitet und dabei viele Ideen zerredet, bevor sie sich entfalten können und sie jemand umsetzen darf. Aber auch das Gegenteil eines geschlossenen Personalmanagements, das alle Entscheidungen ausschließlich der Personalleitung vorbehält und die Mitarbeiter ausgrenzt, funktioniert nicht, wenn die Entscheidungen später von den Betroffenen akzeptiert werden sollen. Über die Unternehmensgrenzen hinweg gilt Ähnliches, wobei hier noch die schützenswerten Interessen des Personalmanagements eine Rolle spielen.

Einen »gesunden Mix« aus Offenheit und Geschlossenheit zu fordern ist an dieser Stelle zu einfach. Vielleicht helfen jedoch zwei Hinweise, um einem Optimum näher zu kommen:

- ✔ Im Unternehmen kann eine Kultur der Offenheit gelebt werden, die besagt: Wer eine Frage an das Personalmanagement hat, kann damit zum Personalmanagement gehen und bekommt eine Antwort. Dies führt dazu, dass das Personalmanagement zwar nicht jeden Uninteressierten mit Informationen überlastet, dass aber jeder Interessierte sein Informationsbedürfnis gestillt bekommt.
- ✔ Im Unternehmen kann gleichzeitig eine Kultur des Schutzes des Wettbewerbsvorteils gelebt werden, die darauf achtet, dass gerade die Dinge, in denen das Unternehmen und besonders das Personalmanagement besser sind als die Konkurrenz, an diese nicht weitergegeben wird. In den Zeiten, in denen der gelingende Umgang mit Mitarbeitern immer mehr zum Abgrenzungskriterium und Wettbewerbsfaktor wird, ist es wichtig, dass Unternehmen zwar mit ihren Besonderheiten werben, aber nicht gleich alle Details der Umsetzung an Externe verraten.

Eine Zwischenlösung ist die »offene Innovation«: Im Rahmen dieses Konzepts vermarktet ein Unternehmen eigene neue Ideen, die es selbst weder verwertet noch perspektivisch braucht, an andere Unternehmen. Es sucht auch von anderen Unternehmen solche Ideen, die es selbst gebrauchen könnte. Gerade das Personalmanagement kann hier aus anderen Branchen, von Kunden oder Lieferanten lernen und auf neue Ideen kommen. Im Sinne einer Offenheit kann es auch eigene Erfolgsrezepte abgeben – dann aber kontrolliert und mit der Möglichkeit, davon durch Erhalt einer Gegenleistung zu profitieren.

Funktioniert Personalmanagement im Mittelstand anders als in Großunternehmen?

Der Mittelstand zeichnet sich durch eine Reihe von Besonderheiten aus, die ihn von Großunternehmen abgrenzen. Aus diesem Grund verfolgt das Personalmanagement im Mittelstand auch anderen Regeln als das Personalmanagement in Großunternehmen.

Ein wichtiges Kriterium ist die generelle Leitidee: Während sich Großunternehmen aufgrund ihrer Ressourcenausstattung ein fast vollständiges Portfolio der Personalmanagementaufgaben leisten können, lautet in kleinen und mittleren Unternehmen die Leitlinie »je angepasster an die spezifische Situation, desto besser«. Ein mittelständisches Unternehmen muss sicherlich nicht alle Personalmanagementaufgaben bearbeiten, die denkbar sind, sondern kann sich auf die relevantesten Aufgaben konzentrieren.

Während von kleinen Unternehmen gesprochen wird, wenn es bis zu zehn Mitarbeiter oder einen Umsatz von bis zu 1 Million Euro aufweist, gilt je nach zugrunde gelegter Definition als mittleres Unternehmen eines mit bis etwa 250 beziehungsweise 500 Mitarbeiter oder 50 Millionen Euro Umsatz. Allerdings kann man auch von größeren Unternehmen als Mittelstand sprechen, wenn sie »mittelständisch agieren«.

Der allgemeine Eindruck, Hochschulen bildeten ihre Absolventen überwiegend für Großunternehmen aus, ist nicht ganz falsch: Lehrbücher und Fallstudien thematisieren fast durchgehend die »Big Player« und die Praxisbeispiele mit dem größten Bekanntheitsgrad kommen aus der Großindustrie oder aus Großbanken. Ausnahmen finden sich nur einige wenige, und diese vor allem dort, wo Hochschulen in mittelständisch geprägten Regionen beheimatet sind. Dabei stellt der Mittelstand – abseits der dominanten Medienpräsenz der Großunternehmen – mit 99,7 Prozent der deutschen Unternehmen, 45 Prozent des erwirtschafteten Bruttoinlandsprodukts und 70 Prozent der beschäftigten Erwerbstätigen das breite Wachstumsfundament der deutschen Wirtschaft. Gerade im Hinblick auf das Personalmanagement ist zu beachten, dass dies nicht einfach ein »herunterskaliertes Personalmanagement von Großunternehmen« ist, sondern einer eigenständigen Logik folgt.

Für das Personalmanagement im Mittelstand gelten folgende Besonderheiten:

✔ **Einheit von Eigentum und Unternehmensleitung:** Da mittelständische Unternehmen häufig von ihren Gründern oder den leitenden Personen getrieben werden, herrscht ein hoher Identifikationsgrad mit der Unternehmensleitung vor. Hinzu kommt aber die Gefahr einer zu großen Dominanz des Unternehmers. Die Unternehmenskultur ist stark vom Wertekanon der Unternehmensleitung geprägt. Die Führung kennt die einzelnen Mitarbeiter häufig persönlich. Die Problematik der Unternehmensnachfolge ist größer als in Großunternehmen. Für das Personalmanagement bedeutet dies, möglicherweise einen begrenzten Entscheidungsspielraum vorzufinden.

- **Familiarität in der Unternehmensführung:** Aufgrund der geringen Größe kleiner und mittlerer Unternehmen entwickelt sich ein Wirgefühl auch über Abteilungsgrenzen hinweg. Persönliche Bindungen zwischen den Mitarbeitern sowie zwischen Mitarbeitern und Unternehmensleitung können schnell aufgebaut werden. Durch einen impliziten Generationenvertrag im Unternehmen entsteht eine besondere Art der Nachhaltigkeit, die sich an Persönlichem festmacht. Schließlich wird in vielen Unternehmen das Mitunternehmertum der Mitarbeiter aktiv gefördert, diese werden also schnell in verantwortliche Positionen eingebunden, in denen sie im Sinne der Unternehmerinteressen handeln können. Das Personalmanagement kann vor allem ein familiäreres Betriebsklima zur Unterstützung der eigenen Personalarbeit nutzen.

- **Begrenzte Institutionalisierung:** Das mittelständische Personalmanagement ist von den Ressourcen her schwächer ausgestattet als in Großunternehmen und auch viel weniger funktional spezialisiert. Teilweise erledigt der Unternehmer die strategischen Personalangelegenheiten selbst, das Chefsekretariat die anfallende personalwirtschaftliche Routinearbeit und ein Personalsachbearbeiter den Rest der Personalarbeit. Die Führung im mittelständischen Unternehmen ist, gerade weil sich jeder kennt, häufig stark informell geprägt. Das Personalmanagement kann hier unmittelbarer die Bedürfnisse der Personalarbeit erfassen.

- **Flexibilität:** Kleine und mittlere Unternehmen gelten als anpassungsfreudiger und anpassungsfähiger, weil sie nicht so groß sind und über weniger Organisationseinheiten verfügen, die im Falle von Neuerungen Widerstand leisten könnten. Ein weiterer Grund besteht aber auch darin, dass die Mitarbeiter intrinsisch motiviert sind, bei dem Unternehmen, das häufig Teil ihrer regionalen und sozialen Heimat ist, engagiert zu arbeiten. Im Mittelstand werden gerade unter benachbarten Unternehmen, die sich kennen, Netzwerke gebildet, in denen beispielsweise Personalentwicklung, Kinderbetreuung oder das wechselseitige Ausleihen von Personal gemeinsam bewältigt werden. Personalmanagement kann also auch mit weniger finanziellen Mitteln eine gute Personalarbeit abliefern.

- **Prinzip nano:** Jedes Unternehmen hat Mitarbeiter, die die Unternehmensgrenze nach außen markieren. Der Rest der Mitarbeiter befindet sich im Inneren des Unternehmens. In einem größeren Unternehmen ist die Zahl der Oberflächenmitarbeiter im Verhältnis zu den rein innen arbeitenden Mitarbeitern sehr klein – und zur Außenwirksamkeit, die das Unternehmen hat, tragen diese Oberflächenmitarbeiter nicht viel bei. Ganz anders bei einem kleinen oder mittelständischen Unternehmen: Von ihren gesamten Mitarbeitern bildet ein viel größerer Anteil – vielleicht ein Drittel – die Oberfläche. Dies ähnelt Nanostrukturen in der Physik, bei denen die Zahl der Oberflächenatome zur Zahl der Innenatome relevant gewachsen ist. Die Oberflächenmitarbeiter sind also plötzlich keine Randerscheinung mehr. Sie bestimmen entscheidend die Eigenschaften des Unternehmens mit, die außen wahrgenommen werden, zum Beispiel die gelebte Kundenorientierung des Unternehmens. Sie sind aber auch Schnittstellen nach außen und machen das Unternehmen reaktiver und reaktionsschneller. Darüber hinaus bewirken sie mit den Oberflächenmitarbeitern der anderen mittelständischen Unternehmen, dass sich die gemeinsamen Netzwerkaktivitäten schneller realisieren lassen. Das Personalmanagement kann hier auf das Werkzeug der Selbstorganisation zurückgreifen, also den Mitarbeitern insgesamt mehr Entscheidungsspielräume geben, die dann in Abstimmung mit dem Unternehmen eigenständig arbeiten und dabei auch personalwirtschaftliche Aufgaben mit bewältigen.

Personalmanagement im Mittelstand funktioniert also vor dem Hintergrund ganz anderer Rahmenbedingungen. Allerdings konkurrieren Mittelständler auf demselben Arbeitsmarkt wie Großunternehmen um qualifizierte Mitarbeiter. Dies bedeutet, dass sie ihre Mitarbeiter genauso gut vergüten und genauso gut behandeln – also führen, motivieren, weiterbilden, Karrierechancen eröffnen – müssen wie die Großunternehmen. Hierzu verfügt der Mittelstand jedoch über einige Pluspunkte, die insbesondere bei der Beschaffung qualifizierter Mitarbeiter in den Vordergrund gerückt werden können.

Mitarbeitern in kleinen und mittleren Unternehmen können die Chance zur schnellen Verantwortungsübernahme, die Nähe zu unternehmensstrategischen Entscheidungen, das Vorhandensein von Karrierewegen ohne steile Hierarchie, die gelebte Leistungskultur gekoppelt mit Familiarität, eine Auslandsorientierung konzentriert auf die anvisierten Märkte, die Einbindung in Forschungs- und Innovationsaktivitäten sowie häufig ein attraktives Umfeld für Familien geboten werden. Der Mittelstand kann damit seinen qualifizierten Mitarbeitern individualisierte Vorteile anbieten und diese nachvollziehbar und glaubwürdig einlösen.

Dennoch bekommen Mittelständler qualifizierten Nachwuchs häufig nur mit Mühe: Aufgrund der Demografie sinkt die Zahl der Absolventen, viele von ihnen streben zu Großunternehmen, ins Ausland oder in die Selbstständigkeit, und der Rest ist eingedenk der qualitativ spezifischen Geschäftsführungslogik im Mittelstand, die sich von Großunternehmen vielfältig unterscheidet, zumeist nicht explizit für den Mittelstand ausgebildet. In Zeiten von »Bachelor und Master« verschärft sich dieses Rekrutierungsproblem noch: Die Studierenden beschäftigen sich in dem neuerdings verschulten, modular aufgebauten Studiensystem kürzer und oberflächlicher mit den Studieninhalten und erhalten bedeutend weniger Rüstzeug in den Feldern Theorie und Sozialkompetenz für die berufliche Praxis, ohne zum Ausgleich viel jünger oder international erfahrener zu sein.

Wann wird Personalmanagement ernst genommen?

Die Antwort scheint auf den ersten Blick paradox: wenn das Personalmanagement einfache (aber hilfreiche) Antworten auf die immer komplexer werdenden Herausforderungen gibt.

So wirklich richtig beschäftigen mit dem Personalmanagement will sich außer den Personalern im Grunde niemand – nur erwartet jeder, dass das Personalmanagement reibungslos funktioniert. Wie soll es das aber, wenn die internen Zusammenhänge im Unternehmen immer komplexer werden, weil die Vernetzungen, gegenseitigen Abhängigkeiten und die Regelungen zur Bewältigung dieser Komplexität zunehmen? Auch die Geschwindigkeit, in der sich Strukturen und Prozesse, Ansprüche und Aufgabeninhalte verändern, nimmt zu. Die Folge ist, dass vieles von dem, was in Unternehmen allgemein und im Personalmanagement speziell vor sich geht, nicht mehr rein intuitiv verständlich ist. Und ganz ehrlich: Dieses Nichtverstehen bleibt selbst dann bestehen, wenn alle Einzelheiten gut erklärt würden, denn das Zusammenspiel aller Personalmanagementkomponenten hat so viele Eigendynamiken, dass es keine einfachen Ursache-Wirkungs-Beziehungen mehr gibt. Man sieht nur noch irgendwelche Ursachen und irgendwelche Wirkungen, aber was zwischen Ursache und Wirkung abläuft, ist für viele Akteure eine *Blackbox*.

Ernst genommen wird aber eine betriebliche Funktion, die zumindest die Mehrzahl solcher Sachverhalte aufgrund eigener Expertise durchschaut. Ein professionelles Personalmanagement *könnte* vieles erklären, was andere gar nicht erst verstehen – *muss* es aber gar nicht, wenn die Ergebnisse des Handelns stimmen.

Tatsächlicher Erfolg erhöht die Glaubwürdigkeit. Ein ernst zu nehmendes Personalmanagement übersetzt sein Wissen zunächst in nachvollziehbare, stimmige Argumentationen, danach in begründetes Handeln und zuletzt in nachweisbare Zielerreichung. Es kommuniziert Erwartungen und Ziele, danach die Maßnahmen und zuletzt den eingetretenen Erfolg. Auf Nachfrage ist es dann in der Lage, die komplexeren Erklärungen zu liefern, die ihren bewusst getroffenen Entscheidungen zugrunde liegen.

Wird Personalmanagement in der Zukunft wichtiger oder nicht?

Wie sieht die Zukunft des Personalmanagements aus? Wird es überhaupt eine Zukunft für das Personalmanagement geben, wie wir es heute kennen?

Die herrschende Vorstellung von Personalmanagement in den Köpfen von Arbeitenden und Unternehmensleitungen hängt häufig noch immer dem Bild des Unternehmens aus den 1980er-Jahren an: ein Unternehmen mit »eigenen« Mitarbeitern, auf deren Arbeitswelt man durch das Personalmanagement unmittelbar Einfluss nehmen konnte. Dieses Bild hat sich allerdings bis in die 2010er-Jahre drastisch verändert – wie nicht zuletzt *Personalmanagement für Dummies* zeigt, das durch die Vielfalt an Anspruchsgruppen auf die Komplexität der Aufgaben hinweist. Hinzugekommen ist, dass die Belegschaft eines Unternehmens sich häufig aus Mitarbeitern zusammensetzt, die gar nicht bei dem Unternehmen angestellt sind, sondern als Zeitarbeitnehmer oder Berater zeitlich befristet mitwirken.

Geblieben ist die Wichtigkeit der Menschen, deren gute Arbeit, Ideen, Hartnäckigkeit und Engagement den nachhaltigen Unternehmenserfolg erst sichern.

Nicht geblieben ist die Notwendigkeit, dass sich ausschließlich eine *Personalabteilung* um die Menschen in Unternehmen kümmern muss. Es gibt mittlerweile viele Alternativen dafür, wer statt der Personalabteilung das Personalmanagement wahrnimmt:

- ✔ die Auslagerung der Personalmanagementaufgaben an externe Anbieter,
- ✔ die Automatisierung der Personalmanagementaufgaben mittels der Informationstechnologie,
- ✔ die Verlagerung der Personalmanagementaufgaben auf die Mitarbeiter selbst oder
- ✔ die Verteilung der Personalmanagementaufgaben an jeweils diejenigen, die sie am besten erledigen können.

Vor diesem Hintergrund wird es zukünftig nicht zwingend in allen Unternehmen Personalabteilungen geben, wie wir sie heute kennen. Nur diejenigen Personalabteilungen werden »überleben«, die aktiv ihre Professionalisierung betreiben und ihren Erfolg nachweisen.

Die Zukunft des *Personalmanagements* jedoch – im Sinne der Erledigung der Personalmanagementaufgaben – ist so lange gesichert, wie Menschen in Unternehmen arbeiten. Unter dem Stichwort »Neue Arbeit« wird diskutiert, welche Veränderungen der analogen Arbeit (mehr Anteile von Hand- als von Kopfarbeit) anstehen, damit Menschen auch in Zeiten zunehmender Industrialisierung und Automatisierung noch Arbeit haben. Die Antwort auf diese Frage deutet in die Richtung einer Nachhaltigkeit. Neue Arbeit soll Ressourcen schonen und stärken, Kreativität anregen, Motivation höher bewerten als Talent, Lebensqualität steigern und sozialen Nutzen im Hinblick auf die drängenden Probleme der Welt wie Klimawandel oder Armut stiften. Damit ist ein kultureller Wandel der Bedeutung von Arbeit verbunden, die eher dem Menschen dienen soll als umgekehrt. Als organisatorischer Rahmen kommt die Werkstatt in Betracht, die Raum zur sozialen Kommunikation, Kooperation und Innovation bietet und in der Maschinen nach wie vor ihren Platz haben – nur eben zur Unterstützung des Selbermachens. Die Zukunft der Arbeit ist damit nicht nur digital unter Einsatz von immer mehr Hochtechnologie möglich.

Dass Menschen überhaupt im Unternehmen arbeiten, dort bleiben, sich dort engagieren und immer neue Ideen beitragen, hängt nicht zuletzt daran, wie das Personalmanagement sie behandelt. Stimmen die Rahmenbedingungen für die Mitarbeiter, kann es gelingen, sie tatsächlich zum Wettbewerbsvorteil zu machen, also mit ähnlichen Produkten oder Dienstleistungen trotzdem besser als die Konkurrenz zu sein.

Ein der Zukunft zugewandtes Personalmanagement muss allerdings verstehen, dass unabhängig davon, wer genau die Personalmanagementaufgaben erledigt, deren professionelle Erledigung sichergestellt bleiben muss. Wenn man Personalmanagement mit hohem Qualitätsstandard nicht im Unternehmen selbst herstellen kann, ist es zumindest notwendig, bei externen Beitragenden kritisch auf das zu schauen, was einem als Personalmanagement abgeliefert wird. Unternehmen können sich damit nicht komplett vom Personalmanagement verabschieden und müssen zumindest das professionell koordinieren, was sie selbst nicht mehr leisten.

Daher geht zwar die Personalabteilung, wie wir sie kennen, einer ungewissen Zukunft entgegen, das Personalmanagement an sich jedoch wird wichtig bleiben.

Ist Personalmanagement Kunst?

Mag diese Frage zunächst überraschend klingen, so könnte man doch auf die Idee kommen: Ein Personalverantwortlicher ist auch so etwas wie ein »künstlerischer Leiter«. Ein künstlerischer Leiter arbeitet mit Menschen zusammen, von denen er etwas Bestimmtes will, das kreativ ist, und die er daher so lange anleitet, bis er das Gewünschte bekommt. Nicht alle Menschen sind künstlerische Leiter und vor allem nicht alle Personalverantwortlichen. Aber es wird sicherlich einige geben, die ein genaues Bild davon haben, was für sie »schönes« Personalmanagement ist: etwas Funktionales mit Sinn, etwas Elegantes, etwas Originelles. In der Zusammenführung ist »schönes« oder auch »ästhetisches« Personalmanagement ein Personalmanagement mit einem unverwechselbaren Stil.

Dies setzt voraus, dass man

- ✔ die Ideen für einen eigenen, inspirierenden Stil des Personalmanagements hat,
- ✔ die Kenntnisse und Fertigkeiten, die dieses künstlerische Können unterstützen,
- ✔ die Freiheiten, diesen Stil umzusetzen, sowie
- ✔ den Mut, dies auch zu tun.

Beispielsweise besonders serviceorientiert zu sein und dies auch zu leben. Oder entgegen allen kritischen Einwänden an einer in sich konsistenten Leistungsorientierung »aus einem Guss« festzuhalten und sie in allen Personalmanagementfeldern zur Geltung zu bringen.

Natürlich ist es wie überall mit der Kunst: Nicht jeder Betrachter oder Betroffene wird einen Personalmanagementstil gleich interpretieren und wertschätzen. Ob etwas Kunst ist, liegt im Auge des Betrachters. Jedoch wird es immer auch Anhänger eines »schönen« Personalmanagements geben – und diese Personen wird das Unternehmen dann auch zur Mitarbeit gewinnen und an sich binden können. Wenn dies gelingt, ist Ästhetik auch mehr als reiner Luxus.

Nehmen Sie doch *Personalmanagement für Dummies* und interpretieren Sie dieses Buch im künstlerischen Sinne als Drehbuch für die Inszenierung Ihrer eigenen Personalmanagement-Kunst!

Wozu braucht das Personalmanagement Mut?

Mut braucht man üblicherweise in Situationen, in denen eine gewisse Gefahr lauert. Unter Einsatz der eigenen Kraft und des eigenen Wissens versucht der Mutige aus eigenem Entschluss, das Gute zu erreichen – und hofft dabei darauf, dass es ihm gelingt.

Das Personalmanagement handelt in einem solchen gefährlichen Umfeld: Es weiß nicht, ob die ihm gestellten Aufgaben zu bewältigen sind und welche Konsequenzen sie nach sich ziehen. Und doch gilt es zu handeln. Was anders als Mut ist es, damit beherzt zu beginnen?

Zum Mut, die eigentliche Personalarbeit gut zu bewältigen, kommt der Mut, selbstkritisch darüber nachzudenken:

- ✔ Wollen wir die Realität so wahrnehmen, wie sie ist, anstatt uns von anderen sagen zu lassen, wie sie sein soll?
- ✔ Denken wir als Personalmanagement selbst ausreichend über unsere Ziele und Aufgaben nach oder lassen wir uns nur von anderen antreiben?
- ✔ Sind wir mutig genug, den Bedrohungen, die sich in Szenarien und Simulationen der Zukunft abzeichnen, frühzeitig ins Auge zu sehen und in Richtung faszinierenderer Möglichkeiten umzusteuern?
- ✔ Überprüfen wir unsere Ratgeber dahingehend, ob sie tatsächlich wohlmeinend sind oder sie vor allem ihre eigenen Interessen verfolgen?
- ✔ Sind wir bereit, für die Durchsetzung des von uns als richtig Erkannten auch Konflikte einzugehen?
- ✔ Sind die von uns getroffenen Entscheidungen in Stein gemeißelt oder können wir sie auch noch einmal ändern?
- ✔ Machen wir auch uns selbst verantwortlich für Dinge, die schiefgegangen sind?

Das Gewinnbringendste wird aber sein, anderen Mut zu schenken, als Personen im Unternehmen und mit dem Unternehmen so zu arbeiten, dass sie davon erfüllt sind, daran wachsen, lernen und dem Unternehmen viel zurückgeben können.

Zehn Erfolgsgrößen, an denen sich Personaler messen lassen

26

In diesem Kapitel ...

- Erfolgsgrößen voneinander abgrenzen
- Messverfahren zuordnen
- Zielvereinbarungen für Personalverantwortliche formulieren

Gestalten ist wichtig – aber genauso wichtig ist es, dass die Gestalter für ihr Tun Verantwortung übernehmen. Es ist also konsequent, Personalverantwortliche für ihre tatsächliche Wertschöpfung verantwortlich zu machen, das heißt sie nach Misserfolgen zu ermahnen und für Erfolge zu belohnen, wie dies üblicherweise in Zielvereinbarungsprozessen geschieht. Der Schlüssel hierzu ist die Messung von personalwirtschaftlichem Erfolg. Dies ist zugegebenermaßen schwierig, aber möglich. Auf welche zehn Erfolgsgrößen besonders häufig zurückgegriffen wird, führt dieses Kapitel zusammen.

Vorausgeschickt werden muss noch die grundlegende betriebswirtschaftliche Unterscheidung beim Reden über Erfolg: »Effizienz« bezeichnet wirtschaftlichen Erfolg, also mit gegebenem Einsatz ein maximales Ergebnis zu erzielen. »Effektivität« dagegen bezeichnet die Zielerreichung, also ob der angestrebte Erfolg überhaupt erzielt wird. In diesem Kapitel wird jeweils auf beide Erfolgsaspekte eingegangen.

Der moderne Erfolgsbegriff weiß, dass ein »immer mehr« weder möglich noch sinnvoll sein kann. Es gilt vielmehr, nachhaltige Erfolgsmodelle zu verfolgen, die ohne einen Wachstumszwang auskommen. Nicht allein quantitatives Wachstum in Form der Steigerung von Umsatz, Gewinn und Mitarbeiterzahl ist wertvoll. Wertvoll ist es auch, wenn sich ein Unternehmen qualitativ weiterentwickelt, hierdurch immer besser in der Lage ist, seinen Unternehmenszweck zu erfüllen, seine Substanz zu erhalten und sich mit seiner Umwelt in einem Ressourcengleichgewicht zu befinden.

Arbeitszufriedenheit und Betriebsklima

Arbeitszufriedenheit ist bei einem Mitarbeiter dann gegeben, wenn er gegenüber seiner Arbeit insgesamt ein positives Gefühl hat. In die Arbeitszufriedenheit spielen viele persönliche Dinge hinein und damit auch solche, die mit der Arbeit gar nichts zu tun haben müssen: beispielsweise seine persönlichen Lebensverhältnisse oder seine individuelle Motivation. Dennoch kann das Personalmanagement durch Personalführung und Gestaltung der Rahmenbedingungen des Arbeitens die subjektive Arbeitszufriedenheit seiner Mitarbeiter beeinflussen. Die Arbeitszufriedenheit aller Mitarbeiter schlägt sich im Betriebsklima nieder.

Es ist sinnvoll, das Personalmanagement daran zu messen, wie erfolgreich es alle Mitarbeiter motiviert und ihnen die Möglichkeit zur persönlichen Weiterentwicklung eröffnet, denn letztlich wirken sich eine positive individuelle Arbeitszufriedenheit und ein positives kollektives Betriebsklima auf Qualität und Menge der erbrachten Arbeitsleistung und somit auf die Zielerreichung des Unternehmens aus, dazu die Bereitschaft der Mitarbeiter, sich loyal an das Unternehmen zu binden.

In der Zielvereinbarung für Personalverantwortliche kann die angestrebte Steigerung von Arbeitszufriedenheit und Betriebsklima festgelegt werden, beispielsweise »Ziel ist es, den Arbeitszufriedenheitswert der jährlichen Mitarbeiterbefragung im kommenden Jahr um 0,4 Punkte zu erhöhen«. Darüber hinaus würden die hierzu notwendigen Maßnahmen bestimmt und später im Sinne von Effektivität geschaut, ob sie tatsächlich eine Auswirkung auf Arbeitszufriedenheit und Betriebsklima gezeigt haben. Hinsichtlich der Effizienz würden die zu diesem Zweck einzusetzenden Budgets vereinbart werden.

Krankenstand

Der Krankenstand gibt für einen bestimmten Zeitraum das Verhältnis von krankheitsbedingten Fehlzeiten zu der vorgesehenen Arbeitszeit an. Monatlich zwei krankheitsbedingte Fehltage von 20 Arbeitstagen entsprächen dann einem Krankenstand von 10 Prozent. Mitgezählt werden nicht nur Krankheitstage, sondern auch Abwesenheiten aufgrund von Arbeitsunfällen sowie Kuren.

Selbstverständlich kann das Personalmanagement nicht für jegliche Krankheit seiner Mitarbeiter verantwortlich gemacht werden. Dennoch kann es dazu beitragen, dass der Krankenstand im Unternehmen sinkt: durch einen hohen Standard beim Arbeitsschutz und der Arbeitssicherheit, durch Maßnahmen der Gesundheitsförderung, durch Verbesserung von physisch oder psychisch belastenden Arbeitsbedingungen, durch Optimierung von Arbeitszeiten und durch motivierende Personalführung.

In die Zielvereinbarung für Personalverantwortliche würden hinsichtlich der Effektivität neben den Maßnahmen auch Zielwerte eines niedrigeren Krankenstands aufgenommen werden. Weil es viele teure, aber auch kostengünstige Instrumente gibt, ist es zudem wichtig, die Ziele effizient, also mit möglichst geringem Ressourceneinsatz, zu erreichen.

Fluktuation

Es ist im Interesse des Personalmanagements, Schwankungen im Personalbestand, also freiwillige Austritte von Beschäftigten aus dem Unternehmen und daher notwendig werdende Eintritte neuer Mitarbeiter in das Unternehmen, zu reduzieren. Austritte aufgrund von Pensionierung, Langfristerkrankung oder Tod, die als »natürliche Fluktuation« gelten, können zwar nicht gesteuert werden, aber die freiwillige Kündigung von Mitarbeitern lässt sich beeinflussen. Eine solche Fluktuation ist in der Regel unerwünscht, wenn sie zum Verlust an Humankapital führt, der auch nicht schnell kompensiert werden kann. Hinzu kommen eine negative Außenwirkung für das Unternehmen und gegebenenfalls eine weitere negative Innenwirkung in Richtung der verbleibenden Mitarbeiter. Erwünscht ist Fluktuation nur dann, wenn das Unternehmen sowieso Personal abbauen oder austauschen möchte.

Gemessen wird im Unternehmen die Fluktuationsrate als das prozentuale Verhältnis der Mitarbeiter, die in einem bestimmten Zeitraum freiwillig das Unternehmen verlassen, zu der durchschnittlichen Gesamtzahl der Beschäftigten. Ist die Fluktuationsrate niedrig, kann dem Personalmanagement ein hoher Bindungserfolg seiner Mitarbeiter attestiert werden und die Mitarbeiter haben eine höhere durchschnittliche Betriebszugehörigkeit.

In die Zielvereinbarung für Personalverantwortliche gehören neben einer Zielgröße für die Fluktuationsrate diejenigen Maßnahmen, die zur Senkung von Fluktuation beitragen. Diese Bindungsmaßnahmen beginnen mit einer realistischen Personalauswahl, gehen über einen zum Mitarbeiter passenden Personaleinsatz bis hin zu einer stimmigen Personalentwicklung und Karriereplanung. Effektiv sind diese Maßnahmen, wenn sie explizit mit der Bindung von Personal verbunden werden und ihre Personalbindungswirkung später auch überprüft wird. Die Effizienz stellt sich dann ein, wenn die Bindungsmaßnahmen nicht »mit der Gießkanne« gestreut werden, sondern wenn sie je nach Bedürfnislage differenziert eingesetzt werden.

Innovationstreiber

Personalmanagement erfüllt dann seinen Zweck besonders gut, wenn es das Unternehmen darin unterstützt, innovativer zu werden: Das Personalmanagement sorgt also dafür, dass Ideen realisiert und in Erfolge umgewandelt werden. Es wird somit zum Innovationstreiber für das Unternehmen. Besonders erfolgreich ist das Personalmanagement dann, wenn ihm dies gelingt, während das Unternehmen gerade nicht im Hinblick auf Umsatz und Gewinn wächst.

In die Zielvereinbarung für Personalverantwortliche gehört es, dass sie zum einen Innovationshindernisse aus dem Weg räumen sollen, vor allem personengebundene. So können sie Mitarbeitern Trainings anbieten, die mangelnde Kreativität, zu geringe Risikobereitschaft oder zu starke Konformität abbauen und sie deren innovative Potenziale erfahren lassen. Zum anderen sollen sie innovationsförderliche Rahmenbedingungen schaffen: Das Personalmanagement kann dazu beitragen, eine funktionierende Innovationskultur in den Köpfen aller Mitarbeiter zu verankern und Querdenken, Ausprobieren und Experimentieren zu ermöglichen. Personalverantwortliche können Mitarbeiter für Innovationen begeistern und motivierende Anreize zur Innovation setzen, sie können visionäre Ideen von Mitarbeitern unterstützen und entsprechende flache Arbeitsstrukturen, bereichsübergreifende Arbeitsprozesse und innovative Teamkooperation befördern, sie können den Wandel zu einem innovativen Unternehmen forcieren und die Mitarbeiter zur selbstorganisierenden Vernetzung ermutigen.

Messen lässt sich in diesem Zusammenhang, welcher Anteil von Innovationen auf die Initiative und Unterstützung des Personalmanagements zurückzuführen ist. Dies beurteilen nicht nur Mitarbeiter, sondern insbesondere Führungskräfte des Unternehmens. Während sie mittels ihrer Personalführung einen prägenden Einfluss auf die Innovationsfähigkeit ihrer Mitarbeiter haben, werden sie selbst wiederum durch das Personalmanagement beeinflusst.

Arbeitgeberattraktivität

In dem Maße, wie das Unternehmen auf einen ständigen Nachschub an neuen Mitarbeitern angewiesen ist, profitiert es von einem Ruf als attraktiver Arbeitgeber. Als Erfolgsgröße ist die Arbeitgeberattraktivität der Ausdruck dafür, wie gelungen die Positionierung und Profilierung des Unternehmens auf dem Arbeitsmarkt ist.

Die Messung der Arbeitgeberattraktivität erfolgt außerhalb des Unternehmens: Menschen, die sich noch nicht (allgemeine Öffentlichkeit) oder aber bereits (Berufseinsteiger, Studierende, Arbeitsuchende) für das Unternehmen interessieren, werden über ihre Einschätzung des Unternehmens als Arbeitgeber befragt. Die Auswertung der Befragung ergibt Kennzahlen zur Bekanntheit, zur wahrgenommenen Unternehmenskultur und zum wahrgenommenen Umgang des Unternehmens mit seinen Mitarbeitern.

Demzufolge lassen sich in Zielvereinbarungen für Personalverantwortliche Zielwerte für diese Kennzahlen festlegen. Zur Effektivität trägt bei, wenn die Maßnahmen der Markenbildung, der Herausstellung der Alleinstellungsmerkmale als Arbeitgeber sowie der Abgrenzung von konkurrierenden Arbeitgebern eine messbare Außenwirkung zeigen. Effizient werden die notwendigen Personalmarketingmaßnahmen, wenn sie gemessen an den Kosten einen überproportional hohen Nutzen mit sich bringen. Hier weisen Aktivitäten im Internet ein passables Kosten-Nutzen-Verhältnis auf.

Robustheit des Personalmanagements

Das Personalmanagement ist für eine Fülle an administrativen Aufgaben zuständig, die im Rahmen der Personalverwaltung sowie im Zuge der Berichterstattung über die Personalarbeit und deren Erfolge anfallen. Schnell wird von »Bürokratie« gesprochen, wobei dies häufig nicht positiv gemeint ist: Man rollt mit den Augen und vermutet Ineffizienz. Doch es ist gerade ein Erfolg des Personalmanagements, wenn es sich als robustes System erweist. Robustheit umfasst die positiven Seiten der Bürokratie, die dann ein komplexes System wie das Unternehmen vor unvorhergesehenen Gefahren und Krisen schützt und im Fall einer eingetretenen Katastrophe bei der Behebung ihrer Folgen hilft. Robustheit erhöhende Bürokratie stellt im Unternehmen sicher, dass die üblichen Abläufe ganz normal wie vorgesehen funktionieren, wobei die Regeln meistens transparent und nachvollziehbar sind sowie personenunabhängig gelten. Bürokratie ermöglicht das Routinehandeln, selbst dann, wenn wenig Zeit zum Überlegen bleibt.

Die Zielvereinbarung für Personalverantwortliche kann Komponenten enthalten, die auf die Fehlerunanfälligkeit und damit die Qualität von Routinehandeln abstellt, und zwar unabhängig davon, ob gerade in einer hektischen oder ruhigen Phase gearbeitet wird. Eine interessante Variante sind Regelungen »mit Verfallsdatum«, die nur während ihrer vorgesehenen Gültigkeit in Kraft sind und dies nur dann bleiben, wenn sie ausdrücklich verlängert werden. Ein solches Vorgehen zwingt dazu, bürokratische Regelungen immer wieder einmal bewusst zu reflektieren.

Schnelligkeit des Personalmanagements

Heutzutage ist die Geschwindigkeit der Erledigung von Aufgaben mitentscheidend für den Erfolg von Unternehmen und damit auch für den Erfolg des Personalmanagements. Kunden und Partner haben normalerweise wenig Zeit und wollen nicht lange auf die Beantwortung ihrer Fragen und die Erfüllung ihrer Bedürfnisse warten. Schnelligkeit als Ziel des Personalmanagements wird gemessen anhand der Zeitdifferenz zwischen Prozessstart und Prozesserledigung, also bis zur Hervorbringung von Mehrwert für den Prozesskunden.

In der Zielvereinbarung für Personalverantwortliche kann die Verantwortlichkeit für die gute Organisation des Personalmanagements festgeschrieben werden. Fachlich kompetente Personalmanagementmitarbeiter, die Verfügbarkeit von Daten, klare Entscheidungsregeln mit Bezug zu den Personalmanagementzielen und gut strukturierte Abläufe tragen dazu bei, dass Entscheidungen schnell getroffen werden können. Automatisierte, arbeitsteilige Abarbeitungsprozeduren sowie eingebaute Prozessverbesserungsroutinen führen dazu, dass die Entscheidungen auch schnell umgesetzt werden können. Der Trend in Zeiten mobiler Kommunikation geht zu einem effizienten »Personalmanagement in Echtzeit«, bei dem die Verantwortlichen im Personalmanagement nicht nur immer aktuell über den jeweiligen Status der Personalmanagementprozesse informiert werden, sondern bei dem sie auch jederzeit Gestaltungsimpulse setzen können, deren Umsetzung dann unmittelbar beginnt.

Personalverantwortliche können verpflichtet werden, im Zuge der Einführung neuer Prozesse zu einem möglichst frühen Zeitpunkt Testläufe durchzuführen. Dies kann in kleinen Projektteams erfolgen, die parallel zu traditionellen Prozessen die innovativen Vorgehensweisen ausprobieren, strukturelle Hindernisse erkennen und diese unmittelbar abbauen.

Wandlungsfähigkeit des Personalmanagements

Wie jede betriebliche Funktion muss auch das Personalmanagement eine wandlungsfähige Funktion sein. Damit ist sie in der Lage, auf Unvorhergesehenes zu reagieren und sich darüber hinaus an sinnvolle längerfristige Veränderungstrends anzupassen. Angesprochen sind hier kurzfristige und langfristige Flexibilität des Personalmanagements.

Zielvereinbarungen für Personalverantwortliche beziehen sich im Hinblick auf die Wandlungsfähigkeit des Personalmanagements auf Tätigkeiten des Analysierens von Rahmenbedingungen, der Planung des flexiblen Ressourceneinsatzes im Personalmanagement, der Umsetzung von Veränderungen und der ständigen Überprüfung der Prozessqualität. Gemessen wird dies durch ein Prozesscontrolling, das im Sinne einer internen Evaluation die Schaffung und Einhaltung von Standards zu Flexibilität und Wandlungsfähigkeit sicherstellt. Wenn in eine externe Zertifizierung möglich wird, kann das Personalmanagement dies vorsehen. Wichtiger aber als eine Zertifizierung ist die zugrunde liegende Wandlungsfähigkeit des Systems.

Ein wichtiges Kriterium zur Beurteilung dieser Erfolgsgröße ist, ob die Wandlungsfähigkeit in der gesamten Personalmanagementwertschöpfungskette durchgängig gegeben ist. So sind nicht nur die einzelnen personalwirtschaftlichen Teilfunktionen wandlungsfähig zu halten, sondern es dürfen auch die Schnittstellen zwischen einzelnen Teilfunktionen nicht vernachlässigt werden.

Anerkennung des Personalmanagements

Eine eher weiche Erfolgsgröße ist die Anerkennung, die das Personalmanagement sich für seine Arbeit erwirbt. Sie ist nicht minder wichtig als härtere Erfolgsgrößen: Ein als kompetent und professionell respektiertes Personalmanagement erwirbt sich die Legitimation, im

Unternehmen langfristig als wichtige betriebliche Funktion zu bestehen. Ein wesentlicher Bestandteil dieser Legitimation ist der Beitrag, den das Personalmanagement zur nachhaltigen und personalmanagementethisch vertretbaren Unternehmensentwicklung leistet. Auch die Herstellung des Ressourcengleichgewichts mit der Umwelt zählt hierzu.

In die Zielvereinbarung für Personalverantwortliche würde beispielsweise aufgenommen werden können, dass die Zufriedenheit ganz unterschiedlicher Anspruchsgruppen mit der Arbeit des Personalmanagements gesteigert werden soll. Die Messung der Zielerreichung erfolgt dann über eine »360-Grad-Befragung«, bei der Vertreter aller Anspruchsgruppen, die um das Personalmanagement herum existieren, mittels Fragebogen zu ihrer Zufriedenheit befragt werden. Die Punktwerte lassen sich durchaus im Zeitverlauf verbessern.

Effektiv agiert das Personalmanagement dann, wenn es allseits respektiert ist, insbesondere auch dann, wenn es unpopuläre Maßnahmen vertreten muss. Effizient sind die Bemühungen zur Steigerung der Anerkennung dann, wenn sie nicht zu teuer erkauft werden müssen. Es kommt also nicht darauf an, dass das Personalmanagement Geschenke an die Anspruchsgruppen verteilt, um beliebter zu werden. Vielmehr steigt die Anerkennung im Zuge der Aufgabenerledigung, wenn das Personalmanagement sich »wie nebenbei« Anerkennung erwirbt, indem es seine Handlungen erläutert. Gerade die Kommunikationsintensität ist ein effizienter Hebel zur Verbesserung dieser Erfolgsgröße.

Personalkosten, Humankapital und Personalertrag

Um die Wirtschaftlichkeit des Personalmanagements insgesamt zu erfassen, lassen sich Erfolgsgrößen wie Personalkosten, Humankapital und Personalertrag heranziehen. Die Personalkosten umfassen alle Kosten, die durch den Einsatz der Mitarbeiter und durch die Gestaltung des Personalmanagements entstehen: Löhne und Gehälter, Kosten für gesetzliche, tarifliche und freiwillige Sozialleistungen sowie die Kosten der Personalarbeit. Das Humankapital bezeichnet, wie wertvoll die Belegschaft aller Mitarbeiter für das Unternehmen ist, und stellt damit das in den Mitarbeitern gebundene Leistungspotenzial in Geldeinheiten dar. Der Personalertrag versucht zu ermitteln, welcher Wertschöpfungsanteil auf die Arbeit der Mitarbeiter zurückzuführen ist.

Es handelt sich damit um eine Inputgröße, eine Potenzialgröße und eine Outputgröße. Alle drei Größen werden – unabhängig von den Schwierigkeiten, die mit ihrer Ermittlung verbunden sind – erst im Gesamtzusammenhang aussagekräftig: Es ist effizient, mit einem vorgegebenen Personalkostenrahmen ein möglichst hohes Humankapital im Unternehmen aufzubauen. Ebenso ist es effizient, mit einem gegebenen Humankapital einen möglichst hohen Personalertrag zu erzielen.

In eine Zielvereinbarung für Personalverantwortliche würde damit hineingeschrieben werden können, welches Verhältnis von Personalkosten zu erzieltem Humankapital und dann zwischen Humankapital und erzieltem Personalertrag angestrebt wird. Die Zielerreichung hängt von der grundsätzlichen Aufstellung des Personalmanagements im Unternehmen ab, wodurch es sich um strategische Zielgrößen handelt. An ihnen werden Personalleiter und Personalvorstände gemessen.

Zehn Tipps für den kompetenten Auftritt von Personalmanagern

27

In diesem Kapitel ...

- Herausforderungen sicher abschätzen
- Problemlösungen angstfrei vermitteln
- Raum für Weiterentwicklung lassen

Personalmanagement wird von Menschen gemacht – und Sie sind einer davon. Dass man Sie persönlich in Ihrer Arbeit wertschätzt und unterstützt, wird nicht zuletzt davon abhängen, dass Sie als Personalmanagementprofi wahrgenommen werden: kompetent und strategisch vorausschauend. Wie aber geht das? Was müssen Sie wissen, was müssen Sie tun? Die zehn wichtigsten Dinge, an denen Sie persönlich arbeiten können, folgen in diesem Kapitel.

Mit Umfeldentwicklungen Schritt halten

Zunächst dürfen Sie nicht davon ausgehen, dass das einmal von Ihnen Gelernte längerfristige Gültigkeit hat. Im Umfeld des Personalmanagements ändert sich vieles sehr schnell. Fachwissen veraltet und lässt sich auch nicht durch das Erfahrungswissen, das Sie aufbauen, ersetzen. Dies erfordert, dass Sie lernhungrig bleiben: Sie sollten sich weder von Umfeldentwicklungen wie zum Beispiel der Demografie abkoppeln noch den Anschluss an immer neue personalwirtschaftliche Methoden verlieren. Auch Fortschritte in benachbarten Disziplinen wie etwa der Informationstechnologie können sehr schnell Auswirkungen auf Ihre tägliche Arbeit haben. Wenn Sie aktiv gestalten wollen, anstatt den Trends hinterherzulaufen, müssen Sie aufmerksam bleiben.

Fragen stellen und zuhören

Ihre Rolle im Personalmanagement ist die eines Coaches. Menschen, die Ihnen begegnen, klagen Ihnen ihr Leid, berichten Ihnen von ihrem Arbeitsalltag oder möchten sich mit Ihnen gemeinsam freuen. Es ist Ihre Aufgabe herauszufinden, welche dieser Informationen so wichtig sind, dass sie ein Handeln des Personalmanagements hervorrufen müssten. Es ist jedoch anstrengend, diese Informationen zu erlangen: Sie müssen »die richtigen« Fragen stellen. Dies sind Fragen, bei denen die Gefragten gar nicht unmittelbar erkennen, worauf Sie hinauswollen. Wenn Sie Mitarbeiter zum Beispiel fragen: »Wer unterstützt Sie hier im Unternehmen am meisten?« oder: »Was war im letzten Monat Ihr größter Erfolg?«, können Sie die Geschichten, die dann folgen, mit Ihrer personalwirtschaftlichen Erfahrung daraufhin interpretieren, welche Strukturen unter der Oberfläche des sichtbaren Arbeitens vorherrschen. Sie suchen sozusagen behutsam die Schwachstellen im System und erkennen gleichzeitig die blinden Flecken, die andere nicht einmal wahrnehmen wollen.

Mentale Modelle entwerfen

Ihr breites Wissen über Strukturen, Prozesse, Menschen, Bedürfnisse, Risiken, Werte, Schwachstellen und vieles mehr im Unternehmen ist so komplex, dass Sie es in einem ersten Schritt für sich ordnen müssen, bevor Sie in der Lage sind, es in einem zweiten Schritt mit anderen zu teilen. Die Komplexität ergibt sich nicht nur aus der reinen Menge der Komponenten, mit denen Sie es zu tun haben, sondern aus den Verteilungen zwischen all diesen Komponenten. Sie führen zur Eigendynamik des Systems Unternehmen.

Häufig bewährt es sich, sogenannte »mentale Modelle« zu entwerfen: Dazu malen Sie auf einem Blatt Papier alle Komponenten auf, die im Rahmen eines gerade zu lösenden Problems eine Rolle spielen. Dann verbinden Sie diese Komponenten mit Strichen oder Pfeilen, wobei Sie genau bestimmen, was ein Pfeil jeweils bedeutet. Sie erkennen Strukturen und können das mentale Modell Schritt für Schritt so verbessern, dass das, was logisch zusammengehört, auch beieinander abgebildet wird. Es entsteht ein Bild, das das verzahnte System auf einen Blick erfassen lässt.

Das mentale Modell ist dann gut, wenn es selbsterklärend ist – wenn also ein Dritter dieses Modell ohne Erläuterung von Ihnen vorgelegt bekommt und Ihnen dann das Bild genauso erklärt, wie Sie es selbst getan hätten. Ist Ihnen das gelungen, können Sie das mentale Modell mit anderen Personen teilen. Sie verwenden es als Diskussionsgrundlage, um eine gleiche Sicht auf das Problem zu bekommen und von dort aus Lösungen zu entwerfen. Zudem erkennen Sie eher die Nebenwirkungen, die mit Ihrem Handeln verbunden sein könnten.

Weniger statisch, mehr dynamisch denken

Viele Entscheider in Unternehmen denken in Zuständen, also in Strukturen, die zu einem bestimmten Zeitpunkt vorgeherrscht haben oder vorherrschen sollen. »Ich bin in A und will nach B« – das ist ein typischer Fall von statischem Denken, wenn als Antwort lediglich B ausführlich beschrieben wird. Die wenigsten Entscheider konzentrieren sich allerdings auf den eigentlichen Weg von A nach B. Würden sie es tun, wären sie auf dem Weg der Dynamik und würden Fragen stellen wie:

- ✔ Wann beginnt meine Aktivität zu wirken – sofort oder erst nach einer gewissen Zeit? Muss ich selbst Geduld haben und Geduld bei anderen einfordern?
- ✔ Wie lange dauert der Weg von A nach B?
- ✔ Wie wird die Entwicklung von A nach B verlaufen – gleichförmig, in Wellenbewegungen, mit zunehmender oder abnehmender Geschwindigkeit?

Wenn Sie sich vorausschauend auch mit den dynamischen Verlaufsmustern von Entwicklungen beschäftigen, werden Ihre Entscheidungen von vornherein viel realistischer werden können.

Kompetent mit Leuten reden

Ihre Kommunikationskompetenz ist etwas, das Sie fortlaufend trainieren müssen. Gerade im Personalmanagement sind Sie darauf angewiesen, mit vielen Mitarbeitern und anderen Anspruchsgruppen im Gespräch zu bleiben. Ein Erfolgsfaktor ist dabei, sich auf das Gegenüber einstellen zu können, also insbesondere seine Sprache zu sprechen. Handelt es sich um jemanden aus der Finanzabteilung, ist die Sprache eher durch Investitionen, Amortisation und Geld geprägt als bei jemandem aus der Produktion, bei dem die Terminologie sich um Maschinen, den Produktionstakt oder die Beleuchtung des Arbeitsplatzes dreht.

Jeder Adressat Ihrer Kommunikation erwartet von Ihnen als Personaler, dass Sie in der Lage sind, sich in seine Arbeitswelt hineinzuversetzen. Ihre Aufgabe ist es deshalb auch, das Vokabular unterschiedlicher Arbeitsplätze in Ihrem Unternehmen zu erlernen. Darüber hinaus können Sie nicht davon ausgehen, dass man immer von selbst auf Sie zukommt. Ihre Kommunikationsrolle ist daher aktiv und besteht darin, auf andere zuzugehen. Im Englischen wird dies als *Management by walking around* – Management durch Herumwandern im Unternehmen – bezeichnet.

Betroffene und Partner mit einbeziehen

Sie kennen sicher den Satz »Betroffene zu Beteiligten machen«: Er sagt aus, dass bei Veränderungen im Unternehmen niemandem Ihre Entscheidungen übergestülpt werden sollten, sondern Beteiligte die Chance erhalten, während der Entscheidungsfindung ihre Ideen und Bedenken konstruktiv einzubringen. Es ist nicht nur eine Frage der späteren Akzeptanz Ihrer Entscheidungen, dies tatsächlich zu tun, sondern es zeugt auch vom Respekt, den Sie Ihren Mitarbeitern entgegenbringen, wenn Sie diesen Ratschlag beherzigen. Also: Betroffene und Projektpartner nicht zu spät informieren und einbinden, sondern bereits in frühen Prozessphasen.

Unterstützer werben

Im Personalmanagement sind Sie kein Einzelkämpfer, sondern darauf angewiesen, Ihre Entscheidungen mit anderen Personen gemeinsam umzusetzen. Diese sind jedoch nicht automatisch Ihrer Meinung und teilen nicht von vorneherein Ihre Vorstellungen. Daher hilft es Ihnen, wenn Sie Unterstützung von dritter Seite haben. Diese Unterstützer werden in der Fachterminologie »Promotoren« genannt. Fachpromotoren sind Unterstützer, die aus fachlicher Sicht bestätigen, dass Ihre Vorhaben sinnvoll sind, und die so viel Glaubwürdigkeit bei den anderen Mitarbeitern erworben haben, dass man sich auf ihre Unterstützung verlässt. Machtpromotoren sind Unterstützer »von ganz oben«, also Führungskräfte, die ihre hierarchische Macht dazu einsetzen, Sie zu unterstützen. Ihre Aufgabe ist es, für Ihre Vorhaben solche Promotoren zu finden und von Ihren Ideen zu überzeugen, damit Sie nicht allein für die Umsetzung sorgen müssen.

Ängste abbauen

Im Personalmanagement wollen Sie etwas bewegen und verändern. Zwangsläufig werden Sie dabei in bestehende Einflussbereiche von Mitarbeitern eingreifen müssen. Wandel wird von vielen Personen zunächst als Bedrohung für das in der Vergangenheit Erreichte gesehen. Wer Angst hat, dies zu verlieren, wird sich im Zweifelsfall gegen eine Veränderung stellen. Vor diesem Hintergrund erhöht es die Wirksamkeit Ihres Handelns, wenn Sie den von Veränderung betroffenen Personen erklären können, dass sie viel weniger verlieren, als sie denken, dafür aber viel Gutes gewinnen können. Sie nehmen ihnen also Angst und machen Mut, sich einer Veränderung zu öffnen.

Freundlich, aber bestimmt auftreten

Das Vorbild sind Sie – denn als Mitarbeiter oder gar Entscheider im Personalmanagement stehen Sie unter besonderer Beobachtung der Mitarbeiter. Daher sollten Sie auch in konfliktbeladenen Situationen besonnen und beherrscht bleiben und sich immer Ihrer Vorbildrolle bewusst sein. Darüber hinaus können Sie sich auch empathisch auf die einzelnen Menschen einlassen, die Ihnen begegnen werden. Ihr freundliches Auftreten bedeutet jedoch nicht, dass Sie allen Ansprüchen, die an Sie herangetragen werden, entsprechen sollten: Selbstverständlich haben Sie eine strategische Leitlinie, die Sie verfolgen und aktiv vertreten. Sie sind schließlich auch persönlich mit verantwortlich, zur Zielerreichung des Personalmanagements beizutragen. Wie häufig sind in Streitfällen sicherlich Kompromisse zwischen berechtigten Ansprüchen möglich.

Erfolge feiern

Erfolg ist nicht selbstverständlich, wenn er auch mit viel Arbeitseinsatz vorbereitet wurde. Aber letztlich ist er auch ein Geschenk. Daher verbindet das Feiern auf der einen Seite Danken für Erreichtes, auf der anderen Seite Bitten für Zukünftiges. Gemeinsames Erinnern und gemeinsames Hoffen sind menschliche Notwendigkeiten.

Feiern unterbrechen Zeitdruck durch zeitliches Innehalten und isoliertes Arbeiten durch gemeinschaftliches Zusammenkommen. Dies kann man einfach nur genießen – oder gleich wieder zum Anbahnen neuer Vorhaben nutzen. Wie auch immer: Menschen ermüden, wenn sie unermüdlich arbeiten müssen, aber tanken Kraft, wenn sie auch das tun, was sie in ihrem Inneren schön finden. Nicht nur jeder Einzelne, auch die Gemeinschaft der Menschen in einem Unternehmen profitiert vom Feiern: durch das gegenseitige Sichwahrnehmen und das Stärken des Zusammengehörigkeitsgefühls. Hierzu tragen Rituale bei, denen eine Feier den Rahmen bietet, beispielsweise die unternehmensöffentliche Auszeichnung von Personen für besondere Erfolge.

Das Personalmanagement ist ein möglicher Organisator für Feiern im Unternehmen – und hierauf haben Sie einen Einfluss. Gelingende Feste hängen dabei nicht davon ab, dass Sie möglichst viel Budget verprassen, die Botschaft von Verschwendung und Übermaß aussenden oder gar in ethisch fragwürdige Formen der leistungsorientierten Entlohnung verfallen. Vielmehr ist es entscheidend, einen Rahmen für gemeinsame Treffen zu schaffen, an denen alle Eingeladenen ohne schlechtes Gefühl teilnehmen wollen. Damit verbietet sich auch eine Festinflation: Ohne einen angemessenen Anlass wird eine Feier schnell als unnötige Zeitverschwendung wahrgenommen. Gelingende Feiern entstehen hauptsächlich dann, wenn sie den Arbeitsalltag als etwas Besonderes ergänzen.

Zehn Vordenker modernen Personalmanagements

28

In diesem Kapitel ...

- Innovationen erkennen
- Denkschulen unterscheiden
- Die Menschen hinter dem Wissen sehen

Damit Sie Ihr Wissen über Personalmanagement abrunden können, stelle ich Ihnen die Personen vor, die das Personalmanagement geprägt haben. Es sind nicht nur die Namen dieser Personen, die Ihnen immer wieder begegnen werden: Viel interessanter sind ihre bahnbrechenden Ideen, die sie als Vordenker formuliert haben.

Die hier getroffene Auswahl präsentiert zehn »normale Menschen«, zumeist Forscherinnen und Forscher aus Universitäten oder sehr erfahrene Praktiker, die jedoch eines gemein haben: Sie nehmen sehr ernst, was sie tun. Für sie ist Personalmanagement nicht nur eine an für sich austauschbare Beschäftigung, sondern vielmehr eine Mission. Daher sind die von ihnen formulierten Inhalte auch mehr als reine Methoden oder Instrumente – es sind Programme, die wiederum Teil eines größeren Zukunftsentwurfs sind. Viele Personalmanager in Wissenschaft und Praxis haben die Reichweite der Ideen dieser Vordenker erkannt und ihre eigene Arbeit auf der jeweiligen »Denkschule« aufgesetzt.

Eine weitere Eigenschaft, die diese zehn Vordenker verbindet, ist Mut: der Mut, an ihre eigenen Ideen zu glauben und sie bereits dann zu vertreten, wenn sie damit noch ziemlich allein sind und gegebenenfalls erst einmal viel Widerstand auslösen. Denn es sind nicht allein Intuition und Kreativität, die eine erfolgreiche Idee ausmachen, sondern auch deren konsequente Umsetzung, wenn man die Idee für sinnvoll erachtet und den Nutzen, den sie anderen stiftet, überzeugend erläutern kann.

Im Fach Personalmanagement, das sich mittlerweile internationalisiert hat, ist es selbstverständlich, dass auf der Zehnerliste der Personalmanagement-Vordenker nicht nur deutschsprachige, sondern auch Personen aus dem angloamerikanischen Raum zu finden sind. Auch wenn einige dieser Personen nicht mehr aktiv sind: Ihre Gedanken sind nach wie vor zeitgemäß und werden auch für die zukünftige Diskussion des Personalmanagements aktuell bleiben.

Randall Schuler und strategisches Personalmanagement

Im Jahre 1973 an der Michigan State University in East Lansing, USA, zum Ph.D. promoviert, war Randall S. Schuler von 1986 bis 1998 Professor für Management and Organizational Behavior an der New York University und von 1998 bis zu seiner Emeritierung 2006 Professor für Human Resource Management der Rutgers University in New Brunswick/New

Jersey, USA. Dort ist er zudem Gründungsdirektor des Center for Global Strategic Human Resource Management.

Ausgehend von der Überlegung, dass das erfolgreiche Management der Mitarbeiter unabdingbar ist für den Erfolg auf den heutigen wettbewerbsintensiven Märkten, vertritt Schuler einen strategischen Personalmanagementansatz, der von vielfältigen strategischen Partnerschaften ausgeht. Diese ergeben sich zwischen den Personalverantwortlichen und allen internen und externen Anspruchsgruppen (Stakeholdern) des Unternehmens.

Im Vordergrund dieser strategischen Sichtweise steht daher die Zielsetzung, dass sich nicht nur die Unternehmensstrategie und Personalstrategie entsprechen sollten, sondern auch jegliche Handlungssysteme und Unternehmensfunktionen entsprechend stimmig zu den Aktivitäten des Personalmanagements ausgestaltet werden sollten. Hinzu kommt, dass Schuler die Personalverantwortlichen als Manager begreift, die auf der einen Seite in die Personalressourcen (also die Mitarbeiter) des Unternehmens investieren, auf der anderen Seite aber auch für ein umfassendes Management im Sinne der steuernden Leitung und Verwaltung verantwortlich sind.

Dieser umfassende strategische Ansatz des Personalmanagements hat den Anstoß zu wichtigen Weiterentwicklungen wie zum Beispiel der *HR-Scorecard* gegeben, eines auf die Personalarbeit ausgerichteten Kennzahlensystems, das die Überwachung der Effektivität und Effizienz des Personalmanagements erlaubt.

Rolf Wunderer und Personalmanagement als kooperatives Mitunternehmertum

Im Jahre 1937 geboren, 1967 an der Universität München promoviert, war Rolf Wunderer 1974 bis 1983 Professor für Betriebswirtschaftslehre, insbesondere Personalwesen und Unternehmensführung an der Universität Essen, dann von 1983 bis zu seiner Emeritierung 2002 Leiter des Instituts für Führung und Personalmanagement an der Universität St. Gallen, Schweiz.

Wunderer verfolgt eine klare Zielsetzung: Personalmanagement, Führung und Kooperation sollen dazu beitragen, internes Unternehmertum hervorzubringen und zu stabilisieren. Mitunternehmertum bedeutet, dass möglichst viele Mitarbeiter zu unternehmerischem Mitdenken, Mitfühlen, Mithandeln und Mitverantworten befähigt werden. Damit bringt er grundlegendes Vertrauen in das Engagement und die schöpferische Kraft von Mitarbeitern zum Ausdruck: Wenn sie gestalten dürfen, werden sie dies auch zum Nutzen des Unternehmens tun.

Die Förderung kooperativen Mitunternehmertums erfordert eine bewusste Zusammenschau zwischen der indirekten, strukturell-systemischen Führung – sie umfasst Unternehmenskultur, Strategie, Organisation und qualitative Personalstruktur – sowie der direkten, personal-interaktiven Führung. Mitunternehmer werden laut Wunderer weniger durch altbekannte und nicht mehr wirkende Anreize als vielmehr durch den Abbau frustrierender Motivationsblockaden motiviert. Damit ist sein kooperatives Mitunternehmertum letztlich ein unternehmensbezogenes Freiheitsprogramm.

Auch das aus der Beschäftigung mit dem Personalcontrolling hervorgegangene Modell des *Wertschöpfungscenters Personal*, bei dem die Herstellung von (finanziellen und kulturellen) Werten durch das Personalmanagement systematisch evaluiert wird, hat Wunderer entwickelt. Dass Wunderer sich auch hier in das ganzheitlich gedachte St. Galler Management-Modell aus den 1960er-Jahren einordnet, zeigt sich an der integrativen Berücksichtigung des charakteristischen Dreiklangs normatives – strategisches – operatives Management, der sich in den Management-, Business- und Servicedimensionen des Wertschöpfungscenters Personal widerspiegelt.

Eine innovative interdisziplinäre Verbindung, die Wunderer herstellt, entspringt seiner Leidenschaft für Märchen, deren Aussagewert er für das Management erschließt. Auf der einen Seite haben erzählte Geschichten – auch im Unternehmen – wichtige Funktionen wie etwa die Weitergabe unternehmenskultureller Werte. Auf der anderen Seite besteht eine große inhaltliche Nähe zwischen dem Bewältigen von Märchenschicksalen und Unternehmensschicksalen, was nicht überrascht, weil es in beiden Fällen um Vertrauen, Entscheiden, Überwindung von Niederlagen, Lernen und Muthaben geht. Wunderer öffnet den Blick dafür, dass das Management über das Sichbeschäftigen mit Märchen viel über sich selbst und die Tiefenstruktur von Mitarbeitern und Führungskräften in Unternehmen lernen kann.

Dave Ulrich und Personalmanagement als Wettbewerbsfaktor

Im Jahre 1953 in Ely/Nevada, USA, geboren, an der University of California, Los Angeles, USA, zum Ph.D. promoviert, ist David O. Ulrich seit 1982 Professor für Business Administration an der Stephen M. Ross School of Business der Universität Michigan, Ann Arbor, USA, und dortiger Direktor des Human-Resource-Executive-Programms. Zudem leitete er von 2002 bis 2005 eine kanadische Mormonengemeinschaft mit 150 Missionaren und 9.000 Mitgliedern in Montreal.

Durch Ulrichs umfangreiches Werk zieht sich der Begriff »Wert« in allen Varianten – Wertbeitrag, Wertschöpfung, Wertanspruch, Mehrwert – und immer bezogen auf das Personalmanagement. Dies spiegelt auch sein Leitspruch »HR must give value or give notice« (in etwa: Personalmanagement muss Wert schaffen oder seinen Dienst quittieren). Ulrichs Interesse konzentriert sich darauf, wie Unternehmen ihr Personal und ihr Personalmanagement dazu einsetzen können, wertschöpfende Charakteristika wie effektive Zusammenarbeit, Lernen, Verantwortung oder Talent aufzubauen. Dabei wird der Wert, den das Personalmanagement hervorbringt, nicht primär durch die Vorstellungen der im Personalmanagement Arbeitenden bestimmt, sondern er ergibt sich durch das, was andere – nämlich die durch das Personalmanagement Betroffenen – für wertvoll halten.

Einige der inzwischen weltweit verbreiteten Personalmanagementkonzepte stammen von Ulrich: So konzipierte er für das Personalmanagement die Rolle des strategischen Business Partners. Das Personalmanagement soll als ein Funktionsbereich aufgebaut werden, der gleichwertig zu anderen Funktionsbereichen angesehen wird und mit ihnen auf Augenhöhe agiert. Er meint damit, dass die Personalabteilung der Unternehmensleitung helfen sollte, die finanziellen Ziele sowie die Kundenziele zu definieren und zu realisieren. Allerdings sieht er diese Aufgabe nicht als die alleinige Rolle der Personalabteilung, denn für Ulrich sind die

Mitarbeiter die wichtigste Unternehmensressource. Seiner Meinung nach schlägt sich die Behandlung der Mitarbeiter durch das Unternehmen in der Beziehung zu den Kunden und letztlich auch in der Beziehung zu den Investoren nieder: »Indirekt bringt das Kümmern um die Mitarbeiter Shareholder Value hervor.«

Hiermit stellt er die enge Verbindung des Personalmanagements zum strategischen Management des Unternehmens her. Insbesondere die Personalstrategie soll seiner Meinung nach ganz bewusst unter Einbeziehung der unternehmenskulturellen Rahmenbedingungen die Unternehmensziele in Prioritäten für die Personalarbeit umformulieren, also in Zielsysteme, Prozesse und Methoden für das Personalmanagement.

In Rollen gesprochen sieht er für das Personalmanagement letztlich die Rollen als »strategischer Business Partner«, »administrativer Experte«, »Mitarbeiterexperte« und »Veränderungspartner« als gleichzeitig wichtig an. Dabei legt Ulrich Wert darauf, dass die Effektivität des Personalmanagements auch gemessen werden muss, vor allem in Form nachweisbarer Wettbewerbsvorteile. In seiner Gesamtkonzeption richtet er die Organisation des Personalmanagements, die Rollen der dort Tätigen sowie die benötigten Kompetenzen auf dieses Wertschöpfungsziel hin aus, sodass er letztlich eine Professionalisierung des gesamten Personalmanagements anstrebt.

Ulrich verbindet seine Forschungstätigkeit mit einer intensiven Beratungsarbeit in vielen amerikanischen Großunternehmen. In den meisten einflussreichen Listen von Management-Vordenkern, Gurus, Personalmanagementexperten und Coaches steht sein Name regelmäßig ganz weit oben, wenn nicht sogar an der Spitze.

Hans Jürgen Drumm und Personalmanagement als ökonomische Individualisierung

Im Jahre 1937 in Saarbrücken geboren, 1968 an der Freien Universität Berlin promoviert, 1972 an der Universität des Saarlandes habilitiert, war Hans Jürgen Drumm zunächst Professor für Betriebswirtschaftslehre an der Universität des Saarlandes, dann von 1974 bis zu seiner Emeritierung 2006 Professor für Betriebswirtschaftslehre mit den Schwerpunkten Personalwirtschaft, Organisation und Unternehmensplanung an der Universität Regensburg.

Drumms Credo eines modernen Personalmanagements – er nennt es (wie sein Hauptwerk) »Personalwirtschaft« – besteht aus zwei konzeptionellen Pfeilern:

- ✔ Unternehmen streben nach Gewinn, was arbeitsteilig nur unter Einbeziehung des Personals möglich wird. Will ein Unternehmen diesen Produktionsfaktor Personal beschaffen und wertschöpfend einsetzen, muss die Personalwirtschaft ihre Prognose-, Planungs- und Umsetzungsprobleme orientiert an Wirtschaftlichkeitskriterien lösen.
- ✔ Da das Personal jedoch gleichzeitig aus selbstverantwortlichen Individuen mit eigenen Bedürfnissen besteht, sind Unternehmen gut beraten, wenn sie diese Bedürfnisse mittels Motivation und individueller Führung befriedigen.

Beide Pfeiler bindet Drumm in eine systemtheoretische und damit ganzheitlich geprägte Sichtweise des Personalmanagements ein. Wenn er hervorhebt, dass die Unternehmensleistung und der Unternehmenserfolg nicht von vornherein durch die individuellen Bedürfnisse,

Fähigkeiten und Werthaltungen ihrer Mitarbeiter bedroht sein müssen, sondern den Unternehmenserfolg sogar deutlich befördern können, wendet er sich ab von der klassischen unternehmenszentrierten Sicht, in der alles – auch einzelne Mitarbeiter – im Sinne eines Gleichmachens und Funktionierens geregelt und gesteuert werden müssen.

Stattdessen geht er der Frage nach, wie souveräne, selbstständige Akteure in das gemeinsame Unternehmenshandeln eingebunden werden können. Die Konsequenz besteht darin, dass Drumm unter Berücksichtigung der wirtschaftlichen Interessen von Unternehmen nach Formen der Zusammenarbeit sucht, die sich an den Individuen orientieren und damit nicht mehr vollständig und übergreifend planbar sind. Je größer aber die Freiräume für die einzelnen Mitarbeiter werden (müssen), desto stärker kommen Selbstbestimmung der Mitarbeiter, Destandardisierung und Berücksichtigung von Einzelfällen, Delegation von Aufgaben und Partizipationsspielräume in allen Personalmanagementaufgaben zum Tragen. Dass dies keine einfache Aufgabe für Unternehmen ist, liegt auf der Hand: Anstatt eine einzige Standardlösung für jede Personalmanagementaufgabe vorzuhalten, müssen Unternehmen auf einmal für Alternativlösungen sorgen und diese ihren Mitarbeitern zur Wahl stellen.

Das hiermit zusammenhängende Programm eines ökonomisch individualisierten Personalmanagements beschäftigt sich demzufolge mit Individualisierung in personalwirtschaftlichen Bereichen wie Arbeitszeitmanagement, Vergütung, Personalentwicklung und Personalführung, berücksichtigt aber auch Voraussetzungen wie etwa Eigeninitiative und Eigenverantwortung sowie Grenzen wie zum Beispiel Überforderung, Machtmissbrauch und Organisationsstrukturen. Die Individualisierung ist nicht nur ein roter Faden in der Forschung von Drumm, sondern nach wie vor höchst aktuell, so in Forschungen zu Governance, Dezentralisation und Virtualisierung.

Oswald Neuberger und Personalführungskunst

Im Jahre 1941 in Ingolstadt geboren, 1970 an der Ludwigs-Maximilian-Universität München promoviert, 1975 dort habilitiert, war Oswald Neuberger von 1977 bis 1980 Professor für Organisationspsychologie an der Universität der Bundeswehr in München, dann bis zu seiner Emeritierung 2007 Inhaber des Lehrstuhls für Psychologie I (Personalwesen) an der Universität Augsburg.

Der bekannteste, aber auch kontrovers diskutierte Ausspruch von Neuberger thematisiert, dass es im Unternehmen nicht um Menschen, sondern um Personal geht: »Der Mensch ist Mittelpunkt!? Der Mensch ist Mittelpunkt. Der Mensch ist Mittel. Punkt«. Er hält die Floskel vom Menschen im Mittelpunkt des Unternehmens für sozialromantisch und falsch. Stattdessen betont er die Realität ökonomischer Zwänge für die Personalarbeit: Seiner Meinung nach steht das Geld im Mittelpunkt des Unternehmens und die Menschen werden zur Erreichung der ökonomischen Ziele instrumentalisiert. Daher müsse es dem Personalmanagement nicht um den einzelnen Menschen gehen, sondern um das Ganze. Hierdurch werde das Personalmanagement jedoch nicht von vornherein unethisch.

Neuberger kümmert sich stark um die Führungsforschung und zeigt vor allem den Dialog um Führung im Sinne einer kritischen Reflexion auf. Er verfolgt einen handlungstheoretischen Ansatz des personalwirtschaftlichen Führens und dekodiert dabei immer verschiedene Führungsstrategien. So wird er quasi zum Psychoanalysten der Führungsforschung.

Neuberger gilt als einer der profiliertesten Denker der Personalführung. Liest man seine Beiträge zu Personalentwicklung, Führung und Mikropolitik oder Unternehmenskultur, ist man fasziniert von der Vielschichtigkeit der Thematik und den überraschenden Wendungen, die er selbst dem selbstverständlich Erscheinenden immer wieder zu geben vermag. Hierbei hilft ihm sein Vermögen, virtuos mit der deutschen Sprache umzugehen: So spielt sein Wortspiel, das im Buchtitel »Führen und führen lassen« versteckt ist, im Hinblick auf das Lassen mit den Wortbedeutungen aufhören/unterlassen, zulassen/erlauben sowie jemand anderen beauftragen.

Als Querdenker scheut sich Neuberger nicht, unbequeme Standpunkte zu vertreten und auch kontraintuitive Interpretationsmöglichkeiten in Betracht zu ziehen: »Das kann bedeuten, dass die *Geführten sich* bewusst führen lassen (das Führen zulassen), bisweilen aber das Spiel nur mitspielen, um die Führenden im Glauben zu lassen, sie führten wirklich, wo doch *sie* die Geführten sind.«

Als Personalmanagement die situativen Entscheidungen zu treffen, wann geführt werden soll und wann das Führen gelassen werden soll oder wann man sich führen lassen soll, ist mehr als ein reines Sprachspiel – es ist schon die hohe Kunst der Personalführung!

Edward Lazear und ökonomische Anreizwirkungen

Im Jahre 1948 in Los Altos, USA, geboren, 1974 an der Harvard University in Boston, USA, zum Ph.D. promoviert, war Edward P. Lazear von 1985 bis 1992 Professor für Urban and Labor Economics an der University of Chicago, USA, und seit 1992 Professor für Human Resources, Management and Economics an der Graduate School of Business der Stanford University in Stanford/Kalifornien, USA. Im Jahre 1996 gründet er die »Society of Labor Economics«.

Lazear sieht den Grund, warum Personalmanager häufig von Kollegen anderer Unternehmensfunktionen nicht ganz ernst genommen werden, darin, dass Personalmanagement nicht systematisch genug sei und Entscheidungen zu Humanressourcen nicht ökonomisch begründe. Personalmanagement sei also bislang zu weich gewesen und durch zu viele Doppeldeutigkeiten für Personalpraktiker nicht leicht anwendbar.

In der Konsequenz ist für Lazear die Beschäftigung mit Fragen des Personalmanagements eine personalökonomische Aufgabe. Er bietet einen ökonomischen Ansatz für das Personalmanagement an und besetzt mit *Personnel Economics* das interdisziplinäre Feld zwischen Volkswirtschaftslehre und personalorientierter Organisationslehre. Dabei richtet er seinen Blick besonders auf die Allokation von Ressourcen, auf Anreizsysteme und auf die Motivation von Mitarbeitern, die er analytisch betrachtet und empirisch und theoretisch unterlegt.

Verbunden mit einem klaren Kostenbezug und vor dem Hintergrund ökonomischer Theorien wie der Neuen Institutionenökonomie betrachtet Lazear Themen wie Humankapitalaufbau, Fluktuation, die Gestaltung von Arbeitsbedingungen oder die Verteilung von Aufgaben im Unternehmen. Die von ihm mitformulierte Turnier-Theorie erklärt Notwendigkeit und Nutzen von vergleichsweise höheren Löhnen für Führungskräfte: Gerade durch eine im Hinblick auf andere Mitarbeiter bestehende Ungleichheit der Bezahlung soll für Letztere ein motivierender Anreiz entstehen, im hierarchischen Führungssystem des Unternehmens durch eine relative Leistungsverbesserung aufzusteigen. Das Personalmanagement profitiert von dieser Forschung, indem es die Gestaltung von Anreizsystemen für Mitarbeiter an deren extrinsischer Motivation ausrichtet.

Bernard Bass und transformationale Führung

Im Jahre 1925 in New York City, USA, geboren, 1949 an der Ohio State University, USA, zum Ph.D. promoviert, war Bernard M. Bass Psychologie-Professor an der Louisiana State University, der University of Pittsburgh, der University of Rochester sowie ab 1977 an der School of Management, State University of New York, Binghamton, USA. Dort war er auch Gründer und Direktor des Centers of Leadership Studies. Bass starb im Jahr 2007.

Das bekannteste Konzept von Bass ist die transformationale Führung: Auf Basis der Ideen zur transaktionalen Personalführung von James M. Burns, bei der Austauschverhältnisse (Transaktionen) zwischen Führenden und Geführten bestehen, entwickelt Bass mit Bruce Avolio ein erweiterndes Modell, das beschreibt, wie Führungskräfte die Mitarbeiter über weitere Mechanismen wie Charisma, Vision, intellektuelle Stimulierung und individuelle Zuwendung zu Extraleistungen über den erwarteten Erfolg hinaus motivieren können. Diesem Konzept fügte er ein Instrument zur empirischen Erhebung bei.

Bass ist überzeugt davon, dass ein guter Manager eine gute Führungskraft sein muss und umgekehrt: Beides bedingt sich wechselseitig. Für ihn gehört zu einer transformationalen Führung – die allerdings nicht in jeder unternehmerischen Situation zwingend wird – die Verantwortung der Führungskraft gegenüber dem Unternehmen und allen seinen Mitarbeitern: Daher ist Bass auch ein Gegner einer übermäßigen, unbalancierten Entlohnung von Topmanagern. Zu einer »pseudotransformationalen Führung«, wie er es nennt, zählt er unter anderem, wenn Führungskräfte die Erfolge auf sich lenken, jedoch bei Misserfolgen ihre Verantwortung auf andere abschieben. Damit entlarven sich dann Charisma und Fürsorge als letztlich inhaltsleer.

Über die transformationale Führung hinaus beschäftigte sich Bass mit weiteren Themen der Organisations-, Betriebs- und Führungspsychologie. Hierzu zählen führungslose Gruppen, Rückmeldungsprozesse in der persönlichen Kommunikation sowie der Kommunikation über moderne Medien und partizipative Formen der Personalentwicklung und Personalführung. Das Gesamtwerk von Bass zeigt exemplarisch auf, wie fruchtbar eine psychologische Sicht auf das moderne Personalmanagement sein kann.

Von Bass kann man schließlich noch lernen, dass die mehr oder weniger unreflektierte Anwendung von *Pop Psychology* (in Deutschland würde man dies als »Laienpsychologie« bezeichnen), die häufig von unzureichend ausgebildeten Unternehmensberatern angeboten wird, Unternehmen letztlich mehr schaden als nützen könne, weil die Fern- und Nebenwirkungen im Vorhinein trotz bester Absichten aufgrund ihrer Komplexität gar nicht so einfach abzuschätzen sind.

Mihaly Csikszentmihalyi und der Flow

Im Jahre 1934 im heutigen Rijeka, Kroatien, (damals Fiume, Italien) als Kind ungarischer Eltern geboren, 1965 an der University of Chicago, USA, zum Ph.D. promoviert, war Mihaly Csikszentmihalyi zunächst am Lake Forest College in Chicago im Department für Soziologie und Anthropologie beschäftigt, bevor er von 1980 bis 2000 Professor für Psychologie an der University of Chicago, USA, wurde. Seit 2000 ist er Professor für Psychologie und Management an der Claremont Graduate University in Claremont, Kalifornien, USA, und dortiger Direktor des Quality of Life Research Centers.

»Im Fluss sein« – das ist der Begriff, den Csikszentmihalyi geprägt hat. Er stellt fest, dass sich Menschen, die sich in einem Zustand vollkommenen unabgelenkter Konzentration einer Aufgabe widmen, engagieren und sich erfüllt und letztlich glücklich fühlen. Das Personalmanagement kann die Rahmenbedingungen beeinflussen, unter denen dieser sogenannte *Flow* entsteht. Hierzu gehören eine herausfordernde Aufgabe, die den betreffenden Mitarbeiter einbezieht und seine Konzentration beansprucht, die unmittelbare Rückmeldungen über den Grad der Zielerreichung bereitstellt und die damit kontrollierbar ist.

Mit seiner Flow-Theorie hat Csikszentmihalyi nicht nur die Psychologie beeinflusst, sondern vor allem auch die Personalforschung, die daraus viele Informationen zur Arbeitsmotivation erhalten hat. Gerade seine Idee des schmalen Grats zwischen Überforderung und Unterforderung von Mitarbeitern offenbart die herausfordernde Problematik für ein Personalmanagement, das den Output der Mitarbeiter steigern will. Über das Personalmanagement hinaus beeinflusst seine Theorie aber auch viele andere Fachgebiete, zum Beispiel die Entwicklung von Videospielen, bei denen ebenfalls eine Flow-Erfahrung auftritt.

Auf der Grundlage seiner Lebenserfahrung, aber auch auf Basis seiner Forschungen zu Kreativität und Lebensfreude, wird Csikszentmihalyi als einer der führenden Forscher einer *positiven Psychologie* angesehen, die sich weniger auf menschliches Nichtfunktionieren als vielmehr auf das Erreichen von Zufriedenheit konzentriert. Er bringt in das Personalmanagement die Überzeugung ein, dass Unterdrückung und Angsterzeugung gegenüber Mitarbeitern nur schlechte Motivationsfaktoren sein können und dass lediglich freiwillig gewählte Disziplin Mitarbeiter zu Höchstleistung führen kann. Er baut damit auf die von innen kommende, intrinsische Motivation der Mitarbeiter als Leistungsanreiz.

Christian Scholz und Personalmanagement als Systemdynamik

Im Jahre 1952 in Vöcklabruck, Österreich, geboren, 1981 an der Universität Regensburg promoviert, dort 1986 habilitiert, ist Christian Scholz seit 1986 Professor für Betriebswirtschaftslehre, insbesondere Organisation, Personal- und Informationsmanagement an der Universität des Saarlandes in Saarbrücken. Dort ist er auch Gründer und Direktor des Instituts für Managementkompetenz.

Die Arbeit zum Personalmanagement von Scholz ist von der Systemtheorie durchzogen. Er befasst sich allerdings nicht nur mit der Vielzahl von Systemelementen, also mit den vielen Aufgaben und Lösungen im Personalmanagement, die er nur aufzuzählen bräuchte, um bereits eine ausreichend hohe Komplexität zu erreichen. Viel wichtiger ist ihm das noch komplexere Zusammenwirken aller dieser Systemelemente in ihrer Dynamik.

Grundlegend ist sein strategischer Personalmanagementansatz, der inhaltliche Felder der Personalarbeit, verschiedene Ebenen strategischen Entscheidens und grundlegende Handlungsorientierungen stimmig aufeinander bezieht. Ziel des Personalmanagements ist es für Scholz, es so zu optimieren, dass sowohl seine bewussten Strategien als auch das unbewusste Personalmanagementhandeln im Unternehmen Wertschöpfung hervorbringen. Das »Strategische« am Personalmanagement liegt für Scholz darin, dass sich Unternehmen auch durch ihr Personalmanagement von anderen Unternehmen abheben und so Wettbewerbsvorteile erarbeiten können. Dies setzt allerdings auch voraus, dass sowohl die Grundstrategie des Unternehmens als auch die Personalstrategie definiert werden.

Aufbauend hierauf kommen im Personalmanagement die dynamischen Systemeigenschaften zum Tragen: Dynamische Systeme sind komplex und können sich bereits durch kleine Eingriffe komplett verändern oder sogar kollabieren. Vor allem reagieren dynamische Systeme häufig entgegen der Erwartung der Entscheider, weil sie die verborgene Systemkomplexität im Voraus nicht durchschaut haben. Ein effektiver Umgang mit komplexen Systemen erfordert daher ein Denken in Szenarien, in Zeiträumen statt in Zeitpunkten sowie in Fern- und Nebenwirkungen. Personalmanagement lässt sich in dieser Hinsicht als Simulationsansatz begreifen, der verschiedene Zukunftszustände systematisch durchspielt und im Vorhinein beurteilt.

Diese systemdynamische Grundidee übersetzt Scholz in aktuelle Herausforderungen des Personalmanagements. So beschäftigt er sich mit der *virtuellen Personalabteilung* als einer Organisationsform für das Personalmanagement, die sich der Gestaltungsmöglichkeiten des Internets und sozialer Netzwerke bedient. Hierbei werden neue Integrationsformen hinsichtlich dezentral verteilter Aufgaben der Personalwertschöpfungskette möglich, gekoppelt mit einem höheren Einfluss von Multimedia. In der Folge kann sich die Verantwortung für das Personalmanagement auch auf Schultern außerhalb der Personalabteilung verteilen.

Ein weiteres Thema ist das *Humankapitalmanagement* – also die Herausforderung, Humankapital so zu steuern, dass das optimale Ertragspotenzial zu niedrigen Kosten mit den maximalen Erträgen erreicht wird. Diese drei Ziele sind wiederum nur in der miteinander verbundenen Systemlogik zu erreichen. Hierzu entwarf er mit Kollegen die »Saarbrücker Formel« zur Humankapitalbewertung. Das Spannende ist unter anderem, dass darin die Komponenten des Humankapitals bereits so miteinander verzahnt sind, dass in einer vorausschauenden Bewertung die dynamischen Fern- und Nebenwirkungen des Personalmanagementhandelns in Geldgrößen ausgedrückt sichtbar werden. So können optimierende Strategien zu Wissensmanagement, Personalentwicklung, Commitment, Mitarbeiterbindung und vielen anderen personalwirtschaftlichen Entscheidungsbereichen abgeleitet werden.

In einer gesellschaftlichen Perspektive kommt Scholz zu dem Punkt, was eigentlich die neue Arbeitswelt ausmacht, in der wir zukünftig arbeiten werden. Mit seinem Begriff *Darwiportunismus* beschreibt er sie als dynamische Interaktion zwischen den Unternehmen, die im darwinistischen Wettbewerb um ihr Überleben kämpfen, und den Mitarbeitern, die mehr oder weniger opportunistisch-egoistisch ihre eigenen Vorteile suchen. Der wechselseitige Versuch, diese widerstreitenden Interessen durchzusetzen, führt zu unterschiedlichen »Spielregeln« für das Arbeiten in Unternehmen. Für Scholz ist es nur konsequent, dass sich das Personalmanagement, wenn es erfolgreich sein will, durch eine weitere Professionalisierung an diese komplexe Ausgangslage anpassen muss: Sie sieht er als Dreiklang aus Professionalisierung als strategischer Inhalt, Professionalisierung als Kompetenz im Sinne von Befähigung und Professionalisierung als Kompetenz bezogen auf Befugnis an.

Das systemdynamische Denken wird sich gemäß Scholz in der Zukunft des Personalmanagements weiter verstärken müssen, spätestens wenn es um das Thema *Nachhaltigkeit* geht. Die zukunftssichere, ressourcenschonende und langfristige Ausrichtung unternehmerischer Tätigkeit betrifft gerade auch das Personalmanagement, das ökologische, ökonomische und soziale Akzente – im eigenen Bereich wie auch im gesamten Unternehmen – setzen und unterstützen kann.

Nancy Adler und internationale Personalführung

Im Jahre 1948 in Kalifornien, USA, geboren, 1980 an der Graduate School of Management der University of California von Los Angeles, USA, zum Ph.D. promoviert, ist Nancy J. Adler seit 1990 Professorin für Organizational Behavior and International Management an der McGill University in Montreal, Kanada.

Sie öffnet die Perspektive auf die internationalen Dimensionen des Managements und der Personalführung von Unternehmen. Sie schärft den Blick dafür, dass nationalkulturelle Unterschiede das Arbeiten von und in Unternehmen beeinflussen und dass die Kommunikation über kulturelle Grenzen hinweg zumeist mit Missverständnissen behaftet ist. Aber anstatt sich hierüber zu beklagen, entwirft Adler ein Instrumentarium dafür, wie kulturelle Unterschiedlichkeit (Diversität) als Hebel genutzt werden kann, um kulturelle Synergien hervorzubringen, multikulturelle Teams erfolgreich zu machen und im internationalen Zusammenhang Geschäftsverhandlungen zu führen. Schlüssel hierzu ist die Erkenntnis, dass Unterschiedlichkeit eine Ressource und ein Wettbewerbsvorteil von Unternehmen sein kann.

Eines ihrer Spezialgebiete ist die globale Personalführung. Adler macht besonders auf die Herausforderung aufmerksam, in Teams mehrere Mitarbeiter aus verschiedenen Kulturen gleichzeitig führen und begeistern zu müssen. Dabei sollen nicht nur erfolgreiche Unternehmen, sondern auch erfolgreiche Gesellschaften entstehen. In diesem Zusammenhang warnt sie vor der gerade in den USA verbreiteten Ansicht, die amerikanischen Werte und die amerikanischen Motivationstheorien und -instrumente seien universell mit der gleichen Effektivität einsetzbar: Vielmehr variieren die zielführenden Führungsstile über Kulturen hinweg in erheblichem Maße. Deshalb ist eine kulturelle Betrachtung im Personalmanagement wichtig.

Schon früh stellt Adler die Rolle von Frauen als globale Führungskräfte heraus: Unternehmen sind zunehmend darauf angewiesen, unabhängig von deren kulturellen Herkunft und Geschlecht die besten Führungskräfte zu gewinnen, um im internationalen Wettbewerb zu bestehen. Damit ist Adler eine der Vordenkerinnen eines breiten Diversity-Begriffs im Personalmanagement, konzipiert also das Verstehen und Gestalten von Unterschiedlichkeit in mehrfacher Hinsicht.

Sehr bekannt und interessant ist auch Adlers Weg, ihre Bilder, die sie als Künstlerin malt, zur Verbesserung von Personalführung einzusetzen. Ihr Buch »Painting Leadership« lädt den Leser dazu ein, in »reflektierender Stille« unter Betrachtung der Bilder und einiger Impulsfragen über sich nachzudenken und so den Kern seiner persönlich besten Personalführung zu entdecken. Seine Gedanken kann man dann gleich in dem Buch notieren.

Stichwortverzeichnis

A

B

G

H

I

J

K

L

M

Q

R

T

U